Volker Quaschning
**Regenerative Energiesysteme**

**Hinweis:**
Zu diesem Buch gehört eine DVD.
Sollte diese DVD nicht beiliegen, können Sie sie unter
**fachbuch@hanser.de** kostenlos anfordern.

**Bleiben Sie auf dem Laufenden!**

Hanser Newsletter informieren Sie regelmäßig über neue Bücher und Termine aus den verschiedenen Bereichen der Technik. Profitieren Sie auch von Gewinnspielen und exklusiven Leseproben. Gleich anmelden unter

**www.hanser-fachbuch.de/newsletter**

Volker Quaschning

# Regenerative Energiesysteme

Technologie – Berechnung – Simulation

9., aktualisierte und erweiterte Auflage

Mit 319 farbigen Bildern, 119 Tabellen und einer DVD

Alle in diesem Buch enthaltenen Programme, Verfahren und elektronischen Schaltungen wurden nach bestem Wissen erstellt und mit Sorgfalt getestet. Dennoch sind Fehler nicht ganz auszuschließen. Aus diesem Grund ist das im vorliegenden Buch enthaltene Programm-Material mit keiner Verpflichtung oder Garantie irgendeiner Art verbunden. Autor und Verlag übernehmen infolgedessen keine Verantwortung und werden keine daraus folgende oder sonstige Haftung übernehmen, die auf irgendeine Art aus der Benutzung dieses Programm-Materials oder Teilen davon entsteht.

Die Wiedergabe von Gebrauchsnamen, Handelsnamen, Warenbezeichnungen usw. in diesem Werk berechtigt auch ohne besondere Kennzeichnung nicht zu der Annahme, dass solche Namen im Sinne der Warenzeichen- und Markenschutz-Gesetzgebung als frei zu betrachten wären und daher von jedermann benutzt werden dürften.

Bibliografische Information der Deutschen Nationalbibliothek
Die Deutsche Nationalbibliothek verzeichnet diese Publikation in der Deutschen Nationalbibliografie; detaillierte bibliografische Daten sind im Internet über http://dnb.d-nb.de abrufbar.

ISBN: 978-3-446-44267-2
E-Book-ISBN: 978-3-446-44333-4

Dieses Werk ist urheberrechtlich geschützt.
Alle Rechte, auch die der Übersetzung, des Nachdruckes und der Vervielfältigung des Buches, oder Teilen daraus, vorbehalten. Kein Teil des Werkes darf ohne schriftliche Genehmigung des Verlages in irgendeiner Form (Fotokopie, Mikrofilm oder ein anderes Verfahren), auch nicht für Zwecke der Unterrichtsgestaltung – mit Ausnahme der in den §§ 53, 54 URG genannten Sonderfälle –, reproduziert oder unter Verwendung elektronischer Systeme verarbeitet, vervielfältigt oder verbreitet werden.

© 2015 Carl Hanser Verlag München
Internet: http://www.hanser-fachbuch.de

Lektorat: Franziska Jacob, M.A.
Herstellung: Dipl.-Ing. (FH) Franziska Kaufmann
Satz: Prof. Dr.-Ing. Volker Quaschning
Coverconcept: Marc Müller-Bremer, www.rebranding.de, München
Coverrealisierung: Stephan Rönigk
Druck und Bindung: Pustet, Regensburg
Printed in Germany

# Vorwort

Die zunehmende Umweltzerstörung wird in Umfragen stets unter den ersten in der Zukunft zu lösenden Problemen genannt. Zahlreiche Folgen wie der Treibhauseffekt oder das Waldsterben gelten neben anderen Erscheinungen als Auswirkungen der heutigen Energieversorgung. Verschiedene erneuerbare Energieträger ermöglichen dagegen, unseren Energiebedarf mit deutlich weniger Eingriffen in Natur und Umwelt zu decken.

Dieses Fachbuch ist in erster Linie für Studierende, Personen im Forschungsbereich oder andere technisch Interessierte gedacht. Neben der Beschreibung der Technologie von wichtigen erneuerbaren Energiesystemen werden Berechnungs- und Simulationsmöglichkeiten dargestellt. Der Schwerpunkt liegt dabei auf Technologien mit einem großen Entwicklungspotenzial wie Solarthermie, Photovoltaik und Windenergie.

Beschäftigt man sich mit der Thematik der erneuerbaren Energien, ist es nahezu unmöglich, die Fragen der Technik von Problemen der heutigen Energieversorgung und von gesellschaftspolitischen Hintergründen zu trennen. Es muss somit an dieser Stelle immer ein Kompromiss für die Darstellung der Thematik gefunden werden. Für ein Fachbuch mit technischem Schwerpunkt besteht die Verpflichtung, sich sachlich neutral mit den Technologien zu beschäftigen. Der subjektive Einfluss des Autors lässt sich hierbei jedoch niemals vollständig vermeiden. Bereits durch die Themenwahl, die Präsentation von Daten oder gerade die nicht behandelten Themen werden Meinungen geprägt.

Aus diesen Gründen wird bei diesem Buch bewusst darauf verzichtet, technologische Aspekte von auftretenden Problemen und dem gesellschaftspolitischen Hintergrund zu trennen. Vielmehr gehört es auch zu den Aufgaben der Ingenieurwissenschaften, sich mit den Folgen der Nutzung der entwickelten Technologie auseinanderzusetzen.

In Technikerkreisen wird oft die weit verbreitete Meinung geäußert, dass die Technik an sich eigentlich keine negativen Folgen verursachen kann. Nur der Einsatz spezieller Technologien führe zu negativen Effekten. Es ist jedoch der Menschheit gegenüber unverantwortlich, sich für technische Innovationen nur um der Technik Willen zu interessieren. Oftmals sind die Auswirkungen neuer oder auch schon lange bekannter Technologien nur schwer einzuschätzen. Gerade aus diesem Grund besteht für alle, die an der Entwicklung und Nutzung einer Technik beteiligt sind, die Verpflichtung, negative Folgen kritisch einzuschätzen und vor möglichen Schäden rechtzeitig zu warnen. Um dieser Verpflichtung gerecht zu werden, versucht dieses Buch neben einer sachlichen Darstellung der Fakten stets auch auf mögliche schädliche Konsequenzen hinzuweisen.

Nach meiner Erfahrung im Ausbildungsbereich beschäftigt sich ein Großteil der Personen, die ein Interesse für Technologien im Bereich der erneuerbaren Energien zeigen, bewusst auch mit den Fragen der Folgen herkömmlicher Technologien. Eine Verknüpfung von technischen mit gesellschaftspolitischen Inhalten wird meist ausdrücklich gewünscht. Aus diesem Grund werden in diesem Buch nicht nur Fragen der Technologie, sondern im ersten und elften Kapitel auch Probleme der Energiewirtschaft bewusst angesprochen. Hierbei wird Wert darauf gelegt, die Aussagen stets mit aktuellem Zahlenmaterial objektiv zu untermauern. Ziel ist es, Aspekte und Fakten zu liefern, mit denen sich die Leserinnen und Leser ihr eigenes Urteil bilden können.

An dieser Stelle danke ich allen, die mit inhaltlichen und gestalterischen Anregungen zum Entstehen dieses Buches beigetragen haben.

Besonders motiviert haben mich auch die zahlreichen Gespräche und Diskussionen während der Erstellung des Buches. Sie haben mir gezeigt, dass es sich gerade bei den über die technischen Probleme hinausgehenden Fragestellungen um wichtige Themen handelt, die oft ignoriert werden, denn sie stellen nicht selten unsere bisherige Handlungsweise in Frage. Eine Lösung ist schwierig, kann aber dennoch gefunden werden. Hierzu sind konstruktive Diskussionen ein erster Schritt, und ich hoffe, dass dieses Buch einen Beitrag hierzu leisten wird.

*Berlin, im Januar 1998*  *Volker Quaschning*

## Vorwort zur neunten Auflage

Das große Interesse für dieses zum Standardlehrbuch gewordene Fachbuch und die positive Resonanz haben gezeigt, dass die gewählte Verknüpfung von technischen Erläuterungen, Berechnungen und kritischen Fragestellungen zur Energiewirtschaft und zum Klimaschutz bei den Leserinnen und Lesern auf breite Zustimmung stößt.

Das Reaktorunglück von Fukushima und die immer gravierenderen Klimaveränderungen ermahnen uns auf bedrückende Weise, dass dringend ein schneller Wandel unserer Energieversorgung erfolgen muss. Die deutsche Energiewende könnte hierbei ein Vorbild werden, wenn diese endlich mutig vorangetrieben wird. Das Tempo und die beschlossenen Maßnahmen reichen derzeit aber bei weitem noch nicht aus. Die in diesem Buch beschriebenen Technologien und Möglichkeiten liefern die Basis für eine nachhaltige, vollständig regenerative Versorgung.

Vorherige Auflagen des Buches wurden bereits in mehrere Sprachen übersetzt. Diese neunte Auflage wurde erneut vollständig aktualisiert und um wichtige neue Entwicklungen erweitert.

Trotz sorgfältiger Prüfung lassen sich kleinere Fehler und Unstimmigkeiten in einem Buch nur selten völlig vermeiden. Ein besonderer Dank gilt deshalb allen, die mit einer entsprechenden Mitteilung dazu beigetragen haben, diese zu beseitigen. Nicht zuletzt möchte ich meiner Familie, Freunden und Kollegen für die Unterstützung bei der Erstellung des Buches danken. Ein besonderer Dank gilt dem Carl Hanser Verlag und seinen Mitarbeiterinnen und Mitarbeitern für die perfekte Zusammenarbeit der letzten Jahre.

*Berlin, im September 2014*  *Prof. Dr. Volker Quaschning*
Hochschule für Technik und Wirtschaft HTW Berlin
www.volker-quaschning.de

# Inhaltsverzeichnis

| 1 | Energie und Klimaschutz | 13 |
|---|---|---|
| 1.1 | Der Begriff Energie | 13 |
| 1.2 | Entwicklung des Energiebedarfs | 18 |
| | 1.2.1 Entwicklung des Weltenergiebedarfs | 18 |
| | 1.2.2 Entwicklung des Energiebedarfs in Deutschland | 20 |
| 1.3 | Reichweite konventioneller Energieträger | 23 |
| 1.4 | Der Treibhauseffekt | 24 |
| 1.5 | Kernenergie contra Treibhauseffekt | 30 |
| | 1.5.1 Kernspaltung | 30 |
| | 1.5.2 Kernfusion | 33 |
| 1.6 | Nutzung erneuerbarer Energien | 34 |
| | 1.6.1 Geothermische Energie | 35 |
| | 1.6.2 Planetenenergie | 36 |
| | 1.6.3 Sonnenenergie | 36 |
| |     1.6.3.1 Nutzung der direkten Sonnenenergie | 37 |
| |     1.6.3.2 Nutzung der indirekten Sonnenenergie | 40 |
| 1.7 | Energiewende und Klimaschutz | 44 |
| | 1.7.1 Szenarien für den globalen Klimawandel | 44 |
| | 1.7.2 Internationaler Klimaschutz | 48 |
| | 1.7.3 Energiewende und Klimaschutz in Deutschland | 50 |
| |     1.7.3.1 Entwicklung der Kohlendioxidemissionen in Deutschland | 50 |
| |     1.7.3.2 Regenerative Energieversorgung in Deutschland | 52 |
| |     1.7.3.3 Umbau der Energieversorgung | 56 |
| **2** | **Sonnenstrahlung** | **58** |
| 2.1 | Einleitung | 58 |
| 2.2 | Der Fusionsreaktor Sonne | 59 |
| 2.3 | Sonnenstrahlung auf der Erde | 63 |
| 2.4 | Bestrahlungsstärke auf der Horizontalen | 69 |
| 2.5 | Sonnenposition und Einfallswinkel | 72 |
| 2.6 | Bestrahlungsstärke auf der geneigten Ebene | 76 |
| | 2.6.1 Direkte Strahlung auf der geneigten Ebene | 76 |
| | 2.6.2 Diffuse Strahlung auf der geneigten Ebene | 77 |
| | 2.6.3 Bodenreflexion | 78 |
| | 2.6.4 Strahlungsgewinn durch Neigung oder Nachführung | 79 |
| 2.7 | Berechnung von Abschattungsverlusten | 82 |
| | 2.7.1 Aufnahme der Umgebung | 82 |
| | 2.7.2 Bestimmung des direkten Abschattungsgrades | 84 |
| | 2.7.3 Bestimmung des diffusen Abschattungsgrades | 85 |
| | 2.7.4 Gesamtermittlung der Abschattungen | 86 |

|     |       | 2.7.5 | Optimaler Abstand bei aufgeständerten Solaranlagen | 87 |
| --- | ----- | ----- | ------------------------------------------------- | --- |
| 2.8 |       |       | Solarstrahlungsmesstechnik und Sonnensimulatoren | 91 |
|     | 2.8.1 |       | Messung der globalen Bestrahlungsstärke | 91 |
|     | 2.8.2 |       | Messung der direkten und der diffusen Bestrahlungsstärke | 93 |
|     | 2.8.3 |       | Satellitenmessungen | 93 |
|     | 2.8.4 |       | Künstliche Sonnen | 96 |

# 3 Nicht konzentrierende Solarthermie ........................................................ 97

| 3.1 | Grundlagen | 97 |
| --- | --- | --- |
| 3.2 | Solarthermische Systeme | 100 |
|     | 3.2.1 Solare Schwimmbadbeheizung | 100 |
|     | 3.2.2 Solare Trinkwassererwärmung | 101 |
|     |    3.2.2.1 Schwerkraft- oder Thermosiphonanlagen | 103 |
|     |    3.2.2.2 Anlagen mit Zwangsumlauf | 104 |
|     | 3.2.3 Solare Heizungsunterstützung | 107 |
|     | 3.2.4 Rein solare Heizung | 108 |
|     | 3.2.5 Solare Nahwärmeversorgung | 109 |
|     | 3.2.6 Solares Kühlen | 110 |
| 3.3 | Solarkollektoren | 111 |
|     | 3.3.1 Speicherkollektoren | 112 |
|     | 3.3.2 Flachkollektoren | 114 |
|     | 3.3.3 Vakuumröhrenkollektoren | 117 |
| 3.4 | Kollektorabsorber | 118 |
| 3.5 | Kollektorleistung und Kollektorwirkungsgrad | 121 |
| 3.6 | Rohrleitungen | 126 |
|     | 3.6.1 Leitungsaufheizverluste | 129 |
|     | 3.6.2 Zirkulationsverluste | 129 |
| 3.7 | Speicher | 131 |
|     | 3.7.1 Trinkwasserspeicher | 132 |
|     | 3.7.2 Schwimmbecken | 135 |
| 3.8 | Anlagenauslegung | 138 |
|     | 3.8.1 Nutzwärmebedarf | 138 |
|     | 3.8.2 Solarer Deckungsgrad und Nutzungsgrad | 139 |
|     | 3.8.3 Solare Trinkwasseranlagen | 141 |
|     | 3.8.4 Anlagen zur solaren Heizungsunterstützung | 142 |
|     | 3.8.5 Rein solare Heizung | 144 |
| 3.9 | Aufwindkraftwerke | 144 |

# 4 Konzentrierende Solarthermie ........................................................ 147

| 4.1 | Einleitung | 147 |
| --- | --- | --- |
| 4.2 | Konzentration von Solarstrahlung | 147 |
| 4.3 | Konzentrierende Kollektoren | 150 |
|     | 4.3.1 Linienkollektoren | 151 |
|     |    4.3.1.1 Kollektorarten und Kollektorgeometrie | 151 |
|     |    4.3.1.2 Kollektornutzleistung und Kollektorwirkungsgrad | 153 |
|     |    4.3.1.3 Längenausdehnung | 157 |
|     |    4.3.1.4 Parabolrinnenkollektorfelder | 157 |
|     | 4.3.2 Punktkonzentratoren | 160 |
| 4.4 | Wärmekraftmaschinen | 161 |
|     | 4.4.1 Carnot-Prozess | 161 |
|     | 4.4.2 Clausius-Rankine-Prozess | 161 |
|     | 4.4.3 Joule-Prozess | 164 |

## Inhaltsverzeichnis

| | | |
|---|---|---|
| | 4.4.4 Stirling-Prozess | 165 |
| 4.5 | Konzentrierende solarthermische Anlagen | 165 |
| | 4.5.1 Parabolrinnenkraftwerke | 165 |
| | 4.5.2 Solarturmkraftwerke | 170 |
| |     4.5.2.1 Offener volumetrischer Receiver | 171 |
| |     4.5.2.2 Druck-Receiver | 172 |
| | 4.5.3 Dish-Stirling-Anlagen | 173 |
| | 4.5.4 Sonnenöfen und Solarchemie | 174 |
| 4.6 | Stromimport | 175 |
| **5** | **Photovoltaik** | **178** |
| 5.1 | Einleitung | 178 |
| 5.2 | Funktionsweise von Solarzellen | 180 |
| | 5.2.1 Atommodell nach Bohr | 180 |
| | 5.2.2 Photoeffekt | 181 |
| | 5.2.3 Funktionsprinzip einer Solarzelle | 183 |
| 5.3 | Herstellung von Solarzellen und Solarmodulen | 190 |
| | 5.3.1 Solarzellen aus kristallinem Silizium | 190 |
| | 5.3.2 Solarmodule mit kristallinen Zellen | 195 |
| | 5.3.3 Solarzellen aus amorphem Silizium | 196 |
| | 5.3.4 Solarzellen aus anderen Materialien | 197 |
| | 5.3.5 Modultests und Qualitätskontrolle | 199 |
| 5.4 | Elektrische Beschreibung von Solarzellen | 200 |
| | 5.4.1 Einfaches Ersatzschaltbild | 200 |
| | 5.4.2 Erweitertes Ersatzschaltbild (Eindiodenmodell) | 201 |
| | 5.4.3 Zweidiodenmodell | 204 |
| | 5.4.4 Zweidiodenmodell mit Erweiterungsterm | 204 |
| | 5.4.5 Weitere elektrische Zellparameter | 206 |
| | 5.4.6 Temperaturabhängigkeit | 208 |
| | 5.4.7 Parameterbestimmung | 211 |
| 5.5 | Elektrische Beschreibung von Solarmodulen | 212 |
| | 5.5.1 Reihenschaltung von Solarzellen | 212 |
| | 5.5.2 Reihenschaltung unter inhomogenen Bedingungen | 214 |
| | 5.5.3 Parallelschaltung von Solarzellen | 218 |
| | 5.5.4 Technische Daten von Solarmodulen | 218 |
| 5.6 | Solargenerator und Last | 220 |
| | 5.6.1 Widerstandslast | 220 |
| | 5.6.2 Gleichspannungswandler | 221 |
| | 5.6.3 Tiefsetzsteller | 222 |
| | 5.6.4 Hochsetzsteller | 225 |
| | 5.6.5 Weitere Gleichspannungswandler | 225 |
| | 5.6.6 MPP-Tracker | 226 |
| 5.7 | Akkumulatoren | 228 |
| | 5.7.1 Akkumulatorarten | 228 |
| | 5.7.2 Bleiakkumulator | 229 |
| | 5.7.3 Andere Akkumulatortypen | 234 |
| | 5.7.4 Akkumulatorsysteme | 235 |
| | 5.7.5 Andere Speichermöglichkeiten | 239 |
| 5.8 | Wechselrichter | 239 |
| | 5.8.1 Wechselrichtertechnologie | 239 |
| |     5.8.1.1 Rechteckwechselrichter | 240 |

|  |  | 5.8.1.2 | Moderne Wechselrichtertopologien | 243 |
|---|---|---|---|---|
|  | 5.8.2 | | Wechselrichter in der Photovoltaik | 244 |
|  |  | 5.8.2.1 | Funktionen und Aufgaben des Wechselrichters | 244 |
|  |  | 5.8.2.2 | Wechselrichterwirkungsgrade | 246 |
|  |  | 5.8.2.3 | Anlagenkonzepte | 249 |
| 5.9 | Photovoltaische Eigenverbrauchssysteme | | | 250 |
|  | 5.9.1 | | Photovoltaische Eigenverbrauchssysteme mit Speicher | 250 |
|  | 5.9.2 | | Photovoltaische Eigenverbrauchssysteme mit Heizung | 253 |
| 5.10 | Planung und Auslegung | | | 255 |
|  | 5.10.1 | | Inselnetzsysteme | 255 |
|  | 5.10.2 | | Rein Netzgekoppelte Systeme | 258 |
|  | 5.10.3 | | Eigenverbrauchssysteme | 260 |
|  |  | 5.10.3.1 | Eigenverbrauchssysteme ohne Speicher | 260 |
|  |  | 5.10.3.2 | Eigenverbrauchssysteme mit Batteriespeicher | 265 |

| **6** | **Windkraft** | | | **272** |
|---|---|---|---|---|
| 6.1 | Einleitung | | | 272 |
| 6.2 | Dargebot von Windenergie | | | 273 |
|  | 6.2.1 | | Entstehung des Windes | 273 |
|  | 6.2.2 | | Angabe der Windstärke | 274 |
|  | 6.2.3 | | Windgeschwindigkeitsverteilungen | 275 |
|  | 6.2.4 | | Einfluss der Umgebung und Höhe | 277 |
| 6.3 | Nutzung der Windenergie | | | 280 |
|  | 6.3.1 | | Im Wind enthaltene Leistung | 280 |
|  | 6.3.2 | | Widerstandsläufer | 282 |
|  | 6.3.3 | | Auftriebsläufer | 284 |
| 6.4 | Bauformen von Windkraftanlagen | | | 288 |
|  | 6.4.1 | | Windkraftanlagen mit vertikaler Drehachse | 288 |
|  | 6.4.2 | | Windkraftanlagen mit horizontaler Drehachse | 289 |
|  |  | 6.4.2.1 | Anlagenaufbau | 289 |
|  |  | 6.4.2.2 | Rotorblätter | 290 |
|  |  | 6.4.2.3 | Windgeschwindigkeitsbereiche | 292 |
|  |  | 6.4.2.4 | Leistungsbegrenzung und Sturmabschaltung | 293 |
|  |  | 6.4.2.5 | Windnachführung | 295 |
|  |  | 6.4.2.6 | Turm, Fundament, Getriebe und Generator | 296 |
|  |  | 6.4.2.7 | Offshore-Windkraftanlagen | 297 |
| 6.5 | Elektrische Maschinen | | | 298 |
|  | 6.5.1 | | Elektrische Wechselstromrechnung | 299 |
|  | 6.5.2 | | Drehfeld | 302 |
|  | 6.5.3 | | Synchronmaschine | 306 |
|  |  | 6.5.3.1 | Aufbau | 306 |
|  |  | 6.5.3.2 | Elektrische Beschreibung | 307 |
|  |  | 6.5.3.3 | Synchronisation | 310 |
|  | 6.5.4 | | Asynchronmaschine | 310 |
|  |  | 6.5.4.1 | Aufbau und Betriebszustände | 310 |
|  |  | 6.5.4.2 | Ersatzschaltbilder und Stromortskurven | 312 |
|  |  | 6.5.4.3 | Leistungsbilanz | 314 |
|  |  | 6.5.4.4 | Drehzahl-Drehmoment-Kennlinien und typische Generatordaten | 315 |
| 6.6 | Elektrische Anlagenkonzepte | | | 317 |
|  | 6.6.1 | | Asynchrongenerator mit direkter Netzkopplung | 317 |
|  | 6.6.2 | | Synchrongenerator mit direkter Netzkopplung | 320 |

|  |  |  |
|---|---|---|
| | 6.6.3 | Synchrongenerator mit Umrichter und Zwischenkreis ............................................321 |
| | 6.6.4 | Drehzahlregelbare Asynchrongeneratoren .............................................................323 |
| | 6.6.5 | Inselnetzanlagen ......................................................................................................323 |
| 6.7 | Netzbetrieb | ....................................................................................................................324 |
| | 6.7.1 | Anlagenertrag ...........................................................................................................324 |
| | 6.7.2 | Netzanschluss ..........................................................................................................325 |

## 7 Wasserkraft ............................................................................................................. 327
7.1 Einleitung ................................................................................................................................327
7.2 Dargebot der Wasserkraft .....................................................................................................328
7.3 Wasserkraftwerke ..................................................................................................................332
    7.3.1 Laufwasserkraftwerke ............................................................................................332
    7.3.2 Speicherwasserkraftwerke ....................................................................................334
    7.3.3 Pumpspeicherkraftwerke .......................................................................................335
7.4 Wasserturbinen ......................................................................................................................338
    7.4.1 Turbinenarten ..........................................................................................................338
        7.4.1.1 Kaplan-Turbine und Rohr-Turbine .........................................................339
        7.4.1.2 Ossberger-Turbine ..................................................................................340
        7.4.1.3 Francis-Turbine .......................................................................................340
        7.4.1.4 Pelton-Turbine .........................................................................................341
    7.4.2 Turbinenwirkungsgrad ............................................................................................341
7.5 Weitere technische Anlagen zur Wasserkraftnutzung ........................................................343
    7.5.1 Gezeitenkraftwerke .................................................................................................343
    7.5.2 Meeresströmungskraftwerke .................................................................................344
    7.5.3 Wellenkraftwerke .....................................................................................................345

## 8 Geothermie ............................................................................................................. 347
8.1 Geothermievorkommen .........................................................................................................347
8.2 Geothermische Heizwerke .....................................................................................................351
8.3 Geothermische Stromerzeugung ..........................................................................................352
    8.3.1 Kraftwerksprozesse ................................................................................................352
    8.3.2 Geothermische Kraftwerke ....................................................................................354
8.4 Wärmepumpen .......................................................................................................................356
    8.4.1 Kompressions-Wärmepumpen ..............................................................................356
    8.4.2 Absorptions-Wärmepumpen ..................................................................................358
    8.4.3 Adsorptions-Wärmepumpen ..................................................................................359
    8.4.4 Einsatzgebiete, Planung und Ertragsberechnung ................................................360

## 9 Nutzung der Biomasse ........................................................................................... 365
9.1 Vorkommen an Biomasse ......................................................................................................365
    9.1.1 Feste Bioenergieträger ............................................................................................367
    9.1.2 Flüssige Bioenergieträger ......................................................................................371
        9.1.2.1 Pflanzenöl ................................................................................................371
        9.1.2.2 Biodiesel ..................................................................................................372
        9.1.2.3 Bioalkohole ..............................................................................................372
        9.1.2.4 Biomass-to-Liquid (BtL)-Brennstoffe ....................................................373
    9.1.3 Gasförmige Bioenergieträger .................................................................................374
    9.1.4 Flächenerträge und Umweltbilanz .........................................................................376
9.2 Biomasseanlagen ...................................................................................................................377
    9.2.1 Biomasseheizungen ................................................................................................377
    9.2.2 Biomassekraftwerke ...............................................................................................380

## 10 Wasserstofferzeugung, Brennstoffzellen und Methanisierung ... 381
10.1 Wasserstofferzeugung und -speicherung ... 381
10.2 Brennstoffzellen ... 384
    10.2.1 Einleitung ... 384
    10.2.2 Brennstoffzellentypen ... 385
    10.2.3 Wirkungsgrade und Betriebsverhalten ... 388
10.3 Methanisierung und Untertagespeicherung ... 390

## 11 Wirtschaftlichkeitsberechnungen ... 394
11.1 Einleitung ... 394
11.2 Energiegestehungskosten ... 395
    11.2.1 Berechnungen ohne Kapitalverzinsung ... 395
        11.2.1.1 Solarthermische Anlagen zur Trinkwassererwärmung ... 396
        11.2.1.2 Solarthermische Kraftwerke ... 397
        11.2.1.3 Photovoltaikanlagen ... 398
        11.2.1.4 Windkraftanlagen ... 398
        11.2.1.5 Wasserkraftanlagen ... 399
        11.2.1.6 Geothermieanlagen ... 400
        11.2.1.7 Holzpelletsheizungen ... 401
    11.2.2 Berechnungen mit Kapitalverzinsung ... 402
        11.2.2.1 Solarthermische Anlagen zur Trinkwassererwärmung ... 405
        11.2.2.2 Solarthermische Kraftwerke ... 405
        11.2.2.3 Photovoltaikanlagen ... 405
        11.2.2.4 Windkraftanlagen ... 406
    11.2.3 Vergütung für regenerative Energieanlagen ... 406
    11.2.4 Zukünftige Entwicklung der Kosten für regenerative Energien ... 406
    11.2.5 Kosten konventioneller Energiesysteme ... 409
11.3 Externe Kosten des Energieverbrauchs ... 411
    11.3.1 Subventionen im Energiemarkt ... 412
    11.3.2 Ausgaben für Forschung und Entwicklung ... 414
    11.3.3 Kosten für Umwelt- und Gesundheitsschäden ... 415
    11.3.4 Sonstige externe Kosten ... 416
    11.3.5 Internalisierung der externen Kosten ... 416
11.4 Kritische Betrachtung der Wirtschaftlichkeitsberechnungen ... 418
    11.4.1 Unendliche Kapitalvermehrung ... 418
    11.4.2 Die Verantwortung des Kapitals ... 419

## 12 Simulation und die DVD zum Buch ... 421
12.1 Allgemeines zur Simulation ... 421
12.2 Die DVD zum Buch ... 422
    12.2.1 Start und Überblick ... 422
    12.2.2 Abbildungen ... 423
    12.2.3 Software ... 423
    12.2.4 Vermischtes ... 424

## Literaturverzeichnis ... 426

## Sachwortverzeichnis ... 434

# 1 Energie und Klimaschutz

## 1.1 Der Begriff Energie

Der Begriff Energie ist uns sehr geläufig, ohne dass wir uns darüber noch Gedanken machen. Dabei wird er in den unterschiedlichsten Zusammenhängen verwendet. So spricht man von der Lebensenergie oder im Sinne von Tatkraft oder Temperament auch von einem Energiebündel.

In diesem Buch werden nur technisch nutzbare Energieformen und hiervon speziell regenerative Energien behandelt, zu deren Beschreibung physikalische Gesetze herangezogen werden. Fast untrennbar mit der Energie verbunden ist die Leistung. Da die Begriffe Energie und Leistung sehr oft verwechselt werden, soll am Anfang dieses Buches auf eine nähere Beschreibung dieser und damit zusammenhängender Größen eingegangen werden.

Allgemein ist Energie die Fähigkeit eines Systems, äußere Wirkungen hervorzubringen, wie zum Beispiel eine Kraft entlang einer Strecke. Durch Zufuhr oder Abgabe von Arbeit kann die Energie eines Körpers verändert werden. Die Energie kann hierbei in zahlreichen unterschiedlichen Formen vorkommen. Dazu zählen die

- mechanische Energie,
- Lageenergie oder potenzielle Energie,
- Bewegungsenergie oder kinetische Energie,
- Wärme oder thermische Energie,
- magnetische Energie,
- Ruhe- oder Massenenergie,
- elektrische Energie,
- Strahlungsenergie,
- chemische Energie.

Ein Liter Benzin ist nach obiger Definition eine Art von gespeicherter Energie, denn durch seine Verbrennung kann zum Beispiel ein Auto, welches eine gewisse Masse besitzt, durch die Motorkraft eine bestimmte Strecke bewegt werden. Das Bewegen des Autos ist also eine Form von Arbeit.

Auch Wärme ist eine Energieform. Dies kann zum Beispiel an einem Mobile beobachtet werden, bei dem sich durch die aufsteigende warme Luft einer brennenden Kerze ein Karussell dreht. Für die Drehung ist auch eine Kraft notwendig.

Im Wind ist ebenfalls Energie enthalten, die zum Beispiel in der Lage ist, die Flügel einer Windkraftanlage zu drehen. Durch die Sonnenstrahlung kann Wärme erzeugt werden. Auch Strahlung, speziell die Sonnenstrahlung, ist also eine Form von Energie.

Die **Leistung**

$$P = \frac{dW}{dt} = \dot{W} \qquad (1.1)$$

ist durch die Ableitung der Arbeit $W$ nach der Zeit $t$ definiert. Sie gibt also an, in welcher Zeitspanne eine Arbeit verrichtet wird. Wenn zum Beispiel eine Person einen Sack Zement einen Meter hochhebt, ist dies eine Arbeit. Durch die verrichtete Arbeit wird die Lageenergie des Sacks vergrößert. Wird der Sack doppelt so schnell hochgehoben, ist die benötigte Zeit geringer, die Leistung ist doppelt so groß, auch wenn die Arbeit die gleiche bleibt.

Die **Einheit der Energie** und der Arbeit ist, abgeleitet aus den geltenden SI-Einheiten, J (Joule), Ws (Wattsekunde) oder Nm (Newtonmeter). Die Leistung wird in W (Watt) gemessen. In Tabelle 1.1 sind Umrechnungsfaktoren für die wichtigsten heute gebräuchlichen Einheiten der Energietechnik zusammengefasst. Daneben existieren einige veraltete Energieeinheiten wie Kilopondmeter kpm (1 kpm = 2,72·10⁻⁶ kWh), erg (1 erg = 2,78·10⁻¹⁴ kWh), das in der Physik übliche Elektronvolt eV (1 eV = 4,45·10⁻²⁶ kWh) sowie die in den USA gebräuchliche Einheit Btu (British Thermal Unit, 1 Btu = 1055,06 J = 0,000293071 kWh).

**Tabelle 1.1** Umrechnungsfaktoren zwischen verschiedenen Energieeinheiten

|  | kJ | kcal | kWh | kg SKE | kg RÖE | m³ Erdgas |
|---|---|---|---|---|---|---|
| 1 Kilojoule (1 kJ = 1000 Ws) | 1 | 0,2388 | 0,000278 | 0,000034 | 0,000024 | 0,000032 |
| 1 Kilocalorie (kcal) | 4,1868 | 1 | 0,001163 | 0,000143 | 0,0001 | 0,00013 |
| 1 Kilowattstunde (kWh) | 3 600 | 860 | 1 | 0,123 | 0,086 | 0,113 |
| 1 kg Steinkohleeinheit (SKE) | 29 308 | 7 000 | 8,14 | 1 | 0,7 | 0,923 |
| 1 kg Rohöleinheit (RÖE) | 41 868 | 10 000 | 11,63 | 1,428 | 1 | 1,319 |
| 1 m³ Erdgas | 31 736 | 7 580 | 8,816 | 1,083 | 0,758 | 1 |

Da viele physikalische Größen oftmals sehr kleine oder sehr große Werte aufweisen und die Exponentialschreibweise sehr unhandlich ist, wurden Vorsatzzeichen eingeführt, die in Tabelle 1.2 dargestellt sind.

**Tabelle 1.2** Vorsätze und Vorsatzzeichen

| Vorsatz | Abkürzung | Wert | Vorsatz | Abkürzung | Wert |
|---|---|---|---|---|---|
| Kilo | k | $10^3$ (Tausend) | Milli | m | $10^{-3}$ (Tausendstel) |
| Mega | M | $10^6$ (Million) | Mikro | µ | $10^{-6}$ (Millionstel) |
| Giga | G | $10^9$ (Milliarde) | Nano | n | $10^{-9}$ (Milliardstel) |
| Tera | T | $10^{12}$ (Billion) | Piko | p | $10^{-12}$ (Billionstel) |
| Peta | P | $10^{15}$ (Billiarde) | Femto | f | $10^{-15}$ (Billiardstel) |
| Exa | E | $10^{18}$ (Trillion) | Atto | a | $10^{-18}$ (Trillionstel) |

## 1.1 Der Begriff Energie

Vielfach werden bei der Verwendung der Begriffe Energie und Leistung sowie deren Einheiten Fehler gemacht, und nicht selten werden Einheiten und Größen durcheinandergebracht. Oft wird durch falschen Gebrauch von Größen der Sinn von Äußerungen verändert, oder es kommt zumindest zu Missverständnissen.

Als Beispiel soll ein Zeitschriftenartikel aus den 1990er-Jahren über ein Solarhaus dienen. Er beschreibt eine Photovoltaikanlage mit einer Gesamtleistung von 2,2 kW. Später im Text beklagte der Autor, dass die damalige Vergütung pro kW bei der Einspeisung in das öffentliche Netz mit 0,087 € äußerst gering war. Den Einheiten nach zu urteilen, wurde die Anlage nach Leistung (Einheit der Leistung = kW) vergütet, das wären für die gesamte Anlage dann 2,2 kW · 0,087 €/kW = 0,19 €. Sicher, Solarstrom wurde lange Zeit schlecht vergütet, doch mit knapp 20 Euro-Cents insgesamt musste sich wohl kein Anlagenbesitzer zufrieden geben. Der Autor hatte an dieser Stelle gemeint, dass die von der Solaranlage in das öffentliche Netz eingespeiste elektrische Energie pro Kilowattstunde (k**W**h) mit 0,087 € vergütet wurde. Speiste die Anlage in einem Jahr 1650 kWh in das Netz ein, so erhielt der Betreiber mit 143,55 € immerhin das 750fache. Ein Beispiel dafür, dass ein fehlendes kleines „h" große Unterschiede zur Folge haben kann.

Energie kann im physikalischen Sinne weder erzeugt noch vernichtet werden oder gar verloren gehen. Dennoch spricht man oft von Energieverlusten oder der Energiegewinnung, obwohl in der Physik für die Energie der folgende **Energieerhaltungssatz** gilt:

*In einem abgeschlossenen System bleibt der Energieinhalt konstant. Energie kann weder vernichtet werden noch aus nichts entstehen; sie kann sich in verschiedene Formen umwandeln oder zwischen verschiedenen Teilen des Systems ausgetauscht werden.*

Es kann also nur Energie von einer Form in eine andere umgewandelt werden, wofür noch einmal das Benzin und das Auto als Beispiel dienen sollen. Benzin ist eine Art von gespeicherter chemischer Energie. Durch Verbrennung entsteht thermische Energie. Diese wird vom Motor in Bewegungsenergie umgesetzt und an das Auto weitergegeben. Ist das Benzin verbraucht, steht das Auto wieder. Die Energie ist dann jedoch nicht verschwunden, sondern wurde bei einem zurückgelegten Höhenunterschied in Lageenergie umgewandelt oder durch Abwärme des Motors sowie über die Reibung an den Reifen und mit der Luft als Wärme an die Umgebung abgegeben. Diese Umgebungswärme kann aber in der Regel von uns Menschen nicht weiter genutzt werden. Durch die Autofahrt wurde ein Großteil des nutzbaren Energiegehalts des Benzins in nicht mehr nutzbare Umgebungswärme überführt. Für uns ist diese Energie also verloren. Vernichtete oder verlorene Energie ist demnach Energie, die von einer höherwertigen Form in eine niederwertige, meist nicht mehr nutzbare Form umgewandelt wurde.

Anders sieht es bei einer Photovoltaikanlage aus. Sie wandelt Sonnenstrahlung direkt in elektrische Energie um. Es wird auch davon gesprochen, dass eine Solaranlage Energie erzeugt. Physikalisch ist auch dies nicht korrekt. Genau genommen überführt die Photovoltaikanlage eine für uns schlecht nutzbare Energieform (Solarstrahlung) in eine höherwertige Energieform (Elektrizität).

Bei der Umwandlung kann die Energie mit unterschiedlicher Effizienz genutzt werden. Dies soll im Folgenden am Beispiel des Wasserkochens verdeutlicht werden.

Die **Wärmeenergie** $Q$, die nötig ist, um einen Liter Wasser ($m$ = 1 kg) von der Temperatur $\vartheta_1$ = 15 °C auf $\vartheta_2$ = 98 °C zu erwärmen, berechnet sich mit der Wärmekapazität $c$ von Wasser $c_{H_2O}$ = 4,187 kJ/(kg K) über

$$Q = c \cdot m \cdot (\vartheta_2 - \vartheta_1) \tag{1.2}$$

zu $Q$ = 348 kJ = 97 Wh.

In einer Verbraucherzeitschrift wurden verschiedene Systeme zum Wasserkochen verglichen. Die Ergebnisse sind in Bild 1.1 dargestellt. Hierbei wurde neben verschiedenen elektrischen Geräten auch der Gasherd mit einbezogen. Aus der Grafik geht scheinbar hervor, dass der Gasherd, obwohl bei diesem die Energiekosten am geringsten sind, in punkto Energieverbrauch am schlechtesten abschneidet. Das lässt sich dadurch erklären, dass verschiedene Energiearten miteinander verglichen wurden.

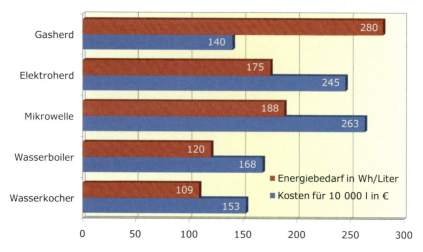

**Bild 1.1** „So viel kostet kochendes Wasser" aus dem Jahr 1994 [Sti94]

Zum Erwärmen des Wassers benötigt der Elektroherd elektrische Energie. Diese kommt in der Natur, außer zum Beispiel bei Gewittern oder beim Zitteraal, der seine Gegner durch Stromstöße betäubt, äußerst selten vor. Der elektrische Strom muss also vom Menschen aus einem Energieträger, wie zum Beispiel Kohle, technisch in einem Kraftwerk erzeugt werden. Hierbei fallen enorme Abwärmemengen an, die zum Großteil in die Umgebung abgegeben werden. Von dem Energieträger Kohle wird deshalb nur ein geringer Teil in elektrische Energie umgewandelt, der Rest geht als Abwärme verloren. Die Qualität der Umwandlung kann durch den **Wirkungsgrad** $\eta$ beschrieben werden, der wie folgt definiert ist:

$$\text{Wirkungsgrad } \eta = \frac{\text{nutzbringend gewonnene Energie}}{\text{aufgewendete Energie}}. \tag{1.3}$$

Bei einem durchschnittlichen elektrischen Dampfkraftwerk in Deutschland lag in den 1990er-Jahren der Wirkungsgrad bei ca. 34 % [Hof95]. Bei modernen Kraftwerken ist der Wirkungsgrad geringfügig höher. Rund 60 % der aufgewendeten Energie gehen dennoch als Abwärme verloren, nur rund 40 % stehen als elektrische Energie zur Verfügung.

## 1.1 Der Begriff Energie

Bei der technischen Nutzung der Energie gibt es also verschiedene **Stufen der Energiewandlung**, die nach Tabelle 1.3 mit Primärenergie, Endenergie und Nutzenergie bezeichnet werden.

**Tabelle 1.3** Die Begriffe Primärenergie, Endenergie und Nutzenergie

| Begriff | Definition | Energieformen bzw. Energieträger |
|---|---|---|
| Primärenergie | Energie in ursprünglicher, noch nicht technisch aufbereiteter Form | z.B. Rohöl, Kohle, Uran, Solarstrahlung, Wind |
| Endenergie | Energie in der Form, wie sie dem Endverbraucher zugeführt wird | z.B. Erdgas, Heizöl, Kraftstoffe, Elektrizität („Strom"), Fernwärme |
| Nutzenergie | Energie in der vom Endverbraucher genutzten Form | z.B. Licht zur Beleuchtung, Wärme zur Heizung, Antriebsenergie für Maschinen und Fahrzeuge |

Die zuvor berechnete Wärmemenge stellt also die Nutzenergie dar und die Werte aus Bild 1.1 verkörpern die Endenergie. Der Vergleich der Energieausbeute von Gas und Elektrizität sollte sich jedoch auf die Primärenergie beziehen, da es sich bei ihnen um nur schwer vergleichbare Endenergieformen handelt.

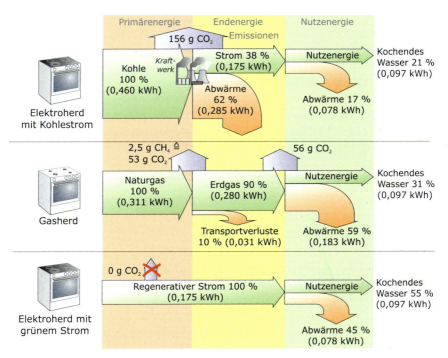

**Bild 1.2** Energiewandlungskette, Verluste und Kohlendioxidemissionen beim Wasserkochen

Bei der Elektrizität sind dies im Kraftwerk eingesetzte Energieträger wie Kohle. Auch das Erdgas zum Wassererwärmen ist eine Endenergie. Beim Transport des Erdgases zum Verbraucher fallen auch Verluste an, die jedoch im Vergleich zu denen im elektrischen Kraftwerk sehr gering sind. Dadurch liegt der Primärenergiebedarf des Elektroherdes mit gut 460 Wh = 1656 kJ rund 50 % höher als der des Gasherdes, obwohl der Endenergieverbrauch um über 30 % geringer ist. Die Energiewandlungsketten am Beispiel der Wassererwärmung durch Elektro- und Gasherd sind nochmals in Bild 1.2 vergleichend gegenübergestellt.

Beim Primärenergieverbrauch, der für die Umweltbeeinträchtigung verschiedener Systeme entscheidend ist, schneidet also beim Vergleich konventioneller Energieträger der Gasherd beim Wassererwärmen am besten ab. Dieses Beispiel zeigt deutlich, dass klar zwischen Primärenergie, Endenergie und Nutzenergie unterschieden werden muss. Ansonsten kann es, wie beim Vergleich von Gasherd und Elektroherd in Bild 1.1, zu Fehlinterpretationen kommen.

## 1.2 Entwicklung des Energiebedarfs

### 1.2.1 Entwicklung des Weltenergiebedarfs

Gegen Ende des 18. Jahrhunderts haben Energieträger wie Erdöl oder Kohle kaum eine Rolle gespielt. Ein Großteil des Energiebedarfs in Form von Wärme wurde durch Brennholz gedeckt. In der Nutzung der Wasserkraft und der Windkraft war man bereits weit fortgeschritten. Sie wurden in Mühlen und Bewässerungsanlagen technisch genutzt.

Als 1769 von James Watt eine brauchbare Dampfmaschine entwickelt wurde, war damit der Grundstein für die Industrialisierung gelegt. Die Dampfmaschine und später die Verbrennungsmotoren lösten Wind- und Wasserräder allmählich ab. Als wichtigste Energieträger konnten sich Kohle und Anfang des 20. Jahrhunderts, vorangetrieben durch die Automobilisierung, das Erdöl mehr und mehr durchsetzen. Brennholz als Energieträger verlor in den Industrienationen immer mehr an Bedeutung. Die Wasserkraft wurde, im Gegensatz zu den landschaftsverträglichen Wassermühlen aus früheren Zeiten, in zunehmendem Maße in großen technischen Anlagen genutzt.

Nach der Weltwirtschaftskrise von 1929 stieg der Energieverbrauch sprunghaft an. Nach dem Zweiten Weltkrieg gewannen das Erdgas und seit den 1960er-Jahren die Atomkraft an Bedeutung, konnten aber die Vorreiterrolle von Erdöl und Kohle nicht ablösen. Der Anteil der Kernenergie zur Deckung des derzeitigen Primärenergiebedarfs ist auch heute noch verhältnismäßig unbedeutend. Die fossilen Energieträger wie Kohle, Erdöl oder Erdgas decken derzeit etwa 85 % des Weltprimärenergiebedarfs.

Die Dimensionen des Anstiegs des Weltenergieverbrauchs zeigt Bild 1.3, welches die jährliche Erdölförderung darstellt, wobei 1 Mio. t Rohöl etwa 42 PJ = $42 \cdot 10^{15}$ J entsprechen. Nach dem Zweiten Weltkrieg sind die Fördermengen exponentiell angestiegen. Durch die beiden Ölpreiskrisen 1973 und 1979 sind die Fördermengen kurzfristig deutlich zurückgegangen. Hierdurch wurde das Trendwachstum der Wirtschaft und des Energieverbrauchs um etwa vier Jahre zurückgeworfen.

Tabelle 1.4 zeigt den **Weltprimärenergieverbrauch** nach unterschiedlichen Energieträgern für verschiedene Jahre. Hierbei ist zu beachten, dass bei Energiestatistiken für Primärelektrizität wie Wasserkraft und Kernenergie nicht selten andere Bewertungsmaßstäbe angelegt werden. Meist wird die elektrische Energie eines Kernkraftwerkes in den Statistiken mit einem Wirkungsgrad von 33 bis 38 % gewichtet. Dadurch soll in Analogie zur Energiewandlung in fossilen Kraftwerken dem dortigen Wirkungsgrad Rechnung ge-

## 1.2 Entwicklung des Energiebedarfs

tragen werden. Wird bei einem Vergleich von Kernenergie und Wasserkraft dieser Faktor bei der Wasserkraft nicht berücksichtigt, entsteht der Eindruck, dass der Anteil der Kernenergie zur Deckung des weltweiten Strombedarfs deutlich größer als der Anteil der Wasserkraft ist, obwohl in Wahrheit der Anteil der Wasserkraft etwas höher ist.

**Bild 1.3** Entwicklung der jährlichen Welt-Erdölförderung (Daten: [Hil95, BP14])

In Tabelle 1.4 sind sonstige Energieträger wie Biomasse (Brennholz oder pflanzliche Reststoffe) sowie Wind- und Solarenergie nicht enthalten, die im Jahr 2007 zusammen einen Anteil von rund 50 000 PJ am Primärenergieverbrauch hatten.

**Tabelle 1.4** Weltprimärenergieverbrauch ohne Biomasse und „Sonstige" [Enq95, BP14]

| PJ | 1925 | 1938 | 1950 | 1960 | 1980 | 1995 | 2013 |
|---|---|---|---|---|---|---|---|
| Feste Brennstoffe [1] | 36 039 | 37 856 | 46 675 | 58 541 | 77 118 | 94 973 | 160 216 |
| Flüssige Brennstoffe [2] | 5 772 | 11 017 | 21 155 | 43 921 | 117 112 | 136 666 | 175 222 |
| Naturgas | 1 406 | 2 930 | 7 384 | 17 961 | 53 736 | 81 056 | 126 458 |
| Wasserkraft [3] | 771 | 1 774 | 3 316 | 6 632 | 16 732 | 23 873 | 35 831 |
| Kernenergie [3] | 0 | 0 | 0 | 0 | 6 741 | 22 027 | 23 580 |
| Gesamt | 43 988 | 53 577 | 76 473 | 127 055 | 271 439 | 358 595 | 521 307 |

[1] Braunkohle, Steinkohle u.a.  [2] Erdölprodukte  [3] Mit Wirkungsgrad von 38 % gewichtet

Der Energiebedarf der Welt wird in den nächsten Jahren weiterhin stark zunehmen. Während der Energieverbrauch der Industrieländer langsamer wächst, gibt es in vielen Schwellenländern mit hohem Wirtschaftswachstum einen großen Nachholbedarf. Außerdem wird die Weltbevölkerung in den nächsten Jahrzehnten stark ansteigen. Ein Anstieg des Energiebedarfs bis Ende des Jahrhunderts um den Faktor 3 bis 6 ist daher durchaus realistisch. Hierdurch werden sich die Probleme der heutigen Energieversorgung sowie die Folgen des Treibhauseffekts um diesen Faktor verstärken, und die Vorräte an fossilen Brennstoffen werden noch schneller zur Neige gehen.

Der Energiebedarf auf der Erde ist sehr ungleichmäßig verteilt, wie aus Bild 1.4 hervorgeht. Zwar hat der Primärenergiebedarf in Europa, in Asien und in Nordamerika jeweils einen sehr hohen Anteil, jedoch ist die Bevölkerung Asiens sechsmal größer als in Europa und sogar um mehr als das Zehnfache größer als in Nordamerika. Bevölkerungsreiche, aber wirtschaftlich schwach entwickelte Kontinente wie Südamerika oder Afrika spielen bei der Struktur des Weltprimärenergieverbrauchs heute noch eine Nebenrolle. Auf die ungleiche Verteilung des Energieverbrauchs wird später noch einmal bei der Darstellung der Pro-Kopf-Kohlendioxid-Emission eingegangen, die eng mit dem Energieverbrauch verknüpft ist.

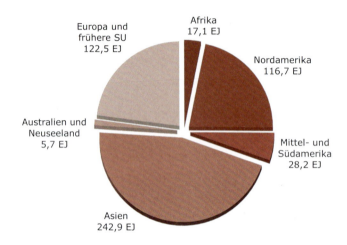

**Bild 1.4** Primärenergieverbrauch 2013 der Welt nach Regionen (Daten: [BP14])

## 1.2.2 Entwicklung des Energiebedarfs in Deutschland

Bis Ende der 1970er-Jahre hat der Energiebedarf in Deutschland stetig zugenommen, geprägt von der Annahme, dass Wirtschaftswachstum und Energieverbrauch eng miteinander gekoppelt sind. Erst die Ölkrisen der 1970er- und 1980er-Jahre führten zu anderen Erkenntnissen und Verhaltensweisen. Jetzt war Energiesparen angesagt, und leere Autobahnen an autofreien Sonntagen offenbarten die starke Abhängigkeit von den fossilen Energieträgern. Man begann wieder ernsthaft über den Ausbau der Nutzung erneuerbarer Energieträger nachzudenken. Doch nach der Entspannung auf dem Energiemarkt durch sinkende Ölpreise wurden diese neuen Ansätze wieder zurückgedrängt, und der gewöhnt verschwenderische Umgang mit den Energieressourcen hielt erneut Einzug. Die stark steigenden Ölpreise und das gewachsene öffentliche Interesse für Klimaschutz ermöglicht nach der Jahrtausendwende neue Perspektiven bei der Energieversorgung. Der Umbau der Energieversorgung ist jedoch beschwerlich und wird an vielen Stellen immer noch unnötig erschwert.

Seit Anfang der 1980er-Jahre haben sich jedoch einige Details grundlegend geändert. Der Energieverbrauch stagnierte trotz anhaltenden Wirtschaftswachstums auf hohem Niveau, und es setzte sich die Erkenntnis durch, dass Energieverbrauch und Bruttonational-

## 1.2 Entwicklung des Energiebedarfs

einkommen nicht zwangsläufig miteinander gekoppelt sind, also steigender Wohlstand auch bei stagnierendem oder sinkendem Energieverbrauch möglich ist.

Auf den Energieverbrauch der 1980er- und 1990er-Jahre hatten weitere Ereignisse entscheidenden Einfluss. Durch den nicht unumstrittenen Ausbau der Kernenergie und einen Stromverbrauch, der deutlich unter den Erwartungen lag, gab es eine Überkapazität an Kraftwerken zur Stromerzeugung, die zu Lasten des Kohleverbrauchs ging. Das Unglück im ukrainischen Kernkraftwerk Tschernobyl im Jahre 1986 entzog der Kernenergie endgültig die gesellschaftliche Unterstützung. Ein weiterer Ausbau der Kernenergienutzung war nicht durchzusetzen, und der Anteil der Kernenergie an der Deckung des Primärenergiebedarfs blieb in Deutschland lange Zeit mit rund 10 % konstant. Seit dem Atomunfall in Fukushima ist der Atomausstieg in Deutschland für das Jahr 2022 beschlossen, und der Kernenergieanteil geht schrittweise zurück.

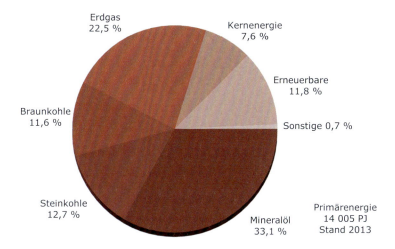

**Bild 1.5** Anteile verschiedener Energieträger am Primärenergieverbrauch in Deutschland im Jahr 2013 (Daten: [AGEB14])

Nach dem Fall der Mauer und durch die Wiedervereinigung wurden große Wirtschaftsbereiche in Ostdeutschland stillgelegt. Hierdurch kam es zu einem Sinken des Gesamtenergieverbrauchs in Deutschland, der andernfalls weiter gestiegen wäre. Vor allem der Abbau von Braunkohle wurde stark reduziert, aber auch die Steinkohle geriet aufgrund der hohen Kosten unter starken Druck. Gewinner der Verlagerung des Energiebedarfs auf andere Energieträger sind Erdgas und erneuerbare Energieträger wie Wind- und Sonnenenergie sowie Biomasse.

Derzeit ist die Energiewirtschaft in Deutschland noch weitgehend auf die Nutzung fossiler Energieträger ausgerichtet. Mit rund 80 % deckten sie im Jahr 2013 immer noch den größten Anteil des Primärenergiebedarfs (Bild 1.5). Inzwischen haben erneuerbare Energien jedoch einen spürbaren Anteil erobert. Lange Zeit wurde ihnen keine Bedeutung zugewiesen. Außer der Wasserkraft wurden sie häufig unter der Rubrik „Sonstige" geführt oder überhaupt nicht erwähnt.

Bei der **Struktur des Energieverbrauchs** in Deutschland haben sich in der Vergangenheit nur leichte Verlagerungen ergeben. Der Verbrauch der Sektoren Industrie, Haushalte und Verkehr bewegt sich dabei jeweils in der gleichen Größenordnung.

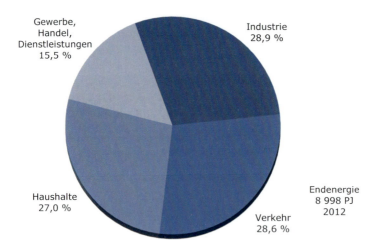

**Bild 1.6** Anteile verschiedener Sektoren am Endenergieverbrauch in Deutschland im Jahr 2012  (Daten: [BMWi])

Exemplarisch soll die Entwicklung des Ausbaus regenerativer Energien am Bereich der Elektrizitätsversorgung in Deutschland veranschaulicht werden. Bild 1.7 zeigt, dass es hier bei den erneuerbaren Energien ein beachtliches Wachstum gibt. In den letzten 20 Jahren hat sich die regenerative Stromerzeugung mehr als verfünffacht. Setzt sich der Boom bei den regenerativen Energien in den nächsten Jahren ungebremst fort, sind bereits bis zum Jahr 2040 in Deutschland Anteile von 90 % bis 100 % erreichbar.

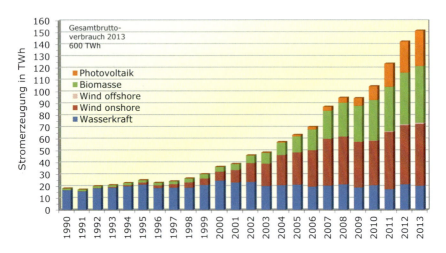

**Bild 1.7** Nutzung erneuerbarer Energien durch die Elektrizitätswirtschaft in Deutschland [Qua14]

## 1.3 Reichweite konventioneller Energieträger

Wie bereits in den vorangegangenen Abschnitten erläutert, basiert unsere heutige Energieversorgung noch zu einem großen Teil auf fossilen Energieträgern. Die fossilen Energieträger wie Erdgas, Erdöl, Stein- oder Braunkohle sind über einen Zeitraum von Jahrtausenden in der Vorgeschichte unserer Erde entstanden. Sie haben sich hauptsächlich aus pflanzlichen oder tierischen Substanzen gebildet, sind also die gespeicherte Biomasse aus früheren Zeiten. Ein großer Teil der so entstandenen fossilen Energieträger wurde in den letzten 100 Jahren verbraucht. Durch zunehmende Ausbeutung fossiler Lagerstätten wird die Förderung in Zukunft immer schwieriger, technisch aufwändiger, riskanter und dadurch mit höheren Kosten verbunden sein. Sollte der Umfang der fossilen Energienutzung weiter anhalten oder gar noch steigen, werden sämtliche ökonomisch erreichbaren Vorkommen von Erdöl und Erdgas bereits im 21. Jahrhundert aufgebraucht und lediglich die Kohlevorräte noch etwas darüber hinaus verfügbar sein (Tabelle 1.5). Somit werden wenige Generationen sämtliche fossilen Energievorräte der letzten Jahrmillionen vollständig ausgebeutet haben. Zukünftige Generationen können auf diese Energieträger nicht mehr zurückgreifen.

Eine genaue Bestimmung der tatsächlich vorhandenen Reserven an fossilen Energieträgern ist nur schwer möglich, da nur der Umfang der bereits erkundeten Fördergebiete angegeben werden kann. Welche Vorratsmengen in Zukunft noch entdeckt werden, kann heute nur grob abgeschätzt werden. Doch selbst wenn neue große Lagerstätten von fossilen Energieträgern entdeckt werden sollten, ändert dies nichts an der Tatsache, dass fossile Energien begrenzt sind. Lediglich deren Reichweite kann um einige Jahre verlängert werden.

Bei den Angaben der Vorräte sind die sicher gewinnbaren Reserven, also die Vorräte, die durch Exploration, Bohrungen und Messungen nachgewiesen und technisch sowie wirtschaftlich erschließbar sind, von Bedeutung. Hinzu kommen zusätzlich gewinnbare Ressourcen, deren Vorkommen heute noch nicht sicher nachgewiesen und deren Umfang mit einer gewissen Unsicherheit behaftet ist. Dividiert man die sicher gewinnbaren Reserven eines Energieträgers durch den derzeitigen Jahresverbrauch, ergibt sich die statistische Reichweite. Diese kann bei zunehmendem Energieverbrauch niedriger, bei zusätzlich erschlossenen Ressourcen aber auch höher ausfallen.

**Tabelle 1.5** Reserven fossiler Energieträger im Jahr 2012 (Daten: [BGR13])

|  | Erdöl | Erdgas | Steinkohle |
|---|---|---|---|
| Sicher gewinnbare Reserven | 216,6 Mrd. t | 196,2 Bill. m$^3$ | 769,0 Mrd. t |
| Förderung im Jahr 2010 | 4,137 Mrd. t [1] | 3,389 Bill. m$^3$ | 6,835 Mrd. t |
| Reichweite bei heutiger Förderung | 52 Jahre | 58 Jahre | 113 Jahre |
| Zusätzlich gewinnbare Ressourcen | 331,4 Mrd. t [1] | 628,8 Bill. m$^3$ [1] | 17 143 Mrd. t [2] |
| Kumulierte Förderung | 170,8 Mrd. t | 102,8 Bill. m$^3$ | k.A. |

[1] konventionelle und nicht konventionelle Vorkommen wie Ölsande oder Schiefergas  [2] Gesamtressourcen

Auch die Uranvorkommen der Erde zum Betrieb von Atomkraftwerken sind begrenzt. Die geschätzten weltweiten Vorräte betragen etwa 15 Mio. t, davon sind 7,5 Mio. t noch unentdeckt und rein spekulativ (Tabelle 1.6). Derzeit werden weltweit nur etwa 4 % des

Primärenergiebedarfs durch die Kernenergie gedeckt. Sollte der gesamte Primärenergiebedarf der Erde durch die Kernenergie gedeckt werden, würden die hinreichend sicher nachgewiesenen, wirtschaftlich gewinnbaren Vorräte mit Kosten bis zu 80 US$/kg U gerade einmal zwei Jahre reichen. Durch Brutreaktoren könnte die Reichweite zwar etwas gesteigert werden, dennoch stellt die Atomenergie auf Basis der Kernspaltung aufgrund der stark begrenzten Reserven keine Alternative zu den fossilen Brennstoffen dar.

**Tabelle 1.6** Uranvorräte im Jahr 2012 [BGR13]

| | Vorräte zu Gewinnungskosten | | Insgesamt |
|---|---|---|---|
| | bis 80 US$/kg U | 80 ... 260 US$/kg U | |
| Hinreichend sicher nachgewiesene Vorräte | 2,167 Mt | 2,566 Mt | 4,733 Mt $\hat{=}$ 2 367 EJ |
| vermutete Ressourcen | | 2,882 Mt | 2,882 Mt $\hat{=}$ 1 441 EJ |
| unentdeckte Vorkommen | | 7,570 Mt | 7,570 Mt $\hat{=}$ 3 785 EJ |

1 t U = $5 \cdot 10^{14}$ J

Aufgrund der begrenzten Vorkommen konventioneller Energieträger werden nur wenige der heutigen Technologien das 21. Jahrhundert überdauern. Schon deshalb sollte bereits jetzt begonnen werden, die Energiewirtschaft hierauf einzustellen. Viele Gründe sprechen dafür, damit bereits vor der nahenden Erschöpfung konventioneller Energievorräte zu beginnen. Auf zwei dieser Gründe, nämlich den Treibhauseffekt und die Risiken der Atomkraft, wird in den nächsten beiden Abschnitten näher eingegangen.

## 1.4 Der Treibhauseffekt

Ohne den schützenden Einfluss der Atmosphäre würden auf der Erde Temperaturen von etwa −18 °C herrschen. Durch verschiedene natürliche Spurengase, wie Wasserdampf oder Kohlendioxid ($CO_2$), in der Atmosphäre wird das eintreffende Sonnenlicht wie in einem Treibhaus zurückgehalten. Hierbei kann man zwischen einem natürlichen und einem anthropogenen Treibhauseffekt, das heißt einem vom Menschen verursachten Treibhauseffekt, unterscheiden, der in Bild 1.8 veranschaulicht wird.

Der vorhandene **natürliche Treibhauseffekt** ermöglicht erst ein Leben auf unserer Erde. Die von der Sonne eintreffende Strahlung erwärmt die Erdoberfläche. Dadurch hat sich auf der Erde eine mittlere Temperatur von etwa +15 °C eingestellt. Ohne den natürlichen Treibhauseffekt würde ein Großteil der Wärmestrahlung von der Erdoberfläche in den Weltraum abgestrahlt, und die mittlere Temperatur auf der Erdoberfläche wäre um ca. 33 °C niedriger. Bei den Spurengasen in der Atmosphäre hat sich in den letzten Jahrtausenden ein Gleichgewicht ausgebildet, welches das Leben in der Form, wie wir es heute kennen, ermöglicht hat. Gewiss gab es aus verschiedenen Ursachen über die Jahrtausende immer wieder Temperaturschwankungen, wie nicht nur die verschiedenen Eiszeiten belegen. Dennoch haben sich diese Temperaturänderungen der letzten Jahrtausende meist über längere Zeiträume vollzogen, sodass die Natur eine Möglichkeit hatte, sich an die geänderten Verhältnisse anzupassen. Noch nie waren Lebewesen für einen extremen Temperaturanstieg verantwortlich.

## 1.4 Der Treibhauseffekt

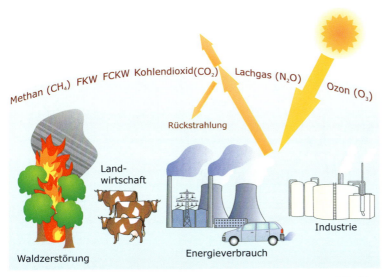

**Bild 1.8** Entstehung des anthropogenen (vom Menschen verursachten) Treibhauseffekts

Durch den zunehmenden Energieverbrauch, aber auch durch andere Einflüsse auf die Umwelt werden große Mengen an Spurengasen in die Atmosphäre emittiert, die den **anthropogenen Treibhauseffekt** verursachen. Daten wichtiger Treibhausgase sind in Tabelle 1.7 zusammengefasst. Hierbei haben die verschiedenen anthropogenen Treibhausgase sehr unterschiedliche Verursacher.

Mit 56 % Anteil am Treibhauseffekt ist **Kohlendioxid** ($CO_2$), das bei der Verbrennung fossiler Brennstoffe und der Biomassenutzung entsteht, mit Abstand das bedeutendste Treibhausgas. Biomasse, die nur in dem Maß genutzt wird, wie sie im gleichen Zeitraum wieder nachwachsen kann, verhält sich weitgehend $CO_2$-neutral. Bei der Brandrodung tropischer Urwälder werden hingegen Unmengen an $CO_2$ freigesetzt, das in den letzten Jahrzehnten oder gar Jahrhunderten von den Pflanzen gebunden wurde. Die Verbrennung fossiler Brennstoffe ist aber für den größten Teil der anthropogenen $CO_2$-Emissionen verantwortlich. Der Anteil der **Verbrennung** von fossilen Brennstoffen an den $CO_2$-Emissionen beträgt derzeit 74 % mit steigender Tendenz. Die Konzentration von $CO_2$ ist bereits von 280 ppmv (parts per million volumenbezogen) im Jahr 1850 auf 395 ppmv im Jahr 2013 angestiegen (Bild 1.9) und wird sich bei fortgesetztem Ausstoß in den nächsten Jahrzehnten mehr als verdoppeln. Der heutige $CO_2$-Gehalt in der Atmosphäre ist nachweislich höher als zu irgendeinem Zeitpunkt der vergangenen 650 000 Jahre.

Anthropogenes **Methan** ($CH_4$) wird als Grubengas beim Kohlebergbau, bei der Gewinnung von Erdgas, bei Mülldeponien sowie in der Landwirtschaft beim Reisanbau und bei der Rinderzucht freigesetzt. Ein Großteil der Methanemissionen ist ebenfalls auf die Nutzung fossiler Brennstoffe zurückzuführen. Auch wenn der Anteil von Methan in der Atmosphäre weniger als 1 % des Anteils von $CO_2$ beträgt, hat das Methan dennoch eine sehr große Klimarelevanz. Mit anderen Worten: Das Treibhauspotenzial von Methan ist deutlich größer als das von $CO_2$, sodass bei Methan bereits viel kleinere Mengen kritisch sind. 2012 betrug das mittlere troposphärische Mischungsverhältnis für Methan mit rund 1,819 ppmv mehr als das Zweieinhalbfache des vorindustriellen Wertes von 0,7 ppmv.

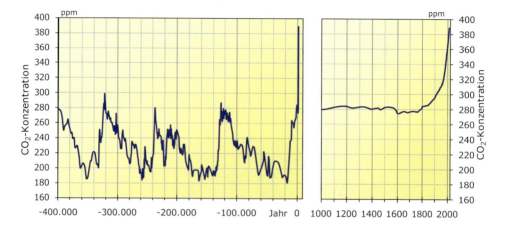

**Bild 1.9** Entwicklung der Kohlendioxidkonzentration in der Atmosphäre über die letzten 400 000 Jahre und in jüngerer Vergangenheit. (Daten: CDIAC, http://cdiac.ornl.gov und www.esrl.noaa.gov/gmd/aggi)

**Fluorchlorkohlenwasserstoffe** (FCKW) wurden zum Beispiel als Kältemittel bei Kühlschränken oder als Treibmittel in Spraydosen in großen Mengen eingesetzt. FCKW wie R11 oder R12 sind hauptsächlich durch ihren zerstörerischen Einfluss auf die Ozonschicht in der 10 km bis 50 km hohen Stratosphäre in Verruf geraten. Deshalb wurde eine schrittweise Reduzierung der FCKW-Produktion beschlossen, sodass sich der Konzentrationsanstieg deutlich verlangsamt hat oder gar rückläufig ist. Das Treibhauspotenzial der FCKW spielte bei dieser Diskussion nur eine untergeordnete Rolle. Viele Ersatzstoffe für FCKW wie HFKW-23 oder R134a beeinträchtigen zwar die Ozonschicht nicht mehr, besitzen aber ebenfalls ein großes Treibhauspotenzial.

**Distickstoffoxid** ($N_2O$) entsteht bei der Brandrodung tropischer Regenwälder und vor allem beim Einsatz von mineralischem Stickstoffdünger in der Landwirtschaft. Der Anteil von $N_2O$ lag 2012 mit 0,325 ppmv zwar nur 20 % über dem vorindustriellen Wert, aber $N_2O$ ist aufgrund seiner langen Verweilzeit in der Atmosphäre kritisch zu bewerten.

**Tabelle 1.7** Charakteristika verteilter Treibhausgase in der Atmosphäre [IPC07, IPC13, NOAA14]

| Treibhausgas | $CO_2$ | $CH_4$ | $N_2O$ | R11 | R12 | R134a |
|---|---|---|---|---|---|---|
| Konzentration 2012 in ppm | 393 | 1,819 | 0,325 | 0,00024 | 0,00052 | 0,00008 |
| vorindustrielle Konzentr. in ppm | 278 | 0,7 | 0,27 | 0 | 0 | 0 |
| Verweilzeit in der Atmosphäre und Biosphäre in Jahren | 5 ... 200 | 12 | 114 | 45 | 100 | 14 |
| Konzentrationsanstieg in %/Jahr | 0,5 | 0,4 | 0,3 | -0,9 | -0,3 | 8 |
| Spezifisches Treibhauspotenzial | 1 | 21 | 310 | 4750 | 10900 | 1300 |
| Anteil am Treibhauseffekt in % | 56 | 32 | 6 | 6 (alle CFC) | | |

Die Bildung von bodennahem **Ozon** ($O_3$) wird durch Schadstoffe, zum Beispiel aus dem motorisierten Straßenverkehr, begünstigt, die wiederum aus der Verbrennung fossiler Energieträger stammen. Durch Menschen emittierter **stratosphärischer Wasserdampf**

($H_2O$) hat auch einen Anteil am Treibhauseffekt. Darüber hinaus gibt es noch weitere Gase, deren Einfluss auf den Treibhauseffekt aber nur sehr schwer zu bewerten ist.

Die verschiedenen anthropogenen Treibhausgase können unterschiedlichen Verursachergruppen wie folgt zugeordnet werden:

- Nutzung fossiler Energieträger           50 %,
- Industrie                                19 %,
- tropische Regenwälder (Verbrennung, Verrottung)  17 %,
- Landwirtschaft                           14 %.

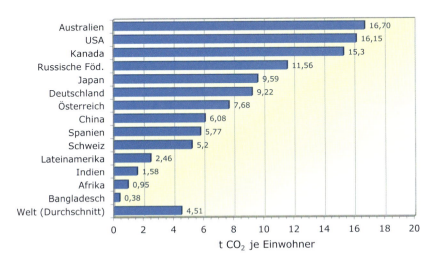

**Bild 1.10** Energiebedingte Pro-Kopf-$CO_2$-Emissionen verschiedener Länder im Jahr 2012 [IEA14]

Hierbei fallen die Anteile regional stark unterschiedlich aus. Während in den Entwicklungsländern vor allem die Verbrennung der tropischen Regenwälder und die Landwirtschaft zum Treibhauseffekt beitragen, spielt in den Industrienationen die Verbrennung fossiler Energieträger die Hauptrolle. Der Energieverbrauch und damit auch die $CO_2$-Emissionen sind regional auf der Erde stark unterschiedlich verteilt, wie aus Bild 1.10 hervorgeht.

In Deutschland wird im Vergleich zu Afrika pro Kopf rund das 10fache an $CO_2$ erzeugt, in Nordamerika sogar das 18fache. Würden alle Menschen auf der Erde genauso viel $CO_2$ emittieren wie ein Nordamerikaner, würden sich die $CO_2$-Emissionen der Erde fast vervierfachen und der anthropogene Treibhauseffekt mehr als verdoppeln.

Die Ursachen für die Klimaveränderungen waren lange Zeit sehr umstritten. Auch heute tauchen immer wieder Studien auf, welche den anthropogenen Treibhauseffekt insgesamt in Frage stellen. So wird zum Beispiel der Anstieg der bodennahen Durchschnittstemperaturen um 0,85 °C zwischen 1880 und 2012 als natürliche Schwankung verharmlost. Die Verfasser solcher Studien sind meist in Kreisen zu finden, die deutliche Nachteile durch Veränderungen in der Energiewirtschaft zu erwarten hätten.

Zahlreiche Indizien belegen heute schleichende Klimaveränderungen [IPC07, EEA10]:

- 13 der 14 wärmsten Jahre seit Beginn der Temperaturmessungen im Jahr 1850 fielen auf den Zeitraum von 2000 bis 2013.
- Die 2000er-Jahre waren die wärmste Dekade seit Beginn der Temperaturmessungen.
- Die weltweite Schneebedeckung hat um mehr als 10 % seit den späten 1960er-Jahren abgenommen.
- Die sommerliche arktische Meereisbedeckung ist von 7,5 Millionen km² im Jahr 1982 auf 3,5 Millionen km² im Jahr 2012 zurückgegangen.
- Die Alpengletscher haben zwischen 1850 und 2009 bereits zwei Drittel ihres Volumens verloren.
- Die Meeresspiegel sind zwischen 1961 und 2003 im Mittel um 1,8 mm pro Jahr und zwischen 1993 und 2010 sogar um 3,2 mm pro Jahr angestiegen.
- In nördlichen Breiten haben im 20. Jahrhundert die Niederschläge um 0,5 bis 1 % pro Jahrzehnt zugenommen.
- Häufigkeit und Intensität von Dürreperioden in Afrika und Asien sind angestiegen.

Eine detaillierte Vorhersage über die Folgen des anthropogenen Treibhauseffekts ist nicht möglich. Man kann nur über verschiedene Klimamodelle versuchen, die Auswirkungen durch die Zunahme der Treibhausgase abzuschätzen.

Wird der anthropogene Treibhauseffekt und vor allem der Verbrauch fossiler Energieträger nicht gebremst, werden sich die $CO_2$-Konzentrationen in der Atmosphäre gegenüber den vorindustriellen Werten im nächsten Jahrhundert mehr als verdoppeln. Dies wird eine Steigerung der globalen Durchschnittstemperatur bis zum Ende des 21. Jahrhunderts um mehr als 2 °C gegenüber dem heutigen Wert zur Folge haben. Insgesamt schwanken die Vorhersagen je nach Entwicklung der Treibhausgasemissionen zwischen +1 °C und rund +6 °C. Derartige Temperaturanstiege sind mit denen zwischen der Eiszeit vor 18 000 Jahren und der jetzigen Warmzeit vergleichbar, nur dass diese Änderungen in etwa 100 Jahren ablaufen, während der Übergang von der letzten Eiszeit zur heutigen Warmzeit rund 5000 Jahre dauerte.

Eine Temperaturerhöhung um insgesamt 2 °C oder um mehr als +0,1 °C pro Jahrzehnt gilt bereits als ein Wert, der voraussichtlich katastrophale Auswirkungen für die Menschheit, deren Ernährungssituation und die Ökosysteme haben wird. Der unvermindert fortschreitende Treibhauseffekt wird voraussichtlich verheerende Einflüsse auf die Waldbestände der Erde und die Landwirtschaft haben. Die Ernährungssituation der Menschheit wird sich durch abnehmende landwirtschaftliche Produktion deutlich verschlechtern. Die Folge sind Hungersnöte und zunehmende Völkerwanderungen mit ihren sozialen Problemen. Es kann weiterhin davon ausgegangen werden, dass durch die globale Erwärmung die Intensität und Stärke der Stürme sowohl in den mittleren Breitengraden als auch in den tropischen Regionen zunehmen und schwerste Verwüstungen verursachen werden. Die Meeresspiegel werden im Verlauf des Jahrhunderts um rund einen Meter ansteigen. Bereits bei einer Temperaturerhöhung von 2 °C geht man derzeit von einem Meeresspiegelanstieg von 2,7 m bis zum Jahr 2300 aus [Sch12]. Langfristig wird jedes Grad Temperaturerhöhung einen Meeresspiegelanstieg um 2,3 m verursachen [Lev13].

## 1.4 Der Treibhauseffekt

Damit ist im Extremfall sogar ein Anstieg von 30 m und mehr nicht ausgeschlossen. Alleine das Abtauen der Grönland-Eismassen würde zu einem Meeresspiegelanstieg von 7 m führen. Dies hätte für die Küstenregionen der Erde katastrophale Auswirkungen, was unter anderem Flutkatastrophen der jüngsten Vergangenheit belegen. So starben allein in Bangladesch bei Überschwemmungen im Jahre 1991 schätzungsweise 139 000 Menschen. Es ist zu befürchten, dass zahlreiche tiefer gelegene Regionen und Inseln bereits in diesem Jahrhundert von der Landkarte verschwinden werden.

Die Tatsache, dass sich der Treibhauseffekt nicht mehr aufhalten lässt, stößt allgemein auf breiten Konsens. Allerdings ist selbst die Beschränkung der weltweiten Erwärmung auf Werte unter +2 °C nur realistisch, wenn hierfür enorme Anstrengungen erbracht werden. Um das **Zwei-Grad-Ziel** mit einer Wahrscheinlichkeit von 67 % zu erreichen, dürfen zwischen 2010 und 2050 maximal 750 000 Mt Kohlendioxid und danach nur noch eine kleine Menge ausgestoßen werden [WBG08]. Früher war man noch davon ausgegangen, dass es ausreichend wäre, die Kohlendioxidemissionen bis 2050 um 80 % zu reduzieren. Nun müssen diese durch den fortgesetzt starken Anstieg der Emissionen der letzten Jahre bereits bis zwischen 2040 und 2050 auf nahe null zurückgeführt werden (Bild 1.11).

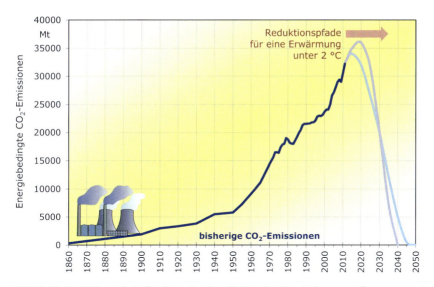

**Bild 1.11** Reduktionspfade für die weltweiten Kohlendioxidemissionen zur Begrenzung der globalen Erwärmung auf weniger als 2°C (Daten [WBG08]).

Dies bedeutet faktisch einen vollständigen Ausstieg aus der Nutzung fossiler Brennstoffe und die Einführung einer ausschließlich auf erneuerbaren Energien basierenden Energieversorgung bereits bis Mitte dieses Jahrhunderts. Das ist technisch und ökonomisch problemlos zu erreichen. Das Tempo des Umbaus der Energiewirtschaft muss dazu aber noch deutlich erhöht werden.

Prinzipiell ist es gut möglich, die Klimaschutzvorgaben auch bei gleichem industriellem Wohlstand einzuhalten. Wichtig ist, dass allen Menschen unserer Gesellschaft die Notwendigkeit der Reduktionen und die eventuellen Folgen bei Nichteinhaltung bewusst gemacht werden. Bereits heute existieren genügend Möglichkeiten, unseren Energiebedarf auch ohne fossile Energieträger zu decken, wie dieses Buch zeigen wird. Da von der bisherigen Energieversorgung nicht wenige finanziell stark profitieren, ist der benötigte radikale Wandel nicht ohne Widerstände zu erreichen. Diese gilt es zum Wohle der künftigen Generationen schnellstmöglich zu überwinden.

So lassen heute Vertreter von Unternehmen der klassischen Energiewirtschaft keine Gelegenheit ungenutzt, die technische Machbarkeit einer vollständigen regenerativen Energieversorgung oder gar den Klimawandel an sich infrage zu stellen. Dabei sind diese Fragen heute bereits eindeutig beantwortet. Im Grunde geht es nicht mehr darum, ob es sinnvoll ist, auch ohne fossile Energien auszukommen. Im Hinblick auf die Notwendigkeit der enormen $CO_2$-Reduktionen müssen wir lediglich entscheiden, ab wann letztendlich unsere Gesellschaft bereit ist, auf fossile Energien zu verzichten.

## 1.5 Kernenergie contra Treibhauseffekt

### 1.5.1 Kernspaltung

Da die Nutzung der fossilen Energieträger zur Begrenzung des Treibhauseffekts in den nächsten Jahrzehnten deutlich verringert werden muss, sind zur Deckung des Energiebedarfs andere Energieträger notwendig. Eine Option stellt die Nutzung der Kernenergie dar, wobei zwischen Kernspaltung und Kernfusion unterschieden wird.

Alle in Betrieb befindlichen Atomkraftwerke verwenden die Kernspaltung zur Bereitstellung elektrischer Energie. Hierzu werden Atome des Uran-Isotops $^{235}U$ mit Neutronen beschossen, wobei es zu einer Spaltung des Urans kommt. Hierbei entstehen neben anderen Spaltprodukten zwei neue Atome wie Krypton $^{90}Kr$ und Barium $^{143}Ba$. Außerdem werden freie Neutronen $^{1}n$ erzeugt, die nun wiederum auf Urankerne treffen und diese spalten können. Die Masse der atomaren Bausteine nach der Kernspaltung ist hierbei geringer als zuvor. Durch diesen sogenannten Massendefekt wird Energie $\Delta E$ in Form von Wärme frei, die technisch genutzt werden kann. Der ganze Vorgang kann durch die Kernreaktionsgleichung

$$^{235}_{92}U + ^{1}_{0}n \rightarrow ^{90}_{36}Kr + ^{143}_{56}Ba + 3^{1}_{0}n + \Delta E \tag{1.4}$$

beschrieben werden. Das Uran für die atomare Nutzung kommt in der Natur nicht in der benötigten Form vor, sondern muss aus Uranerz gewonnen werden. Gesteine, deren Gehalt an Uranoxid mehr als 0,1 Prozent beträgt, gelten heute als abbauwürdige Uranerze. Beim Uranabbau fallen große Mengen Abraum an, der keinesfalls nur ungefährliche Gesteinsreste enthält, sondern durch zahlreiche radioaktive Rückstände belastet ist, die unter anderem Krebs hervorrufen können. Das benötigte Uran-235 ist in dem aus dem Uranerz gewonnenen Urandioxid nur zu einem Bruchteil von 0,7 % enthalten. Den größten Anteil bildet Uran-238, das sich nicht direkt für die Kernspaltung eignet. Das Uran muss in aufwändigen Großanlagen in energieintensiven Prozessen angereichert werden, das heißt, der Anteil des spaltbaren Uran-235 sollte auf etwa 2 % bis 4 % erhöht werden.

Weltweit waren im Ende 2013 insgesamt 435 Kernkraftwerke mit einer elektrischen Nettoleistung von 378 070 MW in Betrieb. Die durchschnittliche Leistung eines Atomkraftwerks liegt damit bei 869 MW. Derzeit ist der Anteil der Kernenergie am weltweiten Primärenergieaufkommen mit rund 5 % jedoch verhältnismäßig gering. In Deutschland

## 1.5 Kernenergie contra Treibhauseffekt

betrug 2013 der Anteil der Kernenergie am Primärenergiebedarf 7,6 %. An der Stromerzeugung in Deutschland war die Kernenergie im gleichen Jahr mit etwa 16,2 % beteiligt. In anderen Ländern spielt die Kernenergie eine sehr unterschiedliche Rolle bei der Stromerzeugung, wie aus Bild 1.12 hervorgeht.

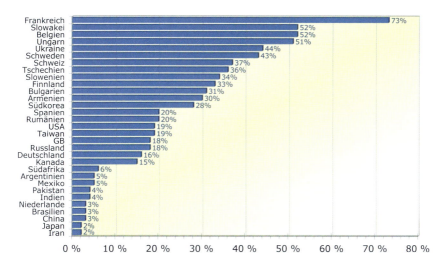

**Bild 1.12** Anteil der Atomkraft an der Stromerzeugung im Jahr 2013 (Daten: [atw14])

Während in Frankreich die Kernenergie bei der Stromerzeugung vorherrscht, kommen andere Industrienationen wie Dänemark oder Österreich völlig ohne Kernenergie aus. Italien ist nach dem Reaktorunglück in Tschernobyl aus der Kernenergienutzung ausgestiegen. Dabei muss nicht zwangsweise mehr $CO_2$ durch fossile Energien entstehen. In Norwegen werden heute weit über 90 % des Elektrizitätsbedarfs klimaverträglich über Wasserkraft gedeckt, in Island durch Wasserkraft und Erdwärme (Geothermie). In Großbritannien könnte der gesamte Elektrizitätsbedarf über die Windenergie befriedigt werden.

Sollten alle derzeit genutzten fossilen Energieträger durch die Atomkraft ersetzt werden, müssten weltweit mindestens 10 000 neue Atomkraftwerke gebaut werden. Da die Lebenszeit eines Atomkraftwerks etwa 30 Jahre beträgt, müssten alle Kraftwerke auch in diesem Zeitraum erneuert werden, das heißt täglich würde ein neuer Reaktor ans Netz gehen. Hierbei müssten Kernkraftwerke auch in politisch instabilen Staaten errichtet werden. Das Risiko von atomaren Unfällen, hervorgerufen durch Sabotage, Kriegshandlungen, leichtsinnige Sorglosigkeit oder gar vom militärischen Einsatz der Atomenergie ist hier ungleich höher.

Die Uranvorkommen der Erde sind begrenzt, wie zuvor erläutert wurde. Sollte ein Großteil der fossilen Energieträger durch die Atomkraft abgelöst werden, wären auch diese Vorräte in kurzer Zeit erschöpft. Zwar könnte die Reichweite durch sogenannte schnelle Brüter gestreckt werden, doch an der Begrenztheit der Uranreserven kann auch diese Technologie nichts ändern. Die Kernspaltung bietet schon deshalb keine Alternative zu den fossilen Energieträgern.

Im Jahr 2011 betrug die Welturanerzeugung 54 610 Tonnen. Bei den geringen Konzentrationen im Uranerz (siehe oben) und der noch notwendigen Anreicherung müssen enorm große Mengen an Erz bearbeitet werden. Schon bei diesem Abbau kommt es zu großen Umweltbelastungen, da die Abbaugebiete radioaktiv verunreinigt werden. Das Uran wird meist weite Strecken transportiert, bei der Verarbeitung werden große Energiemengen verbraucht und für die Kraftwerkserrichtung werden große Material- und Energiemengen benötigt. Zwar entsteht bei der Kernspaltung selbst kein $CO_2$, doch werden sämtliche Prozesse vom Kraftwerksbau über den Uranabbau bis zur Entsorgung betrachtet, entstehen indirekt nicht unerhebliche Mengen an $CO_2$, die zwar wesentlich geringer als bei dem Betrieb eines Kohlekraftwerks sind, aber weit über den vergleichbaren indirekten $CO_2$-Emissionen von Windkraftanlagen liegen.

Ein ganz anderes Risiko bergen der Transport und die Lagerung radioaktiver Stoffe. Einerseits müssen Uran und Brennstäbe zu den verschiedenen Verarbeitungsbetrieben und Kraftwerken und andererseits abgebrannte Brennstoffe und radioaktiver Müll zur Weiterverarbeitung oder zu Zwischen- oder Endlagern transportiert werden. Gefährliche, stark radioaktive Stoffe fallen beim ganz normalen Betrieb eines Kernkraftwerkes an, und auch die abgebrannten radioaktiven Brennstäbe bergen große Risiken. Außer zahlreichen anderen radioaktiven Stoffen enthalten diese knapp 1 % Plutonium, ein höchst riskanter Stoff. Ein Mikrogramm, also ein Millionstel Gramm Plutonium eingeatmet, führt beim Menschen mit ziemlicher Sicherheit zum Tod durch Lungenkrebs. Ein Gramm Plutonium kann also theoretisch eine komplette Großstadt ausrotten. Eine absolute Sicherheit, dass sich beim Transport kein Unglück ereignet, bei dem radioaktive Stoffe freigesetzt werden, kann nicht garantiert werden. Auch die Endlagerung ist problematisch, da die Reststoffe noch über Jahrtausende eine tödliche Gefahr darstellen.

Aber auch der störungsfreie Betrieb eines Atomkraftwerkes ist mit Risiken behaftet. So setzen Atomkraftwerke ständig geringe Mengen an Radioaktivität frei. In jüngster Zeit wurde in der Nähe von Atomkraftwerken eine Zunahme von Leukämiefällen bei Kindern beobachtet.

Die größte Gefährdung geht aber von einem GAU (<u>G</u>rößter <u>A</u>nzunehmender <u>U</u>nfall) in einem Kernkraftwerk aus. Sollte dieser in einem mitteleuropäischen Kraftwerk eintreten, so wären davon Millionen von Menschen betroffen. Durch freigesetzte Radioaktivität würden große Landstriche für lange Zeit unbewohnbar und unzählige Menschen und Tiere müssten den Strahlentod sterben oder würden mittelfristig an Krebserkrankungen zugrunde gehen. Dass ein GAU nicht völlig auszuschließen ist, zeigen die Unfälle in Harrisburg, Tschernobyl und Fukushima und nicht zuletzt auch Horrorszenarios möglicher terroristischer Anschläge.

Am 28. März 1979 ereignete sich in **Harrisburg**, der Hauptstadt des US-Bundesstaats Pennsylvania, ein Reaktorunfall, bei dem große Mengen an Radioaktivität entwichen. Zahlreiche Tiere und Pflanzen wurden dadurch geschädigt und auch die Zahl der menschlichen Totgeburten in der Umgebung hatte nach dem Unglück stark zugenommen.

Am 26. April 1986 kam es in der 50 000 Einwohner zählenden Stadt Prypjat in der Ukraine im Kernkraftwerk **Tschernobyl** zu einem schweren Unfall. Die freigesetzte Radioaktivität führte auch in Deutschland zu dramatisch hohen Strahlenbelastungen. Zahlreiche Helfer, die den Schaden vor Ort einzudämmen versuchten, bezahlten diesen

Einsatz mit dem Leben. Verschiedene Untersuchungen belegen eine deutliche Zunahme von Fehlgeburten und Krebserkrankungen infolge der Strahlenbelastung.

Am 11. März 2011 wurde das japanische Kernkraftwerk **Fukushima** durch ein schweres Erdbeben und einen folgenden Tsunami beschädigt. Die Reaktoren wurden zwar noch kontrolliert heruntergefahren. Die nötige Kühlung zur Abfuhr der Nachzerfallswärme konnte jedoch nicht ausreichend sichergestellt werden. Es kam zu Überhitzungen der Brennstäbe, mehreren Explosionen und Bränden. Dadurch wurde die Reaktorhülle beschädigt große Mengen an Radioaktivität traten aus.

Kernenergieanlagen lassen sich nicht nur zivil, sondern auch militärisch nutzen. Aus diesem Grund wurde der Ausbau der zivilen Kernenergie in vielen Staaten von den Militärs vorangetrieben. Die Nutzung der Atomkraft in politisch unsicheren Staaten kann internationale Krisen hervorrufen. Beispiele hierfür waren in den letzten Jahren der Iran, Irak und Nordkorea. Werden die Anstrengungen zur Nutzung der Atomkraft forciert, steigt auch die Wahrscheinlichkeit „atomarer Krisen", und das Risiko, dass Terrorgruppen in den Besitz radioaktiven Materials gelangen, wird weiter zunehmen.

Dem Nutzen der zivilen Kernkraft stehen also viele in ihren Auswirkungen nur schwer abschätzbare Risiken gegenüber. Da neben der Kernenergie auch andere Technologien existieren, die Energieversorgung klimaverträglich sicherzustellen, ist die Forderung nach dem Ausstieg aus der Nutzung der Kernenergie mehr als berechtigt.

## 1.5.2 Kernfusion

In eine ganz neue Technologie der Nutzung der Atomkraft werden derzeit große Hoffnungen gesetzt und Geldsummen investiert: in die Kernfusion. Als Vorbild hierfür dient die Sonne, bei der Energie durch Verschmelzung von Wasserstoffkernen freigesetzt wird. Dieser Vorgang soll auf der Erde nachvollzogen werden, indem Deuterium $^2$D und Tritium $^3$T zu Helium $^4$He verschmolzen werden. Hierbei wird ein Neutron $^1$n und Energie $\Delta E$ freigesetzt. Der Vorgang kann auch durch die Reaktionsgleichung

$$^2_1\text{D} + {}^3_1\text{T} \rightarrow {}^4_2\text{He} + {}^1_0\text{n} + \Delta E \tag{1.5}$$

beschrieben werden. Damit diese Reaktion in Gang kommt, müssen jedoch die Teilchen auf Temperaturen von über eine Million Grad Celsius erhitzt werden. Da kein bekanntes Material diesen Temperaturen standhalten kann, werden andere Technologien wie zum Beispiel der Einschluss der Reaktionsmaterialien durch starke Magnetfelder erprobt.

Die für die Kernfusion benötigten Ausgangsstoffe sind auf der Erde in großer Menge zu gewinnen, sodass die begrenzte Reichweite der Ausgangsstoffe für die Kernfusion kein Problem darstellt. Ob jedoch diese Technologie jemals funktionieren wird, kann derzeit noch nicht mit Sicherheit beantwortet werden. Spötter meinen, das einzige, was sich seit Jahren bei der Kernfusion mit Sicherheit voraussagen lässt, ist die stets gleich bleibende Zeitspanne von 50 Jahren, in der ein funktionierender Reaktor ans Netz gehen soll.

Doch selbst wenn diese Technologie einmal ausgereift sein sollte, sprechen verschiedene Gründe gegen den Ausbau der Kernfusion. Zum einen ist diese Technologie deutlich teurer als die heutige Kernspaltung. Schon aus wirtschaftlichen Gesichtspunkten werden Alternativen wie regenerative Energien zu bevorzugen sein. Zum anderen entstehen auch beim Betrieb einer Fusionsanlage radioaktive Stoffe, von denen eine Gefährdung ausgehen kann. In die Erforschung der Kernfusion wurden bis heute bereits Unsummen an Kapital investiert, die an anderen Stellen dringend fehlen. Der letzte und entscheidende Grund ist die lange Dauer bis zum eventuellen Einsatz dieser Technologie. Für die Bekämpfung des Treibhauseffektes bedarf es bereits heute dringend funktionierender Alternativen. Auf einen in unbestimmter Zukunft funktionierenden Fusionsreaktor darf und kann im Sinne des Klimaschutzes nicht gewartet werden.

## 1.6 Nutzung erneuerbarer Energien

Wenn die Nutzung der fossilen Energien drastisch reduziert werden soll und die Kernenergie keine Alternative bietet, stellt sich die Frage, wie eine zukünftige Energieversorgung aussehen kann. Hierzu muss die Energieproduktivität, wie bereits in der Vergangenheit, deutlich gesteigert werden. Das heißt, derselbe Nutzenergiebedarf muss mit einem wesentlich geringeren Einsatz an Primärenergie gedeckt werden, wodurch der Primärenergiebedarf und die $CO_2$-Emissionen gesenkt werden können.

Als gegenläufige Entwicklung wird der Energiebedarf aufgrund der steigenden Weltbevölkerung und dem Nachholbedarf der Entwicklungsländer weiter zunehmen. Diese Problematik wird durch den „Faktor Vier" von v. Weizsäcker und Lovins treffend beschrieben. In den nächsten 50 Jahren gilt es, bei halbem Energie- bzw. Naturverbrauch den doppelten Wohlstand zu erreichen [Wei96]. Auf diesem Weg werden die erneuerbaren Energien eine entscheidende Rolle spielen, da nur sie den Energiebedarf der Erde klimaverträglich decken können.

Unter dem Begriff **erneuerbare oder regenerative Energien** versteht man die Energiequellen, die unter menschlichen Zeithorizonten unerschöpflich sind. Die erneuerbaren Energien können in die drei Bereiche Sonnenenergie, Planetenenergie und geothermische Energie eingeteilt werden (Bild 1.13). Das jeweilige jährliche Energieangebot auf der Erde beträgt bei der

- Sonnenenergie                                3 900 000 000 PJ/a,
- Planetenenergie (Gravitation)                94 000 PJ/a,
- geothermischen Energie                       996 000 PJ/a.

Durch natürliche Energiewandlungen entstehen Energieformen wie Wind oder Niederschlag. Diese lassen sich dann technisch nutzen, um Wärme, Elektrizität oder Brennstoffe bereitzustellen.

Das jährliche Energieangebot der erneuerbaren Energien ist um Größenordnungen höher als der weltweite Energiebedarf. Theoretisch können die erneuerbaren Energien problemlos den gesamten Weltenergiebedarf decken. Dies heißt nicht zwangsweise, dass ein Umstieg absolut reibungslos durchzuführen ist. Vielmehr ist bei der Nutzung der erneuerbaren Energien im großen Maßstab eine völlig andere Energiewirtschaft aufzubauen, als sie in den letzten Jahrzehnten entstanden ist.

Die herkömmliche Energiewirtschaft basiert zum überwiegenden Teil auf fossilen Energieträgern. Es gilt, diese möglichst preiswert zu fördern, zu transportieren und in zentralen Kraftwerken betriebswirtschaftlich optimiert in andere Energieformen umzuwandeln. Der Vorteil der fossilen Energien ist eine stetige Verfügbarkeit, die Energie kann also genau dann genutzt werden, wenn die Verbraucher es wünschen.

## 1.6 Nutzung erneuerbarer Energien

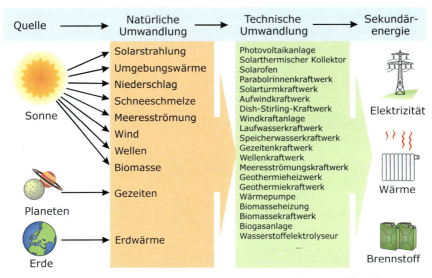

**Bild 1.13** Quellen und Möglichkeiten zur Nutzung regenerativer Energien [Qua13]

Bei den erneuerbaren Energien, wie zum Beispiel bei der Windenergie, herrscht hingegen oftmals ein stark wechselndes Energieangebot. Eine rein auf erneuerbare Energien aufgebaute Energiewirtschaft muss neben der Energiewandlung in gewünschte Energieformen, wie zum Beispiel Strom, auch die Verfügbarkeit der Energie sicherstellen. Dies kann durch Energiespeicherung in großem Maßstab, durch weltweite Energietransporte oder durch Anpassung des Energiebedarfs an das Energieangebot erfolgen. Es ist also nicht mehr die Frage zu klären, ob die erneuerbaren Energien unsere Energieversorgung sicherstellen können, sondern welchen Anteil die unterschiedlichen erneuerbaren Energien erhalten werden, und im Hinblick auf den Treibhauseffekt, wie schnell diese zum Einsatz kommen. Der Umbau unserer Energiewirtschaft stellt somit eine der größten Herausforderungen des 21. Jahrhunderts dar. Die Vielfalt der hierzu nutzbaren erneuerbaren Energien wird im Folgenden kurz vorgestellt.

### 1.6.1 Geothermische Energie

Geothermie ist die Bezeichnung für die Wärme im Erdinneren. Im Erdkern herrschen Temperaturen bis 4600 °C. Diese Temperaturen werden in der Hauptsache durch radioaktiven Zerfall und die dabei frei werdende Energie verursacht. 99 % der Erde sind heißer als 1000 °C. In der Erdkruste ist die Wärme relativ gering, nimmt aber mit größerer Tiefe schnell zu. Welche gewaltigen Energieprozesse im Erdinneren stattfinden, kann eindrucksvoll bei einem Vulkanausbruch beobachtet werden. Durch die großen Temperaturunterschiede von Erdinnerem und Kruste existiert ein ständiger Wärmestrom von innen nach außen. Der gesamte Energieinhalt dieses Wärmestroms liegt in der Größenordnung des Weltprimärenergiebedarfs. Für die großtechnische Nutzung der Geothermie sind jedoch hohe Temperaturen erforderlich. Diese lassen sich durch Tiefenbohrungen anzapfen. Wirtschaftlich interessant ist die Geothermie nur in Regionen mit geothermischen Anomalien. Dort sind bereits in geringen Tiefen technisch nutzbare Temperaturen vorhanden. Zu den begünstigten Ländern zählen unter anderem die Philippinen, Italien,

Mexiko, Japan, Island, Neuseeland und die USA. Im Jahr 2010 waren weltweit rund 10 717 MW an geothermischer Kraftwerksleistung installiert, die über 60 TWh an elektrischer Energie lieferten. Hinzu kommen noch zahlreiche Anlagen zur rein thermischen Nutzung der Erdwärme.

Die Nutzung der Geothermie wird im Kapitel 8 detaillierter vorgestellt.

### 1.6.2 Planetenenergie

Die Planeten, insbesondere unser Mond und die Erde, üben eine wechselseitige Kraft aufeinander aus, die sich durch die Bewegung der Planeten an einem Punkt der Erdoberfläche ständig verändert. Dies lässt sich am besten an den Meeresküsten bei den Gezeiten beobachten. Für die Bewegung der gewaltigen Wassermassen der Ozeane, wie es bei Ebbe und Flut erfolgt, sind enorme Energiemengen notwendig.

Bei besonders großem Tidenhub lässt sich die Gezeitenenergie durch Gezeitenkraftwerke nutzen. Bei Flut fließt das Wasser durch Turbinen in ein Staubecken und bei Ebbe wird das Wasser über Turbinen in das offene Meer zurückgeleitet. Hierbei wird elektrischer Strom erzeugt. Weltweit befinden sich derzeit nur wenige Gezeitenkraftwerke in Betrieb. Durch die notwendigen Stauwehre und Rückhaltebecken sind, wie bei großen Wasserkraftwerken, starke Eingriffe in die Natur notwendig. Der Anteil der Energie, der theoretisch durch Gezeitenkraftwerke bereitgestellt werden könnte, ist verhältnismäßig gering. Gezeitenkraftwerke werden in Kapitel 7 näher beschrieben.

### 1.6.3 Sonnenenergie

Die weitaus größte erneuerbare Energiequelle ist die Sonne. Von der Sonne erreicht im Jahr eine Energiemenge von $3{,}9 \cdot 10^{24}$ J = $1{,}08 \cdot 10^{18}$ kWh die Erdoberfläche. Dies entspricht knapp dem 10 000fachen des Weltprimärenergiebedarfs und beträgt damit weit mehr als alle verfügbaren fossilen oder nuklearen Energiereserven. Wenn es uns nur gelingt, ein Zehntausendstel der auf der Erde eintreffenden Sonnenenergie zu nutzen, könnte der gesamte Energiebedarf der Menschheit durch die Sonne gedeckt werden. Diese Dimensionen werden optisch durch die Energiekugeln in Bild 1.14 verdeutlicht.

Bei der Nutzung der Sonnenenergie wird zwischen direkter und indirekter Sonnenenergie unterschieden. Bei der Nutzung der direkten Sonnenenergie wird die eintreffende Solarstrahlung durch technische Anlagen direkt genutzt. Bei der indirekten Sonnenenergie wird die Sonnenwärme durch natürliche Energiewandlung in andere Energieformen wie Wind, Wasser der Flüsse oder Pflanzenwachstum umgewandelt. Diese indirekten Sonnenenergieformen können dann wiederum mittels technischer Anlagen genutzt werden.

Da die Sonnenenergie die wichtigste erneuerbare Energiequelle darstellt und die Theorie der Sonnenstrahlung für alle Anlagen zur Nutzung der direkten Sonnenenergie von Bedeutung ist, wird dieser Themenkomplex ausführlich in Kapitel 2 behandelt. Verschiedene Techniken zur Nutzung der direkten und indirekten Sonnenenergie werden im Folgenden kurz vorgestellt. Auf sie wird in späteren Kapiteln tiefer eingegangen.

## 1.6 Nutzung erneuerbarer Energien

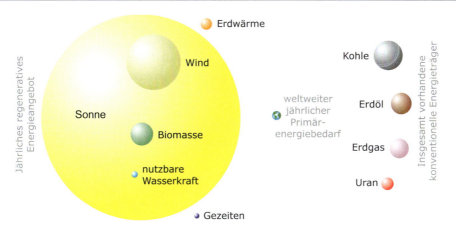

**Bild 1.14** Energiekugeln. Die jährliche Sonneneinstrahlung übertrifft den Energieverbrauch und sämtliche Energiereserven um ein Vielfaches [Qua13]

### 1.6.3.1 Nutzung der direkten Sonnenenergie

Zur Nutzung der direkten Sonnenenergie können unter anderem die folgenden Techniken eingesetzt werden:

- solarthermische Kraftwerke,
- Solarkollektoren zur Wärmeerzeugung,
- Photovoltaik, Solarzellen zur Stromerzeugung,
- Photolyseeinrichtungen zur Brennstofferzeugung.

**Solarthermische Kraftwerke**

Solarthermische Kraftwerke wandeln Sonnenwärme in elektrische Energie um. Hierbei unterscheidet man zwischen

- Parabolrinnen-Kraftwerken,
- Solarturm-Kraftwerken,
- Dish-Stirling-Anlagen,
- Aufwind-Kraftwerken.

Das weltweite Potenzial für solarthermische Kraftwerke ist enorm. Sie könnten theoretisch allein den gesamten Energiebedarf der Menschheit problemlos decken. Mittelfristig können diese Kraftwerke auch zu konventionellen fossilen oder atomaren Kraftwerken vollständig wirtschaftlich konkurrenzfähig werden. Aus ökonomischen Gründen eignen sich solarthermische Kraftwerke aber nur für Gebiete mit hoher Direktbestrahlung. Mit Ausnahme der Aufwindkraftwerke verwenden solarthermische Kraftwerke konzentrierte Solarstrahlung.

Im Jahr 2012 waren weltweit solarthermische Parabolrinnen-Kraftwerke mit einer elektrischen Leistung von über 2000 MW in Betrieb. Die Mehrheit davon befand sich in den USA und Spanien. Derzeit sind weltweit Kraftwerke mit einer Leistung von etlichen GW in Planung oder im Bau. Die konzentrierende Solarthermie wird ausführlich in Kapitel 4, Aufwindkraftwerke werden in Kapitel 3 näher beschrieben.

## Solarkollektoren zur Wärmeerzeugung

Solarthermische Anlagen können nicht nur für die Erzeugung von Hochtemperaturwärme oder elektrischem Strom eingesetzt werden, sondern auch zur Deckung des Bedarfs an Niedertemperaturwärme zur Raumheizung oder Brauchwassererwärmung. Während Kollektoranlagen zur Raumheizung noch nicht so häufig verwendet werden, haben Kollektoren zur Trinkwassererwärmung weltweit bereits eine starke Verbreitung erlangt. Im Jahr 2013 wurden in Deutschland immerhin gut 1 Mio. m² Kollektorfläche installiert. 2013 besaßen 1000 Einwohner in Deutschland statistisch jedoch nur 217 m² Kollektorfläche. In Österreich betrug 2013 die Zahl mit 494 m² je 1000 Einwohner mehr als das Doppelte, im sonnenreichen Zypern entfielen sogar 624 m² auf 1000 Einwohner. Der mit Abstand mengenmäßig größte Kollektormarkt befindet sich derzeit in China (Tabelle 1.8). Auch das jährliche Wachstum der Solarthermie wird im Wesentlichen von China beeinflusst.

**Tabelle 1.8** Neu installierte, verglaste solarthermische Kollektorfläche von 1990 bis 2013 (Daten: [EST03; EST14; IEA14b])

| Jahr | Im jeweiligen Jahr installierte Fläche in 1000 m² | | | | | | | | |
|---|---|---|---|---|---|---|---|---|---|
| | 1990 | 2000 | 2004 | 2006 | 2008 | 2010 | 2011 | 2012 | 2013 |
| China | 720 | 5 563 | 13 500 | 18 000 | 31 000 | 49 000 | 57 600 | 63 900 | * |
| Türkei | 300 | 675 | 1 200 | 700 | 930 | 1 658 | 1 806 | 1 624 | * |
| Indien | 53 | 70 | 200 | 500 | 487 | 889 | 1 010 | 1 458 | * |
| Deutschland | 35 | 620 | 750 | 1 500 | 2 100 | 1 150 | 1 270 | 1 150 | 1 020 |
| Brasilien | k.A. | k.A. | 33 | 434 | 555 | 473 | 516 | 626 | * |
| Italien | 13 | 45 | 58 | 186 | 421 | 490 | 390 | 330 | 297 |
| Israel | 250 | 390 | 70 | 222 | 278 | 316 | 371 | 330 | * |
| Polen | k.A. | k.A. | 25 | 41 | 130 | 146 | 254 | 302 | 274 |
| Australien | k.A. | 71 | 183 | 171 | 291 | 398 | 367 | 270 | * |
| USA | 235 | 37 | 47 | 125 | 225 | 225 | 197 | 256 | * |
| Frankreich | 15 | 24 | 52 | 220 | 388 | 256 | 251 | 250 | 190 |
| Griechenland | 204 | 181 | 215 | 240 | 298 | 214 | 230 | 243 | 227 |
| Spanien | 9 | 40 | 90 | 175 | 434 | 337 | 267 | 226 | 229 |
| Österreich | 40 | 153 | 183 | 293 | 348 | 280 | 231 | 206 | 179 |
| Japan | 543 | 339 | 251 | 264 | 221 | 162 | 168 | 170 | * |
| Andere | k.A. | 718 | 1 610 | 730 | 1 821 | 1 587 | 1 418 | 1 572 | * |
| Welt | k.A. | 8 926 | 17 267 | 23 801 | 39 927 | 57 581 | 66 346 | 72 913 | * |

* bei Redaktionsschluss noch keine Angaben für 2013 verfügbar

Soll die Kollektorfläche in eine thermische Nennleistung umgerechnet werden, wird sie mit 700 W/m² multipliziert. Diese Leistung ist bei einer Bestrahlungsstärke von 1000 W/m² und einem Kollektorwirkungsgrad von 70 % erreichbar. 2012 waren weltweit verglaste Kollektoren mit einer Fläche von 350,7 km² im Einsatz, was einer thermischen Leistung von 245 GW entspricht. Die installierte thermische Leistung der Solarthermie übertraf wegen des höheren Nennwirkungsgrades im Jahr 2012 sogar die elektrische Leistung der Photovoltaik, obwohl die insgesamt installierte Photovoltaikfläche größer als die Fläche der Solarthermie ist. Auf nicht konzentrierende solarthermische Kollektoren wird in Kapitel 3 näher eingegangen.

Neben Kollektoranlagen, die die Sonnenenergie aktiv nutzen, ist auch eine sogenannte passive Nutzung der Sonnenenergie möglich. Dies geschieht durch optimal ausgerichtete Gebäude, gut geplante Glasfassaden oder transparente Wärmedämmung. Durch Kombination der passiven und aktiven Nutzung der Sonnenenergie ist es möglich, Nullenergiehäuser zu bauen, also Gebäude, die ihren Energiebedarf zur Raum- und Wassererwärmung ausschließlich von der Sonne beziehen. Mittlerweile erzeugen in Deutschland etliche Plusenergiehäuser sogar mehr Energie, als sie selbst für den Betrieb benötigen.

## Photovoltaik

Eine viel versprechende Technik zur Nutzung der Sonnenenergie zur Stromerzeugung ist die Photovoltaik. Solarzellen gewinnen dabei aus dem Sonnenlicht direkt elektrische Energie. Allein in Deutschland könnten damit auf Dach- und Fassadenflächen Anlagen mit einer Leistung von über 200 GW und auf brachliegenden Acker- und Freiflächen von mehr als 1000 GW errichtet werden [Qua00]. Insgesamt ließen sich deutlich mehr als 1000 TWh/a an elektrischer Energie bereitstellen. Diese Summe übersteigt den gesamten derzeitigen Inlandsverbrauch an elektrischer Energie erheblich. Ein derart großer Einsatz der Photovoltaik ist jedoch nicht sinnvoll, denn dadurch würden hohe Überschüsse produziert und es wären große und teure Speicher notwendig. Sinnvoller ist die Kombination der Photovoltaik mit anderen regenerativen Energien wie Windkraft, Wasserkraft oder Biomasse, da sie sich sehr gut ergänzen.

**Tabelle 1.9** Weltweit installierte Photovoltaikleistung in $GW_p$ (Daten: [IEA13c, Qua14])

| Jahr | 1995 | 2000 | 2004 | 2006 | 2008 | 2009 | 2010 | 2011 | 2012 | 2013 |
|---|---|---|---|---|---|---|---|---|---|---|
| Deutschland | 0,02 | 0,11 | 1,07 | 2,93 | 6,2 | 10,0 | 17,4 | 24,8 | 32,4 | 35,7 |
| China | 0,00 | 0,00 | 0,00 | 0,08 | 0,1 | 0,3 | 0,8 | 3,0 | 7,0 | 18,3 |
| Italien | 0,02 | 0,02 | 0,03 | 0,05 | 0,5 | 1,2 | 3,5 | 12,8 | 16,3 | 17,4 |
| Japan | 0,04 | 0,33 | 1,13 | 1,71 | 2,1 | 2,6 | 3,6 | 4,9 | 7,0 | 13,9 |
| USA | 0,07 | 0,14 | 0,38 | 0,62 | 1,2 | 1,6 | 2,5 | 4,0 | 7,2 | 12,0 |
| Spanien | 0,01 | 0,01 | 0,04 | 0,12 | 3,5 | 3,5 | 3,9 | 4,3 | 5,1 | 5,2 |
| Andere | 0,19 | 0,49 | 1,05 | 1,34 | 2,5 | 3,8 | 7,3 | 15,9 | 27,0 | 36,5 |
| Welt | 0,34 | 1,10 | 3,70 | 6,85 | 16 | 23 | 39 | 70 | 102 | 139 |

Lange Zeit wurde die weltweite Weiterentwicklung der Photovoltaik nur durch wenige Staaten getragen. Über 75 % der weltweit installierten Photovoltaikleistung entfielen im Jahr 2011 lediglich auf sechs Länder (Tabelle 1.9). Durch die dramatisch gesunkenen Kosten der Photovoltaik hat der Boom inzwischen auch viele andere Länder erfasst. Deutschland war noch bis 2012 der weltweit dominierende Photovoltaikmarkt. Durch das fehlende Bekenntnis der deutschen Regierung zu einer schnellen Energiewende sind Länder wie China, Japan und die USA dabei, die Vorreiterrolle Deutschlands zu übernehmen. Die Photovoltaik wird ausführlich in Kapitel 5 behandelt.

## 1.6.3.2 Nutzung der indirekten Sonnenenergie

Von indirekter Sonnenenergie spricht man, wenn durch natürliche Umwandlungsprozesse eine andere Energieform als Solarstrahlung entstanden ist, die dann wiederum durch technische Energiewandler genutzt werden kann. Ein Beispiel für eine Form von indirekter Sonnenenergie ist die Wasserkraft. Durch die Sonneneinstrahlung verdunstet das Wasser der Meere. Es kommt an höher gelegenen Stellen zu Niederschlägen, das Wasser sammelt sich in Bächen und Flüssen, um wieder zum Meer zurückzugelangen. Auf dem Weg dorthin kann die Bewegungs- und Lageenergie des Wassers durch Kraftwerke genutzt werden. Zu den indirekten Formen der Sonnenenergie zählen:

- Verdunstung, Niederschlag, Wasserströme,
- Schmelzen von Schnee,
- Wellenbewegung,
- Meeresströmung,
- Biomasseproduktion,
- Erwärmung der Erdoberfläche und der Atmosphäre,
- Wind.

### Wasserkraft

Die Wasserkraft umfasst eine Vielzahl der genannten indirekten Formen der Sonnenenergie. Bei der weltweiten regenerativen Elektrizitätserzeugung befindet sich die Wasserkraft noch mit Abstand auf Platz eins.

**Tabelle 1.10** Weltweit installierte Wasserkraftleistung in GW (Daten: [EIA14])

| Jahr | 1980 | 1990 | 1995 | 2000 | 2002 | 2004 | 2006 | 2008 | 2010 | 2011 |
|---|---|---|---|---|---|---|---|---|---|---|
| China | 20,3 | 36,0 | 52,1 | 79,4 | 86,1 | 105,2 | 128,6 | 171,5 | 219,0 | 231,0 |
| Brasilien | 27,5 | 56,6 | 51,3 | 61,1 | 65,3 | 69,0 | 73,4 | 77,5 | 80,7 | 82,5 |
| USA | 81,7 | 73,9 | 78,6 | 79,4 | 79,4 | 77,6 | 77,8 | 77,9 | 78,8 | 78,7 |
| Kanada | 47,9 | 59,2 | 64,6 | 67,2 | 69,0 | 70,7 | 72,7 | 74,2 | 74,9 | 74,9 |
| Russland | [1] | [1] | 44,0 | 43,9 | 44,8 | 45,5 | 46,1 | 47,1 | 47,4 | 47,3 |
| Indien | 12,2 | 18,8 | 21,0 | 25,1 | 26,9 | 32,6 | 36,6 | 39,3 | 40,6 | 42,4 |
| Norwegen | 19,4 | 25,8 | 27,4 | 26,8 | 26,3 | 26,1 | 27,4 | 28,1 | 28,4 | 28,4 |
| Andere | 252,9 [2] | 305,4 [2] | 289,3 | 309,0 | 318,7 | 326,3 | 333,1 | 337,6 | 352,9 | 363,9 |
| Welt | 461,9 | 575,7 | 628,3 | 691,9 | 716,5 | 753,0 | 795,7 | 853,2 | 922,7 | 949,1 |

[1] in Andere enthalten  [2] inkl. Russland

Da die Nutzung der Wasserkraft bereits seit vielen Jahrzehnten kontinuierlich ausgebaut wurde und nicht erst wie die Windkraft oder die Photovoltaik seit den 1990er-Jahren vorangetrieben wird, existierte im Jahr 2011 eine Wasserkraftleistung von rund 949 GW mit einer Nettoerzeugung von 3472 TWh. Damit lag der Anteil der Wasserkraft an der weltweiten Stromerzeugung bei 16,5 %.

Der Ausbau der Wasserkraft stößt in einigen Gebieten der Erde aber bereits auf Grenzen. Vor allem der Neubau von Großkraftwerken verursacht meist große Eingriffe in die Natur und ist deshalb nicht unumstritten. Dennoch erscheint eine Verdopplung der weltweit

## 1.6 Nutzung erneuerbarer Energien

installierten Leistung noch möglich. Da die Potenziale der Windkraft oder der Solarenergie jedoch erheblich größer sind, ist zu erwarten, dass die Wasserkraft als Nummer eins der regenerativen Elektrizitätsversorgung in den nächsten Jahrzehnten abgelöst wird. Tabelle 1.10 zeigt die Länder mit der höchsten installierten Kraftwerksleistung. In Europa haben außer Norwegen vor allem die Alpenländer sowie Spanien und Schweden große Kraftwerkskapazitäten. Deutschland verfügt über vergleichsweise geringe Potenziale. Im Jahr 2012 war lediglich eine Leistung von 5,6 GW installiert.

Die Nutzung der Wasserkraft wird ausführlich in Kapitel 7 beschrieben.

### Windkraft

Vor über 100 Jahren hatte die Windkraft bereits eine wichtige Rolle gespielt. Zahlreiche technisch hoch entwickelte Windmühlen wurden zum Getreidemahlen oder zum Wasserpumpen genutzt und in Nordamerika dienten Tausende von „Western Mills" der Wasserförderung. Bei sämtlichen Windkraftanlagen handelte es sich jedoch um rein mechanische Anlagen. Windkraftanlagen zur Gewinnung elektrischer Energie haben erst in den letzten Jahrzehnten deutlich an Bedeutung gewonnen. Die Windenergieanlagenhersteller erzielten in Deutschland bereits im Jahr 2010 einen Umsatz von 5 Mrd. €, schufen damit rund 100 000 Arbeitsplätze und erreichten eine Exportquote von 66 %. Ende des Jahres 2013 waren in Deutschland 23 645 Windkraftanlagen an Land mit einer Gesamtleistung von 33 749 MW und Offshore 219 Windkraftanlagen mit einer Gesamtleistung 915 MW in Betrieb [Dewi14]. Obwohl die Windkraft auch in Deutschland die wichtigste Säule bei der künftigen Stromversorgung bilden wird, unterstützt die deutsche Politik den Ausbau nicht in dem Maße, wie es für einen wirksamen Klimaschutz erforderlich wäre. China hat Deutschland bei den Zubauzahlen inzwischen weit überholt.

**Tabelle 1.11** Weltweit installierte Windkraftleistung in GW (Daten: [Qua14])

| Jahr | 1994 | 1998 | 2000 | 2004 | 2006 | 2008 | 2010 | 2011 | 2012 | 2013 |
|---|---|---|---|---|---|---|---|---|---|---|
| China | 0,03 | 0,20 | 0,35 | 0,76 | 2,60 | 12,21 | 44,73 | 62,73 | 75,32 | 91,42 |
| USA | 1,54 | 2,14 | 2,61 | 6,74 | 11,60 | 25,17 | 40,30 | 46,92 | 60,01 | 61,09 |
| Deutschland | 0,60 | 2,88 | 6,11 | 16,63 | 20,62 | 23,90 | 27,19 | 29,06 | 31,27 | 34,25 |
| Spanien | 0,08 | 0,88 | 2,84 | 8,26 | 11,62 | 16,75 | 20,62 | 21,67 | 22,78 | 22,96 |
| Indien | 0,20 | 0,99 | 1,22 | 3,00 | 6,27 | 9,65 | 13,07 | 16,08 | 18,42 | 20,15 |
| Dänemark | 0,54 | 1,42 | 2,34 | 3,12 | 3,14 | 3,18 | 3,75 | 3,87 | 4,16 | 4,77 |
| Andere | 0,52 | 1,64 | 2,99 | 9,11 | 18,37 | 23,93 | 47,98 | 58,01 | 71,14 | 83,46 |
| Welt | 3,51 | 10,15 | 18,46 | 47,62 | 74,22 | 120,8 | 197,6 | 238,4 | 283,1 | 318,1 |

Das Potenzial der Windkraft in Deutschland ist beachtlich. Auch unter Berücksichtigung strenger Randbedingungen der Nutzbarkeit von Flächen lassen sich an Land insgesamt 189 GW installieren, die mit 390 TWh/a über 60 % des Elektrizitätsbedarfs decken könnten [BWE11]. Das Potenzial der Offshore-Gebiete, also von Gebieten vor der Küste, ist sogar noch größer. Die Windkraft kann damit in Deutschland einen entscheidenden Anteil zur Verringerung der Treibhausgase liefern. Das Potenzial der Windkraft in anderen Ländern ist stark unterschiedlich. Es ist zum Teil deutlich größer als in Deutschland, wie zum Beispiel im windreichen Großbritannien. Hier könnten 1760 TWh/a an elektrischer Energie mit Windkraft gewonnen werden [Sel90]. Dies übersteigt den Elektrizitätsbedarf Großbritanniens um ein Mehrfaches. Neben Deutschland zählen China, die USA, Spanien und Indien zu den wichtigsten Märkten der letzten Jahre (Tabelle 1.11). Aber auch in vielen anderen Ländern wurde inzwischen eine beachtliche Leistung installiert.

Auf den Einsatz der Windenergie zur Stromerzeugung wird in Kapitel 6 näher eingegangen.

### Biomasseproduktion

Biomasse stellt bei der Deckung des weltweiten Primärenergiebedarfs die mit Abstand wichtigste regenerative Energiequelle dar. Unter Biomasse versteht man Stoffe organischer Herkunft, in der Natur lebende und wachsende Materie sowie Abfallstoffe von lebenden und toten Lebewesen. Der jährliche Zuwachs an Biomasse auf der Erde beträgt etwa $1,55 \cdot 10^{11}$ t/a. Dies entspricht einem Energiegehalt von rund $3 \cdot 10^{21}$ J. Etwa 1 % davon wird thermisch weltweit genutzt und deckt rund 11 % des weltweiten Primärenergiebedarfs. Vor allem in Entwicklungsländern ist der Anteil der Biomasse an der Energieversorgung sehr hoch und liegt in Ländern wie Äthiopien, Mozambique oder Nepal über 80 %. Die Nutzung der Biomasse erfolgt dabei nicht immer nachhaltig. Nur wenn so viel Biomasse genutzt wird, wie auch wieder nachwachsen kann, ist die Nutzung regenerativ und damit klimaneutral. Zu intensive Nutzung fördert letztendlich die Wüstenbildung und auch den Treibhauseffekt.

Zur technischen Nutzung der Biomasse gibt es zahlreiche Möglichkeiten. Neben der Verbrennung zur Bereitstellung von Wärme und elektrischer Energie kann Biomasse in verschiedenen Umwandlungsprozessen verflüssigt, vergast oder zu Alkohol vergoren werden. Der größte Vorteil der Biomasse ist die gespeicherte Energie, die im Gegensatz zum stark schwankenden Angebot an direkter Sonnenenergie oder Windkraft bedarfsorientiert genutzt werden kann. Aus diesem Grund wird der Biomasse bei einer Energiewirtschaft, die überwiegend auf erneuerbare Energien aufbaut, die Rolle zukommen, für ein gleichmäßiges Energieangebot zu sorgen.

In Deutschland waren im Jahr 2013 Biomassekraftwerke mit einer Leistung von 8086 MW mit einer Stromerzeugung von 47,9 TWh im Einsatz. Dies entspricht einem Anteil von rund 8 % im Elektrizitätssektor. Bei der Wärmeerzeugung lag der Beitrag mit rund 116 TWh und ebenfalls rund 8 % deutlich höher. Im gleichen Jahr wurden biogene Kraftstoffe mit einem Energiegehalt von 32,6 TWh umgesetzt, was 5,3 % des Treibstoffbedarfs in Deutschland entspricht [BMU].

Auf die Nutzung von Biomasse wird in Kapitel 9 näher eingegangen.

### Niedertemperaturwärme

Durch die Sonneneinstrahlung erwärmt sich sowohl die Erdoberfläche als auch die Atmosphäre. Durch die unterschiedliche Erwärmung der Luftmassen und der Oberflächen kommt es zu Ausgleichsströmungen, die durch die Windkraft technisch genutzt werden können (siehe oben). Im Erdboden wird die Sonnenwärme über Stunden, Tage oder gar Monate gespeichert. Die Niedertemperaturwärme von Boden, Grundwasser und Luft kann über Wärmepumpen genutzt werden. Eine genaue Trennung der Niedertemperaturwärme des Bodens in Anteile der Sonnenenergie und der Geothermie ist nur schwer möglich.

## 1.6 Nutzung erneuerbarer Energien

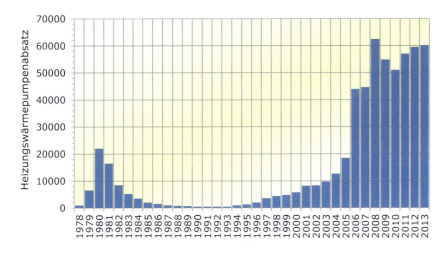

**Bild 1.15** Absatzzahlen von Heizungswärmepumpen in Deutschland

Wird die Antriebsenergie aus erneuerbaren Energiequellen zur Verfügung gestellt, lässt sich mit der Technik einer Wärmepumpe Nutzwärme klimaneutral erzeugen. Aus diesen Gründen werden der Wärmepumpe gute Entwicklungschancen eingeräumt. Während Wärmepumpen Anfang der 1980er-Jahre in Deutschland bereits ansehnliche Absatzzahlen erreichten, ist der Markt bis zum Ende der 1990er-Jahre nahezu komplett zusammengebrochen. Seitdem weist der Wärmepumpenabsatz aber wieder beachtliche Steigerungsraten auf (Bild 1.15). Wärmepumpen werden in Kapitel 8 näher beschrieben.

### Brennstoffzellen und Wasserstofferzeugung

Brennstoffzellen und Wasserstoff werden oftmals direkt mit erneuerbaren Energien gleichgestellt. Dies ist jedoch nur bedingt korrekt. Wasserstoff an sich ist keine regenerative Energieform, sondern lediglich ein Energieträger, der erst einmal technisch hergestellt werden muss. Für die Herstellung wird Energie benötigt. Diese kann aus regenerativen Energien stammen. Derzeit wird Wasserstoff jedoch nur in kleinen Mengen für die chemische Industrie erzeugt. Dabei kommen weitgehend fossile Energieträger zum Einsatz. Solange der Wasserstoff aber aus fossilen Energieträgern hergestellt wird, ist es wirtschaftlich und ökologisch sinnvoller, diese direkt zu nutzen.

Brennstoffzellen können Wasserstoff und verwandte Energieträger wie Erdgas oder Methanol direkt in Elektrizität umwandeln. Werden Brennstoffzellen mit Erdgas betrieben, ist die Umweltbilanz jedoch sehr ernüchternd. Dennoch werden in die Brennstoffzelle, die langfristig mit Wasserstoff betrieben werden soll, große Hoffnungen gesetzt. Vor allem im Transportbereich sollen Brennstoffzellen eine ökologische Alternative bieten. Sollte künftig einmal eine regenerative Wasserstoffwirtschaft entstehen, könnten diese Hoffnungen zumindest teilweise erfüllt werden.

Auf Brennstoffzellen und Wasserstofferzeugung wird in Kapitel 10 näher eingegangen.

## 1.7 Energiewende und Klimaschutz

Die Zunahme des Verbrauchs an fossilen Energieträgern war bisher die Hauptursache für den anthropogenen Treibhauseffekt. Um die negativen Folgen durch die Klimaerwärmung in Grenzen zu halten, ist eine umfangreiche Reduktion der Nutzung der fossilen Energieträger notwendig, wie zuvor erläutert.

Tatsächlich zeichnet sich derzeit jedoch eine andere Entwicklung ab. Ohne einschneidende Änderungen in der Energiepolitik werden die Nutzung fossiler Energieträger und damit auch die $CO_2$-Emissionen vorerst weiter zunehmen. Dabei ist die viel zitierte Energiewende durchaus möglich. Bis zum Jahr 2040 wäre eine kohlendioxidfreie Energieversorgung umsetzbar.

### 1.7.1 Szenarien für den globalen Klimawandel

Das **Intergovernmental Panel on Climate Change (IPCC)** ist eine im Jahr 1988 von der World Meteorological Organisation (WMO) und dem United Nations Environmental Programme (UNEP) ins Leben gerufene wissenschaftliche Institution. Das IPCC genießt international hohes Ansehen und verfasst Berichte, die als Grundlage für politische Beratungen und Entscheidungen dienen. Im Jahr 2007 wurde das IPCC für seine Arbeit mit dem Friedensnobelpreis ausgezeichnet. Das IPCC hat zahlreiche Szenarien für mögliche Entwicklungen in diesem Jahrhundert aufgestellt. Ziel dieser Untersuchungen ist, den Einfluss auf das Klima und mögliche Folgen aufzuzeigen.

Im Folgenden sind Ergebnisse für vier Szenarien mit den Bezeichnungen RCP2.6, RCP4.5, RCP6.0 und RCP 8.5 dargestellt [IPC13]. Bei den Szenarien wurden stark unterschiedliche Entwicklungen bei den Treibhausgasemissionen unterstellt.

- Das **Szenario RCP8.5** ist ein **Business-as-usual-Szenario**. Es geht davon aus, dass der Bedarf an fossilen Energieträgern ähnlich stark wie in den letzten Jahrzehnten weiter steigt. Der Primärenergiebedarf vervierfacht sich dadurch bis zum Jahr 2100 und die Kohlendioxidemissionen nehmen ebenfalls um gut das Vierfache zu (Bild 1.16). Die Emissionen anderer Treibhausgase wie Methan oder Lachgas steigen ebenfalls signifikant an.
- Das **Szenario RCP2.6** ist hingegen ein **Klimaschutzszenario** und setzt auf eine strikte Begrenzung der globalen Erwärmung auf unter 2 °C. Der Primärenergiebedarf verdoppelt sich nur knapp bis zum Jahr 2100. Auch bei diesem Szenario werden im Jahr 2100 noch intensiv fossile Energieträger genutzt. Die Autoren gehen von einer konsequenten Einführung der CCS-Technologie ein, also der Abtrennung und sicheren Lagerung von Kohlendioxid aus Verbrennungsgasen. Es gibt einen hohen Biomasseanteil, der ab 2080 in Verbindung mit CCS für negative Kohlendioxidemissionen sorgt (Bild 1.16). Auch die Emissionen anderer Treibhausgase wie Methan oder Lachgas gehen bei diesem Szenario spürbar zurück.
- Die Szenarien **RCP4.5** und **RCP6.0** gehen ebenfalls von rund einer Verdopplung des Primärenergiebedarfs bis 2100 aus. Im Gegensatz zum Szenario RCP2.6 gehen die Kohlendioxidemissionen später und langsamer zurück. Auch die Emissionen von Methan werden stabilisiert, aber nicht so konsequent reduziert wie beim Szenario RCP2.6.

## 1.7 Energiewende und Klimaschutz

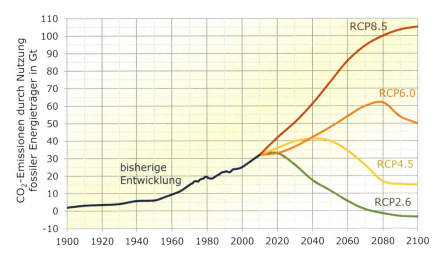

**Bild 1.16** Entwicklung der Kohlendioxidemissionen durch Verbrennung fossiler Energieträger und anderen Industrieprozessen für verschiedene RCP-Szenarien (Daten: [IPC13])

Die Auswirkungen der Szenarien auf das Klima sind sehr unterschiedlich. Während sich beim Klimaschutz-Szenario RCP2.6 der **Temperaturanstieg** bis 2100 mit hoher Wahrscheinlichkeit auf unter 2 °C begrenzen lässt und die Temperatur auch nach 2100 stabil bleibt, steigt diese beim Business-as-usual-Szenario RCP8.5 bis 2100 wahrscheinlich um mehr als 4 °C. Der Bereiche der Unsicherheit liegt dabei bei gut 1 °C liegt. Es wäre demnach sogar ein Temperaturanstieg um 6 °C möglich, wie Bild 1.17 zeigt. Auch nach dem Jahr 2100 klettert die globale Temperatur bei dem Szenario noch weiter. Bis zum Jahr 2300 würden dann gut 8 °C erwartet, der mögliche Bereich erstreckt sich sogar auf bis zu 12 °C.

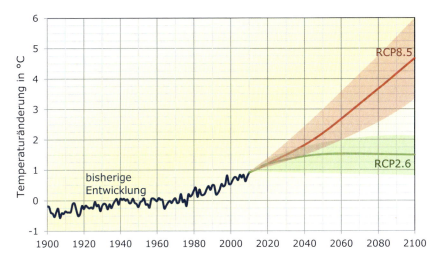

**Bild 1.17** Entwicklung der mittleren globalen Oberflächentemperatur im Vergleich zum Mittelwert der Jahre 1951 bis 1980 für die Szenarien RCP2.6 und RCP8.5. (Daten: [NAS13, IPC13])

Die hohen $CO_2$-Emissionen sorgen für einen weiteren Anstieg der $CO_2$-Kozentration in der Atmosphäre. Beim Klimaschutz-Szenario 2.6 stabilisiert sich die Konzentration bei Werten von weniger als 450 ppm. Bei Business-as-usual-Szenario RCP8.5 steigt die Konzentration von derzeit rund 400 ppm auf über 900 ppm im Jahr 2100 an (Tabelle 1.12). Der hohe $CO_2$-Gehalt führt zu einer Versauerung der Meere. Der pH-Wert sinkt dann von derzeit 8,1 auf unter 7,8 im Jahr 2100. Dies würde ein Absterben der Korallen in den Meeren zur Folge haben.

Durch die hohen Temperaturen steigen die Meeresspiegel spürbar an. Im Gegensatz zu früheren IPCC-Berichten wurde der erwartete **Meeresspiegelanstieg** inzwischen deutlich nach oben korrigiert. Die Schätzungen reichen nun bis zu knapp einem Meter bis 2100 für das Szenario RCP8.5. Selbst bei einer Stabilisierung der Temperaturen wird der Meeresspiegelanstieg aufgrund der langsamen Auftauprozesse noch einige Jahrhunderte weitergehen. Klimaforscher rechnen mit einem Meeresspiegelanstieg um 2,3 m pro Grad Celsius Erwärmung [Lev13]. Selbst beim sehr klimafreundlichen Szenario RCP2.6 würden danach die Meeresspiegel langfristig um mehr als 3 m steigen. In diesem Jahrhundert würden dann allerdings maximal 0,5 m erwartet. Bereits dieser Wert hätte vor allem bei Sturmfluten bereits spürbare Auswirkungen auf die Küstengebiete der Erde. Würde wie beim Business-as-usual-Szenario RCP8.5 im Jahr 2300 ein Temperaturanstieg um 8 °C erreicht, lässt sich damit langfristig ein Meeresspiegelanstieg um fast 20 m erwarten. Da sich bei Extremwerten die Abtauproesse noch verstärken können, ist sogar ein Schmelzen sämtlicher Eismassen der Erde denkbar. Dann wären die Meeresspiegel um 60 bis 70 m höher als heute.

**Tabelle 1.12** Entwicklung der $CO_2$-Konzentration sowie Veränderung der globalen Oberflächentemperatur sowie der Meeresspiegel bis zum Jahr 2100 für die verschiedenen Szenarien (Daten: [IPC13])

| Szenario | $CO_2$-Konzentration in der Atmosphäre in ppm | | | Anstieg des Mittelwerts von 2081 bis 2100 im Vergleich zu 1986 bis 2005 | |
|---|---|---|---|---|---|
| | 2010 | 2050 | 2100 | Temperatur in °C | Meeresspiegel in cm |
| RCP2.6 | 389 | 443 | 421 | 0,3 … 1,7 | 26 … 55 |
| RCP4.5 | 389 | 487 | 538 | 1,1 … 2,6 | 32 … 63 |
| RCP6.0 | 389 | 478 | 670 | 1,4 … 3,1 | 33 … 63 |
| RCP8.5 | 389 | 541 | 936 | 2,6 … 4,8 | 45 … 82 |

Das Klimaschutz-Szenario RCP2.6 zeigt, dass es momentan prinzipiell noch möglich ist, das Zwei-Grad-Ziel zu erreichen (vgl. Abschnitt 1.4). Aus heutiger Sicht ist das Umsetzen dieses Szenarios allerdings sehr unwahrscheinlich. Es basiert vor allem auf der umfassenden Einführung der CCS-Technologie, die in der zweiten Hälfte des Jahrhunderts nahezu alle Kohlendioxidemissionen umfasst. **CCS** steht dabei für **Carbon Dioxid Capture and Storage**, was mit Kohlendioxid-Abscheidung und -Speicherung übersetzt werden kann. Die Idee ist, dabei das bei der Verbrennung fossiler Energieträger entstehende Kohlendioxid abzuscheiden. Hierfür können die fossilen Energieträger mit reinem Sauerstoff verbrannt oder das Kohlendioxid aus den Verbrennungsabgasen separiert werden. Das abgetrennte Kohlendioxid soll dann sicher gelagert werden, sodass es nicht mehr in die Atmosphäre gelangt und somit nicht mehr zum Treibhauseffekt beitragen kann. Bild 1.17 zeigt verschiedene Möglichkeiten der $CO_2$-Endlagerung.

## 1.7 Energiewende und Klimaschutz

Eine Lagerung im Meer ist mit großen technischen Problemen, Risiken oder Umweltschäden verbunden und ist daher nicht zu empfehlen [UBA06]. Eine Lagerung Untertage erscheint technisch möglich. Auch hier müssen allerdings noch Sicherheitsfragen geklärt werden, sodass ein absolut sicherer Einschluss über viele Jahrhunderte gewährleistet wäre. Von möglichen Leckagen oder dem Übergang ins Grundwasser können ansonsten Gesundheits- und Umweltgefahren ausgehen. Ein weiteres Problem der Untertagelagerung ist, dass die Lagergebiete für die Energiespeicherung oder die Nutzung der Geothermie verloren gehen.

Doch selbst wenn es gelingen sollte, alle noch offenen technischen Fragestellungen der CCS-Technologie zufriedenstellend zu lösen, wird diese vermutlich nicht in der Lage sein, die im Klimaschutz-Szenario RCP2.6 unterstellten Treibhausgasreduktionen zu ermöglichen. Derzeit ist die CCS-Technologie nur für große fossile Kraftwerke denkbar. Die Anwendung auf kleine Anlagen, private Feuerungsstätten oder Verbrennungsmotoren in Kraftfahrzeugen, Flugzeugen oder Schiffen ist wegen des enormen Aufwands wenig realistisch. Bei Kraftwerken sinkt der Wirkungsgrad bei der Kohlendioxidabtrennung um 10 bis 40 % [IPC05]. Dadurch steigen die Kosten und der Bedarf an fossilen Brennstoffen an. Derzeit lassen sich technisch auch nur 85 bis 95 % der $CO_2$-Emissionen eines Kraftwerks abscheiden. Der Rest gelangt immer noch in die Atmosphäre. Hinzu kommen Verluste durch Leckagen beim Transport des Kohlendioxids zu den Lagerstätten und dem Einlagerungsprozess sowie der Lagerung selbst. Durch den höheren technischen Aufwand und die Wirkungsgradreduktion der Kraftwerke ist die Stromerzeugung bei fossilen Kraftwerken mit CCS-Technologie erheblich teurer als bei herkömmlichen Anlagen. Je nach Entfernung der Lagerstätte können die Kosten auf mehr als Doppelte ansteigen. An guten Standorten können dann Windkraft- oder Solaranlagen Strom deutlich günstiger erzeugen. Das sind keine guten Voraussetzungen für eine flächendeckende Einführung der CCS-Technologie.

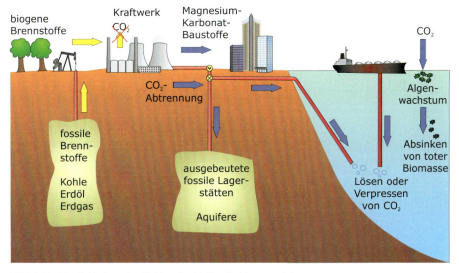

**Bild 1.18** Möglichkeiten der Kohlendioxid-Abscheidung und -Lagerung. [Qua13]

Auch wenn die CCS-Technologie bei fossilen Brennstoffen nicht die nötigen Treibhausgasemissionen erreichen wird, gibt es dennoch ein Argument für die weitere Erforschung dieser Technologie. Scheidet man das $CO_2$ aus Biomassekraftwerken ab, die nachhaltig angebaute Biomasse verbrennen, ließe sich so zumindest theoretisch der $CO_2$-Gehalt in der Atmosphäre wieder reduzieren, wenn eine für den Klimaschutz rechtzeitige Reduktion nicht gelingt. Deutlich sicherer und kostengünstiger ist allerdings die schnelle Einführung kohlendioxidfreier regenerativer Energien.

Auch eine starke Reduktion der weltweiten Methanemissionen – wie beim Klimaschutz-Szenario RCP2.6 unterstellt – erscheint aus heutiger Sicht nur schwer erreichbar zu sein. 37 % der weltweiten Methanemissionen stammen direkt oder indirekt aus der Viehhaltung. Diese ließen nur durch veränderte Ernährungsgewohnheiten mit niedrigerem Fleischkonsum verringern. Der globale Trend geht derzeit aber eher in die entgegengesetzte Richtung. Erschwerend kommt hinzu, dass die Weltbevölkerung weiter ansteigt. Lassen sich die Emissionen aus der Landwirtschaft nicht signifikant reduzieren, muss dies im Energiesektor zusätzlich aufgefangen werden.

Um gewisse Reduktionsreserven für andere Bereiche wie die Landwirtschaft zu haben, sollten daher die Kohlendioxidemissionen, wie bereits in Abschnitt 1.4 beschrieben, zwischen den Jahren 2040 und 2050 auf null zurückgefahren werden. Das kann durch eine kohlendioxidneutrale Energieversorgung auf Basis erneuerbare Energien gelingen, wie später noch gezeigt wird.

In der Übergangsphase gibt es zusätzliche Möglichkeiten, den $CO_2$-Ausstoß zu reduzieren. Dies sind der effizientere Einsatz von Energie sowie die Nutzung $CO_2$-ärmerer Energieträger. Tabelle 1.13 zeigt zum Beispiel, dass durch den Ersatz von Kohle durch Naturgas bei gleichem Energiegehalt nur etwas mehr als die Hälfte der Emissionen anfallen. Da die weltweiten Erdgasvorräte im Gegensatz zu den Kohlevorräten deutlich geringer sind, können $CO_2$-ärmere fossile Energieträger jedoch nur übergangsweise eine Entlastung bringen.

**Tabelle 1.13** Spezifische $CO_2$-Emissionsfaktoren von Energieträgern [UNF98]

| Energieträger | kg $CO_2$/kWh | kg $CO_2$/GJ | Energieträger | kg $CO_2$/kWh | kg $CO_2$/GJ |
|---|---|---|---|---|---|
| Holz [1] | 0,39 | 109,6 | Rohöl | 0,26 | 73,3 |
| Torf | 0,38 | 106,0 | Kerosin | 0,26 | 71,5 |
| Braunkohle | 0,36 | 101,2 | Benzin | 0,25 | 69,3 |
| Steinkohle | 0,34 | 94,6 | Raffineriegas | 0,24 | 66,7 |
| Heizöl | 0,28 | 77,4 | Flüssiggas | 0,23 | 63,1 |
| Diesel | 0,27 | 74,1 | Naturgas | 0,20 | 56,1 |

[1] bei nicht nachhaltiger Nutzung ohne Wiederaufforstung

## 1.7.2 Internationaler Klimaschutz

Die Notwendigkeit der Reduktion der weltweiten Kohlendioxidemissionen zum Schutz des Erdklimas wurde auch von der internationalen Politik zumindest erkannt. In zähen Verhandlungen haben sich die Vertragsparteien im Jahre 1997 im sogenannten **Kyoto-Protokoll** durchgerungen, die Emissionen um 5,2 % bis zum Jahr 2012 im Vergleich zum Referenzjahr 1990 zu reduzieren. Da einer Vielzahl von Entwicklungs- und Schwellenlän-

## 1.7 Energiewende und Klimaschutz

dern eine starke Zunahme zugestanden wird, bedeutete der Kompromiss bestenfalls ein sehr leichtes Abbremsen des kontinuierlichen Anstiegs der Emissionen.

Die Reduktionen mussten dabei nicht von den Vertragsparteien selbst erbracht werden. Sogenannte flexible Mechanismen erlaubten es den Parteien, sich Reduktionen in anderen Ländern anzurechnen, wenn sie hierzu Beiträge wie zum Beispiel die nötigen Finanzmittel lieferten.

Tabelle 1.14 zeigt die Reduktionsverpflichtungen der einzelnen Vertragsparteien sowie die Veränderungen der Treibhausgas-Emissionen in den letzen Jahren. Innerhalb der EU gelten stark unterschiedliche Ziele für die einzelnen Staaten. So sollten Deutschland und Dänemark Reduktionen von 21 % und Großbritannien von 12,5 % erreichen, während Spanien um 15 % zulegen durfte, Griechenland um 25 % und Portugal sogar um 27 %.

Die Hauptreduktionen einiger Vertragsparteien wurden überwiegend durch die wirtschaftlichen Umbrüche in den osteuropäischen Staaten erreicht. Für die nächsten Jahre muss für diese Länder jedoch wieder mit einem Anstieg der Emissionen gerechnet werden, sodass sie nicht mehr die Zunahme in den anderen Staaten kompensieren können. Immerhin gibt es auch positive Beispiele von westlichen Ländern für große Reduktionen. Großbritannien konnte vor allem durch den Ersatz von Kohle durch Erdgas im Jahr 2011 bereits 27,8 % an Reduktionen vorweisen.

**Tabelle 1.14** Reduktionsverpflichtungen nach dem Kyoto-Protokoll und bisherige Entwicklung bei den Vertragspartnern [UNF13]

| Vertragsparteien | Verpflichtungen | Treibhausgasemissionen [1] in Mt im Jahr | | | Änderung 1990...2011 |
|---|---|---|---|---|---|
| | | 1990 | 2000 | 2011 | |
| EU-15 | –8 % | 4 262 | 4 147 | 3 642 | –14,6 % |
| Liechtenstein, Monaco, Schweiz | –8 % | 53 | 52 | 50 | –5,5 % |
| Bulgarien, Estland, Lettland, Litauen, Rumänien, Slowakei, Slowenien, Tschechien | –8 % | 799 | 454 | 442 | –44,7 % |
| USA | –7 % | 6 170 | 7 045 | 6 666 | +8,0 % |
| Japan | –6 % | 1 267 | 1 342 | 1 308 | +3,2 % |
| Kanada | –6 % | 591 | 718 | 702 | +18,7 % |
| Polen, Ungarn | –6 % | 679 | 464 | 466 | –31,4 % |
| Kroatien | –5 % | 32 | 26 | 28 | –10,7 % |
| Neuseeland | ±0 % | 60 | 70 | 73 | +22,1 % |
| Weißrussland | ±0 % | 139 | 79 | 87 | –37,2 % |
| Russland | ±0 % | 3 352 | 2 047 | 2 321 | –30,8 % |
| Ukraine | ±0 % | 930 | 396 | 402 | –56,8 % |
| Norwegen | +1 % | 50 | 54 | 53 | +6,0 % |
| Australien | +8 % | 418 | 493 | 552 | +32,2 % |
| Island | +10 % | 4 | 4 | 4 | +25,8 % |
| Summe | –5,2 % | 18 804 | 17 391 | 16 796 | –10,7 % |

[1] $CO_2$, $CH_4$, $N_2O$, FKW, $SF_6$ umgerechnet in $CO_2$-Äquivalente ohne Landnutzungsänderung und Forstwirtschaft

Die USA hingegen haben bei den Emissionen in den letzten Jahren derart stark zugelegt, dass das Erreichen ihrer Klimaschutzziele in weite Ferne gerückt ist. Aus dieser Erkenntnis heraus haben die USA unter der Regierung George W. Bush die Unterzeichnung des Kyoto-Protokolls verweigert und diese Position auch unter der Regierung Obama nicht korrigiert.

Wirkliche Erfolge konnten durch internationale Klimaschutzbemühungen bislang nicht erzielt werden, auch wenn die Treibhausgasemissionen der Vertragsparteien um gut 10 % zurückgegangen sind. Durch die Zunahme der Nicht-Vertragsparteien sind im gleichen Zeitraum weltweit allein die Kohlendioxidemissionen um gut 45 % nach oben geschnellt. Wenigstens haben die internationalen Verhandlungen den Klimaschutz ins öffentliche Interesse gerückt. Nach dem Auslaufen des Kyoto-Protokolls im Jahr 2012 wird händeringend um eine wirksame Folgevereinbarung gerungen. Verbindliche Maßnahmen im erforderlichen Umfang für einen funktionierenden Klimaschutz sind wenig wahrscheinlich. Die Politik ist mit ihrem halbherzigen Einsatz für den Klimaschutz bislang auf ganzer Linie gescheitert. Die stetig steigenden Energiepreise, die schnellen Fortschritte und Kostensenkungen bei der Entwicklung erneuerbarer Energien und der Einsatz unzähliger Bürger für einen tiefgreifenden Wandel geben aber dennoch Hoffnung, dass Klimaschutz bald auch ohne internationale Vereinbarungen funktionieren kann.

### 1.7.3 Energiewende und Klimaschutz in Deutschland

#### 1.7.3.1 Entwicklung der Kohlendioxidemissionen in Deutschland

Auch Deutschland ist bei internationalen Klimaschutzvereinbarungen in den vergangenen Jahren stetig zurückgerudert. Durch die Umbrüche in den neuen Bundesländern konnten starke $CO_2$-Reduktionen Anfang der 1990er-Jahre erreicht werden.

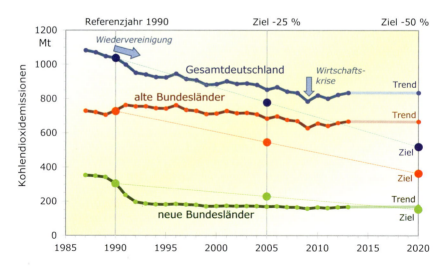

**Bild 1.19** Entwicklung der Kohlendioxidemissionen in Deutschland

Das verkündete Klimaschutzziel der vergangenen Bundesregierungen war aber eine Reduktion der Emissionen um 25 % bis zum Jahr 2005. Erreicht wurde dieses nicht. Bei den

## 1.7 Energiewende und Klimaschutz

Kyoto-Verhandlungen wurden die deutschen Ziele vorsorglich auf 21 % bis zum Jahr 2012 nach unten korrigiert. Diese Vorgaben wurden dann auch knapp eingehalten. Hauptgründe waren aber im Wesentlichen Rückgänge infolge der Wiedervereinigung und der Wirtschaftskrise (Bild 1.19) und nur in geringerem Maße Klimaschutzbemühungen. Die bisherigen Klimaschutzmaßnahmen und die Geschwindigkeit bei der Einführung erneuerbarer Energien reichen für einen wirksamen Klimaschutz bislang nicht einmal ansatzweise aus. Selbst die Erreichbarkeit einer für den Klimaschutz wenig ambitionierten Emissionsreduktion von 40 % bis zum Jahr 2020 erscheint aus heutiger Sicht inzwischen mehr als fraglich.

Die Ereignisse im Kernkraftwerk Fukushima haben gezeigt, dass die Nutzung der Kernenergie auch in Hochtechnologieländern mit einem extrem hohen Risiko verbunden ist. Daher wird der Ausstieg aus der Kernenergienutzung in Deutschland inzwischen über breite gesellschaftliche Schichten hinweg befürwortet. Dies stellt die Klimaschutzbemühungen vor weitere Herausforderung. Die Klimaschutzziele müssen auch bei einem schnellen Ausstieg aus der Kernenergienutzung erreicht werden. Dies geht nur durch einen deutlich forcierten Ausbau der Nutzung regenerativer Energien und das konsequente Umsetzen von Energieeffizienzmaßnahmen.

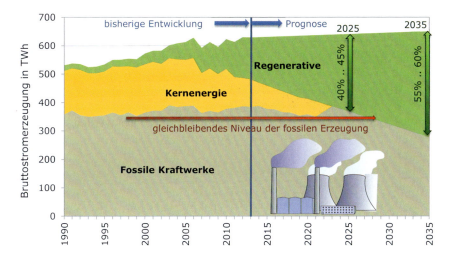

**Bild 1.20** Bisherige Entwicklung der Zusammensetzung der Bruttostromerzeugung in Deutschland und Prognose anhand der politischen Zielvorgaben aus dem Jahr 2013

Bislang hat die deutsche Politik die dafür nötigen Schritte allerdings nur halbherzig unternommen. Im Jahr 2013 wurden sogar die Ausbauziele erneuerbarer Energien deutlich reduziert. Bild 1.20 zeigt, wie sich die politischen Ausbauziele für erneuerbare Energien bei einem leicht steigenden Strombedarf und den geplanten Reststrommengen aus der Kernenergie auf die Zusammensetzung der Stromerzeugung auswirken. Werden die politischen Ziele wirklich umgesetzt, bliebe die fossile Stromerzeugung bis über das Jahr 2025 hinaus weitgehend konstant. Signifikante Beiträge zum Klimaschutz lassen sich so nicht erreichen. Allein deshalb ist zu erwarten, dass die politischen Ziele schon bald wieder korrigiert werden müssen.

## 1.7.3.2 Regenerative Energieversorgung in Deutschland

Im Gegensatz zu anderen Ländern verfügt Deutschland nicht über so große Potenziale regenerativer Energieformen, dass einzelne regenerative Energien komplett alleine unsere Energieversorgung sicherstellen können. In Deutschland ist daher ein breiter Mix verschiedener regenerativer Energieträger erforderlich. Bild 1.21 zeigt eine mögliche **Entwicklung des Primärenergieverbrauchs** und die zugehörige Erzeugung bis zum Jahr 2050. Die Einsparpotenziale betragen dabei rund 50 %. Fossile Kraftwerke oder Kernkraftwerke führen 40 % bis 65 % der eingesetzten Primärenergie als ungenutzte Abwärme über die Kraftwerkskühlung ab. Bei den meisten regenerativen Kraftwerken ist das nicht der Fall. Daher lassen sich allein durch den Kraftwerksersatz statistisch große Primärenergieeinsparungen erzielen. Der Rest der Einsparung erfolgt über tatsächliche Effizienzgewinne.

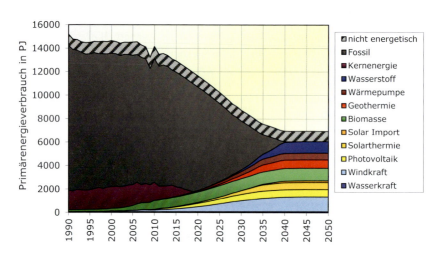

**Bild 1.21** Bisherige Entwicklung des Primärenergiebedarfs in Deutschland von 1990 bis 2013 sowie ein Szenario für eine nachhaltige Entwicklung bis 2050

### Elektrizitätsversorgung

Bild 1.22 zeigt ein ambitioniertes **Szenario für die Stromversorgung**, das einen raschen Ausstieg aus der Kernenergienutzung bei gleichzeitiger Reduktion von Kohlendioxidemissionen ermöglicht. Bei der Stromversorgung wird ein Mix verschiedener regenerativer Kraftwerke künftig die Stromversorgung sicherstellen. Die größten Potenziale in Deutschland haben dabei die Windkraft, die Photovoltaik und mit einigem Abstand die Biomassenutzung.

Im Gegensatz zum Primärenergieverbrauch, der neben der Stromerzeugung auch das Energieaufkommen für Wärme und Transport umfasst, ist beim Strombedarf selbst kein Verbrauchsrückgang zu erwarten. Effizienzgewinne werden hier durch neue elektrische Verbraucher wie Wärmepumpen oder Elektrofahrzeuge mehr als kompensiert, sodass der Stromverbrauch weiter ansteigt.

Das Szenario sieht den Import eines geringeren Anteils an regenerativ erzeugtem Strom vor. Dieser kann von Windkraft- oder Solarstromanlagen aus Europa oder Nordafrika

## 1.7 Energiewende und Klimaschutz

stammen. Der Import erhöht die Versorgungssicherheit und reduziert den Speicherbedarf, da es bei Schwankungen vom Sonnen- und Windangebot über größere Regionen sehr gute Ausgleichseffekte gibt. Prinzipiell ist es aber auch möglich, eine komplett regenerative Energieversorgung nur mit regenerativen Anlagen in Deutschland zu realisieren.

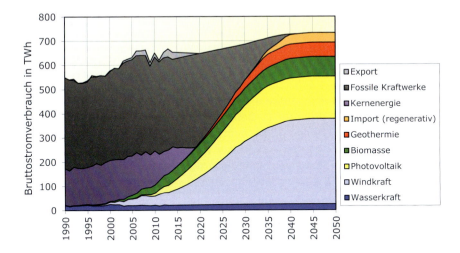

**Bild 1.22** Bisherige Entwicklung des Bruttostromverbrauchs in Deutschland von 1990 bis 2013 sowie ein Szenario für eine nachhaltige Entwicklung bis 2050

Das hier skizzierte Szenario zeigt deutlich, dass auch in Deutschland eine nachhaltige Energieversorgung alleine auf Basis regenerativer Energien möglich ist. Die Potenziale dafür sind vorhanden. Anlagen zur Nutzung regenerativer Energien haben mittlerweile einen hohen technischen Stand erreicht und sind weitgehend konkurrenzfähig. Der Zubau entwickelt sich weit schneller, als noch vor wenigen Jahren erwartet wurde. Eine weitere Steigerung des Umbautempos ist daher nicht im Bereich des Unmöglichen. Sollte es gelingen, weltweit ein Beispiel zu setzen, lassen sich vielleicht auch die globalen Klimaschutzziele doch noch schneller umsetzen, als heute erwartet werden kann. Das Begrenzen der globalen Erwärmung auf unter 2 °C ist noch möglich.

Die Maßnahmen für eine erfolgreiche Realisierung der Energiewende im Elektrizitätsbereich sind bekannt und sollten schnellstmöglich umgesetzt werden:

- Schnelle Errichtung neuer regenerativer Kraftwerkskapazitäten,
- Schnelles Abschalten schlecht regelbarer Kern- und Braunkohlekraftwerke,
- Errichtung von neuen Kurzzeitspeichern,
- Neubau von Gaskraftwerken als Reserve- und Spitzenlastkraftwerke,
- Ausbau und Ertüchtigung der Netze zur Integration regenerativer Kraftwerke,
- Aufbau intelligenter Netze zur besseren Anpassung von Angebot und Nachfrage,
- Verknüpfung des Elektrizitätsnetzes mit dem Gasnetz.

Der Umbau der Energieversorgung ist dabei mit enormen Veränderungen verbunden. Es müssen nicht nur die nötigen regenerativen Kraftwerkskapazitäten geschaffen werden. Mit der Windenergie und der Photovoltaik werden stark fluktuierende Erzeugungsarten die künftige Stromversorgung dominieren. Herkömmliche Kernkraftwerke und Braunkohlekraftwerke sind wegen ihrer vergleichsweise schlechten Regelbarkeit als Brückentechnologien nicht geeignet und behindern daher die Realisierung einer zukunftsfähigen Elektrizitätsversorgung. Technisch ist es nicht möglich, Kernkraftwerke oder Braunkohlekraftwerke beispielsweise morgens bei einem hohen Angebot an Solarenergie komplett vom Netz zu nehmen und sie abends innerhalb kurzer Zeit wieder hochzufahren. Bei der Kernenergie lassen Sicherheitsbedenken eine solche Betriebsweise nicht zu. Bei der Braunkohle würde die extreme thermische Belastung durch die hohen Lastwechsel zu einem Verschleiß oder gar Schäden an der Anlage führen.

Um trotz der Schwankungen auf der Erzeugungsseite eine hohe Versorgungssicherheit zu erreichen, sind neue Speicherkapazitäten und -konzepte erforderlich (Bild 1.23). Während heute Pumpspeicherkraftwerke in Deutschland mit einer Speicherkapazität von rund 40 GWh rechnerisch nicht einmal den deutschen Elektrizitätsbedarf für eine Stunde speichern können, liegt der Speicherbedarf einer vollständig regenerativen Elektrizitätsversorgung in der Größenordnung von ein bis vier Wochen. Noch größere Speicher sind nicht erforderlich, da sich die verschiedenen regenerativen Energieformen wie Windkraft und Photovoltaik gut ergänzen und saisonal ausgleichen.

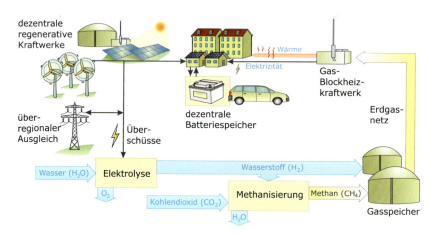

**Bild 1.23** Speicherkonzept für eine regenerative Elektrizitätsversorgung

Als Speicherlösungen sind vor allem Konzepte ins Auge zu fassen, die schnell verfügbar sind, denn für das Erreichen der Klimaschutzziele sollte die Versorgung bereits vor dem Jahr 2050 umgebaut sein. Da neue Pumpspeicherkraftwerke nur noch sehr vereinzelt aufgebaut werden können, bieten sich vor allem Batteriespeicher als Lösung für die Kurzzeitspeicherung zur Überbrückung weniger Stunden an. Bleibatterien sind vergleichsweise preiswert und in größeren Leistungen bereits heute verfügbar. Andere leistungsfähigere Batterietechnologien werden dann mittelfristig die Bleibatterie ablösen.

Für die Überbrückung mehrerer Tage oder weniger Wochen wird derzeit in der Gasspeicherung die vielversprechendste Lösung gesehen. Die Umwandlung von regenerativem Strom in speicherbares Gas wird als **Power-to-Gas-Technologie** bezeichnet. Um auf den regenerativen Ursprung des Gases hinzuweisen, wird es auch Wind- oder Solargas genannt. In Deutschland existiert bereits eine Speicherkapazität an **Erdgasspeichern** von rund 20 Mrd. m³, was einem Primärenergiegehalt von rund 200 TWh entspricht. Damit ist deren Speicherkapazität 5000 mal größer als die der existierenden Pumpspeicherkraftwerke. Auch wenn man noch Verluste bei der Umwandlung von Gas in Elektrizität berücksichtigt, könnten die existierenden Gasspeicher den Speicherbedarf einer vollständig regenerativen Elektrizitätsversorgung bereits heute weitgehend decken.

Aus künftigen Überschüssen von regenerativen Kraftwerken kann über eine **Elektrolyse** Wasserstoff erzeugt werden. Dieser kann zu einem geringen Anteil direkt ins das bestehende Erdgasnetz eingespeist werden. Größere regenerative Gasmengen lassen sich mit Hilfe einer zusätzlichen **Methanisierungsstufe** beimischen. Denkbar ist auch, das Erdgasnetz auf höhere Wasserstoffanteile umzurüsten (vgl. auch Abschnitt 10.3).

Gaskraftwerke können dann bei Bedarf die Rückverstromung des gespeicherten Gases übernehmen und damit die Versorgung auch bei wenig Wind- und Sonnenangebot sicherstellen. Ein weiterer Vorteil von Gaskraftwerken ist die im Vergleich zu Kohle- oder Atomkraftwerken deutlich bessere Regelbarkeit. Daher ist es bereits heute sinnvoll, bestehende Kapazitäten an Kohlekraftwerken durch neue Gaskraftwerke zu ersetzen. Künftig lässt sich dann das fossile Erdgas sukzessive durch regenerativ erzeugtes Gas ersetzen und damit eine sichere und kohlendioxidfreie Elektrizitätsversorgung realisieren.

## Wärmeversorgung

Im Gegensatz zum Elektrizitätsbedarf existieren beim Wärmedarf erhebliche Reduktionspotenziale. Rund die Hälfte ließe sich hier innerhalb der nächsten 30 Jahre einsparen und der verbleibende Wärmebedarf dann vollständig regenerativ decken. Um dieses Ziel zu erreichen, müsste aber die Gebäudesanierungsrate deutlich gesteigert werden. Neben einer optimalen Dämmung kann eine kontrollierte Be- und Entlüftung über einen Wärmetauscher die Verluste erheblich verringern.

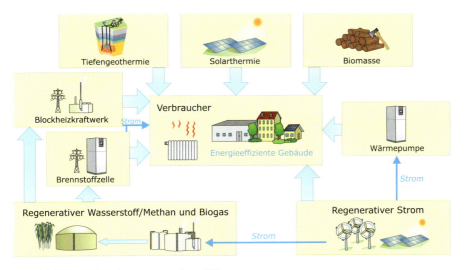

**Bild 1.24** Bausteine einer regenerativen Wärmeversorgung

Auch im Wärmebereich wird eine Vielzahl an regenerativen Technologien künftig die Versorgung sicherstellen. Keine der Technologien verfügt über die Potenziale, den gesamten Wärmebedarf in Deutschland decken zu können. In Abhängigkeit des Standorts und Gebäudetyps gibt es jeweils verschiedene technologisch und ökonomisch optimale Varianten. Bild 1.24 zeigt die unterschiedlichen Bausteine einer regenerativen Wärmeversorgung.

**Transport**

Für einen effektiven Klimaschutz sind im Transportbereich erhebliche Veränderungen in den nächsten Jahren erforderlich. Heute basiert der Transportbereich überwiegend auf fossilen Brennstoffen wie Benzin, Diesel oder Kerosin. Effizientere Motorentechniken werden nicht ausreichend sein, die nötigen Reduktionen an Treibhausgasen zu erzielen. Auch der Ersatz von fossilen Brennstoffen durch Brennstoffe auf Basis von Biomasse kann nur sehr begrenzt zur Reduzierung der Treibhausgase beitragen. Die verfügbaren landwirtschaftlichen Flächen zum Anbau von Rohstoffen zur Biotreibstofferzeugung sind bei Weitem zu gering, um die fossilen Treibstoffe ersetzen zu können.

Daher werden dringend alternative Antriebe benötigt. Im Straßenverkehr werden große Hoffnungen auf die Elektromobilität gesetzt. Elektromotoren sind erheblich effizienter als Verbrennungsmotoren und können somit den Energiebedarf im Transportbereich deutlich reduzieren. Eine große Herausforderung stellt dabei die Energiespeicherung dar. Effiziente Batterien oder Wasserstoff können aber die nötige Speicherkapazität zur Verfügung stellen. Wird der Strom zum Laden der Batterien oder der Wasserstoff auf Basis regenerativer Energien gewonnen, lässt sich auch der Transportbereich klimaneutral umgestalten.

### 1.7.3.3 Umbau der Energieversorgung

Zusammenfassend lässt sich feststellen, dass die Technologien und Konzepte für eine nachhaltige Energieversorgung bekannt sind. Ein konsequenter Umbau der Energieversorgung wird große Veränderungen der heutigen Versorgungsstrukturen nach sich ziehen.

**Tabelle 1.15** Zusammensetzung der Stromerzeugung der großen Energieversorgungsunternehmen und Bruttostromerzeugung in Deutschland im Jahr 2012/13 [AGEB14; EnB14; eon14; RWE13; Vat14]

| EVU | RWE [2012] [D)] | e.on [2013] | Vattenfall [2013] | EnBW [2013] [C)] | Deutsch-Land [2013] | Klima-Schutz [2040] |
|---|---|---|---|---|---|---|
| Stromerzeugung | 152,3 TWh | 84,2 TWh | 73,0 TWh | 58,5 TWh | 634 TWh | >700 TWh |
| Regenerative Energien | 1 % | 7,6 % | [A)] 5,9 % | 12,8 % | 23,9 % | >95 % |
| davon Wasserkraft | k.A. | 7,1 % | 3,7 % | 11,4 % | 3,2 % | 4 % |
| Kernenergie | 20 % | 52,7 % | 3,2 % | 39,7 % | 15,4 % | 0 % |
| Braunkohle | 23 % | [B)] | 77,8 % | 12,1 % | 25,6 % | 0 % |
| Steinkohle | 49 % | [B)] 38,0 % | 7,8 % | 31,1 % | 19,6 % | 0 % |
| Erdgas | 5 % | 1,7 % | 4,8 % | 1,3 % | 10,5 % | <5 % |
| Sonstige | 2 % | k.A. | 0,5 % | 3,0 % | 5,0 % | 0 % |

[A)] inkl. Biomasse und Müllverbrennung  [B)] nur Dampfkraftwerke nicht nach Technologie aufgeschlüsselt ausgewiesen
[C)] Gesamtkonzern  [D)] Bei Redaktionsschluss noch keine Zahlen für 2013 verfügbar

Dabei wird es Gewinner und Verlierer geben. Die großen Energieversorger haben sich beispielsweise den Herausforderungen der Energiewende lange Zeit verweigert. Deren regeneratives Engagement beschränkte sich weitgehend auf den Betrieb alter Wasserkraftwerke. Im Jahr 2013 war der Anteil erneuerbarer Energien bei den großen deutschen Energieversorgern generell weit unterdurchschnittlich (Tabelle 1.15).

Nach Vorstellungen einiger Forscher, Politiker und Energieversorger sollte eine künftige Energieversorgung zum großen Teil auf **zentralen regenerativen Kraftwerken** wie Offshore-Windparks oder photovoltaischen oder solarthermischen Kraftwerken in Südeuropa und Nordafrika basieren. Eine derartige Versorgung wäre ihrer Ansicht nach am kostengünstigsten zu realisieren. Kritiker bemängeln, dass dafür allerdings eine große Zahl an neuen Hochspannungstrassen erforderlich wäre, die bei der Bevölkerung nur eine sehr geringe Akzeptanz erreichen. Zum Teil werden auch die erwarteten Kostensenkungspotenziale bei Offshore-Windparks und solarthermischen Kraftwerken bezweifelt. Aufgrund der hohen Investitionskosten müssten große zentrale regenerative Kraftwerke zudem von finanzstarken Investoren wie den großen Energieversorgern errichtet werden. Wegen der Konkurrenzsituation zu deren bestehenden fossilen und nuklearen Kraftwerken ist dabei nicht der schnellstmögliche Umbau zu erwarten. Der hohe Anteil an nicht zukunftsfähigen Kernkraft- und Braunkohlekraftwerken schließen mittelfristig eine treibende Rolle der großen Energieversorger für eine Etablierung einer regenerativen Energieversorgung faktisch aus. Um möglichst hohe Gewinne mit den noch bestehenden fossilen und nuklearen Kraftwerken zu erzielen, nutzen sie vielmehr ihren Einfluss auf die Politik, um einen zu schnellen Zubau erneuerbarer Energien zu verhindern. Verschiedene Umweltschutzorganisationen raten daher den Wechsel zu einem unabhängigen grünen Stromanbieter [Nat12].

Befürworter einer schnellen Energiewende streben daher eine **dezentralere regenerative Versorgung** an. Die dafür nötigen Anlagen sind kleiner, lassen sich erheblich schneller errichten und benötigen keine extrem hohen Investitionen. Es käme zu mehr Wettbewerb zu den etablierten Energieversorgungsunternehmen. Der Bedarf an neuen Hochspannungstrassen würde deutlich sinken. Dafür müssten das Verteilungsnetz und lokale Speicher stärker ausgebaut werden. Viele Endkunden würden eigene Erzeugungsanlagen wie beispielsweise Photovoltaikanlagen selbst besitzen, was zu einer Demokratisierung der Energieversorgung führt.

In der Praxis wird vermutlich eine Mischung aus beiden Konzepten die künftige Energieversorgung sicherstellen. Je länger allerdings die großen Energieversorger beim Umbau der Energieversorgung auf Zeit spielen, desto größer wird der dezentrale Anteil werden. Inwieweit durch die Konkurrenzsituation einer regenerativen zur bestehenden Versorgung Mehrkosten verursacht, indem nicht immer die kostenoptimalen Systeme errichtet und kostengünstige Entwicklungen blockiert werden, ist schwer abzuschätzen. Betrachtet man die Klimaproblematik und die hohen Kosten durch künftige Klimaschäden, die Kosten für Folgeschäden von Unglücken wie Fukushima sowie die Probleme durch stetig steigende Preise für fossile Energieträger, geraten Fragen der Umbaukosten in den Hintergrund. Es bleibt die wesentliche Frage, wie wir am schnellsten unsere Energieversorgung nachhaltig umgestalten können, um die Lebensgrundlagen für künftige Generationen zu erhalten.

# 2 Sonnenstrahlung

## 2.1 Einleitung

Die Sonne ist die mit Abstand größte regenerative Energiequelle. Erdwärme und die Planetenanziehung sind, wie im vorigen Kapitel bereits erläutert, im Vergleich zur Energie der Sonne unbedeutend. Die Sonnenstrahlung kann direkt durch solarthermische oder photovoltaische Anlagen genutzt werden. Auch die Windkraft und Wasserkraft basieren letztendlich auf der Energie der Sonne und können auch als indirekte Sonnenenergie bezeichnet werden. Da die genaue Kenntnis der Sonnenstrahlung für die Berechnung und Simulation vieler regenerativer Energiesysteme von Bedeutung ist, ist dieses Kapitel dem Themengebiet Solarstrahlung gewidmet. Es umfasst hauptsächlich Berechnungen aus dem Bereich der Photometrie. Die wichtigsten photometrischen Größen sind in Tabelle 2.1 dargestellt, wobei bei der Nutzung der Sonnenenergie hauptsächlich die strahlungsphysikalischen Größen von Bedeutung sind. Die lichttechnischen Größen beziehen sich lediglich auf den sichtbaren Anteil des Lichtes, wohingegen Solaranlagen auch den nicht sichtbaren ultravioletten und infraroten Anteil ausnutzen können.

Bei zahlreichen der folgenden Berechnungen werden physikalische Naturkonstanten benötigt, die im Anhang zusammenfassend dargestellt sind.

**Tabelle 2.1** Wichtige strahlungsphysikalische und lichttechnische Größen [DIN5031]

| Strahlungsphysikalische Größen | | | Lichttechnische Größen | | |
|---|---|---|---|---|---|
| Name | Formelzeichen | Einheit | Name | Formelzeichen | Einheit |
| Strahlungsenergie | $Q_e$ | Ws | Lichtmenge | $Q_v$ | lm s |
| Strahlungsleistung | $\Phi_e$ | W | Lichtstrom | $\Phi_v$ | lm |
| spezif. Ausstrahlung | $M_e$ | W/m² | spez. Lichtausstrahlung | $M_v$ | lm/m² |
| Strahlstärke | $I_e$ | W/sr | Lichtstärke | $I_v$ | cd = lm/sr |
| Strahldichte | $L_e$ | W/(m² sr) | Leuchtdichte | $L_v$ | cd/m² |
| Bestrahlungsstärke | $E_e$ | W/m² | Beleuchtungsstärke | $E_v$ | lx = lm/m² |
| Bestrahlung | $H_e$ | Ws/m² | Belichtung | $H_v$ | lx s |

Einheiten: W = Watt; m = Meter; s = Sekunde; sr = Steradiant; lm = Lumen; lx = Lux; cd = Candela

## 2.2 Der Fusionsreaktor Sonne

Die Sonne ist der Zentralkörper unseres Sonnensystems. Es wird angenommen, dass sie bereits seit 5 Milliarden Jahren mit ihrer jetzigen Helligkeit strahlt, und ihre weitere Lebensdauer dürfte noch einmal in der gleichen Größenordnung liegen. Die Sonne besteht zu etwa 80 % aus Wasserstoff, zu 20 % aus Helium und nur zu 0,1 % aus anderen Elementen. Tabelle 2.2 enthält die wichtigsten Daten der Sonne im Vergleich zur Erde.

**Tabelle 2.2** Daten von Sonne und Erde

|  | Sonne | Erde | Verhältnis |
|---|---|---|---|
| Durchmesser | 1 391 320 km | 12 756 km | 1 : 109 |
| Umfang | 4 370 961 km | 40 075 km | 1 : 109 |
| Oberfläche | $6,081 \cdot 10^{12}$ km² | $5,101 \cdot 10^{8}$ km² | 1 : 11 897 |
| Volumen | $1,410 \cdot 10^{18}$ km³ | $1,0833 \cdot 10^{12}$ km³ | 1 : 1 297 590 |
| Masse | $1,9891 \cdot 10^{30}$ kg | $5,9742 \cdot 10^{24}$ kg | 1 : 332 946 |
| Mittlere Dichte | 1,409 g/cm³ | 5,516 g/cm³ | 1 : 0,26 |
| Schwerebeschleunigung (Oberfläche) | 274,0 m/s² | 9,81 m/s² | 1 : 28 |
| Oberflächentemperatur | 5 777 K | 288 K | 1 : 367 |
| Mittelpunkttemperatur | 15 000 000 K | 6 700 K | 1 : 2 200 |

Die Strahlungsleistung der Sonne stammt aus **Kernfusionsprozessen**. Hierbei werden über verschiedene Zwischenreaktionen vier Wasserstoffkerne (Protonen $^1$p) zu einem Heliumkern (Alphateilchen $^4\alpha$) verschmolzen, der aus zwei Neutronen $^1$n und zwei positiv geladenen Protonen $^1$p besteht. Dabei werden zwei Positronen $e^+$ und zwei Neutrinos $\nu_e$ erzeugt. Die Gleichung der Bruttoreaktion, die in Bild 2.1 illustriert ist, lautet somit:

$$4\,{}^{1}_{1}\text{p} \rightarrow {}^{4}_{2}\alpha + 2e^+ + 2\nu_e + \Delta E \,. \tag{2.1}$$

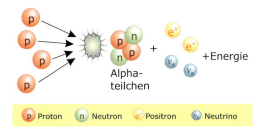

Bild 2.1 Fusion von vier Wasserstoffkernen zu einem Heliumkern (Alphateilchen)

Werden die Massen der atomaren Bauteile vor und nach der Reaktion gegenübergestellt, lässt sich feststellen, dass die Gesamtmasse nach der Reaktion abgenommen hat. Die entsprechenden Teilchenmassen können aus Tabelle 2.3 entnommen werden.

Die Massendifferenz $\Delta m$ berechnet sich über

$$\Delta m = 4 \cdot m(^1\text{p}) - m(^4\alpha) - 2 \cdot m(e^+) \tag{2.2}$$

zu $\quad \Delta m = 4 \cdot 1{,}00727647$ u $- 4{,}0015060883$ u $- 2 \cdot 0{,}00054858$ u $= 0{,}02650263$ u .

**Tabelle 2.3** Verschiedene Teilchen- und Nuklidmassen (1 u = 1,660565·10⁻²⁷ kg)

| Teilchen bzw. Nuklid | Masse | Teilchen bzw. Nuklid | Masse |
|---|---|---|---|
| Elektron (e⁻) | 0,00054858 u | Wasserstoff (1H) | 1,007825032 u |
| Proton (1p) | 1,00727647 u | Helium (4He) | 4,002603250 u |
| Neutron (1n) | 1,008664923 u | Alphateilchen (4α) | 4,0015060883 u |

Bei dieser Rechnung wurde die Masse der Neutrinos $\nu_e$ vernachlässigt. Die Masse eines Positrons e⁺ entspricht der eines Elektrons e⁻.

Die Gesamtmasse aller nach der Fusion entstandenen Teilchen ist somit geringer als die Summe aller an der Fusion beteiligen Teilchen vor der Reaktion. Der Massedefekt $\Delta m$ erklärt sich durch die Umwandlung von $\Delta m$ in frei werdende Energie $\Delta E$, wobei $\Delta E$ über die Beziehung

$$\Delta E = \Delta m \cdot c^2 \tag{2.3}$$

berechnet werden kann. Mit $c = 2{,}99792458 \cdot 10^8$ m/s ergibt sich die bei einer Fusion freigesetzte Energie zu $\Delta E = 3{,}955 \cdot 10^{-12}$ J = 24,687 MeV. Die unterschiedlichen Massen und die damit verbundene Energiedifferenz lassen sich über die sogenannte Bindungsenergie $E_b$ eines Kerns $^{N+Z}K$ erklären. Ein Atomkern besteht aus $N$ Neutronen $^1$n und $Z$ Protonen $^1$p. Beim Zusammenbau des Atomkerns aus Protonen und Neutronen muss, damit ein stabiler Kern entsteht, dessen Bindungsenergie frei werden. Die Bindungsenergie eines Heliumkerns kann aus der Massendifferenz zwischen dem Alphateilchen und zwei Neutronen plus zwei Protonen ermittelt werden.

Bei der obigen Betrachtung wurden die Elektronen in der Atomhülle jeweils vernachlässigt und nur die Atomkerne betrachtet. Bei einem Wasserstoffatom ¹H befinden sich ein Elektron, bei einem Heliumatom ⁴He zwei Elektronen in der Hülle. Zwei der vier Elektronen der Wasserstoffatome finden sich im Heliumatom wieder. Die anderen beiden Elektronen annihilieren mit den Positronen, das heißt, die zwei Elektronen und die zwei Positronen werden in Strahlungsenergie umgewandelt. Diese Strahlungsenergie entspricht also dem Vierfachen der Masse eines Elektrons beziehungsweise der Strahlungsenergie von 2,044 MeV.

Insgesamt wird also bei der Fusionsreaktion die Gesamtenergie von 26,731 MeV freigesetzt. Diese kleine Energiemenge ist an sich noch nicht aufsehenerregend. Doch durch die große Zahl von verschmelzenden Kernen summiert sich die dabei in jeder Sekunde frei werdende Energie zu der großen Summe von $3{,}8 \cdot 10^{26}$ Ws.

Pro Sekunde verliert die Sonne 4,3 Millionen Tonnen an Masse ($\Delta \dot{m} = 4{,}3 \cdot 10^9$ kg/s). Hieraus ergibt sich die Strahlungsleistung $\Phi_{e,S}$ der Sonne:

$$\Phi_{e,S} = \Delta \dot{m} \cdot c^2 = 3{,}845 \cdot 10^{26} \text{ W}. \tag{2.4}$$

Wird dieser Wert durch die Sonnenoberfläche $A_{Sonne}$ dividiert, ergibt sich die **spezifische Ausstrahlung der Sonne**:

$$M_{e,S} = \frac{\Phi_{e,S}}{A_{Sonne}} = 63{,}3 \frac{\text{MW}}{\text{m}^2}. \tag{2.5}$$

Jeder Quadratmeter der Sonnenoberfläche gibt die Strahlungsleistung von 63,3 MW ab. Ein Viertel Quadratkilometer der Sonnenoberfläche strahlt im Jahr mit rund 500 EJ so viel

## 2.2 Der Fusionsreaktor Sonne

Energie ab, dass diese Menge dem aktuellen Primärenergiebedarf der ganzen Erde entspricht. Von dieser Energie erreicht jedoch nur ein geringer Teil die Erde.

Man kann die Sonne idealerweise als schwarzen Körper betrachten. Somit lässt sich über das **Stefan-Boltzmann-Gesetz**

$$M_e(T) = \sigma \cdot T^4 \tag{2.6}$$

die **Oberflächentemperatur der Sonne** ($T_{Sonne}$) bestimmen. Mit der Stefan-Boltzmann-Konstanten $\sigma = 5{,}67051 \cdot 10^{-8}$ W/(m² K⁴) ergibt sich

$$T_{Sonne} = \sqrt[4]{\frac{M_{e,S}}{\sigma}} = 5777 \text{ K}. \tag{2.7}$$

Wird eine Hüllkugel mit einem Radius, der dem mittleren Abstand vom Erd- zum Sonnenmittelpunkt ($r_{SE} = 1{,}496 \cdot 10^8$ km) entspricht, um die Sonne gebildet, tritt durch die Oberfläche $A_{SE}$ der Hüllkugel die gleiche Gesamtstrahlungsleistung wie durch die Sonnenoberfläche $A_S$ (Bild 2.2). Die auf einen Quadratmeter bezogene spezifische Ausstrahlung $M_{e,S}$ der Sonne ist jedoch deutlich größer als die Bestrahlungsstärke $E_e$ auf der Hüllkugel.

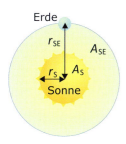

**Bild 2.2** Durch die Kugeloberfläche mit dem Radius $r_{SE}$ tritt die gleiche Strahlungsleistung wie durch die Sonnenoberfläche

Über $M_{e,S} \cdot A_S = E_e \cdot A_{SE}$ sowie durch Einsetzen von $A_{SE} = 4 \cdot \pi \cdot r_{SE}^2$ berechnet sich schließlich die Bestrahlungsstärke $E_e$ zu

$$E_e = M_{e,S} \cdot \frac{A_S}{A_{SE}} = M_{e,S} \cdot \frac{r_S^2}{r_{SE}^2}. \tag{2.8}$$

Sie entspricht der extraterrestrischen Bestrahlungsstärke der Erde, die sich auf der Hüllkugel befindet. Da der Abstand zwischen Sonne und Erde nicht konstant ist, sondern sich im Verlauf eines Jahres zwischen $1{,}471 \cdot 10^8$ km und $1{,}521 \cdot 10^8$ km bewegt, schwankt die Bestrahlungsstärke $E_e$ zwischen 1315 W/m² und 1406 W/m². Der Mittelwert wird als **Solarkonstante** $E_0$ bezeichnet und beträgt

$$E_0 = 1360{,}8 \pm 0{,}5 \; \frac{\text{W}}{\text{m}^2}. \tag{2.9}$$

Dieser Wert kann außerhalb der Erdatmosphäre auf einer Fläche senkrecht zur Sonneneinstrahlung gemessen werden [Kop11]. Die Schwankung im Verlauf des Jahres in Abhängigkeit vom Tag des Jahres $J$ lässt sich wie folgt angeben:

$$E_0(J) = E_0 \cdot \left(1 + 0{,}0334 \cdot \cos(0{,}9855° \cdot J - 2{,}7198°)\right). \tag{2.10}$$

Neben der gesamten Bestrahlungsstärke, die auf die Erde trifft, ist auch die spektrale Zusammensetzung der Sonnenstrahlung für die Nutzung der Solarenergie von großer Bedeutung. Die Sonnenstrahlung wird durch Photonen verschiedener Wellenlänge $\lambda$ übertragen. Im Wellenlängenbereich von 380 bis 780 nm beziehungsweise 0,38 bis 0,78 µm ist die Strahlung für den Menschen sichtbar. Tabelle 2.4 zeigt die zu verschiedenen Wellenlängen gehörenden Farben an.

**Tabelle 2.4** Wellenlängen verschiedener Farbtöne

| Farbton | Wellenlänge in nm | Farbton | Wellenlänge in nm |
|---|---|---|---|
| Ultraviolett | <380 | Gelbgrün | 560 ... 570 |
| Purpurblau (Violett) | 380 ... 450 | Grünlichgelb | 570 ... 575 |
| Blau | 450 ... 482 | Gelb | 575 ... 580 |
| Grünlichblau | 482 ... 487 | Gelblichorange | 580 ... 585 |
| Cyan (Blaugrün) | 487 ... 492 | Orange | 585 ... 595 |
| Bläulichgrün | 492 ... 497 | Rötlichorange | 595 ... 620 |
| Grün | 497 ... 530 | Rot | 620 ... 780 |
| Gelblichgrün | 530 ... 560 | Infrarot | >780 |

1 µm = 1000 nm, 1 nm = 0,001 µm

Die Sonne kann näherungsweise als schwarzer Körper betrachtet werden, dessen Temperatur der Sonnenoberflächentemperatur von 5777 K entspricht. Die von der Wellenlänge $\lambda$ abhängige **spektrale Strahldichte** $L_{e,\lambda}$ eines schwarzen Körpers für eine absolute Temperatur $T$ lässt sich nach Planck über

$$L_{e,\lambda} = \frac{c_1}{\lambda^5} \cdot \frac{1}{\exp\left(\frac{c_2}{\lambda \cdot T}\right)-1} \cdot \frac{1}{\Omega_0} \tag{2.11}$$

berechnen. Hierbei sind

$$c_1 = 2 \cdot h \cdot c^2 = 1{,}191 \cdot 10^{-16}\ \text{Wm}^2 \quad (2.12) \quad \text{und} \quad c_2 = \frac{h \cdot c}{k} = 1{,}439 \cdot 10^{-2}\ \text{mK}. \tag{2.13}$$

$\Omega_0 = 1$ sr wird nur zur Korrektur der Einheitenbilanz benötigt, wobei Steradiant sr die Einheit des Raumwinkels ist. Strahlt ein Körper gleichmäßig in alle Richtungen des Raumes ab, berechnet sich daraus die von der Wellenlänge $\lambda$ abhängige spektrale spezifische Ausstrahlung $M_{e,\lambda}$ und die spektrale Bestrahlungsstärke

$$E_{e,\lambda} = \frac{r_S^2}{r_{SE}^2} \cdot M_{e,\lambda} = \frac{r_S^2}{r_{SE}^2} \cdot \pi \cdot L_{e,\lambda}. \tag{2.14}$$

Die zuvor bestimmte Bestrahlungsstärke $E_e$ ergibt sich aus der Integration der von der Wellenlänge abhängigen spektralen Bestrahlungsstärke $E_{e,\lambda}$:

$$E_e = \int E_{e,\lambda}\,d\lambda. \tag{2.15}$$

In der Realität lässt sich eine geringfügige Abweichung des Spektrums zum idealen Verlauf eines schwarzen Körpers messen (Bild 2.3). Das reale Spektrum außerhalb der Erdatmosphäre trägt die Bezeichnung Spektrum AM0. Bei diesem sogenannten extraterrestrischen Spektrum entfallen 7 % der Bestrahlungsstärke auf den ultravioletten, 47 % auf den sichtbaren und 46 % auf den infraroten Bereich.

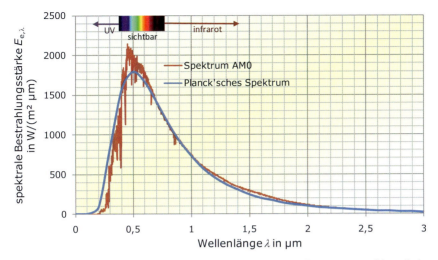

**Bild 2.3** Spektrum AM0 und Planck'sches Spektrum für einen Temperaturstrahler mit einer Temperatur von 5777 K

## 2.3 Sonnenstrahlung auf der Erde

Auf der Erde werden üblicherweise Werte für die Bestrahlungsstärke gemessen, die unter denen im Weltall liegen. Die Ursache sind Reduktionen der Bestrahlungsstärke, die beim Durchdringen der Atmosphäre auftreten. Hierbei unterscheidet man zwischen:

- Reduktion durch Reflexion an der Atmosphäre,
- Reduktion durch Absorption der Atmosphäre (hauptsächlich: $O_3$, $H_2O$, $O_2$, $CO_2$),
- Reduktion durch Rayleigh-Streuung,
- Reduktion durch Mie-Streuung.

Die Reduktion durch **Absorption** wird durch verschiedene Gasteilchen der Atmosphäre verursacht. Die Absorption der verschiedenen Bestandteile der Atmosphäre, wie Wasserdampf, Ozon, Sauerstoff und Kohlendioxid, ist stark selektiv und erfasst nur einige Bereiche des Sonnenspektrums.

In Bild 2.4 ist jeweils das Spektrum AM0 im Weltall und AM1,5g auf der Erde dargestellt. Beim Spektrum AM1,5g sind deutlich die Einbrüche infolge von Absorption verschiedener Gaspartikel zu erkennen. Das Spektrum AM1,5g kann bei klarem Himmel bei einer Sonnenhöhe von 41,8° auf einer um 37° in Richtung Sonne geneigten Ebene gemessen werden. Die gesamte Bestrahlungsstärke dieses Spektrums entspricht 1000 W/m². Das Spektrum AM1,5g dient als Referenz bei der Klassifizierung von Photovoltaikmodulen.

Die Reduktion durch **Rayleigh-Streuung** erfolgt an molekularen Bestandteilen der Luft, deren Durchmesser deutlich kleiner als die Wellenlänge des Lichtes ist. Der Einfluss der Rayleigh-Streuung nimmt mit abnehmender Wellenlänge des Lichtes zu.

Die Reduktion durch **Mie-Streuung** erfolgt an Staubteilchen oder Verunreinigungen der Luft. Der Durchmesser der Teilchen ist dabei größer als die Wellenlänge des Lichts. Die Mie-Streuung ist stark abhängig vom jeweiligen Standort. Sie ist im Hochgebirge am geringsten und in Industriegebieten mit starker Luftverunreinigung am größten.

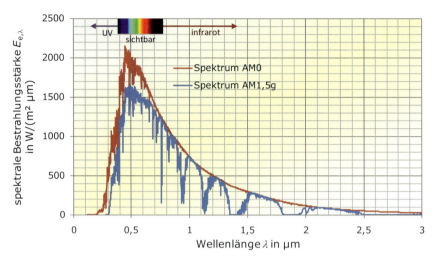

**Bild 2.4** Spektren des Sonnenlichtes. AM0: Spektrum im Weltall, AM1,5g: Spektrum auf der Erde bei einer Sonnenhöhe von 41,8° auf einer um 37° in Richtung Sonne geneigten Ebene

In Tabelle 2.5 sind die verschiedenen Reduktionen in Abhängigkeit der Sonnenhöhe $\gamma_S$ dargestellt. Hinzu können noch Reduktionen infolge von Witterungseinflüssen, wie starke Bewölkung, Schneefall oder Regen, kommen.

**Tabelle 2.5** Reduktionseinflüsse in Abhängigkeit der Sonnenhöhe (nach [Sch70])

| $\gamma_S$ | AM | Absorption | Rayleigh-Streuung | Mie-Streuung | Gesamtschwächung |
|---|---|---|---|---|---|
| 90° | 1,00 | 8,7 % | 9,4 % | 0 ... 25,6 % | 17,3 ... 38,5 % |
| 60° | 1,15 | 9,2 % | 10,5 % | 0,7 ... 29,5 % | 19,4 ... 42,8 % |
| 30° | 2,00 | 11,2 % | 16,3 % | 4,1 ... 44,9 % | 28,8 ... 59,1 % |
| 10° | 5,76 | 16,2 % | 31,9 % | 15,4 ... 74,3 % | 51,8 ... 85,4 % |
| 5° | 11,5 | 19,5 % | 42,5 % | 24,6 ... 86,5 % | 65,1 ... 93,8 % |

Bei niedrigeren Sonnenhöhen und mit zunehmendem Weg der Sonnenstrahlung durch die Atmosphäre nehmen auch die Verluste in der Atmosphäre zu. Der Zusammenhang zwischen der Sonnenhöhe $\gamma_S$ und der **Air Mass** (*AM*) ist wie folgt definiert:

$$AM = \frac{1}{\sin \gamma_S}. \tag{2.16}$$

Der AM-Wert gibt an, wie oft der Weg des Sonnenlichts dem kürzesten Weg durch die Erdatmosphäre entspricht. Bei senkrechtem Sonnenstand beträgt der AM-Wert 1 und im Weltall null.

## 2.3 Sonnenstrahlung auf der Erde

In Bild 2.5 sind jeweils der höchste Sonnenstand und der zugehörige AM-Wert für verschiedene Tage des Jahres in Berlin und Kairo dargestellt.

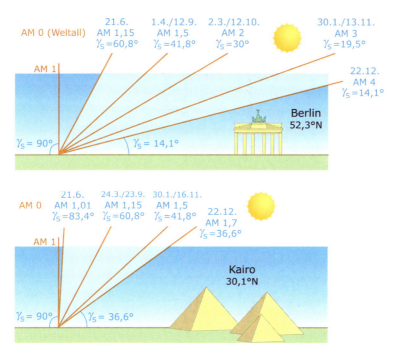

**Bild 2.5** Höchster Sonnenstand und AM-Werte für verschiedene Tage in Berlin und Kairo

Die im Weltall messbare Bestrahlungsstärke $E_0$ reduziert sich auf dem Weg durch die Erdatmosphäre durch die zuvor beschriebenen Einflüsse. Diese lassen sich durch einen entsprechenden Transmissionsgrad $\tau$ berücksichtigen. Reflexionen an hellen Wolken oder schneebedeckten Flächen mit einem Reflexionsgrad $\rho$ können auch eine lokale Verstärkung der Bestrahlungsstärke verursachen. Die Bestrahlungsstärke auf einer horizontalen Fläche auf der Erde, die sogenannte globale Bestrahlungsstärke, ergibt sich damit über:

$$E_{G,hor} = E_0 \cdot \sin\gamma_S \cdot \tau_{Absorption} \cdot \tau_{Rayleigh} \cdot \tau_{Mie} \cdot \tau_{Wolken} \cdot (1+\rho) \,. \tag{2.17}$$

In den Morgen- und Abendstunden reduziert sich die Bestrahlungsstärke infolge des längeren Wegs durch die Erdatmosphäre. Auch im Winter sorgen niedrigere Sonnenstände für reduzierte Werte. Zusätzlich können Wolken erhebliche Reduktionen verursachen.

In Bild 2.6 sind die Tagesgänge der globalen Bestrahlungsstärke in Berlin jeweils für einen wolkenlosen Tag im April, Juni und Dezember sowie einen bewölkten Tag im April und Dezember dargestellt. An wolkenlosen Tagen, die auch Clear-Sky-Tage heißen, ähnelt der Verlauf einer Sinuskurve. Wechselnd bewölkte Tage können zwischen Sonnenauf- und -untergang nahezu beliebige Formen annehmen. An Clear-Sky-Tagen im Sommer erreicht die Bestrahlungsstärke mittags Werte in der Größenordnung von 1000 W/m². Werte darüber werden an völlig klaren Tagen in Deutschland praktisch nie erreicht. An vollständig bedeckten Tagen im Winter kann die maximale Bestrahlungsstärke eines Tages sogar bei 30 W/m² oder darunter liegen.

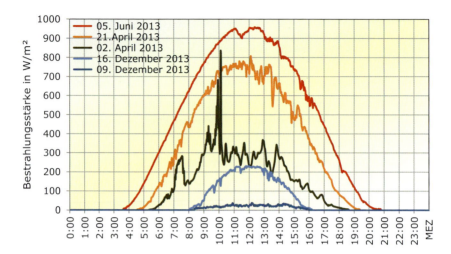

**Bild 2.6** Tagesgänge der globalen Bestrahlungsstärke für verschiedene Tage in Berlin. Daten: wetter.htw-berlin.de

Bei stark wechselnder Bewölkung treten im Sommer kurzzeitig aber auch Werte von bis über 1200 W/m² auf. Wenn die Sonne durch die Wolken bricht, können zusätzliche Reflektionen durch Wolken für stärke Überhöhungen der Bestrahlungsstärke sorgen. In Extremfällen sind dann sogar Bestrahlungsstärkewerte oberhalb der Solarkonstanten möglich.

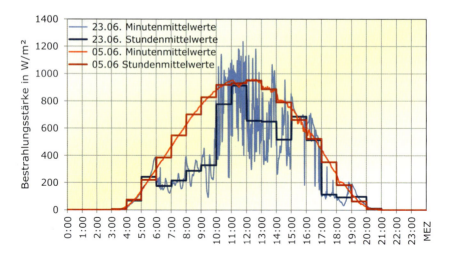

**Bild 2.7** Tagesgänge der Minuten- und Stundenmittelwerte der globalen Bestrahlungsstärke für zwei verschiedene Tage in Berlin. Daten: wetter.htw-berlin.de

## 2.3 Sonnenstrahlung auf der Erde

Meist werden verschiedene Messungen der Bestrahlungsstärke zu Mittelwerten zusammengefasst. Bild 2.8 zeigt den Verlauf der minütlichen und stündlichen Mittelwerte jeweils für einen klaren und einen wechselnd bewölkten Tag im Juni. Für Ertragsberechnungen von Solaranlagen werden oft stündliche Zeitreihen der Bestrahlungsstärke als Basis verwendet. Während diese an klaren oder vollständig bedeckten Tagen den Verlauf recht gut widerspiegeln, geht bei stark wechselnd bewölkten Tagen bei Stundenwerten die Dynamik verloren, wie die Grafik gut zeigt. Der maximale Minutenmittelwert liegt hier bei 1233 W/m², der maximale Stundenmittelwert hingegen gerade einmal bei 913 W/m². Da die Wirkungsgrade von Solaranlagen von der Bestrahlungsstärke abhängen und Photovoltaikanlagen große Spitzen der Bestrahlungsstärke nicht mehr nutzen können, kann es bei der Verwendung von Stundenmittwerten in Berechnungen zu Abweichungen der Jahreserträge kommen, die im Extremfall durchaus einige Prozentpunkte betragen können.

Durch Integration der Bestrahlungsstärke $E_{G,hor}$ über der Zeit ergibt sich die Bestrahlung $H_{G,hor}$. Da die Bestrahlungsstärke meist in diskreten Zeitabständen $\Delta t$ gemessen wird, erfolgt die Bestimmung der Bestrahlung in der Regel durch eine Summenbildung:

$$H_{G,hor} = \int E_{G,hor} dt = \sum E_{G,hor} \cdot \Delta t .\qquad(2.18)$$

Tabelle 2.6 zeigt Mittelwerte der monatlichen und jährlichen globalen Bestrahlung für vier verschiedene Orte in Deutschland. Die Werte für Juli liegen bis zu dem Zehnfachen über den entsprechenden Dezemberwerten.

**Tabelle 2.6** Langjährige Mittel (1998-2010) der monatlichen Globalbestrahlung in kWh/m² [JRC10]

| kWh/m² | Jan | Feb | Mär | Apr | Mai | Juni | Juli | Aug | Sep | Okt | Nov | Dez | Jahr |
|---|---|---|---|---|---|---|---|---|---|---|---|---|---|
| Berlin | 19 | 33 | 75 | 128 | 160 | 166 | 158 | 134 | 94 | 51 | 26 | 15 | 1059 |
| Kassel | 20 | 34 | 77 | 123 | 150 | 162 | 154 | 132 | 90 | 52 | 25 | 16 | 1037 |
| Stuttgart | 29 | 45 | 85 | 130 | 153 | 174 | 164 | 140 | 99 | 62 | 36 | 24 | 1139 |
| Freiburg | 29 | 45 | 84 | 129 | 153 | 172 | 166 | 141 | 104 | 63 | 38 | 24 | 1150 |

Die über die Fläche von Deutschland gemittelte **jährliche globale Bestrahlung** liegt etwas über 1000 kWh/m². In nördlichen Breitengraden liegt die jährliche globale Bestrahlung zwischen 700 kWh/m² und 1000 kWh/m². Dieser Wert steigt bis auf über 1800 kWh/m² in Südeuropa. In Wüstenregionen wie der Sahara werden örtlich sogar Werte von über 2500 kWh/m² erreicht. Der Breitengrad allein liefert jedoch nur eine unzureichende Aussage über die Jahressumme der Globalstrahlung. So liegt die jährliche Bestrahlung im 7° nördlicher liegenden Stockholm in der gleichen Größenordnung wie in Berlin, während der Wert im südlicher gelegenen London geringer ist (Tabelle 2.7).

Innerhalb von Europa gibt es große Unterschiede bei der monatlichen Bestrahlung. Hierbei macht sich vor allem der **Unterschied zwischen Sommer und Winter** bemerkbar. Während in Bergen das Verhältnis der Bestrahlung im Juni zu der im Dezember 40:1 beträgt, sinkt es in Lissabon auf nur 3,3:1. In der Nähe des Äquators gibt es sogar Regionen, die über das gesamte Jahr eine nahezu konstante Bestrahlung aufweisen.

**Tabelle 2.7** Mittelwerte (1998-2010) der monatlichen Globalbestrahlung in kWh/m² (Daten: [JRC10])

| Werte in kWh/m² | Bergen | Stockholm | Berlin | London | Wien | Nizza | Rom | Antalya | Almería |
|---|---|---|---|---|---|---|---|---|---|
| Geografische Breite | 60°24'N | 59°21'N | 52°28'N | 51°31'N | 48°15'N | 43°39'N | 41°48'N | 36°53'N | 36°50'N |
| Jan | 6 | 9 | 19 | 25 | 29 | 55 | 54 | 74 | 88 |
| Feb | 19 | 25 | 33 | 39 | 47 | 75 | 74 | 88 | 99 |
| Mär | 53 | 61 | 75 | 79 | 91 | 126 | 124 | 147 | 157 |
| Apr | 96 | 107 | 128 | 121 | 143 | 154 | 157 | 175 | 195 |
| Mai | 135 | 164 | 160 | 154 | 167 | 196 | 202 | 219 | 228 |
| Jun | 155 | 161 | 166 | 164 | 171 | 220 | 223 | 243 | 242 |
| Jul | 140 | 161 | 158 | 161 | 176 | 229 | 240 | 248 | 248 |
| Aug | 101 | 120 | 134 | 133 | 150 | 197 | 203 | 223 | 221 |
| Sep | 61 | 74 | 94 | 97 | 104 | 139 | 146 | 174 | 165 |
| Okt | 26 | 36 | 51 | 56 | 64 | 97 | 102 | 131 | 126 |
| Nov | 8 | 13 | 26 | 31 | 34 | 61 | 62 | 89 | 93 |
| Dez | 4 | 5 | 15 | 21 | 22 | 47 | 48 | 70 | 78 |
| Jahr | 803 | 938 | 1059 | 1070 | 1197 | 1595 | 1639 | 1883 | 1942 |

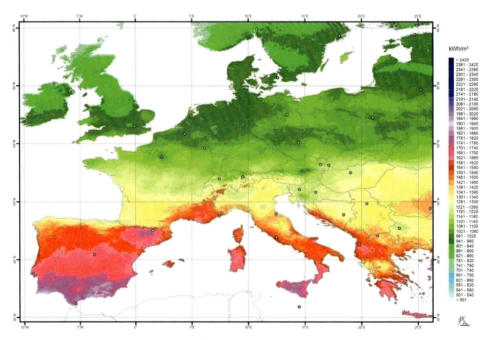

**Bild 2.8** Langjähriges Mittel der jährlichen globalen horizontalen Bestrahlung in Europa
Quelle: Meteotest; Datenbank Meteonorm (www.meteonorm.com)

In der Sahara liegt die jährliche Bestrahlung im Mittel bei 2350 kWh/m² und damit über dem Zweifachen des Wertes in Deutschland. Die Gesamtbestrahlung in der 8,7 Mio. km² großen Sahara beträgt rund das 200fache des Weltprimärenergiebedarfs. Das heißt, auf

## 2.4 Bestrahlungsstärke auf der Horizontalen

48 500 km², das entspricht dem 1,5fachen der Fläche des Bundeslandes Brandenburg, trifft die gleiche Menge an Sonnenenergie wie Energie weltweit von der Menschheit derzeit verbraucht wird. Aus diesen Zahlen wird deutlich, dass es durchaus möglich ist, den gesamten Energiebedarf der Menschheit ausschließlich durch Sonnenenergie zu decken.

Auf die Fläche Deutschlands trifft immerhin noch eine Strahlungsenergie, die rund dem Hundertfachen des deutschen Primärenergiebedarfs entspricht. Die solare Bestrahlung kann in den verschiedenen Jahren aufgrund unterschiedlicher Wettersituationen und sich ändernder klimatischer Bedingungen variieren. Bild 2.9 zeigt den Verlauf der Bestrahlung über 70 Jahre am Standort Potsdam. Auffällig ist der leichte Anstieg der jährlichen Bestrahlung seit Ende der 1980er-Jahre. Eine Erklärung hierfür ist, dass aufgrund verbesserter Luftreinhaltungsmaßnahmen Schmutzpartikel in der Atmosphäre weniger Solarstrahlung absorbieren.

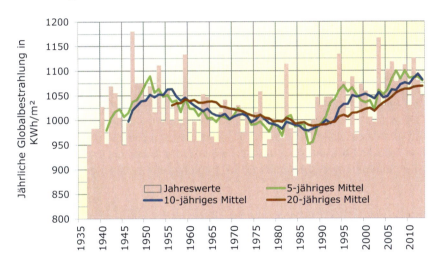

**Bild 2.9** Jährliche Bestrahlung am Standort Potsdam über den Zeitraum von 1937 bis 2013 sowie Verlauf gleitender Mittelwerte (Daten: DWD)

## 2.4 Bestrahlungsstärke auf der Horizontalen

Wie bereits im vorigen Abschnitt beschrieben, wird die Sonnenstrahlung beim Weg durch die Atmosphäre gestreut und an Partikeln reflektiert. Während die Strahlung im Weltall praktisch nur aus einem direkten Anteil besteht, setzt sie sich auf der horizontalen Erdoberfläche aus einem direkten und einem diffusen Anteil zusammen (Bild 2.10). Durch die direkte Sonnenstrahlung werden scharfe Schattenwürfe von Gegenständen verursacht, da die direkte Strahlung nur aus der Sonnenrichtung kommt. Die diffuse Strahlung besitzt hingegen keine definierte Richtung.

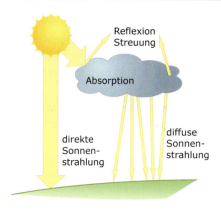

**Bild 2.10** Das Sonnenlicht beim Gang durch die Atmosphäre

Die Zusammensetzung der gesamten bzw. globalen Bestrahlungsstärke $E_{G,hor}$ auf der horizontalen Erdoberfläche aus der direkten Bestrahlungsstärke $E_{dir,hor}$ und der diffusen Bestrahlungsstärke $E_{diff,hor}$ ist über den einfachen Zusammenhang

$$E_{G,hor} = E_{dir,hor} + E_{diff,hor} \qquad (2.19)$$

definiert.

Tabelle 2.8 zeigt den Anteil der direkten und diffusen Bestrahlung über ein Jahr in Berlin. Vor allem an Tagen mit niedriger Gesamtbestrahlung ist der **Diffusanteil** besonders hoch und kann bis zu 100 % betragen. Bei Tagen mit hoher Globalstrahlung sinkt hingegen der Diffusanteil auf Werte unter 20 %. Bild 2.11 zeigt den typischen Verlauf der täglichen direkten und diffusen Bestrahlung in Deutschland. Aus der Abbildung lässt sich erkennen, dass auch im Sommer durchschnittlich Diffusstrahlungsanteile von über 50 % erreicht werden.

**Tabelle 2.8** Mittelwerte (1998-2010) der direkten und diffusen Globalbestrahlung in Berlin [JRC10]

| kWh/m² | Jan | Feb | Mär | Apr | Mai | Juni | Juli | Aug | Sep | Okt | Nov | Dez | Jahr |
|---|---|---|---|---|---|---|---|---|---|---|---|---|---|
| direkt | 5 | 12 | 31 | 69 | 81 | 81 | 71 | 67 | 41 | 19 | 10 | 4 | 487 |
| diffus | 14 | 22 | 44 | 59 | 78 | 85 | 87 | 67 | 53 | 32 | 17 | 11 | 572 |

**Tabelle 2.9** Mittelwerte (1998-2010) der jährlichen direkten und diffusen Globalbestrahlung [JRC10]

| kWh/m² | Bergen | Stockholm | Berlin | London | Wien | Nizza | Rom | Antalya | Almería |
|---|---|---|---|---|---|---|---|---|---|
| direkt | 305 | 450 | 487 | 486 | 599 | 1037 | 1065 | 1337 | 1418 |
| diffus | 498 | 488 | 572 | 594 | 599 | 588 | 574 | 546 | 524 |

Die jährliche diffuse Bestrahlung unterscheidet sich selbst bei großen geografischen Abweichungen oftmals nur unwesentlich, wie aus Tabelle 2.9 hervorgeht. Bei der direkten Bestrahlung treten jedoch enorme Unterschiede auf. In Südeuropa fällt der Anteil der direkten Bestrahlung deutlich höher aus. Er kann im Sommer über 70 % betragen und liegt auch im Winter noch bei deutlich über 50 %.

## 2.4 Bestrahlungsstärke auf der Horizontalen

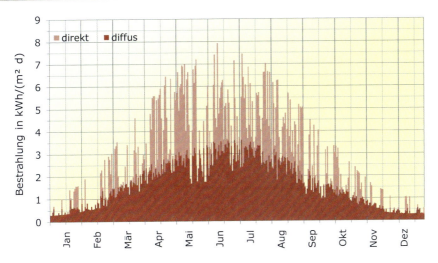

**Bild 2.11** Verlauf der Tagessummen der direkten und diffusen Bestrahlungsstärke in Berlin

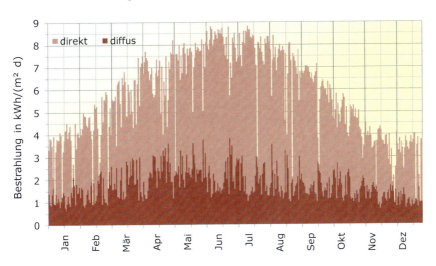

**Bild 2.12** Verlauf der Tagessummen der direkten und diffusen Bestrahlungsstärke in Kairo

Wird eine **Differenzierung der globalen Bestrahlungsstärke in die direkte und diffuse Bestrahlungsstärke** benötigt und liegen keine getrennten Messwerte vor, so kann die Globalstrahlung über statistische Zusammenhänge in den direkten und den diffusen Anteil aufgesplittet werden [Rei89]. Aus stündlichen Werten für die globale Bestrahlungsstärke $E_{G,hor}$ und die Solarkonstante $E_0$ sowie die Sonnenhöhe $\gamma_S$ wird ein Faktor

$$k_T = \frac{E_{G,hor}}{E_0 \cdot \sin\gamma_S} \tag{2.20}$$

berechnet, mit dem schließlich die diffuse Bestrahlungsstärke $E_{diff,hor}$ aus der globalen Bestrahlungsstärke $E_{G,hor}$ und der Sonnenhöhe $\gamma_S$ ermittelt werden kann:

$$E_{\text{diff,hor}} = E_{\text{G,hor}} \cdot (1{,}020 - 0{,}254 \cdot k_T + 0{,}0123 \cdot \sin\gamma_S) \quad \text{für } k_T \leq 0{,}3,$$

$$E_{\text{diff,hor}} = E_{\text{G,hor}} \cdot (1{,}400 - 1{,}749 \cdot k_T + 0{,}177 \cdot \sin\gamma_S) \quad \text{für } 0{,}3 < k_T < 0{,}78,$$

$$E_{\text{diff,hor}} = E_{\text{G,hor}} \cdot (0{,}486 \cdot k_T - 0{,}182 \cdot \sin\gamma_S) \quad \text{für } k_T \geq 0{,}78. \tag{2.21}$$

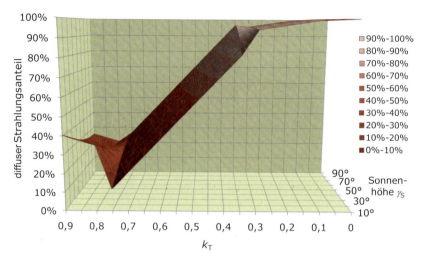

**Bild 2.13** Diffuser Strahlungsanteil in Abhängigkeit von $k_T$ und $\gamma_S$

In Bild 2.13 ist der Zusammenhang der Gleichung grafisch dargestellt. Hieraus ist ersichtlich, dass selbst bei hoher Gesamtstrahlung an klaren Sommertagen ($k_T\rightarrow1$) noch ein kleiner Diffusanteil vorhanden ist, der bei starker Bewölkung und niedriger Gesamtstrahlung ($k_T\rightarrow0$) auf 100 % ansteigen kann. Verfahren zur Ermittlung der Sonnenhöhe $\gamma_S$ werden im nächsten Abschnitt beschrieben.

## 2.5 Sonnenposition und Einfallswinkel

Für zahlreiche Berechnungen ist die genaue Kenntnis des Sonnenstandes von Bedeutung. Der aktuelle Sonnenstand lässt sich für jeden beliebigen Ort der Erde durch zwei verschiedene Winkel, die **Sonnenhöhe** (Elevation) $\gamma_S$ und das **Sonnenazimut** $\alpha_S$, eindeutig festgelegen. Die Sonnenhöhe ist nach DIN 5034 als der Winkel zwischen dem Sonnenmittelpunkt und dem Horizont, vom Beobachter aus betrachtet, definiert. Das Sonnenazimut beschreibt den Winkel zwischen der geografischen Nordrichtung und dem Vertikalkreis durch den Sonnenmittelpunkt (0° ≙ N, 90° ≙ O, 180° ≙ S, 270° ≙ W).

Die Winkelangaben und Symbole werden weltweit leider nicht einheitlich gehandhabt. Neben der in diesem Buch verwendeten Definition der [DIN5034] sind auch die Definitionen der EN ISO 9488 [DIN9488] und von NREL gebräuchlich. Während in den Quellen bei der Sonnenhöhe nur das Symbol variiert, unterscheiden sich die Definitionen für das Sonnenazimut erheblich. Vor dem Vergleich verschiedener Berechnungen sollten daher zuerst immer die Definitionen verglichen werden.

## 2.5 Sonnenposition und Einfallswinkel

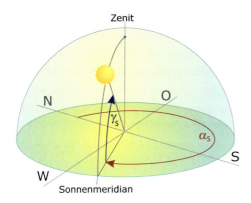

**Bild 2.14** Winkelbezeichnungen des Sonnenstandes nach [DIN5034]

**Tabelle 2.10** Winkeldefinitionen und Symbole für das Sonnenazimut

| Quelle | Symbol | N | NO | O | SE | S | SW | W | NW |
|---|---|---|---|---|---|---|---|---|---|
| NREL | $\gamma$ | 0° | 45° | 90° | 135° | 180° | 225° | 270° | 315° |
| EN ISO 9488 für $\varphi$>0 [1)] | $\gamma$ | 180° | 225° | 270° | 315° | 0° | 45° | 90° | 135° |
| EN ISO 9488 für $\varphi$<0 [2)] | $\gamma$ | 0° | 315° | 270° | 225° | 180° | 135° | 90° | 45° |
| DIN 5034-2, dieses Buch | $\alpha_S$ | 0° | 45° | 90° | 135° | 180° | 225° | 270° | 315° |

$\varphi$: Breitengrad, 1) nördlich des Äquators, 2) südlich des Äquators

Sonnenhöhe und Sonnenazimut sind neben dem geografischen Standort des Beobachters vom Datum und der Uhrzeit abhängig. Hierbei spielt der Winkel zwischen dem Sonnenmittelpunkt und dem Himmelsäquator, die **Sonnendeklination** $\delta$, die sich im Laufe eines Jahres im Bereich +23°26,5′ ≥ $\delta$ ≥ −23°26,5′ bewegt, die größte Rolle. Weiterhin gibt es jahreszeitliche Schwankungen in der Länge des Sonnentages.

Beim DIN-Algorithmus werden über den Parameter

$$J' = 360° \cdot \frac{\text{Tag des Jahres}}{\text{Zahl der Tage im Jahr}}$$

die Sonnendeklination

$$\delta(J') = \{0{,}3948 - 23{,}2559 \cdot \cos(J'+9{,}1°) - 0{,}3915 \cdot \cos(2 \cdot J'+5{,}4°) - 0{,}1764 \cdot \cos(3 \cdot J'+26°)\}° \quad (2.22)$$

sowie eine Zeitgleichung

$$Zgl(J') = \{0{,}0066 + 7{,}3525 \cdot \cos(J'+85{,}9°) + 9{,}9359 \cdot \cos(2 \cdot J'+108{,}9°) + 0{,}3387 \cdot \cos(3 \cdot J'+105{,}2°)\} \text{ min} \quad (2.23)$$

berechnet. Aus der lokalen Zeit *LZ* und der Zeitzone (z.B. mitteleuropäische Zeit MEZ = 1 h, mitteleuropäische Sommerzeit MESZ = 2 h) wird abhängig von der geografischen Länge $\lambda$ die mittlere Ortszeit

$$MOZ = LZ - \text{Zeitzone} + 4 \cdot \lambda \cdot \text{min}/° \quad (2.24)$$

ermittelt, aus der sich mit Hilfe der Zeitgleichung *Zgl* die wahre Ortszeit

$$WOZ = MOZ + Zgl \tag{2.25}$$

ergibt. Mit der geografischen Breite $\varphi$ des Ortes und dem Stundenwinkel

$$\omega = (12.00\text{h} - WOZ) \cdot 15°/\text{h} \tag{2.26}$$

lassen sich nun Sonnenhöhe $\gamma_S$ und Sonnenazimut $\alpha_S$ berechnen:

$$\gamma_S = \arcsin(\cos\omega \cdot \cos\varphi \cdot \cos\delta + \sin\varphi \cdot \sin\delta) \tag{2.27}$$

$$\alpha_S = \begin{cases} 180° - \arccos\dfrac{\sin\gamma_S \cdot \sin\varphi - \sin\delta}{\cos\gamma_S \cdot \cos\varphi} & \text{für } WOZ \leq 12:00\text{ h} \\ 180° + \arccos\dfrac{\sin\gamma_S \cdot \sin\varphi - \sin\delta}{\cos\gamma_S \cdot \cos\varphi} & \text{für } WOZ > 12:00\text{ h} \end{cases} \tag{2.28}$$

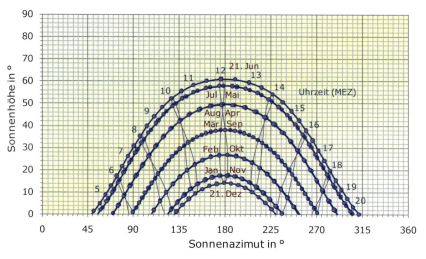

**Bild 2.15** Sonnenbahndiagramm für Berlin ($\varphi$ = 52,3°, $\lambda$ = 13,2°, MEZ)

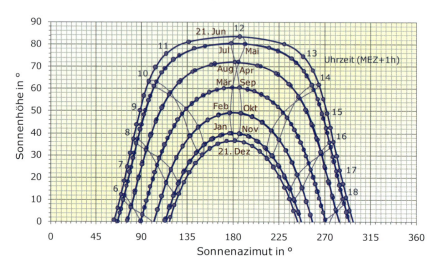

**Bild 2.16** Sonnenbahndiagramm für Kairo ($\varphi$ = 30,1°, $\lambda$ = 31,3°, MEZ + 1 h)

## 2.5 Sonnenposition und Einfallswinkel

Eine etwas größere Genauigkeit als der DIN-Algorithmus bei der Berechnung der Sonnenposition verspricht der SUNAE-Algorithmus [Wal78, Wil81, Kam90], der auch den Einfluss der Brechung des Sonnenlichtes in der Atmosphäre berücksichtigt, an einigen Standorten aber fehlerhafte Werte produziert. Weitere, noch genauere, von NREL entwickelte Algorithmen mit dem Namen SOLPOS und SPA sind direkt im Internet erhältlich (http://www.nrel.gov/rredc/models_tools.html).

Anhand der verhältnismäßig aufwändigen Algorithmen zur Sonnenstandsberechnung ist der Verlauf der Sonnenbahn über einen Tag nur schwer zu erkennen. Aus diesem Grund werden hierfür meist sogenannte **Sonnenbahndiagramme** verwendet, in denen Sonnenazimut und Sonnenhöhe für verschiedene Tage des Jahres berechnet und grafisch dargestellt werden. Für Daten zwischen den berechneten Tagen können die Werte interpoliert werden. Bild 2.15 zeigt das Sonnenbahndiagramm für Berlin, Bild 2.16 für Kairo. Die Uhrzeit ist als Parameter bei den Sonnenbahnen angegeben.

Der Einfallswinkel $\theta_{hor}$ des Sonnenlichts auf die Horizontale kann aus der Sonnenhöhe $\gamma_S$ direkt abgelesen werden. Dieser Winkel wird auch als **Zenitwinkel** $\theta_Z$ bezeichnet:

$$\theta_{hor} = \theta_Z = 90° - \gamma_S. \tag{2.29}$$

Etwas aufwändiger ist die Berechnung des Einfallswinkels $\theta_{gen}$ bei einer geneigten Ebene, die um einen Azimutwinkel $\alpha_E$ gedreht und um einen Höhenwinkel $\gamma_E$ geneigt ist. Wird die Ebene im Uhrzeigersinn gedreht (die Ebene schaut dann in Richtung Westen), ist $\alpha_E$ positiv. Wird sie gegen den Uhrzeigersinn gedreht und blickt in Richtung Osten, ist $\alpha_E$ negativ. Die entsprechenden Winkelbeziehungen sind in Bild 2.17 dargestellt.

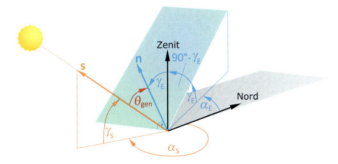

**Bild 2.17** Bestimmung des Sonneneinfallswinkels auf eine geneigte Ebene

Der Einfallswinkel $\theta_{gen}$ ist der Winkel zwischen einem Vektor **s** in Sonnenrichtung und dem Normalenvektor **n** der Ebene. Da die Sonnenposition bisher in Kugelkoordinaten bestimmt wurde, wird sie in kartesische Koordinaten mit Basisvektoren in Richtung Nord, West und Zenit umgerechnet. Für die Vektoren **s** und **n** ergibt sich somit:

$$\mathbf{s} = (\cos\alpha_S \cdot \cos\gamma_S, -\sin\alpha_S \cdot \cos\gamma_S, \sin\gamma_S)^T, \tag{2.30}$$

$$\mathbf{n} = (-\cos\alpha_E \cdot \sin\gamma_E, \sin\alpha_E \cdot \sin\gamma_E, \cos\gamma_E)^T. \tag{2.31}$$

Beide Vektoren sind normiert, weshalb der **Einfallswinkel** $\theta_{gen}$ der Sonnenstrahlung auf die geneigte Ebene aus dem Skalarprodukt beider Vektoren berechnet werden kann:

$$\theta_{gen} = \arccos(\mathbf{s} \cdot \mathbf{n}) =$$
$$= \arccos(-\cos\alpha_S \cdot \cos\gamma_S \cdot \cos\alpha_E \cdot \sin\gamma_E -$$
$$\sin\alpha_S \cdot \cos\gamma_S \cdot \sin\alpha_E \cdot \sin\gamma_E + \sin\gamma_S \cdot \cos\gamma_E) =$$
$$= \arccos(-\cos\gamma_S \cdot \sin\gamma_E \cdot \cos(\alpha_S - \alpha_E) + \sin\gamma_S \cdot \cos\gamma_E). \qquad (2.32)$$

## 2.6 Bestrahlungsstärke auf der geneigten Ebene

Die globale Bestrahlungsstärke $E_{G,gen}$ auf die geneigte Ebene setzt sich neben der direkten und diffusen Bestrahlungsstärke $E_{dir,gen}$ und $E_{diff,gen}$ auch aus einem vom Boden reflektierten Anteil $E_{refl,gen}$ zusammen, der bei der Horizontalen nicht auftritt:

$$E_{G,gen} = E_{dir,gen} + E_{diff,gen} + E_{refl,gen}. \qquad (2.33)$$

### 2.6.1 Direkte Strahlung auf der geneigten Ebene

Die in Bild 2.18 dargestellte horizontale Fläche $A_{hor}$ erreicht die gleiche Strahlungsleistung $\Phi$ wie die kleinere, senkrecht zur Einfallsrichtung des Sonnenlichts ausgerichtete Fläche $A_s$.

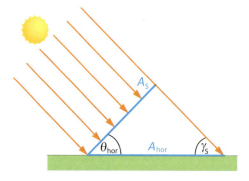

**Bild 2.18** Einstrahlung des Sonnenlichts auf eine horizontale Fläche $A_{hor}$ und eine Fläche $A_s$ senkrecht zur Einfallsrichtung

Mit $\Phi_{dir,hor} = E_{dir,hor} \cdot A_{hor} = \Phi_{dir,s} = E_{dir,s} \cdot A_s$ und $A_s = A_{hor} \cdot \cos\theta_{hor} = A_{hor} \cdot \sin\gamma_S$ folgt

$$E_{dir,s} = \frac{E_{dir,hor}}{\sin\gamma_S} \geq E_{dir,hor}. \qquad (2.34)$$

Aus dieser Beziehung ist abzulesen, dass die direkte Bestrahlungsstärke $E_{dir,s}$ auf einer senkrecht zur Sonne geneigten Fläche stets größer ist als die direkte Bestrahlungsstärke $E_{dir,hor}$ auf der Horizontalen. Diese Tatsache wird auch bei photovoltaischen und solarthermischen Anlagen genutzt, indem durch eine Anlagenneigung der zu erzielende Energieertrag erhöht wird.

Analog ergibt sich mit $\theta_{gen}$ gemäß (2.32) für eine geneigte Ebene $E_{dir,s} = \dfrac{E_{dir,gen}}{\cos\theta_{gen}}$.

## 2.6 Bestrahlungsstärke auf der geneigten Ebene

Hieraus folgt schließlich für die direkte Bestrahlungsstärke auf der geneigten Ebene

$$E_{dir,gen} = E_{dir,hor} \cdot \frac{\cos\theta_{gen}}{\sin\gamma_S} \ . \tag{2.35}$$

Ist die Bestrahlungsstärke auf der Horizontalen bekannt, kann sie über diese Beziehung für eine beliebig geneigte Fläche umgerechnet werden.

### 2.6.2 Diffuse Strahlung auf der geneigten Ebene

Bei der Berechnung der diffusen Bestrahlungsstärke $E_{diff,gen}$ auf der geneigten Fläche wird zwischen einem isotropen und einen anisotropen Ansatz unterschieden. Beim isotropen Ansatz wird davon ausgegangen, dass aus allen Himmelsrichtungen stets der gleiche Anteil der Himmelsstrahlung vorhanden ist, die Strahldichte also gleich verteilt ist.

Auf einer geneigten Ebene wird die diffuse Strahlung im Gegensatz zur Horizontalen reduziert, da der diffuse Anteil hinter der geneigten Ebene wegfällt. Für eine Ebene mit dem Neigungswinkel $\gamma_E$ lässt sich die diffuse Bestrahlungsstärke $E_{diff,gen}$ über den folgenden **isotropen Ansatz** aus der diffusen Bestrahlungsstärke $E_{diff,hor}$ bestimmen:

$$E_{diff,gen} = E_{diff,hor} \cdot \tfrac{1}{2} \cdot (1 + \cos\gamma_E) \ . \tag{2.36}$$

Diese Gleichung ist jedoch nur für grobe Abschätzungen oder bei bedecktem Himmel zulässig. In der Regel muss für die Berechnung der diffusen Bestrahlungsstärke auf der geneigten Ebene ein anisotroper Ansatz gewählt werden, da die Strahldichte vor allem bei klarem Himmel je nach Himmelsrichtung stark unterschiedlich ist. So kann eine Zunahme der Helligkeit am Horizont und in Sonnennähe beobachtet werden. Es werden hier nun zwei Modelle beschrieben, die diese Tatsache berücksichtigen.

Das **Modell von Klucher** [Klu79] ermöglicht eine verhältnismäßig einfache Berechnung der diffusen Bestrahlungsstärke $E_{diff,gen}$ auf einer geneigten Ebene.

Mit $\quad F = 1 - \left(\dfrac{E_{diff,hor}}{E_{G,hor}}\right)^2 \quad$ erhält man

$$E_{diff,gen} = E_{diff,hor} \cdot \tfrac{1}{2} \cdot (1+\cos\gamma_E) \cdot \left(1 + F \cdot \sin^3 \tfrac{\gamma_E}{2}\right) \cdot \left(1 + F \cdot \cos^2\theta_{gen} \cdot \cos^3\gamma_S\right) . \tag{2.37}$$

Ein exakteres Modell zur Bestimmung der diffusen Bestrahlungsstärke auf der geneigten Ebene stellt das sogenannte **Perez-Modell** [Per86, Per87, Per90] dar, mit dem die Berechnung jedoch aufwändiger ist.

Bei diesem Modell werden ein Himmelsklarheitsindex $\varepsilon$ und ein Helligkeitsindex $\Delta$ definiert, die sich mit dem Einfallswinkel $\theta_{hor}$ der Sonnenstrahlung auf die Horizontale (gemessen in rad), der Konstanten $\kappa = 1{,}041$, der Solarkonstanten $E_0$, der direkten und diffusen Strahlung auf der Horizontalen sowie der Air Mass ($AM = 1 / \sin\gamma_S$) berechnen lassen:

$$\varepsilon = \dfrac{\dfrac{E_{diff,hor} + E_{dir,hor} \cdot \sin^{-1}\gamma_S}{E_{diff,hor}} + \kappa \cdot \theta_{hor}^3}{1 + \kappa \cdot \theta_{hor}^3} \tag{2.38}$$

$$\Delta = AM \cdot \frac{E_{\text{diff,hor}}}{E_0}.\tag{2.39}$$

Hiermit können nun der Horizonthelligkeitsindex $F_1$ und der Sonnenumgebungshelligkeitsindex $F_2$ berechnet werden. Die dabei benötigten Konstanten $F_{11}$ bis $F_{23}$ werden aus Tabelle 2.11 bestimmt. Es wird zwischen acht verschiedenen Himmelsklarheiten ($\varepsilon$-Klasse = 1…8) unterschieden, die den entsprechenden Himmelsklarheitsindizes $\varepsilon$ zugeordnet sind.

**Tabelle 2.11** Konstanten zur Bestimmung von $F_1$ und $F_2$ in Abhängigkeit von $\varepsilon$ [Per90]

| $\varepsilon$-Klasse | 1 | 2 | 3 | 4 | 5 | 6 | 7 | 8 |
|---|---|---|---|---|---|---|---|---|
| $\varepsilon$ | 1,000…1,065 | 1,065…1,230 | 1,230…1,500 | 1,500…1,950 | 1,950…2,800 | 2,800…4,500 | 4,500…6,200 | 6,200…$\infty$ |
| $F_{11}$ | −0,008 | 0,130 | 0,330 | 0,568 | 0,873 | 1,132 | 1,060 | 0,678 |
| $F_{12}$ | 0,588 | 0,683 | 0,487 | 0,187 | −0,392 | −1,237 | −1,600 | −0,327 |
| $F_{13}$ | −0,062 | −0,151 | −0,221 | −0,295 | −0,362 | −0,412 | −0,359 | −0,250 |
| $F_{21}$ | −0,060 | −0,019 | 0,055 | 0,109 | 0,226 | 0,288 | 0,264 | 0,156 |
| $F_{22}$ | 0,072 | 0,066 | −0,064 | −0,152 | −0,462 | −0,823 | −1,127 | −1,377 |
| $F_{23}$ | −0,022 | −0,029 | −0,026 | −0,014 | 0,001 | 0,056 | 0,131 | 0,251 |

Mit

$$F_1 = F_{11}(\varepsilon) + F_{12}(\varepsilon) \cdot \Delta + F_{13}(\varepsilon) \cdot \theta_{\text{hor}} \quad \text{und} \tag{2.40}$$

$$F_2 = F_{21}(\varepsilon) + F_{22}(\varepsilon) \cdot \Delta + F_{23}(\varepsilon) \cdot \theta_{\text{hor}} \tag{2.41}$$

sowie $a = \max(0; \cos\theta_{\text{gen}})$ und $b = \max(0{,}087; \sin\gamma_S)$ ergibt sich schließlich aus der diffusen Bestrahlungsstärke $E_{\text{diff,hor}}$ auf der Horizontalen die diffuse Bestrahlungsstärke $E_{\text{diff,gen}}$ auf einer geneigten Ebene:

$$E_{\text{diff,gen}} = E_{\text{diff,hor}} \cdot \left[ \frac{1}{2} \cdot (1 + \cos\gamma_E) \cdot (1 - F_1) + \frac{a}{b} \cdot F_1 + F_2 \cdot \sin\gamma_E \right]. \tag{2.42}$$

### 2.6.3 Bodenreflexion

Bei der Berechnung der Bodenreflexion $E_{\text{refl,gen}}$ genügt ein isotroper Ansatz. Berechnungen mit anisotropen Ansätzen ergeben nur vernachlässigbare Verbesserungen der Genauigkeit.

Für eine geneigte Ebene mit dem Neigungswinkel $\gamma_E$ lässt sich die vom Boden reflektierte Strahlung $E_{\text{refl,gen}}$ mit Hilfe des **Albedo-Wertes** $A$ aus der gesamten Bestrahlungsstärke $E_{\text{G,hor}}$ auf der Horizontalen berechnen:

$$E_{\text{refl,gen}} = E_{\text{G,hor}} \cdot A \cdot \tfrac{1}{2} \cdot (1 - \cos\gamma_E). \tag{2.43}$$

Den größten Einfluss auf die Genauigkeit der Berechnungen hat der Albedo-Wert $A$. Kann dieser nicht durch Messungen ermittelt werden, lässt er sich anhand von Tabelle 2.12 näherungsweise bestimmen. Ist die Umgebung nicht bekannt, wird meist der Wert $A = 0{,}2$ verwendet.

## 2.6 Bestrahlungsstärke auf der geneigten Ebene

**Tabelle 2.12** Albedo für verschiedene Umgebungen [Die57, TÜV84]

| Untergrund | Albedo $A$ | Untergrund | Albedo $A$ |
|---|---|---|---|
| Gras (Juli, August) | 0,25 | Asphalt | 0,15 |
| Rasen | 0,18 ... 0,23 | Wälder | 0,05 ... 0,18 |
| Trockenes Gras | 0,28 ... 0,32 | Heide- und Sandflächen | 0,10 ... 0,25 |
| Nicht bestellte Felder | 0,26 | Wasserfläche ($\gamma_S > 45°$) | 0,05 |
| Nackter Boden | 0,17 | Wasserfläche ($\gamma_S > 30°$) | 0,08 |
| Schotter | 0,18 | Wasserfläche ($\gamma_S > 20°$) | 0,12 |
| Beton, verwittert | 0,20 | Wasserfläche ($\gamma_S > 10°$) | 0,22 |
| Beton, sauber | 0,30 | Frische Schneedecke | 0,80 ... 0,90 |
| Zement, sauber | 0,55 | Alte Schneedecke | 0,45 ... 0,70 |

### 2.6.4 Strahlungsgewinn durch Neigung oder Nachführung

Wird eine Fläche der Sonne nachgeführt, also so ausgerichtet, dass der Einfallswinkel gegen null geht, lässt sich der Energieertrag steigern. Hierfür ist fast ausschließlich der deutlich höhere Anteil der direkten Strahlung auf einer optimal zur Sonne ausgerichteten Fläche verantwortlich. Bei Tagen mit hoher Einstrahlung und großem Direktanteil sind durch eine Nachführung verhältnismäßig große Strahlungsgewinne möglich. Im Sommer lassen sich durch eine Nachführung an schönen Tagen etwa 50 % und im Winter bis über 300 % an Strahlungsgewinnen erzielen (Bild 2.19).

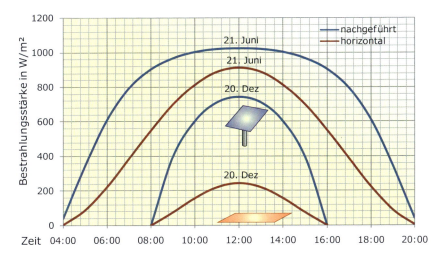

**Bild 2.19** Unterschiede der Bestrahlungsstärke auf der Horizontalen und der nachgeführten Fläche für wolkenlose Tage und 50° geografische Breite (Daten: [DIN4710])

An trüben Tagen mit hohem Diffusanteil kann der Energieertrag einer geneigten Fläche reduziert werden, da der diffuse Strahlungsanteil um den hinter der geneigten Fläche liegenden Anteil reduziert wird. Der überwiegende Anteil des Energiegewinns einer Nachführung wird jedoch im Sommer erzielt. Zum einen ist hier der absolute Energiegewinn höher als im Winter, zum anderen ist der Anteil der trüben Tage im Winter deutlich größer.

Bei technischen Anlagen unterscheidet man zwischen einachsiger und zweiachsiger Nachführung. Nur bei der zweiachsigen Nachführung, die auch in Bild 2.19 verwendet wurde, lässt sich eine Anlage stets optimal zur Sonne ausrichten. Da eine zweiachsige Nachführung technisch sehr aufwändig ist, wird oftmals eine einachsige Nachführung bevorzugt. Hierbei kann die Anlage entweder dem Tagesgang oder dem Jahresgang der Sonne nachgeführt werden. Eine Nachführung nach dem Jahresgang ist verhältnismäßig einfach zu realisieren. Hierzu muss in größeren Zeitabständen (Wochen oder Monaten) der Neigungswinkel der Anlage geändert werden. Dies kann unter Umständen auch manuell erfolgen.

Bei Photovoltaikanlagen lässt sich in mitteleuropäischen Breitengraden durch eine **zweiachsige Nachführung** ein Energiegewinn von über 30 % erzielen. Bei einer einachsigen Nachführung liegt der Energiegewinn in der Größenordnung von 20 %. In Gebieten mit höherer Bestrahlungsstärke fällt der Energiegewinn noch etwas größer aus. Für die Nachführung ist jedoch ein großer Aufwand notwendig, der auch mit höheren Kosten verbunden ist. Es muss eine bewegliche Aufständerung vorhanden sein, die auch großen Belastungen wie Stürmen standhalten kann. Die Wartung der Nachfüreinrichtung muss über die gesamte Lebensdauer der Anlage gewährleistet sein. Der Antrieb kann entweder über einen Elektromotor oder thermohydraulisch erfolgen. Wird ein Elektromotor verwendet, wird elektrische Antriebsenergie benötigt, die den Energiegewinn der nachgeführten Anlage schmälert. Durch einen Ausfall der Nachführungseinrichtung kann die Anlage auf einer ungünstigen Position stehen bleiben, sodass dann der Energieertrag bis zur Behebung des Fehlers stark gemindert wird.

Der höhere Energiegewinn kann bei Photovoltaikanlagen die Nachteile nur in einigen Fällen kompensieren, sodass auf eine Nachführung oftmals verzichtet wird. Da der Aufwand bei nicht konzentrierenden Kollektoranlagen durch eine bewegliche Verrohrung noch größer ausfällt, wird hier keine Nachführung eingesetzt.

Völlig anders ist dies bei konzentrierenden Systemen wie Parabolrinnenanlagen oder Solarturmanlagen. Bei diesen Anlagen ist eine Nachführung nach der Sonne unabdingbar. Bei abbildenden Konzentratoren kann jedoch nur der direkte Strahlungsanteil genutzt werden. Die Nachführung erfolgt hier, um das Sonnenlicht optimal zu konzentrieren.

Bei Anlagen, die nicht der Sonne nachgeführt werden, lässt sich durch eine **Neigung** der Energieertrag steigern. Bei Photovoltaikanlagen, die das ganze Jahr genutzt werden, liegt der optimale Anstellwinkel bei mitteleuropäischen Breitengraden bei etwa 30° in Richtung Süden. Wird die Anlage nur im Sommer betrieben, versprechen flachere Anstellwinkel von 10° bis 20° einen höheren Energieertrag. Im Winter hingegen sollte der Anstellwinkel deutlich steiler sein. Optimal sind dann etwa 60° bis 70° (Tabelle 2.13). Bei ganzjährig genutzten solarthermischen Anlagen sind meist steilere Winkel von etwa 45° zu empfehlen.

## 2.6 Bestrahlungsstärke auf der geneigten Ebene

**Tabelle 2.13** Mittelwerte (1998-2010) der monatlichen und jährlichen Bestrahlung auf verschieden orientierten Flächen in kWh/m² (Daten : [JRC10])

| kWh/m² | Jan | Feb | Mär | Apr | Mai | Juni | Juli | Aug | Sep | Okt | Nov | Dez | Jahr |
|---|---|---|---|---|---|---|---|---|---|---|---|---|---|
| Horizontal | 19 | 33 | 75 | 128 | 160 | 166 | 158 | 134 | 94 | 51 | 26 | 15 | 1059 |
| 10° Süd | 23 | 39 | 84 | 138 | 165 | 170 | 162 | 142 | 103 | 58 | 33 | 19 | 1140 |
| 30° Süd | 30 | 48 | 96 | 150 | 167 | 167 | 161 | 148 | 116 | 70 | 44 | 25 | 1220 |
| 37° Süd | 32 | 50 | 98 | 151 | 165 | 163 | 157 | 148 | 118 | 72 | 47 | 27 | 1230 |
| 45° Süd | 34 | 52 | 100 | 150 | 160 | 156 | 152 | 145 | 118 | 74 | 49 | 28 | 1220 |
| 60° Süd | 36 | 53 | 98 | 142 | 145 | 139 | 136 | 134 | 115 | 75 | 52 | 30 | 1150 |
| 90° Süd | 33 | 47 | 81 | 104 | 95 | 87 | 87 | 94 | 91 | 65 | 49 | 29 | 861 |
| 45° SO/SW | 28 | 44 | 89 | 140 | 157 | 156 | 150 | 139 | 108 | 65 | 40 | 23 | 1140 |
| 45° O/W | 17 | 30 | 68 | 115 | 141 | 146 | 139 | 120 | 86 | 46 | 24 | 14 | 944 |
| 90° O/W | 11 | 20 | 45 | 76 | 90 | 92 | 87 | 78 | 57 | 31 | 16 | 9 | 611 |

Oft werden Solaranlagen auf Schrägdächer montiert, die nicht immer optimal nach Süden ausgerichtet sind. Hierdurch kann der Energieertrag niedriger ausfallen. Über einen großen Winkelbereich sind die Energieverluste jedoch relativ gering (Bild 2.20).

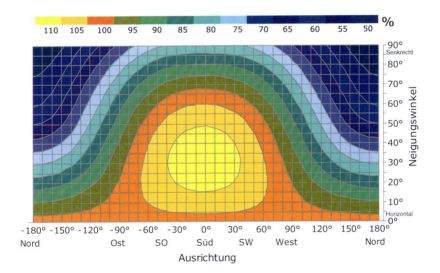

**Bild 2.20** Änderung der jährlichen solaren Bestrahlung in Berlin in Abhängigkeit von Ausrichtung und Neigung im Vergleich zur Horizontalen

In Gebieten mit einer höheren Gesamtbestrahlung kann sich der Energieertrag durch eine andere Ausrichtung der Fläche geringfügig ändern. In Lissabon lässt sich durch eine Neigung von 30° nach Süden im Vergleich zur Horizontalen im Jahresmittel ein Energiegewinn von 14 % erzielen (in Berlin 12 %). Auf einer 90° nach Nordost ausgerichteten Fläche sinkt die Globalstrahlung auf 40 % des Wertes auf der Horizontalen (in Berlin 46 %). Auf der Südhalbkugel der Erde sollte eine Fläche hingegen nach Norden ausgerichtet werden, um einen höheren Energieertrag zu erzielen. In der Nähe des Äquators sind extrem flache Neigungswinkel zu bevorzugen, da hier die Sonne über große Zeiträume nahezu im Zenit steht.

Sollen Neigungsgewinne oder -verluste für andere Zeiträume oder Standorte ermittelt werden, sind dafür stündliche Werte der Bestrahlungsstärke auf der Horizontalen erforderlich. Diese müssen dann stundenweise mit den zuvor beschriebenen Formeln auf die geneigte Ebene umgerechnet werden. Bild 2.21 fasst die erforderlichen Berechnungen noch einmal zusammen.

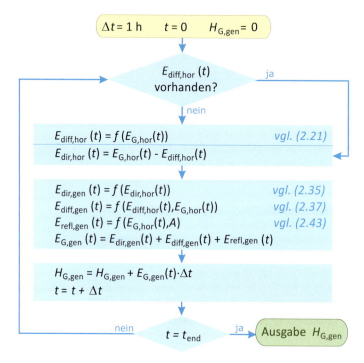

**Bild 2.21** Prinzip der Umrechnung der horizontalen Bestrahlung auf eine geneigte Ebene

## 2.7 Berechnung von Abschattungsverlusten

Bei allen in den vorigen Abschnitten beschriebenen Berechnungen wurde stets davon ausgegangen, dass die Bestrahlungsstärke nicht durch Abschattungen von Gegenständen in der Umgebung reduziert wird. In der Realität sind vollständig unbeschattete Flächen nur selten zu finden, und Abschattungen verursachen vor allem bei photovoltaischen Solaranlagen teilweise hohe Ertragseinbußen. Deshalb wird in diesem Abschnitt beschrieben, wie Abschattungen bei der Berechnung der Bestrahlungsstärke berücksichtigt werden können.

### 2.7.1 Aufnahme der Umgebung

Gegeben sei die Umgebung eines Einfamilienhauses, auf dem eine Photovoltaikanlage errichtet werden soll. In der Umgebung befinden sich zahlreiche Bäume und Sträucher

## 2.7 Berechnung von Abschattungsverlusten

sowie ein angrenzendes Nachbarhaus. Zuerst muss ein Beobachterpunkt festgelegt werden. Es ist zweckmäßig, hierfür den niedrigsten Punkt der Solaranlage zu wählen, an dem mit der größten Abschattungswahrscheinlichkeit zu rechnen ist. Sämtliche Azimut- und Höhenwinkel der folgenden Analysen beziehen sich auf diesen Beobachterpunkt.

Von jedem Objekt der Umgebung müssen Höhenwinkel und Azimutwinkel bezüglich des gewählten Beobachterpunktes ermittelt werden. Der Azimutwinkel $\alpha$ lässt sich mit Hilfe eines Kompasses bestimmen, der Höhenwinkel $\gamma$ kann, wie in Bild 2.22 am Beispiel eines Baums dargestellt, mit Hilfe einfacher geometrischer Berechnungen ermittelt werden.

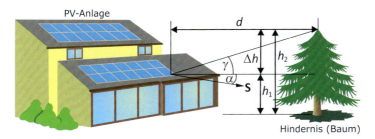

**Bild 2.22** Bestimmung des Höhenwinkels und Azimutwinkels eines Hindernisses bezüglich eines Beobachterpunktes

Der Höhenwinkel $\gamma$ berechnet sich zu:

$$\gamma = \arctan\left(\frac{h_2 - h_1}{d}\right) = \arctan\left(\frac{\Delta h}{d}\right) . \qquad (2.44)$$

Diese Berechnungen müssen für alle Hindernisse in der Umgebung der Solaranlage durchgeführt werden, wozu jeweils Objekthöhe und Entfernung der Objekte zum Beobachterpunkt bekannt sein müssen. Zur Bestimmung von Höhen- und Azimutwinkel der Objekte lassen sich auch optische Instrumente verwenden, die im Fachhandel angeboten werden oder selbst hergestellt werden können.

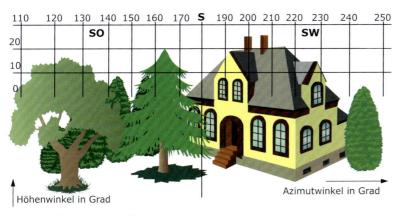

**Bild 2.23** Umgebung mit Winkelraster

Bild 2.23 zeigt eine mögliche Umgebung, über die ein Winkelraster in Kugelkoordinaten gelegt ist. In Bild 2.24 ist die Silhouette der Umgebung in Form eines Polygonzuges in ein

Sonnenbahndiagramm übertragen. Dadurch kann abgelesen werden, wann an dem untersuchten Standort Abschattungen auftreten. In dem dargestellten Beispiel ist der Standort am 21. Dezember fast vollständig abgeschattet, und nur am Vormittag und Mittag kann die Sonnenstrahlung für etwa eine Stunde den Beobachterpunkt ungestört erreichen. Am 21. Februar sind ab 9 Uhr keine Abschattungen mehr zu erwarten. Für den Zeitraum März bis September sind überhaupt keine Abschattungen abzulesen.

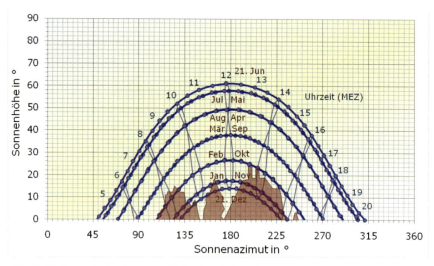

**Bild 2.24** Sonnenbahndiagramm für Berlin mit Umgebungssilhouette

### 2.7.2 Bestimmung des direkten Abschattungsgrades

Für die weiteren Berechnungen wird angenommen, dass die Beschreibung der Umgebung wie in Bild 2.24 in Form eines Polygonzugs vorliegt. Um festzustellen, ob sich die aktuelle Sonnenposition innerhalb oder außerhalb des Objektpolygons der Silhouette befindet, wird von der Sonnenposition aus ein Strahl waagerecht nach links verfolgt (Bild 2.25).

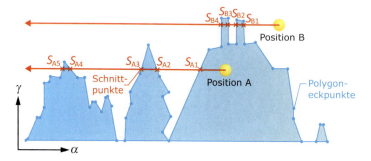

**Bild 2.25** Abschattungstest für zwei verschiedene Sonnenpositionen A und B
(Position A hat 5 Schnittpunkte, Position B hat 4)

Dabei wird gezählt, wie oft dieser Strahl die Polygonkanten schneidet. Es müssen alle Polygonkanten, bei denen sich mindestens ein Eckpunkt links der Sonnenposition befin-

## 2.7 Berechnung von Abschattungsverlusten

det, auf Schnittpunkte mit dem Strahl untersucht werden. Bei einer geraden Anzahl von Schnittpunkten befindet sich der Testpunkt, also die Sonnenposition, außerhalb des Objektpolygons. Ist die Anzahl der Schnittpunkte ungerade, befindet sich der Testpunkt innerhalb des Polygonzugs, und es liegt eine Abschattung des direkten Sonnenlichtes vor.

Nicht alle Objekte einer Umgebung halten das Sonnenlicht vollständig ab. Bäume lassen zum Beispiel einen Teil der Strahlung durch, der über einen **Transmissionsgrad** $\tau$ erfasst werden kann. Hierbei wurden von [Sat87] für verschiedene Jahreszeiten die folgenden Transmissionsgrade für Laubbäume ermittelt:

- laublos (Winter) $\tau = 0{,}64$,
- voll belaubt (Sommer) $\tau = 0{,}23$.

Für die weiteren Berechnungen wird der **direkte Abschattungsgrad** $S_{dir}$ eingeführt, der den Anteil der direkten Bestrahlungsstärke angibt, der durch die Abschattung abgehalten wird:

$$S_{dir} = \begin{cases} 0 & \text{, wenn } (\gamma_s, \alpha_s) \text{ außerhalb des Objektpolygons} \\ 1 & \text{, wenn } (\gamma_s, \alpha_s) \text{ innerhalb des nichttransparenten Objektpolygons} \\ 1-\tau & \text{, wenn } (\gamma_s, \alpha_s) \text{ innerhalb des transparenten Objektpolygons.} \end{cases} \quad (2.45)$$

### 2.7.3 Bestimmung des diffusen Abschattungsgrades

Zur Bestimmung des diffusen Abschattungsgrades wird das Objektpolygon als Projektion auf eine Halbkugel aufgefasst. Durch die im Objektpolygon repräsentierten Objekte wird nun der Teil der diffusen Strahlung abgehalten, der durch das Objektpolygon auf die Halbkugel trifft. Als einfaches Beispiel soll zunächst ein Polygon mit vier Eckpunkten betrachtet werden, von denen sich zwei auf der Horizontalen befinden. Diese Anordnung ist in Bild 2.26 dargestellt.

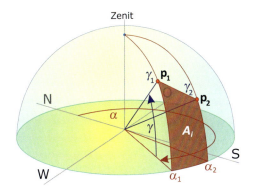

**Bild 2.26** Durch die Verbindung zweier Punkte und den Horizont begrenzte Teilfläche

Die Verbindungslinie zwischen den beiden Punkten $p_1$ und $p_2$ unter der Voraussetzung $\alpha_1 \neq \alpha_2$ sowie $\gamma_1 > 0$ und $\gamma_2 > 0$ wird durch die Gerade $\gamma(\alpha) = m \cdot \alpha + n$

mit $m = \dfrac{\gamma_2 - \gamma_1}{\alpha_2 - \alpha_1}$ und $n = \dfrac{\gamma_1 \cdot \alpha_2 - \gamma_2 \cdot \alpha_1}{\alpha_2 - \alpha_1}$

beschrieben.

Bei einer isotropen Strahlungsverteilung berechnet sich der diffuse Strahlungsanteil $E_{\text{diff,hor},A_i}$ durch die Teilfläche $A_i$ auf eine horizontale Fläche zu:

$$E_{\text{diff,hor},A_i}(\mathbf{p}_1,\mathbf{p}_2) = L_{e,\text{iso}} \int_{\alpha_1}^{\alpha_2(m\cdot\alpha+n)} \int_0^{} \sin\gamma\cos\gamma \, d\gamma \, d\alpha = \tfrac{1}{2} \cdot L_{e,\text{iso}} \int_{\alpha_1}^{\alpha_2} \sin^2(m\cdot\alpha+n)\,d\alpha =$$

$$= \begin{cases} \tfrac{1}{2} \cdot L_{e,\text{iso}} \cdot (\alpha_2 - \alpha_1) \cdot \sin^2\gamma_1 & \text{für } m = 0 \\ \tfrac{1}{2} \cdot L_{e,\text{iso}} \cdot (\alpha_2 - \alpha_1) \cdot (\tfrac{1}{2} + \tfrac{1}{4} \cdot \dfrac{\sin 2\gamma_1 - \sin 2\gamma_2}{\gamma_2 - \gamma_1}) & \text{für } m \neq 0. \end{cases} \quad (2.46)$$

Hierbei ist $L_{e,\text{iso}}$ die isotrope Strahldichte, die bei der Berechnung des diffusen Abschattungsgrades durch Kürzen wieder eliminiert werden kann. Bei einer anisotropen Strahlungsverteilung erstreckt sich das Integral auch über die richtungsabhängige Strahldichtefunktion $L_e$ und kann in der Regel nur noch mit numerischen Verfahren gelöst werden. Für die geneigte Ebene muss der Einfallswinkel $\theta$ nach Gleichung (2.32) berücksichtigt werden. Für den isotropen Fall existiert ebenfalls eine analytische Lösung für das Integral [Qua96].

Für einen Objektpolygonzug mit $n$ Polygoneckpunkten $\mathbf{p}_1 = (\alpha_1, \gamma_1)$ bis $\mathbf{p}_n = (\alpha_n, \gamma_n)$ kann der diffuse Strahlungsanteil $E_{\text{diff,P}}$ durch die Polygonzugfläche aus der Summe der Strahlungsanteile $E_{\text{diff},A_i}$ durch die Teilflächen $A_i$ ermittelt werden:

$$E_{\text{diff,P}} = \left| \sum_{i=1}^{n-1} E_{\text{diff},A_i}(\mathbf{p}_i,\mathbf{p}_{i+1}) \right|. \quad (2.47)$$

Der **diffuse Abschattungsgrad** $S_{\text{diff,hor}}$ für eine horizontale Fläche wird nun aus dem Verhältnis der reduzierten Diffusstrahlung und der gesamten Diffusstrahlung bestimmt. Für eine isotrope Strahlungsverteilung gilt:

$$S_{\text{diff,hor}} = \frac{E_{\text{diff,hor,P}}}{E_{\text{diff,hor}}} = \frac{E_{\text{diff,hor,P}}}{\pi \cdot L_{e,\text{iso}}}. \quad (2.48)$$

Analog gilt für den diffusen Abschattungsgrad für eine geneigte Fläche:

$$S_{\text{diff,gen}} = \frac{E_{\text{diff,gen,P}}}{E_{\text{diff,gen}}} = \frac{E_{\text{diff,gen,P}}}{L_{e,\text{iso}} \cdot \frac{\pi}{2} \cdot (1 + \cos\gamma_E)}. \quad (2.49)$$

Bei transparenten Abschattungen muss der Abschattungsgrad $S$ noch mit dem entsprechenden Transmissionsgrad $\tau$ gewichtet werden.

## 2.7.4 Gesamtermittlung der Abschattungen

Die gesamte horizontale Bestrahlungsstärke $E_{G,\text{hor}}$ unter Berücksichtigung der Abschattungen kann nun aus der direkten Bestrahlungsstärke $E_{\text{dir,hor}}$ und der diffusen Bestrahlungsstärke $E_{\text{diff,hor}}$ auf der Horizontalen sowie den Abschattungsgraden $S_{\text{dir}}$ und $S_{\text{diff,hor}}$ berechnet werden:

$$E_{G,\text{hor}} = E_{\text{dir,hor}} \cdot (1 - S_{\text{dir}}) + E_{\text{diff,hor}} \cdot (1 - S_{\text{diff,hor}}). \quad (2.50)$$

Analog ergibt sich die gesamte Bestrahlungsstärke $E_{G,\text{gen}}$ auf der geneigten Ebene. Mögliche Beeinträchtigungen der Bodenreflexion können durch eine Veränderung des Albedowertes $A$ bei der Bestimmung der reflektierten Strahlung $E_{\text{refl,gen}}$ berücksichtigt werden:

## 2.7 Berechnung von Abschattungsverlusten

$$E_{G,gen} = E_{dir,gen} \cdot (1 - S_{dir}) + E_{diff,gen} \cdot (1 - S_{diff,gen}) + E_{refl,gen}. \tag{2.51}$$

Eine ausführlichere Beschreibung der Berechnung der Abschattungsverluste ist in [Qua96] gegeben.

### 2.7.5 Optimaler Abstand bei aufgeständerten Solaranlagen

Oftmals werden solarthermische Anlagen oder Photovoltaikanlagen zur Nutzung der Solarenergie auf ebener Erde oder auf Flachdächern aufgestellt. Hierbei werden die Anlagen nicht horizontal, sondern über eine **Aufständerung** um einen bestimmten Winkel geneigt montiert. Durch eine Anlagenneigung ergeben sich entscheidende Vorteile.

Durch eine **optimale Ausrichtung der Flächen** kann ein höherer Energieertrag als auf der Horizontalen erzielt werden (in Berlin bei einer Neigung von 30° nach Süden 15 %, siehe Tabelle 2.13).

Bei horizontal montierten Anlagen würden zudem große Verluste infolge erhöhter Verschmutzung auftreten. Luftverunreinigungen, Vogelexkremente und andere Verschmutzungen lagern sich auf der Oberfläche der Anlage ab. Durch Regen oder Schnee werden Verschmutzungen bei einer geneigten Anlage immer wieder abgewaschen, sodass sich ein Schmutzgleichgewicht einstellt. Je niedriger der Neigungswinkel ist, desto geringer ist auch die Reinigungswirkung von Regen und Schnee. Bei Neigungswinkeln von etwa 30° muss unter hiesigen Verhältnissen je nach Standort mit Verlusten infolge von Verschmutzungen in Höhe von 2 % bis 10 % gerechnet werden. Diese nehmen bei geringerem Neigungswinkel deutlich zu. Bei extremen klimatischen Verhältnissen können die Verluste infolge von Verschmutzungen deutlich höher ausfallen, wenn lange Trockenperioden mit erhöhter Staubbildung auftreten. In diesem Fall kann eine regelmäßige Reinigung der Oberflächen sinnvoll sein.

Als Nachteil der Aufständerung kommt es zu gegenseitigen Beschattungen bei hintereinander aufgestellten Reihen. Die Abschattungsverluste können durch die Wahl eines optimalen Reihenabstandes minimiert werden, wie die folgenden Ausführungen zeigen.

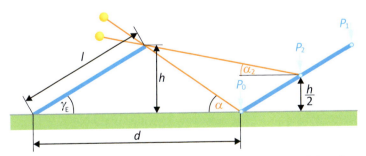

**Bild 2.27** Geometrische Verhältnisse bei einer aufgeständerten Solaranlage

Aus dem Abstand $d$ der Reihen sowie der Länge $l$ der Reihen einer Anlage gemäß Bild 2.27 ergibt sich der **Flächennutzungsgrad**

$$f = \frac{l}{d}. \tag{2.52}$$

Die verschiedenen Punkte der geneigten Anlagenfläche sind unterschiedlich stark von der gegenseitigen Beschattung betroffen. Am stärksten beeinträchtigt ist der Punkt $P_0$. Je größer der Flächennutzungsgrad $f$ gewählt wird, desto stärker fällt auch die Abschattung aus, die durch den **Abschattungswinkel**

$$\alpha = \arctan\left(\frac{f \cdot \sin\gamma_E}{1 - f \cdot \cos\gamma_E}\right) \qquad (2.53)$$

ausgedrückt werden kann. Neben dem Flächennutzungsgrad $f$ hat auch der Neigungswinkel $\gamma_E$ der Anlage einen Einfluss auf den Abschattungswinkel (Bild 2.28).

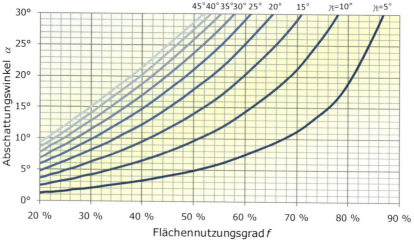

**Bild 2.28** Abschattungswinkel $\alpha$ in Abhängigkeit des Flächennutzungsgrads $f$ und der Anlagenneigung $\gamma_E$

In erster Näherung sollte der Reihenabstand so gewählt werden, dass der Punkt $P_0$ am kürzesten Tag mittags gerade noch von der Sonne bestrahlt wird. Dies ist der Fall, wenn die minimale Sonnenhöhe $\gamma_{S,min}$ am Mittag, die sich oberhalb der Wendekreise aus dem Breitengrad $\varphi$ berechnen lässt, größer ist als der Abschattungswinkel $\alpha$:

$$\gamma_{S,min} = 90° - |\varphi| - 23{,}44° > \alpha \qquad (2.54)$$

Mit steigendem Abschattungswinkel nehmen auch die Einstrahlungsverluste zu. Bild 2.29 zeigt die relativen Abschattungsverluste $s$ am Punkt $P_0$ in Abhängigkeit des Abschattungswinkels $\alpha$ und des Neigungswinkels $\gamma_E$. **Die relativen Abschattungsverluste $s$** sind über die Bestrahlung $H_{G,gen}$ bei geneigten, unbeschatteten Modulen und die Bestrahlung $H_{G,gen,red}$ bei gegenseitiger Modulbeschattung gegeben:

$$s = 1 - \frac{H_{G,gen,red}}{H_{G,gen}}. \qquad (2.55)$$

Mit steigendem Neigungswinkel wird die Anlage zunehmend empfindlicher gegenüber Abschattungen.

## 2.7 Berechnung von Abschattungsverlusten

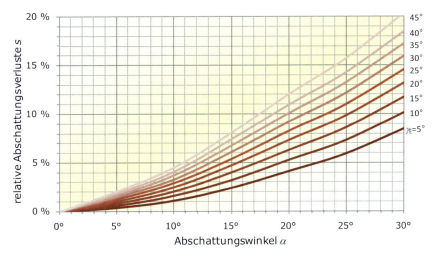

**Bild 2.29** Relative Abschattungsverluste $s$ in Abhängigkeit des Abschattungswinkels $\alpha$ und der Anlagenneigung $\gamma_E$ am Standort Berlin

**Tabelle 2.14** Abschattungsverluste $s$ und Gesamtkorrekturfaktor $k$ für den Punkt $P_0$ bei unterschiedlichen Flächennutzungsgraden und Neigungswinkeln für Berlin

| F | $\gamma_E = 30°$ | | | | $\gamma_E = 10°$ | | | |
|---|---|---|---|---|---|---|---|---|
|   | $\alpha$ | $s$ | $g$ | $k$ | $\alpha$ | $s$ | $g$ | $k$ |
| 1:1,5 | 38,8° | 0,246 | 1,15 | 0,867 | 18,6° | 0,048 | 1,076 | 1,024 |
| 1:2,0 | 23,8° | 0,116 | 1,15 | 1,017 | 9,7° | 0,015 | 1,076 | 1,060 |
| 1:2,5 | 17,0° | 0,074 | 1,15 | 1,065 | 6,5° | 0,009 | 1,076 | 1,066 |
| 1:3,0 | 13,2° | 0,048 | 1,15 | 1,095 | 4,9° | 0,006 | 1,076 | 1,070 |
| 1:3,5 | 10,7° | 0,035 | 1,15 | 1,110 | 3,9° | 0,004 | 1,076 | 1,072 |
| 1:4,0 | 9,1° | 0,029 | 1,15 | 1,117 | 3,3° | 0,004 | 1,076 | 1,072 |

Da kristalline Photovoltaikanlagen besonders empfindlich auf Abschattungen reagieren, kann hier in grober Näherung die Bestrahlungsstärke im Punkt $P_0$ als Referenzwert für die gesamte Anlage verwendet werden. Tabelle 2.14 zeigt den Abschattungswinkel $\alpha$ und die daraus resultierenden Abschattungsverluste $s$ für verschiedene Flächennutzungsgrade bei Neigungswinkeln von 10° und 30°. Aufgrund der Neigung ergeben sich relative Strahlungsgewinne, die durch den Faktor $g$ berücksichtigt werden können. Der Faktor $g$ bestimmt sich aus dem Verhältnis der jährlichen Bestrahlung $H_{G,gen}$ auf der geneigten Ebene zur Bestrahlung $H_{G,hor}$ auf der Horizontalen:

$$g = \frac{H_{G,gen}}{H_{G,hor}} \ . \tag{2.56}$$

Aus den Neigungsgewinnen und den Abschattungsverlusten ergibt sich der Korrekturfaktor $k$, der das Verhältnis der Bestrahlungsstärke am Punkt $P_0$ zur Horizontalen wiedergibt:

$$k = (1-s) \cdot g \ . \tag{2.57}$$

Durch die Verringerung des Flächennutzungsgrads lassen sich bei Werten $f < 0{,}33$, also einem Aufstellungsverhältnis der Länge $l$ der Reihen zum Reihenabstand $d$ von 1:3, nur noch unwesentliche Verbesserungen erzielen. Bei Flächennutzungsgraden größer 0,4 (1:2,5) lässt sich der Energieertrag durch einen geringeren Neigungswinkel erhöhen. Berücksichtigt man beim Neigungswinkel von 10° im Vergleich zu 30° Verluste von 5 % infolge erhöhter Verschmutzung, empfiehlt sich die Wahl von geringeren Neigungswinkeln erst ab Flächennutzungsgraden größer 0,5 (1:2).

Bei solarthermischen Anlagen und optimal ausgerichteten photovoltaischen Dünnschichtmodulen fallen die Verluste bei Abschattungen nicht so extrem aus wie bei kristallinen Photovoltaikanlagen. Daher kann hier für Ertragsberechnungen die mittlere Bestrahlungsstärke herangezogen werden. Für die weiteren Berechnungen wurden die über die in Bild 2.27 gegebenen Punkte $P_0$, $P_1$ und $P_2$ gemittelten Abschattungsverluste bestimmt. Die Verluste am Punkt $P_0$ wurden zuvor bestimmt. Am Punkt $P_1$ treten keine Abschattungen auf. Für den Punkt $P_2$ ist der Abschattungswinkel

$$\alpha_2 = \arctan\left(\frac{f \cdot \sin\gamma_E}{2 - f \cdot \cos\gamma_E}\right) \qquad (2.58)$$

in der Mitte der geneigten Fläche relevant. Tabelle 2.15 zeigt die mittleren relativen Abschattungsverluste $s_m$ sowie den Gesamtkorrekturfaktor $k$ der drei Punkte $P_0$, $P_1$ und $P_2$. Die Verluste fallen im Vergleich zum Punkt $P_0$ allein deutlich geringer aus. Bei Flächennutzungsgraden $f < 0{,}5$ (1:2) lassen sich hier kaum noch Verbesserungen erzielen. Die Wahl eines geringeren Neigungswinkels ist generell nicht mehr zu empfehlen.

**Tabelle 2.15** Abschattungsverluste und Gesamtkorrekturfaktor im Mittel der Punkte $P_0$, $P_1$ und $P_2$ bei unterschiedlichen Flächennutzungsgraden und Neigungswinkeln für Berlin

| F | $\gamma_E = 30°$ | | | $\gamma_E = 10°$ | | |
|---|---|---|---|---|---|---|
| | $s_m$ | $g$ | $k$ | $s_m$ | $g$ | $k$ |
| 1:1,5 | 0,098 | 1,15 | 1,037 | 0,018 | 1,076 | 1,057 |
| 1:2,0 | 0,048 | 1,15 | 1,095 | 0,006 | 1,076 | 1,070 |
| 1:2,5 | 0,032 | 1,15 | 1,113 | 0,004 | 1,076 | 1,072 |
| 1:3,0 | 0,021 | 1,15 | 1,126 | 0,003 | 1,076 | 1,074 |
| 1:3,5 | 0,016 | 1,15 | 1,132 | 0,002 | 1,076 | 1,074 |
| 1:4,0 | 0,013 | 1,15 | 1,135 | 0,002 | 1,076 | 1,074 |

In der Vergangenheit wurden Solaranlagen meist so errichtet, dass sie den maximalen Jahresertrag durch eine optimale Südausrichtung (auf der Südhalbkugel der Erde durch eine optimale Nordausrichtung) erzielen konnten. Ein Nachteil ist dabei eine nur mäßige Flächenausnutzung. Bei der Photovoltaik nimmt durch die stark gesunkenen Modulpreise die Bedeutung der flächenbezogenen Kosten immer mehr zu. Die Kosten für Grundstückspacht und -erschließung oder den Netzanschluss hängen weitgehend von der Fläche und nicht der installierten Leistung ab. Daher wird es zunehmend interessant, auf einer vorhandenen Fläche eine möglichst große Leistung zu installieren. Bei großen Flächennutzungsgraden kann es durch die starke Reihenverschattung sinnvoll sein, von der optimalen Südausrichtung abzuweichen. Bei einer **Ost-West-Ausrichtung** (Bild 2.30) kann ein Flächennutzungsgrad nahe 100 % ohne signifikante Verschattungen erreicht werden.

## 2.8 Solarstrahlungsmesstechnik und Sonnensimulatoren

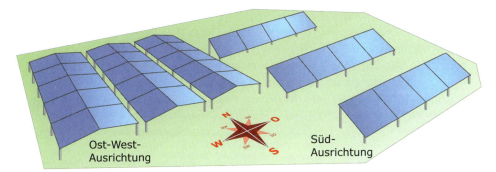

**Bild 2.30** Vergleich der Ost-West-Ausrichtung mit der Süd-Ausrichtung

Allerdings nimmt hier auch die zur Verfügung stehende Bestrahlung ab. In Europa ist bei einer Ost-West-Ausrichtung im Vergleich zu einer optimalen Südausrichtung eine um etwa 15 % geringere jährliche Bestrahlung zu erwarten. In Afrika nehmen die Unterschiede mit zunehmender Nähe zum Äquator ab (Tabelle 2.16). Ein weiterer Vorteil einer Ost-West-Ausrichtung ist ein gleichmäßiger Verlauf der Bestrahlungsstärke über den Tag. Eine Wirtschaftlichkeitsbetrachtung muss am Ende entscheiden, ob eine Ost-West-Ausrichtung einer Südausrichtung vorgezogen wird.

**Tabelle 2.16** Vergleich der optimalen Neigungswinkel und Bestrahlung (Mittelwerte von 1998-2011) bei Süd-Ausrichtung und Ost-West-Ausrichtung für verschiedene Orte in Europa und Afrika [JRC13]

| Standort | Breiten-grad | Optimaler Neigungswinkel | | Bestrahlung in kWh/m² | |
|---|---|---|---|---|---|
| | | Süd-Ausrichtung | Ost-West-Ausrichtung [1] | Süd-Ausrichtung | Ost-West-Ausrichtung |
| Berlin | 52,5 °N | 37° | 10° | 1241 | 1060 |
| Freiburg | 48,0 °N | 36° | 10° | 1340 | 1150 |
| Rom | 41,9 °N | 35° | 10° | 1920 | 1640 |
| Almería | 36,8 °N | 33° | 10° | 2220 | 1910 |
| Kairo | 30,0 °N | 28° | 10° | 2380 | 2140 |
| Assuan | 24,0 °N | 25° | 10° | 2560 | 2360 |
| Khartoum | 15,5 °N | 18° | 10° | 2430 | 2320 |
| Nairobi | 1,3 °S | 4° | 10° | 2070 | 2050 |
| Johannesburg | 26,2 °S | 30° (Nord) | 10° | 2240 | 1990 |

1) 10° Mindestneigung zum Verhindern von extremen Verschmutzungen

## 2.8 Solarstrahlungsmesstechnik und Sonnensimulatoren

### 2.8.1 Messung der globalen Bestrahlungsstärke

Zur Messung der globalen Bestrahlungsstärke haben sich im Wesentlichen zwei Messprinzipien durchgesetzt. Dazu kommen entweder Halbleitersensoren oder thermische Sensoren zum Einsatz (Bild 2.31). Messgeräte, die auf einem dieser Sensortypen basieren, heißen **Pyranometer**.

Ein **Halbleitersensor**, der wie photovoltaische Solarzellen meist aus Silizium besteht, generiert einen Kurzschlussstrom, der proportional zur Bestrahlungsstärke ansteigt. Über einen relativ kleinen Messwiderstand lässt sich der Sensor in der Nähe des Kurzschlusses betreiben und der Strom in ein Spannungssignal umwandeln. Da Halbleitersensoren empfindlich auf Temperaturänderungen reagieren, sollte für genaue Messungen die Sensortemperatur aufgezeichnet und der Messwert anschließend korrigiert werden. Typischerweise steigt der Messstrom um 0,15 %/°C. Ein weiterer Nachteil von Halbleitersensoren ist deren spektrale Empfindlichkeit (vgl. Kapitel 5, Photovoltaik). Das bedeutet, nicht alle Wellenlängenbereiche der Solarstrahlung werden gleichermaßen in ein Stromsignal umgewandelt. Ändert sich die spektrale Zusammensetzung der Strahlung beispielsweise bei tiefstehender Sonne, stellt der Sensor dies möglicherweise nicht korrekt dar.

Beim **thermischen Sensor** erwärmt die Solarstrahlung eine schwarze Empfängerfläche. Diese ist durch zwei Glasdome thermisch isoliert. Die Temperaturdifferenz der Empfängerfläche zur Umgebung ist proportional zur Bestrahlungsstärke. Ein Thermoelement auf der Empfängerrückseite wandelt die Temperaturdifferenz in ein Spannungssignal um. Der Vorteil dieses Sensortyps ist eine gleichbleibende spektrale Empfindlichkeit über einen großen Wellenlängenbereich. Dadurch ist dieser Sensor bei konstanten Strahlungsbedingungen etwas genauer. Nachteilig erweist sich die Trägheit des Sensors. So kann es je nach Ausführung bis zu einer Minute dauern, bis der korrekte Endwert erreicht ist. Zum Einsatz in der Qualitätskontrolle bei Herstellung von Solarzellen, die durch einen Lichtblitz vermessen werden, ist dieser Sensortyp damit nicht geeignet.

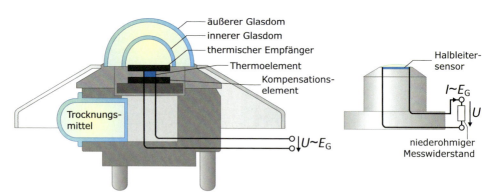

**Bild 2.31** Pyranometer zur Messung der globalen Bestrahlungsstärke. Links: Pyranometer mit thermischem Sensor, rechts: Pyranometer mit Silizium-Halbleitersensor

Anforderungen an thermische Sensoren sind in der Norm ISO 9060 definiert. Darin wird zwischen Secondary-Standard-, First- und Second-Class-Sensoren unterschieden. Secondary-Standard-Sensoren bieten dabei die größte Genauigkeit. Doch selbst in dieser Genauigkeitsklasse ist eine Messunsicherheit bei der Bestimmung der täglichen Bestrahlung von ±1 bis 3 % zu erwarten. Prinzipiell sind Pyranometer sehr empfindlich gegen Verschmutzungen. Daher ist eine regelmäßige Reinigung unabdingbar. Unterbleibt diese, treten relativ schnell Messfehler von 10 % und mehr auf.

## 2.8.2 Messung der direkten und der diffusen Bestrahlungsstärke

Die globale Bestrahlungsstärke setzt sich aus zwei Anteilen, der direkten und der diffusen Bestrahlungsstärke, zusammen. Zur Messung der direkten und der diffusen Bestrahlungsstärke muss jeweils der andere Strahlungsanteil vor der Messung eliminiert werden.

Zur Messung der diffusen Bestrahlungsstärke wird dazu kontinuierlich ein **Schattenball** zwischen Sensor und Sonne positioniert, sodass dieser einen Schatten auf die Sensorfläche wirft und den direkten Strahlungsteil absorbiert.

Zur Messung der direkt-normalen Bestrahlungsstärke kommt ein **Pyrheliometer** zum Einsatz. Der meist thermische Sensor ist am Ende eines Rohres befestigt. Die Solarstrahlung kann nur durch eine kleine Öffnung am Anfang des Rohres eintreten. Wird das Rohr nun kontinuierlich auf die Sonne ausgerichtet, misst der Sensor die direkte Bestrahlungsstärke. Die schräg eintreffende, ungerichtete diffuse Bestrahlungsstärke wird durch das Rohr abgehalten.

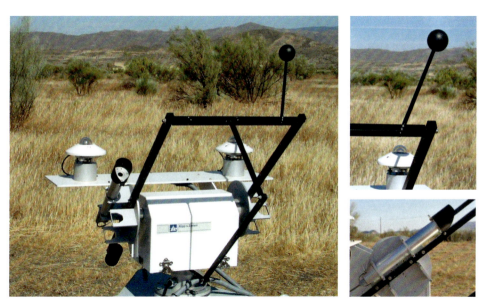

**Bild 2.32** Links: Messstation zur Messung der globalen, diffusen und direkten Bestrahlungsstärke. Rechts oben: Pyranometer mit Schattenball. Rechts unten: Pyrheliometer

## 2.8.3 Satellitenmessungen

Sollen für einen neuen Standort Strahlungsdaten über Bodenmessungen bestimmt werden, vergeht einige Zeit, bis relevante Messreihen vorliegen. Ein weiterer Nachteil an Bodenmessungen ist der Wartungsaufwand. Die Messunsicherheiten von schlecht gewarteten Messstationen können durch Verschmutzungen oder Ausfälle so groß sein, dass sie nicht mehr zu verwenden sind. Satellitenmessungen können diese Nachteile kompensieren. Da die Messwerte aus vorhandenen Bildern von Wettersatelliten bestimmt werden, lassen sich lange zurückliegende Zeitreihen ermitteln. Auch ist die Messqualität bei Satellitenmessungen von gleichbleibender Güte.

Analog zu den Betrachtungen aus Abschnitt 2.3 wird die direkt-normale oder globale horizontale Bestrahlungsstärke $E_{dir,s}$ oder $E_{G,hor}$ aus bekannten Werten der extraterrestrischen Bestrahlungsstärke $E_0$ außerhalb der Erdatmosphäre modelliert. Die Modelle berücksichtigen Verluste durch Gase wie $CO_2$ und $O_2$, durch Ozon, die Rayleigh-Streuung, Wasserdampf und Aerosole. Die so gewonnene Clear-Sky-Bestrahlungsstärke wird schließlich noch durch Wolken beeinflusst (Bild 2.33).

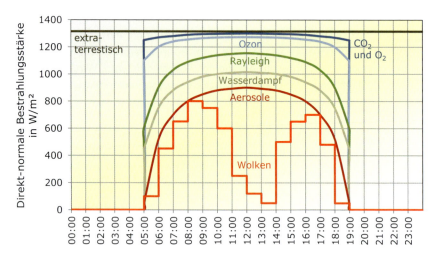

**Bild 2.33** Modellierung der direkt-normalen Bestrahlungsstärke am Erdboden aus der extraterrestrischen Bestrahlungsstärke (nach [Sch04])

Für die Berechnung der Schwächung durch Ozon, Wasserdampf oder Aerosole können Satellitenmessungen für diese Parameter genutzt werden. Der Wolkeneinfluss wird bestimmt, indem aus Fotos von Wettersatelliten die Helligkeit der vorhandenen Wolken und damit ein Wolkenindex (Cloud Index) zwischen 0 und 100 % ermittelt wird.

Die Auswertungen stehen dann als Flächenkarten in der Auflösung der Wetterbilder zur Verfügung. Ein Pixel repräsentiert dann einen Standort, der im Optimalfall eine Fläche von 1 km² abdeckt. In vielen Fällen ist die räumliche Auflösung deutlich größer. Die zeitliche Auflösung ist vom Zeitabstand der Satellitenbilder abhängig und liegt zwischen 15 und 60 Minuten. Dieser Wert ist dann für das gesamte Zeitintervall repräsentativ. Hochaufgelöste Zeitreihen und Mittelwerte wie bei Bodenmessungen lassen sich bei Satellitenmessungen nicht bestimmen.

Neben der gleichzeitigen Auswertung von langen Zeitreihen und großen Gebieten liegt der Vorteil der Satellitenmessungen vor allem in der konstanten Messqualität. Damit sind Satellitenmessungen im Vergleich zu Messungen von schlecht gewarteten Bodenstationen klar im Vorteil. Da bodennahe Aerosole, Schnee- oder Reifbildung sowie ausgeprägte Mikroklimata Satellitenmessungen negativ beeinflussen können, haben gut gewartete Bodenmesstationen wiederum Vorteile gegenüber Satellitenmessungen. Generell empfiehlt sich, einen Standort durch Boden- und Satellitenmessungen abzusichern, die im Optimalfall wenig Abweichungen voneinander haben.

## 2.8 Solarstrahlungsmesstechnik und Sonnensimulatoren

**Tabelle 2.17** Verschiedene Internetportale für Satelliten-Solarstrahlungswerte und -karten

| Name | URL | Gebiet |
|---|---|---|
| PVGIS | http://re.jrc.ec.europa.eu/pvgis/ | Europa, Afrika |
| Satellight | http://www.satel-light.com/indexgS.htm | Europa |
| Solar-Med-Atlas | http://www.solar-med-atlas.org | Nordafrika, Türkei |
| Australien BORN | http://www.bom.gov.au/jsp/awap/solar/index.jsp | Australien |
| NREL GIS | http://www.nrel.gov/gis/ | USA |
| NASA SSE | http://power.larc.nasa.gov/ | Welt |

Inzwischen bieten verschiedene Plattformen im Internet Strahlungsdaten aus Satellitenwerten an (Tabelle 2.17). Zu den bekanntesten Portalen zählt PVGIS, von dem auch die Karte der täglichen Bestrahlung in Bild 2.34 stammt. Die bislang verwendete jährliche Bestrahlung ergibt sich, indem die täglichen Werte mit 365 Tagen pro Jahr multipliziert werden. 7000 Wh/(m² Tag) entsprechen damit 2555 kWh/(m² Jahr).

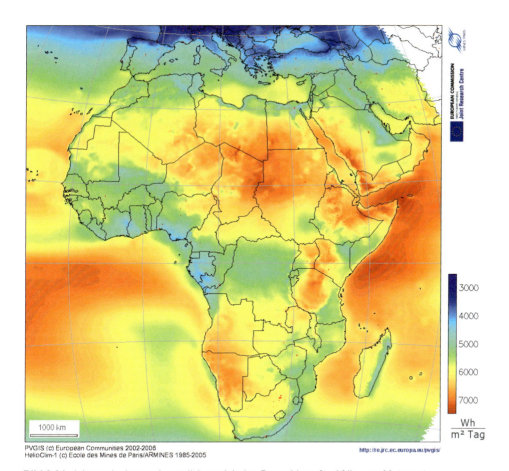

**Bild 2.34** Jahresmittelwerte der täglichen globalen Bestrahlung für Afrika aus Meteosat-Satellitenmessungen über den Zeitraum 1985-2004 [Hul05]

## 2.8.4 Künstliche Sonnen

In der Praxis ist es nicht möglich, alle Tests und Messungen bei realen Umweltbedingungen durchzuführen. Speziell in der Photovoltaik müssen Solarzellen und -module bei der Produktion vermessen und klassifiziert werden. Dazu sind rund um die Uhr konstante Bestrahlungsbedingungen nötig, die schwankende Freilandbedingungen nicht liefern können. Daher kommen künstliche Strahlungsquellen zum Einsatz, die die Sonnenstrahlung möglichst optimal nachbilden sollen.

Als Strahlungsquelle dienen meist Xenon-Blitzlampen oder Xenon-Bogenlampen. Verschiedene Filter können einzelne Spektralbereiche reduzieren, sodass die resultierende Strahlung dann eine bessere Übereinstimmung mit dem natürlichen Sonnenspektrum erhält. Für Sonnensimulatoren mit Blitzlampen, die oft bei der Photovoltaik zum Einsatz kommen, hat sich auch im Deutschen der englische Begriff **Flasher** durchgesetzt.

Bei Sonnensimulatoren bestimmen im Wesentlichen drei Eigenschaften deren Güte. Auf der zu bestrahlenden Fläche dürfen keine großen räumlichen Ungleichmäßigkeiten entstehen. Dies lässt sich durch eine entsprechende Optik erreichen. Weiterhin sollte der Sonnensimulator auch über längere Zeiträume stets konstante Bedingungen liefern. Das Hauptkriterium stellt die spektrale Übereinstimmung mit dem Sonnenspektrum AM1,5g dar (vgl. Bild 2.4). Hierbei zeigen auch gute Sonnensimulatoren immer noch eklatante Abweichungen. Für die genannten drei Kriterien existieren Güteanforderungen, nach denen die Sonnensimulatoren in die Klassen A, B und C eingeteilt werden. Tabelle 2.18 fasst die Kriterien der Norm IEC 904-9 zusammen [IEC95].

Zur Überprüfung der spektralen Übereinstimmung wurde das Spektrum in sechs Spektralbereiche unterteilt. Tabelle 2.19 zeigt die Anteile, welche die jeweiligen Bereiche an der gesamten Bestrahlungsstärke haben sollen. Zur Erreichung einer Güteklasse dürfen dann jeweils die Abweichungen von den definierten Anteilen maximal nur die in Tabelle 2.18 angegebenen Werte aufweisen.

**Tabelle 2.18** Erlaubte Toleranzen und Spezifikationen für Sonnensimulatoren nach IEC 904-9

| Spezifikation | Class A | Class B | Class C |
|---|---|---|---|
| Spektrale Übereinstimmung (Bruchteil des idealen Prozentsatzes) | 0,75 ... 1,25 | 0,6 ... 1,4 | 0,4 ... 2,0 |
| Räumliche Ungleichmäßigkeit | ±2 % | ±5 % | ±10 % |
| Zeitliche Instabilität | ±2 % | ±5 % | ±10 % |

**Tabelle 2.19** Ideale Verteilung der gesamten Bestrahlungsstärke auf Wellenlängenbereiche nach IEC 904-9

| Wellenlängenbereich in nm | 400 ... 500 | 500 ... 600 | 600 ... 700 | 700 ... 800 | 800 ... 900 | 900 ... 1100 |
|---|---|---|---|---|---|---|
| Anteil | 18,5 % | 20,1 % | 18,3 % | 14,8 % | 12,2 % | 16,1 % |

# 3 Nicht konzentrierende Solarthermie

## 3.1 Grundlagen

Die Solarthermie spielt bei der Nutzung der Sonnenenergie eine besonders wichtige Rolle. Die Geschichte der Solarthermie reicht sehr weit zurück. So brachte bereits 214 v. Chr. Archimedes Wasser mit Hilfe eines Hohlspiegels zum Kochen.

Hinter dem Begriff der **Solarthermie** verbirgt sich die thermische Nutzung der Solarenergie, also die Nutzung der Solarwärme. Die technischen Möglichkeiten sind sehr unterschiedlich. Neben der Bereitstellung von Wärme für Raumheizung, Warmwasserbereitung oder Industrieprozesse lässt sich die Solarthermie auch für Kühlungszwecke oder zur Stromerzeugung durch solarthermische Kraftwerke einsetzen. Es kann grob zwischen folgenden Einsatzgebieten unterschieden werden:

- solare Schwimmbaderwärmung,
- solare Trinkwassererwärmung,
- solare Niedertemperaturwärme für Raumheizung,
- solare Kühlung,
- solare Prozesswärme,
- solarthermische Stromerzeugung.

Da die Einsatzgebiete sehr vielfältig sind, können hier nur Grundlagen angesprochen werden. Der Schwerpunkt liegt auf den derzeit am weitesten verbreiteten Formen der Nutzung zur Trinkwassererwärmung mit Hilfe von geschlossenen Kollektorsystemen und zur Schwimmbaderwärmung mit offenen Kollektorsystemen (Absorber).

Die folgenden Abschnitte führen zahlreiche Berechnungen im Bereich der Thermodynamik durch. Die dabei verwendeten Größen und Parameter werden in diesem Abschnitt eingeführt und erläutert. Tabelle 3.1 enthält die wichtigsten Größen und Parameter sowie deren Formelzeichen und Einheiten. Die Energie in Form von **Wärme** $Q$ ist wie folgt mit dem **Wärmefluss** $\dot{Q}$ verknüpft:

$$Q = \int \dot{Q} \, dt \, . \tag{3.1}$$

Mit einer Temperaturänderung $\Delta \vartheta$ ist auch immer eine **Wärmeänderung** $\Delta Q$ verbunden, die über die **Wärmekapazität** $c$ und die Masse $m$ des betreffenden Stoffes berechnet werden kann:

$$\Delta Q = c \cdot m \cdot \Delta \vartheta \, . \tag{3.2}$$

**Tabelle 3.1** Für Wärmeberechnungen wichtige thermodynamische Größen und Parameter

| Bezeichnung | Formelzeichen | Einheit |
|---|---|---|
| Wärme, Energie | $Q$ | Ws = J |
| Wärmefluss | $\dot{Q}$ | W |
| Temperatur | $\vartheta$ | °C |
| Absolute Temperatur | $T$ | K (Kelvin, 0 K = –273,15 °C) |
| Wärmekapazität | $c$ | J/(kg K) |
| Wärmeleitfähigkeit | $\lambda$ | W/(m K) |
| Wärmedurchgangszahl | $U'$ | W/(m K) |
| Wärmedurchgangskoeffizient | $U$ (früher $k$) | W/(m² K) |
| Wärmeübergangskoeffizient | $\alpha$ | W/(m² K) |

Bei der Beschreibung thermodynamischer Vorgänge kommt es durch die Verwendung der Temperaturen $\vartheta$ in Grad Celsius beziehungsweise der absoluten Temperaturen $T$ in Kelvin oftmals zu Irritationen. Bei der Verwendung absoluter Werte gilt:

$$T = \vartheta \cdot \frac{K}{°C} + 273{,}15 \text{ K} . \tag{3.3}$$

Wird eine Temperaturdifferenz $\Delta\vartheta$ in Grad Celsius (°C) angegeben, so entspricht diese vom Zahlenwert der Temperaturdifferenz $\Delta T$ in Kelvin (K). Um eine korrekte Einheitenbilanz zu erhalten, müsste eigentlich bei der obigen Formel zur Berechnung der Wärmeänderung die Temperaturdifferenz in Kelvin angegeben werden. Das Gleiche gilt für zahlreiche später verwendete Gleichungen. Da jedoch die Celsius-Temperaturskala viel geläufiger als die Kelvin-Skala ist, werden im Folgenden bei der Verwendung von Temperaturdifferenzen und daraus abgeleiteten Gleichungen meist Celsius-Werte verwendet.

Der bei einer Wärmeänderung auftretende Wärmefluss $\dot{Q}$ bei konstanter Wärmekapazität $c$ beträgt

$$\dot{Q} = \frac{dQ}{dt} = c \cdot \frac{dm}{dt} \cdot \Delta\vartheta + c \cdot m \cdot \frac{d\Delta\vartheta}{dt} = c \cdot \dot{m} \cdot \Delta\vartheta + c \cdot m \cdot \Delta\dot{\vartheta} . \tag{3.4}$$

Tabelle 3.2 gibt die Wärmekapazitäten verschiedener Stoffe an.

**Tabelle 3.2** Wärmekapazitäten $c$ einiger Stoffe für $\vartheta$ = 0...100 °C

| Bezeichnung | $c$ in Wh/(kg K) | $c$ in kJ/(kg K) | Bezeichnung | $c$ in Wh/(kg K) | $c$ in kJ/(kg K) |
|---|---|---|---|---|---|
| Aluminium | 0,244 | 0,879 | Luft (trocken, 20 °C) | 0,280 | 1,007 |
| Beton | 0,244 | 0,88 | Messing | 0,107 | 0,385 |
| Eis (–20 °C...0°C) | 0,58 | 2,09 | Paraffin | 0,582 | 2,094 |
| Eisen | 0,128 | 0,456 | Salzschmelze (NaNO$_3$/KNO$_3$) | 0,43 | 1,55 |
| Ethanol (20 °C) | 0,665 | 2,395 | Sand, trocken | 0,22 | 0,8 |
| Gips | 0,31 | 1,1 | Silizium | 0,206 | 0,741 |
| Glas, Glaswolle | 0,233 | 0,840 | Thermoöl VP1 (200 °C) | 0,569 | 2,048 |
| Holz (Fichte) | 0,58 | 2,1 | Tyfocor 55 % (50 °C) | 0,96 | 3,45 |
| Kupfer | 0,109 | 0,394 | Wasser | 1,163 | 4,187 |

## 3.1 Grundlagen

Bei einer plattenförmigen Anordnung mit der Querschnittsfläche *A* aus *n* Schichten gemäß Bild 3.1, bei der sich die eine Seite auf dem Temperaturniveau $\vartheta_1$ und die andere Seite auf $\vartheta_2$ befindet, berechnet sich der **Wärmedurchgang**

$$\dot{Q} = U \cdot A \cdot (\vartheta_2 - \vartheta_1). \tag{3.5}$$

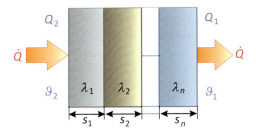

**Bild 3.1** Wärmedurchgang durch eine plattenförmige Trennwand mit *n* Schichten gleichen Querschnitts *A*

Durch den Wärmestrom $\dot{Q}$ wird auf der einen Seite eine Wärmezunahme und auf der anderen Seite eine Wärmeabnahme verursacht, bis sich beide Seiten auf dem gleichen Temperaturniveau befinden. Da der Wärmeinhalt der einen Seite im Vergleich zur anderen Seite oft wesentlich größer ist, kann auf der Seite mit dem deutlich höheren Wärmeinhalt die Temperaturänderung vernachlässigt werden. Dies ist jedoch nicht zwangsläufig die Seite mit der höheren Temperatur wie zum Beispiel die Außenseite einer Hauswand. Der für die Berechnung benötigte **Wärmedurchgangskoeffizient**

$$U = \left( \frac{1}{\alpha_1} + \frac{1}{\alpha_2} + \sum_{i=1}^{n} \frac{s_i}{\lambda_i} \right)^{-1} \tag{3.6}$$

lässt sich aus den Wärmeübergangskoeffizienten $\alpha_1$ und $\alpha_2$ auf beiden Seiten sowie aus den Wärmeleitfähigkeiten $\lambda_i$ und den Schichtdicken $s_i$ der *n* Schichten berechnen. Die Wärmeleitfähigkeiten $\lambda$ verschiedener Stoffe sind in Tabelle 3.3 angegeben.

**Tabelle 3.3** Wärmeleitfähigkeit verschiedener Stoffe

| Material | Wärmeleitfähigkeit $\lambda$ in W/(m K) | Material | Wärmeleitfähigkeit $\lambda$ in W/(m K) |
|---|---|---|---|
| Eis (0 °C) | 2,23 | Holz (Fichte) | 0,14 |
| Wasser (20 °C) | 0,60 | Lehm | 0,5 … 0,9 |
| Luft (trocken, 20 °C) | 0,026 | Glas | 0,76 |
| Wasserstoff | 0,186 | Gips | 0,45 |
| Kupfer | 380 | Strohballen | 0,038 … 0,067 |
| Eisen | 81 | Isofloc (Papierfasern) | 0,045 |
| Stahl | 52 … 58 | EPS-Dämmstoff | 0,03 … 0,05 |
| Granit | 2,8 | PUR-Dämmstoff | 0,024 … 0,035 |
| Beton | 2,1 | Glaswolle | 0,032 … 0,05 |
| Ziegelmauerwerk | 0,3 … 1,4 | Steinwolle | 0,035 … 0,045 |
| Porenbeton | 0,08 … 0,25 | Vakuum-Isolationspaneel | 0,008 |

## 3.2 Solarthermische Systeme

### 3.2.1 Solare Schwimmbadbeheizung

Wenn als erstes System die solare Schwimmbadbeheizung behandelt wird, heißt das nicht, dass beheizte Pools aus ökologischer Sicht besonders empfehlenswert sind. Schwimmbäder verfügen nämlich stets über einen sehr großen Wasser- und Energiebedarf. In Deutschland gibt es etwa 8000 öffentliche Frei- und Hallenbäder. Dazu kommen ca. 500 000 private Schwimmbäder, deren Wasserfläche weit größer ist als die aller öffentlichen Bäder. Aus diesen Zahlen folgt, dass der Betrieb eines privaten Schwimmbads nicht nur Luxus, sondern darüber hinaus eine Verschwendung an Energie und Wasser für ein paar wenige darstellt. Dennoch sind alle Schwimmbäder ein besonders interessantes Einsatzgebiet für die Solarthermie. Bereits im Jahr 1988 wurden in der Bundesrepublik Deutschland die Energiekosten allein für die öffentlichen Bäder auf 400 Mio. € geschätzt. Durch die allgemein gestiegenen Energiepreise dürften die Kosten heute noch wesentlich höher liegen. Aufgrund der einfachen Technik kann hier die Nutzung der Solarenergie Energie und Kosten einsparen.

Der Wärmebedarf von Freibädern ist gut auf das solare Strahlungsangebot abgestimmt. Im Winter, wenn das Angebot an Sonnenenergie gering ist, sind Freibäder meist nicht in Betrieb. Während der Freibadsaison im Sommer und in den Übergangszeiten ist eine Wassererwärmung durch Nutzung der Sonnenenergie gut möglich. Bild 3.2 zeigt das Prinzip einer solaren Schwimmbadbeheizung.

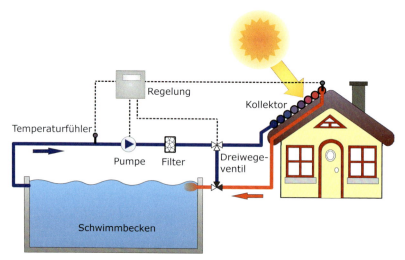

**Bild 3.2** Prinzip einer solaren Schwimmbadbeheizung

Die Wassertemperatur von freien Wasserflächen liegt bei mitteleuropäischen Standorten während der Freibadsaison üblicherweise um die 20 °C. Eine Temperaturerhöhung um wenige Grad ist somit in der Regel ausreichend. Für den Wärmebedarf bei niedrigen Temperaturen genügen sehr einfache Absorber, welche die Sonnenenergie in Nutzwärme umwandeln. Ein Pumpsystem pumpt das Beckenwasser durch den Absorber. Das

Wasser wird im Absorber erwärmt und gelangt wieder in das Becken zurück. Ein Warmwasserspeicher, wie er zum Beispiel bei Trinkwasseranlagen üblich ist, kann hier entfallen. Das Beckenwasser selbst übernimmt die Funktion des Speichers.

Die **Pumpe** für den Solarkreislauf muss so geregelt werden, dass sie nur läuft, wenn durch den Absorber auch eine Temperaturerhöhung des Wassers zu erwarten ist. Wenn die Pumpe bei stark bedecktem Himmel das Beckenwasser durch den Absorber fördert, würde das Wasser Wärme an die Umgebungsluft abgeben und das Becken abkühlen. Eine Regelung ist in Form einer einfachen Zweipunktregelung mit Hysterese möglich. Zwei Temperaturfühler messen dabei die Becken- und die Absorbertemperatur. Liegt die Temperaturdifferenz über einer gewissen Schwelle, wird die Pumpe angeschaltet. Gegebenenfalls lässt sich noch eine konventionelle Zusatzheizung in das System integrieren.

Bei ausschließlicher solarer Beheizung werden sich bei der Beckenwassertemperatur dem Wetter entsprechend Schwankungen ergeben. Bei schlechtem Wetter liegen die Schwimmbadtemperaturen dann etwas niedriger. Da in diesen Perioden die Schwimmbadnutzung erfahrungsgemäß deutlich geringer ist, kann diese Tatsache meist akzeptiert werden.

Der typische **Wärmebedarf bei Freibädern** liegt zwischen 150 kWh und 450 kWh je m² Beckenoberfläche. Bei einer solar erzeugten Stützwassertemperatur von 23 °C kann auf eine fossile Zusatzheizung komplett verzichtet werden. Bei einer Wasserfläche von 2000 m² ließen sich dadurch 75 000 l Heizöl oder 150 000 kg $CO_2$ (Kesselnutzungsgrad 80 %) in einer Saison einsparen [Fac93]. Außerdem könnten durch eine nächtliche Abdeckung des Schwimmbeckens die Wärmeverluste minimiert und so Energie eingespart werden.

Der **Umfang der Absorberfläche** sollte etwa 50 % bis 80 % der Beckenoberfläche betragen. Die Kosten dafür liegen etwa bei 100 € pro Quadratmeter Absorberfläche. Auf das Jahr bezogen fallen die Kosten der solaren Heizung in der Regel niedriger aus als die Kosten einer fossilen Beheizung. Lediglich für höhere Beckentemperaturen oder ganzjährig betriebene Freizeitbäder würden die Kosten einer alleinigen solaren Beheizung durch die dabei viel größere benötigte Absorberfläche über die Kosten einer fossilen Heizung steigen.

Betriebskosten entstehen bei einer solaren Schwimmbadheizung unter anderem für elektrische Energie zum Antreiben der Pumpe. Auch diese Energie kann durch eine Photovoltaikanlage bereitgestellt werden. Unter Umständen kann hierbei sogar die Temperaturregelung entfallen, da die Photovoltaikanlage ebenfalls nur elektrischen Strom bei Sonnenschein liefert. Auf Photovoltaikanlagen wird im Kapitel 5 näher eingegangen.

### 3.2.2 Solare Trinkwassererwärmung

Für die Erwärmung von Trinkwasser werden höhere Temperaturen als bei der Schwimmbaderwärmung benötigt. Deshalb scheiden bei der Trinkwassererwärmung einfache Schwimmbadabsorber aus. Bei höheren Temperaturen wären die Verluste durch Konvektion, also den Einfluss von Wind, Regen und Schnee, sowie die Wärmeabstrahlung inakzeptabel hoch, sodass sich nur ein kleiner Teil des warmen Wassers durch einfache Absorbersysteme erzeugen ließe. Deshalb werden Kollektoren eingesetzt, bei denen sich wesentlich höhere Temperaturen erzielen lassen und die Verluste deutlich geringer sind.

Bei diesen Kollektoren wird zwischen Flachkollektoren, Vakuumflachkollektoren, Vakuumröhrenkollektoren und Speicherkollektoren unterschieden. Für die Raumheizung dient in Flachkollektoren nicht nur Wasser, sondern auch Luft als Wärmeträgermedium. Auf Solarkollektoren wird später genauer eingegangen.

Zu einem kompletten System zur Trinkwassererwärmung gehören nicht nur der geschlossene Kollektor, in dem das Wasser über einen Absorber erwärmt wird, sondern noch weitere Komponenten wie Speicher, Pumpe und eine anspruchsvollere Regelung, denn für den Verbraucher soll die solare Trinkwassererwärmung genauso komfortabel ablaufen wie die herkömmliche Wassererwärmung.

**Bild 3.3** Solarthermische Systeme zur Trinkwassererwärmung. Links: Schwerkraftsystem, rechts: Systeme mit Zwangsumlauf (Fotos: links: Cornelia Quaschning, rechts: Viessmann Werke)

**Ein einfaches System zur solaren Wassererwärmung** kann aus einem schwarzen mit Wasser gefüllten Behälter bestehen, der im Hochsommer in die Sonne gestellt wird, also einen primitiven Absorber darstellt. Wird der Behälter höher als die Zapfstelle gelagert, kann das warme Wasser ohne weitere Hilfen entnommen werden. Ein Beispiel hierfür ist eine Solardusche, wie sie im Campingbereich angeboten wird. Hierbei handelt es sich im Prinzip um einen schwarzen Sack, der mit Wasser gefüllt und dann zum Beispiel hoch an einem Ast aufgehängt wird. Ist dieser Sack einige Zeit der Sonnenstrahlung ausgesetzt, kann eine Dusche mit sonnenerwärmten Wasser genommen werden.

Natürlich genügt dieses System nicht den Anforderungen des Alltags, denn nachdem der Beutelinhalt verbraucht ist, steht kein warmes Wasser mehr zur Verfügung, der Sack ist erneut von Hand zu befüllen. Von einem großen Komfort kann keine Rede sein. Sack und Zapfstelle könnten aber auch druckdicht ausgeführt werden. Nun kann ein Wasserschlauch angeschlossen werden, der verbrauchtes Wasser sofort ersetzt. Anstelle des Sacks kann auch ein Kollektor eingebunden werden. Bei einem handelsüblichen Kollektor dürfte wegen des begrenzten Wasserinhalts die warme Dusche äußerst kurz ausfallen, und wegen der hohen Kollektortemperaturen herrscht zudem noch Verbrühungsgefahr. Für den Einsatz von Solaranlagen im häuslichen Bereich werden deshalb etwas ausgereiftere Systeme benötigt, die im Folgenden näher erläutert werden.

## 3.2.2.1 Schwerkraft- oder Thermosiphonanlagen

Bei einer Schwerkraftanlage, wie sie in Bild 3.4 dargestellt ist, wird die Tatsache genutzt, dass kaltes Wasser eine größere spezifische Dichte hat als warmes Wasser. Es ist somit schwerer und sinkt nach unten. Der Kollektor ist stets tiefer gelagert als der Wärmespeicher. Kaltes Wasser im Wärmespeicher kann über eine nach unten führende Leitung in den Kollektor gelangen. Wird das Wasser im Kollektor erwärmt, steigt es wieder nach oben und gelangt über eine Leitung am oberen Ende des Kollektors schließlich wieder in den Wärmespeicher. Somit entsteht über den Kollektor und den Wärmespeicher ein Kreislauf. Im Speicher steht das warme Wasser den Verbrauchern zur Verfügung und es kann von oben abgezapft werden. Entnommenes Warmwasser wird über den Kaltwasseranschluss sofort wieder durch frisches, aber kaltes Wasser ersetzt. Dies wird dann wieder im Kollektor erwärmt. Bei einer höheren solaren Bestrahlungsstärke steigt das warme Wasser aufgrund der größeren Temperaturunterschiede schneller auf als bei geringer Bestrahlungsstärke. Die Fließgeschwindigkeit des Wassers im Kreislauf passt sich somit in geeigneter Weise dem Strahlungsangebot der Sonne an.

Bei einem Schwerkraftsystem ist es wichtig, dass sich der **Wärmespeicher** mindestens 0,6 m bis einen Meter über dem Kollektor befindet. Andernfalls kann der Kreislauf zum Beispiel nachts rückwärtslaufen, und das warme Wasser aus dem Speicher würde über den Kollektor wieder abgekühlt. Außerdem kommt bei geringeren Höhen der Kreislauf nicht richtig zustande. In mediterranen Ländern oder anderen Gebieten mit hoher Sonneneinstrahlung wird deshalb der Wasserspeicher zusammen mit dem Kollektor meist auf die vorhandenen Flachdächer gestellt.

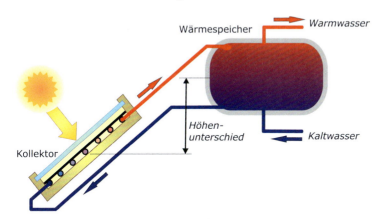

**Bild 3.4** Prinzip einer Schwerkraftanlage (Thermosiphonanlage)

Bei Giebeldächern muss der Speicher möglichst weit oben unter dem Dach befestigt werden, wenn der Kollektor ebenfalls auf dem Dach montiert werden soll. Durch die große Masse des Speichers kann es hierbei zu Problemen mit der Gebäudetragfähigkeit kommen. Außerdem ist die Kopplung der Anlage mit einer herkömmlichen Heizungsanlage, die sich meist im Keller befindet, schwierig.

Wird das Trinkwasser direkt durch den Kollektor geführt, die Anlage also wie zuvor beschrieben als **Einkreissystem** betrieben, besteht die Gefahr, dass die Anlage im Winter einfriert und beschädigt wird. Deshalb wird in Gebieten mit Frostgefahr ein **Zweikreissystem** eingesetzt. Das Trinkwasser fließt in den Speicher und kann aus diesem auch wieder entnommen werden. Im Solarkreislauf fließt das mit Frostschutz versehene Wasser durch den Kollektor. Die Wärme wird im Speicher über einen Wärmetauscher abgegeben, sodass Solarkreislauf und Trinkwasserkreislauf getrennt sind. Als Frostschutzmittel im Solarkreislauf dienen oftmals Glykole. Frostschutzmittel sollten ungiftig sein, falls doch ein Teil des Solarkreislaufinhalts in das Trinkwasser gelangt. Deshalb ist das aus dem Automobilbereich bekannte Ethylenglykol in Trinkwasseranlagen nicht zugelassen. Um Korrosion zu verhindern, muss das Frostschutzmittel auf die in der Anlage verwendeten Materialien abgestimmt sein.

Bei einem **Schwerkraftsystem** gibt es jedoch einige **Nachteile**. Zum einen ist das System träge und kann auf rasche Änderungen der solaren Einstrahlung nicht angemessen reagieren. Für größere Anlagen mit mehr als 10 m$^2$ Kollektorfläche sind deshalb Schwerkraftsysteme weniger geeignet. Zum anderen muss beim Schwerkraftsystem der Speicher stets höher als der Kollektor angeordnet sein, was oftmals baulich nur schwer einzuhalten ist. Weiterhin kann der Kollektorwirkungsgrad durch die hohen Temperaturen im Speicher und im Kollektorkreislauf beeinträchtigt werden. Für ein Schwerkraftsystem spricht jedoch der einfache Aufbau. Im Vergleich zu den im nächsten Abschnitt beschriebenen Anlagen mit Zwangsumlauf ist hier keine Regelung oder Pumpe notwendig. Deshalb kann die Anlage auch nicht durch einen Defekt dieser Elemente ausfallen. Für den Betrieb einer Pumpe muss auch elektrische Energie aufgewendet werden, die bei einem Schwerkraftsystem eingespart werden kann.

### 3.2.2.2 Anlagen mit Zwangsumlauf

Im Gegensatz zu Schwerkraftanlagen wird das Wasser bei Anlagen mit Zwangsumlauf im Solarkreislauf mit Hilfe einer elektrischen Pumpe umgewälzt. Kollektor und Speicher können nun an beliebigen Orten aufgestellt werden, wobei auf eine möglichst geringe Leitungslänge zu achten ist, da alle Warmwasserrohre mit Wärmeverlusten behaftet sind. Auf einen Höhenunterschied zwischen Speicher und Kollektor kann verzichtet werden. Eine Anlage mit Zwangsumlauf ist in Bild 3.5 dargestellt.

Im Wärmespeicher und im Kollektor wird jeweils ein **Temperatursensor** angebracht. Ist die Temperatur im Kollektor um eine festgelegte Differenz größer als die Speichertemperatur, wird über eine Regelung eine Pumpe angeschaltet, die das Wärmeträgermedium im Kollektorkreislauf bewegt. Als Einschalttemperaturdifferenz werden meist Werte zwischen 5 °C und 10 °C gewählt. Sinkt die Temperaturdifferenz unter einen zweiten Schwellwert, wird die Pumpe wieder abgeschaltet. Die beiden Schwellwerte sollten so gewählt sein, dass sich die Pumpe bei niedrigen Einstrahlungen nicht dauernd an- und ausschaltet.

Als **Pumpen** im Solarkreislauf ist der Einsatz von gewöhnlichen Heizungsumwälzpumpen weniger empfehlenswert. Heizungspumpen arbeiten meist bei größeren Volumenströmen. Speziellen Solarpumpen sind zudem auch für den Einsatz von Wasser-Frostschutzmischungen optimiert. Der Wirkungsgrad gewöhnlicher Pumpen ist mit Werten um 10 % meist relativ gering. Dadurch steigt der Bedarf an elektrischer Hilfsenergie zum Antrieb der Pumpe. Oft werden Pumpen mit verschiedenen Geschwindigkeitsstufen verwendet. Dadurch lässt sich die Durchflussgeschwindigkeit dem solaren Strahlungsangebot anpassen. Inzwischen sind auch technisch optimierte, drehzahlvariable Pumpen erhältlich. Diese können Wirkungsgrade von bis zu 40 % erreichen und benötigen damit erheblich weniger Pumpstrom. Sie sind allerdings auch in der Anschaffung deutlich teurer.

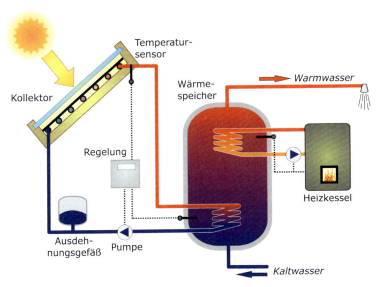

**Bild 3.5** Prinzip eines Zweikreissystems mit Zwangsumlauf

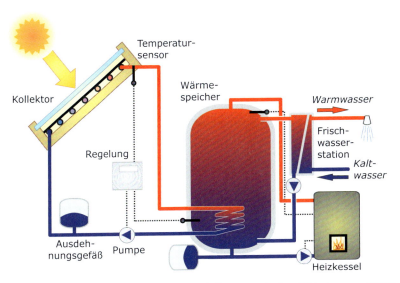

**Bild 3.6** Prinzip eines Zweikreissystems mit Zwangsumlauf und Frischwasserstation

Bei der Auslegung der Pumpen und Rohre wird zwischen Systemen mit **High-Flow-** und **Low-Flow-Prinzip** unterschieden. High-Flow-Systeme werden in der Regel für einen

**Wärmeträgerdurchsatz** von 30 l/h bis 80 l/h je Quadratmeter Kollektorfläche ausgelegt. Der Durchsatz bei Low-Flow-Systemen ist mit 7 bis 25 l/h deutlich geringer. High-Flow-Systeme sind am weitesten verbreitet. Durch den höheren Volumenstrom sind bei ihnen die Kollektortemperaturen niedriger. Das reduziert die thermische Belastung des Systems und erhöht den Kollektorwirkungsgrad. Da Low-Flow-Systeme mit einer geringeren Pumpenleistung arbeiten, haben sie einen niedrigen Bedarf an elektrischer Hilfsenergie. Die Rohrquerschnitte können bei Low-Flow-Systemen kleiner ausfallen. Dadurch sinken die Wärmeverluste der Rohre und der Kollektorkreislauf erwärmt sich schneller. Die Temperaturen im Kreislauf sind zudem generell höher, wodurch schneller ein Teil des Speichers auf ein höheres Temperaturniveau erhitzt werden kann. Um die Vorteile eines Low-Flow-Systems optimal nutzen zu können, sollte ein aufwändigerer Schichtenspeicher zum Einsatz kommen. Bei ihm kann dann die Wärme aus dem Solarkreis temperaturabhängig in verschiedenen Speicherhöhen eingespeist werden (vgl. auch Abschnitt 3.2.4).

Die Speichertemperatur wird oftmals auf 60 °C begrenzt. Bei höheren Temperaturen kommt es verstärkt zu Kalkablagerungen, die die Lebensdauer der Wärmetauscher und des Speichers reduzieren können. Niedrigere Speichertemperaturen sind aus hygienischen Gründen problematisch. Bei Temperaturen unter 50 °C können sich Keime wie Legionellen vermehren und bei der Warmwasserentnahme zu Gesundheitsproblemen führen. Eine **Frischwasserstation** kann diese Probleme beheben. In dieser Station wird in einem Plattenwärmetauscher außerhalb des Speichers die Speicherwärme an den Warmwasserkreislauf übertragen (Bild 3.6).

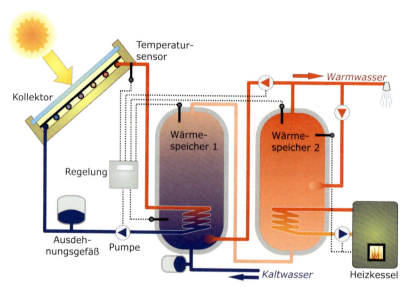

**Bild 3.7** Prinzip einer solaren Trinkwassererwärmung mit zwei Wärmespeichern

Da dem Speicher bei einer Frischwasserstation nicht kontinuierlich frisches Wasser zugeführt wird, sind nun Speichertemperaturen von bis zu 90 °C möglich. Damit steigen die Speicherkapazität aber auch die Wärmeverluste. Das Kochen des Speicherwassers sollte sicher vermieden werden. Längere Standzeiten mit niedrigen Speichertemperaturen sind

## 3.2 Solarthermische Systeme

mit einer Frischwasserstation ebenfalls kein Problem, da das Warmwasser nur bei Bedarf über den Wärmetauscher direkt aus frischem Trinkwasser erzeugt wird.

Bei Großanlagen mit einem deutlich höheren Verbrauch als bei Einfamilienhaushalten werden **Mehrspeichersysteme** eingesetzt, da oftmals die Größe eines Speichers durch die baulichen Gegebenheiten im Gebäude begrenzt ist. Hier sind zwei oder mehr Speicher in Reihe geschaltet. Bei der solaren Vorheizung befindet sich im ersten Speicher der solare Wärmetauscher und im zweiten Speicher die konventionelle Zusatzheizung. Der solare Deckungsgrad ist hier verhältnismäßig niedrig, die Wirtschaftlichkeit entsprechend hoch. Bei einem höheren solaren Deckungsgrad ist eine Zirkulationsleitung vom zweiten Speicher in den ersten Speicher sinnvoll. Bei großem Angebot an Sonnenenergie lassen sich dann beide Speicher durch Sonnenenergie erwärmen. Bild 3.7 zeigt ein Zweispeichersystem zur solaren Trinkwassererwärmung.

### 3.2.3 Solare Heizungsunterstützung

Nicht nur Warmwasser, sondern auch Heizwärme lässt sich problemlos mit Hilfe solarthermischer Systeme erzeugen. Im Prinzip muss man hierzu lediglich den Kollektor und den Speicher vergrößern und an den Heizungskreislauf anschließen. Da sich im Heizungskreislauf in der Regel aber kein Trinkwasser befindet, sind zwei getrennte Wärmespeicher für Heizwasser und Trinkwasser erforderlich. In einem Kombispeicher lassen sich beide Speicher elegant integrieren und die Wärmeverluste reduzieren (Bild 3.8).

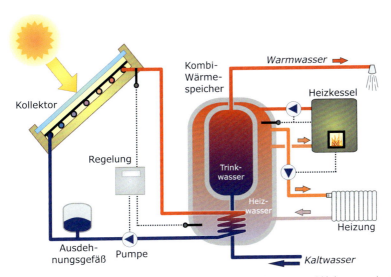

**Bild 3.8** Solarthermisches System zur Trinkwassererwärmung und Heizungsunterstützung

In Deutschland werden die Systeme meist so ausgelegt, dass die Solarenergie nur heizungsunterstützend wirkt. Vor allem in den Übergangszeiten Frühjahr und Herbst lässt sich der Heizwärmebedarf hauptsächlich durch die Sonne decken. Im Winter hingegen reicht die Leistung der Kollektoren in der Regel nicht mehr für den gesamten Wärmebedarf aus.

## 3.2.4 Rein solare Heizung

Prinzipiell ist es auch möglich, den kompletten Heizenergiebedarf durch die Sonne zu decken. Hierzu ist dann ein **saisonaler Speicher** nötig, der Heizwärme vom Sommer für den Winter einlagert. Dies erhöht die Kosten für das Solarsystem. Aus ökonomischen Gründen wird daher meist nur ein kleinerer Speicher für wenige Tage in das System integriert. Damit lassen sich bei mitteleuropäischen Klimaverhältnissen je nach Gebäudedämmstandard aber nur 20 bis maximal 70 % des Wärmebedarfs durch die Sonne decken.

Für ein rein solares Heizungssystem ist eine optimale Gebäudedämmung essentiell. Hierbei sollte möglichst ein hoher Dämmstandard erreicht werden, der dem eines Passivhauses entspricht. Mit einem Wärmespeicher, der für Einfamilienhäuser typischerweise 30 bis 50 m³ umfasst, lässt sich dann ausreichend Wärme für die ertragsschwachen Wintermonate vorhalten. Der Speicher wird in der Regel als **Schichtenspeicher** ausgeführt. Warmes Wasser hat eine geringere Dichte als kaltes Wasser. Befindet sich das warme Wasser oberhalb des kalten und werden Verwirbelungen vermieden, bleibt die Schichtung erhalten. Dadurch lässt sich am oberen Speicherende länger warmes Wasser in der gewünschten Temperatur entnehmen als bei einem durchmischten Speicher. Um beim Einbringen von Wärme durch die Kollektoren oder der Entnahme der Heizwärme die Schichten nicht zu zerstören, kann die Wärme in verschiedenen Höhen des Speichers eingespeist oder entnommen werden. Bei dem im Bild 3.9 dargestellten System erfolgt das durch Dreiwegeventile, die in Abhängigkeit der jeweiligen Speichertemperaturen angesteuert werden.

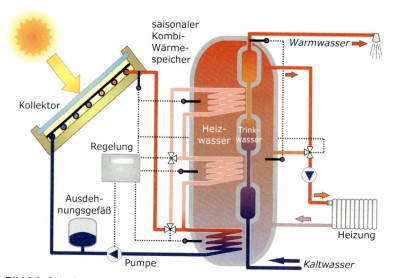

**Bild 3.9** Solarthermisches System zur Trinkwassererwärmung und rein solaren Heizung

In Deutschland und der Schweiz wurden bereits mehrere vollständig solar beheizte Häuser errichtet. Ein Beispiel ist das 2007 fertig gestellte Mehrfamilienhaus in Oberburg in der Schweiz (Bild 3.10). Dabei wurde ein 205 m³ großer Kombispeicher in das Haus integriert. Die komplette 276 m² große Südseite des Daches ist mit Flachkollektoren eingedeckt. Diese heizen den Speicher im Sommer auf rund 90 °C auf. Im Winter fällt die Speichertemperatur am oberen Speicherende nicht unter 60 °C, sodass für die Gebäudeheizung und Warmwasser immer genügt Wärme zur Verfügung steht. Es besteht sogar die Möglichkeit, Wärmeüberschüsse per Fernleitung an Nachbargebäude zu liefern.

**Bild 3.10** Rein solar beheiztes Mehrfamilienhaus in Oberburg in der Schweiz. Links: Einbau des 205-m³-Kombispeichers; rechts: Ansicht von der Südseite auf den 276 m² großen Kollektor.
Fotos: Jenni Energietechnik AG, www.jenni.ch

## 3.2.5 Solare Nahwärmeversorgung

Sind in einer Siedlung viele Häuser mit Solarkollektoren bestückt, lassen sich diese in ein solares Nahwärmenetz integrieren (Bild 3.11). Dazu kann auch eine zentrale große Kollektoranlage aufgebaut werden. Herzstück eines solchen Wärmenetzes ist ein zentraler Wärmespeicher. Durch seine Größe lassen sich die Wärmeverluste minimieren und somit auch Wärme über einen längeren Zeitraum speichern. Aufgrund des langen Rohrsystems treten im Nahwärmenetz aber auch höhere Kosten und größere Leitungsverluste auf.

Einige solare Nahwärmesiedlungen wurden zwar bereits erfolgreich installiert. Die Zahl größerer Anlagen ist allerdings noch recht überschaubar. Tabelle 3.4 zeigt Daten ausgewählter Nachwärmeprojekte. Das derzeit größte europäische Solarnahwärmeprojekt befindet sich in Marstal in Dänemark. Bei dem in verschiedenen Bauabschnitten realisierten Projekt ist eine Kollektorfläche von rund 19 000 m² installiert. Über ein Nahwärmenetz werden über 1 400 Kunden bedient.

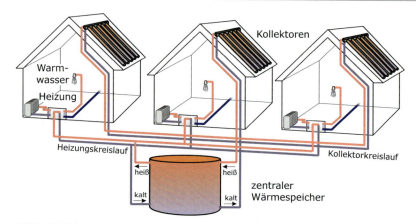

**Bild 3.11** Prinzip der solaren Nahwärmeversorgung

**Tabelle 3.4** Daten realisierter solarer Nahwärmeprojekte

|  | Marstal (Dänemark) | Brædstrup (Dänemark) | Kungälv (Schweden) | Neckarsulm |
|---|---|---|---|---|
| Fertigstellung | 2003 | 2007 | 2001 | 1997 / 2001 |
| Kollektorfläche in 1000 m² | 19 | 8 | 10 | 2,7 / 6,5 |
| Kollektorleistung in MW | 12,85 | 5,6 | 7 | 1,89 / 4,55 |
| Speichertyp | Tank/Kies/See | Wassertank | Wassertank | Erdsonden |
| Speichergröße in 1000 m³ | 2 / 3,5 / 10 | 2 | 1 | 20 / 63,3 |
| Solarer Wärmertrag in MWh/a | 8 824 | 4 000 | 3 500 | 832 / 2018 |
| Zusatzheizung | Erdöl | Erdgas | Biomasse/Öl | Erdgas |
| Leistung Zusatzheizung in MW | 18 | 29,8 | 25 | k.A. |
| Solarer Deckungsgrad | 32 % | 9 % | 4 % | 50 % |
| Kosten Solarsystem in Mio. € | 7,333 | 1,57 | 2,218 | 1,483 / k.A. |

### 3.2.6 Solares Kühlen

So paradox es klingen mag: Mit Sonnenwärme lassen sich auch hervorragend Gebäude kühlen. In den sonnigen und heißen Regionen der Erde sorgt eine Vielzahl energiehungriger Klimaanlagen für angenehm kühle Raumtemperaturen. Je sonniger und heißer es wird, desto höher ist der Kühlbedarf. Mit zunehmender Sonnenstrahlung steigt aber auch die Leistung eines thermischen Kollektors. Im Gegensatz zum Heizwärmebedarf stimmt also der Kühllastbedarf mit dem Sonnenangebot nahezu perfekt überein.

Das Herzstück einer Anlage zur solaren Kühlung ist neben einem großen und leistungsfähigen Kollektor meist eine Absorptions-Kältemaschine. Der Begriff Absorption stammt hierbei nicht vom Solarabsorber. Die Absorptions-Kältemaschine nutzt den chemischen Vorgang der **Sorption** aus. Unter Sorption oder Absorption versteht der Chemiker die Aufnahme eines Gases oder einer Flüssigkeit durch eine andere Flüssigkeit. Ein bekanntes Beispiel ist die Lösung von Kohlendioxidgas in Mineralwasser.

Für **Absorptions-Kältemaschinen** kommt ein sorbierbares Kältemittel mit niedrigem Siedepunkt wie beispielsweise Ammoniak zum Einsatz, das später in Wasser gelöst wird. Außer Ammoniak kann auch Wasser selbst bei starkem Unterdruck als Kältemittel dienen. Dann eignet sich Lithiumbromid als Lösungsmittel.

Im Verdampfer siedet das Kältemittel bei niedrigen Temperaturen. Dabei entzieht es einem Kühlsystem Wärme. Nun muss das Kältemittel wieder verflüssigt werden, damit es durch erneutes Verdampfen kontinuierlich Kälte liefern kann. Mit einigen Tricks und dem Umweg über die Sorption gelingt das Verflüssigen auch mit Hilfe von Solarwärme.

Als Erstes vermischt dazu der Kältemaschinenabsorber den Kältemitteldampf mit dem Lösungsmittel. Es kommt zur Sorption, die Wärme freisetzt. Diese Wärme wird entweder beispielsweise zur Warmwassererwärmung genutzt oder in einem Kühlturm abgeführt. Eine Lösungsmittelpumpe transportiert die nun mit Kältemittel angereicherte flüssige Lösung zum Austreiber. Der Austreiber trennt das Kälte- und das Lösungsmittel aufgrund ihrer unterschiedlichen Siedepunkte wieder. Zum Sieden dient Wärme von leistungsfähigen Solarkollektoren. Temperaturen von 100 bis 150 Grad Celsius sind optimal. Das abgetrennte dampfförmige Kältemittel gelangt dann in einen Kondensator. Er verflüssigt das Kältemittel. Die Kondensationswärme wird ebenfalls als Nutzwärme oder über einen Kühlturm abgeführt. Über jeweils ein Expansionsventil gelangt das flüssige Kältemittel wieder zum Verdampfer und das Lösungsmittel erneut zum Kältemaschinenabsorber. Durch das Ausdehnen im Expansionsventil kühlt sich das Kältemittel stark ab und kann nun wieder über den Verdampfer Kälte an das Kühlsystem abgeben.

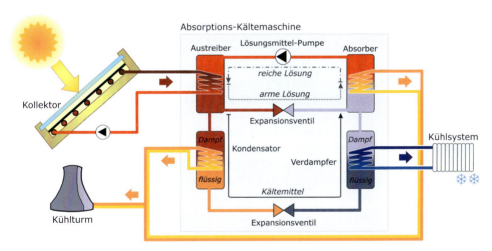

**Bild 3.12** Prinzip eines solaren Kühlsystems

## 3.3 Solarkollektoren

Es bedarf zur Erzeugung höherer Temperaturen spezieller Kollektoren, deren Technik über die von Schwimmbadabsorbern hinausgeht. Es wird unterschieden zwischen:

- Speicherkollektoren,
- Flachkollektoren,
- Vakuumröhrenkollektoren.

**Bild 3.13** Flachkollektor und Vakuumröhrenkollektoren
(Abbildung: Viessmann Werke)

Bei den später näher beschriebenen Flachkollektoren und Vakuumkollektoren ist neben dem Kollektor stets ein Wärmespeicher notwendig, denn der alleinige Einsatz eines Kollektors ist nicht sinnvoll. In den Kollektoren finden nur geringe Mengen Wasser oder anderer Wärmeträgermedien Platz. Bei starker Sonneneinstrahlung wäre der Kollektorinhalt, wenn er nicht ständig ausgetauscht wird, schnell auf Temperaturen über 100 °C erwärmt. Durch die hohen Temperaturen ginge dann die eintreffende Strahlungsenergie der Sonne zunehmend durch Wärmeverluste verloren. Deshalb gehören zu allen Trinkwassersystemen Wärmespeicher, die größere Mengen der vom Kollektor absorbierten Wärme aufnehmen können, damit auch für kurze Schlechtwetterperioden oder bei Dunkelheit warmes Wasser zur Verfügung steht. Bei solaren Schwimmbadheizungen fungiert das Beckenwasser als Speicher.

### 3.3.1 Speicherkollektoren

Eine spezielle Entwicklung bei der Trinkwassererwärmung ist der Speicherkollektor, bei dem der Speicher im Kollektor integriert ist. Das Problem dabei ist die Gefahr des Einfrierens des Speichers im Winter.

Die sogenannte **transparente Wärmedämmung** (TWD) kann hierbei Abhilfe schaffen. Dazu werden Materialien eingesetzt, die zwar einen etwas schlechteren Transmissionsgrad als zum Beispiel eisenarmes Solarsicherheitsglas aufweisen, bei denen jedoch der Wärmedurchgangskoeffizient um Größenordnungen niedriger ist, sodass die Wärmeverluste deutlich zurückgehen. Verschiedene konventionelle Abdeckungsmaterialien und

TWD-Abdeckungen sind in Tabelle 3.5 gegenübergestellt. Durch den Einsatz von TWD-Materialien können die Wärmeverluste beim Speicherkollektor auf akzeptable Werte minimiert werden. Bei dem in Bild 3.14 dargestellten Kollektor ist ein Edelstahltank integriert.

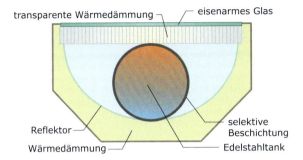

Bild 3.14 Querschnitt durch einen Speicherkollektor

Tabelle 3.5 Wärmedurchgangskoeffizient $U$ und Gesamtenergiedurchlassgrad ($g$-Wert) verschiedener herkömmlicher und TWD-Materialien (Daten: [Fac90, Hum91, Bun92])

| Herkömmliche Verglasung | | | Transparente Wärmedämmung (TWD) zwischen eisenarmem Glas mit Luftspalt | | |
|---|---|---|---|---|---|
| Material | U-Wert in W/(m² K) | g-Wert | Material | U-Wert in W/(m² K) | g-Wert |
| Einfachverglasung (4 mm) | 5,9 | 0,86 | Aerogelgranulat (20 mm) | 0,85 | 0,4 |
| 2fach-Verglasung (4 mm, 12 mm Luft, 4 mm) | 3,0 | 0,77 | Polycarbonat-Wabenstruktur (100 mm) | 0,7 | 0,66 |
| 3fach-Verglasung mit IR-Beschichtung (36 mm) | 0,5 …1,2 | 0,53 … 0,62 | Polycarbonat-Kapillarstruktur (100 mm) | 0,7 | 0,64 |

Der Kollektor selbst ist auf der Rückseite gut gedämmt. Reflektoren an der Rückwand lenken das einfallende Licht auf den Speicher. An der Vorderseite befindet sich unter der Glasabdeckung eine Schicht transparente Wärmedämmung.

Bei einem Speicherkollektor kann natürlich der bei anderen Kollektoren notwendige Wärmespeicher außerhalb des Kollektors entfallen. Die gesamte Anlage wird vom Aufbau her einfacher, und durch den Wegfall der anderen Komponenten können auch erhebliche Kosten eingespart werden. Ist die Temperatur im Speicher zu gering, kann das Wasser durch einen nachgeschalteten, thermostatisch geregelten Gasdurchlauferhitzer auf die gewünschte Temperatur erwärmt werden.

Nachteilig wirkt sich beim Speicherkollektor im Vergleich zu anderen Kollektoren die deutlich höhere Masse aus. Deshalb ist dieser Kollektor nicht bei allen Dachkonstruktionen einsetzbar. Außerdem sind die Wärmeverluste bei längeren Schlechtwetterperioden größer als bei einem optimal gedämmten externen Wärmespeicher. Große Marktanteile konnten daher Speicherkollektoren bislang nicht erreichen.

## 3.3.2 Flachkollektoren

Flachkollektoren sind die derzeit am meisten verbreiteten Kollektoren bei Anlagen zur Trinkwassererwärmung in Europa. Die Flachkollektoren setzen sich im Wesentlichen aus den drei Bestandteilen

- transparente Abdeckung,
- Kollektorgehäuse,
- Absorber

zusammen.

**Bild 3.15** Schnitt durch einen Flachkollektor
(Quelle: © Bosch Thermotechnik GmbH)

Im Inneren des Flachkollektors befindet sich ein Absorber, der das Sonnenlicht in Wärme umwandelt und an das Wasser abgibt, das in Rohren durch den Absorber fließt. Der Absorber befindet sich in einem Gehäuse, das auf der Rückseite des Kollektors über eine möglichst gute Wärmedämmung verfügt, um die Wärmeverluste an der Rückseite so gering wie möglich zu halten.

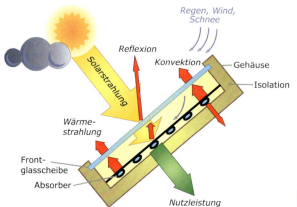

**Bild 3.16** Vorgänge in einem Flachkollektor

Dennoch treten beim Kollektor Verluste auf, die stark vom Temperaturunterschied zwischen Absorber und Umgebung abhängig sind. Hierbei wird zwischen Verlusten durch

## 3.3 Solarkollektoren

Konvektion und durch Strahlung unterschieden. Die Konvektionsverluste werden durch Luftbewegungen verursacht.

In Richtung Sonne wird der Kollektor durch eine Glasscheibe abgedeckt. Diese Scheibe verhindert einen Großteil der Konvektionsverluste. Außerdem wird durch die Scheibe die Wärmeabstrahlung des Absorbers an die umgebende Atmosphäre des Kollektors wie in einem Treibhaus verhindert. Ein Nachteil der Scheibe sind Reflexionsverluste, da ein Teil des Sonnenlichts an der Scheibe reflektiert wird und nicht mehr bis zum Absorber gelangen kann. Die Vorgänge im Flachkollektor sind in Bild 3.16 und Bild 3.17 dargestellt.

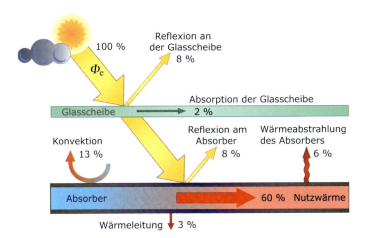

**Bild 3.17** Energieumwandlung im Sonnenkollektor und mögliche Anteile der verschiedenen Verluste (nach [Wag95])

An der **Frontscheibe** wird, wie Bild 3.18 zu entnehmen ist, ein Teil der eintreffenden solaren Strahlungsleistung $\Phi_e$ reflektiert, ein Teil absorbiert und der größte Anteil hindurchgelassen. Diese Vorgänge können durch den Reflexionsgrad $\rho$, den Absorptionsgrad $\alpha$ und den Transmissionsgrad $\tau$ ausgedrückt werden. Die Summe der drei Anteile muss stets den Wert 1 ergeben:

$$\rho + \alpha + \tau = 1 \; . \tag{3.7}$$

Für die jeweiligen Strahlungsleistungen gilt:

$$\Phi_e = \Phi_\rho + \Phi_\alpha + \Phi_\tau = \rho \cdot \Phi_e + \alpha \cdot \Phi_e + \tau \cdot \Phi_e \; . \tag{3.8}$$

Durch die Absorption der Strahlung kommt es zur Erwärmung der Scheibe. Im thermischen Gleichgewicht muss der absorbierte Anteil wieder in Form von Emission von Strahlung $\Phi_\varepsilon$ abgegeben werden, da ansonsten die Scheibe unendlich erwärmt würde. Der zugehörige Emissionsgrad $\varepsilon$ entspricht dann also dem Absorptionsgrad $\alpha$:

$$\alpha = \varepsilon \; . \tag{3.9}$$

Die Frontscheibe soll einerseits das Sonnenlicht möglichst gut hindurchlassen, jedoch die Wärmestrahlung des Absorbers wie in einem Treibhaus zurückhalten und die Konvektionsverluste an die Umgebung reduzieren. Bei vielen Kollektoren reicht hierfür eine einfache Abdeckung aus. Als Frontscheibe wird meistens thermisch behandeltes, eisenarmes Solarglas verwendet, das sich durch eine hohe Lichtdurchlässigkeit und eine gute

Beständigkeit gegen Witterungseinflüsse auszeichnet. Der Transmissionsgrad moderner Solargläser liegt in der Größenordnung von 0,92. Mit speziellen Antireflexgläsern lassen sich sogar Transmissionsgrade von bis zu 0,96 erreichen. Kunststoffe konnten sich nicht durchsetzen, da ihre Lebensdauer aufgrund schlechterer Beständigkeit gegen UV-Strahlung und größerer Anfälligkeit gegen Witterungseinflüsse deutlich geringer ist und Kunststoffscheiben nach einiger Zeit zum Erblinden neigen.

Bei einer **doppelten Abdeckung** sind die Wärmeverluste durch die Abdeckung deutlich geringer, jedoch wird auch nur ein geringerer Teil der Sonnenstrahlung hindurchgelassen.

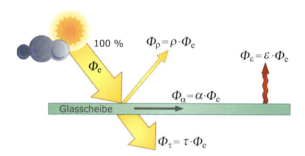

**Bild 3.18** Vorgänge an der Kollektorfrontscheibe

Das **Kollektorgehäuse** kann aus Kunststoff, Blech oder auch aus Holz bestehen. Das Gehäuse sollte mit der Frontscheibe möglichst dicht abschließen, damit einerseits keine Wärme entweichen kann und andererseits kein Schmutz, Insekten oder Feuchtigkeit in den Kollektor eindringen können. Viele Kollektoren verfügen jedoch über eine kontrollierte Be- und Entlüftung, damit sich im Kollektor bildende oder eindringende Feuchtigkeit entweichen kann und nicht an der Innenseite der Scheibe kondensiert.

Als Material zur **rückseitigen Wärmedämmung** muss ein temperaturbeständiges, gut isolierendes Dämmmaterial verwendet werden. Hierfür sind Polyurethan-Hartschaumplatten oder Mineralfaserplatten geeignet. Bei den Dämmmaterialien sowie den anderen Werkstoffen dürfen keine Bindemittel oder andere Materialien eingesetzt werden, die unter Temperatureinwirkung verdampfen und so an der Frontscheibe durch Bildung von Kondensat die eintreffende Sonnenstrahlung reduzieren.

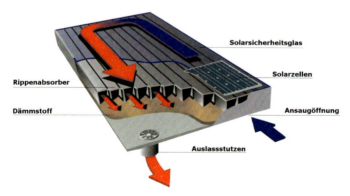

**Bild 3.19** Querschnitt durch einen Luftkollektor (Abbildung: Grammer Solar GmbH)

In den meisten Fällen erwärmen Solarkollektoren Wasser. Für die Raumluftheizung soll letztendlich jedoch Luft und nicht Wasser erwärmt werden. Bei konventionellen Heizungssystemen geben Heizkörper oder im Fußboden verlegte Heizungsrohre die Wärme des Heizwassers an die Raumluft ab. Anstelle von Wasser lässt sich aber auch Luft direkt durch einen Solarkollektor leiten. Da Luft Wärme wesentlich schlechter als Wasser aufnimmt, sind dazu erheblich größere Absorberquerschnitte nötig. Vom Prinzip her unterscheidet sich ansonsten der **Luftkollektor** nur wenig vom wasserdurchströmten Flachkollektor. Bild 3.19 zeigt einen Luftkollektor mit Rippenabsorber. Ein integriertes Photovoltaikmodul kann den Strom zum Antrieb eines Lüftermotors liefern. Speziell zur Heizungsunterstützung sind Luftkollektoren eine interessante Alternative. Eine Wärmespeicherung ist aber bei Systemen mit Luftkollektoren prinzipiell aufwändiger.

Befindet sich zwischen Absorber und Frontscheibe ein Vakuum, können die Wärmeverluste, die durch **Konvektion**, also Luftbewegungen im Kollektor, auftreten, deutlich reduziert werden. Dieses Prinzip wird beim Vakuumflachkollektor angewandt. Da der äußere Luftdruck die vordere Abdeckung gegen den Absorber drücken würde, sind hier Stützen zwischen der Kollektorunterseite und der Glasabdeckung notwendig. Das Vakuum lässt sich über längere Zeit nicht stabilisieren, da das Eindringen von Luft am Übergang zwischen Glas und Kollektorgehäuse nicht vollständig zu vermeiden ist. Deshalb muss ein Vakuumflachkollektor in gewissen Zeitabständen nachevakuiert werden. Dies geschieht durch Anschließen einer Vakuumpumpe an ein dafür vorgesehenes Ventil am Kollektor. Diese Nachteile lassen sich bei einem anderen Kollektortyp, dem Vakuumröhrenkollektor, vermeiden.

### 3.3.3 Vakuumröhrenkollektoren

Der Vakuumröhrenkollektor basiert darauf, dass sich in einer vollständig abgeschlossenen **Glasröhre** ein Hochvakuum deutlich besser herstellen und über längere Zeit aufrechterhalten lässt als beim Vakuumflachkollektor. Glasröhren halten durch ihre Form besser dem äußeren Luftdruck stand, sodass hier Metallstäbe zur Abstützung nicht mehr nötig sind. Bei Vakuumröhrenkollektoren unterscheidet man zwischen Kollektoren mit

- Heatpipe und
- durchgehendem Wärmerohr.

Bei Kollektoren mit einer Heatpipe befindet sich in einem geschlossenen Glasrohr mit einem Durchmesser von mehreren Zentimetern ein Fahnenabsorber, also ein flaches Absorberblech, in dessen Mitte ein **Wärmerohr** (engl.: heat pipe) integriert ist. In diesem Wärmerohr befindet sich ein temperaturempfindliches Medium, zum Beispiel Methanol. Wird dieses Medium durch die Sonne erwärmt, verdampft es. Der Dampf steigt nach oben und gelangt zu einem Kondensator am Ende der Heatpipe, die an einer Seite aus dem Glasrohr hinausragt. Hier kondensiert das Wärmemedium wieder, und die Wärmeenergie wird über einen **Wärmetauscher** an eine vorbeifließende Wärmeträgerflüssigkeit abgegeben. Nach dem Kondensieren sinkt das wieder flüssige Medium in der Heatpipe nach unten ab. Um funktionstüchtig zu sein, müssen die Röhren mit einer gewissen Mindestneigung montiert werden. Querschnitt und Funktionsprinzip des Kollektors sind in Bild 3.20 dargestellt.

Bei Vakuumröhrenkollektoren mit **durchlaufendem Wärmeträgerrohr** läuft die Wärmeträgerflüssigkeit direkt durch den Kollektor. Ein Wärmetauscher im Kollektor ist dann nicht notwendig und der Kollektor muss auch nicht unbedingt in einer Schräglage montiert sein.

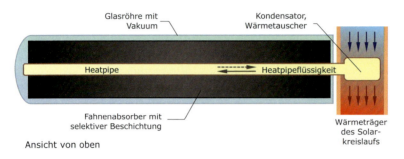

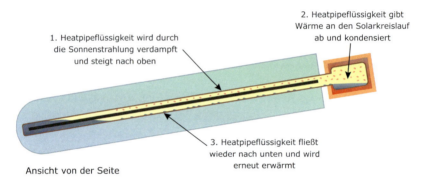

**Bild 3.20** Aufbau und Funktionsprinzip des Vakuumröhrenkollektors

Das Eindringen von atmosphärischem Wasserstoff in das Vakuum lässt sich nicht vollständig verhindern, da Wasserstoffmoleküle extrem klein sind. Das zerstört aber im Laufe der Zeit das Vakuum. Um dies zu verhindern, werden sogenannte Getter in dem Kollektor eingebaut, die den Wasserstoff über die geplante Betriebsdauer absorbieren.

Der Vorteil der Vakuumröhrenkollektoren liegt in einem deutlich höheren Energieertrag, vor allem in den kühleren Jahreszeiten. Eine Solaranlage mit Vakuumröhrenkollektoren benötigt im Vergleich zu normalen Flachkollektoren eine geringere Kollektorfläche. Nachteilig sind die wesentlich höheren Kollektorpreise. Besteht bei einem solarthermischen System bei geringem Solarstrahlungsangebot nicht die Möglichkeit, das Wasser durch ein konventionelles Heizungssystem nachzuheizen, ist der Vakuumröhrenkollektor auf jeden Fall die beste Wahl. Aus diesem Grund haben Vakuumröhrenkollektoren in China einen sehr großen Marktanteil erlangt.

## 3.4 Kollektorabsorber

Das Herzstück eines Kollektors ist der Solarabsorber. Je nach Kollektortyp und Einsatzzweck werden dabei verschiedene Absorber verwendet. Wird ein dunkler Wasser-

## 3.4 Kollektorabsorber

schlauch im Sommer auf einer großen Fläche ausgelegt, so hat sich nach kurzer Zeit das Wasser im Schlauch erwärmt. Nicht viel aufwändiger sind **Schwimmbadabsorber**. Diese können aus schwarzen Rohren bestehen, die auf einer großen Fläche, zum Beispiel einer Dachfläche, fest montiert sind.

Als **Material** werden Kunststoffe eingesetzt, die zum einen UV-beständig und zum anderen beständig gegen das aggressive, mit Chlor versetzte Schwimmbadwasser sein müssen. Als Materialien eignen sich Polyethylen (PE), Polypropylen (PP) und Ethylen-Propylen-Dien-Monomere (EPDM), wobei sich Letztere durch längere Lebensdauer, aber auch durch einen höheren Preis auszeichnen. Auf PVC sollte aus ökologischen Gründen verzichtet werden, da bei der Entsorgung von PVC in Müllverbrennungsanlagen oder bei einem Brand Salzsäuren und Dioxine entstehen können. Außerdem werden bei der Verarbeitung von PVC diesem giftige Schwermetalle und Weichmacher beigefügt.

Im Flach- oder Röhrenkollektor treten hingegen Leerlauftemperaturen von bis zu 200 °C auf. Alle Materialien müssen dort diesen Temperaturen standhalten. Deshalb werden für diese **Absorber** meist Kupfer, Stahl oder Aluminium eingesetzt. Hierbei kommen verschiedene Bauformen zum Einsatz, von denen einige in Bild 3.21 dargestellt sind. Heute haben sich Fahnenabsorber mit eingepresstem, aufgelötetem, aufgeschweißtem oder aufgeklebtem Kupfer- oder Aluminiumrohr durchgesetzt. Derzeit wird auch an Hochtemperatur-Kunststoffabsorbern geforscht, da man sich hierdurch Kostenvorteile erhofft.

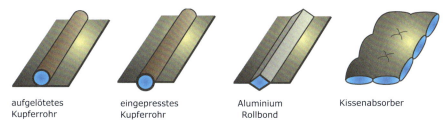

aufgelötetes Kupferrohr       eingepresstes Kupferrohr       Aluminium Rollbond       Kissenabsorber

**Bild 3.21** Bauformen von Solarabsorbern (links: Fahnenabsorber, rechts: Kissenabsorber)

Es ist allgemein bekannt, dass schwarze Materialien Sonnenlicht besonders gut absorbieren und sich dadurch erwärmen. Metallische Werkstoffe haben von Natur aus keine schwarze Oberfläche und müssen deshalb beschichtet werden. Zunächst kommt dafür schwarze Farbe in Frage. Temperaturbeständige schwarze Farbe erfüllt zwar diesen Zweck, jedoch gibt es weit bessere Materialien für eine **Absorberbeschichtung**. Erwärmt sich eine schwarze Oberfläche, gibt diese einen Teil der Wärmeenergie wieder in Form von **Wärmestrahlung** ab. Dies lässt sich an einer eingeschalteten elektrischen Herdplatte beobachten. Hier kann man die Wärmestrahlung der Platte auf der Haut fühlen. Der gleiche Effekt tritt bei einem schwarz lackierten Absorber auf. Er gibt nur einen Teil seiner Wärme an das durchströmende Wasser ab, ein anderer Teil wird als unerwünschte Wärmestrahlung wieder an die Umgebung emittiert.

Sogenannte **selektive Beschichtungen** absorbieren einerseits das Sonnenlicht ähnlich gut wie eine schwarz gestrichene Platte, jedoch ist bei ihnen der Anteil der Wärmestrahlung deutlich geringer. Als Materialien für eine selektive Beschichtung werden zum Beispiel Schwarznickel, Cermet oder Tinox eingesetzt. Cermet bezeichnet dabei Verbundwerkstoffe aus keramischen Werkstoffen in einer metallischen Matrix und Tinox ist die Abkürzung für Titan-Nitrid-Oxid. Selektive Beschichtungen können nicht mehr einfach durch Streichen oder Spritzen aufgebracht werden, sondern es sind kompliziertere Beschichtungsverfahren wie galvanisches Abscheiden, Elektronenstrahlverdampfung oder Sputtern unter Vakuum notwendig. Bild 3.22 zeigt schematisch die Eigenschaften verschiedener Absorber.

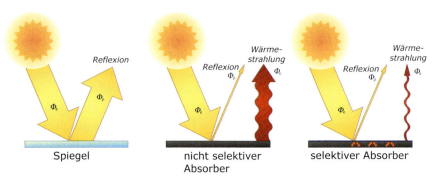

**Bild 3.22** Verluste bei unterschiedlich beschichteten Absorberoberflächen

Die Eigenschaften des selektiven Absorbers lassen sich besser beschreiben, wenn man das Spektrum der Wärmestrahlung analysiert. Wie bereits in Kapitel 2 erläutert, lässt sich die spektrale Strahldichte über ein Gesetz von Planck in Abhängigkeit der Temperatur des Strahlers berechnen.

Zur Bestimmung des Sonnenspektrums lässt sich eine Temperatur von 5777 K ansetzen. Der Hauptteil des Spektrums der Sonne befindet sich im Wellenlängenbereich kleiner 2 µm. In diesem Bereich sollte der Absorber einen hohen Absorptionskoeffizienten haben. Der Absorber erwärmt sich durch die Sonne auf Temperaturen im Bereich von etwa 350 K. Das Maximum des entsprechenden Spektrums liegt deutlich oberhalb der Wellenlängen von 2 µm. Da der Absorptionskoeffizient $\alpha$ nach dem Kirchhoff'schen Strahlungsgesetz identisch mit dem Emissionskoeffizient $\varepsilon$ ist, sollte dieser im Bereich oberhalb 2 µm möglichst gering sein, damit der erwärmte Absorber wenig Energie wieder an die Umgebung in Form von Wärmestrahlung abgibt.

Die relative Strahldichte, bezogen auf das jeweilige Maximum der Spektren bei 350 K und 5777 K, sowie die Absorptionsgrade eines nicht selektiven Absorbers und eines selektiven Absorbers sind in Bild 3.23 dargestellt. Tabelle 3.6 zeigt die jeweiligen Absorptionsgrade nicht selektiver und mehrerer selektiver Absorbermaterialien. Bei den meisten heute erhältlichen Kollektoren werden selektive Absorberbeschichtungen aufgetragen.

**Tabelle 3.6** Absorptionsgrad $\alpha$, Transmissionsgrad $\tau$ und Reflexionsgrad $\rho$ für verschiedene Absorbermaterialien

| Material | sichtbar | | | infrarot | | |
|---|---|---|---|---|---|---|
| | $\alpha = \varepsilon$ | $\tau$ | $\rho$ | $\alpha = \varepsilon$ | $\tau$ | $\rho$ |
| Nicht selektiver Absorber | 0,97 | 0 | 0,03 | 0,97 | 0 | 0,03 |
| Schwarzchrom | 0,95 | 0 | 0,05 | 0,09 | 0 | 0,91 |
| Cermet | 0,95 | 0 | 0,05 | 0,05 | 0 | 0,95 |
| Tinox | 0,95 | 0 | 0,05 | 0,05 | 0 | 0,95 |

## 3.5 Kollektorleistung und Kollektorwirkungsgrad

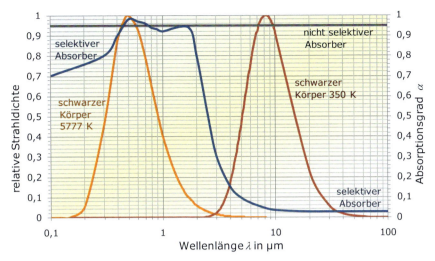

**Bild 3.23** Spektren schwarzer Körper bei 5777 K und 350 K sowie Absorptionsgrade selektiver und nicht selektiver Absorber

## 3.5 Kollektorleistung und Kollektorwirkungsgrad

Nachdem der Aufbau eines Kollektors und die dafür notwendigen Materialien in den vorangegangenen Abschnitten beschrieben wurden, wird nachstehend die Berechnung der Kollektorleistung und des Kollektorwirkungsgrads angegeben, die für die Bestimmung des Anlagenertrags von entscheidender Bedeutung ist.

Der Kollektor nutzt die von der vorderen Abdeckung durchgelassene solare Bestrahlungsstärke $E$, die auf die Kollektorfläche $A_K$ auftrifft und mit dem Transmissionsgrad $\tau$ der Abdeckung gewichtet wird, und wandelt diese in nutzbare Wärme um. Bevor die Kollektornutzleistung $\dot{Q}_{KN}$ entnommen werden kann, müssen Verluste infolge von Reflexion $\dot{Q}_R$ sowie durch Konvektion $\dot{Q}_K$ und Wärmestrahlung $\dot{Q}_S$ von der eintreffenden Strahlungsleistung subtrahiert werden. So gilt für die **Kollektornutzleistung**:

$$\dot{Q}_{KN} = \tau \cdot E \cdot A_K - \dot{Q}_K - \dot{Q}_S - \dot{Q}_R . \tag{3.10}$$

Die Verluste durch Konvektion $\dot{Q}_K$ und Wärmestrahlung $\dot{Q}_S$ werden zu $\dot{Q}_V$ zusammengefasst. Bei selektiven Absorbern fallen, wie zuvor erläutert, die Verluste durch Wärmestrahlung $\dot{Q}_S$ deutlich niedriger aus als bei nicht selektiven. Durch ein Vakuum zwischen Absorber und Frontscheibe lassen sich die konvektiven Wärmeverluste $\dot{Q}_K$ reduzieren, was beim Vakuumflachkollektor und beim Vakuumröhrenkollektor genutzt wird. Die Verluste durch Reflexion $\dot{Q}_R$ lassen sich über den Reflexionsgrad $\rho$ aus dem durch die Frontscheibe durchgelassenen Strahlungsanteil bestimmen.

Mit $\dot{Q}_V = \dot{Q}_K + \dot{Q}_S$ und $\dot{Q}_R = \tau \cdot \rho \cdot E \cdot A_K$ folgt

$$\dot{Q}_{KN} = \tau \cdot E \cdot A_K \cdot (1-\rho) - \dot{Q}_V . \tag{3.11}$$

Durch Verwenden des Absorptionsgrads $\alpha = 1 - \rho$ des Absorbers erhält man schließlich

$$\dot{Q}_{KN} = \tau \cdot \alpha \cdot E \cdot A_K - \dot{Q}_V = \eta_0 \cdot E \cdot A_K - \dot{Q}_V \tag{3.12}$$

mit

$$\eta_{0i} = \alpha \cdot \tau .$$ (3.13)

$\eta_{0i}$ ist hierbei der ideale optische Wirkungsgrad. In der Praxis wird dieser Wert nicht erreicht, da ein nicht idealer Wärmeübergang vom Absorber zum Wärmeträgermedium im Absorber höhere Temperaturen des Absorbermaterials verursacht. Durch die Temperaturunterschiede entstehen zusätzliche Verluste, die durch den **Kollektorwirkungsgradfaktor** *F'* berücksichtigt werden können:

$$\eta_0 = F' \cdot \alpha \cdot \tau = F' \cdot \eta_{0i} .$$ (3.14)

Der korrigierte Wert wird als **Konversionsfaktor** bezeichnet. Er spiegelt den **optischen Wirkungsgrad** des Kollektors wider, also den Wirkungsgrad des Kollektors, wenn keine thermischen Verluste infolge von Konvektion oder Wärmestrahlung auftreten. Die Werte des Kollektorwirkungsgradfaktors sind abhängig von der Kollektorbauform und der Strömungsgeschwindigkeit des Wärmeträgermediums und liegen in der Regel zwischen 0,8 und 0,97.

Die **thermischen Verluste** $\dot{Q}_V$ hängen von der mittleren Kollektortemperatur $\vartheta_K$ und der Umgebungstemperatur $\vartheta_U$ sowie den Koeffizienten *a* beziehungsweise $a_1$ und $a_2$ ab:

$$\dot{Q}_V = a_1 \cdot A_K \cdot (\vartheta_K - \vartheta_U) + a_2 \cdot A_K \cdot (\vartheta_K - \vartheta_U)^2 \approx a \cdot A_K \cdot (\vartheta_K - \vartheta_U) .$$ (3.15)

Der Wirkungsgrad $\eta_K$ des Kollektors kann aus der erzielbaren Kollektornutzleistung $\dot{Q}_{KN}$ sowie der auf der Kollektorfläche $A_K$ auftreffenden solaren Bestrahlungsstärke *E* berechnet werden.

Mit $\eta_K = \dfrac{\dot{Q}_{KN}}{E \cdot A_K} = \eta_0 - \dfrac{\dot{Q}_V}{E \cdot A_K}$ folgt für den **Kollektorwirkungsgrad**:

$$\eta_K = \eta_0 - \frac{a_1 \cdot (\vartheta_K - \vartheta_U) + a_2 \cdot (\vartheta_K - \vartheta_U)^2}{E} \approx \eta_0 - \frac{a \cdot (\vartheta_K - \vartheta_U)}{E} .$$ (3.16)

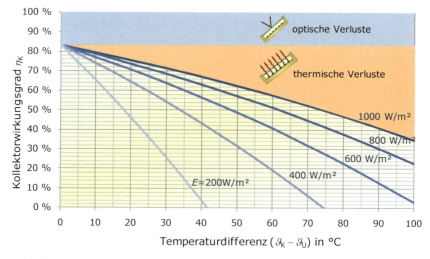

**Bild 3.24** Kollektorwirkungsgrade $\eta_K$ bei verschiedenen Bestrahlungsstärken *E* und Temperaturdifferenzen ($\vartheta_K - \vartheta_U$)

## 3.5 Kollektorleistung und Kollektorwirkungsgrad

In Bild 3.24 ist der Kollektorwirkungsgrad für einen Flachkollektor mit den Parametern $\eta_0 = 0{,}83$, $a_1 = 3{,}41$ W/(m² K) und $a_2 = 0{,}014$ W/(m² K²) berechnet. Die thermischen Verluste nehmen mit steigender Temperaturdifferenz vom Kollektor zur Umgebung stark zu. Bei geringen solaren Bestrahlungsstärken sinkt der Wirkungsgrad schneller, so kann diesem Kollektor bei einer Bestrahlungsstärke von $E = 200$ W/m² bereits bei einer Temperaturdifferenz von etwas über 40 °C keine Leistung mehr entnommen werden.

Aus dem Diagramm lässt sich auch die **Kollektorstillstandstemperatur** ermitteln. Bei Stillstand wird dem Kollektor keine Nutzleistung entnommen, der Wirkungsgrad beträgt also $\eta_K = 0$. Bei einer Bestrahlungsstärke von 400 W/m² liegt die Kollektorstillstandstemperatur etwa 75 °C über der Umgebungstemperatur. Bei Bestrahlungsstärken von 1000 W/m² können je nach Kollektortyp Kollektorstillstandstemperaturen von über 200 °C auftreten. Die Kollektormaterialien müssen für diese Temperaturen konzipiert sein, damit der Kollektor nicht durch Überhitzung zerstört wird.

Die Berechnungen des Wirkungsgrades sind hier nur auf Windstille bezogen. Je nach Windgeschwindigkeit nehmen die thermischen Verluste zu. Dies kann über modifizierte Verlustfaktoren berücksichtigt werden.

Für verschiedene Kollektorbauformen sind auch unterschiedliche Parameter $\eta_0$, $a_1$ und $a_2$ zu erwarten. So sinken beispielsweise bei einem doppelt verglasten Flachkollektor im Vergleich zu einem einfach verglasten Flachkollektor die Wärmeverluste und damit die Verlustkoeffizienten $a_1$ und $a_2$. Die doppelte Verglasung lässt aber auch weniger Sonnenstrahlung durch, wodurch der optische Wirkungsgrad sinkt.

**Tabelle 3.7** Beispiele für Konversionsfaktoren und Verlustkoeffizienten

| Kollektortyp | $\eta_0$ | $a_1$ in W/(m² K) | $a_2$ in W/(m² K²) |
|---|---|---|---|
| Unverglaster Absorber | 0,91 | 12,0 | 0 |
| Flachkollektor, Einfachverglasung, nicht selektiver Absorber | 0,86 | 6,1 | 0,025 |
| Flachkollektor, Einfachverglasung, selektiver Absorber | 0,81 | 3,8 | 0,009 |
| Flachkollektor, Doppelverglasung, selektiver Absorber | 0,73 | 1,7 | 0,016 |
| Vakuumröhrenkollektor | 0,80 | 1,1 | 0,008 |

In Tabelle 3.7 sind typische Konversionsfaktoren $\eta_0$ sowie Verlustkoeffizienten $a_1$ und $a_2$ für verschiedene Kollektortypen angegeben. Bild 3.25 zeigt deren Kollektorwirkungsgrade. Bei sehr kleinen Temperaturdifferenzen, wie sie beispielsweise bei solaren Schwimmbadsystemen vorkommen, weisen preisgünstige unverglaste Absorber gute Wirkungsgrade auf. Vakuumröhrenkollektoren haben im Vergleich zu Flachkollektoren deutlich geringere thermische Verluste, sodass deren Wirkungsgrad vor allem bei hohen Temperaturdifferenzen, also niedrigen Außentemperaturen oder hohen Nutztemperaturen, deutlich größer ist.

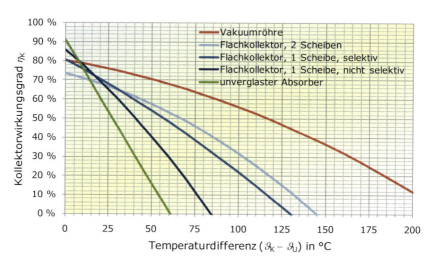

**Bild 3.25** Kollektorwirkungsgrade $\eta_K$ über der Temperaturdifferenz $(\vartheta_K - \vartheta_U)$ für verschiedene Kollektortypen bei einer Bestrahlungsstärke $E$ von 800 W/m²

Die **Bestimmung der Kollektorparameter** erfolgt in der Regel anhand von Messwerten. Über die Messung des Massenstroms $\dot{m}$ durch den Kollektor bei stationären Bedingungen, der Kollektoreintrittstemperatur $\vartheta_{KE}$ und der Kollektoraustrittstemperatur $\vartheta_{KA}$ sowie der Bestrahlungsstärke $E$ bestimmt sich die Kollektornutzleistung

$$\dot{Q}_{KN} = \dot{m} \cdot c \cdot (\vartheta_{KA} - \vartheta_{KE}) \tag{3.17}$$

und der Kollektorwirkungsgrad

$$\eta_K = \frac{\dot{Q}_{KN}}{E \cdot A_K}. \tag{3.18}$$

Das Wärmeträgermedium wird bei der Messung nun stufenweise erwärmt, sodass sich unterschiedliche mittlere Kollektortemperaturen

$$\vartheta_K = \frac{\vartheta_{KA} + \vartheta_{KE}}{2} \tag{3.19}$$

einstellen. Wird auch die Umgebungstemperatur $\vartheta_U$ gemessen, lassen sich dann die Wirkungsgrade über der Temperaturdifferenz $\vartheta_K - \vartheta_U$ auftragen. Die Parameter $\eta_0$, $a_1$ und $a_2$ ergeben sich nun über einen Parameterfit mit einer quadratischen Gleichung

$$\eta_K = \eta_0 - \frac{a_1}{E} \cdot (\vartheta_K - \vartheta_U) - \frac{a_2}{E} \cdot (\vartheta_K - \vartheta_U)^2 = f_0 - f_1 \cdot x - f_2 \cdot x^2 \tag{3.20}$$

beispielsweise mit Hilfe der MS-EXCEL-Trendlinienfunktion.

Oftmals wird die Funktion des Kollektorwirkungsgrades vereinfachend nicht mit den beiden Verlustfaktoren $a_1$ und $a_2$, sondern nur mit dem einzelnen Verlustfaktor $a$ verwendet. In diesem Fall sollte $a$ jedoch gesondert über einen Fit mit einer linearen Funktion bestimmt werden. Wird nur der Faktor $a_2$ weggelassen, kommt es zu größeren Ungenauigkeiten. Umfangreiche Hinweise zur Prüfung von Solarkollektoren finden sich in der DIN EN 12975-2 [DIN06].

## 3.5 Kollektorleistung und Kollektorwirkungsgrad

Der Einfallswinkel der direkten Sonnenstrahlung $\theta$ (vgl. Kapitel 2) beeinflusst ebenfalls den Konversionsfaktor $\eta_0$. Durch zunehmende Reflexionen an der Glasscheibe sinkt der Konversionsfaktor bei steigendem Einfallswinkel. Für genauere Berechnungen ist deshalb der Konversionsfaktor mit Hilfe des vom Einfallswinkel $\theta$ abhängigen **Einfallswinkelkorrekturfaktors** $K$ (engl. Incidence Angle Modifier, IAM) und dem winkelunabhängigen Kollektorwirkungsgradfaktor $F'$ zu modifizieren:

$$\eta_0(\theta) = \eta_{0i} \cdot F' \cdot K(\theta) \,. \tag{3.21}$$

Meist wird dabei zwischen einem Einfallswinkelkorrekturfaktor $K_{dir}$ für die direkte Bestrahlungsstärke $E_{Kol,dir}$ und einem Korrekturfaktor $K_{diff}$ für die diffuse Bestrahlungsstärke $E_{Kol,diff}$ unterschieden. Dann ergibt sich für den Konversionsfaktor

$$\eta_0(\theta) = \eta_{0i} \cdot \frac{F' \cdot K_{dir}(\theta) \cdot E_{Kol,dir} + F' \cdot K_{diff} \cdot E_{Kol,diff}}{E_{Kol,dir} + E_{Kol,diff}} \,. \tag{3.22}$$

Für Flachkollektoren kann dazu vereinfachend der Einfallswinkelkorrekturfaktor $K_{dir}(50°)$ bestimmt werden. Für einen Einfallswinkel von 0° wird $K_{dir}(0°) = 1$. Für einen Winkelbereich für $\theta$ von 0 bis etwa 70° beschreibt die Funktion

$$K_{dir}(\theta) = 1 - b_0 \cdot \left( \frac{1}{\cos \theta} - 1 \right) \tag{3.23}$$

$$\text{mit } b_0 = \frac{1 - K_{dir}(50°)}{\cos^{-1} 50° - 1} = \frac{1 - K_{dir}(50°)}{0{,}5557} \tag{3.24}$$

den Verlauf. Der Einfallswinkelkorrekturfaktor $K_{diff}$ der diffusen Bestrahlungsstärke wird nur allgemein und nicht in Abhängigkeit des Einfallswinkels $\theta$ angegeben.

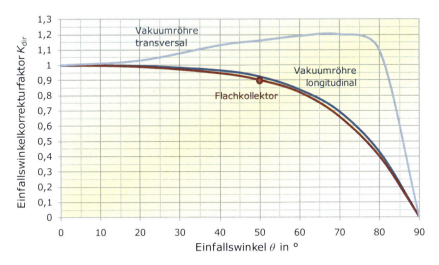

**Bild 3.26** Einfallswinkelkorrekturfaktor in Abhängigkeit vom Einfallswinkel für einen Flachkollektor und einen Vakuumröhrenkollektor

Für Vakuumröhrenkollektoren muss unterschieden werden, ob sich der Einfallswinkel längs oder quer zur Kollektorachse ändert. Dazu wird der Einfallswinkel $\theta$ in einen longitudinalen Anteil $\theta_l$ und einen transversalen Anteil $\theta_t$ zerlegt. Nach [The85] gilt dafür

$$\theta_l = \left| \gamma_E + \arctan\left(\tan(90° - \gamma_S) \cdot \cos(\alpha_S - \alpha_E)\right) \right| \quad \text{und} \tag{3.25}$$

$$\theta_t = \left| \frac{\arctan\left(\cos\gamma_S \cdot \sin(\alpha_S - \alpha_E)\right)}{\cos\theta} \right|. \tag{3.26}$$

Die Winkel $\alpha_S$ und $\gamma_S$ beschreiben dabei die Sonnenposition und die Winkel $\alpha_E$ und $\gamma_E$ die Ausrichtung des Kollektors (vgl. Kapitel 2).

Der Einfallswinkelkorrekturfaktor $K_{dir}$ des Röhrenkollektors setzt sich nun ebenfalls aus einem longitudinalen Anteil $K_{dir,l}$ und einem transversalen Anteil $K_{dir,t}$ zusammen:

$$K_{dir}(\theta) = K_{dir,l}(\theta_l) \cdot K_{dir,t}(\theta_t). \tag{3.27}$$

Der longitudinale Einfallswinkelkorrekturfaktor $K_{dir,l}$ in Röhrenlängsrichtung hat einen ähnlichen Verlauf wie bei einem Flachkollektor. Der transversale Einfallswinkelkorrekturfaktor $K_{dir,t}$ in Querrichtung unterscheidet sich jedoch deutlich und steigt meist über einen großen Winkelbereich sogar an. Bild 3.26 zeigt den typischen Verlauf der Einfallswinkelkorrekturfaktoren für einen Flach- und einen Vakuumröhrenkollektor.

## 3.6 Rohrleitungen

In einem System zur solaren Wassererwärmung werden immer Rohrleitungen benötigt. Zum einen sind dies Leitungen vom Kollektorsystem zum Wärmespeicher, zum anderen vom Wärmespeicher zum Verbraucher.

Energetisch gesehen sind Leitungen lediglich unerwünschte Verlustquellen, die im Winter bestenfalls einen geringen Beitrag zur Raumheizung liefern. Bei schlecht oder gar nicht isolierten Leitungen können die Leitungsverluste sehr hoch sein, sodass bereits ein Großteil der gewonnenen Wärme auf dem Weg zum Verbraucher verloren geht.

Der Kollektordurchfluss, das heißt die Wärmeträgermenge, die den Kollektor pro Stunde durchströmt, ist eng mit der Länge und dem Durchmesser der Leitungen verknüpft. Der Kollektordurchfluss sollte einerseits so gewählt werden, dass die Temperatur im Kollektor nicht zu sehr ansteigt und damit der Wirkungsgrad empfindlich sinkt, andererseits sollte der Durchfluss aber nicht zu groß werden, weil sonst unnötig viel Pumpenergie benötigt wird.

Aus der Kollektornutzleistung $\dot{Q}_{KN}$, der Wärmekapazität $c$ des Wärmeträgermediums und der gewünschten Temperaturdifferenz $\Delta\vartheta$ des Wärmeträgermediums zwischen Kollektoreintritt und Kollektoraustritt lässt sich der **Kollektordurchfluss** beziehungsweise Kollektordurchsatz mit

$$\dot{m} = \frac{\dot{Q}_{KN}}{c \cdot \Delta\vartheta} = \frac{\dot{Q}_{KN}}{c \cdot (\vartheta_{KA} - \vartheta_{KE})} \tag{3.28}$$

berechnen. Durch Einsetzen der zuvor berechneten Kollektornutzleistung ergibt sich für den Kollektordurchfluss

$$\dot{m} = \frac{\eta_0 \cdot E \cdot A_K - k_0 \cdot A_K \cdot (\vartheta_K - \vartheta_U) - k_1 \cdot A_K \cdot (\vartheta_K - \vartheta_U)^2}{c \cdot \Delta\vartheta} \tag{3.29}$$

beziehungsweise für den auf die Kollektorfläche bezogenen Kollektordurchfluss

## 3.6 Rohrleitungen

$$\dot{m}' = \frac{\dot{m}}{A_K} = \frac{\eta_0 \cdot E - k_0 \cdot (\vartheta_K - \vartheta_U) - k_1 \cdot (\vartheta_K - \vartheta_U)^2}{c \cdot \Delta\vartheta} \approx \frac{\eta_0 \cdot E - k \cdot (\vartheta_K - \vartheta_U)}{c \cdot \Delta\vartheta}. \qquad (3.30)$$

Soll zum Beispiel durch einen Flachkollektor mit $\eta_0 = 0{,}8$ und $k = 4$ W/(m² K) ein Wärmeträgermedium mit der Wärmekapazität $c = 0{,}96$ Wh/(kg K) von $\vartheta_{KE} = 35$ °C auf $\vartheta_{KA} = 45$ °C um $\Delta\vartheta = 10$ K erwärmt werden, berechnet sich der notwendige Kollektordurchsatz bei einer Umgebungstemperatur $\vartheta_U = 20$ °C, einer mittleren Kollektortemperatur $\vartheta_K = 40$ °C und einer Bestrahlungsstärke $E = 800$ W/m² zu $\dot{m}' = 58{,}3$ kg/(m²h).

Bei bekannter Kollektoreintrittstemperatur $\vartheta_{KE}$ kann durch Einsetzen von

$$\Delta\vartheta = \vartheta_{KA} - \vartheta_{KE} \qquad (3.31) \qquad \text{und} \qquad \vartheta_K = \frac{\vartheta_{KA} + \vartheta_{KE}}{2} \qquad (3.32)$$

in die Gleichung für den Kollektordurchfluss $\dot{m}'$ die **Kollektoraustrittstemperatur**

$$\vartheta_{KA} = \frac{\eta_0 \cdot E + \dot{m}' \cdot c \cdot \vartheta_{KE} + k \cdot (\vartheta_U - \tfrac{1}{2}\vartheta_{KE})}{\dot{m}' \cdot c + \tfrac{1}{2} k} \qquad (3.33)$$

berechnet werden. Wird im obigen Beispiel der Kollektordurchsatz auf 18 kg/(m² h) reduziert, erhöht sich bei gleicher Kollektoreintrittstemperatur $\vartheta_{KE}$ die Kollektoraustrittstemperatur $\vartheta_{KA}$ auf 65 °C. Die mittlere Kollektortemperatur $\vartheta_K$ steigt dann auf 50 °C an, wodurch der Kollektorwirkungsgrad von 70 % auf 65 % sinkt. Derart kleine oder noch kleinere Durchflussmengen werden bei Schwerkraftanlagen und sogenannten Low-Flow-Systemen verwendet.

Oftmals wird der Kollektordurchsatz auch in l/h oder l/(m² h) angegeben. Dieser **Volumenstrom** $\dot{V}$ kann über die Dichte $\rho$ aus dem **Massenstrom** $\dot{m}$ bestimmt werden:

$$\dot{V} = \frac{1}{\rho} \cdot \dot{m}. \qquad (3.34)$$

Bei Wasser mit einer Dichte von geringfügig unter 1 kg/l und bei einer Dichte von Wärmeträgermedien mit Frostschutzmittel um 1,06 kg/l entspricht der Zahlenwert des Volumenstroms in etwa dem des Massenstroms.

Mit der Querschnittsfläche $A_R$ der Rohrleitungen im Kollektorkreislauf und der Strömungsgeschwindigkeit $v_R$ des Wärmeträgermediums lässt sich der notwendige **Rohrdurchmesser** $d_R$ über $\dot{V} = A_R \cdot v_R = \pi \cdot \tfrac{1}{4} \cdot d_R^2 \cdot v_R$ bestimmen:

$$d_R = \sqrt{\frac{4 \cdot \dot{m}}{\rho \cdot v_R \cdot \pi}} = \sqrt{\frac{4 \cdot \dot{m}' \cdot A_K}{\rho \cdot v_R \cdot \pi}}. \qquad (3.35)$$

Bei einer Kollektorfläche $A_K = 5$ m², einer Strömungsgeschwindigkeit $v_R = 1$ m/s, einem flächenbezogenen Massenstrom $\dot{m}' = 50$ kg/(m²h) und der Dichte $\rho = 1060$ kg/m³ ergibt sich ein benötigter Rohrdurchmesser $d_R$ von etwas weniger als 10 mm. Eigenschaften handelsüblicher Kupferrohre sind in Tabelle 3.8 dargestellt. Danach eignet sich bereits ein Kupferrohr 12 x 1 mit einem Innendurchmesser von 10 mm.

**Tabelle 3.8** Eigenschaften handelsüblicher Kupferrohre

| Bezeichnung | Außen Ø in mm | Innen Ø in mm | sp. Masse in kg/m | Inhalt in l/m | Durchfluss in l/h (v=1 m/s) |
|---|---|---|---|---|---|
| 12 x 1  (DN10) | 12 | 10 | 0,31 | 0,079 | 280 |
| 15 x 1  (DN12) | 15 | 13 | 0,39 | 0,133 | 480 |
| 18 x 1  (DN15) | 18 | 16 | 0,51 | 0,201 | 720 |
| 22 x 1  (DN20) | 22 | 20 | 0,59 | 0,314 | 1130 |
| 28 x 1,5 (DN25) | 28 | 25 | 1,12 | 0,491 | 1770 |
| 35 x 1,5 (DN32) | 35 | 32 | 1,41 | 0,804 | 2900 |
| 42 x 1,5 (DN40) | 42 | 39 | 1,71 | 1,195 | 4300 |

In der Praxis werden jedoch etwas größere Rohrdurchmesser gewählt. Die Reibung in den Rohrleitungen bremst das Wärmeträgermedium, sodass es zu Druckverlusten kommt, die durch die Wahl größerer Rohrdurchmesser verringert werden können. In Tabelle 3.9 und Tabelle 3.10 sind **empfehlenswerte Rohrdurchmesser** für Kupferrohre bei gepumpten Anlagen sowie Schwerkraftanlagen angegeben.

**Tabelle 3.9** Empfohlene Kupferrohr-Durchmesser in gepumpten Anlagen mit Wasser-Frostschutz-Mischungen [Wag95]

| Kollektorfläche | Leitungslänge | | | | |
| | 10 m | 20 m | 30 m | 40 m | 50 m |
|---|---|---|---|---|---|
| bis  5 m² | 15 x 1 | 15 x 1 | 15 x 1 | 15 x 1 | 15 x 1 |
| 6 bis 12 m² | 18 x 1 | 18 x 1 | 18 x 1 | 18 x 1 | 22 x 1 |
| 13 bis 16 m² | 18 x 1 | 22 x 1 | 22 x 1 | 22 x 1 | 22 x 1 |
| 17 bis 20 m² | 22 x 1 | 22 x 1 | 22 x 1 | 22 x 1 | 22 x 1 |
| 21 bis 25 m² | 22 x 1 | 22 x 1 | 22 x 1 | 22 x 1 | 28 x 1,5 |
| 26 bis 30 m² | 22 x 1 | 22 x 1 | 28 x 1,5 | 28 x 1,5 | 28 x 1,5 |

**Tabelle 3.10** Empfohlene Kupferrohr-Durchmesser in Schwerkraftanlagen mit Wasser-Frostschutz-Mischungen [Lad95]

| Kollektorfläche | Höhenunterschied zwischen Kollektor und Speicher | | | | |
| | 0,5 m | 1 m | 2 m | 4 m | 6 m |
|---|---|---|---|---|---|
| bis  4 m² | 22 x 1 | 22 x 1 | 18 x 1 | 18 x 1 | 15 x 1 |
| bis 10 m² | 28 x 1,5 | 28 x 1,5 | 22 x 1 | 22 x 1 | 18 x 1 |
| bis 20 m² | 42 x 2 | 35 x 1,5 | 28 x 1,5 | 28 x 1,5 | 22 x 1 |

Die Länge der Leitungen ist meist durch den Standort des Kollektors und des Wärmespeichers vorgegeben. Für den gewählten Rohrdurchmesser und die Isolierung lassen sich nun die thermischen Verluste der Rohrleitungen bei entsprechendem Durchmesser bestimmen. Hierbei wird zwischen Aufheiz- und Zirkulationsverlusten unterschieden.

## 3.6.1 Leitungsaufheizverluste

Befindet sich der Kollektorkreislauf, zum Beispiel nachts, nicht in Betrieb, kühlen die Leitungen und deren Füllung allmählich auf Außentemperatur ab. Wird der Kollektorkreislauf wieder in Betrieb genommen, müssen zuerst wieder die Leitungen aufgeheizt werden, bevor sich Wärme über den Wärmetauscher an den Wärmespeicher abgeben lässt. Die dafür notwendige Energie wird sowohl zum Erwärmen des Wärmeträgermediums als auch der Rohre benötigt.

Sollen Leitungen mit der Masse $m_L$ und der Wärmekapazität $c_L$ sowie das enthaltene Wärmeträgermedium der Masse $m_W$ mit der Wärmekapazität $c_W$ von der Temperatur $\vartheta_1$ auf die Temperatur $\vartheta_2$ aufgeheizt werden, berechnet sich die dafür notwendige Wärme $Q_{LA}$ für eine Zahl $n_A$ von Aufheizvorgängen zu:

$$Q_{LA} = n_A \cdot (m_L \cdot c_L + m_W \cdot c_W) \cdot (\vartheta_2 - \vartheta_1) = n_A \cdot (m \cdot c)_{eff} \cdot (\vartheta_2 - \vartheta_1) \ . \tag{3.36}$$

Als **Beispiel** werden die Aufheizverluste eines 20 m langen Kupferrohrs mit dem Querschnitt 15 x 1 mm, gefüllt mit einem mit Frostschutzmittel versetzten Wärmeträgermedium, von der Temperatur $\vartheta_1$ = 20 °C auf $\vartheta_2$ = 50 °C berechnet. Die Masse dieses Rohrs mit der Wärmekapazität $c_L$ = 0,109 Wh/(kg K) beträgt $m_L$ = 7,8 kg, die des Wärmeträgermediums mit der Wärmekapazität $c_W$ = 0,96 Wh/(kg K) und der Dichte $\rho_W$ = 1,06 kg/l beträgt $m_W$ = 2,82 kg. Bei einem Aufheizvorgang ($n_A$ = 1) ergibt sich mit $(m \cdot c)_{eff}$ = 3,6 Wh/K für die Aufheizverluste der Leitung: $Q_{LA}$ = 108 Wh.

Hinzu kommen noch Aufheizverluste für die Absperrventile, die Temperaturfühler, die Pumpe und sonstige im Leitungskreislauf integrierte Bauteile. Diese können analog berechnet werden, wenn jeweils die Masse der Bauteile und deren Wärmekapazität bekannt ist.

## 3.6.2 Zirkulationsverluste

In der aufgeheizten Leitung entstehen ständig Verluste durch den Wärmedurchgang nach außen. Für eine Leitung der Länge $l$ und der Wärmedurchgangszahl $U'$ entstehen während der Zirkulationszeit $t_Z$ bei einer Außentemperatur $\vartheta_A$ und einer Temperatur $\vartheta_W$ des Wärmeträgermediums die **Zirkulationsverluste** durch Wärmeübergang

$$Q_Z = U' \cdot l \cdot t_Z \cdot (\vartheta_W - \vartheta_A). \tag{3.37}$$

Die **Wärmedurchgangszahl**

$$U' = \frac{\pi}{\frac{1}{2\lambda} \ln \frac{d_{LA}}{d_{RA}} + \frac{1}{\alpha \cdot d_{LA}}} \tag{3.38}$$

kann hierzu über die Wärmeleitfähigkeit $\lambda$ der Dämmschicht für ein Rohr mit dem Außendurchmesser $d_{RA}$ und der wärmegedämmten Leitung mit dem Außendurchmesser $d_{LA}$ berechnet werden. Wärmeleitfähigkeiten $\lambda$ für verschiedene Stoffe sind in Tabelle 3.3 angegeben. Für die **Wärmeübergangszahl** $\alpha$ von der Dämmschicht zur Luft werden linear interpolierte Werte zwischen $\alpha$ = 10 W/(m² K) bei $U'$ = 0,2 W/(m K) und $\alpha$ = 15,5 W/(m²K) bei $U'$ = 0,5 W/(m K) verwendet.

Als **Beispiel** werden hier, wie bereits im vorangegangenen Abschnitt, die Zirkulationsverluste eines 20 m langen Kupferrohrs 15 x 1 mm ($d_{RA}$ = 15 mm) berechnet. Die Wärmeübergangszahl wird mit $\alpha$ = 10 W/(m² K) gewählt. Bei einer Isolationsdicke von 30 mm ($d_{LA}$ = 0,075 m) und einer Wärmeleitfähigkeit $\lambda$ = 0,040 W/(m K) der Isolation berechnet sich die Wärmedurchgangszahl zu $U'$ = 0,1465 W/(m K). Bei einer Außentemperatur $\vartheta_A$ = 20 °C und einer Temperatur $\vartheta_W$ = 50 °C des Wärmeträgermediums betragen bei einer Zirkulationszeit $t_Z$ = 8 h die Zirkulationsverluste

$$Q_Z = 703 \text{ Wh.}$$

Die Zirkulationsverluste für ein 20 m langes Rohr mit einem Durchmesser von 22 mm und einer Isolationsdicke von nur 10 mm berechnen sich bei einer Temperaturdifferenz von Wärmeträgermedium zu äußerer Luft von 40 °C bei einer Zirkulationszeit von 10 h immerhin zu $Q_Z$ = 2500 Wh. Es sollte also eine möglichst gute Isolation gewählt werden, damit nicht ein großer Teil der Wärme bereits auf dem Weg zum Wärmespeicher verloren geht. Deshalb ist es auch wichtig, die Leitungslängen möglichst kurz zu halten und Rohrschellen so zu befestigen, dass keine unerwünschten Wärmebrücken entstehen. Bei der Verlegung der Rohre ist zu berücksichtigen, dass sie sich durch die großen Temperaturschwankungen stark ausdehnen. Dem kann durch das Verlegen von Rohrbögen Rechnung getragen werden.

Wird der Zirkulationsvorgang im Kollektorkreislauf durch die Regelung unterbrochen, kühlen sich Leitung und Wärmeträgermedium wieder ab. Die in der Leitung gespeicherte Wärme

$$Q(t_1) = (c \cdot m)_{eff} \cdot (\vartheta_W(t_1) - \vartheta_A) \tag{3.39}$$

zum Zeitpunkt $t_1$ bestimmt sich aus der Umgebungstemperatur $\vartheta_A$ und der Temperatur des Wärmeträgermediums $\vartheta_W(t_1)$. Diese Wärme reduziert sich durch den Wärmefluss

$$\dot{Q} = U' \cdot l \cdot (\vartheta_W(t) - \vartheta_A) \quad . \tag{3.40}$$

Zum Zeitpunkt $t_2$ berechnet sich die **gespeicherte Wärme**

$$Q(t_2) = Q(t_1) - U' \cdot l \cdot (\vartheta_W(t_1) - \vartheta_A) \cdot (t_2 - t_1) \tag{3.41}$$

und daraus die Temperatur

$$\vartheta_W(t_2) = \frac{Q(t_2)}{(c \cdot m)_{eff}} + \vartheta_A = \left(1 - \frac{U' \cdot l \cdot (t_2 - t_1)}{(c \cdot m)_{eff}}\right) \cdot (\vartheta_W(t_1) - \vartheta_A) + \vartheta_A \tag{3.42}$$

des Wärmeträgermediums. Diese Gleichung gilt jedoch nur für kleine Zeitabstände, da zur Berechnung des Wärmeflusses eigentlich die sich stets ändernde Temperatur des Wärmeträgermediums berücksichtigt werden muss. Für größere Zeitintervalle lässt sich die Temperatur des Wärmeträgermediums $\vartheta_W(t_2)$ zum Zeitpunkt $t_2$ berechnen, indem das große Zeitintervall $t_2 - t_1$ in $n$ kleine Zeitintervalle $\Delta t$ unterteilt wird. Mit

$$\Delta t = \frac{t_2 - t_1}{n} \tag{3.43}$$

ergibt sich

$$\vartheta_W(t_2) = \left(1 - \frac{U' \cdot l \cdot \Delta t}{(c \cdot m)_{eff}}\right)^n \cdot (\vartheta_W(t_1) - \vartheta_A) + \vartheta_A \quad . \tag{3.44}$$

## 3.7 Speicher

Mit $\Delta t \to 0$, $t_1 = 0$ und $t_2 = t$ folgt dann

$$\vartheta_W(t) = \exp\left(-\frac{U' \cdot l}{(c \cdot m)_{eff}} \cdot t\right) \cdot (\vartheta_{W0} - \vartheta_A) + \vartheta_A \ . \tag{3.45}$$

Ein 20 m langes Kupferrohr 15 x 1 mit 30 mm Isolationsdicke ($U'$ = 0,15 W/(m K)) und mit $(c \cdot m)_{eff}$ = 3,6 Wh/K kühlt sich bei einer Außentemperatur von $\vartheta_A$ = 20 °C in einer Stunde von $\vartheta_W(t_1)$ = 50 °C auf $\vartheta_W(t_2)$ = 33 °C ab. Wird der Kollektorkreislauf erneut in Gang gesetzt, treten wieder die zuvor beschriebenen Leitungsaufheizverluste auf.

## 3.7 Speicher

Für solarthermische Anlagen gibt es verschiedene Wärmespeicher, die sich nach Art der Anwendung unterscheiden. Die Aufgabe von Wärmespeichern ist es, bei schwankendem Angebot von Solarenergie stets die gewünschte Wärme bereitzustellen. Man unterscheidet zwischen

- Kurzzeitspeichern und
- Langzeitspeichern.

Während Kurzzeitspeicher nur wenige Stunden oder Tage überbrücken können, sind Langzeitspeicher speziell zum Ausgleich saisonaler Wärmeunterschiede konzipiert. Sie haben daher ein deutlich größeres Volumen. Als Großspeicher kommen in Frage

- künstliche Speicherbecken,
- Fels-Kavernen (Hohlräume im Felsen),
- Aquifer-Speicher (Speicherung im Grundwasser),
- Erd- und Felsspeicher.

**Tabelle 3.11** Kennwerte verschiedener Niedertemperatur-Speichermedien [Gie89, Kha95]

|  | Dichte $\rho$ in kg/m³ | Wärmeleitfähigkeit $\lambda$ in W/(m K) | Wärmekapazität $c$ in kJ/(kg K) |
| --- | --- | --- | --- |
| Wasser (0 °C) | 999,8 | 0,5620 | 4,217 |
| Wasser (20 °C) | 998,3 | 0,5996 | 4,182 |
| Wasser (50 °C) | 988,1 | 0,6405 | 4,181 |
| Wasser (100 °C) | 958,1 | 0,6803 | 4,215 |
| Granit | 2750 | 2,9 | 0,89 |
| Erdreich (grobkiesig) | 2040 | 0,59 | 1,84 |
| Tonboden | 1450 | 1,28 | 0,88 |
| Speicherbeton | 2370 | 1,18 | 0,98 |

Weiterhin lassen sich Speicher in verschiedene Temperaturbereiche unterteilen:
- Niedertemperaturspeicher für Temperaturen kleiner 100 °C,
- Mitteltemperaturspeicher für Temperaturen zwischen 100 °C und 500 °C,
- Hochtemperaturspeicher für Temperaturen über 500 °C.

Schließlich gibt es noch verschiedene Arten der Wärmespeicherung wie

- Speicherung sensibler (fühlbarer) Wärme,
- Latentwärmespeicherung (Speicherung durch Änderung von Aggregatzuständen),
- thermochemische oder Sorptionsspeicherung.

In diesem Buch sollen nur **Niedertemperaturspeicher zur Speicherung sensibler Wärme** näher betrachtet werden. In Tabelle 3.11 sind Kennwerte verschiedener Niedertemperatur-Speichermedien angegeben.

### 3.7.1 Trinkwasserspeicher

Die genaue Dimensionierung des Trinkwasserspeichers lässt sich je nach gewünschtem solaren Deckungsgrad und Warmwasserbedarf nur anhand von Simulationsrechnungen ermitteln. Ein Ausgangswert für das notwendige **Speichervolumen** ist der 1,5 bis 2fache Tagesverbrauch. Neben dem Speichervolumen für den täglichen Bedarf sind hierbei 50 % Bereitschaftsvolumen sowie 20 l/m² Kollektorfläche als Vorwärmvolumen berücksichtigt. Warmwasser-Druckspeicher werden in der Größe von unter 100 l bis über 1000 l angeboten. Für ein Einfamilienhaus mit 4 bis 6 Personen liegt die empfohlene Speichergröße zwischen 300 l und 500 l.

Meistens werden Wärmespeicher mit zwei Wärmetauschern versehen (siehe Bild 3.5, S. 105). Der **Wärmetauscher** für den Solarkreislauf befindet sich in der unteren Hälfte des Speichers, der Wärmetauscher für die konventionelle Nachheizung in der oberen. In der Mitte des jeweiligen Wärmetauschers ist eine Öffnung, in der ein Temperatursensor für die Regelung eingebaut wird. Der Kaltwasseranschluss befindet sich unten, der Warmwasserausgang ganz oben im Speicher, um so eine gute Wärmeschichtung zu erreichen.

Bild 3.27 zeigt einen liegenden zylindrischen und kugelförmigen Warmwasserspeicher, für den nun weitere Berechnungen vorgenommen werden sollen. Bei dem Wärmespeicher treten **Wärmeverluste** infolge des Wärmedurchgangs durch die Speicherisolierung auf. Eine gute Speicherisolierung sollte mindestens 100 mm Dämmstärke bei einer Wärmeleitfähigkeit von $\lambda = 0{,}04$ W/(m K) haben. Neuerdings können auch Superisolationen verwendet werden, wie zum Beispiel Glasfaser-Vakuum-Isolationen, die bei einem Restdruck kleiner $10^{-3}$ mbar Wärmeleitfähigkeiten von $\lambda = 0{,}005$ W/(m K) erreichen [Fac95].

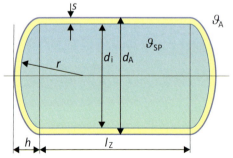

**Bild 3.27** Zylindrischer und kugelförmiger Warmwasserspeicher

Die im Warmwasserspeicher **speicherbare Wärmemenge**

$$Q = c \cdot m \cdot (\vartheta_{SP} - \vartheta_A) \tag{3.46}$$

## 3.7 Speicher

ergibt sich aus der Temperaturdifferenz zwischen der mittleren Speichertemperatur $\vartheta_{SP}$ und der Außentemperatur $\vartheta_A$ sowie der Wärmekapazität $c$ und der Masse $m$ des Speicherinhalts. Bei Wasser mit einer Temperatur von 50 °C beträgt die Wärmekapazität $c_{H_2O}$ = 4,181 kJ/(kg K) = 1,161 Wh/(kg K) und die Dichte $\rho_{H_2O}$ = 0,9881 kg/l. Bei einem 300-l-Speicher ergibt sich bei einer Temperaturdifferenz von 50 °C somit die gespeicherte Wärme von 17,2 kWh.

Die **Speicherverluste** $\dot{Q}_{SP}$ eines zylindrischen und kugelförmigen Speichers setzen sich aus den Verlusten $\dot{Q}_{SP,Z}$ im zylindrischen Bereich sowie den Verlusten $\dot{Q}_{SP,K}$ in den beiden Kugelkappen zusammen:

$$\dot{Q}_{SP} = \dot{Q}_{SP,Z} + 2 \cdot \dot{Q}_{SP,K}. \tag{3.47}$$

Die Verluste

$$\dot{Q}_{SP,Z} = U' \cdot l_Z \cdot (\vartheta_{SP} - \vartheta_A) \tag{3.48}$$

im zylindrischen Bereich berechnen sich analog zu den Verlusten der Leitungen im vorigen Abschnitt aus der Wärmedurchgangszahl $U'$, der Länge $l_Z$ und der Differenz zwischen der mittleren Speichertemperatur $\vartheta_{SP}$ und der Außentemperatur $\vartheta_A$.

Die **Wärmedurchgangszahl** $U'$ ist hierbei ebenfalls durch die Wärmeleitfähigkeit $\lambda$ der Isolierung, die Wärmeübergangszahl $\alpha$ zwischen Dämmschicht und Luft sowie den Außendurchmesser $d_A$ und den Innendurchmesser $d_i$ der Wärmedämmung des zylindrischen Teils über die Beziehung

$$U' = \frac{\pi}{\frac{1}{2 \cdot \lambda} \cdot \ln \frac{d_A}{d_i} + \frac{1}{\alpha \cdot d_A}} \tag{3.49}$$

definiert. Für die Wärmeübergangszahl $\alpha$ werden wieder linear interpolierte Werte zwischen 10 W/(m² K) für $U'$ = 0,2 W/(m K) und 15,5 W/(m² K) für $U'$ = 0,5 W/(m K) verwendet.

Die Wärmeverluste

$$\dot{Q}_{SP,K} = U \cdot A_K \cdot (\vartheta_{SP} - \vartheta_A) \tag{3.50}$$

des kugelförmigen Teils berechnen sich ebenfalls aus der Temperaturdifferenz zwischen Speicher und Umgebung sowie dem Wärmedurchgangskoeffizienten $U$ und der Oberfläche $A_K$ der Kugelkappe.

Unter der Annahme, dass die Temperatur der Behälterwand der Speichertemperatur $\vartheta_{SP}$ entspricht, berechnet sich aus der Wärmeübergangszahl $\alpha_1$ von der Behälterwand an die Dämmschicht, der Wärmeübergangszahl $\alpha_2$ von der Dämmschicht an die Luft, der Isolationsstärke $s$ sowie der Wärmeleitfähigkeit $\lambda$ der Isolierung der **Wärmedurchgangskoeffizient**

$$U = \frac{1}{\frac{1}{\alpha_1} + \frac{1}{\alpha_2} + \frac{s}{\lambda}}. \tag{3.51}$$

Die Wärmeübergangszahl von der Behälterwand an die Dämmschicht kann mit $\alpha_1$ = 300 W/(m² K) geschätzt werden. Die **Wärmeübergangszahl** $\alpha_2$ von der Dämmschicht an die Luft bestimmt sich je nach Ausrichtung der Wand [VDI2067]:

- waagerechte Wand mit Wärmeabgabe nach oben:

$$\alpha_2 = 2{,}3\frac{W}{m^2 K} \cdot \sqrt[4]{(\vartheta_{SP} - \vartheta_A)/°C},$$

- waagerechte Wand mit Wärmeabgabe nach unten:

$$\alpha_2 = 1{,}7\frac{W}{m^2 K} \cdot \sqrt[4]{(\vartheta_{SP} - \vartheta_A)/°C},$$

- senkrechte Wand (Kugelschale) mit Wärmeabgabe zur Seite:

$$\alpha_2 = 2{,}2\frac{W}{m^2 K} \cdot \sqrt[4]{(\vartheta_{SP} - \vartheta_A)/°C}.$$

Die **Oberfläche**

$$A_K = 2\pi \cdot r \cdot h \qquad (3.52)$$

der Kugelkappe ergibt sich mit $r$ und $h$ gemäß Bild 3.27.

Als **Beispiel** werden hier die Wärmeverluste eines 300-l-Speichers nach DIN 4803 berechnet. Die Speichertemperatur und die Außentemperatur liegen bei $\vartheta_A$ = 20 °C sowie $\vartheta_{SP}$ = 60 °C, die entsprechenden Abmessungen betragen $l_Z$ = 1,825 m, $d_A$ = 0,7 m, $d_R$ = $d_i$ = 0,5 m, $r$ = 0,45 m, $h$ = 0,11 m und $s$ = 0,1 m. Mit der Wärmeleitfähigkeit der Dämmschicht $\lambda$ = 0,035 W/(m K) und der Wärmeübergangszahl $\alpha$ = 15,5 W/(m² K) im zylindrischen Teil folgt für die Wärmedurchgangszahl $U'$ = 0,64 W/(m K). Mit der Kugelkappenfläche $A_K$ = 0,311 m² und dem Wärmedurchgangskoeffizienten der Kugelkappe $U$ = 0,33 W/(m² K) folgt für die Speicherverluste:

$$\dot{Q}_{SP} = (U' \cdot l_Z + 2 \cdot U \cdot A_K) \cdot (\vartheta_{SP} - \vartheta_A) = 55\ W.$$

Bei einem ruhenden Speicher sinkt mit fortschreitender Zeit $t$ die Speichertemperatur $\vartheta_{SP}$. Hierdurch nehmen auch die Verluste ab. Wird dem Speicher keine Wärme zugeführt oder entnommen, berechnet sich die **Speichertemperatur**

$$\vartheta_{SP}(t) = \exp\left(-\frac{U' \cdot l_Z + 2 \cdot U \cdot A_K}{c \cdot m} \cdot t\right) \cdot (\vartheta_{SP0} - \vartheta_A) + \vartheta_A \qquad (3.53)$$

analog zur Temperatur bei den Leitungen. Der Wert

$$\tau = \frac{c \cdot m}{U' \cdot l_Z + 2 \cdot U \cdot A_K} \qquad (3.54)$$

stellt die **Zeitkonstante des Speichers** dar. Sie gibt an, nach welcher Zeit die Temperaturdifferenz auf 1/e = 36,8 % des Anfangswertes gefallen ist. Bei dem Beispiel beträgt die Zeitkonstante $\tau$ = 250 h = 10,4 Tage.

Bild 3.28 zeigt den Verlauf der Speichertemperatur eines ruhenden Speichers. Hieraus ist ersichtlich, dass ein nicht unerheblicher Teil der Wärme vom Speicher wieder an die Umgebung abgegeben wird. Nach etwas mehr als einer Woche ist die Speichertemperatur bereits auf die Hälfte gefallen. Ein derartiger Speicher eignet sich somit nur zur Speicherung von Wärme über wenige Tage. Bei größeren Speichern nimmt das Verhältnis vom Volumen zur Oberfläche zu, wodurch die relativen Wärmeverluste stark abnehmen. Speicher in der Größenordnung von 1000 m³ können Zeitkonstanten von fast 6 Monaten erreichen. Sie sind damit bereits für saisonale Speicherung, also die Speicherung von Wärme vom Sommer in den Winter, geeignet. Bei saisonalen Wärmespeichern ist eine gute Isolierung besonders wichtig, um die Verluste in Grenzen zu halten.

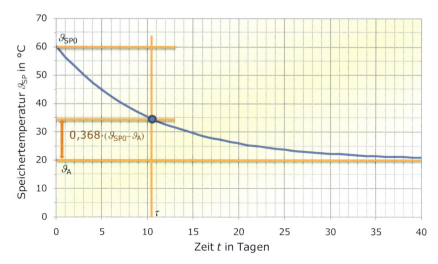

**Bild 3.28** Verlauf der Speichertemperatur $\vartheta_{SP}$ über der Zeit bei einem 300-l-Speicher ohne Be- und Entladung

Ein Speicher, der an eine Solaranlage angeschlossen ist, wird nur selten ruhen, denn er wird ständig mit Wärme vom Solarkollektor geladen, und Wärme wird von den Verbrauchern entnommen. Der Verlauf der Speichertemperatur lässt sich in diesem Fall nur noch durch Rechnerunterstützung ermitteln. Hierzu eignen sich verschiedene Simulationsprogramme (siehe DVD zum Buch).

Bei den bisher berechneten Speichertemperaturen handelte es sich stets um die mittlere Speichertemperatur. Bei den meisten Speichern wird sich jedoch eine erwünschte **Temperaturschichtung** einstellen. Am oberen Ende des Speichers, am Entnahmeanschluss für das Warmwasser, herrscht eine höhere Temperatur als im unteren Teil, wo sich der Kaltwasserzulauf befindet. Dem wird dadurch Rechnung getragen, dass der Speicher zur Berechnung in mehrere Schichten unterteilt und jeweils der Wärmefluss zwischen den einzelnen Schichten berechnet wird.

### 3.7.2 Schwimmbecken

Bei einen Schwimmbad ist das Becken selbst der Speicher. Die Nutzung erfolgt sozusagen im Speicher selbst, die gezielte Entnahme von Nutzwärme erfolgt hier nicht. Aus den Konvektionsverlusten $\dot{Q}_K$, den Strahlungsverlusten $\dot{Q}_S$, den Verdunstungsverlusten $\dot{Q}_{Vd}$ und den Transmissionsverlusten $\dot{Q}_{Tr}$ ins Erdreich berechnen sich die **Verluste** $\dot{Q}_{SB}$ des Schwimmbeckens:

$$\dot{Q}_{SB} = \dot{Q}_K + \dot{Q}_S + \dot{Q}_{Vd} + \dot{Q}_{Tr} \ . \tag{3.55}$$

Bei einem beheizten Freibad im saisonalen Betrieb können die **Transmissionsverluste** $\dot{Q}_{Tr}$ ins Erdreich vernachlässigt werden.

Die **Konvektionsverluste**

$$\dot{Q}_K = \alpha_K \cdot A_W \cdot (\vartheta_W - \vartheta_L) \tag{3.56}$$

lassen sich aus der Lufttemperatur $\vartheta_L$, der Wassertemperatur $\vartheta_W$, der Wasseroberfläche $A_W$ sowie dem Wärmeübergangskoeffizienten

$$\alpha_K = \left(3,1 + 4,1 \cdot v_W \cdot \frac{s}{m}\right) \cdot \frac{W}{m^2 K} \tag{3.57}$$

berechnen. Hierbei ist $v_W$ die Windgeschwindigkeit in 0,3 m Höhe über der Wasseroberfläche. Werte aus anderen Höhen können mit Hilfe von Gleichungen aus Kapitel 6 auf diese Höhe umgerechnet werden.

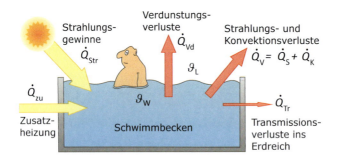

**Bild 3.29** Energiebilanz eines Schwimmbadbeckens

Die **Strahlungsverluste** durch Wärmestrahlung entstehen durch Strahlungsaustausch zwischen der Schwimmbadoberfläche und dem Himmel. Mit der Stefan-Boltzmann-Konstanten $\sigma = 5{,}67051 \cdot 10^{-8}$ W/(m² K⁴), dem Emissionsgrad $\varepsilon_W$ des Wassers ($\varepsilon_W \approx 0{,}9$), der Wasseroberfläche $A_W$ und der absoluten Temperatur $T_W$ und $T_H$ des Wassers und des Himmels berechnen sich die **Strahlungsverluste**

$$\dot{Q}_S = \sigma \cdot \varepsilon_W \cdot A_W \cdot \left(T_W^4 - T_H^4\right). \tag{3.58}$$

Die **Himmelstemperatur** kann dabei über

$$T_H = T_L \cdot \left(0{,}8 + \frac{\vartheta_{tau}(\vartheta_L)}{250 °C}\right)^{0{,}25} \tag{3.59}$$

aus der absoluten Lufttemperatur $T_L$ in K sowie der Taupunkttemperatur $\vartheta_{tau}$ berechnet werden [Smi94].

Die **Taupunkttemperatur**

$$\vartheta_{tau} = 234{,}175 °C \cdot \frac{\ln\left(\dfrac{\varphi \cdot p}{0{,}61078 \text{ kPa}}\right)}{17{,}08085 - \ln\left(\dfrac{\varphi \cdot p}{0{,}61078 \text{ kPa}}\right)} \tag{3.60}$$

bestimmt sich hierbei aus der relativen Luftfeuchte $\varphi$ und dem **Sättigungsdampfdruck**

$$p = 0{,}61078 \text{ kPa} \cdot \exp\left(\frac{17{,}08085 \cdot \vartheta_L}{234{,}175 °C + \vartheta_L}\right). \tag{3.61}$$

## 3.7 Speicher

Der von der Lufttemperatur $\vartheta_L$ abhängige Sättigungsdampfdruck $p$ wird in Pascal (1 Pa = 1 N/m² = 0,01 mbar) gemessen. Die mittlere relative Luftfeuchte $\varphi$ beträgt in Deutschland in der Badesaison etwa 70 %.

**Tabelle 3.12** Sättigungsdampfdruck $p$ von Wasser und Taupunkttemperatur $\vartheta_{tau}$ bei 70 % relativer Luftfeuchte in Abhängigkeit der Lufttemperatur $\vartheta_L$

| $\vartheta_L$ in °C | 10 | 12 | 14 | 16 | 18 | 20 | 22 | 24 | 26 | 28 | 30 |
|---|---|---|---|---|---|---|---|---|---|---|---|
| $p$ in kPa | 1,23 | 1,40 | 1,60 | 1,82 | 2,07 | 2,34 | 2,65 | 2,99 | 3,37 | 3,79 | 4,25 |
| $\vartheta_{tau}$ in °C | 4,8 | 6,7 | 8,6 | 10,5 | 12,5 | 14,4 | 16,3 | 18,2 | 20,1 | 22,0 | 23,9 |

In Tabelle 3.12 sind Sättigungsdampfdruck und Taupunkttemperatur für einige Temperaturwerte mit obigen Gleichungen berechnet worden.

### Die Verdunstungsverluste

$$\dot{Q}_{Vd} = h_V \cdot \dot{m}_V \tag{3.62}$$

lassen sich allgemein aus dem verdunstenden Massenstrom $\dot{m}_V$ und der Verdampfungswärme $h_V$ = 2257 kJ/kg von Wasser berechnen. Meist werden jedoch empirische Gleichungen verwendet. Mit der Windgeschwindigkeit $v_W$ in 0,3 m Höhe über der Wasseroberfläche, dem Sättigungsdampfdruck $p$ bei Wassertemperatur $\vartheta_W$ und Lufttemperatur $\vartheta_L$, der relativen Luftfeuchte $\varphi$ sowie der Schwimmbadoberfläche $A_W$ können die Verdunstungsverluste wie folgt angegeben werden [Hah94]:

$$\dot{Q}_{Vd} = A_W \cdot \left(0{,}085\,\frac{m}{s} + 0{,}0508 \cdot v_W\right) \cdot \left(p(\vartheta_W) - \varphi \cdot p(\vartheta_L)\right) . \tag{3.63}$$

Bei einem Schwimmbecken mit der Oberfläche $A_W$ = 20 m², der Windgeschwindigkeit $v_W$ = 1 m/s, der Außentemperatur $\vartheta_L$ = 20 °C, der Wassertemperatur $\vartheta_W$ = 24 °C und der relativen Luftfeuchte $\varphi$ = 0,7 berechnen sich die Verluste des Schwimmbades bei Vernachlässigung der Transmissionsverluste ins Erdreich zu:

$$\dot{Q}_{SB} = \dot{Q}_K + \dot{Q}_S + \dot{Q}_{Vd} = 576\,W + 1493\,W + 3672\,W = 5741\,W .$$

Eine Beheizung des Schwimmbeckens wäre also mit einem enormen Energieaufwand verbunden, wenn nicht noch zusätzliche Gewinne durch die solare Einstrahlung hinzukämen.

Die **solaren Strahlungsgewinne** $\dot{Q}_{Str}$ berechnen sich aus der solaren Bestrahlungsstärke $E$, der Wasseroberfläche $A_W$ und dem Absorptionsgrad $\alpha_{abs}$:

$$\dot{Q}_{Str} = \alpha_{abs} \cdot E \cdot A_W . \tag{3.64}$$

Der Absorptionsgrad $\alpha_{abs}$ liegt bei weißen Fliesen etwa bei 0,8, bei hellblauen Fliesen bei 0,9 und bei dunkelblauen Fliesen über 0,95 und nimmt mit der Wassertiefe zu. Somit werden die Verluste des 20 m² Beckens im obigen Beispiel bei einem Absorptionsgrad von 0,9 bereits bei einer Bestrahlungsstärke von $E$ = 319 W/m² kompensiert.

Durch eine nächtliche **Schwimmbadabdeckung** lassen sich die Wärmeverluste um etwa 40 % bis 50 % reduzieren.

Der Heizenergiebedarf eines Beckens ohne Abdeckung, das auf einer Stütztemperatur von 23 °C gehalten wird, beträgt in einer Saison etwa 300 kWh/m², wobei der Wert je nach Standort stark schwanken kann. Dieser Heizenergiebedarf kann vollständig durch eine Solaranlage gedeckt werden. Die Größe der **Solarabsorberfläche** sollte hierbei 50 % bis 80 % der Beckenoberfläche betragen.

## 3.8 Anlagenauslegung

### 3.8.1 Nutzwärmebedarf

Der Nutzwärmebedarf $Q_N$ einer Anlage zur Trinkwasserversorgung lässt sich über die entnommene Wassermenge berechnen. Mit der Wärmekapazität von Wasser ($c_{H_2O}$ = 1,163 Wh/(kg K)), der entnommenen Wassermenge $m$, der Kaltwassertemperatur $\vartheta_{KW}$ und der Warmwassertemperatur $\vartheta_{WW}$ ergibt sich

$$Q_N = c \cdot m \cdot (\vartheta_{WW} - \vartheta_{KW}). \tag{3.65}$$

Anhaltswerte für den **Warmwasserbedarf von Haushalten** sind Tabelle 3.13 zu entnehmen. Gibt es dafür keine Angaben, wird eine Kaltwassertemperatur von $\vartheta_{KW}$ = 10 °C angenommen.

Tabelle 3.14 ermöglicht eine **Abschätzung des Warmwasserbedarfs für Hotels, Heime und Pensionen**. In Restaurants kann der Nutzwärmebedarf mit 230 bis 460 Wh/Menü und in Saunaanlagen mit 2500 bis 5000 Wh/Benutzer abgeschätzt werden.

Werden Waschmaschinen mit einem Warmwasseranschluss versehen, fällt der Warmwasserbedarf entsprechend höher aus.

**Tabelle 3.13** Warmwasserbedarf für Wohnungen [VDI82]

|  | Warmwasserbedarf in Liter/(Tag und Person) | | Spezifische Nutzwärme in Wh/(Tag und Person) |
|---|---|---|---|
|  | $\vartheta_{WW}$ = 60 °C | $\vartheta_{WW}$ = 45 °C |  |
| Niedriger Bedarf | 10 … 20 | 15 … 30 | 600 … 1200 |
| Mittlerer Bedarf | 20 … 40 | 30 … 60 | 1200 … 2400 |
| Hoher Bedarf | 40 … 80 | 60 … 120 | 2400 … 4800 |

**Tabelle 3.14** Warmwasserbedarf für Hotels, Heime und Pensionen [VDI82]

|  | Warmwasserbedarf in Liter/(Tag und Person) | | Spezifische Nutzwärme in Wh/(Tag und Person) |
|---|---|---|---|
|  | $\vartheta_{WW}$ = 60 °C | $\vartheta_{WW}$ = 45 °C |  |
| Zimmer mit Bad | 95 … 138 | 135 … 196 | 5500 … 8000 |
| Zimmer mit Dusche | 50 … 95 | 74 … 135 | 3000 … 5500 |
| Sonstige Zimmer | 25 … 35 | 37 … 49 | 1500 … 2000 |
| Heime, Pensionen | 25 … 50 | 37 … 74 | 1500 … 3000 |

Da sich der Verbrauch anhand der Tabellen nur grob schätzen lässt, empfiehlt sich bei der Planung einer Anlage eine **genauere Analyse**. Hierzu können die Werte aus Tabelle 3.15 als Anhaltspunkt dienen.

## 3.8 Anlagenauslegung

**Tabelle 3.15** Warmwasserverbrauch bei verschiedenen Anwendungen

|  | Verbrauch | Temperatur | Nutzwärme |
|---|---|---|---|
| Geschirrspülen pro Person | 12 … 15 l/Tag | 50 °C | 550 … 700 Wh/Tag |
| Händewaschen | 3 … 5 l | 37 °C | 95 … 160 Wh |
| Wannenbad | 150 l | 40 °C | 5200 Wh |
| Duschen | 30 … 45 l | 37 °C | 940 … 1400 Wh |
| Kopfwäsche | 10 … 15 l | 37 °C | 310 … 470 Wh |

Neben dem Nutzwärmebedarf im Jahr ist auch der zeitliche Verlauf des Bedarfs von Bedeutung. Existieren große Unterschiede zwischen verschiedenen Tagen oder saisonale Unterschiede zwischen Sommer und Winter, wirkt sich dies auf die Dimensionierung einer Trinkwasseranlage entsprechend aus. Für die genaue Dimensionierung der Anlage und die Vorhersage des Ertrags empfiehlt sich daher der Einsatz eines Simulationsprogramms.

### 3.8.2 Solarer Deckungsgrad und Nutzungsgrad

Der Anteil der erforderlichen Energie $Q_{zu}$ für die konventionelle Zusatzheizung bestimmt sich aus der Nutzwärme $Q_N$, den energetischen Verlusten (Leitungsaufheizverluste $Q_{LA}$, Zirkulationsverluste $Q_Z$ im Kollektorkreis, Speicherverluste $Q_{SP}$) und der Kollektornutzenergie $Q_{KN}$:

$$Q_{zu} = Q_N + Q_{LA} + Q_Z + Q_{SP} - Q_{KN} \,. \tag{3.66}$$

Neben den Leitungsverlusten im Kollektorkreislauf treten auch Leitungsverluste vom Speicher zu den Zapfstellen auf, die analog berechnet werden können. Bei Simulationsprogrammen werden in der Regel über ein Jahr die jeweiligen Leistungen berechnet und aufsummiert. Hierdurch ergeben sich die Jahressummen der jeweiligen Energieanteile.

Ein wichtiger Parameter bei Solaranlagen ist der **solare Deckungsgrad** *SD*. Der Deckungsgrad gibt an, welcher Anteil der Energie von der Solaranlage gedeckt wird. Er ist definiert als der Anteil der an den Speicher abgegebenen Energie des Solarkreislaufes vom Gesamtenergiebedarf, der sich aus der Nutzenergie $Q_N$ und den Speicherverlusten $Q_{SP}$ zusammensetzt:

$$SD = \frac{Q_N + Q_{SP} - Q_{zu}}{Q_N + Q_{SP}} = \frac{Q_{KN} - Q_{LA} - Q_Z}{Q_N + Q_{SP}}. \tag{3.67}$$

Anlagen zur solaren Trinkwassererwärmung werden heute in der Regel so dimensioniert, dass ihr solarer Deckungsgrad ungefähr 50 % bis 60 % beträgt. Dies ist ein Kompromiss aus gewünschtem hohen Energieertrag und wirtschaftlichen Gesichtspunkten.

In Bild 3.30 ist der solare Deckungsgrad in Abhängigkeit der Kollektorfläche für unterschiedliche Speichergrößen mit einem Simulationsprogramm ermittelt worden. Der Verbrauch wurde bei allen Simulationen als konstant angenommen. Es zeigt sich, dass bei sehr kleinen Kollektorflächen der Deckungsgrad schnell mit der Kollektorgröße steigt. Um den Deckungsgrad von 60 % auf 75 % zu erhöhen, ist jedoch die Kollektorfläche etwa zu verdoppeln. Größere Speichervolumina machen sich bei kleinen Kollektorflächen nicht positiv bemerkbar, da hier die Speicherverluste stark ins Gewicht fallen. Erst bei größeren Kollektorflächen ist auch ein größerer Speicher sinnvoll.

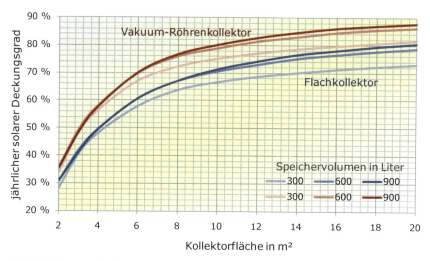

**Bild 3.30** Solarer Deckungsgrad einer Trinkwasseranlage in Abhängigkeit der Kollektorfläche für verschiedene Kollektoren und Speichergrößen. Standort: Berlin, Kollektorneigung: 30° Süd, Wärmebedarf: 7,4 kWh/Tag

Ein weiterer wichtiger Parameter zur Beschreibung einer solarthermischen Anlage ist der **Kollektorkreisnutzungsgrad** $\eta_{KN}$. Er stellt den Gesamtwirkungsgrad des solarthermischen Systems dar und berechnet sich aus dem Verhältnis der von der Solaranlage erbrachten Energie zu der auf den Kollektor eingestrahlten Energie. Mit der Jahressumme der Bestrahlung $H_{Solar}$ in der Kollektorebene und der Kollektorfläche $A_K$ ergibt sich

$$\eta_{KN} = \frac{SD \cdot (Q_N + Q_{SP})}{H_{Solar} \cdot A_K} = \frac{Q_{KN} - Q_{LA} - Q_Z}{H_{Solar} \cdot A_K} \quad . \tag{3.68}$$

In der Praxis ergeben sich Kollektorkreisnutzungsgrade zwischen 20 % und 50 %. Neben der Qualität der Anlage hat vor allem die solare Deckungsrate einen großen Einfluss auf den Nutzungsgrad. Je höher die solare Deckungsrate ist, desto niedriger fällt der Nutzungsgrad aus.

Bei der **Berechnung der eingesparten Primärenergie** $E_{PE}$ muss die elektrische Energie $E_{pump}$ für die Kollektorkreislaufpumpe, der primärenergetische Wirkungsgrad $\eta_{zu}$ der konventionellen Zusatzheizung sowie der Wirkungsgrad $\eta_E$ des Elektrizitätskraftwerks berücksichtigt werden. Die Menge eingesparter Primärenergie ergibt sich somit aus

$$E_{PE} = \frac{Q_{KN} - Q_{LA} - Q_Z}{\eta_{zu}} - \frac{E_{Pump}}{\eta_E} \quad , \tag{3.69}$$

wenn die Herstellungsenergie für die Solaranlage vernachlässigt wird. Der Primärenergieaufwand für die Kollektorkreislaufpumpe liegt zwischen 2 % und 15 % des Kollektorertrags. Um den Energieaufwand für die Pumpe niedrig zu halten, müssen Rohrdurchmesser und Pumpenleistung optimal gewählt werden. Hierzu können die auf der DVD vorgestellten Simulationsprogramme gute Dienste leisten.

## 3.8.3 Solare Trinkwasseranlagen

Wie bereits im vorigen Abschnitt erwähnt, legt man für Deutschland und angrenzende Klimaregionen ein solarthermisches Trinkwassersystem in der Regel so aus, dass die Sonne im Jahresmittel 50 bis 60 % des Warmwasserbedarfs deckt. Da das Sonnenangebot hierzulande über das Jahr stark schwankt, liefert dann die Solaranlage in den Sommermonaten nahezu vollständig das Warmwasser. In den Wintermonaten kann hingegen der Solaranteil auf unter 10 % sinken (Bild 3.31). Die herkömmliche Heizungsanlage muss dann den Rest abdecken.

Eine solarthermische Anlage zur Trinkwassererwärmung lässt sich in Abhängigkeit der Personenzahl im Haushalt mit einer einfachen Faustformel auslegen:

- Kollektorgröße: 1 ... 1,5 m² Flachkollektoren pro Person und
- Speichergröße: 80... 100 l pro Person.

Bei der Verwendung von Vakuumröhrenkollektoren kann die Kollektorgröße rund 30 % kleiner ausfallen. Weniger als 3 bis 4 m² sollten aber nicht installiert werden, da sonst die Verluste in den Rohren überdurchschnittlich ansteigen.

Für eine detailliertere Auslegung ist erst einmal der Warmwasserbedarf zu bestimmen. Die Speichergröße $V_{Sp}$ sollte etwa das Zweifache des Gesamtbedarfs von $P$ Personen bei einem Tagesbedarf je Person $V_{Person}$ betragen:

$$V_{Sp} = 2 \cdot P \cdot V_{Person}.\tag{3.70}$$

Anhand des Warmwasserbedarfs $Q_{Person}$ je Person und Tag lässt sich der jährliche Nutzwärmebedarf $Q_N$ zur Warmwasserbereitstellung berechnen:

$$Q_N = 365 \cdot P \cdot Q_{Person}.\tag{3.71}$$

Bei einem Vierpersonenhaushalt mit einem mittleren Verbrauch von 45 l beziehungsweise 1,8 kWh an Warmwasser pro Tag ergibt sich damit eine Speichergröße von

$$V_{Sp} = 2 \cdot 4 \cdot 45\ l = 360\ l.$$

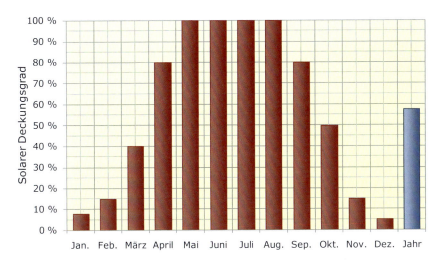

**Bild 3.31** Typischer Verlauf des solaren Deckungsgrads solarthermischer Trinkwasseranlagen

Typische Speichergrößen betragen 300 oder 400 l. Ein 400-Liter-Speicher wäre hier großzügig dimensioniert. Ein 300-Liter-Speicher liegt etwas unter dem ermittelten Bedarf, ist aber durchaus noch ausreichend. Der jährliche Wärmebedarf beträgt

$$Q_N = 365 \cdot 4 \cdot 1{,}8 \text{ kWh} = 2628 \text{ kWh}.$$

Ist die Speichergröße bestimmt, ist als Nächstes die Kollektorgröße $A_K$ festzulegen. Hierzu wird die Jahressumme der Bestrahlung $H_{Solar}$ auf den Kollektor benötigt (vgl. Kapitel 2). Bei Vernachlässigung der Speicherverluste berechnet sich näherungsweise die Kollektorgröße zu

$$A_K \approx \frac{SD}{\eta_{KN}} \cdot \frac{Q_N}{H_{Solar}}. \qquad (3.72)$$

Bei einem jährlichen solaren Deckungsgrad von $SD = 60\%$ und einem mittleren Kollektorkreisnutzungsgrad von $\eta_{KN} = 30\%$ berechnet sich bei obigem Nutzwärmebedarf und einer solaren Bestrahlung von 1100 kWh/m² eine nötige Kollektorfläche an Flachkollektoren von

$$A_K \approx \frac{60\%}{30\%} \cdot \frac{2628 \text{ kWh}}{1100 \frac{\text{kWh}}{\text{m}^2}} = 4{,}8 \text{ m}^2.$$

Dabei ist zu beachten, dass der solare Deckungsgrad und der Kollektorkreisnutzungsgrad voneinander abhängen und nicht unabhängig frei gewählt werden können. Eine bessere Detailplanung ist nur mit Hilfe von ausgereiften Computerprogrammen möglich, von denen einige auf der DVD zum Buch enthalten sind. Neben der Größe der Kollektoren und Speicher gehört hierzu auch die Auslegung anderer Komponenten wie Pumpen, Regelung oder Rohre.

### 3.8.4 Anlagen zur solaren Heizungsunterstützung

Soll die solarthermische Anlage neben der Trinkwassererwärmung auch noch zur Heizungsunterstützung beitragen, ist eine größere Kollektorfläche nötig. Außerdem ist dafür eine optimale Gebäudedämmung sinnvoll, um einen größeren Teil des Wärmebedarfs durch die Sonne decken zu können. Während der Warmwasserbedarf über das gesamte Jahr relativ konstant vorhanden ist, konzentriert sich der Heizwärmebedarf auf die Wintermonate. Im Winter ist aber der Ertrag von Solarkollektoren gering. Daher legt man ein solarthermisches System zur Heizungsunterstützung meist so aus, dass es neben dem Warmwasser nur in der Übergangszeit von März bis Oktober einen Teil des Heizwärmebedarfs decken kann. Im Winter liefert hingegen die herkömmliche Heizungsanlage im Wesentlichen den Wärmebedarf (Bild 3.32).

Mit der Größe der Kollektorfläche und des Speichers steigt auch der solare Deckungsgrad, also der durch die Sonne gedeckte Anteil des Wärmebedarfs. Damit reduziert sich auch der Anteil, den die herkömmliche Heizungsanlage erbringt. Handelt es sich um eine mit Öl oder Gas befeuerte fossile Anlage, sinken auch mit zunehmender Größe der Solaranlage die Kohlendioxidemissionen. Eine sehr große Anlage produziert aber auch mehr Überschüsse, die sich nicht nutzen lassen. Darum sind in der Regel große Anlagen unwirtschaftlicher als kleinere. Insofern muss man sich bei der Auslegung überlegen, ob die Priorität auf einem möglichst großen Solaranteil oder einer möglichst guten Wirtschaftlichkeit liegt. Die folgenden zwei Auslegungsvarianten ermöglichen eine Grobauslegung:

## 3.8 Anlagenauslegung

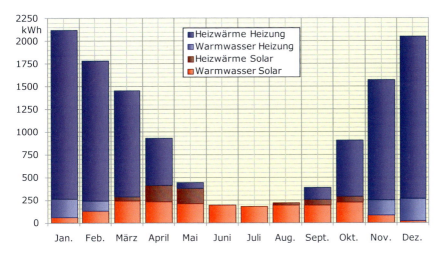

**Bild 3.32** Typischer Verlauf des Heizwärme- und des Warmwasserbedarfs in Deutschland und Anteile der Solaranlage und der herkömmlichen Heizung an der Bedarfsdeckung bei einem Neubau mit einem gesamten solaren Deckungsgrad von 20 %

**Variante 1:** Kleine Anlage für gute Wirtschaftlichkeit
- Kollektorfläche bei Flachkollektoren: 0,8 m² pro 10 m² Wohnfläche,
- Kollektorfläche bei Vakuumröhrenkollektoren: 0,6 m² pro 10 m² Wohnfläche,
- Speichergröße: mindestens 50 Liter pro m² Kollektorfläche.

**Variante 2:** Mittelgroße Anlage für höheren solaren Deckungsgrad
- Kollektorfläche bei Flachkollektoren: 1,6 m² pro 10 m² Wohnfläche,
- Kollektorfläche bei Vakuumröhrenkollektoren: 1,2 m² pro 10 m² Wohnfläche,
- Speichergröße: 100 Liter pro m² Kollektorfläche.

Eine optimale Auslegung berücksichtigt natürlich auch den tatsächlichen Heizwärmebedarf. Der unterscheidet sich bei einem Altbau erheblich von einem energiesparenden 3-Liter-Haus. Tabelle 3.16 zeigt Simulationsergebnisse für optimale Anlagen, die nach der beschriebenen Grobauslegung dimensioniert wurden.

**Tabelle 3.16** Solare Deckung

|  | Altbau | Neubau EnEV 2009 | Dreiliterhaus | Passivhaus |
|---|---|---|---|---|
| Wärmebedarf Warmwasser in kWh | 2 700 | 2 700 | 2 700 | 2 700 |
| Heizwärmebedarf in kWh | 25 000 | 11 500 | 3 900 | 1 950 |
| Solare Deckung Variante 1 (kleine Anlage) | 13 % | 22 % | 40 % | 51 % |
| Solare Deckung Variante 2 (mittelgroße Anlage) | 22 % | 36 % | 57 % | 68 % |

Annahmen: Standort Berlin, Ausrichtung 30° Süd unverschattet, 130 m² Wohnfläche, optimaler Flachkollektor mit Kombispeicher

Obwohl bei der mittelgroßen Anlage der Kollektor doppelt und der Speicher viermal so groß wie bei der kleinen Anlage ist, verdoppelt sich keineswegs der solare Deckungsgrad. Einen wesentlich größeren Einfluss auf die solare Deckungsrate als die Anlagengröße hat der Dämmstandard des Gebäudes. Wer also mit einem möglichst hohen solaren Deckungsgrad einen großen Beitrag zum Klimaschutz leisten möchte, sollte unbedingt über optimale Dämmmaßnahmen nachdenken. Eine Detailplanung ist ebenfalls nur mit der Hilfe von ausgereiften Computerprogrammen möglich (siehe DVD zum Buch).

### 3.8.5 Rein solare Heizung

Auch die Auslegung von Systemen zur rein solaren Beheizung kann in der Regel nur mit Computerunterstützung durchgeführt werden. Hierbei ist allerdings zu beachten, dass zahlreiche Standardsimulationsprogramme für solarthermische Systeme große Anlagen mit saisonaler Speicherung nur bedingt abbilden können.

Eine optimale Gebäudedämmung mit einer niedrigen Gebäudeheizlast ist Grundvoraussetzung für reine Solarsysteme. Dann gilt es, ein optimales Verhältnis von Speicher- und Kollektorgröße zu finden. Dabei kann man sich an bereits realisierten Projekten orientieren (Tabelle 3.17).

**Tabelle 3.17** Daten realisierter rein solar beheizter Wohnhäuser in Deutschland und der Schweiz

|  | Oberburg (Schweiz) | Niederwinkling | Kappelrodeck | Regensburg | Oberburg (Schweiz) |
|---|---|---|---|---|---|
| Haustyp | EFH | EFH | EFH | EFH | MFH (8WE) |
| Fertigstellung | 1989 | 1998 | 2006 | 2006 | 2007 |
| Nutzfläche in m² | 130 | 170 | 147 | 186 | 851 |
| Heizleistung in kW | 2,8 | 2,7 | 3,5 | 5 | 12 |
| Kollektorfläche in m² | 84 | 75 | 112 | 83 | 276 |
| Speichervolumen in m³ | 118 | 27 | 42,8 | 38 | 205 |

EFH: Einfamilienhaus, MFH: Mehrfamilienhaus, WE: Wohneinheiten

## 3.9 Aufwindkraftwerke

Das Aufwindkraftwerk unterscheidet sich wesentlich von den vorherigen thermischen Anlagen. Hier wird Sonnenwärme durch einen großen Kollektor in elektrische Energie umgewandelt. Im Gegensatz zu den konzentrierenden solarthermischen Kraftwerken im nächsten Kapitel wird hier aber das Sonnenlicht nicht konzentriert.

Das Aufwindkraftwerk funktioniert durch Erwärmung von Luft. Eine große ebene Fläche, die von einem Glas- oder Kunststoffdach bedeckt wird, bildet das Kollektorfeld. In der Mitte der Fläche befindet sich ein hoher Kamin. Das Kollektordach steigt in Richtung Kamin leicht an. An den Seiten des riesigen Daches kann Luft ungehindert einströmen. Die Sonne heizt die Luft unter dem Glasdach auf. Diese steigt nach oben, folgt der leichten Steigung des Glasdachs und strömt dann mit einer großen Geschwindigkeit durch den Kamin. Die Luftströmung im Kamin kann ausgenutzt werden, um Windturbinen anzutreiben, die über einen Generator elektrischen Strom erzeugen. Im Boden unter dem

## 3.9 Aufwindkraftwerke

Glasdach lässt sich Wärme speichern, sodass das Kraftwerk auch noch einige Zeit nach Sonnenuntergang Strom liefert. Das Prinzip des Aufwindkraftwerks ist in Bild 3.33 erläutert.

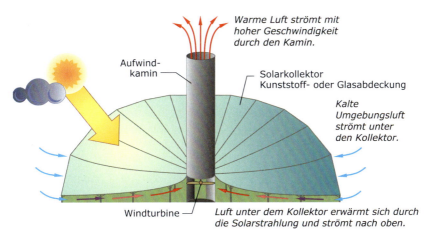

**Bild 3.33** Prinzip des Aufwindkraftwerks

Der Gesamtwirkungsgrad des Aufwindkraftwerks

$$\eta_{ges} = \eta_{Turm} \cdot \eta_{Kollektor} \cdot \eta_{Turbine} \cdot \eta_{Generator} \tag{3.73}$$

bestimmt sich über den Turmwirkungsgrad $\eta_{Turm}$, den Kollektorwirkungsgrad $\eta_{Kollektor}$ sowie den Wirkungsgrad der Windturbine $\eta_{Turbine}$ und des elektrischen Generators $\eta_{Generator}$. Der Turm wandelt die durch den Kollektor gewonnene thermische Energie der Luft in kinetische Energie um. Ohne Berücksichtigung von Verlusten ergibt sich damit ein maximaler Wirkungsgrad von

$$\eta_{Turm,max} = \frac{P_{kin,Luft}}{\dot{Q}_{therm,Luft}} = \frac{\dot{m} \cdot g \cdot h \cdot \frac{\Delta \rho}{\rho_0}}{\dot{m} \cdot c_p \cdot \Delta T} = \frac{g \cdot h \cdot \frac{\Delta \rho}{\rho_0}}{c_p \cdot \Delta T} . \tag{3.74}$$

Die kinetische Energie hängt dabei direkt von der Turmhöhe $h$ und der Druckdifferenz $\Delta \rho$ im Turm ab, die den Auftrieb hervorruft [Ung91]. Die thermische Energie berechnet sich aus der Wärmekapazität $c_P$ und der Temperaturerhöhung $\Delta T$ der Luft. Bei konstantem Volumen gilt für ideale Gase

$$\frac{\Delta \rho}{\rho_0} = \frac{\Delta T}{T_0} . \tag{3.75}$$

Durch Einsetzen in die vorherige Gleichung ergibt sich

$$\eta_{Turm,max} = \frac{g \cdot h}{c_p \cdot T_0} . \tag{3.76}$$

Der Turmwirkungsgrad steigt somit linear mit der Turmhöhe $h$. Für einen Turm mit einer Höhe von $h = 1000$ m ergibt sich bei einer Referenztemperatur von $T_0 = 300$ K und einer Wärmekapazität der Luft von $c_P = 1$ kJ/(kg K) ein maximaler Turmwirkungsgrad von 3,3 %.

Mit einem Kollektorwirkungsgrad von 60 % und einem Turbinenwirkungsgrad von 80 % reduziert sich der maximale Gesamtwirkungsgrad auf rund 1,5 %.

Anfang der 1980er-Jahre wurde ein kleines Demonstrationskraftwerk mit einer Nennleistung von 50 kW bei Manzanares in Südspanien errichtet. Das Kollektordach dieser Anlage hatte einen mittleren Durchmesser von 122 m und eine durchschnittliche Höhe von 1,85 m. Der Kamin war 195 m hoch und hatte einen Durchmesser von 5 m. Diese Anlage wurde allerdings 1988 wieder demontiert, nachdem der Kamin nach Abschluss aller geplanten Versuche nach der projektierten Lebensdauer durch einen Sturm umgeworfen worden war.

Immer wieder waren neue Kraftwerksprojekte zum Beispiel in Australien in der Diskussion. Dabei wird die Errichtung einer 200-MW-Großanlage bei einer Turmhöhe von 1000 m, einem Turmdurchmesser von 180 m und einem Kollektordurchmesser von 6000 m ins Auge gefasst. Inwieweit die Errichtung neuer Großkraftwerke weiterhin am finanziellen Risiko scheitert, ist schwer einzuschätzen. Prinzipiell haben Aufwindkraftwerke in Wüstenregionen der Erde jedoch das Potenzial, auch zu konventionellen Anlagen wirtschaftlich konkurrenzfähig zu werden. Der geringe Wirkungsgrad und der damit verbundene hohe Flächenbedarf sowie der technologische Rückstand zu konzentrierenden solarthermischen oder photovoltaischen Kraftwerken machen einen Durchbruch der Aufwindkraftwerke jedoch immer weniger wahrscheinlich.

# 4 Konzentrierende Solarthermie

## 4.1 Einleitung

Die Arbeitstemperaturen von nicht konzentrierenden Kollektoren sind begrenzt. Mit guten Vakuumröhren lassen sich zwar durchaus Temperaturen von über 200 °C erreichen, wie im Kapitel 3 gezeigt wurde. Höhere Temperaturen sind jedoch kaum möglich und der Wirkungsgrad nimmt aufgrund der stark steigenden Wärmeverluste bei Temperaturen über 100 °C rapide ab. Im Bereich der Prozesswärme oder der Stromerzeugung über thermische Kreisprozesse sind deutlich höhere Temperaturen nötig. Diese lassen sich bei guten Wirkungsgraden nur über die Konzentration der Solarstrahlung erreichen.

Obwohl die Einsatzgebiete für konzentrierende solarthermische Systeme sehr vielfältig sind, blieb der Einsatz bis in die 1990er-Jahre auf wenige Anwendungen begrenzt. Während der Ausbau der nicht konzentrierenden Solarthermie und der Photovoltaik in den 1990er-Jahren stark vorangetrieben wurde, beschränkten sich die Aktivitäten bei der konzentrierenden Solarthermie in diesem Jahrzehnt weitgehend auf den Forschungsbereich. Im Gegensatz zur Forschung in den 1970er- und 1980er-Jahren, die unter dem Eindruck der Ölkrisen mit großzügigen Mitteln ausgestattet war, mussten in den 1990er-Jahren Erfolge mit stark reduzierten Forschungsgeldern erzielt werden.

Die Renaissance für kommerzielle Anlagen begann erst wieder im Jahr 2006 mit der Planung und dem Neubau von solarthermischen Kraftwerken vor allem in Spanien und den USA. Die Vorteile konzentrierender solarthermischer Systeme für eine regenerative Energiewirtschaft sind dabei enorm, sodass die Bedeutung solarthermischer Systeme künftig weiter ansteigen wird.

## 4.2 Konzentration von Solarstrahlung

Bei der Konzentration wird allgemein die Strahlung einer Strahlungsquelle durch eine optische Einrichtung, den Konzentrator, mit der Öffnungs- bzw. Aperturfläche $A_K$ auf einen Empfänger bzw. **Receiver** mit der Fläche $A_R$ konzentriert (Bild 4.1).

In unserem Fall ist die Sonne die Strahlungsquelle. Für eine hohe Konzentration wird parallel einfallendes Licht benötigt. Darum eignet sich diffuse Solarstrahlung (siehe Kapitel 2) nicht für konzentrierende Systeme. Nur der direkte Anteil der Sonnenstrahlung ist konzentrierbar, was den Einsatz vor allem in sonnenreichen Regionen der Erde interessant macht.

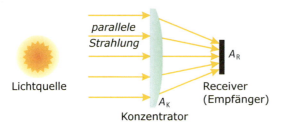

**Bild 4.1** Konzentration von Licht

Der **Konzentrationsfaktor** $C$ lässt sich allgemein beschreiben über:

$$C = \frac{A_K}{A_R}. \tag{4.1}$$

Da das Sonnenlicht nicht absolut parallel auf die Erde trifft, lässt es sich nicht beliebig hoch konzentrieren. Aufgrund der im Vergleich zur Erde enormen Größe der Sonne erscheint diese nicht als unendlich kleiner Punkt, sondern als Kreis unter dem halben Öffnungswinkel

$$\varphi_{S/2} = \arcsin\left(\frac{r_S}{r_{SE}}\right) = \arcsin\left(\frac{6{,}963 \cdot 10^8 \, \text{m}}{1{,}5 \cdot 10^{11} \, \text{m}}\right) = 0{,}27° = 16'. \tag{4.2}$$

Dieser ergibt sich aus dem Radius $r_S$ der Sonne und dem Abstand $r_{SE}$ der Sonne zur Erde und variiert mit dem Abstand der Sonne zur Erde geringfügig im Laufe des Jahres. Bild 4.2 veranschaulicht die geometrischen Verhältnisse für die Bestimmung des Sonnenöffnungswinkels.

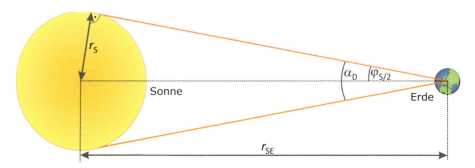

**Bild 4.2** Öffnungswinkel der Sonne

Dass das Sonnenlicht nicht absolut parallel ist, lässt sich am Schatten eines Hochhauses beobachten. Dieser weist in einiger Entfernung keine klare Grenze mehr auf, sondern geht über einen diffusen Halbschattenbereich in den Kernschatten über.

Der gesamte Öffnungswinkel wird auch als Divergenz $\alpha_D$ bezeichnet. Mit der Divergenz des Sonnenlichts von $\alpha_D = 0{,}0093$ rad ergibt sich die theoretisch **maximale Konzentration** eines zweiachsigen nachgeführten Punktkonzentrators

## 4.2 Konzentration von Solarstrahlung

$$C_{max} = \frac{4}{\alpha_D^2} = \frac{1}{\varphi_{S/2}^2} = 46\,211 \quad . \tag{4.3}$$

Für einachsig nachgeführte Linearkonzentratoren reduziert sich die maximale Konzentration auf

$$C_{max,linear} = \sqrt{C_{max}} \approx 215 \quad . \tag{4.4}$$

Diese Berechnungen gelten nur für den Öffnungswinkel des Sonnenlichts auf der Erde. Auf Planeten, die weiter als die Erde von der Sonne entfernt sind, ergibt sich eine größere maximale Konzentration. Dies bedeutet aber nicht, dass sich dort durch Konzentration des Sonnenlichts höhere Temperaturen erreichen ließen.

Da die Energie der Sonne nur durch Wärmestrahlung übertragen wird, lassen sich die aus Kapitel 2 und 3 für die Strahlung eines schwarzen Körpers bekannten Gesetze anwenden. Wird keine Wärme aus dem idealen Absorber mit $\varepsilon = 1$ abgeführt, muss er bei Vernachlässigung der Konvektion im Temperaturgleichgewicht die absorbierte Energie wieder abstrahlen. Mit der Stefan-Boltzmann-Konstanten $\sigma = 5{,}67051 \cdot 10^{-8}$ W m$^{-2}$ K$^{-4}$ und der Solarkonstanten $E_0$ ergibt sich ohne den Einfluss der Atmosphäre

$$C \cdot E_0 = \sigma \cdot T_A^4 \quad . \tag{4.5}$$

Stellt man diese Gleichung nach der **Absorbertemperatur** $T_A$ um, erhält man

$$T_A = \sqrt[4]{\frac{C \cdot E_0}{\sigma}} \quad . \tag{4.6}$$

Mit der maximalen Konzentration $C_{max}$ ergibt sich somit die maximale Absorbertemperatur

$$T_{A,max} = \sqrt[4]{\frac{C_{max} \cdot E_0}{\sigma}} = \sqrt[4]{\frac{46211 \cdot 1367 \text{ Wm}^{-2}}{5{,}67 \cdot 10^{-8} \text{ Wm}^{-2}\text{K}^{-4}}} = 5777\,\text{K} = T_{Sonne} \quad . \tag{4.7}$$

Diese entspricht exakt der bereits aus Kapitel 2 bekannten Oberflächentemperatur $T_{Sonne}$ der Sonne. Durch Umstellen der Gleichung und Einsetzen von

$$\frac{E_0}{\sigma} = \frac{T_{Sonne}^4}{C_{max}} \tag{4.8}$$

in (4.6) lässt sich auch die theoretisch maximale Absorbertemperatur $T_A$ bei anderen Konzentrationsfaktoren $C$ bestimmen:

$$T_A = T_{Sonne} \sqrt[4]{\frac{C}{C_{max}}} \quad . \tag{4.9}$$

Bild 4.3 zeigt die theoretische Absorbertemperatur für verschiedene Konzentrationsfaktoren. Die Kollektorstillstandstemperatur von guten nicht konzentrierenden Kollektoren ($C = 1$) liegt mit Werten von mehr als 470 K deutlich über dem hier ermittelten theoretischen Maximum von 394 K (siehe Kapitel 3). Durch die Glasscheibe als Frontabdeckung und selektive Absorberbeschichtungen wird bei nicht konzentrierenden Kollektoren die Abstrahlung im langwelligen Bereich reduziert. Somit stehen die Beobachtungen realer Kollektoren nicht im Widerspruch zu den theoretischen Überlegungen dieses Kapitels.

Generell zeigt sich, dass für das Erreichen höherer Temperaturen auch größere Konzentrationsverhältnisse erforderlich sind. In der Praxis wurden z.B. im Sonnenofen in Odeillo (Frankreich) bei Konzentrationen von mehr als 10 000 Temperaturen von etwa 4 000 K erreicht.

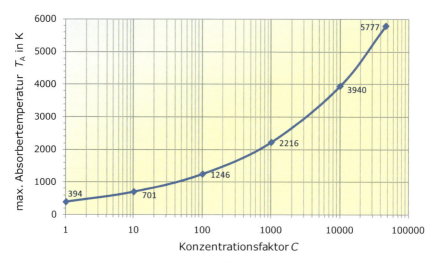

**Bild 4.3** Maximale Absorbertemperatur in Abhängigkeit des Konzentrationsfaktors

## 4.3 Konzentrierende Kollektoren

Linsensysteme werden derzeit nur bei der konzentrierenden Photovoltaik in größerem Umfang verwendet. Für die konzentrierende Solarthermie scheiden sie in der Regel aus Kostengründen aus. Hier kommen meist reflektierende Konzentratoren zum Einsatz.

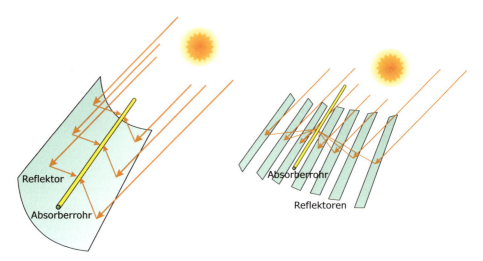

**Bild 4.4** Konzentration von Solarstrahlung mit Linienkonzentratoren (links: Parabolrinne, rechts: Fresnelkollektor)

## 4.3 Konzentrierende Kollektoren

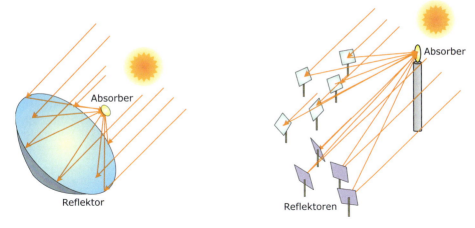

**Bild 4.5** Konzentration von Solarstrahlung mit Punktkonzentratoren (links: Parabolschüssel, rechts: verteiltes System mit Heliostaten)

Der Reflektor, der das Sonnenlicht auf eine Brennlinie oder einen Brennpunkt konzentriert, hat dabei normalerweise die Form einer Parabel. Bei einer kreisförmigen Reflektorform wird das Sonnenlicht nicht auf einen einzelnen Punkt gebündelt. Glasspiegel haben sich in der Praxis aufgrund ihrer langen Lebensdauer für die Reflexion bewährt.

Der Reflektor muss nachgeführt werden, sodass das Sonnenlicht immer senkrecht auf die Apertur einfällt. Prinzipiell unterscheidet man zwischen einachsig und zweiachsig nachgeführten Systemen. Einachsig nachgeführte Systeme konzentrieren die Sonnenstrahlung auf ein Absorberrohr im Fokus, zweiachsig nachgeführte Systeme meist auf einen zentralen Absorber in unmittelbarer Fokusnähe. Die Nachführung kann entweder über einen Sensor, der die optimale Ausrichtung zur Sonne erfasst, oder computergesteuert über die Berechnung der Sonnenposition erfolgen.

### 4.3.1 Linienkollektoren

#### 4.3.1.1 Kollektorarten und Kollektorgeometrie

Linienkonzentratoren werden in der Regel als Parabolrinnenkollektoren ausgeführt, welche das Sonnenlicht auf ein Absorberrohr konzentrieren. Der Konzentrator wird entweder geschlossen oder verteilt ausgeführt. Wird der Konzentrator auf mehrere Spiegel verteilt, die einzeln in eine optimale Position zum Absorberrohr gebracht werden, spricht man von einem **Fresnelkollektor** (Bild 4.4).

Bei kommerziellen Anlagen sind bislang überwiegend Parabolrinnenkollektoren zum Einsatz gekommen. Fresnelkollektoren haben aber ebenfalls Serienreife erlangt. Speziell für solarthermische Kraftwerke wurden große Stückzahlen von Parabolrinnenkollektoren errichtet. Bild 4.6 zeigt Parabolrinnenkollektoren in Spanien, Tabelle 4.1 gibt technische Daten verschiedener kommerziell errichteter Parabolrinnenkollektoren wieder.

**Tabelle 4.1** Technische Daten von Parabolrinnenkollektoren

| Kollektortyp | LS-1 | LS-2 | LS-3 | Euro Trough | SGX-2 | Astro |
|---|---|---|---|---|---|---|
| Erstinstallation (Jahr) | 1984 | 1986 | 1988 | 2001 | 2006 | 2007 |
| Konzentrationsfaktor $C$ | 61 | 71 | 82 | 82 | 82 | 82 |
| Aperturweite $d_k$ in m | 2,5 | 5,0 | 5,76 | 5,76 | 5,76 | 5,76 |
| Kollektorlänge $l_k$ in m | 50 | 48 | 99 | 150 | 100 | 150 |
| Aperturfläche $A_k$ in m² | 128 | 235 | 545 | 825 | 470 | 833 |
| Absorberrohrdurchmesser in mm | 42,4 | 70 | 70 | 70 | 70 | 70 |

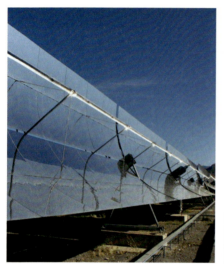

**Bild 4.6** Parabolrinnenkollektoren an der Forschungseinrichtung PSA bei Almería in Südspanien

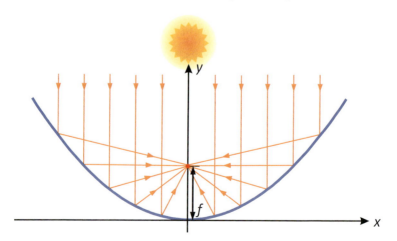

**Bild 4.7** Geometrie des Parabolrinnenkollektors

## 4.3 Konzentrierende Kollektoren

Die Form eines Parabolrinnenkollektors mit der Brennweite bzw. Fokuslänge $f$ und die Kollektorausdehnung in x- und y-Richtung lassen sich allgemein über

$$y = \frac{x^2}{4f} \tag{4.10}$$

beschreiben, was Bild 4.7 veranschaulicht.

### 4.3.1.2 Kollektornutzleistung und Kollektorwirkungsgrad

Mit der direkten Bestrahlungsstärke $E_{dir,K}$ auf den Kollektor, der Kollektoraperturfläche $A_K$, dem optischen Wirkungsgrad $\eta_{opt}$ und den thermischen Kollektorverlusten $\dot{Q}_V$ ergibt sich die Kollektornutzleistung

$$\dot{Q}_{KN} = E_{dir,K} \cdot A_K \cdot \eta_{opt} - \dot{Q}_V \; . \tag{4.11}$$

Da Rinnenkollektoren meist nur einachsig der Sonne nachgeführt werden, fällt in der Regel das direkte Sonnenlicht nicht senkrecht auf den Kollektor. Hierdurch verringert sich die direkt-normale Bestrahlungsstärke $E_{dir,s}$ auf eine senkrecht zum Sonnenlicht ausgerichtete Fläche durch sogenannte Kosinusverluste. Diese werden durch die Multiplikation mit dem Kosinus des Einfallswinkels $\theta$ erfasst. Da sich das Absorberrohr in der Brennebene oberhalb des Reflektors befindet, erreicht ein Teil der Strahlung am Kollektorende nicht das Absorberrohr. Diese zusätzlichen Kollektorendverluste werden über den Endverlustfaktor $f_{Endverlust}$ berücksichtigt. Damit ergibt sich die direkte Bestrahlungsstärke auf den Kollektor

$$E_{dir,K} = E_{dir,s} \cdot \cos\theta \cdot (1 - f_{Endverlust}) \; . \tag{4.12}$$

Mit dem Sonnenazimut $\alpha_S$ und der Sonnenhöhe $\gamma_S$ (siehe Kapitel 2) sowie der Abweichung $\alpha$ der Nachführungsachse von der Nord-Süd-Richtung und der Neigung $\beta$ der Nachführungsachse lässt sich der **Einfallswinkel** $\theta$ für sämtliche Geometrien und Zeitpunkte berechnen [Sti85]:

$$\theta = \arccos\left(\sqrt{1 - (\cos(\gamma_S - \beta) - \cos\beta \cdot \cos\gamma_S \cdot (1 - \cos(\alpha_S - \alpha)))^2}\right). \tag{4.13}$$

Für Kollektoren mit horizontal ausgerichteter Achse ($\beta = 0$) vereinfacht sich die Gleichung des Einfallswinkels zu

$$\theta = \arccos\left(\sqrt{1 - \cos^2\gamma_S \cdot \cos^2(\alpha_S - \alpha)}\right) \; . \tag{4.14}$$

Für Kollektoren mit horizontaler Achse in Nord-Süd-Richtung ($\alpha = 0, \beta = 0$) ergibt sich

$$\theta = \arccos\left(\sqrt{1 - \cos^2\gamma_S \cdot \cos^2\alpha_S}\right) \; . \tag{4.15}$$

Die **Kollektorendverluste** $f_{Endverlust}$, also der Teil der Strahlung, der am Ende des Kollektors durch den Schrägeinfall nicht mehr das Absorberrohr trifft, ergeben sich mit der Fokuslänge $f$ und der Kollektorlänge $l_K$ zu

$$f_{Endverlust} = \frac{f \cdot \tan\theta}{l_K} - f_{Endgewinne} \; . \tag{4.16}$$

Werden *n* Kollektoren in einer Reihe hintereinander aufgestellt, kann bei Schrägeinfall ein Teil der Strahlung von dem einen Kollektor auf das Absorberrohr des benachbarten Kollektors gelangen. Der Anteil der so erzielbaren Endgewinne

$$f_{\text{Endgewinne}} = \frac{(n-1)}{n} \cdot \frac{\max(0; f \cdot \tan\theta - d_D)}{l_K} \tag{4.17}$$

steigt mit abnehmendem Kollektorabstand $d_D$. Bild 4.8 veranschaulicht die Endverluste und -gewinne sowie die entsprechenden geometrischen Verhältnisse.

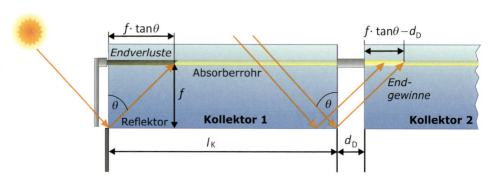

**Bild 4.8** Endverluste und Endgewinne bei in Reihe angeordneten Parabolrinnenkollektoren

Bei einer Reihe mit $n = 4$ EuroTrough-Kollektoren (vgl. Tabelle 4.1), die je eine Länge $l_K$ von 150 m, eine Fokuslänge von $f = 1{,}71$ m und einen Kollektorabstand von $d_D = 0{,}5$ m haben, ergeben sich bei einem Einfallswinkel von $\theta = 30°$ Endgewinne von $f_{\text{Endgewinne}} = 0{,}24\,\%$ und damit Endverluste von $f_{\text{Endverluste}} = 0{,}41\,\%$. Dieses Beispiel zeigt, dass Endverluste bei relativ langen Kollektoren weitgehend vernachlässigbar sind.

Als Absorber für Parabolrinnenkollektoren werden in der Regel Vakuumröhren verwendet, die bereits in Kapitel 3 für nicht konzentrierende Kollektoren beschrieben wurden. Der Aufbau der Absorberrohre ist weitgehend identisch, nur dass sie bei konzentrierenden Kollektoren für den höheren Temperaturbereich ausgelegt werden müssen. Der **optische Wirkungsgrad**

$$\eta_{\text{opt}} = (\rho \cdot \gamma \cdot \tau \cdot \alpha) \cdot K \cdot \eta_{\text{Sauberkeit}} = \eta_0 \cdot K \cdot \eta_{\text{Sauberkeit}} \tag{4.18}$$

von Parabolrinnenkollektoren ergibt sich aus dem Reflexionsgrad $\rho$ des Spiegels, dem Transmissionsgrad $\tau$ vom Glashüllrohr sowie dem Absorptionsgrad $\alpha$ des Absorberrohrs (Bild 4.9). Durch Streuung des Lichtes am Spiegel gelangt jedoch nicht der gesamte reflektierte Anteil auf das Absorberrohr. Diese Reduktion wird durch den Interceptfaktor $\gamma$ berücksichtigt. Der optische Nennwirkungsgrad $\eta_0$, der die genannten Parameter umfasst, wird in der Regel messtechnisch bestimmt.

Bei nicht senkrechtem Einfall erhöhen sich die optischen Verluste. Der **Einfallswinkelkorrekturfaktor** $K$ (Incidence Angle Modifier, IAM) erfasst die Abhängigkeit der steigenden optischen Verluste mit dem Einfallswinkel $\theta$. Mit

$$K = \max\left(1 - c_1 \cdot \frac{\theta}{\cos\theta} - c_2 \cdot \frac{\theta^2}{\cos\theta};\ 0\right) \tag{4.19}$$

## 4.3 Konzentrierende Kollektoren

ist eine empirische Gleichung zur Beschreibung des Verlaufs gegeben. Die Parameter $c_1$ und $c_2$ werden durch Messungen bei verschiedenen Einfallswinkeln bestimmt.

Im praktischen Betrieb liegt der optische Wirkungsgrad $\eta_{opt}$ infolge von Verschmutzungen unter dem bei Idealbedingungen ermittelten Wert. Der Parameter $\eta_{Sauberkeit}$ erfasst diese Reduktion. Schmutzpartikel auf dem Reflektor streuen das Licht, sodass ein geringerer Anteil den Absorber erreicht. Dies macht konzentrierende Systeme im Vergleich zu nicht konzentrierenden Systemen deutlich anfälliger gegenüber Verschmutzungen. Bei regelmäßiger Reinigung im Abstand weniger Tage lässt sich eine Sauberkeit zwischen 90 und 95 % erreichen. Bei längeren Reinigungsabständen erhöhen sich die Verluste durch Verschmutzungen signifikant.

Wie auch beim nicht konzentrierenden Kollektor lassen sich die Wärmeverluste $\dot{Q}_V$ in Konvektionsverluste $\dot{Q}_K$ und Strahlungsverluste $\dot{Q}_S$ aufteilen (Bild 4.9):

$$\dot{Q}_V = \dot{Q}_K + \dot{Q}_S = \alpha_K \cdot A_{Abs} \cdot (T_{Glas} - T_U) + A_{Abs} \cdot \varepsilon \cdot \sigma \cdot (T_A^4 - T_U^4) \quad . \tag{4.20}$$

Mit dem Wärmeübergangskoeffizienten $\alpha_K$ und der Absorberrohroberfläche $A_{abs}$ ergeben sich die Konvektionsverluste näherungsweise aus der Temperaturdifferenz des Glashüllrohrs und der Umgebung. Bei den Strahlungsverlusten sind hingegen die Oberflächentemperatur des Absorberrohrs $T_A$ und die Umgebungstemperatur $T_U$ ausschlaggebend. Zur Reduktion des Emissionskoeffizienten $\varepsilon$ werden in der Regel selektive Oberflächenbeschichtungen aufgetragen, welche bereits in Kapitel 3 erläutert wurden.

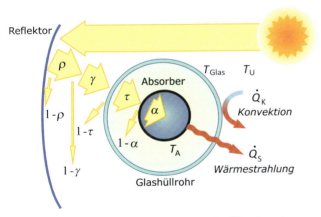

**Bild 4.9** Optische und thermische Vorgänge im Absorberrohr

Mit der Kollektorlänge $l_K$, dem Absorberrohrdurchmesser $d_A$ sowie der Aperturfläche $A_K$ des Kollektors und dem Konzentrationsfaktor $C$ ergibt sich die Oberfläche des Absorberrohrs

$$A_{abs} = l_K \cdot d_A \cdot \pi = \frac{A_K}{C} \cdot \pi \quad . \tag{4.21}$$

Die Wärmeverluste

$$\dot{Q}_V = A_K \cdot \frac{\pi}{C} \cdot \left(\alpha_K \cdot (T_{Glas} - T_U) + \varepsilon \cdot \sigma \cdot (T_A^4 - T_U^4)\right) \tag{4.22}$$

nehmen damit mit dem Konzentrationsfaktor ab.

Der **Kollektorwirkungsgrad**

$$\eta_K = \frac{\dot{Q}_K}{E_{dir,s} \cdot A_K} = \eta_{opt} - \frac{\dot{Q}_V}{E_{dir,s} \cdot A_K} \qquad (4.23)$$

wird meist auf die direkt-normale Bestrahlungsstärke $E_{dir,s}$ auf die Kollektorfläche $A_K$ bezogen. Bei zunehmendem Konzentrationsfaktor $C$ nimmt mit sinkenden Wärmeverlusten auch der Kollektorwirkungsgrad zu. Bild 4.10 zeigt Berechnungen für $\eta_{opt} = 0{,}75$, $\varepsilon = 0{,}1$, $\alpha_K = 2$ W/(m² K), $E_{dir,S} = 1000$ W/m² und die Annahme, dass die Temperaturdifferenz des Glashüllrohrs zur Umgebung 30 % der Differenz der Absorbertemperatur zur Umgebung entspricht.

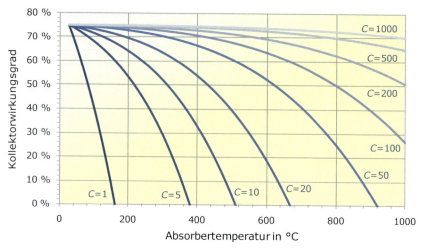

**Bild 4.10** Kollektorwirkungsgrad über der Absorbertemperatur für verschiedene Konzentrationen

Hier wird klar ersichtlich, dass zum Erreichen von hohen Temperaturen auch hohe Konzentrationsfaktoren anzustreben sind, wobei für Konzentrationsfaktoren über 100 in der Regel zweiachsige Punktkonzentratoren erforderlich werden.

Durch nicht erfasste Wärmeverluste, zum Beispiel bei der Absorberrohraufhängung, fallen in der Praxis die Wärmeverluste meist höher aus als zuvor berechnet. Darum werden Kollektoren meist vermessen und die Wärmeverluste über die Faktoren $b_0$, $b_1$ und $b_2$ mit $\Delta T = (T_A - T_U)$ empirisch bestimmt [Dud94]:

$$\dot{Q}_V = \left(b_0 \cdot K \cdot E_{dir,K} + b_1 + b_2 \cdot \Delta T\right) \cdot A_K \cdot \Delta T \ . \qquad (4.24)$$

Typische Parameter zur Wirkungsgradberechnung sind in Tabelle 4.2 zusammengefasst.

**Tabelle 4.2** Typische Parameter zur Wirkungsgradbestimmung von Parabolrinnenkollektoren

| $\eta_0$ | $c_1$ (1°)$^{-1}$ | $c_2$ in (1°)$^{-2}$ | $b_0$ in K$^{-1}$ | $b_1$ in K$^{-1}$ W m$^{-2}$ | $b_2$ in K$^{-2}$ W m$^{-2}$ |
|---|---|---|---|---|---|
| 0,75 | -0,000884 | 0,00005369 | 7,276·10$^{-5}$ | 4,96·10$^{-3}$ | 6,91·10$^{-4}$ |

## 4.3.1.3 Längenausdehnung

Aufgrund der großen Temperaturunterschiede zwischen Stillstands- und Betriebstemperatur haben konzentrierende Systeme stets auch große Längenausdehnungen zu verkraften. Die Längendehnung eines Körpers bei Erwärmung auf die Temperatur $\vartheta_2$ mit dem Ausdehnungskoeffizienten $\alpha$ und einer Länge $l_1$ bei einer Temperatur $\vartheta_1$ beträgt

$$\Delta l = l_2 - l_1 = l_1 \cdot \alpha \cdot (\vartheta_2 - \vartheta_1) = l_1 \cdot \alpha \cdot \Delta T \,. \tag{4.25}$$

Ein 100 m langes Stahlrohr erfährt damit bei einer Temperaturdifferenz von $\Delta T$ = 350 K eine Längenzunahme von rund 0,5 m.

**Tabelle 4.3** Lineare Ausdehnungskoeffizienten verschiedener Körper für den Temperaturbereich 0 bis 500 °C [Her12]

| Material | $\alpha$ in $10^{-6}$ K$^{-1}$ | Material | $\alpha$ in $10^{-6}$ K$^{-1}$ |
|---|---|---|---|
| Aluminium | 27,4 | Rostfreier Stahl | 18,2 |
| Kupfer | 17,9 | Quarzglas | 0,61 |
| Stahl C60 | 13,9 | Gewöhnliches Glas | 10,2 |

Flexible Elemente bei der Absorberrohraufhängung und den Absorberrohranschlüssen müssen diese Ausdehnungen aufnehmen. Besondere Probleme bereitet die unterschiedliche Ausdehnung des Glashüllrohrs und des Stahlrohrs beim Absorberrohr. Damit es bei der Erwärmung nicht zum Glasbruch kommt, gleichen entsprechende Faltenbalge die Längenunterschiede aus.

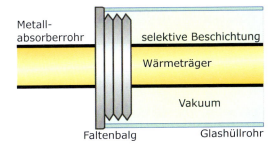 

**Bild 4.11** Links: Faltenbalg zur Aufnahme von unterschiedlichen Längenausdehnungen von Glas und Metall. Rechts: Hochtemperaturabsorberrohr der Firma Schott für Parabolrinnenkraftwerke

## 4.3.1.4 Parabolrinnenkollektorfelder

Bei solarthermischen Kraftwerken werden in der Regel drei bis vier Parabolrinnenkollektoren in Reihe geschaltet. Eine Vielzahl dieser Reihen wird im Kollektorfeld parallel zueinander aufgestellt. Bei niedrig stehender Sonne kann es zu gegenseitigen Verschattungen zwischen den Kollektorreihen kommen.

In Abhängigkeit vom Sonnenazimut $\alpha_S$, der Sonnenhöhe $\gamma_S$ sowie der Neigung $\beta$ und der Abweichung $\alpha$ der Nachführungsachse von der Nord-Süd-Richtung bestimmt sich der **Nachführungswinkel** bzw. Neigungswinkel der Kollektoren:

$$\rho = \arctan\left(\frac{\cos\gamma_s \cdot \sin(\alpha_s - \alpha)}{\sin(\gamma_s - \beta) + \sin\beta \cdot \cos\gamma_s \cdot (1 - \cos(\alpha_s - \alpha))}\right) \; . \tag{4.26}$$

Das kostenlose Programm „TroughView" auf der DVD zu diesem Buch visualisiert die Kollektorneigung in Abhängigkeit von Standort und Datum.

Mit dem Kollektorreihenabstand $d_R$ und der Kollektoraperturweite $d_K$ (siehe Bild 4.12) berechnet sich der Grenzwinkel

$$\rho_{Grenz} = \arccos\left(\frac{d_K}{d_R}\right), \tag{4.27}$$

ab dem gegenseitige Verschattungen zu erwarten sind.

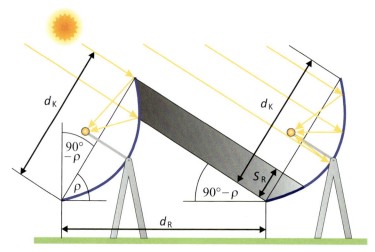

**Bild 4.12** Gegenseitige Verschattungen bei parallelen Parabolrinnenkollektorreihen

In diesem Fall reduziert sich die direkte Bestrahlungsstärke $E_{dir,K}$ auf den Kollektor bei $m$ parallelen Kollektorreihen mit dem Verhältnis der Schattenweite $S_R$ zur Aperturweite $d_K$ wie folgt:

$$f_{Reihenverschattung} = \max\left(0; \; \frac{m-1}{m} \cdot \frac{S_R}{d_K}\right) = \max\left(0; \; \frac{m-1}{m} \cdot \frac{d_K - d_R \cdot \cos\rho}{d_K}\right). \tag{4.28}$$

Bei einer typischen Kollektoraperturweite von $d_K$ = 5,76 m und einem Reihenabstand von $d_R$ = 17,3 m berechnet sich der Grenzwinkel zu $\rho_{Grenz}$ = 70,6°. Für größere Nachführungswinkel sind gegenseitige Reihenverschattungen zu erwarten. Bei $m$ = 50 parallelen Kollektorreihen und einem Nachführungswinkel von $\rho$ = 80° betragen beispielsweise die Reihenverluste $f_{Reihenverschattung}$ = 47 %.

Bei niedrigem Sonnenstand und großen Nachführungswinkeln ist in der Regel wegen der niedrigen Bestrahlungsstärke auch nur ein mäßiger Kollektorertrag zu erwarten, sodass hier gegenseitige Verschattungen toleriert werden können. Wird der Reihenabstand zu klein gewählt, kommt es jedoch auch bei höheren Bestrahlungsstärken zu Verschattungsverlusten. Bei zu großem Reihenabstand steigen hingegen die Wärme- und Pumpverluste

## 4.3 Konzentrierende Kollektoren

in den Verbindungsrohren zwischen den Reihen an. Ein Reihenabstand $d_R$, der etwa dem Dreifachen der Aperturweite $d_K$ entspricht, stellt einen guten Kompromiss mit nahezu maximalem Ertrag dar.

Die Zirkulationswärmeverluste $Q_Z$ durch Verrohrungen im Kollektorfeld können analog zu den Rohrverlusten von nicht konzentrierenden Kollektoranlagen (siehe Abschnitt 3.6.2) berechnet werden. In der Praxis entstehen neben den Wärmedurchgangsverlusten durch die Rohrisolierung jedoch auch noch Verluste an Absperrhähnen, Ventilen oder schlecht isolierten Rohrstücken. Für ein Kollektorfeld mit $m \cdot n$ Kollektoren und einer mittleren Feldtemperatur $T_{Feld}$ sowie der Umgebungstemperatur $T_U$ lassen sich die Feldverluste

$$\dot{Q}_{V,Feld} = f \cdot m \cdot n \cdot A_K \cdot (T_{Feld} - T_U) = f \cdot A_{Feld} \cdot (T_{Feld} - T_U) \tag{4.29}$$

näherungsweise empirisch bestimmen. Bei existierenden Anlagen wurde dabei ein thermischer Feldverlustfaktor von $f$ = 0,0583 W/(m² K) ermittelt [Lip95].

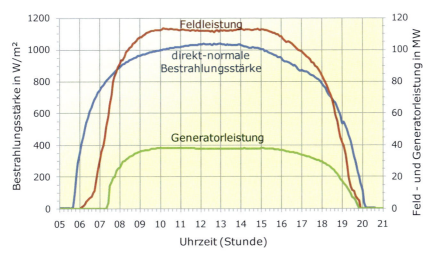

**Bild 4.13** Typischer zeitlicher Verlauf der direkt-normalen Bestrahlungsstärke sowie der Feld- und Generatorleistung eines Parabolrinnenkraftwerks innerhalb eines Tages

Die Leitungsaufheizverluste $Q_{LA}$ für konzentrierende Kollektorfelder lassen sich ebenfalls analog zu nicht konzentrierenden Anlagen berechnen. Aufgrund der sehr großen Rohr- und Wärmeträgermassen sind große Energiemengen für das Aufheizen erforderlich. Bei einem Kollektorfeld mit einer Aperturfläche des gesamten Feldes von $A_{Feld}$ = 250 000 m² werden rund 43 km Absorberrohre mit einer Gesamtmasse der Metallrohre von 164 t benötigt. Hinzu kommen 5 km Verbindungsrohre im Feld mit 325 t Masse sowie rund 600 t Wärmeträgeröl. Für das Aufheizen des Kollektorfeldes um rund 200 °C bestimmen sich Aufheizverluste von $Q_{LA}$ = 85 MWh. Selbst bei hohen Einstrahlungswerten wird zur Bereitstellung dieser Energie durch die Kollektoren deutlich mehr als eine halbe Stunde benötigt. Damit kommt es morgens zu einer zeitlichen Verzögerung beim Aufheizen des Feldes (Bild 4.13).

## 4.3.2 Punktkonzentratoren

Um höhere Arbeitstemperaturen zu erreichen, sind höhere Konzentrationen als bei Parabolrinnenkollektoren notwendig. Hierzu sind Punktkonzentratoren erforderlich, die das Sonnenlicht zweiachsig konzentrieren. Mit rotationssymmetrisch geformten Paraboloiden lässt sich das Sonnenlicht auf einen einzelnen Brennpunkt konzentrieren (vgl. Bild 4.5). Die Baugrößen von **Parabolschüsseln** sind technisch bedingt jedoch begrenzt. Die meisten Systeme haben Durchmesser von weniger als 10 m.

Zur Erreichung großer Leistungen werden sogenannte **Heliostatenfelder** verwendet. Hierbei ist eine Vielzahl zweiachsig nachgeführter Spiegel, die Heliostaten, kreis- oder halbkreisförmig um einen Turm angeordnet. Diese konzentrieren das Sonnenlicht auf einen Empfänger (Receiver) an der Turmspitze.

Je nach Sonnenposition kommt es hierbei jedoch zu gegenseitiger Verschattung der Heliostaten. Über spezielle Computerprogramme werden daher die optimalen Abstände der Spiegel und die zeitabhängigen Verschattungsverluste bestimmt. Je weiter die Heliostaten vom Turm entfernt sind, desto größer ist der erforderliche Abstand. Näherungsweise lässt sich der Spiegelabstand

$$\Delta x \approx x \cdot \frac{z_S}{z_T} \tag{4.30}$$

aus dem Abstand $x$ des Spiegels vom Turm, der Spiegelhöhe $z_S$ und der Turmhöhe $z_T$ ermitteln [Kle93].

**Bild 4.14** Heliostaten an der Forschungseinrichtung PSA bei Almería in Südspanien

Neben den Verschattungsverlusten reduzieren Spiegelfehler, Nachführungsungenauigkeiten, Reflexionsverluste, Windbelastungen, Cosinusverluste und technische Ausfälle den Feldwirkungsgrad. Der Gesamtwirkungsgrad eines Spiegelfeldes liegt üblicherweise zwischen 55 und 80 %.

## 4.4 Wärmekraftmaschinen

Neben der Bereitstellung von Hochtemperatur-Prozesswärme werden konzentrierende Systeme vor allem zur Stromerzeugung eingesetzt. Die Umwandlung der konzentrierten Solarstrahlung in Elektrizität kann über Konzentratorphotovoltaikzellen oder Wärmekraftmaschinen erfolgen. Während bei der konzentrierenden Photovoltaik erst im Jahr 2008 größere kommerzielle Anlagen entstanden, sind Wärmekraftmaschinen bereits seit den 1980er-Jahren in kommerziellen konzentrierenden Solarkraftwerken im Einsatz.

### 4.4.1 Carnot-Prozess

Ein idealer Kreisprozess wurde von Carnot vorgeschlagen, bei dem Wärme und Arbeit periodisch zu- und wieder abgeführt wird. Die abgegebene mechanische Nutzarbeit

$$|W| = Q_{zu} - |Q_{ab}| \tag{4.31}$$

ergibt sich dabei aus der Differenz der zugeführten Wärme $Q_{zu}$ und der abgeführten Wärme $Q_{ab}$. Der thermische Wirkungsgrad des Carnot-Prozesses

$$\eta_{th,C} = \frac{|W|}{Q_{zu}} = \frac{T_{zu} - T_{ab}}{T_{zu}} = 1 - \frac{T_{ab}}{T_{zu}} \tag{4.32}$$

wird durch die Temperaturen der Wärmequelle $T_{zu}$ und der Wärmesenke $T_{ab}$ definiert. Für einen hohen Wirkungsgrad muss Wärme auf einem hohen Temperaturniveau zugeführt und bei einem niedrigen Temperaturniveau abgeführt werden. Ein Wirkungsgrad von 100 % lässt sich theoretisch nur bei einer Temperatur der Wärmesenke von 0 K erreichen. Die Wirkungsgrade realer Kreisprozesse liegen stets unterhalb des Carnot-Wirkungsgrades.

### 4.4.2 Clausius-Rankine-Prozess

Ein realer thermodynamischer Kreisprozess ist der **Clausius-Rankine-Prozess** (Bild 4.15). Er wird in **Dampfkraftwerken** eingesetzt und ist damit der wichtigste Prozess in thermischen Kraftwerken zur Stromerzeugung. Das Arbeitsmedium dieses Prozesses ist Wasser. Dies wird unter Druck vorgewärmt (a-b) und dann verdampft (b-c). Die Verdampfungstemperatur hängt dabei vom Druck ab. Bei einem Druck von 100 bar bzw. 10 000 kPa liegt die Verdampfungstemperatur beispielsweise bei 311 °C bzw. 584,1 K. Anschließend wird der Wasserdampf weiter überhitzt (c-d). In der Dampfturbine entspannt sich der Wasserdampf (d-e) und gibt dabei mechanische Energie ab. Hierdurch lässt sich ein elektrischer Generator antreiben, der die mechanische Energie in elektrische Energie umwandelt. Generatoren werden im Kapitel 6 (Windkraft) näher beschrieben.

Durch den geschlossenen Kreislauf lässt sich der Dampf unterhalb des Umgebungsdrucks entspannen und damit der Wirkungsgrad erhöhen. Typische Kondensationsdrücke liegen unterhalb von 100 mbar bzw. 10 kPa. Bei 100 mbar beträgt die Kondensationstemperatur des Wasserdampfes 46 °C bzw. 319 K.

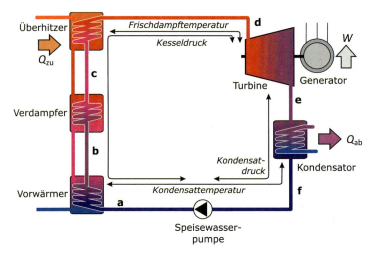

**Bild 4.15** Schematischer Aufbau des Clausius-Rankine-Prozesses (Dampfturbinenprozess)

Der Kondensator führt die Niedertemperaturwärme $Q_{ab}$ ab und kondensiert den Wasserdampf wieder zu flüssigem Wasser (e-f). Die Wärmeabfuhr kann entweder durch Frischwasserkühlung mit Fluss- oder Meerwasser oder durch Nass- bzw. Trockenkühltürme erfolgen. Je niedriger die Kühltemperatur ist, desto geringere Kondensatordrücke lassen sich erreichen und damit höhere Wirkungsgrade erzielen. Die Speisewasserpumpe bringt das flüssige Wasser schließlich wieder auf Kesseldruck (f-a) und schließt damit den Kreislauf. Hierzu benötigt die Speisewasserpumpe einen nicht unerheblichen Teil der zuvor erzeugten elektrischen Energie.

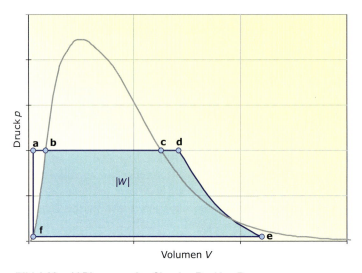

**Bild 4.16** p-V-Diagramm des Clausius-Rankine-Prozesses

Bild 4.16 zeigt den Clausius-Rankine-Prozess im p-V-Diagramm. Die Speisewasserpumpe bringt das Wasser unter Druck (f-a). Bei gleichem Druck $p$ wird das Wasser durch Zuführen von Wärme $Q_{zu}$ isobar vorgewärmt (a-b), verdampft (b-c) und überhitzt (c-d),

## 4.4 Wärmekraftmaschinen

wodurch sich das Volumen V stark erhöht. Der Übergangsbereich von Flüssigkeit in Gas, der sogenannte Nassdampfbereich, lässt sich durch die im Diagramm eingezeichnete Grenzkurve beschreiben. Bei der Entspannung in der Turbine sinkt der Druck bei weiter steigendem Volumen wieder ab (d-e). Im Kondensator kondensiert der Dampf bei gleichem Druck erneut zur Flüssigkeit (e-f), wodurch sich das Volumen wieder stark reduziert.

Neben den bekannten physikalischen Größen wie Druck, Volumen oder Temperatur wird in der Thermodynamik eine weitere Zustandsgröße, die **Entropie** $S$, verwendet. Die Entropie ist nicht direkt messbar. Sie beschreibt, inwieweit ein Prozess reversibel abläuft. Muss von außen Energie oder Wärme zugeführt werden, steigt die Entropie im System an. Beim Abführen von Wärme sinkt hingegen die Entropie. Eine Änderung der Entropie $dS$ ist also stets mit einer Änderung der Wärme $dQ$ bei einer bestimmten Temperatur $T$ verbunden:

$$dS = \frac{dQ}{T} \quad . \tag{4.33}$$

Die Maßeinheit der Entropie ist J/K, der Nullpunkt kann willkürlich gewählt werden. In der Thermodynamik wird ebenfalls die auf die Masse bezogene spezifische Entropie $s$ häufig benutzt. Bild 4.17 zeigt den Clausius-Rankine-Prozess im T-S-Diagramm. Der Nassdampfbereich, also der Übergangsbereich von Flüssigkeit in Gas, lässt sich in diesem Diagramm ebenfalls als Grenzkurve einzeichnen.

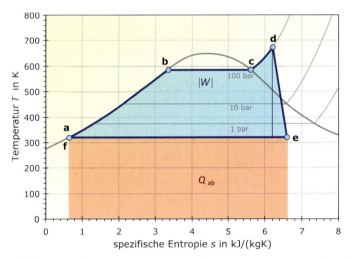

**Bild 4.17** T-S-Diagramm eines Clausius-Rankine-Prozesses ohne Zwischenüberhitzung

Das Vorwärmen (a-b) erfolgt entlang der Grenzkurve. Hierbei wird Wärme zugeführt und die Entropie $S$ nimmt zu. Das Verdampfen (b-c) geschieht bei konstanter Temperatur. Beim anschließenden Überhitzen (c-d) steigt die Temperatur weiter an. Auch hier wird Wärme zugeführt, wodurch die Entropie ansteigt. Im Idealfall wird der Dampf in der Turbine isentrop, das heißt bei gleich bleibender Entropie entspannt. Dies würde durch eine Senkrechte im T-S-Diagramm dargestellt. Aufgrund der nicht reversiblen Expansion nimmt bei realen Prozessen die Entropie ebenfalls geringfügig zu (d-e). Bei der anschließenden Kondensation wird Wärme $Q_{ab}$ abgeführt, wodurch die Entropie wieder abnimmt (e-f). Bei der isentropen Kompression durch die Speisewasserpumpe ändern sich weder Temperatur noch Entropie, weswegen die Punkte a und f im T-S-Diagramm zusammenfallen.

Die beim Kreisprozess umschlossene Fläche im T-S-Diagramm entspricht der abgegebenen mechanischen Energie $|W|$, die Fläche unterhalb des Prozesses der abgeführten Wärme $Q_{ab}$. Da die zugeführte Wärme $Q_{zu}$ aus der Summe beider Flächen gebildet wird, lässt sich im T-S-Diagramm aus dem Verhältnis der umschlossenen Fläche zur Gesamtfläche direkt der Wirkungsgrad ablesen. Für eine Wirkungsgraderhöhung muss die umschlossene Fläche vergrößert werden.

Da das untere Temperaturniveau durch die Kühlung vorgegeben ist und sich nur wenig verändern lässt, ist eine Wirkungsgradsteigerung vor allem durch höhere Temperaturen und Drücke erreichbar. Bei höheren Drücken verschiebt sich die Verdampfung (b-c) zu höheren Temperaturen. Bei 200 bar steigt die Temperatur beispielsweise auf 365,7 °C bzw. 639 K an. Oberhalb von 220 bar findet die Verdampfung überkritisch statt. Hierbei geht der Wasserdampf ohne den typischen Siedevorgang direkt in Dampf über. Durch Überhitzung auf höhere Temperaturen steigt ebenfalls der Wirkungsgrad an. Für extrem hohe Drücke und Temperaturen sind jedoch auch sehr teure Stähle und Legierungen erforderlich. Eine Wirkungsgradverbesserung muss dadurch teuer erkauft werden. Während bei einem Druck von 167 bar und Temperaturen von 538 °C ein Nettowirkungsgrad von rund 42 % erreichbar ist, steigt dieser bei 300 bar und 720 °C gerade einmal auf 47,5 % an. Bei konventionellen Kohlekraftwerken ist eine $CO_2$-Reduktion durch Wirkungsgradverbesserungen damit nur sehr bedingt möglich.

Solarthermische Parabolrinnenkraftwerke arbeiten derzeit bei deutlich niedrigeren Temperaturen. Bei einem Druck von 100 bar und einer Temperatur von 371 °C lassen sich thermische Turbinenwirkungsgrade von 38 % erzielen. Hierbei werden bereits einige zusätzliche technische Maßnahmen zur Wirkungsgradverbesserung eingesetzt. Durch Abzapfen von Wärme aus der Turbine wird das Speisewasser mehrstufig vorgewärmt. Weiterhin wird die Turbine zweistufig als serielle Hochdruck- und Niederdruckturbine ausgeführt. Zwischen dem Hochdruck- und Niederdruckteil erfolgt eine Zwischenüberhitzung, was die umschlossene Fläche im T-S-Diagramm weiter vergrößert. Weitere Verbesserungen sind durch höhere Prozesstemperaturen aufgrund solarer Direktverdampfung in Rinnenkollektoren oder den Einsatz von Solarturmkraftwerken zu erwarten. Trotz aller technischer Raffinessen ist der Wärmekraftprozess aber das schwächste Glied in der Wirkungsgradkette eines solarthermischen Kraftwerks.

### 4.4.3 Joule-Prozess

Bei der **offenen Gasturbine** kommt der Joule-Prozess zum Einsatz (Bild 4.18). Hierbei wird Umgebungsluft angesaugt, über einen Verdichter isentrop komprimiert und in eine Brennkammer geleitet. In konventionellen Anlagen erwärmen hier Brennstoffe wie Kerosin oder Erdgas die Luft isobar. Die Erwärmung lässt sich auch durch Einkopplung solarthermischer Wärme erreichen, wie später bei Solarturmkraftwerken erläutert wird. Anschließend entspannt sich die heiße Luft in der Gasturbine. Diese treibt den Verdichter und einen Generator an, der zur Stromerzeugung dient. Ein nicht unerheblicher Teil der Arbeitsleistung der Turbine wird zum Antrieb des Verdichters benötigt.

## 4.5 Konzentrierende solarthermische Anlagen

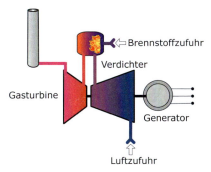

**Bild 4.18** Prinzip der offenen Gasturbinenanlage (Joule-Prozess)

Um höhere Wirkungsgrade bei der Umwandlung thermischer in elektrische Energie zu erreichen, lassen sich Gasturbinen mit Dampfturbinen kombinieren. Hierbei wird zuerst bei hohen Temperaturen ein Gasturbinenprozess angetrieben. Die Abwärme der Gasturbine verdampft und überhitzt in einem Abhitzekessel Wasser. Der dabei entstehende Dampf treibt dann eine Dampfturbine an. Kombinierte Gas- und Dampfturbinen- oder kurz **GuD-Anlagen** erreichen Gesamtwirkungsgrade von bis zu 60 %. Bei solaren Turmkraftwerken mit Druckreceiver (vgl. Abschnitt 4.5.2.2) lässt sich dieses Prinzip einsetzen.

### 4.4.4 Stirling-Prozess

Eine weitere Wärmekraftmaschine, die bei solarthermischen Kraftwerken zum Einsatz kommt, ist die Stirling-Maschine, auch **Heißluftmotor** genannt. Diese verwendet Luft, Helium oder Wasserstoff als Arbeitsgas. Das Gas wird abwechselnd ohne Temperaturerhöhung isotherm komprimiert, bei gleichem Volumen isochor erwärmt, isotherm expandiert und dann wieder isochor ausgekühlt. In der Praxis kommen hierzu ein oder zwei Kolben zum Einsatz. Diese verschieben das Arbeitsgas zwischen einem heißen und kalten Arbeitsraum. Die Wärmezufuhr im heißen Arbeitsraum kann durch konzentrierte Solarstrahlung erfolgen. Ein Regenerator trennt beide Arbeitsräume. Die Expansion und Kompression des Arbeitsgases bewegt die Kolben. Kommerziell konnte sich der Stirling-Motor bislang im großen Stil noch nicht durchsetzen. Es existieren lediglich Kleinserien, die aber durchaus ihre Praxistauglichkeit bewiesen haben.

## 4.5 Konzentrierende solarthermische Anlagen

### 4.5.1 Parabolrinnenkraftwerke

Bereits im Jahr 1906 wurde in den USA mit der Entwicklung von solarthermischen Kraftwerken begonnen. In den USA und in der Nähe des ägyptischen Kairos, damals noch britische Kolonie, wurden Demonstrationskraftwerke errichtet und erste Tests verliefen auch erfolgreich. Vom Erscheinungsbild waren die Anlagen den heutigen bereits erstaunlich ähnlich. Materialprobleme und andere technische Schwierigkeiten beendeten jedoch im Jahr 1914 kurz vor Ausbruch des ersten Weltkriegs die ersten Ansätze einer großtechnischen solaren Stromerzeugung.

Im Jahr 1978 wurde in den USA der Grundstein für die Auferstehung der Technik gelegt. Der Public Utilities Regulatory Policy Act verpflichtete die öffentlichen Stromversorgungsgesellschaften, Strom von unabhängigen Produzenten zu klar definierten Kosten abzunehmen. Nachdem sich die Stromkosten infolge der Ölkrisen in wenigen Jahren mehr als verdoppelt hatten, bot das kalifornische Elektrizitätsversorgungsunternehmen Southern California Edison (SCE) langfristige Konditionen für die Einspeisung aus regenerativen Kraftwerken an. In Verbindung mit steuerlichen Vergünstigungen machte dies den Bau finanziell interessant. Im Jahr 1984 wurde das erste solarthermische Parabolrinnenkraftwerk in der kalifornischen Mojave-Wüste errichtet. Weitere stets vergrößerte und technisch verbesserte Kraftwerke folgten jeweils im Abstand von weniger als einem Jahr. Mitte der 1980er-Jahre fielen die Energiepreise wieder drastisch. Nachdem Ende 1990 auch noch die Steuerbefreiungen ausliefen, wurden in Kalifornien keine neuen Parabolrinnenkraftwerke mehr errichtet.

Bis zum Jahr 2007 waren die kalifornischen **SEGS-Parabolrinnenkraftwerke** (Solar Electric Generation Systems) die einzigen kommerziellen Rinnenanlagen zur solarthermischen Stromerzeugung. Über eine Millionen Spiegelsegmente mit einer gesamten Öffnungsfläche von 2,3 Mio. m² konzentrieren hier das Sonnenlicht. Die elektrische Leistung dieser Kraftwerke beträgt 354 MW bei einer Leistungsabgabe von 800 GWh pro Jahr, immerhin genug, um den gesamten Bedarf von gut 60 000 Amerikanern zu decken. Acht der Kraftwerke können auch mit fossilen Brennstoffen betrieben werden, sodass sie auch nachts oder bei Schlechtwetterperioden Elektrizität liefern. Der jährliche Erdgasanteil an der zugeführten thermischen Energie ist gesetzlich jedoch auf 25 % begrenzt.

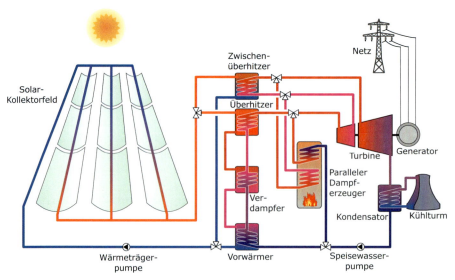

**Bild 4.19** Prinzip eines Parabolrinnenkraftwerks mit parallelem Dampferzeuger und getrenntem Kollektor- und Dampfturbinenkreis

Bei den SEGS-Anlagen der 1980er- und 1990er-Jahre in Kalifornien durchströmt ein Thermoöl das Absorberrohr der Rinnenkollektoren, das die Sonnenstrahlung auf Temperaturen von knapp 400 °C aufheizt. Wärmetauscher geben die Wärme an einen Dampfturbinen-Prozess mit Zwischenüberhitzung ab. Neben dem Solarkollektorfeld lässt sich auch

## 4.5 Konzentrierende solarthermische Anlagen

ein paralleler fossiler Dampferzeuger zur Wärmeerzeugung im Dampfturbinenkreislauf verwenden (Bild 4.19). Tabelle 4.4 fasst die technischen Daten dieser amerikanischen Parabolrinnenkraftwerke zusammen.

**Tabelle 4.4** Technische Daten der SEGS-Parabolrinnenkraftwerke in Kalifornien [Pil96]

| Anlage | I | II | III | IV | V | VI | VII | VIII | IX |
|---|---|---|---|---|---|---|---|---|---|
| Jahr der Inbetriebnahme | 1984 | 1985 | 1986 | 1986 | 1987 | 1988 | 1988 | 1989 | 1990 |
| Nettoleistung in MW | 13,8 | 30 | 30 | 30 | 30 | 30 | 30 | 80 | 80 |
| Landfläche in 1000 m² | 290 | 670 | 800 | 800 | 870 | 660 | 680 | 1620 | 1690 |
| Aperturfläche in 1000 m² | 83 | 165 | 233 | 233 | 251 | 188 | 194 | 464 | 484 |
| Kollektortyp | LS1-2 | LS1-2 | LS-2 | LS-2 | LS-2 | LS-2 | LS2-3 | LS-3 | LS-3 |
| Öleintrittstemp. in °C | 241 | 248 | 248 | 248 | 248 | 293 | 293 | 293 | 293 |
| Ölaustrittstemp. in °C | 307 | 321 | 349 | 349 | 349 | 391 | 391 | 391 | 391 |
| Dampf (solar) | | | | | | | | | |
| - Druck in bar | 38 | 27 | 43,4 | 43,4 | 43,4 | 100 | 100 | 100 | 100 |
| - Temperatur in °C | 247 | 300 | 327 | 327 | 327 | 371 | 371 | 371 | 371 |
| Wirkungsgrad in % | | | | | | | | | |
| - Dampfturbine (solar) | 31,5 | 29,4 | 30,6 | 30,6 | 30,6 | 37,6 | 37,6 | 37,6 | 37,6 |
| - Dampfturbine (Gas) | – | 37,3 | 37,3 | 37,3 | 37,3 | 39,5 | 39,5 | 37,6 | 37,6 |
| - Solarfeld (thermisch) | 35 | 43 | 43 | 43 | 43 | 43 | 43 | 53 | 50 |
| - Solar-elektrisch (netto) | 9,3 | 10,7 | 10,2 | 10,2 | 10,2 | 12,4 | 12,3 | 14,0 | 13,6 |
| Verkaufspreis in US$/kW | 4490 | 3200 | 3600 | 3730 | 4130 | 3870 | 3870 | 2890 | 3440 |

Verbesserte politische Rahmenbedingungen sorgten für ein Wiederauferstehen der solarthermischen Kraftwerkstechnik. Dabei kommen auch neue Kraftwerkskonzepte zum Einsatz.

Bei zahlreichen Kraftwerken ist nur eine sehr geringe Zufeuerung von Erdgas aus Frostschutzgründen erlaubt. Kohlendioxidemissionen durch eine starke Erdgaszufeuerung sollen vermieden werden. In diesem Fall bietet sich die Integration eines thermischen Speichers an (Bild 4.20).

Das Solarfeld wird dazu größer dimensioniert und befüllt tagsüber einen Wärmespeicher. In den Abend- und Nachstunden kann dann die Wärme wieder aus dem Speicher entnommen werden und die Turbine weiter antreiben. Bei einem ausreichend großen Speicher kann das Solarkraftwerk sogar rund um die Uhr Leistung zur Verfügung stellen (Bild 4.21).

Der Speicher muss für hohe Temperaturen ausgelegt werden. Wasser scheidet daher als Speichermedium aus, da es im dampfförmigen Zustand ein sehr großes Volumen einnimmt. Neben Erd-, Beton- und Steinspeichern bieten Flüssigsalzspeicher eine Alternative. In der Praxis sind diese als Zweitanksysteme ausgeführt. Beim Beladen wird flüssiges Salz vom kalten in den heißen Tank gepumpt und beim Entladen wieder zurück. Die Temperatur des heißen Tanks beträgt etwa 380 °C. Die Temperatur des kalten Tanks muss so gewählt werden, dass sie oberhalb der Erstarrungstemperatur des Salzes bleibt. Typische Temperaturen des kalten Tanks liegen bei 280 °C.

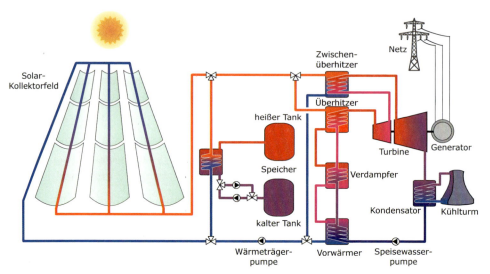

**Bild 4.20** Prinzip eines Parabolrinnenkraftwerks mit thermischem Speicher

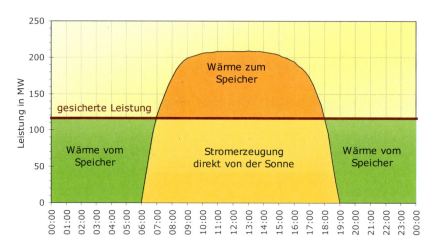

**Bild 4.21** Garantierte Leistungsabgabe eines solarthermischen Kraftwerks mit thermischem Speicher

Die Temperaturen der Parabolrinnenkraftwerke sind derzeit durch die thermischen Eigenschaften des Thermoöls begrenzt. Erfolgreiche Versuche in Spanien haben gezeigt, dass auch Wasser als Wärmeträger direkt einsetzbar ist. Dies lässt sich im Absorberrohr bei einem Druck von 100 bar verdampfen und auf Temperaturen von 500 °C überhitzen. Damit sind höhere Kreislaufwirkungsgrade erreichbar. Gleichzeitig lassen sich durch Wegfall des Thermoöls und der Wärmetauscher zwischen Öl- und Wasserdampfkreislauf Kosten einsparen. Bei der solaren Direktverdampfung ist jedoch die Integration von thermischen Speichern noch nicht befriedigend gelöst.

Die Weltbank hat für die Markteinführung der solarthermischen Kraftwerkstechnik in Entwicklungsländern Gelder zur Verfügung gestellt. Hierbei soll das Konzept eines GuD-Kraftwerks mit integriertem Solarfeld zur Anwendung kommen (Bild 4.22).

## 4.5 Konzentrierende solarthermische Anlagen

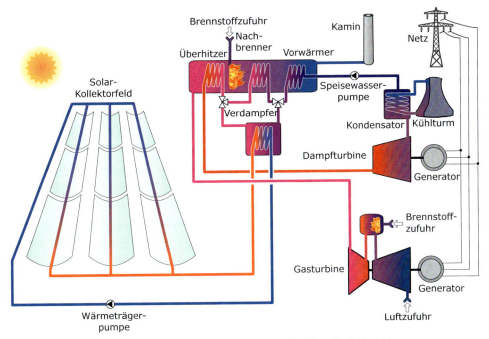

**Bild 4.22** Prinzip eines GuD-Kraftwerks mit integriertem Parabolrinnenkollektorfeld

Bei einem sogenannten **ISCCS-Kraftwerk** (Integrated Solar Combined Cycle Power Station) wird ein Solarfeld in ein herkömmliches Erdgas-GuD-Kraftwerk eingekoppelt. Da die Solarwärme nicht zum Antrieb des Gasturbinenprozesses ausreicht, erfolgt die Einkopplung über den Abhitzekessel in den Dampfturbinenprozess. Dadurch bleibt aber der erreichbare Solaranteil begrenzt und liegt deutlich unter 10 %. Für einen langfristigen Klimaschutz bietet dieses Kraftwerkskonzept daher nur eine Option, wenn es anstatt mit Erdgas mit Biogas oder regenerativem Wasserstoff befeuert wird. Derartige Überlegungen existieren aber momentan noch nicht.

Auch in kleinerem Maßstab lassen sich solarthermische Anlagen realisieren. Bei geringeren Temperaturen kann die Stromerzeugung über einen sogenannten ORC-Prozess betrieben werden. Dieser wird im Abschnitt zur geothermischen Stromerzeugung näher erläutert.

Die interessantesten Märkte für solarthermische Kraftwerke befinden sich derzeit in den USA sowie in Spanien. Auch in anderen Ländern sind Entwicklungen im Gange. Tabelle 4.5 zeigt technische Daten einiger neuerer Parabolrinnenkraftwerke, die ab dem Jahr 2007 in Betrieb genommen wurden.

In der Praxis werden die Drehachsen von Parabolrinnenkollektoren derzeit stets in Nord-Süd-Richtung ausgerichtet, da sich damit der höchste Ertrag erzielen lässt. Bei einer Ost-West-Ausrichtung sinkt der Jahresertrag um rund 20 %. Dafür ist der monatsmittlere Ertrag bei der Ost-West-Ausrichtung im Jahresverlauf deutlich gleichmäßiger. In sehr sonnenreichen Gebieten können daher solarthermische Kraftwerke mit ausreichendem thermischen Speicher auch bei einem hundertprozentigen Solaranteil bis über 7000 Volllaststunden erzielen und damit direkt konventionelle Kraftwerke ersetzen. Bei Realisierung der vorhandenen Kostenreduktionspotenziale sind damit Parabolrinnenkraftwerke eine realistische Alternative zu konventionellen Kraftwerken.

**Tabelle 4.5** Technische Daten ausgewählter neuer solarthermischer Parabolrinnenkraftwerke

| Anlage | Nevada Solar One | Andasol 1 | Ain Beni Mathar | Shams 1 | Solana |
|---|---|---|---|---|---|
| Land | USA | Spanien | Marokko | VAE | USA |
| Jahr der Inbetriebnahme | 2007 | 2008 | 2010 | 2012 | 2013 |
| Nettoleistung in MW | 64 | 50 | 472 | 100 | 280 |
| Kraftwerkstyp | SEGS | SEGS | ISCCS | SGES | SEGS |
| Solaranteil | 100 % | 88 % | < 5 % | 100 % | k.A. |
| Landfläche in 1000 m² | 1400 | 2000 | 800 | 2500 | 7800 |
| Aperturfläche in 1000 m² | 357 | 510 | 183 | 628 | 2200 |
| Kollektortyp | SGX-2 | EuroTrough | ASTRO | ASTRO | E2 |
| Elektrizitätserzeugung in GWh/a | 129 | 180 | 3538 | 210 | 944 |
| Volllaststunden in h/a | 2015 | 3600 | 7500 | 2100 | 3370 |
| Speicherdauer in Volllastst. (h) | 0,5 | 7,5 | 0 | 0 | 6 |
| Investitionskosten in Mio. € | 230 | 300 | 420 | 470 | 1450 |

### 4.5.2 Solarturmkraftwerke

Eine weitere Kraftwerksart zur solarthermischen Stromerzeugung sind Solarturmkraftwerke. Bei diesem Kraftwerkstyp sind mehrere hundert oder gar tausend einzelne Spiegel um einen Turm angeordnet. Die Spiegel, auch Heliostaten genannt, werden einzeln computergesteuert der Sonne nachgeführt und auf die Turmspitze ausgerichtet. Dabei müssen die einzelnen Spiegel jeweils auf Bruchteile eines Grades genau ausgerichtet werden, damit das reflektierte Sonnenlicht auch wirklich auf den Brennpunkt gelangt.

**Bild 4.23** Solarturmversuchsanlage an der Forschungseinrichtung PSA bei Almería in Südspanien

## 4.5 Konzentrierende solarthermische Anlagen

Im Brennpunkt befindet sich ein Absorber, den das hochkonzentrierte Sonnenlicht auf Temperaturen von bis über 1000 °C erwärmt. Wasserdampf, Luft oder geschmolzenes Salz transportiert die Wärme weiter. Über eine Gas- oder Dampfturbine, die einen Generator antreibt, wird die Wärme schließlich in elektrische Energie umgewandelt.

Im Gegensatz zu den Parabolrinnenkraftwerken gibt es bei den Solarturmkraftwerken weniger Erfahrung mit kommerziellen Anlagen. In Almería (Spanien), Barstow (USA) und Rehovot (Israel) gibt es seit längerem Versuchsanlagen, mit denen Anlagenkomponenten optimiert oder neue Komponenten ausgetestet werden (Bild 4.23). In Spanien wurde im Jahr 2006 in der Nähe von Sevilla das erste kommerzielle Turmkraftwerk PS10 mit einer Leistung von 11 MW in Betrieb genommen. Tabelle 4.6 zeigt technische Daten neuerer Solarturmkraftwerke. Während die ersten kommerziellen Kraftwerke PS10 und PS20 auf bewährte Receivertechnologien zur Sattdampferzeugung setzten, versprechen neuere Receiverkonzepte künftig deutlich höhere Wirkungsgrade.

**Tabelle 4.6** Technische Daten ausgewählter Solarturmkraftwerke

| Anlage | PS10 | PS20 | Jülich | Gemasolar | Crescent Dunes |
|---|---|---|---|---|---|
| Land | Spanien | Spanien | Deutschl. | Spanien | USA |
| Jahr der Inbetriebnahme | 2006 | 2008 | 2008 | 2011 | 2014 |
| Nettoleistung in MW | 11 | 20 | 1,5 | 19,9 | 110 |
| Receivertyp | Sattdampf | Sattdampf | Luft offen | Salz | Salz |
| Solaranteil | >85 % | > 85 % | 100 % | > 85 % | 100 % |
| Landfläche in 1000 m² | 600 | 900 | 160 | 1 950 | 6 000 |
| Heliostatenfläche in 1000 m² | 75 | 151 | 18 | 305 | 1 071 |
| Anzahl Heliostaten | 624 | 1 255 | 2 150 | 2 650 | 17 170 |
| Elektrizitätserzeugung in GWh/a | 24,3 | 48,6 | 1 | 110 | 485 |
| Volllaststunden in h/a | 2 200 | 2 430 | 670 | 5 500 | 4 410 |
| Turmhöhe in m | 100 | 160 | 60 | 140 | 160 |
| Speicherdauer in Volllastst. (h) | 0,5 | 1 | 1 | 15 | 10 |
| Investitionskosten in Mio. € | 48,5 | 95,4 | 21,7 | 230 | 710 |

### 4.5.2.1 Offener volumetrischer Receiver

Beim Turmkonzept mit offenen volumetrischen Receivern (Bild 4.24) wird Umgebungsluft von einem Gebläse durch den Receiver gesaugt, auf den die Heliostaten ausgerichtet sind. Als Receivermaterialien kommen ein Drahtgeflecht, keramischer Schaum oder metallische bzw. keramische Wabenstrukturen zum Einsatz. Der Receiver erhitzt sich durch die Solarstrahlung und gibt die Wärme an die hindurchgesaugte Umgebungsluft ab. Die angesaugte Luft kühlt die Vorderseite und sehr hohe Temperaturen entwickeln sich nur im Inneren des Receivers. Dies reduziert die Strahlungsverluste. Die auf Temperaturen von 650 °C bis 850 °C erwärmte Luft gelangt in einen Abhitzekessel, der Wasser verdampft und überhitzt und somit einen Dampfturbinenkreislauf antreibt. Bei Bedarf lässt sich diese Kraftwerksvariante über einen Kanalbrenner mit anderen Brennstoffen nachfeuern. In Jülich wurde im Jahr 2008 ein Demonstrationskraftwerk für diese Technologie in Betrieb genommen.

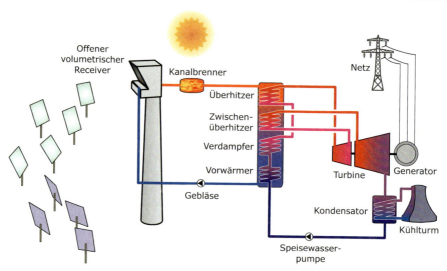

**Bild 4.24** Solarturmkraftwerk mit offenem volumetrischen Receiver

### 4.5.2.2 Druck-Receiver

Eine weiterentwickelte Variante des Turmkonzepts mit Druck-Receiver bietet mittelfristig viel versprechende Möglichkeiten (Bild 4.25).

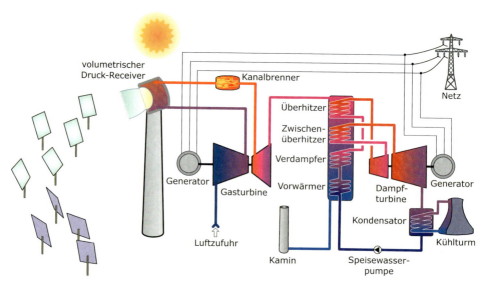

**Bild 4.25** Solarturmkraftwerk mit volumetrischem Druck-Receiver für den solaren Betrieb von Gas- und Dampfturbinen

Hier wird die Luft in einem volumetrischen Druck-Receiver bei etwa 15 bar auf Temperaturen bis 1100 °C erhitzt. Eine lichtdurchlässige Quarzglas-Kuppel trennt dabei den Absorber von der Umgebung. Diese heiße Luft treibt dann eine Gasturbine an. Durch die Abwärme der Turbine wird schließlich ein nachgeschalteter Dampfturbinen-Prozess betrieben.

## 4.5 Konzentrierende solarthermische Anlagen

Durch den kombinierten Gasturbinen- und Dampfturbinenprozess kann der Wirkungsgrad der Umwandlung von Wärme in elektrische Energie von etwa 35 % beim reinen Dampfturbinenprozess auf über 50 % gesteigert werden. Damit sind Gesamtwirkungsgrade bei der Umwandlung von Solarstrahlung in Elektrizität von über 20 % möglich. Diese Aussichten rechtfertigen die aufwändigere und teurere Receivertechnologie.

### 4.5.3 Dish-Stirling-Anlagen

Während Rinnen- und Turm-Kraftwerke nur in großen Leistungsklassen von etlichen Megawatt wirtschaftlich sinnvoll sind, lassen sich die sogenannten **Dish-Stirling-Systeme** auch in kleineren Einheiten, zum Beispiel zur Versorgung von abgelegenen Ortschaften, einsetzen. Bei einer Dish-Stirling-Anlage konzentriert ein Hohlspiegel, der die Form einer großen Schüssel besitzt (Dish), das Licht auf einen Brennpunkt. Der Hohlspiegel muss das Licht möglichst gut im Brennpunkt bündeln. Hierzu wird der Spiegel der Sonne sehr genau zweiachsig nachgeführt.

Im Brennpunkt befindet sich auch der Receiver, also der Empfänger. Dieser gibt die Wärme an das eigentliche Herz der Anlage weiter: den Stirling-Motor. Dieser Motor setzt die Wärme in Bewegungsenergie um und treibt einen Generator an, der schließlich elektrische Energie erzeugt.

**Bild 4.26** EuroDish-Prototypen an der Forschungseinrichtung PSA bei Almería in Südspanien

Der Stirling-Motor lässt sich nicht nur durch die Sonnenwärme, sondern auch durch Verbrennungswärme antreiben. Bei der Kombination mit einem Biogasbrenner lässt sich mit diesen Anlagen auch nachts oder bei Schlechtwetterperioden Strom erzeugen. Und bei der Verwendung von Biogas ist auch dieses System kohlendioxidneutral.

Einige Prototypen rein solarer Anlagen wurden in Saudi-Arabien, den USA und Spanien aufgebaut (vgl. Tabelle 4.7 und Bild 4.26). Im Vergleich zu den Turm- oder Rinnenkraftwerken ist der Preis pro Kilowattstunde bei den Dish-Stirling-Systemen jedoch noch relativ hoch. Durch Einführung einer Serienproduktion mit großen Stückzahlen ließen sich jedoch auch hier die Kosten stark reduzieren.

**Tabelle 4.7** Technische Daten der „EuroDish"-Dish-Stirling-Anlage (Daten: [Sch02])

| | | | |
|---|---|---|---|
| Konzentratordurchmesser | 8,5 m | Reflexionsgrad | 94 % |
| Aperturfläche | 56,7 m² | Arbeitsgas | Helium |
| Fokuslänge | 4,5 m | Gasdruck | 20 … 150 bar |
| Mittlerer Konzentrationsfaktor | 2500 | Receiver-Gastemperatur | 650 °C |
| Elektrische Bruttoleistung | 9 kW | Max. Betriebswindgeschwindigkeit | 65 km/h |
| Elektrische Nettoleistung | 8,4 kW | Überlebenswindgeschwindigkeit | 160 km/h |

### 4.5.4 Sonnenöfen und Solarchemie

Neben der Bereitstellung von Prozesswärme oder der Elektrizitätserzeugung lässt sich die konzentrierende Solarthermie auch für Materialtests oder solarchemische Anlagen einsetzen.

**Bild 4.27** Sonnenofen an der Forschungseinrichtung PSA bei Almería in Südspanien. Oben rechts: Sekundärkonzentrator im Gebäude

Ein großer **Sonnenofen** befindet sich beispielsweise im französischen Odeillo. Hier ist an einem Hang eine Vielzahl kleinerer Spiegel aufgestellt, die das Sonnenlicht auf einen Hohlspiegel mit einem Durchmesser von 54 m reflektieren, in dessen Brennpunkt sich ein Wissenschaftszentrum befindet. Es werden Temperaturen von 4000 °C erreicht, die für Experimente oder industrielle Prozesse nutzbar sind. Weitere Sonnenöfen gibt es im spanischen Almería (Bild 4.27) und in Köln.

Neben der Herstellung von Chemikalien bei hohen Temperaturen lässt sich die Solarthermie auch zur Wasserstoffgewinnung einsetzen. Hierzu muss nicht der Umweg über die Stromerzeugung mit anschließender Elektrolyse gegangen werden. Bei hohen Temperaturen lässt sich Wasserstoff auch solarchemisch gewinnen. Hierbei befindet sich die chemische Anlage beispielsweise im Receiver eines Solarturms. Speziell für den Einsatz im Transportbereich oder in Brennstoffzellen (vgl. Kapitel 10) wird Wasserstoff als wichtiger Energieträger gehandelt. Sollte die Vision einer Wasserstoffwirtschaft einmal Realität werden, könnte durch konzentrierende solarchemische Anlagen ein wesentlicher Beitrag zur klimaverträglichen Wasserstoffgewinnung geleistet werden.

## 4.6 Stromimport

Bei der Beschreibung solarthermischer Kraftwerke wurde bereits erwähnt, dass deren Errichtung in Regionen mit einer relativ niedrigen jährlichen solaren Bestrahlung, wie beispielsweise Deutschland, aus wirtschaftlichen Gründen nur in Einzelfällen sinnvoll ist.

**Tabelle 4.8** Kenndaten von Freileitungen bei DHÜ und HGÜ (nach [Hos88])

| Übertragungsart | DHÜ | DHÜ | DHÜ | HGÜ |
|---|---|---|---|---|
| Nennspannung | 380 kV | 750 kV | 1 150 kV | ±600 kV |
| Mastbild | | | | |
| Leiterquerschnitt Al/St in mm² | 805 / 102 | 805 /102 | 805 / 102 | 805 / 102 |
| Anzahl der Teilleiter | 4 | 4 | 6 | 4 |
| Anzahl der Leiter | 2 x 3 | 2 x 3 | 2 x 3 | 2 x 2 |
| Widerstandsbelag in $\Omega$/km | 0,009 | 0,009 | 0,006 | 0,009 |
| Therm. Grenzleistung in MW | 2 × 3 812 | 2 × 7 015 | 2 × 16 120 | 2 × 6 500 |
| Übertragungsleistung in MW [1] | 2 × 2 121 | 2 × 4 187 | 2 × 9 630 | 2 × 3 860 |
| Verluste in kW/km [1] | 2 × 280 | 2 × 280 | 2 × 421 | 2 × 187 |
| Relative Verluste pro 1000 km [1] | 13,2 % | 6,7 % | 4,4 % | 4,8 % |

1) bei 1 A/mm²

Zum einen ist die Jahressumme der direkt-normalen Bestrahlung in Deutschland weniger als halb so groß wie in den sonnigsten Regionen der Erde, zum anderen sinkt der Wirkungsgrad solarthermischer Kraftwerke im Teillastbereich stark ab. Deshalb sind in Deutschland etwa dreimal so hohe Stromgestehungskosten wie an Top-Standorten zu erwarten. Aus wirtschaftlichen Gesichtspunkten ist es daher sinnvoller, die solarthermischen Kraftwerke beispielsweise in Nordafrika aufzubauen und den Strom nach Deutschland zu transportieren als die Anlagen hierzulande zu errichten.

Standorte sind in Nordafrika genügend vorhanden. Selbst beim großzügigen Ausschluss von ungeeigneten Flächen wie Sanddünen, Naturschutzgebieten oder Gebirgs- und Landwirtschaftsregionen würde rund 1 % der verbleibenden Fläche Nordafrikas ausreichen, um durch die Errichtung solarthermischer Kraftwerke theoretisch den gesamten Elektrizitätsbedarf der Erde zu decken. Zur Übertragung kommt neben der üblichen Drehstrom-Höchstspannungs-Übertragung (DHÜ) bei großen Entfernungen auch die Höchstspannungs-Gleichstrom-Übertragung (HGÜ) infrage. Tabelle 4.8 fasst wichtige Kenndaten beider Übertragungsarten für verschiedene Spannungen zusammen.

Neben den reinen Übertragungsverlusten kommen bei einer HGÜ-Leitung noch Verluste bei der Umwandlung von Wechselstrom in Gleichstrom und bei der Rückwandlung hinzu. Technisch und finanziell wäre der Transport bereits heute zu bewältigen. Bei einer 5000 km langen 600-kV-HGÜ-Leitung sind insgesamt rund 18 % Übertragungsverluste zu erwarten, im 800-kV-Niveau sogar nur weniger als 14 %.

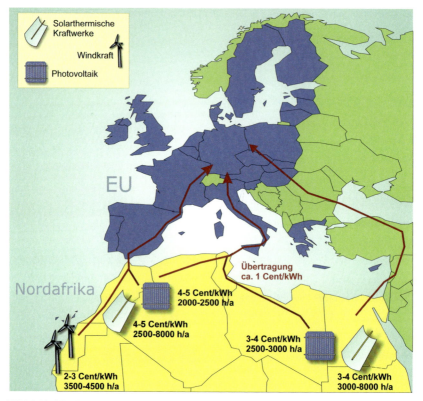

**Bild 4.28** Möglichkeiten zum regenerativen Stromimport aus Nordafrika in die EU sowie mittelfristig mögliche Stromgestehungskosten und Volllaststunden

Bezogen auf die möglichen Stromgestehungskosten bei der Errichtung von großen solarthermischen Kraftwerksleistungen von etwa 3 bis 4 Cent/kWh schlagen diese Verluste mit rund 0,5 Cent/kWh zu Buche. Für die Leitung kommen die Kosten zwischen 0,5 und 1 Cent/kWh hinzu. Insgesamt ließe sich somit regenerativer Strom für 4 bis 5 Cent/kWh er-

## 4.6 Stromimport

zeugen, nach Deutschland transportieren und über eine Kombination aus Photovoltaik-, Wind- und solarthermischen Kraftwerken auch Leistung garantieren [Qua05].

Diese niedrigen Kosten lassen sich vermutlich bereits realisieren, wenn solarthermische Kraftwerke im Umfang von gut 30 GW oder Photovoltaikanlagen im Umfang von 200 GW errichtet werden. Bei solarthermischen Kraftwerken wäre das in weniger als 10 Jahren möglich. Die Photovoltaik hat bereits heute weitgehend dieses Niveau erreicht. Speziell Deutschland käme bei diesem Szenario eine wichtige Rolle bei der Entwicklung und dem Export der Solartechnologie zu, sodass diese Lösung ökonomisch für Import- und Exportländer attraktiv wäre.

Die Realisierung von langen Leitungen ist allerdings in der Regel mit einem hohen zeitlichen Aufwand verbunden, da bei der Klärung der Leitungswege oftmals auch große Widerstände der Betroffenen zu überwinden sind. Kritiker der Importlösung sehen daher Vorteile in kleineren dezentralen Lösungen, die sich erheblich schneller realisieren lassen und daher viel früher einen wichtigen Beitrag zum Klimaschutz leisten können.

Der Umweg über Wasserstoff zum Transport von Elektrizität ist hingegen nur in Einzelfällen sinnvoll. Bei der Wasserstofferzeugung durch Elektrolyse, dem Transport und der anschließenden Verstromung von Wasserstoff entstehen Verluste von über 50 %. Daher ist die Erzeugung von Wasserstoff nur sinnvoll, wenn dieser später z.B. im Transportbereich direkt verwendet oder für die Langzeitspeicherung von elektrischer Energie eingesetzt wird.

# 5 Photovoltaik

## 5.1 Einleitung

Der Begriff Photovoltaik wird aus den Wörtern Photo und Volta gebildet. Photo (griechisch phõs, photós: Licht) steht für das Licht und Volta (Graf Volta, 1745-1827, italienischer Physiker) für die Einheit der elektrischen Spannung. Das heißt Photovoltaik ist die direkte Umwandlung von Sonnenlicht in Elektrizität. Seit der Rechtschreibereform ist auch die Schreibweise Fotovoltaik zulässig.

Die **Geschichte der Photovoltaik** reicht bis ins Jahr 1839 zurück, in dem Becquerel den Photoeffekt entdeckte. Doch erst über 100 Jahre später begann das Zeitalter der Halbleitertechnik. Nachdem 1949 von Shockley ein Modell für den p-n-Übergang entwickelt wurde, erblickte die erste Silizium-Solarzelle 1954 in den amerikanischen Bell-Laboratories das Sonnenlicht. Der Wirkungsgrad dieser Zelle betrug etwa 5 %. Die Kosten waren nebensächlich, da die Zelle wertvolle Energie für die Weltraumflüge zur Verfügung stellen sollte.

Der Wirkungsgrad der Solarzellen wurde seitdem kontinuierlich gesteigert. Bei Silizium-Zellen lassen sich heute im Laborbetrieb Wirkungsgrade von deutlich über 20 % erreichen. Doch auch neue Materialien wurden erforscht und fanden zum Teil Verwendung. Die Kosten von Solarzellen konnten rapide gesenkt werden. Bei Inselnetzsystemen ist die Photovoltaik bereits heute konkurrenzfähig. Bei netzgekoppelten Anlagen liegen die Kosten von photovoltaisch erzeugtem Strom in vielen Ländern inzwischen auch schon in der Größenordnung des Endkundenstrompreises. Vor allem durch eine Steigerung der Stückzahlen werden die Kosten weiter sinken. In wenigen Jahren wird die Photovoltaik auch bei netzgekoppelten Anlagen weltweit die volle Konkurrenzfähigkeit erreichen.

Die Photovoltaik bietet unter den erneuerbaren Energien die vielseitigsten Einsatzmöglichkeiten. Ein Vorteil ist der **modulare Aufbau**. Das heißt, es können nahezu alle gewünschten Generatorgrößen, vom Milliwattbereich für die Stromversorgung von Taschenrechnern und Uhren bis hin zum Multimegawattbereich für die öffentliche Elektrizitätsversorgung, realisiert werden.

Haupteinsatzgebiete der Photovoltaik waren lange Zeit Konsumeranwendungen, der Freizeitbereich und die Versorgung netzferner Standorte, z.B. bei Telekommunikationsanlagen. Das deutsche **Tausend-Dächer-Programm**, bei dem Anfang der 1990er-Jahre 2250 mit dem öffentlichen Netz gekoppelte Photovoltaikanlagen errichtet wurden, stellte erstmals die Tauglichkeit der Photovoltaik zur Stromerzeugung in größerem Maß-

## 5.1 Einleitung

stab unter Beweis. Für mitteleuropäische Breitengrade bietet die Photovoltaik ein immenses Potenzial. Sie kann ohne Eingriffe in die Natur auf Hausdächern und an Fassaden installiert werden. Deutschland kann hierdurch mittelfristig etwa ein Drittel seines Elektrizitätsbedarfs decken.

Bild 4.1 zeigt als Beispiel eine große **dachintegrierte Photovoltaikanlage** bereits aus den 1980er-Jahren in den USA. Während damals Leistungen von über 100 kW$_p$ noch rekordverdächtig waren, erreichen heutzutage Großanlagen Leistungen bis in den dreistelligen Megawattbereich. Aufgrund der garantierten Einspeisebedingungen durch das **Erneuerbare-Energien-Gesetz** hat sich seit Ende der 1990er-Jahre Deutschland als Musterland der Photovoltaik entwickelt. Zuvor hatte Japan den Markt dominiert.

**Bild 5.1** Dachintegrierte Photovoltaikanlage (Georgetown University in Washington (USA), bereits 1984 errichtet, 4464 Photovoltaikmodule, 337 kW$_p$ Gesamtleistung)

In Deutschland sind die Installationszahlen in den letzten Jahren nahezu explosionsartig nach oben geschnellt. Seit 2011 übersteigt die Leistung der installierten Photovoltaikanlagen die der Kernkraftwerke deutlich. Damit hat die Photovoltaik eine wichtige Rolle in der deutschen Elektrizitätsversorgung übernommen.

**Tabelle 5.1** Übersicht über wichtige elektrotechnische Größen

| Name | Formelzeichen | Einheit | Name | Formelzeichen | Einheit |
|---|---|---|---|---|---|
| Elektrische Energie | $W, E$ | W s, J | Spezifischer Widerstand | $\rho$ | $\Omega$ m |
| Elektrische Leistung | $P = U \cdot I$ | W | Elektrische Feldstärke | $E = -dU/ds$ | V / m |
| Elektrische Spannung | $U$ | V | Induktivität (Spule) | $L$ | H = V s/ A |
| Elektrischer Strom | $I$ | A | Kapazität | $C$ | F = A s/ V |
| Elektr. Widerstand | $R = U/I$ | $\Omega$ | Elektrische Ladung | $Q = \int I dt$ | C = A s |
| Elektrischer Leitwert | $G = 1/R$ | S | Kraft im elektr. Feld | $F = E \cdot Q$ | N |

In diesem Kapitel werden die wichtigsten Grundlagen wie das Prinzip der Photovoltaik, Berechnungen bei Photovoltaikanlagen sowie Anwendungen erläutert. Da bei der Beschreibung zahlreiche elektrotechnische Größen verwendet werden, sind zur Übersicht die wichtigsten in Tabelle 5.1 dargestellt.

## 5.2 Funktionsweise von Solarzellen

### 5.2.1 Atommodell nach Bohr

Ausgehend vom Bohr'schen Atommodell für einzelne Atome soll anschließend über das Energiebändermodell für Festkörper das Funktionsprinzip von Halbleiter-Solarzellen erläutert werden. Im Bohr'schen Atommodell umkreisen die Elektronen der Ruhemasse

$$m_e = 9{,}1093897 \cdot 10^{-31} \, \text{kg} \tag{5.1}$$

auf einer Kreisbahn mit dem Radius $r_n$ den Atomkern mit der Kreisfrequenz $\omega_n$. Hierbei entsteht die **Zentrifugalkraft**

$$F_Z = m_e \cdot r_n \cdot \omega_n^2 \ . \tag{5.2}$$

Zwischen dem Kern, der aus $Z$ positiv geladenen Protonen und zusätzlichen ungeladenen Neutronen besteht, und dem Elektron mit der **Elementarladung**

$$e = 1{,}60217733 \cdot 10^{-19} \, \text{A s} \tag{5.3}$$

herrscht die anziehende **Coulomb-Kraft**

$$F_C = \frac{1}{4\pi \cdot \varepsilon_0} \cdot \frac{Z \cdot e^2}{r_n^2} \ , \text{ wobei} \tag{5.4}$$

$$\varepsilon_0 = 8{,}85418781762 \cdot 10^{-12} \, \frac{\text{A s}}{\text{V m}} \tag{5.5}$$

als **elektrische Feldkonstante** oder Dielektrizitätskonstante bezeichnet wird. Die Coulomb-Kraft und die Zentrifugalkraft müssen im Gleichgewicht sein, damit das Elektron seine Kreisbahn beibehält. Hierbei sind jedoch nur solche Bahnen erlaubt, bei denen der Bahndrehimpuls ein ganzzahliges Vielfaches von

$$\hbar = \frac{h}{2 \cdot \pi} \tag{5.6}$$

beträgt, wobei sich $\hbar$ aus dem **Planck'schen Wirkungsquantum**

$$h = 6{,}6260755 \cdot 10^{-34} \, \text{J s} \tag{5.7}$$

berechnet. Über die sogenannte Quantelung des Bahndrehimpulses folgt

$$n \cdot \hbar = m_e \cdot r_n^2 \cdot \omega_n \ . \tag{5.8}$$

Hiermit und mit dem Kräftegleichgewicht $F_Z = F_C$ folgt schließlich für den Bahnradius

$$r_n = \frac{n^2 \cdot \hbar^2 \cdot 4 \cdot \pi \cdot \varepsilon_0}{Z \cdot e^2 \cdot m_e} \tag{5.9}$$

und für die **Kreisfrequenz**

## 5.2 Funktionsweise von Solarzellen

$$\omega_n = \frac{1}{(4 \cdot \pi \cdot \varepsilon_0)^2} \cdot \frac{Z^2 \cdot e^4 \cdot m_e}{\hbar^3 \cdot n^3}. \tag{5.10}$$

Der ganzzahlige Index $n$ bezeichnet die Nummer der jeweiligen Bahn. Die Energie, die ein Elektron auf der entsprechenden Bahn mit sich führt, beträgt

$$E_n = \tfrac{1}{2} \cdot m_e \cdot v_e^2 = \tfrac{1}{2} \cdot m_e \cdot r_n^2 \cdot \omega_n^2 = \frac{1}{n^2} \cdot \frac{Z^2 \cdot e^4 \cdot m_e}{32 \cdot \pi^2 \cdot \varepsilon_0^2 \cdot \hbar^2}. \tag{5.11}$$

Die Energie bei einem Wasserstoffatom mit der Kernladungszahl $Z = 1$ errechnet sich für die erste Bahn ($n$ = 1) zu $E_{1,Z=1}$ = 13,59 eV.

Soll ein Elektron von einer Bahn auf eine nächsthöhere angehoben werden, ist dafür die Energie $\Delta E = E_n - E_{n+1}$ notwendig, die von außen aufgebracht werden muss. Hierbei ist zu beachten, dass die einzelnen Bahnen jeweils nur eine begrenzte Zahl von Elektronen aufnehmen können. Bei der ersten Bahn ($n$ = 1) sind dies 2 Elektronen, bei der zweiten 8, dann 18, 32, 50 und so weiter. Die Energie der Bahnen sinkt mit zunehmendem Index $n$ und sie nimmt für $n = \infty$ den Wert $E_\infty = 0$ an. Neben dem Bohrmodell gibt es noch andere Atommodelle, auf die hier nicht weiter eingegangen werden kann (siehe z.B. [Her12]).

### 5.2.2 Photoeffekt

Die Energie zum Anheben eines Elektrons auf eine höhere Bahn stellt unter anderem das Licht durch die Energie der Photonen zur Verfügung. Die **Energie eines Photons** der Wellenlänge $\lambda$ wird über

$$E = \frac{h \cdot c}{\lambda} \tag{5.12}$$

mit der Lichtgeschwindigkeit $c$ = 2,99792458·10$^8$ m/s berechnet. Trifft beim Wasserstoffatom ein Photon mit der Energie 13,59 eV auf das Elektron in der ersten Bahn, so reicht die Energie, um das Elektron auf die Bahn $E_\infty$ anzuheben, das heißt vollständig vom Kern zu lösen. Diese Energie nennt man auch Ionisationsenergie, der Vorgang des vollständigen Lösens von Elektronen vom Kern durch Photonen wird als **äußerer Photoeffekt** bezeichnet. Das Photon im Wasserstoff-Beispiel muss eine Wellenlänge $\lambda$ kleiner als 90 nm besitzen, die nur Röntgenstrahlung aufweist.

Da bei der Photovoltaik hauptsächlich die sichtbare, die ultraviolette und die infrarote Strahlung mit deutlich niedrigeren Energien der Photonen genutzt werden soll, kommt hierbei nicht der äußere Photoeffekt zur Anwendung, für den hochenergetische Strahlung nötig ist. Es muss auf einen anderen Effekt zurückgegriffen werden, der innerer Photoeffekt heißt und im Folgenden näher erläutert wird.

Während bei Einzelatomen die Elektronen genau definierte Energiezustände einnehmen, werden die identischen Energieniveaus bei Molekülen mit mehreren Atomen durch Wechselwirkung der Elektronen untereinander in eng benachbarte Niveaus aufgespalten. Bei einem Festkörper mit $k$ Atomen liegen die einzelnen Niveaus so dicht beieinander, dass sie nicht mehr getrennt werden können. Für die einzelnen Energieniveaus der Elektronenbahnen entstehen sogenannte Energiebänder (Bild 5.2). Die verschiedenen Energiebänder können jedoch weiterhin, wie zuvor erläutert, nur eine begrenzte Anzahl von Elektronen aufnehmen.

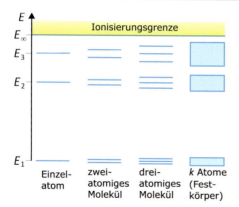

Bild 5.2 Energiezustände der Elektronen im Atom, in Molekülen und Festkörpern

Beim Bändermodell werden vom ersten Band an die Bänder nacheinander mit Elektronen gefüllt. Das oberste vollständig gefüllte Band wird als **Valenzband** VB bezeichnet. Das nächsthöhere Band kann entweder teilweise gefüllt oder vollständig leer sein und heißt **Leitungsband** LB. Der Raum zwischen Valenzband und Leitungsband, der nicht erlaubte Energiezustände erhält, wird als verbotene Zone VZ bezeichnet. Der Energieabstand zwischen den Bändern heißt auch **Bandabstand** $E_g$ (band gap).

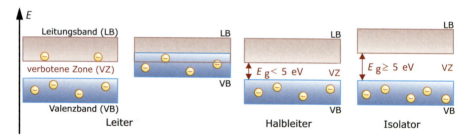

Bild 5.3 Energiebänder bei Leitern, Halbleitern und Isolatoren

Je nach Anordnung und Besetzung der Bänder werden verschiedene Festkörper in elektrische Leiter, Halbleiter und nicht leitende Isolatoren eingeteilt (Bild 5.3). Bei den **Leitern** ist entweder das Leitungsband nur teilweise mit Elektronen gefüllt oder Leitungs- und Valenzband überlappen sich. Bei einem teilweise besetzten Leitungsband können sich die Elektronen innerhalb des Festkörpers bewegen und somit zur Elektronenleitung beitragen. Der spezifische elektrische Widerstand ist bei Leitern mit $\rho < 10^{-5}\,\Omega\,m$ sehr gering. Zu den Leitern zählen vor allem metallische Werkstoffe.

Bei **Isolatoren** ist der spezifische elektrische Widerstand mit $\rho > 10^7\,\Omega\,m$ groß. Das Leitungsband ist unbesetzt, und durch den großen Bandabstand ($E_g \geq 5$ eV) können Elektronen nur schwer vom Valenzband ins Leitungsband angehoben werden.

Für die Photovoltaik sind die **Halbleiter** von entscheidender Bedeutung. Die elektrische Leitfähigkeit von Halbleitern liegt zwischen $10^{-5}\,\Omega\,m$ und $10^7\,\Omega\,m$. Bei ihnen ist das Leitungsband wie bei den Isolatoren ebenfalls unbesetzt, doch durch ihren verhältnismäßig geringen Bandabstand ($E_g < 5$ eV) können Elektronen durch den Einfluss von Strahlung in das Leitungsband angehoben werden (Bild 5.4). Das Anheben von Elektronen durch Photonen in das Leitungsband heißt **innerer Photoeffekt**. Dieser Effekt wurde 1905 erstmals von Albert Einstein beschrieben, der 1922 dafür den Nobelpreis erhielt.

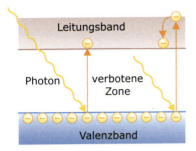

**Bild 5.4** Anhebung von Elektronen vom Valenzband ins Leitungsband durch Einwirkung von Photonen (innerer Photoeffekt)

Ist die Energie des Photons geringer als der Bandabstand, kann das Elektron nicht ins Leitungsband gelangen. Ist die Energie des Photons zu groß, wird zwar das Elektron ins Leitungsband angehoben, aber es geht ein Teil der Energie verloren, da das Elektron wieder an die Leitungsbandkante zurückfällt.

Technisch kann der innere Photoeffekt für Photowiderstände genutzt werden, die abhängig von der Bestrahlung ihren Widerstand ändern, oder aber zur Erzeugung elektrischen Stroms in der Photovoltaik.

### 5.2.3 Funktionsprinzip einer Solarzelle

Auch die Photovoltaik nutzt Halbleiter. Diese verfügen im Mittel über vier Elektronen in der äußeren Schale, sogenannte Valenzelektronen. Elementarhalbleiter sind Elemente aus der IV. Gruppe des Periodensystems der Elemente wie Silizium (Si), Germanium (Ge) oder Zinn (Sn). Verbindungen aus zwei Elementen der III. und der V. Gruppe, sogenannte III-V-Verbindungen, sowie II-VI-Verbindungen oder Kombinationen aus verschiedenen Elementen haben im Mittel ebenfalls vier Valenzelektronen. Ein III-V-Halbleiter ist zum Beispiel Galliumarsenid (GaAs) und ein II-VI-Halbleiter Cadmiumtellurid (CdTe). Die verschiedenen Bandabstände einiger Halbleiter sind in Tabelle 5.2 dargestellt.

Ein häufig verwendetes Material in der Photovoltaik ist Silizium. Nach Sauerstoff ist Silizium das zweithäufigste Element in der Erdkruste, kommt aber meist nur in chemisch gebundener Form vor.

**Tabelle 5.2** Bandabstände verschiedener Halbleiter bei 300 K (Daten: [Lec92])

| IV-Halbleiter | | III-V-Halbleiter | | II-VI-Halbleiter | |
|---|---|---|---|---|---|
| Material | $E_g$ | Material | $E_g$ | Material | $E_g$ |
| Si | 1,107 eV | GaAs | 1,35 eV | CdTe | 1,44 eV |
| Ge | 0,67 eV | InSb | 0,165 eV | ZnSe | 2,58 eV |
| Sn | 0,08 eV | InP | 1,27 eV | ZnTe | 2,26 eV |
| | | GaP | 2,24 eV | HgSe | 0,30 eV |

Silizium (Si) ist ein Elementarhalbleiter der IV. Gruppe des Periodensystems der Elemente, das heißt, Silizium verfügt über 4 Valenzelektronen in der äußeren Schale. Um auf eine stabile Elektronenkonfiguration zu kommen, bilden im Silizium-Kristallgitter jeweils zwei Elektronen von benachbarten Atomen eine Elektronenpaarbindung. Die Elektronen werden von den zwei Atomen nun sozusagen gemeinsam genutzt. Durch Elektronenpaarbindung mit vier Nachbarn erhält Silizium die stabile Elektronenkonfiguration des Edelgases Argon (Ar). Im Bändermodell ist das Valenzband voll besetzt und das Leitungsband ist leer. Durch den Einfluss von Licht oder Wärme kann ein Elektron vom Valenzband ins Leitungsband angehoben werden. Das Elektron ist nun im Kristallgitter frei beweglich. Im Valenzband bleibt ein sogenanntes Defektelektron oder auch Loch zurück. Dies kann in Bild 5.5 nachvollzogen werden. Durch die Bildung von Defektelektronen entsteht die sogenannte **Eigenleitung** des Halbleiters.

Elektronen und Löcher treten stets paarweise auf. Es gibt also immer genauso viele Elektronen wie Löcher. Dies kann mit Hilfe der **Elektronendichte** $n$ und der **Löcherdichte** $p$ ausgedrückt werden:

$$n = p \,. \tag{5.13}$$

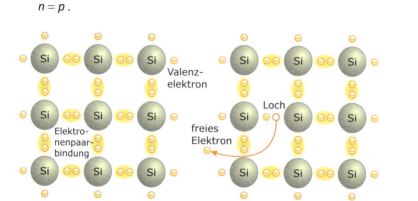

**Bild 5.5** Kristallstruktur von Silizium (links), Eigenleitung durch Defektelektron im Kristallgitter (rechts)

Das Produkt aus Elektronen- und Löcherdichte wird als **intrinsische Trägerdichte** $n_i$ bezeichnet und ist von der absoluten Temperatur $T$ und dem Bandabstand $E_g$ abhängig:

$$n \cdot p = n_i^2 = n_{i0}^2 \cdot T^3 \cdot \exp(-\frac{E_g}{k \cdot T}) \,. \tag{5.14}$$

Hierbei gilt für die **Boltzmann-Konstante**:

$$k = 1{,}380658 \cdot 10^{-23} \text{ J/K} \,. \tag{5.15}$$

Für Silizium gilt der Wert $n_{i0} = 4{,}62 \cdot 10^{15}$ cm$^{-3}$ K$^{-3/2}$. Am absoluten Nullpunkt ($T = 0$ K) sind also keine freien Elektronen und Löcher vorhanden, mit steigender Temperatur nimmt deren Zahl jedoch stark zu.

Wird an den Silizium-Kristall von außen eine elektrische Spannung angelegt, fließen die negativ geladenen Elektronen zur Anode. Gebundene Elektronen, die sich neben einem Loch befinden, können durch einen Platzwechsel in das Loch springen, das Loch wandert dann in die andere Richtung, bei Anlegen einer Spannung also in Richtung der Kathode. Die **Beweglichkeit** $\mu_n$ und $\mu_p$ der Elektronen und Löcher im Halbleiter ist ebenfalls von der Temperatur abhängig. Bei Silizium lassen sich $\mu_n$ und $\mu_p$ mit $\mu_{0n} = 1350$ cm²/(V s) und $\mu_{0p} = 480$ cm²/(V s) bei $T_0 = 300$ K über

## 5.2 Funktionsweise von Solarzellen

$$\mu_n = \mu_{0n} \cdot \left(\frac{T}{T_0}\right)^{-3/2} \quad (5.16) \qquad \text{und} \qquad \mu_p = \mu_{0p} \cdot \left(\frac{T}{T_0}\right)^{-3/2} \quad (5.17)$$

berechnen. Die **elektrische Leitfähigkeit**

$$\kappa = \frac{1}{\rho} = e \cdot (n \cdot \mu_n + p \cdot \mu_p) = e \cdot n_i \cdot (\mu_n + \mu_p) \quad (5.18)$$

des Halbleiters ergibt sich aus der Summe des Elektronen- und des Löcherstroms. Bei tiefen Temperaturen sinkt die Leitfähigkeit extrem ab. Dieser Effekt wird zur Herstellung von Temperatursensoren für niedrige Temperaturen genutzt.

Auch durch den Einfluss von Licht ändert sich die elektrische Leitfähigkeit. Dies wird für die Herstellung von lichtempfindlichen Photowiderständen genutzt. Bei deren Anwendung muss jedoch von außen eine elektrische Spannung angelegt wird. Zur Erzeugung von elektrischem Strom lässt sich die Eigenleitung nicht einsetzen. Hierzu muss auf einen anderen Effekt, die sogenannte **Störstellenleitung**, zurückgegriffen werden.

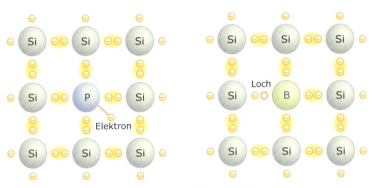

**Bild 5.6** Störstellenleitung bei n- und p-dotiertem Silizium

Atome aus der V. Gruppe wie Phosphor (P) oder Antimon (Sb) haben im Gegensatz zu Silizium fünf Valenzelektronen. Werden nun diese Atome ins Siliziumgitter eingebaut, kann das fünfte Elektron keine Bindung mit einem Nachbarelektron eingehen. Dieses Elektron ist sehr locker gebunden und kann im Vergleich zu einem fest gebundenen Elektron durch sehr geringe Energiezufuhr vom Atom getrennt werden. Es steht dann als freies Elektron zur Verfügung. Der Einbau von Atomen aus der V. Gruppe wird als n-Dotierung bezeichnet. Die Fremdatome heißen **Donatoren**.

Bei **n-Dotierung** berechnet sich die **Dichte der freien Elektronen**

$$n = \sqrt{\frac{n_D \cdot N_L}{2}} \cdot \exp\left(-\frac{E_D}{2 \cdot k \cdot T}\right) \quad (5.19)$$

aus der Dichte $n_D$ der Donatoratome, der effektiven Zustandsdichte $N_L$ im Leitungsband und der Ionisationsenergie $E_D$ der Donatoren, also der Energie, die für das Lösen der Elektronen notwendig ist. Bei Silizium mit der Temperatur $T$ = 300 K beträgt $N_L$ = $3{,}22 \cdot 10^{19}$ cm$^{-3}$ und bei Phosphoratomen als Donatoren $E_D$ = 0,044 eV.

Da bei der n-Dotierung deutlich mehr freie Elektronen als Löcher vorhanden sind, werden hier die Elektronen als Majoritätsträger bezeichnet. Die elektrische Leitung beruht vor allem auf dem Transport von Elektronen, der Halbleiter wird n-leitend.

Werden anstelle von Atomen aus der V. Gruppe Atome aus der III. Gruppe wie Bor (B) oder Aluminium (Al) mit drei Valenzelektronen in das Silizium-Gitter eingebaut, fehlt ein Valenzelektron, und es entsteht ein Loch als Störstelle. Durch eine geringe Energiezufuhr $E_A$ kann im Gegensatz zum n-Leiter das Loch „gelöst" werden und „frei umherwandern". Die elektrische Leitung beruht vor allem auf dem Transport von positiven Ladungsträgern, den Löchern. Durch die sogenannte p-Dotierung wird der Halbleiter p-leitend. Die Fremdatome heißen **Akzeptoren**.

Mit der Dichte der Akzeptoren $n_A$, der effektiven Zustandsdichte $N_V$ im Valenzband und der Ionisationsenergie $E_A$ ($N_V$ = 1,83·10$^{19}$ cm$^{-3}$ bei Silizium für $T$ = 300 K und $E_A$ = 0,045 eV bei Bor) ergibt sich beim **p-Halbleiter** für die **Dichte der freien Löcher**:

$$p = \sqrt{\frac{n_A \cdot N_V}{2}} \cdot \exp\left(-\frac{E_A}{2 \cdot k \cdot T}\right). \tag{5.20}$$

Werden nun ein p-dotierter und ein n-dotierter Halbleiter in Kontakt gebracht, so entsteht ein **pn-Übergang**. Im n-Halbleiter existiert, wie zuvor erläutert, ein Überschuss an freien Elektronen, im p-Halbleiter ein Überschuss an freien Löchern. Dies führt dazu, dass die Elektronen vom n-Gebiet ins p-Gebiet und die Löcher vom p-Gebiet ins n-Gebiet diffundieren (Bild 5.7).

An der Übergangszone entsteht ein Gebiet mit wenigen freien Ladungsträgern. Dort, wo Elektronen ins p-Gebiet gewandert sind, bleiben positiv ionisierte Dotieratome zurück. Es entsteht eine positive Raumladungszone. An den Stellen, von denen die Löcher ins n-Gebiet diffundiert sind, bleiben negative ionisierte Dotieratome zurück, hier entsteht eine negative Raumladungszone.

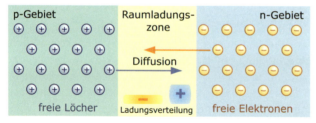

**Bild 5.7** Ausbildung einer Raumladungszone im pn-Übergang durch Diffusion von Elektronen und Löchern

Es entsteht also ein elektrisches Feld zwischen dem n- und dem p-Gebiet, das der Bewegung der Ladungsträger entgegengerichtet ist, sodass die Diffusion nicht endlos fortgesetzt wird. Schließlich stellt sich die **Diffusionsspannung**

$$U_d = \frac{k \cdot T}{e} \cdot \ln \frac{n_A \cdot n_D}{n_i^2} \tag{5.21}$$

ein. Aufgrund der Ladungsneutralität gilt für die Breiten $d_n$ und $d_p$ der Raumladungszonen im jeweiligen Halbleitergebiet:

## 5.2 Funktionsweise von Solarzellen

$$d_n \cdot n_D = d_p \cdot n_A . \tag{5.22}$$

Für die **Gesamtbreite der Raumladungszone** ergibt sich:

$$d = d_n + d_p = \sqrt{\frac{2 \cdot \varepsilon_r \cdot \varepsilon_0 \cdot U_d}{e} \cdot \frac{n_A + n_D}{n_A \cdot n_D}} . \tag{5.23}$$

Für Silizium berechnet sich bei einer Störstellenkonzentration von $n_D = 2 \cdot 10^{16}$ cm$^{-3}$ und $n_A = 1 \cdot 10^{16}$ cm$^{-3}$ bei einer Temperatur von $T = 300$ K die Diffusionsspannung zu $U_d =$ 0,73 V. Mit $\varepsilon_r = 11{,}8$ ergeben sich $d_n = 0{,}13$ µm und $d_p = 0{,}25$ µm.

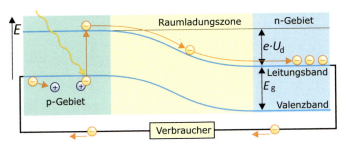

**Bild 5.8** Prinzip einer Solarzelle im Energiebändermodell

Werden in der Raumladungszone nun durch Photonen Elektronen vom Valenzband ins Leitungsband angehoben, also vom Atom gelöst, so werden diese durch das elektrische Feld in das n-Gebiet gezogen, die entstehenden Löcher wandern ins p-Gebiet. Im Energiebändermodell kann dies durch eine Verbiegung der Bänder in der Raumladungszone veranschaulicht werden. Über einen elektrischen Verbraucher lässt sich dann der Stromkreis schließen (Bild 5.8).

Wie bereits zuvor erläutert, nutzt eine Solarzelle nur einen Teil der Photonenenergie. Nur wenn die Energie der Photonen größer als der Bandabstand ist, reicht deren Energie aus, um ein Elektron vom Valenzband ins Leitungsband zu heben. Dies ist bei Wellenlängen unterhalb

$$\lambda_{min} = \frac{h \cdot c}{E_g} = \frac{1{,}24 \, \mu m \, eV}{E_g} \tag{5.24}$$

der Fall. Der theoretisch maximal erreichbare Wirkungsgrad von kristallinen Siliziumzellen liegt darum nur bei rund 29 %. Doch auch bei Wellenlängen in der Nähe des Bandabstandes wird nicht sämtliche eintreffende Strahlungsenergie in elektrische Energie umgewandelt. Zum einen wird ein Teil der Strahlung reflektiert und ein anderer Teil geht ungenutzt durch den Halbleiter, zum anderen können Elektronen im Halbleiter wieder mit Löchern rekombinieren, das heißt ins Valenzband zurückfallen, bevor sie zum Verbraucher gelangen. Diese Vorgänge sind in Bild 5.9 dargestellt.

Bei Strahlung niedriger Wellenlänge und hoher Energie wird ebenfalls nur ein Teil der Energie genutzt, da die über den Bandabstand hinausgehende Energie durch das Rückfallen des Elektrons an die Leitungsbandkante verloren geht. Der Anteil der nutzbaren Energie ist also wesentlich von der Wellenlänge des eintreffenden Lichtes abhängig. Der nutzbare Anteil lässt sich über den von der Wellenlänge abhängigen externen Quantenwirkungsgrad $\eta_{ext}(\lambda)$ darstellen. Dieser gibt an, welcher Anteil der einfallenden Photonen einer bestimmten Wellenlänge einen Beitrag zum Photostrom liefert.

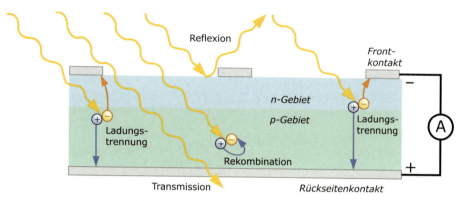

**Bild 5.9** Vorgänge in einer Solarzelle bei Bestrahlung

Wie bereits erläutert, ist die Solarzelle nur in der Lage, einen Teil der Photonen optisch zu absorbieren. Durch Reflexion und Transmissionen bleibt ein Teil der Photonen nicht nutzbar. Über den Absorptionsgrad $\alpha(\lambda)$ beziehungsweise den Reflexionsgrad $\rho(\lambda)$ und den Transmissionsgrad $\tau(\lambda)$ lässt sich aus dem externen Quantenwirkungsgrad $\eta_{ext}$ der interne Quantenwirkungsgrad

$$\eta_{int}(\lambda) = \frac{\eta_{ext}(\lambda)}{\alpha(\lambda)} = \frac{\eta_{ext}(\lambda)}{1-\rho(\lambda)-\tau(\lambda)} \tag{5.25}$$

bestimmen. Bild 5.10 zeigt den typischen Verlauf des **internen Quantenwirkungsgrades** für verschiedene Solarzellen. Je nach Ausführung und Qualität der Solarzelle können sich die Kennlinien desselben Typs unterscheiden. Je höher und breiter der Verlauf des Quantenwirkungsgrads ausfällt, desto größer ist auch der Solarzellenwirkungsgrad.

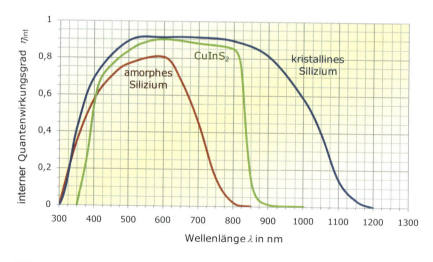

**Bild 5.10** Typischer Verlauf des internen Quantenwirkungsgrades verschiedener Solarzellentypen

## 5.2 Funktionsweise von Solarzellen

Eine weitere wichtige Größe ist die **spektrale Empfindlichkeit**

$$S(\lambda) = \frac{e \cdot \lambda}{h \cdot c} \cdot \eta_{ext}(\lambda) = \frac{\lambda}{1{,}24\,\mu m} \cdot \frac{A}{W} \cdot \eta_{ext}(\lambda),\qquad(5.26)$$

die sich aus dem externen Quantenwirkungsgrad $\eta_{ext}$ und der Wellenlänge $\lambda$ berechnet. Bild 5.11 zeigt die spektrale Empfindlichkeit $S$ in Abhängigkeit der Wellenlänge $\lambda$. Die messtechnische Bestimmung der spektralen Empfindlichkeit ist relativ einfach. Dazu muss eine Solarzelle mit der Fläche $A$ mit einer bekannten monochromatischen Bestrahlungsstärke $E(\lambda)$ bestrahlt und der Kurzschlussstrom $I_K(\lambda)$ gemessen werden:

$$S(\lambda) = \frac{I_K(\lambda)}{A \cdot E(\lambda)}.\qquad(5.27)$$

Oftmals wird auch eine relative spektrale Empfindlichkeit

$$S_{rel}(\lambda) = \frac{S(\lambda)}{S_{max}}\qquad(5.28)$$

angegeben, die Werte zwischen 0 und 1 annimmt. Diese bestimmt sich aus der jeweiligen spektralen Empfindlichkeit $S(\lambda)$ und der maximalen spektralen Empfindlichkeit $S_{max}$.

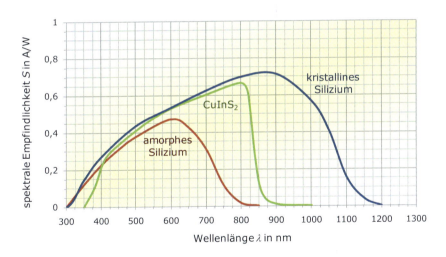

**Bild 5.11** Typischer Verlauf der spektralen Empfindlichkeit einer Solarzelle verschiedener Solarzellentypen

Werden beide Enden der Solarzelle kurzgeschlossen, fließt der Kurzschlussstrom beziehungsweise näherungsweise der **Photostrom** $I_{Ph}$. Dieser Strom lässt sich mit Hilfe der Solarzellenfläche $A$, der spektralen Empfindlichkeit $S$ und des Spektrums der Sonnenstrahlung (z.B. das AM1,5g-Spektrum aus Kapitel 2) berechnen:

$$I_{Ph} = \int S(\lambda) \cdot E(\lambda) \cdot A \cdot d\lambda.\qquad(5.29)$$

Der Anteil der Bestrahlungsstärke $E$ von der auftreffenden Bestrahlungsstärke $E_0$, der durch einen Halbleiter absorbiert wird, hängt von dessen Dicke $d$ und dem materialabhängigen **Absorptionskoeffizienten** $\alpha$ ab:

$$E = E_0 \cdot (1 - \exp(-\alpha \cdot d)).\tag{5.30}$$

Man unterscheidet zwischen direkten und indirekten Halbleitern. Der Absorptionskoeffizient von indirekten Halbleitern, zu denen auch Silizium gehört, ist deutlich niedriger. Bei indirekten Halbleitern müssen die Photonen neben der benötigten Energie noch zusätzlich einen Quasiimpuls an das Elektron übertragen. Dadurch wird das Überwinden der Bandlücke durch Elektronen bei indirekten Halbleitern schwieriger.

Während bei dem direkten Halbleiter GaAs der Absorptionskoeffizient $\alpha(\text{GaAs}) \approx 630 \text{ mm}^{-1}$ beträgt, sinkt dieser Wert bei Silizium auf $\alpha(\text{Si}) \approx 7{,}2 \text{ mm}^{-1}$ für Strahlung mit einer Wellenlänge von etwa 1 µm. Soll der gleiche Anteil der Strahlung von beiden Halbleitern absorbiert werden, muss der Halbleiter aus Silizium 87,5-mal dicker als der aus GaAs sein. Für genauere Berechnungen ist die Wellenlängenabhängigkeit des Absorptionskoeffizienten zu berücksichtigen. Für eine hohe Absorption von kristallinen Si-Solarzellen ergibt sich eine Mindestdicke des Kristalls von etwa 200 µm. Durch sogenanntes Light-Trapping, also Reflexionen des Lichtes im Material, lässt sich die Weglänge des Lichtes verlängern und somit die Dicke reduzieren.

Auf weitere physikalische Zusammenhänge in der Photovoltaik sowie auf andere Zellentechniken wie z.B. MIS-Zellen kann an dieser Stelle nicht weiter eingegangen werden. Hierfür wird auf weiterführende Literatur verwiesen (z.B. [Wag07, Goe05, Lew01]).

## 5.3 Herstellung von Solarzellen und Solarmodulen

### 5.3.1 Solarzellen aus kristallinem Silizium

Zur Herstellung von Solarzellen kommen verschiedene Halbleiterwerkstoffe in Frage. Der bisher am häufigsten verwendete Werkstoff ist Silizium. Aus diesem Grund sollen hier auch nur Verfahren zur Herstellung von Solarzellen aus Silizium erläutert werden.

Silizium ist nach Sauerstoff das zweithäufigste Element in der Erdkruste und kommt beispielsweise im Quarzsand ($SiO_2$) vor. Um Silizium aus Quarzsand zu gewinnen, muss bei hohen Temperaturen von etwa 1800 °C folgender Reduktionsprozess erfolgen:

$$SiO_2 + 2C \xrightarrow{1800\,°C} Si + 2CO.\tag{5.31}$$

Nach diesem Vorgang erhält man sogenanntes **metallurgisches Silizium** (MG-Si), das mit einer Reinheit von 98 % noch starke Verunreinigungen aufweist. Das Silizium kann auch über die aluminothermische Reduktion

$$3SiO_2 + 4Al \xrightarrow{1100\,°C\ldots 1200\,°C} 2Al_2O_3 + 3Si\tag{5.32}$$

gewonnen werden. Aber auch bei diesem Prozess weist das Silizium große Verunreinigungen auf. Für die Herstellung von Halbleitern für die Computerindustrie wird sogenanntes „electronic grade"-Silizium (EG-Si) benötigt, das nur noch Restverunreinigungen von $10^{-10}$ % enthält. An „solar grade"-Silizium (SOG-Si) zur Herstellung von Solarzellen werden zwar nicht diese hohen Anforderungen gestellt, dennoch sind auch hier Reinigungsprozesse notwendig.

Beim **Silan-Prozess**, auch Siemens-Verfahren genannt, wird Silizium mit Chlorwasserstoff (HCl) versetzt. Bei einer exothermen Reaktion entsteht Trichlorsilan (SiHCl$_3$) und Wasserstoff (H$_2$):

$$Si + 3\,HCl \longrightarrow SiHCl_3 + H_2\,. \tag{5.33}$$

Das bei 30 °C flüssige Trichlorsilan wird dann über Destillationsanlagen von Verunreinigungen getrennt. Die Rückgewinnung des Siliziums erfolgt nach dem **Chemical-Vapor-Deposition** (CVD)-Prinzip. An einem dünnen Siliziumstab in einem Reaktorgefäß scheidet sich bei Temperaturen von mehr als 1000 °C Silizium ab, wenn das Trichlorsilan mit hochreinem Wasserstoff in das Reaktorgefäß geleitet wird:

$$4\,SiHCl_3 + 2\,H_2 \xrightarrow{1200\,°C} 3\,Si + SiCl_4 + 8\,HCl\,. \tag{5.34}$$

Als Ergebnis erhält man hochreine Siliziumstäbe mit Durchmessern von bis zu 30 cm und Längen von etwa 2 m. Diese Stäbe können nun zur Herstellung von **polykristallinen Solarzellen** verwendet werden. Viele Hersteller schmelzen das Silizium noch einmal auf und gießen es in quaderförmige Blöcke. Bei polykristallinem Silizium sind die Kristalle unterschiedlich ausgerichtet. Zwischen den Bereichen unterschiedlicher Ausrichtung entstehen sogenannte Korngrenzen, an denen bei der Solarzelle Verluste auftreten.

Neuerdings versucht man metallurgisches Silizium bei der Herstellung direkt zu reinigen und damit auf den relativ aufwändigen Silan-Prozess zu verzichten. Das so gewonnene „upgraded metallurgical"-Silizium (UMG-Si) erreicht nicht die Reinheit wie das EG-Silizium beim Silan-Prozess. Umgangssprachlich wird es deswegen auch als „schmutziges" oder „dreckiges" Silizium bezeichnet. Dennoch lassen sich auch mit UMG-Silizium durchaus Solarzellen mit guten Wirkungsgraden herstellen.

Um nicht den Überblick zu verlieren, zeigt Tabelle 5.3 eine Übersicht über die bisher verwendeten und noch folgenden Abkürzungen im Zusammenhang mit Silizium.

**Tabelle 5.3** Übersicht über gängige Abkürzungen im Zusammenhang mit Silizium

| Abkürzung | Engl. Bezeichnung | Erläuterung |
|---|---|---|
| Si | silicon | Silizium (allgemein) |
| a-Si, α-Si | amorphous silicon | amorphes Silizium, Dünnschichtsilizium |
| Cz-Si | Czochralski silicon | mono-Si nach dem Czochralski-Verfahren |
| EG-Si | electronic grade silicon | Halbleitersilizium, Reinheit >99,999999999 % |
| FZ-Si | float-zone silicon | mono-Si nach dem Zonenziehverfahren |
| EFG-Si | edge-defined film-fed growth Si | oktagon-gezogenes Silizium |
| MG-Si | metallurgical grade silicon | metallurgisches Silizium, Reinheit >98 % |
| mono-Si | monocrystalline silicon | monokristallines Silizium |
| poly-Si | polycrystalline silicon | polykristallines Silizium |
| µc-Si | microcrystalline silicon | mikrokristallines Silizium |
| PVG-Si | photovoltaic grade silicon | Photovoltaiksilizium, s. Solarsilizium |
| SOG-Si | solar grade silicon | Solarsilizium, Reinheit >99,99 % |
| SR-Si | string ribbon silicon | bandgezogenes Silizium |
| UMG-Si | upgraded MG-Si | aufgewertetes MG-Si, Reinheit >99,99 % |

Um den Wirkungsgrad der Solarzellen zu steigern, kann aus dem polykristallinen Silizium **monokristallines Material** hergestellt werden. Hierzu verwendet man entweder das Tiegelziehverfahren nach Czochralski oder das Zonenziehverfahren. Durch „Impfen" mit einem Einkristall und starkem Erhitzen des polykristallinen Siliziums entsteht schließlich das gewünschte monokristalline Ausgangsmaterial. Dabei verschwinden die Korngrenzen, und die Verluste innerhalb der Zelle nehmen ab.

Das reine poly- oder monokristalline Siliziummaterial in Form von Stäben oder Blöcken heißt im Fachjargon auch Ingot. Die kristallinen Siliziumingots werden dann meist mit Drahtsägen in 150 μm bis 250 μm dicke Scheiben geschnitten. Hierbei gibt es verhältnismäßig hohe Zerspanungsverluste von 30 % bis 50 %. Durch technische Weiterentwicklungen konnte die Scheibendicke in den letzten Jahren deutlich reduziert und damit Material und Kosten eingespart werden. Das beim Sägen zerspante Silizium bildet zusammen mit Siliziumcarbidkörnern und Öl oder Glykol, das beim Sägeprozess zum Einsatz kommt, die sogenannte **Slurry**. Die Rückgewinnung von reinem Silizium aus der Slurry war lange wirtschaftlich nicht attraktiv. Inzwischen gibt es aber funktionierende Recycling-Verfahren.

**Bild 5.12** Polykristallines Silizium für Solarzellen. Links: Rohsilizium. Mitte: Siliziumblöcke. Rechts: Siliziumwafer (Fotos: PV Crystalox Solar plc.)

Als Alternative zum Sägen gelten sogenannte Ziehverfahren, die längere Zeit kommerziell eingesetzt wurden, heute aber weitgehend bedeutungslos geworden sind. Beim **String-Ribbon-Verfahren** (SR-Verfahren), dem sogenannten Bandziehverfahren, wird das Silizium zuerst aufgeschmolzen. Danach werden zwei dünne Bänder durch die Schmelze gezogen. Das flüssige Silizium bildet zwischen beiden Bändern einen dünnen Film, ähnlich wie bei der Bildung von Seifenblasen, und erstarrt.

Beim sogenannten **EFG-Verfahren** (Edge-Defined-Film-Fed-Growth-Verfahren) ist ebenfalls aufgeschmolzenes Silizium die Basis. In der Schmelze befindet sich ein achteckiges Formteil mit einem dünnen umlaufenden Spalt. Durch Kapillarkräfte steigt das Silizium nun in diesem Spalt auf. Von oben nähert sich dem Spalt eine Keimfolie, an der sich ein flüssiger Siliziumfilm anlagert. Wird nun die Keimfolie langsam nach oben gezogen, er-

## 5.3 Herstellung von Solarzellen und Solarmodulen

starrt an der Unterseite der Keimfolie das flüssige Silizium. Es bildet sich ein langes Oktagon. Dieses lässt sich an den Ecken trennen und somit kann man Siliziumscheiben gewinnen.

Die Resultate von Säge- oder Ziehverfahren sind stets dünne Siliziumscheiben, die sogenannten **Wafer**. Über verschiedene weitere Schritte müssen diese nun gereinigt, dotiert und anschließend mit Kontakten versehen werden. Eventuelle Sägeschäden werden zuvor mit Flusssäure entfernt. Ansonsten zerbrechen die Wafer bei der späteren Verarbeitung zu leicht.

Die Dotierung des Siliziums für den späteren pn-Übergang erfolgt mit Fremdatomen wie Phosphor oder Bor. Hierzu kommt das Gasdiffusionsverfahren zur Anwendung. Bei Temperaturen zwischen 800 °C und 1200 °C werden die gasförmigen Dotierungsstoffe mit einem Trägergas wie Stickstoff ($N_2$) oder Sauerstoff ($O_2$) versetzt. Dieses Gas strömt dann über die Siliziumscheiben, und die Fremdatome diffundieren abhängig von der Gasmischung, der Temperatur und der Geschwindigkeit in den Silizium-Halbleiter. Anschließend wird die Oberfläche des dotierten Halbleiters durch Ätzen erneut gereinigt.

Ein Siebdruck-Verfahren bringt dann die Front- und Rückseitenkontakte auf. Als Material für die Kontakte dienen Metalle oder Legierungen auf der Basis von Aluminium oder Silber. Auf der Rückseite wird der Kontakt meist ganzflächig ausgeführt, auf der Frontseite in Form von dünnen Kontaktfingern, die möglichst wenig der Solarzelle abschatten.

Zum Schluss wird die Solarzelle noch mit einer **Antireflexionsschicht** versehen, die der Solarzelle die charakteristische dunkelblaue Farbe verleiht. Da das metallische Silizium das Licht gut reflektiert, bringt man ein Material auf, das die Reflexion des Lichtes drastisch reduziert. Als Material kommt hierbei meist eine etwa 70 nm dicke Siliziumnitridschicht ($Si_3N_4$) zum Einsatz. Auch Siliziumdioxid ($SiO_2$) oder Titandioxid ($TiO_2$) eignen sich als Antireflexsschicht. Mittlerweile ist es auch möglich, Antireflexschichten in anderen Farben als Blau herzustellen, um eine bessere optische Integration von Photovoltaikmodulen in Gebäude zu erreichen. Der Querschnitt in Bild 5.13 zeigt den prinzipiellen Aufbau einer kristallinen Solarzelle.

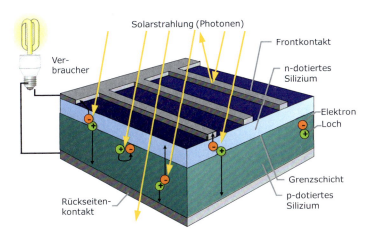

**Bild 5.13** Prinzipieller Aufbau einer kristallinen Solarzelle

Mit verschiedenen Methoden lässt sich der Wirkungsgrad der Solarzelle weiter steigern. So kann die Solarzellenoberfläche mit mikroskopisch kleinen Pyramiden gestaltet werden, um durch eine größere Oberfläche mehr Sonnenstrahlung zu absorbieren. Außerdem lassen sich die Frontkontakte versenken. Bei der Saturnzelle von BP wurden mit Hilfe von Lasern sogenannte Laser-Kontakt-Bahnen (**Laser Grooved Buried Contact**, **LGBC**) hergestellt. Dazu schnitten Laser kleine Gräben in die Zellfrontseite, in denen dann die Frontkontakte chemisch abgeschieden werden. Diese „vergrabenen" Kontakte sind um den Faktor acht schmaler und entsprechend tief. Dadurch reduzieren sich die Reflexionsverluste an den Frontkontakten.

Noch weniger Reflexionen entstehen, wenn die Frontkontakte auf die Rückseite verlegt werden. Bild 5.14 zeigt eine sogenannten **Rückseitenkontaktzelle**, wie sie beispielsweise die Firma SunPower herstellt. Diese erreicht in der Serienproduktion Wirkungsgrade von bis zu 24 %. Die Solarzelle basiert auf einem n-dotierten monokristallinen Wafer. Die Rückseite ist in Streifen strukturiert, die abwechselnd $n^+$ und $p^+$-Zonen enthalten. Diese stellen den pn-Übergang dar und sind mit externen Kontakten verbunden. Die positiven und negativen Elektroden erstrecken sich kammförmig ineinander verzahnt über die gesamte Solarzellenrückseite.

Eine weitere Maßnahme zur Wirkungsgradverbesserung, die auch bei anderen Solarzellenvarianten zum Einsatz kommt, ist die **Oberflächentexturierung**. Durch Texturätzen wird eine pyramidenförmige raue Oberfläche erzeugt. Das reduziert die Reflexionsverluste auf der Frontseite. Die Rückseite ist als Reflektor ausgeführt. Diese reflektiert nicht absorbierte Photonen und verlängert so den Weg im Halbleiter und die Möglichkeit zur Ladungstrennung beizutragen. Diesen Effekt nennt man auch **Light-Trapping**.

An sämtlichen Halbleiteroberflächen befinden sich üblicherweise offene Bindungen, da hier die Partner im Siliziumgitter fehlen. Hier kommt es zu starken Rekombinationen, sodass viele bereits getrennten Ladungsträger nicht mehr die externen Kontakte erreichen können. Eine **Oberflächenpassivierung** mit Siliziumdioxid $SiO_2$ schafft Abhilfe und reduziert die Rekombinationsverluste. Durch Zugabe von Sauerstoff lässt sich die Siliziumoberfläche bei Temperaturen von rund 1000 °C thermisch oxidieren.

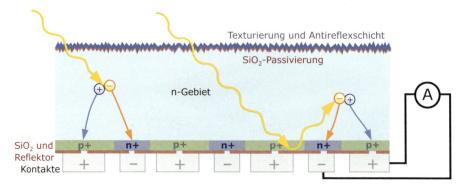

**Bild 5.14** Seitenansicht einer Rückseitenkontaktzelle

Wird das monokristalline Solarzellenmaterial mit amorphem Silizium kombiniert, lassen sich ebenfalls Wirkungsgrade von deutlich über 20 % erreichen. Dies wird bei der sogenannten **HIT-Zelle** (HIT: Heterojunction with Intrinsic Thin-layer) ausgenutzt, die in Bild

5.15 dargestellt ist. Auf einem texturierten n-dotierten monokristallinen Siliziumwafer wird auf der Frontseite erst eine intrisische, undotierte amorphe Siliziumschicht (i-α-Si) und anschließend eine hauchdünne p+-dotierte Schicht aus amorphem Silizium abgeschieden. Hierdurch entsteht zwischen dem kristallinen und dem amorphen Silizium der pn-Übergang. Da beides strukturell unterschiedliche Halbleiter sind, spricht man auch von einem Heteroübergang (engl.: heterojunction).

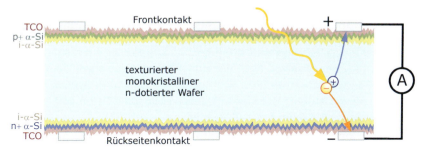

**Bild 5.15** Seitenansicht einer HIT-Solarzelle

Auf der Zellenrückseite wird dann eine intrinsische und n+-dotierte Sicht aus Silizium abgeschieden. Front- und Rückseite der Solarzelle erhalten eine weitere Schicht aus einem transparenten leitenden Oxid (TCO), die den Übergang zu den Front- und Rückseitenkontaktstreifen erleichtert. Auf der Frontseite dient die TCO-Schicht auch als Antireflektionsschicht und auf der Rückseite als Rückseitenreflektor. Alle Abscheideprozessschritte können bei vergleichsweise niedrigen Temperaturen von 200 °C erfolgen, was den Herstellungsenergieaufwand reduziert. Da wesentliche Patente für diese Zelle ausgelaufen sind, arbeiten derzeit verschiedene Hersteller an diesem Prinzip.

## 5.3.2 Solarmodule mit kristallinen Zellen

Da einzelne ungeschützte Solarzellen durch klimatische Einflüsse schnell zerstört würden, werden mehrere Solarzellen in einem **Modul** zusammengefasst.

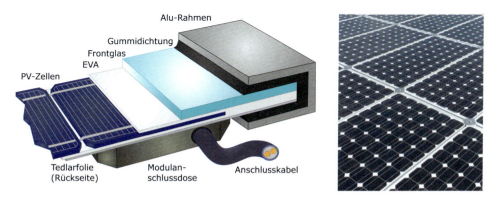

**Bild 5.16** Links: Prinzipieller Aufbau eines Solarmoduls, rechts: montierte Solarmodule

Die Kantenlänge der kristallinen Solarzellen beträgt hierbei zwischen 10 cm und 20 cm. Für den Einsatz in Batteriesystemen haben Solarmodule meist zwischen 32 und 40 Zellen. Für netzgekoppelte Systeme sind die Module größer und haben typischerweise 60 bis 72 Zellen.

Zur vorderen Abdeckung werden wie bei solarthermischen Flachkollektoren eisenarme Glasscheiben verwendet. Die rückseitige Abdeckung besteht entweder aus Glas oder aus Kunststoff, meist Tedlar. Zwischen den beiden Abdeckungen sind die Solarzellen in Kunststoff eingebettet. Hierzu dient meist **EVA** (Ethylen-Vinyl-Acetat), das bei Temperaturen von bis zu 150 °C und Unterdruck 10 bis 15 Minuten lang ausgehärtet wird. Dieser Vorgang heißt auch **Laminieren**. Die fertigen Module werden zum Schutz vor Glasbruch und zur einfacheren Montage noch mit einem Rahmen versehen. Die Anschlüsse werden meist in Anschlussdosen geführt. Hier lassen sich dann auch Bypassdioden zum Schutz vor ungünstigen Betriebszuständen einbauen. Technische Daten von ausgewählten Solarmodulen sind in Abschnitt 5.5.4 angegeben.

### 5.3.3 Solarzellen aus amorphem Silizium

Neben kristallinen Zellen aus Silizium finden vermehrt Dünnschichtzellen Anwendung. Diese Zellen können aus amorphem Silizium oder auch anderen Materialien wie Cadmiumtellurid (CdTe) oder Kupfer-Indium-Diselenid (CIS) hergestellt werden. Vorteile der Dünnschichtzellen sind der wesentlich geringere Materialeinsatz und die erwarteten geringeren Herstellungskosten. Aus diesen Gründen wird vor allem den Dünnschichtzellen ein großes Entwicklungspotenzial zugeschrieben. Die Wirkungsgrade von Dünnschichtzellen sind derzeit aber noch deutlich geringer als von kristallinen Siliziumzellen. Dies bedeutet bei gleicher Leistung höhere Montagekosten und höherer Platzbedarf.

Als Basis für **Solarzellen aus amorphem Silizium** dient ein Träger, der in den meisten Fällen aus Glas besteht. Auf dieses Glas wird eine dünne Schicht von einem transparentem leitenden Oxid (engl.: **TCO**, transparent conducting oxide), wie beispielsweise Zinnoxid, über ein Sprayverfahren aufgebracht. Sie wird anschließend mit einem Laser zur Herstellung einer integrierten Serienverschaltung in Streifen geschnitten, die später als Frontkontakte dienen.

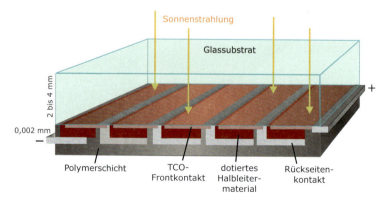

**Bild 5.17** Prinzipieller Aufbau einer amorphen Si-Solarzelle

Das Silizium und die Dotierungsstoffe werden dann bei hohen Temperaturen auf das Substrat aufgedampft. Zuerst wird eine 10 nm dicke p-Schicht und anschließend eine 10 nm dicke Pufferschicht aufgedampft. Es folgen eine intrinsische Schicht aus 500 nm dickem amorphen Silizium und schließlich eine 20 nm dicke n-Schicht. Über Siebdruckverfahren werden dann die Rückseitenkontakte aus Aluminiumpulver aufgebracht und die Zellen zum Schutz in eine Polymerschicht eingebettet. Der prinzipielle Aufbau einer amorphen Solarzelle ist in Bild 5.17 dargestellt.

Durch das Aufdampfen des Siliziums geht bei amorphen Solarzellen die kristalline Struktur verloren, die Atome sind also ungeordnet. Der Vorteil der amorphen Si-Solarzellen ist, dass sie sich etwa um den Faktor 100 dünner als kristalline Zellen ausführen lassen. Dies ist nur möglich, weil amorphes Silizium als direkter Halbleiter einen deutlich höheren Absorptionskoeffizienten als kristallines Silizium besitzt. Der Bandabstand des amorphen Siliziums ist mit 1,7 eV etwas größer. Es wird erheblich Material eingespart, und die Herstellung kann rationeller erfolgen. Im Labor werden Wirkungsgrade bis 12 % erreicht. Dennoch werden Solarzellen aus amorphem Silizium hauptsächlich für Kleinanwendungen wie Taschenrechner und Uhren eingesetzt, da der Wirkungsgrad bei der Serienproduktion mit 6 % bis 7 % deutlich niedriger ist als bei den kristallinen Zellen, die bis zu 20 % erreichen. Erschwerend kommt bei amorphen Solarzellen noch ein Degradationsprozess hinzu, der den Wirkungsgrad in den ersten Betriebsmonaten um 1 % bis 2 % sinken lässt, bis er sich schließlich auf einem niedrigen Wert stabilisiert.

### 5.3.4  Solarzellen aus anderen Materialien

Inzwischen kommen vermehrt andere Dünnschichtmaterialen als amorphes Silizium zum Einsatz. Dazu sind verschiedenste Materialien und Techniken in Erprobung. Inzwischen haben auch Materialien wie

- Cadmiumtellurid (CdTe),
- Cadmiumsulfid (CdS),
- Kupfer-Indium-Sulfid (CIS),
- Kupfer-Indium-Diselenid (CuInSe$_2$ oder ebenfalls CIS),
- Kupfer-Indium-Gallium-Diselenid bzw. -sulfid (CIGS)

die Serienreife erlangt. Die Herstellung erfolgt dabei ähnlich wie die von amorphen Siliziumsolarzellen. Während die weltweiten Siliziumvorkommen praktisch unerschöpflich sind, sind Rohstoffe wie Tellur allerdings nur in begrenztem Maße verfügbar. Bei CdTe und CIS können höhere Wirkungsgrade als mit amorphem Silizium erreicht werden. Generell sind die Wirkungsgrade von Dünnschichtsolarzellen aber spürbar niedriger als von kristallinen Siliziumzellen. Dies bedeutet einen höheren Aufwand bei der Montage, da für die gleiche Leistung eine größere Modulfläche erforderlich ist. Durch den geringeren Materialeinsatz und rationelle Herstellungsverfahren lassen sich Dünnschichtzellen aber auch billiger produzieren als ihre kristallinen Verwandten. Welche Materialien sich in der Zukunft durchsetzen, ist heute noch nicht abzusehen.

Auch aus polykristallinem Silizium lassen sich Dünnschichtzellen herstellen. Bei den sogenannten **mikrokristallinen Zellen** bilden sich dabei auf einem Substrat kleinste polykristalline Bereiche aus. Wird mikrokristallines mit amorphem Zellmaterial kombiniert, spricht man von mikromorphen Solarzellen.

Weitere vielversprechende technologische Entwicklungen sind Farbstoffzellen auf der Basis von Titandioxid (TiO$_2$) oder Solarzellen auf Basis organischer Materialien. Beide Technologien befinden sich allerdings noch im Forschungsstadium. Beim Wirkungsgrad und der Langzeitstabilität der Zellen müssen hier noch Verbesserungen erzielt werden.

Im Weltraum kommen schließlich noch andere Materialien wie Galliumarsenid (GaAs) zum Einsatz. GaAs ist besonders resistent gegen die kosmische Strahlung und erreicht hohe Wirkungsgrade von über 20 %. Für den Einsatz auf der Erde ist GaAs aber zu teuer.

Besonders hohe Wirkungsgrade lassen sich mit **Stapelzellen** aus verschiedenen Halbleitermaterialien erreichen. Stapel mit zwei Zellen heißen Tandemzellen, Stapel mit drei Zellen **Triplezellen**. Die dabei verwendeten Halbleiter haben unterschiedliche Bandabstände. Die oberste Zelle verfügt über den größten Bandabstand und absorbiert Photonen mit kleinen Wellenlängen und großer Energie. Photonen mit größeren Wellenlängen, deren Energie zum Überwinden des Bandabstands der obersten Zellen nicht ausreicht, lassen sich dann von den unteren Zellen mit kleineren Bandabständen absorbieren. Bei Stapeln mit unendlich vielen Zellen sind theoretisch Wirkungsgrade von bis zu 86 % möglich. Bei realen Triplezellen wurden bislang Wirkungsgrade von 38 % bei Standardsolarstrahlung und über 44 % bei konzentrierter Strahlung erreicht.

Bild 5.18 zeigt eine GaInP/GaInAs/Ge-Stapelzelle mit drei in Reihe geschalteten Zellen. Die verschiedenen Schichten werden nacheinander auf der unteren Germaniumzelle abgeschieden. Eine andere übliche Kombination ist InGaP/GaAs/InGaAs.

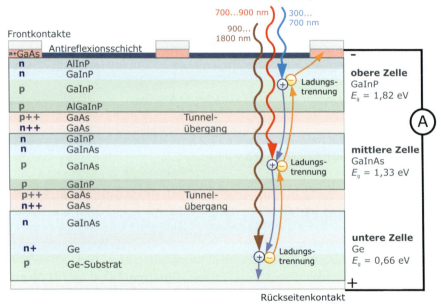

**Bild 5.18** Seitenansicht einer GaInP/GaInAs/Ge-Stapelzelle

Die Herstellung dieser Solarzellen ist jedoch so teuer, dass derzeit kein wirtschaftlicher Einsatz in Standardsolarmodulen möglich ist. Dafür wird derzeit an anderen Kombinationen auf Basis eines Siliziumsubstrats geforscht. Die hier beschriebenen Triplezellen werden kommerziell bislang nur in Konzentratormodulen verwendet. Dabei können die in Kapitel 4 beschriebenen Konzentratoren eingesetzt werden. Es können auch flache

Fresnellinsen genutzt werden, um die Strahlung auf die stecknadelkopfgroßen Zellen zu konzentrieren. Ein **Konzentratormodul** umfasst dann viele dieser Zellen, die durch einen Heliostaten der Sonnen zweiachsig nachgeführt werden. Konzentratorzellen können aber nur die Direktstrahlung nutzen und eignen sich daher vor allem für strahlungsreiche Gebiete im Sonnengürtel der Erde.

### 5.3.5 Modultests und Qualitätskontrolle

Im realen Betrieb wird eine Lebensdauer der Solarmodule von mindestens 20 bis 30 Jahren angestrebt. Um zu überprüfen, ob diese Lebensdauer von einer Modulserie mit hoher Wahrscheinlichkeit zu erreichen ist, wurden verschiedene Prüfverfahren entwickelt. Die Normen IEC 61215 [DIN05b] bzw. IEC 61646 [DIN08] definieren dazu umfangreiche Testverfahren für kristalline Silizium-Photovoltaikmodule bzw. Dünnschicht-Photovoltaikmodule. Hierzu werden vom Hersteller einmalig acht Photovoltaikmodule an ein zertifiziertes Prüflabor geschickt und durchlaufen dort eine genau festgelegte Prüfprozedur. Zu den Tests gehören:

- Sichtprüfung und Leistungsmessungen,
- Isolationswiderstandsmessungen unter Benässung,
- Dauerprüfung unter Freilandbedingungen (60 kWh/m²),
- Hot-Spot-Dauerprüfung bei Zellverschattungen,
- Temperaturprüfung der Bypassdiode,
- UV-Vorbehandlungsprüfung (15 kWh/m²),
- Feuchte-Frost-Prüfung (10 Zyklen –40 °C bis +85 °C bei 85 % rel. Luftfeuchte),
- Temperaturwechselprüfung (50 und 200 Zyklen –40 °C bis +85 °C),
- Feuchte-Wärmeprüfung (1000 h bei 85 °C und 85 % rel. Luftfeuchte),
- Hagelprüfung (Beschuss mit 25 mm Eiskugeln, 23 m/s Geschwindigkeit),
- mechanische Belastungsprüfung und Widerstandsprüfung der Anschlüsse.

Bei erfolgreichem Bestehen aller Tests gelten die Module als zuverlässig und langlebig. Bei der Norm handelt es sich jedoch lediglich um eine Bauartzulassung. Es sind durchaus Qualitätsschwankungen bei der Serienfertigung möglich. Daher können stichpunktartige Nachprüfungen durchaus sinnvoll sein. Bei besonderen Einsatzorten wie beispielsweise in Meeresnähe oder auf landwirtschaftlichen Betrieben können weitere Untersuchungen wie ein Salznebeltest oder die Überprüfung der Ammoniakbeständigkeit mögliche Probleme vorzeitig aufzeigen.

Neben diesen Tests können andere Prüfmethoden weitere Aufschlüsse über die Fertigungsqualität oder Modulfehler geben. Mit einer **EVA-Vernetzungsanalyse** lässt sich feststellen, ob der Laminierungsprozess optimal verlaufen ist oder ob durch eine mangelnde Vernetzung des EVA-Kunststoffes eine vorzeitige Alterung zu erwarten ist. Mit Hilfe der **Elektrolumineszenz (EL)** lassen sich Zellfehler im Modul aufspüren. Dazu wird ein Modul bei Dunkelheit mit einer externen Stromquelle belastet. Die Solarzellen senden dabei infrarote Strahlung aus, die mit einer speziellen Infrarotkamera aufgenommen werden kann. Unterschiede bei der Zellfertigung, fehlerhafte Kontaktierungen oder mit bloßem Auge nicht zu sehende Mikrorisse sind auf dem EL-Bild durch Helligkeitsunterschiede gut zu erkennen. Auch der Einsatz der **Thermografie** hat sich bewährt.

Durch eine Infrarotkamera können bei einer Photovoltaikanlage im laufenden Betrieb Temperaturunterschiede sichtbar gemacht werden. Verschattete Zellen oder leistungsschwächere Einzelzellen erwärmen sich im Betrieb und können zu Leistungseinbußen oder sogar vorzeitigem Anlagenausfall führen. Auch fehlerhafte Kontakte oder falsch angeschlossene Module können so aufgespürt werden.

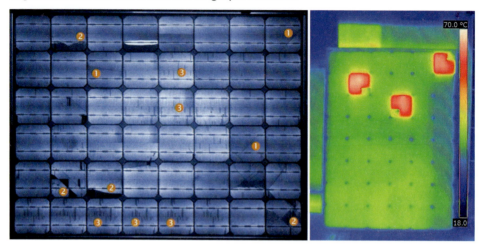

**Bild 5.19** Links: Elektrolumineszenzbild mit erkennbaren Zellschäden (1: Mikrorisse, 2: Zellbrüche, 3: Kontaktfingerablösung/Siebdruckfehler). Rechts: Thermografie eines Moduls mit drei teilverschatteten Solarzellen. Fotos: Oliver Suchaneck, HTW Berlin

## 5.4 Elektrische Beschreibung von Solarzellen

### 5.4.1 Einfaches Ersatzschaltbild

Eine Solarzelle hat physikalisch den gleichen Aufbau wie eine **Diode**. Sie besteht aus einem n- und einem p-dotierten Halbleiter mit einer sich ausbildenden Raumladungszone, sodass sich eine unbestrahlte Solarzelle wie eine Diode verhält und sich im einfachsten Fall durch eine Diode beschreiben lässt.

Mit dem Sättigungsstrom in Diodensperrrichtung $I_S$ und dem Diodenfaktor $m$ ergibt sich die Gleichung für den Zellstrom $I$ in Abhängigkeit der Zellspannung (hier $U = U_D$):

$$I = -I_D = -I_S \cdot \left( \exp\left( \frac{U_D}{m \cdot U_T} \right) - 1 \right). \tag{5.35}$$

Hierbei beträgt die Temperaturspannung $U_T$ bei einer Temperatur von 25 °C $U_T$ = 25,7 mV. Der Sättigungsstrom $I_S$ liegt in der Größenordnung von $10^{-10}$ A. Der Diodenfaktor $m$ ist bei einer idealen Diode gleich 1. Wird der Diodenfaktor zwischen 1 und 5 gewählt, lässt sich in der Regel eine bessere Beschreibung der Solarzelle erzielen.

Bei einer bestrahlten Solarzelle kann im vereinfachten Ersatzschaltbild eine Stromquelle parallel zu der Diode geschaltet werden. Die Stromquelle produziert einen **Photostrom** $I_{Ph}$, der über einen Koeffizienten $c_0$ von der Bestrahlungsstärke $E$ abhängig ist:

## 5.4 Elektrische Beschreibung von Solarzellen

$$I_{Ph} = c_0 \cdot E \,. \tag{5.36}$$

Aus dem ersten Kirchhoff'schen Gesetz ergibt sich die Gleichung für die **Strom-Spannungs-Kennlinie** der Solarzelle des vereinfachten Ersatzschaltbildes, das in Bild 5.20 dargestellt ist. Der Verlauf der Kennlinie bei verschiedenen Bestrahlungsstärken ist Bild 5.21 zu entnehmen.

$$I = I_{Ph} - I_D = I_{Ph} - I_S \cdot \left( \exp\left( \frac{U}{m \cdot U_T} \right) - 1 \right) \tag{5.37}$$

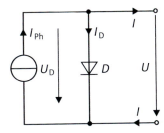

**Bild 5.20** Vereinfachtes Ersatzschaltbild der Solarzelle

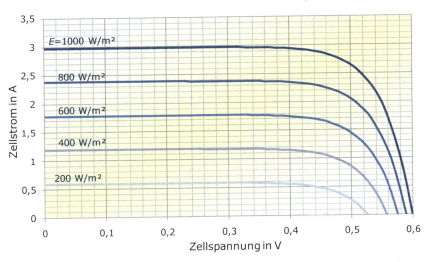

**Bild 5.21** Einfluss der Bestrahlungsstärke $E$ auf den Verlauf der I-U-Kennlinie einer Solarzelle

### 5.4.2 Erweitertes Ersatzschaltbild (Eindiodenmodell)

Für die meisten Anwendungen reicht bereits das einfache Ersatzschaltbild zur Beschreibung der Solarzelle. Die Abweichungen zwischen der berechneten Kennlinie und realen Werte liegen bei wenigen Prozent. Für eine genauere Beschreibung muss jedoch das einfache Ersatzschaltbild erweitert werden. Bei einer realen Solarzelle kommt es zu einem Spannungsabfall auf dem Weg der Ladungsträger vom Halbleiter zu den externen Kontakten. Dieser Spannungsabfall lässt sich durch den **Serienwiderstand** $R_S$ beschreiben. Weiterhin werden Leckströme längs der Kanten der Solarzelle beobachtet, die durch einen **Parallelwiderstand** $R_P$ beschrieben werden können. Beide Widerstände sind im Ersatzschaltbild in Bild 5.22 dargestellt.

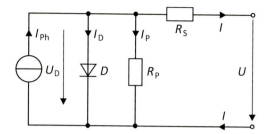

**Bild 5.22** Erweitertes Ersatzschaltbild der Solarzelle (Eindiodenmodell)

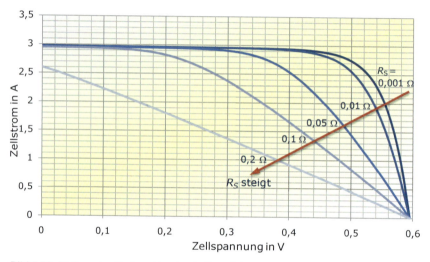

**Bild 5.23** Einfluss des Serienwiderstands $R_S$ auf den Verlauf der I-U-Kennlinie einer Solarzelle

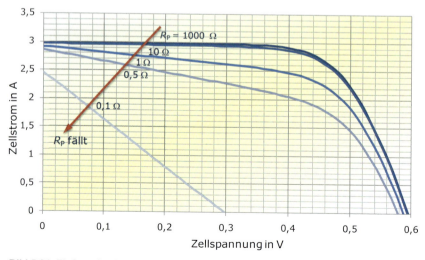

**Bild 5.24** Einfluss des Parallelwiderstands $R_P$ auf den Verlauf der I-U-Kennlinie einer Solarzelle

## 5.4 Elektrische Beschreibung von Solarzellen

Der Serienwiderstand $R_S$ liegt bei realen Zellen im Bereich einiger Milliohm, der Parallelwiderstand $R_P$ ist in der Regel deutlich größer als 10 Ω. Der Einfluss der beiden Widerstände auf den Verlauf der I-U-Kennlinie wird in Bild 5.23 und Bild 5.24 gezeigt.

Aus der Kirchhoff'schen Knotenregel $0 = I_{Ph} - I_D - I_P - I$ folgt mit $I_P = \dfrac{U_D}{R_P} = \dfrac{U+I\cdot R_S}{R_P}$ die Gleichung für die I-U-Kennlinie des erweiterten Ersatzschaltbildes der Solarzelle:

$$0 = I_{Ph} - I_S \cdot \left( \exp\left( \frac{U + I \cdot R_S}{m \cdot U_T} \right) - 1 \right) - \frac{U + I \cdot R_S}{R_P} - I. \tag{5.38}$$

Diese implizite Gleichung lässt sich nun nicht mehr so einfach wie Gleichung (5.37) des vereinfachten Ersatzschaltbildes nach $I$ oder $U$ auflösen. Vielmehr bedarf es hierzu numerischer Methoden.

Eines der gebräuchlichsten Verfahren hierfür ist das **Newton-Verfahren** zur Bestimmung einer Nullstelle, das im Folgenden kurz erläutert werden soll. Die I-U-Kennlinie der Solarzelle ist in einer geschlossenen Form gegeben:

$$f(U,I) = 0. \tag{5.39}$$

Zu einer vorgegebenen Spannung $U_V$ soll der zugehörige Strom $I$ beziehungsweise zu einem vorgegebenen Strom $I_V$ die zugehörige Spannung $U$ bestimmt werden. Diese Lösung ist jeweils Nullstelle der Funktion $f(U,I)$. Zur Bestimmung der Lösung können folgende Iterationsvorschriften angewandt werden:

$$U_{i+1} = U_i - \frac{f(U_i, I_V)}{\dfrac{df(U_i, I_V)}{dU}} \quad \text{bzw.} \quad I_{i+1} = I_i - \frac{f(U_V, I_i)}{\dfrac{df(U_V, I_i)}{dI}}. \tag{5.40}$$

Ausgehend von einem Startwert $U_0$ beziehungsweise $I_0$ kann eine Lösung der impliziten Gleichung für einen vorgegebenen Strom $I_V$ beziehungsweise eine Spannung $U_V$ gefunden werden, indem die Iteration so lange durchgeführt wird, bis die Differenz zwischen zwei Iterationsschritten unter einer zuvor gewählten Grenze $\varepsilon$ bleibt. Die Abbruchbedingungen für die Iterationen lauten: $|U_i - U_{i-1}| < \varepsilon$ beziehungsweise $|I_i - I_{i-1}| < \varepsilon$.

Das Newton-Verfahren zeichnet sich durch eine sehr schnelle Konvergenz aus, wobei die Konvergenzgeschwindigkeit stark von der Wahl der Startwerte $U_0$ beziehungsweise $I_0$ beeinflusst wird. Im Bereich der Diodendurchbrüche kann eine Voriteration mit einem anderen Verfahren sinnvoll sein.

Die Iterationsvorschrift zur Bestimmung des Stromes $I$ der Solarzelle gemäß Gleichung (5.38) zu einer vorgegebenen Spannung $U_V$ lautet:

$$I_{i+1} = I_i - \frac{I_{Ph} - I_S \cdot \left( \exp\left( \dfrac{U_V + I_i \cdot R_S}{m \cdot U_T} \right) - 1 \right) - \dfrac{U_V + I_i \cdot R_S}{R_P} - I_i}{-\dfrac{I_S \cdot R_S}{m \cdot U_T} \cdot \exp\left( \dfrac{U_V + I_i \cdot R_S}{m \cdot U_T} \right) - \dfrac{R_S}{R_P} - 1}. \tag{5.41}$$

### 5.4.3 Zweidiodenmodell

Eine noch bessere Beschreibung der Solarzelle lässt sich durch das Zweidiodenmodell erzielen (Bild 5.25). Hierbei wird zur ersten Diode eine zweite Diode parallel geschaltet. Beide Dioden unterscheiden sich durch ihre Sättigungsströme und ihre Diodenfaktoren. Für kristalline Silizium-Solarzellen liefert dieses Modell eine nahezu optimale Beschreibung. Für Dünnschicht-Solarzellen lässt sich das Modell allerdings nur eingeschränkt anwenden. Vor allem im Teillastbereich ergeben sich hier größere Abweichungen.

Für das Zweidiodenmodell ergibt sich die implizite Gleichung zu:

$$0 = I_{Ph} - I_{S1} \cdot \left( \exp\left( \frac{U + I \cdot R_S}{m_1 \cdot U_T} \right) - 1 \right) - I_{S2} \cdot \left( \exp\left( \frac{U + I \cdot R_S}{m_2 \cdot U_T} \right) - 1 \right) - \frac{U + I \cdot R_S}{R_P} - I. \quad (5.42)$$

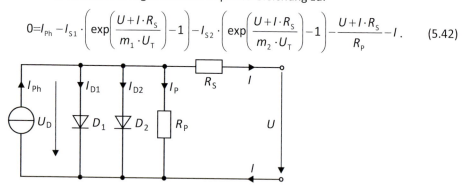

**Bild 5.25** Zweidiodenmodell der Solarzelle

Als erste Diode wird in der Regel eine ideale Diode verwendet ($m_1 = 1$), der Diodenfaktor der zweiten Diode beträgt $m_2 = 2$. Auch diese Gleichung muss durch numerische Verfahren gelöst werden. Tabelle 5.4 zeigt Parameter, mit denen sich für einige PV-Module eine gute Simulation erzielen lässt.

**Tabelle 5.4** Parameter für verschiedene PV-Module für das Zweidiodenmodell [PRE94]

| Parameter | $c_0$ | $I_{S1}$ | $I_{S2}$ | $m_1$ | $m_2$ | $R_S$ | $R_P$ |
|---|---|---|---|---|---|---|---|
| Einheit | m² / V | nA | µA | - | - | mΩ | Ω |
| AEG PQ 40/50 | $2{,}92 \cdot 10^{-3}$ | 1,082 | 12,24 | 1 | 2 | 13,66 | 34,9 |
| Siemens M50 | $3{,}11 \cdot 10^{-3}$ | 0,878 | 12,71 | 1 | 2 | 13,81 | 13,0 |
| Kyocera LA441J59 | $3{,}09 \cdot 10^{-3}$ | 1,913 | 8,25 | 1 | 2 | 12,94 | 94,1 |

### 5.4.4 Zweidiodenmodell mit Erweiterungsterm

Um den Kennlinienverlauf im negativen Durchbruchbereich, also bei großen negativen Spannungen, beschreiben zu können, muss das Ersatzschaltbild der Solarzelle nochmals erweitert werden. Ein Erweiterungsterm, der in Bild 5.26 als zusätzliche Stromquelle $I(U_D)$ dargestellt ist, beschreibt den Diodendurchbruch im negativen Spannungsbereich. Diese Stromquelle erzeugt einen Strom in Abhängigkeit der Diodenspannung $U_D$ und ermöglicht somit die Beschreibung des elektrischen Verhaltens der Solarzelle auch bei großen negativen Spannungen.

## 5.4 Elektrische Beschreibung von Solarzellen

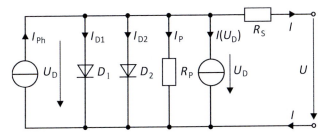

**Bild 5.26** Zweidiodenersatzschaltbild mit zweiter Stromquelle für den Durchbruch bei negativen Spannungen

Mit der Durchbruchsspannung $U_{Br}$, dem Lawinendurchbruchexponenten $n$ und dem Anpassungsleitwert $b$ ergibt sich folgende Gleichung für die I-U-Kennlinie:

$$0 = I_{Ph} - I_{S1}\left(\exp\left(\frac{U+I\cdot R_S}{m_1 \cdot U_T}\right) - 1\right) - I_{S2}\left(\exp\left(\frac{U+I\cdot R_S}{m_2 \cdot U_T}\right) - 1\right) - \frac{U+I\cdot R_S}{R_P} - I$$

$$\underbrace{- b\cdot(U+I\cdot R_S)\cdot\left(1 - \frac{U+I\cdot R_S}{U_{Br}}\right)^{-n}}_{\text{Erweiterungsterm}}.$$

(5.43)

Bild 5.27 zeigt den Verlauf der I-U-Kennlinie einer polykristallinen Solarzelle. Zur Ermittlung des Kennlinienverlaufs wurden die Parameter $I_{S1} = 3\cdot10^{-10}$ A, $m_1 = 1$, $I_{S2} = 6\cdot10^{-6}$ A, $m_2 = 2$, $R_S = 0{,}13\ \Omega$, $R_P = 30\ \Omega$, $U_{Br} = -18$ V, $b = 2{,}33$ mS und $n = 1{,}9$ verwendet.

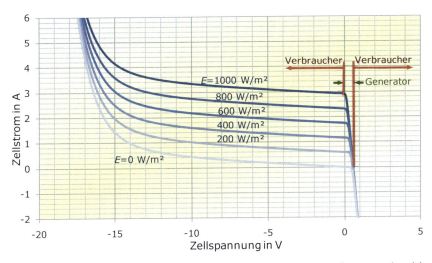

**Bild 5.27** I-U-Kennlinie einer polykristallinen Zelle über den gesamten Spannungsbereich

Der hohe Serienwiderstand ergibt sich in diesem Fall durch Berücksichtigung des Widerstandes der Anschlussleitungen. Der positive Spannungs- und Strombereich stellt den Generatorbereich der Zelle dar. Im Bereich negativer Spannungen bzw. Ströme wird die Zelle als Verbraucher betrieben. Die notwendige elektrische Leistung muss hierfür von außen durch eine Spannungsquelle oder andere Solarzellen zur Verfügung gestellt werden.

### 5.4.5 Weitere elektrische Zellparameter

Bislang wurden bei den Solarzellen nur die Zusammenhänge zwischen Strom und Spannung beschrieben. Neben Zellstrom und -spannung gibt es noch weitere elektrische Zellparameter, die hier erläutert werden sollen. Tabelle 5.5 fasst die wichtigsten Solarzellenparameter zusammen.

Wird die Zelle kurzgeschlossen, ist die Klemmspannung an der Solarzelle gleich null. Dann fließt der Kurzschlussstrom $I_K$, der in guter Näherung dem Photostrom $I_{Ph}$ entspricht. Da der Photostrom proportional zur Bestrahlungsstärke $E$ ist, gilt dies auch für den **Kurzschlussstrom**:

$$I_K \approx I_{Ph} = c_0 \cdot E\,.$$

**Tabelle 5.5** Elektrische Solarzellenparameter

| Bezeichnung | Formelzeichen | Einheit | Erläuterung bzw. Bemerkung |
|---|---|---|---|
| Leerlaufspannung | $U_L$ | V | $U_L \sim \ln E$ |
| Kurzschlussstrom | $I_K$ | A | $I_K \approx I_{Ph} \sim E$ |
| MPP-Spannung | $U_{MPP}$ | V | $U_{MPP} < U_L$ |
| MPP-Strom | $I_{MPP}$ | A | $I_{MPP} < I_K$ |
| MPP-Leistung | $P_{MPP}$ | W bzw. $W_p$ | $P_{MPP} = U_{MPP} \cdot I_{MPP}$ |
| Füllfaktor | $FF$ | | $FF = P_{MPP} / (U_L \cdot I_K) < 1$ |
| Wirkungsgrad | $\eta$ | % | $\eta = P_{MPP} / (E \cdot A)$ |

Befindet sich die Zelle im Leerlauf, das heißt, der Strom $I$ ist gleich null, liegt an der Zelle die **Leerlaufspannung** $U_L$. Mit der I-U-Gleichung des vereinfachten Ersatzschaltbildes kann $U_L$ durch Einsetzen von $I = 0$ berechnet werden:

$$U_L = m \cdot U_T \cdot \ln\!\left(\frac{I_K}{I_S} + 1\right). \tag{5.44}$$

Wegen der linearen Abhängigkeit des Kurzschlussstroms $I_K$ von der Bestrahlungsstärke $E$ ergibt sich für die Leerlaufspannung die Abhängigkeit:

$$U_L \sim \ln(E)\,. \tag{5.45}$$

Die maximale Leistung kann der Solarzelle bei einer bestimmten Spannung entnommen werden. In Bild 5.28 ist neben der Strom-Spannungs-Kennlinie auch die Leistungs-Spannungs-Kennlinie eingezeichnet. Es ist deutlich zu erkennen, dass die Leistungskurve einen Maximalpunkt besitzt. Dieser wird als **Punkt maximaler Leistung (MPP**, Maximum Power Point) bezeichnet.

## 5.4 Elektrische Beschreibung von Solarzellen

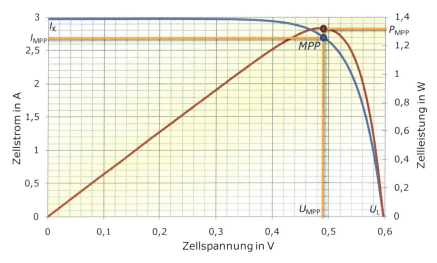

**Bild 5.28** I-U- und P-U-Kennlinien einer Solarzelle mit dem MPP

Die Spannung $U_{MPP}$ im *MPP* ist kleiner als die Leerlaufspannung $U_L$ und der Strom $I_{MPP}$ kleiner als der Kurzschlussstrom $I_K$. Es gelten jeweils die gleichen Abhängigkeiten des Stroms und der Spannung von Bestrahlungsstärke und Temperatur wie beim Kurzschlussstrom und der Leerlaufspannung. Die Leistung $P_{MPP}$ im *MPP* berechnet sich:

$$P_{MPP} = U_{MPP} \cdot I_{MPP} < U_L \cdot I_K \,. \tag{5.46}$$

Bei der Abhängigkeit von der Bestrahlungsstärke überwiegt der Anteil des Stroms, sodass die MPP-Leistung in erster Näherung proportional zur Bestrahlungsstärke *E* steigt.

Um Solarzellen und -module vergleichen zu können, wird die MPP-Leistung meist unter **Standardtestbedingungen** (**STC**, Standard Test Conditions) ($E$ = 1000 W/m², $\vartheta$ = 25 °C, Spektrum AM1,5g) ermittelt. Da die abgegebene Leistung von Solarmodulen unter natürlichen Bedingungen fast immer geringer ist, erhält die so ermittelte Leistung die Einheit $W_p$ (**Watt-peak**, Spitzenleistung).

Daher werden oftmals die Parameter von Solarmodulen auch bei sogenannten Normalbetriebsbedingungen (NOTC, Normal Operating Test Conditions) ermittelt. Dabei wird die reale Zelltemperatur (**NOCT**, Normal Operating Cell Temperature) bei einer Bestrahlungsstärke von 800 W/m², einer Umgebungstemperatur von 20 °C, dem Spektrum AM1,5g und einer Windgeschwindigkeit von 1 m/s bestimmt und angegeben. In der Regel liegt die NOCT-Zelltemperatur in der Größenordnung von 45 °C.

Als weitere Beschreibungsgröße wird der sogenannte Füllfaktor *FF* definiert:

$$FF = \frac{P_{MPP}}{U_L \cdot I_K} = \frac{U_{MPP} \cdot I_{MPP}}{U_L \cdot I_K} \,. \tag{5.47}$$

Der Füllfaktor dient als ein Qualitätskriterium für Solarzellen und beschreibt, wie gut die I-U-Kennlinie der Solarzelle dem Rechteck aus $U_L$ und $I_K$ angenähert ist. Der Wert ist stets kleiner als eins.

**Tabelle 5.6** Maximale Wirkungsgrade und Füllfaktoren für verschiedene Zelltechnologien

| Zell- bzw. Modultyp | $\eta_{max}$ Zelle, Labor | $\eta_{max}$ Zelle, Serie | $\eta_{max}$ Modul, Serie | FF Modul, Serie |
|---|---|---|---|---|
| Mono-Si | 25,0 % | 24,0 % | 21,5 % | 0,80 |
| Poly-Si | 20,4 % | 18,0 % | 16,3 % | 0,78 |
| SR-Si | 17,8 % | 15,6 % | 14,1 % | 0,74 |
| EFG-Si | 18,2 % | 14,4 % | 12,8 % | 0,72 |
| HIT | 24,7 % | 22,0 % | 19,4 % | 0,79 |
| µc-Si / a-Si | 11,9 % | 10,4 % | 10,1 % | 0,68 |
| a-Si | 13,4 % | 7,6 % | 7,4 % | 0,67 |
| CdS / CdTe | 20,4 % | 14,2 % | 13,2 % | 0,74 |
| CIS / CIGS | 20,8 % | 15,1 % | 14,5 % | 0,73 |
| Konzentrator | 44,7 % | 40,0 % | 29,5 % | 0,85 |
| GaAs | 26,4 % | --- [1] | --- [1] | --- [1] |
| Farbstoff | 11,9 % | --- [2] | --- [2] | --- [2] |
| Organisch | 11,1 % | --- [2] | --- [2] | --- [2] |

Stand 03/2014    [1] nur Spezialanwendungen, z.B. Weltraum    [2] noch keine Serienreife erlangt

Der **Wirkungsgrad** $\eta$ der Solarzelle berechnet sich aus der MPP-Leistung $P_{MPP}$, der Bestrahlungsstärke $E$ und der Solarzellenfläche $A$:

$$\eta = \frac{P_{MPP}}{E \cdot A} = \frac{FF \cdot U_L \cdot I_K}{E \cdot A} \ . \tag{5.48}$$

Meist wird der Wirkungsgrad bei Standardtestbedingungen angegeben. Tabelle 5.6 zeigt die maximalen Wirkungsgrade und typischen Füllfaktoren für verschiedene Zell- beziehungsweise Modultypen. Der Modulwirkungsgrad liegt stets unter dem Zellwirkungsgrad, da der Modulrahmen und Zellzwischenräume keine Leistung liefern.

### 5.4.6 Temperaturabhängigkeit

In der Beschreibung der Solarzellenmodelle wurde bei den Gleichungen stets von einer konstanten Temperatur von 25 °C ausgegangen. Im vorigen Abschnitt wurde bereits angesprochen, dass sich die Kennlinie der Solarzelle mit der Temperatur ändert. An dieser Stelle soll nun erläutert werden, wie die Solarzellengleichungen modifiziert werden können, um hierdurch den Temperatureinfluss zu erfassen.

Als Erstes darf für die Temperaturspannung kein fester Wert mehr angegeben werden, sondern sie ist für die entsprechende Temperatur zu berechnen.

Die **Temperaturspannung** bestimmt sich aus der absoluten Temperatur in Grad Kelvin ($T = \vartheta\,\text{K/°C} + 273{,}15\,\text{K}$), der Boltzmann-Konstanten $k = 1{,}380658 \cdot 10^{-23}$ J/K und der Elementarladung $e = 1{,}60217733 \cdot 10^{-19}$ A s zu

$$U_T = \frac{k \cdot T}{e} \ . \tag{5.49}$$

## 5.4 Elektrische Beschreibung von Solarzellen

Die Temperaturabhängigkeit der **Sättigungsströme** $I_{S1}$ und $I_{S2}$ kann über die Koeffizienten $c_{S1}$ und $c_{S2}$ sowie den Bandabstand $E_g$ aus Tabelle 5.2 durch folgende Gleichungen beschrieben werden [Wol77]:

$$I_{S1} = c_{S1} \cdot T^3 \cdot \exp\left(-\frac{E_g}{k \cdot T}\right) \tag{5.50}$$

$$I_{S2} = c_{S2} \cdot T^{5/2} \cdot \exp\left(-\frac{E_g}{2 \cdot k \cdot T}\right). \tag{5.51}$$

Durch den Anstieg der Sättigungsströme mit der Temperatur lässt sich auch das Absinken der Leerlaufspannung erklären. Für die weiteren Betrachtungen kann zur Vereinfachung die Temperaturabhängigkeit des Serienwiderstands $R_S$, des Parallelwiderstands $R_P$ sowie der Diodenfaktoren vernachlässigt werden.

Während in den Gleichungen (5.50) und (5.51) die Temperaturabhängigkeit des Bandabstandes vernachlässigt werden konnte, spielt diese bei der Bestimmung des **Photostroms** $I_{Ph}$ eine entscheidende Rolle. Durch das Absinken des Bandabstandes mit steigender Temperatur können auch Photonen mit geringerer Energie Elektronen in das Valenzband heben, wodurch sich der Photostrom erhöht. Die Temperaturabhängigkeit des Photostroms wird mit Hilfe der Koeffizienten $c_1$ und $c_2$ folgendermaßen beschrieben:

$$I_{Ph}(T) = (c_1 + c_2 \cdot T) \cdot E. \tag{5.52}$$

**Tabelle 5.7** Parameter für die Temperaturabhängigkeit verschiedener PV-Module [PRE94]

| Parameter | $c_{S1}$ | $c_{S2}$ | $c_1$ | $c_2$ |
|---|---|---|---|---|
| Einheit | A / K³ | A K$^{-5/2}$ | m² / V | m² / (V K) |
| AEG PQ 40/50 | 210,4 | 18,1 · 10⁻³ | 2,24 · 10⁻³ | 2,286 · 10⁻⁶ |
| Siemens M50 | 170,8 | 18,8 · 10⁻³ | 3,06 · 10⁻³ | 0,179 · 10⁻⁶ |
| Kyocera LA441J59 | 371,9 | 12,2 · 10⁻³ | 2,51 · 10⁻³ | 1,932 · 10⁻⁶ |

Tabelle 5.7 zeigt Parameter zur Berechnung der Temperaturabhängigkeiten für verschiedene Solarmodule.

Bei vielen Berechnungen wird vereinfachend angenommen, dass sich Strom, Spannung und Leistung von Solarzellen und -modulen linear mit der Spannung ändern. Dann genügen zur Beschreibung lediglich drei Temperaturkoeffizienten.

Mit steigender Temperatur nimmt wie bereits erläutert der Kurzschlussstrom zu. Normalerweise wird der Kurzschlussstrom $I_K$ bei STC-Bedingungen ($\vartheta$ = 25 °C) angegeben. Über den Temperaturkoeffizienten $\alpha_{IK}$ des Kurzschlussstroms kann der Kurzschlussstrom bei einer anderen Temperatur berechnet werden:

$$I_K(\vartheta_2) = I_K(\vartheta_1) \cdot (1 + \alpha_{IK} \cdot (\vartheta_2 - \vartheta_1)). \tag{5.53}$$

Der Temperaturkoeffizient des MPP-Stroms weicht meist nur geringfügig von dem des Kurzschlussstroms ab. Ist der Koeffizient als relative Größe angegeben, so kann der gleiche Koeffizient für Kurzschlussstrom und MPP-Strom verwendet werden.

Der Temperaturkoeffizient $\alpha_{UL}$ der Leerlaufspannung ergibt sich analog zu dem des Kurzschlussstroms, jedoch mit negativem Vorzeichen. Mit steigender Temperatur sinkt die Leerlaufspannung schneller als der Kurzschlussstrom steigt.

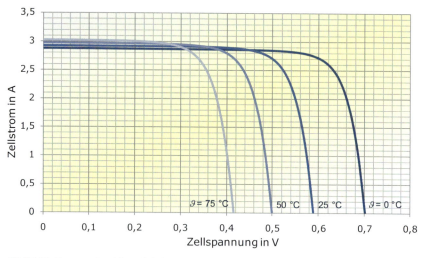

**Bild 5.29** Temperaturabhängigkeit der Solarzellenkennlinien

Da der Temperaturkoeffizient der Spannung größer als der des Stroms ist, ergibt sich ein negativer Temperaturkoeffizient $\alpha_{PMPP}$ für die MPP-Leistung. Bei Solarzellen aus Silizium liegt er typischerweise in der Größenordnung von $-0,4\,\%/°C = -4\cdot10^{-3}/°C$. Bei einem Temperaturanstieg von 25 °C sinkt dann die Leistung um 10 %.

In Bild 5.29 ist der Verlauf der I-U-Kennlinien bei sich ändernder Temperatur $\vartheta$ dargestellt. Es ist deutlich zu erkennen, dass die Leerlaufspannung mit zunehmender Temperatur stark sinkt. Der Kurzschlussstrom steigt hingegen nur leicht an. Daraus resultiert die bereits erwähnte Reduzierung der MPP-Leistung bei steigender Temperatur.

**Tabelle 5.8** Typische Temperaturkoeffizienten von Strom, Spannung und Leistung für handelsübliche Photovoltaikmodule

| Zell- bzw. Modultyp | $\alpha_{UL}$ in %/°C | $\alpha_{IK}$ in %/°C | $\alpha_P$ in %/°C |
|---|---|---|---|
| Mono-Si | −0,21 … −0,48 | +0,02 … +0,08 | −0,32 … −0,51 |
| Poly-Si | −0,29 … −0,42 | +0,03 … +0,07 | −0,32 … −0,51 |
| SR-Si | −0,34 … −0,41 | +0,05 … +0,06 | −0,42 … −0,51 |
| EFG-Si | −0,38 … −0,50 | +0,1 | −0,45 … −0,47 |
| HIT | −0,25 … −0,26 | +0,03 | −0,3 |
| µc-Si / a-Si | −0,30 | +0,07 | −0,24 |
| a-Si | −0,27 … −0,38 | +0,1 | −0,18 … −0,23 |
| CdS / CdTe | −0,25 | +0,04 | −0,18 … −0,25 |
| CIS / CIGS | −0,26 … −0,29 | +0,04 | −0,35 … −0,5 |

## 5.4 Elektrische Beschreibung von Solarzellen

Das Temperaturverhalten unterschiedlicher Solarzellenmaterialien weicht voneinander ab. Vor allem amorphes Silizium, mikromorphes Silizium und Cadmiumtellurid zeichnen sich durch vergleichsweise geringe Temperaturkoeffizienten der Leistung aus. Die Leistung dieser Materialien sinkt also weniger stark mit steigender Temperatur. Besonders in warmen Regionen oder bei schlecht belüfteten Solarmodulen verspricht dies Ertragsvorteile. Tabelle 5.8 zeigt typische Temperaturkoeffizienten für unterschiedliche Zellmaterialien.

In der Praxis liegt die für die Leistung ausschlaggebende Zelltemperatur deutlich über der Umgebungstemperatur. Der absorbierte Strahlungsanteil der Solarzelle, der nicht in elektrische Energie umgewandelt wird, sorgt für eine Erwärmung des Solarmoduls. Die Temperatur $\vartheta_M$ des Solarmoduls, die näherungsweise der Zelltemperatur entspricht, lässt sich überschlagsweise aus der Umgebungstemperatur $\vartheta_U$ sowie der Bestrahlungsstärke $E$ auf das Solarmodul berechnen:

$$\vartheta_M = \vartheta_U + c \cdot \frac{E}{1000\ \frac{W}{m^2}}\,. \tag{5.54}$$

Der Faktor $c$ gibt dabei eine vom Einbau des Solarmoduls abhängige Proportionalitätskonstante an. Tabelle 5.9 zeigt verschiedene Werte in Abhängigkeit des Moduleinbaus. Der genaue Wert der Modultemperatur kann in der Praxis erheblich von dem so errechneten Wert abweichen. Durch den Einfluss von Wind kann das Modul gekühlt werden und die Temperatur sinken. Auch der Zellwirkungsgrad beeinflusst die Temperatur. Bei hohen Wirkungsgraden sinkt der nicht nutzbare Strahlungsanteil, der in Wärme umgewandelt wird. Bei Verschattungssituationen hingegen kann die Modultemperatur stellenweise erheblich ansteigen.

**Tabelle 5.9** Proportionalitätskonstante $c$ zur Berechnung der Modultemperatur für verschiedene Einbauvarianten [DGS08]

| Art des Einbaus | $c$ in °C |
|---|---|
| Völlig freie Aufständerung | 22 |
| Auf dem Dach, großer Abstand | 28 |
| Auf dem Dach bzw. dachintegriert, gute Hinterlüftung | 29 |
| Auf dem Dach bzw. dachintegriert, schlechte Hinterlüftung | 32 |
| An der Fassade bzw. fassadenintegriert, gute Hinterlüftung | 35 |
| An der Fassade bzw. fassadenintegriert, schlechte Hinterlüftung | 39 |
| Dachintegration, ohne Hinterlüftung | 43 |
| Fassadenintegration, ohne Hinterlüftung | 55 |

### 5.4.7 Parameterbestimmung

Für eine Simulation einer speziellen Solarzelle, zum Beispiel mit dem vereinfachten Ersatzschaltbild, werden die Zellparameter (hier $I_{Ph}$ und $I_S$) in der Regel aus Messwerten der Zellkennlinie bestimmt, da eine theoretische Bestimmung äußerst komplex ist. Vereinfachend kann der Photostrom $I_{Ph}$ gleich dem gemessenen Kurzschlussstrom $I_K$ gesetzt werden. Für eine ideale Diode ist der Diodenfaktor $m$ gleich eins. Somit sind schon zwei Parameter bekannt ($I_{Ph} = I_K$ und $m = 1$). Der zum vereinfachten Ersatzschaltbild gehörige

**Diodensättigungsstrom** $I_S$ lässt sich durch Einsetzen der Leerlaufspannung $U_L$ und Auflösen nach $I_S$ ermitteln:

$$I_S = \frac{I_K}{\exp\left(\dfrac{U_L}{U_T}\right) - 1} \approx I_k \cdot \exp\left(-\frac{U_L}{U_T}\right). \tag{5.55}$$

Somit sind alle Parameter für das vereinfachte Ersatzschaltbild mit idealer Diode ($m = 1$) bestimmt. Dieses Modell kann jedoch nur eine unbefriedigende Übereinstimmung von berechneter Kennlinie und Messwerten liefern. Für eine nicht ideale Diode wird ein anderer Diodenfaktor ($m > 1$) verwendet. Die beiden voneinander abhängigen Parameter $m$ und $I_S$ lassen sich durch Zuhilfenahme von Mathematikprogrammen wie Mathematica™ aus der Solarzellenkennlinie im generatorischen Bereich verhältnismäßig einfach bestimmen.

Mit dem vereinfachten Ersatzschaltbild und einer realen Diode lässt sich bereits eine sehr gute Übereinstimmung von Messung und Simulation erzielen.

Schwieriger als die Bestimmung der Parameter $m$ und $I_S$ ist das Festlegen der zusätzlichen Parameter $R_S$ und $R_P$ beim erweiterten Ersatzschaltbild des Eindiodenmodells. Bei einer größeren Zahl von freien Parametern stoßen auch ausgereifte Mathematikprogramme schnell an ihre Grenzen. Für eine gute Konvergenz bei der Bestimmung der Parameter müssen Startwerte nahe den Endwerten gewählt werden. Die Wahl der Startwerte für $R_P$ und $R_S$ erweist sich hierbei als verhältnismäßig einfach.

Der **Parallelwiderstand** $R_P$ kann durch die Steigung der I-U-Kennlinie bei der Spannung null angenähert werden. Der **Serienwiderstand** $R_S$ ist näherungsweise durch die Kennliniensteigung jenseits der Leerlaufspannung zu gewinnen.

$$R_P \approx \left.\frac{\partial U}{\partial I}\right|_{U=0} \tag{5.56} \qquad\qquad R_S \approx \left.\frac{\partial U}{\partial I}\right|_{U \gg U_L} \tag{5.57}$$

Die Parameter $U_{Br}$, $b$ und $n$ für den negativen Diodendurchbruch lassen sich analog zu den anderen Parametern bestimmen, indem bei der Parameterermittlung gemessene Werte für den negativen Durchbruch verwendet werden.

## 5.5 Elektrische Beschreibung von Solarmodulen

### 5.5.1 Reihenschaltung von Solarzellen

Aufgrund der niedrigen Spannungen werden Solarzellen nicht einzeln betrieben, sondern in einem Modul in Reihe geschaltet. Mehrere dieser Module werden dann wieder in Reihe, parallel oder in Parallel-/Reihen-Kombinationen zusammengeschaltet.

Da zahlreiche Module für den Betrieb mit 12-V-Bleiakkumulatoren ausgelegt sind, hat sich die hierfür optimale Zellenzahl von 32 bis 40 als Standard durchgesetzt. Es existieren aber auch Module, bei denen je nach Anwendungsfall weniger oder auch deutlich mehr Zellen in Reihe geschaltet werden.

## 5.5 Elektrische Beschreibung von Solarmodulen

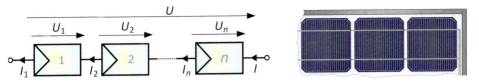

**Bild 5.30** Reihenschaltung von Solarzellen (links: elektrotechnische Symbole, Ströme und Spannungen; rechts: Draufsicht auf einen Ausschnitt eines Moduls mit kristallinen Zellen)

Bei einer Reihenschaltung von $n$ Zellen gemäß Bild 5.30 ist der Strom $I_i$ durch alle Zellen $i$ identisch, die Zellspannungen $U_i$ addieren sich zur Modulspannung $U$.

$$I = I_1 = I_2 = \ldots = I_n \quad (5.58) \qquad\qquad U = \sum_{i=1}^{n} U_i \quad (5.59)$$

Sind alle Zellen identisch und herrschen für alle Zellen gleiche Bedingungen (Bestrahlungsstärke und Temperatur), gilt für die Gesamtspannung:

$$U = n \cdot U_i. \quad (5.60)$$

Die I-U-Kennlinie der Reihenschaltung lässt sich in diesem Fall ohne großen Aufwand aus einer einzelnen Zellkennlinie entwickeln.

Meist sind in den von den Herstellern mitgelieferten Datenblättern nur wenige Parameter wie Leerlaufspannung $U_{L0}$, Kurzschlussstrom $I_{K0}$, Spannung $U_{MPP0}$ und Strom $I_{MPP0}$ im Punkt der maximalen Leistung bei einer Bestrahlungsstärke von $E_{1000} = 1000\ W/m^2$ und einer Temperatur $\vartheta_{25} = 25\ °C$ sowie Temperaturkoeffizienten $\alpha_U$ und $\alpha_I$ für die Spannung und den Strom angegeben.

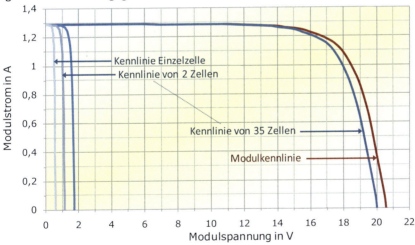

**Bild 5.31** Konstruktion einer Modulkennlinie mit 36 Zellen aus den Zellkennlinien

Die Gleichungen

$$U_L = U_{L0} \cdot \ln(E)/\ln(E_{1000}) \cdot (1 + \alpha_U(\vartheta - \vartheta_{25})), \quad (5.61)$$

$$U_{MPP} = U_{MPP0} \cdot \ln(E)/\ln(E_{1000}) \cdot (1 + \alpha_U(\vartheta - \vartheta_{25})), \quad (5.62)$$

$$I_{MPP} = I_{MPP0} \cdot E/E_{1000} \cdot (1 + \alpha_I(\vartheta - \vartheta_{25})), \quad (5.63)$$

$$I_K = I_{K0} \cdot E/E_{1000} \cdot (1 + \alpha_1(\vartheta - \vartheta_{25})) \tag{5.64}$$

ermöglichen die schnelle näherungsweise Bestimmung der Modulparameter bei unterschiedlichen Temperaturen $\vartheta$ und Bestrahlungsstärken $E$. Mit den Parametern

$$c_1 = I_K \cdot \exp(-c_2 \cdot U_L) \quad (5.65) \quad \text{und} \quad c_2 = \ln(1 - I_{MPP}/I_K)/(U_{MPP} - U_L) \tag{5.66}$$

lässt sich auch näherungsweise ein Zusammenhang von Modulstrom $I$ und Modulspannung $U$ angeben:

$$I = I_K - c_1 \cdot \exp(c_2 \cdot U). \tag{5.67}$$

Weitere Überlegungen zu Näherungsformeln finden sich in [Wag06].

### 5.5.2 Reihenschaltung unter inhomogenen Bedingungen

Im praktischen Betrieb herrschen nicht zwangsläufig bei allen Zellen identische Bedingungen. Durch Verschmutzungen wie Blätter und Vogelexkremente, durch Witterungseinflüsse wie Schnee oder durch Einflüsse der Umgebung kann es zu Abschattungen einzelner Zellen kommen. Hierdurch wird die Modulkennlinie stark beeinflusst.

Sind nicht alle I-U-Kennlinien der einzelnen Zellen identisch, ist die Gesamtkennlinie schwieriger zu bestimmen. Es soll angenommen werden, dass bei einem Modul mit 36 in Reihe geschalteten Zellen 35 Zellen gleich bestrahlt sind und eine Zelle 75 % weniger bestrahlt wird. Auch in diesem Fall ist der Strom durch alle Zellen identisch. Die Gesamtkennlinie lässt sich gewinnen, indem beginnend bei null jeweils ein Strom durch die Zellen vorgegeben wird und die verschiedenen Zellspannungen der voll bestrahlten Zellen $U_b$ und der abgeschatteten Zelle $U_a$ bestimmt und addiert werden:

$$U = U_a(I) + 35 \cdot U_b(I). \tag{5.68}$$

Somit lässt sich die Gesamtkennlinie bis zum Kurzschlussstrom der teilabgeschatteten Zelle problemlos konstruieren. Diese Kennlinie deckt jedoch nur einen geringen Spannungsbereich in der Nähe der Leerlaufspannung des Moduls ab. Der weitere Verlauf der Kennlinie ist nur zu gewinnen, wenn bei der teilabgeschatteten Zelle größere Ströme als der Zellkurzschlussstrom auftreten. Dies kann nur im negativen Spannungsbereich der Zelle vorkommen. Die abgeschattete Zelle wird als Verbraucher betrieben, was durch das Ersatzschaltbild aus Bild 5.26 beschrieben werden kann.

In Bild 5.32 ist die Konstruktion eines Punktes der Modulkennlinie dargestellt (1). Zu einem vorgegebenen Strom errechnet sich die Spannung aus der Addition der Spannungen von der teilabgeschatteten Zelle (1a) und dem 35fachen der Spannung einer bestrahlten Zelle (1b). Wird für verschiedene Ströme die Kennlinie punktweise konstruiert, ergibt sich die Modulkennlinie im Abschattungsfall, die ebenfalls in der Abbildung eingezeichnet ist.

Es ist zu erkennen, dass sich die Modulleistung durch die **Zellabschattung** in dem Beispiel drastisch reduziert hat. Obwohl insgesamt nur etwa 2 % der Modulfläche abgedeckt worden sind, hat sich die maximale Leistung des Moduls um etwa 70 % von $P_1$ = 20,3 W auf $P_2$ = 6,3 W reduziert. Die teilabgeschattete Zelle wird als Verbraucher betrieben. Die maximale elektrische Verlustleistung an dieser Zelle beträgt in diesem Beispiel 12,7 W und tritt im Kurzschlussfall des Moduls auf. Wird eine Zelle zu einem anderen Grad abgeschattet, erfolgt die Konstruktion der Kennlinie analog.

## 5.5 Elektrische Beschreibung von Solarmodulen

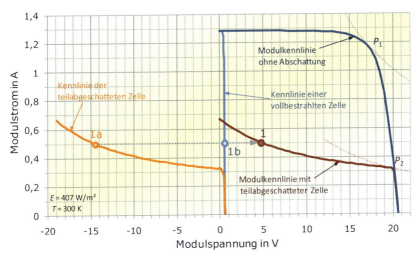

**Bild 5.32** Konstruktion der Modulkennlinie eines Moduls mit einer zu 75 % abgeschatteten Zelle

Bei anderen Abschattungssituationen und höheren Bestrahlungsstärken kann die Verlustleistung der abgeschatteten Zelle auf über 30 W ansteigen. Hierdurch wird die Zelle stark erwärmt und kann sogar zerstört werden. Entweder bilden sich dann einzelne, nur Millimeter große, heiße Bereiche, sogenannte **Hot-Spots**, in denen das Zellmaterial regelrecht wegschmilzt oder die Zelleinkapselung beschädigt wird [Qua96a].

Um einzelne Solarzellen vor Hot-Spots oder thermischer Zerstörung zu schützen, werden in Solarmodulen sogenannte **Bypassdioden** antiparallel zu den Solarzellen integriert. Im Normalfall sind diese Dioden inaktiv. Nur im Abschattungsfall fließt ein Strom über die Dioden. Die Bypassdiode schaltet dann durch, wenn an ihr eine kleine negative Spannung, je nach Diodentyp etwa −0,7 V, anliegt. Dies ist dann der Fall, wenn die Spannung an der abgeschatteten Zelle der Summe der Spannungen aller anderen Zellen plus der Bypassdiodenspannung entspricht. Die negative Spannung an den Solarzellen, die Verlustleistung sowie die Zelltemperatur werden dann durch den Einbau von Bypassdioden begrenzt. Bild 5.33 zeigt die typische Integration von einem Modul mit zwei Bypassdioden über jeweils 18 Zellen sowie den Stromfluss im Normalfall und bei einer abgeschatteten Zelle.

In der Regel werden die Bypassdioden über Zellstränge von 18 bis 24 Zellen geschaltet. Die Gründe hierfür liegen nach Herstellerangaben vor allem in wirtschaftlichen Aspekten. Die Dioden lassen sich im Modulrahmen oder der Anschlussdose preiswert einbauen. Bei modernen Hochleistungszellen mit Strömen von bis zu mehr als 8 A ist zu beachten, dass die Bypassdioden im Betrieb eine hohe Wärmeentwicklung haben und ausreichend gekühlt werden müssen.

Durch die Schaltung von Bypassdioden über Zellstränge mit relativ vielen Zellen lassen sich diese jedoch nicht hundertprozentig vor Beschädigung schützen. Ein optimaler Schutz wird nur durch den Einbau einer Bypassdiode in jede Zelle erreicht. Bei **schattentoleranten Modulen** mit zellintegrierten Bypassdioden, die erstmals von der Firma Sharp in Serie produziert wurden, fallen die Verluste bei inhomogener Bestrahlung deutlich niedriger aus [Qua96b]. Diese Dioden können halbleitertechnisch in die Solarzellen integriert werden [Has86]. Derzeit wird dieses Konzept von kommerziellen Modulherstellern jedoch nicht weiter verfolgt.

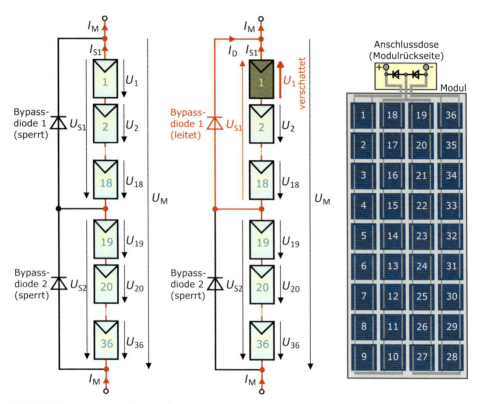

**Bild 5.33** Integration von Bypassdioden in ein Solarmodul mit 36 Zellen. Links: Stromfluss im Normalbetrieb. Mitte: Stromfluss bei Verschattung. Rechts: typische Zell- und Diodenanordnung im Modul

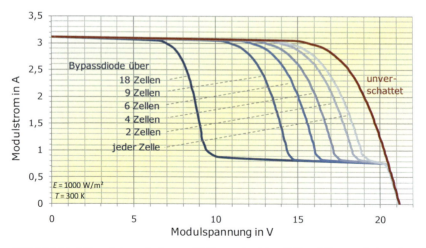

**Bild 5.34** Modulkennlinien mit einer zu 75 % verschatteten Zelle mit Bypassdioden über eine unterschiedliche Anzahl von Zellen

## 5.5 Elektrische Beschreibung von Solarmodulen

Bild 5.34 zeigt den Verlauf von I-U-Kennlinien mit Bypassdioden über eine unterschiedliche Zahl von Zellen. Eine Zelle wurde zu 75 % abgeschattet. Es ist gut zu erkennen, dass sich die Einbrüche bei der I-U-Kennlinie mit Abnahme der Zellen in einem Strang zu größeren Spannungen verschieben, das heißt, die Bypassdiode greift bereits bei geringeren Spannungen. Die Leistungseinbußen und die Belastung der einzelnen Zelle nehmen entsprechend ab.

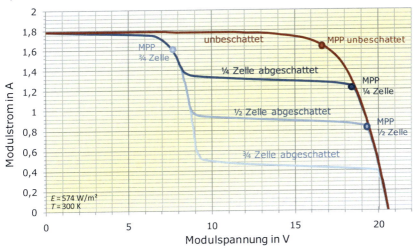

**Bild 5.35** I-U-Kennlinien eines Moduls mit 36 Zellen und zwei Bypassdioden über jeweils 18 Zellen mit einer unterschiedlich verschatteten Zelle

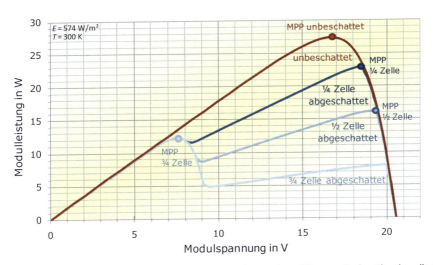

**Bild 5.36** P-U-Kennlinien eines Moduls mit 36 Zellen und zwei Bypassdioden über jeweils 18 Zellen mit einer unterschiedlich verschatteten Zelle

In Bild 5.35 und Bild 5.36 sind die Strom-Spannungs- bzw. Leistungs-Spannungs-Kennlinien für ein Modul mit zwei Bypassdioden über jeweils 18 Zellen dargestellt. Eine einzige Zelle ist dabei unterschiedlich verschattet. Bei einer Verschattung der Einzelzelle um 50 % bricht die Modulleistung um nahezu die Hälfte zusammen. Bei noch größeren Verschattungen hält die Bypassdiode die nicht verschattete Modulhälfte weiter aktiv. Dadurch verschiebt sich jedoch der MPP zu einer deutlich kleineren Spannung. Im praktischen Betrieb stellt dies eine große Herausforderung für die nachfolgende Systemtechnik wie zum Beispiel den Wechselrichter dar, der dann bei allen Betriebszuständen den optimalen Arbeitspunkt einstellen soll. Da die Leistungseinbußen bei handelsüblichen Photovoltaikmodulen generell deutlich größer als der Verschattungsgrad selbst sind, sollten bei der Planung und der Installation von Photovoltaikanlagen Verschattungssituationen möglichst vermieden werden.

### 5.5.3 Parallelschaltung von Solarzellen

Neben der Reihenschaltung lassen sich mehrere Solarzellen auch parallel schalten. Wegen der dabei auftretenden hohen Ströme und der damit verbundenen hohen Leitungsverluste wird eine reine Parallelschaltung von Solarzellen meist vermieden. Deshalb wird hierauf auch nur kurz eingegangen.

Bei der Parallelschaltung von Solarzellen liegt an allen Zellen die gleiche Spannung $U$ an. Die Zellströme $I_i$ addieren sich zum Gesamtstrom $I$.

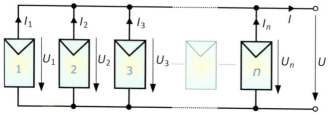

**Bild 5.37** Parallelschaltung von $n$ Solarzellen

$$U = U_1 = U_2 = \ldots = U_n \quad (5.69) \qquad I = \sum_{i=1}^{n} I_i \quad (5.70)$$

Eine Parallelschaltung von Solarzellen ist deutlich unempfindlicher gegenüber Teilabschattungen. Eine Zerstörung von Solarzellen ist hierbei nicht zu erwarten.

In der Praxis werden oftmals auch große Solargeneratoren eingesetzt, bei denen eine Vielzahl von Solarzellen in Reihe und mehrere Reihen parallel geschaltet sind. Auch hier ist in der Regel nur ein Schutz der in Reihe geschalteten Zellen durch Bypassdioden notwendig. Die Zellreihen selbst können durch in Reihe geschaltete **Strangdioden** geschützt werden. Wegen der dabei auftretenden Verluste und dem geringen Schutzeffekt wird hierauf meist verzichtet.

### 5.5.4 Technische Daten von Solarmodulen

Tabelle 5.10 gibt einen Überblick über verschiedene technische Möglichkeiten bei Solarmodulen. In der Tabelle sind jeweils exemplarisch die technischen Daten eines Moduls unterschiedlicher Zelltechnologien wiedergegeben. Neben Modulen mit poly- und monokristallinen Solarzellen sind verschiedene Dünnschichtmodule beispielsweise aus amorphem Silizium, CdTe oder CIS enthalten.

## 5.5 Elektrische Beschreibung von Solarmodulen

Die Wirkungsgrade von Solarmodulen konnten in den letzten Jahren deutlich gesteigert werden und erreichen als Spitzenwerte inzwischen über 20 %. Anfang der 1990er-Jahre waren hingegen noch Werte im Bereich von 10 % Standard. Zusammen mit einer deutlichen Reduzierung der Zelldicke konnte so signifikant Zellmaterial und damit Kosten eingespart werden.

Die HIT-Zelle, eine Kombination aus kristallinem und amorphem Zellmaterial, weist einen besonders hohen Wirkungsgrad auf und wird vom Hersteller Panasonic kommerziell produziert. Einen noch höheren Wirkungsgrad erreichen derzeit Module der Firma Sunpower, die Rückseitenkontakt-Solarzellen aus monokristallinem Silizium einsetzt. Hier sind die Frontkontakte auf die Rückseite verlegt, wodurch die gesamte Vorderseite als aktive Fläche zur Verfügung steht und keine Kontaktfinger mehr Verluste verursachen.

Schattentolerante kristalline Module mit zellintegrierten Bypassdioden sind generell nicht mehr verfügbar. Die Hersteller reduzieren die Zahl der Bypassdioden auf ein absolutes Minimum.

Die MPP-Leistung und der Wirkungsgrad wurden jeweils unter Standardtestbedingungen bestimmt (1000 W/m², 25 °C, AM1,5g).

**Tabelle 5.10** Technische Daten ausgewählter Solarmodule

| Bezeichnung | | X3-140 | Pro-G3 | SW280 | X21 | HIT245 | FS-395 | SF-170 |
|---|---|---|---|---|---|---|---|---|
| Hersteller | | Inventux | Hanwha Q Cells | Solarworld | Sunpower | Panasonic | First Solar | Solar Frontier |
| Zellenzahl | | 125 | 60 (6·10) | 60 (6·10) | 96 (8·12) | 72 (6·12) | 154 | k.A. |
| Zelltyp | | aSi/µSi | poly-Si | mono-Si | mono-Si Rücks. | HIT | CdS/CdTe | CIS |
| MPP-Leistung $P_{MPP}$ | $W_p$ | 140 | 270 | 280 | 345 | 245 | 95 | 170 |
| Nennstrom $I_{MPP}$ | A | 1,09 | 8,85 | 9,07 | 6,02 | 5,54 | 2,00 | 1,95 |
| Nennspannung $U_{MPP}$ | V | 128 | 30,8 | 31,2 | 57,3 | 44,3 | 47,5 | 87,5 |
| Kurzschlussstrom $I_K$ | A | 1,25 | 9,47 | 9,71 | 6,39 | 5,86 | 2,17 | 2,20 |
| Leerlaufspannung $U_L$ | V | 169 | 38,9 | 39,5 | 68,2 | 53,0 | 60,5 | 112,0 |
| Temp.Koeff. $\alpha_{IK}$ | %/°C | +0,07 | +0,04 | +0,004 | +0,055 | +0,03 | +0,04 | +0,01 |
| Temp.Koeff. $\alpha_{UL}$ | %/°C | −0,4 | −0,33 | −0,3 | −0,25 | −0,25 | −0,20 | −0,30 |
| Temp.Koeff $\alpha_{PMPP}$ | %/°C | −0,3 | −0,42 | −0,45 | −0,30 | −0,29 | −0,25 | −0,31 |
| Modulwirkungsgrad | % | 9,8 | 16,2 | 16,7 | 21,2 | 19,4 | 13,2 | 13,4 |
| Füllfaktor | | 0,66 | 0,74 | 0,73 | 0,79 | 0,79 | 0,72 | 0,69 |
| Länge | mm | 1100 | 1670 | 1675 | 1559 | 1580 | 1200 | 1257 |
| Breite | mm | 1300 | 1000 | 1001 | 1046 | 798 | 600 | 977 |
| Masse | kg | 26 | 19 | 21,2 | 18,6 | 15 | 12 | 20 |
| Bypassdioden | | 0 | 3 | 3 | 3 | 3 | 0 | 1 |

## 5.6 Solargenerator und Last

### 5.6.1 Widerstandslast

In den vorigen Abschnitten wurden nur Kennlinien von Solarzellen, -modulen und -generatoren betrachtet. In der Praxis werden Solarmodule jedoch nicht um ihrer selbst Willen eingesetzt, sondern deren elektrische Energie wird auch genutzt, das heißt, eine Last mit den Solarmodulen betrieben.

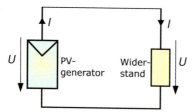

**Bild 5.38** Solargenerator mit Widerstand

Die einfachste Art der Last stellt ein **elektrischer Widerstand** $R$ dar (Bild 5.38). Die Kennlinie eines Widerstands wird durch eine Gerade beschrieben, deren Verlauf sich aus dem Zusammenhang zwischen Strom und Spannung

$$I = \frac{1}{R} \cdot U \tag{5.71}$$

ergibt. Wird der Strom $I$ durch den Widerstand mit dem Strom der Solarzelle gleichgesetzt, kann durch Auflösen nach der Spannung $U$ die gemeinsame Spannung und somit der Arbeitspunkt bestimmt werden. In der Regel werden hierfür auch wieder numerische Lösungsverfahren benötigt.

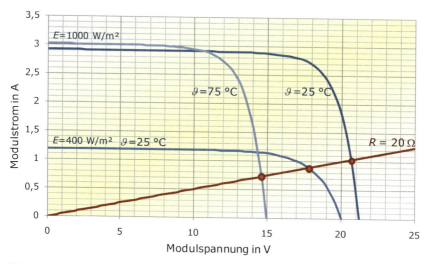

**Bild 5.39** Solarmodul bei verschiedenen Betriebszuständen mit Widerstandslast

## 5.6 Solargenerator und Last

Bei der **grafischen Bestimmung des Arbeitspunkts** werden die Widerstandsgerade und die I-U-Kennlinie der Solarzelle in ein gemeinsames Diagramm eingezeichnet. In dem Schnittpunkt beider Kennlinien liegt der Arbeitspunkt.

In Bild 5.39 ist zu erkennen, dass der Arbeitspunkt je nach Betriebszustand des Solarmoduls stark variiert. In diesem Beispiel wird das Modul bei einer Bestrahlungsstärke von 400 W/m² und einer Temperatur von 25 °C nahe des *MPP* betrieben. Die maximale Leistung wird hier an den Widerstand abgegeben. Bei anderen Einstrahlungen und Temperaturen wird das Modul jedoch in wesentlich schlechteren Arbeitspunkten betrieben. Die abgegebene Leistung liegt hier deutlich unter der möglichen Leistung. Spannung und Leistung am Widerstandsverbraucher variieren stark.

### 5.6.2 Gleichspannungswandler

Die Leistungsausbeute vom Solargenerator lässt sich deutlich verbessern, wenn zwischen Verbraucher und Solargenerator ein Gleichspannungswandler, wie in Bild 5.40 dargestellt, geschaltet wird.

Ein **Umrichter** ermöglicht, dass am Solargenerator eine andere Spannung eingestellt werden kann als am Verbraucher. Bild 5.41 zeigt, dass im Vergleich zum vorigen Beispiel mit der Widerstandslast bei einer konstanten Spannung am Solargenerator sich die Leistungsausbeute bei höheren Einstrahlungen deutlich steigern lässt. Die Ausbeute lässt sich noch weiter erhöhen, wenn die Spannung am Solargenerator abhängig von der Temperatur variiert wird, das heißt, wenn bei niedrigeren Temperaturen eine höhere Spannung gewählt wird.

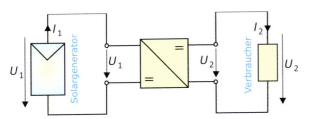

**Bild 5.40** Solargenerator mit Verbraucher und Gleichspannungsumrichter

Gute Gleichspannungswandler haben Wirkungsgrade von über 90 %. Nur ein geringer Anteil der Leistung geht hier im Wandler in Form von Wärme verloren. Bei einem idealen Wandler mit einem Wirkungsgrad von 100 % sind die Eingangsleistung $P_1$ und die Ausgangsleistung $P_2$ identisch:

$$P_1 = U_1 \cdot I_1 = U_2 \cdot I_2 = P_2. \tag{5.72}$$

Aufgrund der unterschiedlichen Spannungen sind auch die Ströme $I_1$ und $I_2$ verschieden.

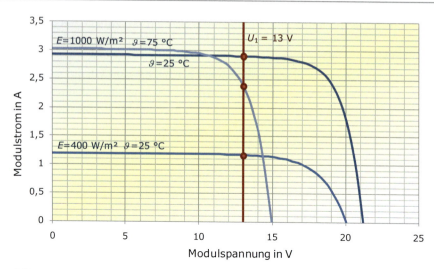

**Bild 5.41** Solarmodul bei verschiedenen Betriebszuständen mit Konstantspannungslast

### 5.6.3 Tiefsetzsteller

Wenn an der Last stets eine geringere Spannung anliegen soll als am Solargenerator, kommt ein sogenannter Tiefsetzsteller gemäß Bild 5.42 zum Einsatz.

Für die folgenden Berechnungen werden Schalter und Diode als ideale Bauelemente betrachtet. Der Schalter $S$ wird über den Zeitraum $T_E$ geschlossen, und der Strom baut durch die Induktivität $L$ ein Magnetfeld auf, in dem Energie gespeichert wird. Für die Spannung $u_L$ an der Induktivität gilt:

$$u_L = L \cdot \frac{di_2}{dt}. \tag{5.73}$$

Danach wird der Schalter für den Zeitraum $T_A$ geöffnet, das Magnetfeld der Spule wird abgebaut und treibt einen Strom durch den Widerstand $R$ und die Diode $D$.

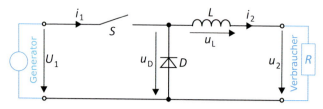

**Bild 5.42** Prinzipschaltbild eines Tiefsetzstellers mit Widerstandslast

Bei Vernachlässigung des Spannungsabfalls an der Diode in Durchlassrichtung berechnet sich die Ausgangsspannung $u_2$ am Verbraucher:

$$u_2 = \begin{cases} u_D - u_L = U_1 - u_L & \text{mit } u_L > 0 \quad \text{für } 0 \leq t \leq T_E \\ u_D - u_L \approx -u_L & \text{mit } u_L < 0 \quad \text{für } T_E \leq t \leq T_E + T_A. \end{cases} \tag{5.74}$$

Nach der Periodendauer $T_S = T_E + T_A$ wird der Vorgang wiederholt. Für den Mittelwert der Spannung $u_D$ gilt mit dem **Tastverhältnis** $\delta = T_E / T_S$:

## 5.6 Solargenerator und Last

$$\overline{u_D} = U_1 \cdot \frac{T_E}{T_S} = U_1 \cdot \delta. \tag{5.75}$$

Mit $I_N = U_1 / R$ und $\tau = L / R$ gilt für den Strom $i_2$ durch Induktivität und Verbraucher:

$$i_2(t) = \begin{cases} I_N - (I_N - I_{min}) \cdot \exp(-t/\tau) & \text{für } 0 \le t \le T_E \\ I_{max} \cdot \exp(-(t - T_E)/\tau) & \text{für } T_E \le t \le T_S. \end{cases} \tag{5.76}$$

Der Strom $i_2$ bewegt sich zwischen einem maximalen Strom

$$I_{max} = I_N - (I_N - I_{min}) \cdot \exp(-T_E/\tau) = I_N \cdot \frac{1 - \exp(-T_E/\tau)}{1 - \exp(-T_S/\tau)} \tag{5.77}$$

und einem minimalen Strom

$$I_{min} = I_{max} \cdot \exp(-T_A/\tau) = I_N \cdot \frac{\exp(-T_A/\tau) - \exp(-T_S/\tau)}{1 - \exp(-T_S/\tau)}. \tag{5.78}$$

Durch Einsetzen von $I_{min}$ und $I_{max}$ folgt schließlich für den Strom [Mic92]:

$$i_2(t) = \begin{cases} I_N + I_N \cdot \dfrac{\exp(-T_A/\tau) - 1}{1 - \exp(-T_S/\tau)} \cdot \exp(-t/\tau) & \text{für } 0 \le t \le T_E \\ I_N \cdot \dfrac{1 - \exp(-T_E/\tau)}{1 - \exp(-T_S/\tau)} \cdot \exp(-(t - T_E)/\tau) & \text{für } T_E \le t \le T_S \end{cases}. \tag{5.79}$$

Für den Mittelwert des Stroms $i_2$ gilt:

$$\overline{i_2} = I_N \cdot \frac{T_E}{T_S} = I_N \cdot \delta. \tag{5.80}$$

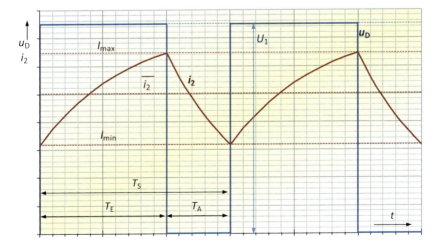

**Bild 5.43** Verlauf des Stroms $i_2$ und der Spannung $u_D$ beim Tiefsetzsteller

Bild 5.43 zeigt den Verlauf des Stroms $i_2$ und der Spannung $u_D$. In der Praxis soll am Ausgang eine verhältnismäßig konstante Spannung zur Verfügung stehen. Aus diesem Grund werden gemäß Bild 5.44 die Kondensatoren $C_1$ und $C_2$ eingefügt. Im Kondensator $C_1$ wird bei geöffnetem Schalter die Energie des Solargenerators zwischengespeichert.

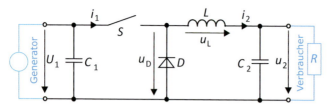

**Bild 5.44** Tiefsetzsteller mit Kondensatoren

Für eine ideale Induktivität $L$ bestimmt sich die mittlere Ausgangsspannung

$$U_2 = \overline{u_2} = U_1 \cdot \frac{T_E}{T_S} = U_1 \cdot \delta \qquad (5.81)$$

aus der Eingangsspannung $U_1$ und dem Tastverhältnis $\delta$. Bei idealen Bauelementen ergibt sich der mittlere Ausgangsstrom

$$I_2 = \overline{i_2} = \overline{i_1} \cdot \frac{T_S}{T_E} = \overline{i_1} \cdot \frac{1}{\delta} \qquad (5.82)$$

über den mittleren Eingangsstrom und den Kehrwert des Tastverhältnisses. Wird der mittlere Ausgangsstrom $I_2$ kleiner als

$$I_{2,grenz} = \frac{T_S}{2 \cdot L} \cdot U_2 \cdot (1 - \frac{U_2}{U_1}), \qquad (5.83)$$

sinkt der Strom durch die Induktivität während der Sperrphase des Schalters bis auf null ab, die Diode sperrt und die Spannung an der Induktivität sinkt auf null. Strom- und Spannung beginnen also zu lücken. Dies kann durch eine geeignete Dimensionierung verhindert werden [Tie02]. Ist der untere Grenzstrom $I_{2,grenz}$ bekannt, lässt sich die Induktivität über

$$L = T_S \cdot \left(1 - \frac{U_2}{U_1}\right) \cdot \frac{U_2}{2 \cdot I_{2,grenz}} \qquad (5.84)$$

bestimmen. Als guter Kompromiss haben sich bei den Schaltfrequenzen $f = 1/T$ Werte zwischen 20 kHz und 200 kHz herausgestellt. Die Ausgangskapazität $C_2$ wird über

$$C_2 = \frac{T_S \cdot I_{2,grenz}}{4 \cdot \Delta U_2} \qquad (5.85)$$

aus der Welligkeit der Ausgangsspannung $U_2$, also den maximal erwünschten Schwankungen $\Delta U_2$, bestimmt.

Als Schalter $S$ werden hauptsächlich Leistungshalbleiter wie Feldeffekttransistoren, bipolare Transistoren oder bei größeren Leistungen Thyristoren verwendet. Zur Ansteuerung der Transistoren gibt es bereits einige integrierte Bauelemente (IC), die das Einstellen des Tastverhältnisses übernehmen. Bei einigen ICs für kleinere Leistungen sind die Leistungsschalter bereits integriert.

## 5.6.4 Hochsetzsteller

Soll die Ausgangsspannung höher als die Eingangsspannung sein, lässt sich dies durch einen Hochsetzsteller erreichen. Der prinzipielle Aufbau des Hochsetzstellers entspricht dem des Tiefsetzstellers, nur dass Diode, Schalter und Induktivität vertauscht sind. Das Schaltbild eines Hochsetzstellers ist in Bild 5.45 dargestellt.

Ist der Schalter $S$ geschlossen, baut sich in der Induktivität $L$ ein Magnetfeld auf. An ihr liegt die Spannung $u_L = U_1$ ($u_L > 0$) an. Wird der Schalter geöffnet, liegt am Verbraucher die Spannung $u_2 = U_1 - u_L$ ($u_L < 0$) an, die größer als die Eingangsspannung $U_1$ ist. Der Spannungsabfall an der Diode wurde hierbei vernachlässigt. Ist der Schalter wieder geschlossen, stützt der Kondensator $C_2$ die Spannung am Verbraucher. Die Diode $D$ verhindert ein Entladen des Kondensators über den Schalter $S$. Für die Ausgangsspannung $U_2$ gilt:

$$U_2 = U_1 \cdot \frac{T_S}{T_A}. \tag{5.86}$$

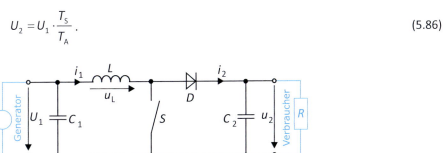

**Bild 5.45** Prinzipschaltbild eines Hochsetzstellers

Die Dimensionierung von $L$ und $C_2$ kann mit $I_{2,\text{grenz}} = \frac{1}{2} \cdot U_1 \cdot (1 - U_1/U_2) \cdot T_S / L$ über

$$L = U_1 \cdot (1 - \frac{U_1}{U_2}) \cdot \frac{T_S}{2 \cdot I_{2,\text{grenz}}} \quad (5.87) \quad \text{und} \quad C_2 = \frac{T \cdot I_{2,\text{grenz}}}{\Delta U_2} \quad (5.88) \quad \text{erfolgen.}$$

## 5.6.5 Weitere Gleichspannungswandler

Neben dem Hochsetz- und Tiefsetzsteller gibt es noch andere Gleichspannungswandler. Beim **invertierenden Wandler** nach Bild 5.46 berechnet sich die Ausgangsspannung zu

$$U_2 = -U_1 \cdot \frac{T_E}{T_A}. \tag{5.89}$$

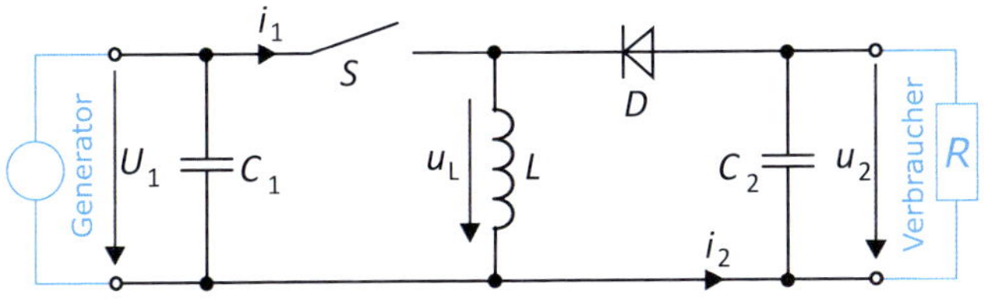

**Bild 5.46** Prinzipschaltbild eines invertierenden Wandlers

Bei dem in Bild 5.47 dargestellten **Eintakt-Sperrwandler** wird anstelle einer Induktivität ein Transformator verwendet. Die Ausgangsspannung berechnet sich ähnlich wie beim invertierenden Wandler, nur dass hier noch das Übersetzungsverhältnis ü des Transformators berücksichtigt werden muss, das sich aus dem Verhältnis der Windungszahlen auf beiden Seiten des Transformators bestimmt.

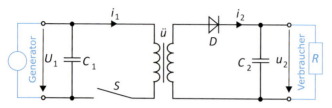

**Bild 5.47** Prinzipschaltbild des Eintakt-Sperrwandlers

Für die Ausgangsspannung ergibt sich damit

$$U_2 = U_1 \cdot \frac{T_E}{T_A} \cdot \frac{1}{ü}. \tag{5.90}$$

Für größere Leistungen verwendet man auch **Gegentakt-Wandler**, die aber mehrere Leistungsschalter benötigen. Werden anstelle von Induktivitäten Kondensatoren verwendet, lassen sich Spannungswandler nach dem Prinzip einer Ladungspumpe realisieren. Beispiele für schaltungstechnische Realisierungen von Wandlern und deren Ansteuerung sind in [Köt96] gegeben.

### 5.6.6 MPP-Tracker

Die zuvor erläuterten Spannungswandler dienen dazu, am Solargenerator eine andere Spannung einzustellen als am Verbraucher. Wird über das entsprechende Tastverhältnis am Solargenerator eine feste Spannung eingestellt (vgl. Bild 5.41), lässt sich die Energieausbeute zwar im Vergleich zum Betrieb mit einem Widerstandsverbraucher erheblich steigern, dennoch gibt es bei Schwankungen von Temperatur und Bestrahlungsstärke große Verluste. Über die Veränderung des Tastverhältnisses der Spannungswandler lässt sich auch die Spannung am Solargenerator variieren.

Den größten Einfluss auf die optimale Spannung am Solargenerator haben bei regulärem Betrieb Schwankungen der Temperatur $\vartheta$. Sie lässt sich durch einen Temperatursensor am Solargenerator messen. Über den Temperaturkoeffizienten der Leerlaufspannung (z.B. $\alpha_{UL} = -2\cdot 10^{-3}/°C \ldots -5\cdot 10^{-3}/°C$ bei Siliziumzellen) lässt sich das Tastverhältnis

$$\delta = \frac{U_2}{U_1} = \frac{U_2}{U_{MPP}(\vartheta)} = \frac{U_2}{U_{MPP(\vartheta=25°C)} \cdot (1 + \alpha_{UL} \cdot (\vartheta - 25°C))} \tag{5.91}$$

bei einem Tiefsetzsteller aus der MPP-Spannung $U_{MPP}$ bei einer Referenztemperatur und der Ausgangsspannung $U_2$ bestimmen. Wird noch zusätzlich eine Veränderung des Tastverhältnisses in Abhängigkeit der Bestrahlungsstärke durchgeführt, lässt sich der Solargenerator in den meisten Fällen im Punkt der maximalen Leistung betreiben. Wird der Solargenerator durch den Spannungswandler im MPP betrieben, nennt man den Wandler mit der entsprechenden Regelung MPP-Tracker.

## 5.6 Solargenerator und Last

Für eine MPP-Regelung gibt es zahlreiche Verfahren, von denen einige im Folgenden erläutert werden:

- **Sensorgesteuerte Regelung**: Wie oben erläutert, wird mit Hilfe von Temperatur- und Strahlungssensoren die MPP-Spannung berechnet.
- **Regelung mit Hilfe einer Referenzzelle**: Die Kennlinie beziehungsweise die Leerlaufspannung $U_L$ und der Kurzschlussstrom $I_K$ einer Referenzzelle, die in der Nähe des Solargenerators montiert ist, werden messtechnisch aufgenommen. Aus den Messwerten lässt sich die MPP-Spannung $U_{MPP}$ des Solargenerators ermitteln. Aus der Gleichung des einfachen Ersatzschaltbildes errechnet sich der MPP-Strom $I_{MPP}$ über

$$I_{MPP} = I(U_{MPP}) = I_K - I_S \cdot \left( \exp\left( \frac{U_{MPP}}{m \cdot U_T} \right) - 1 \right). \tag{5.92}$$

Für das Maximum der Leistung wird die Ableitung der Leistung nach der Spannung gleich null:

$$\frac{dP(U_{MPP})}{dU} = \frac{d(U_{MPP} \cdot I(U_{MPP}))}{dU} = I(U_{MPP}) + U_{MPP} \cdot \frac{dI(U_{MPP})}{dU} = 0. \tag{5.93}$$

Wird die Gleichung für $I_{MPP}$ eingesetzt, ergibt sich durch Auflösen nach der MPP-Spannung $U_{MPP}$:

$$U_{MPP} = m \cdot U_T \cdot \ln\left( \frac{I_K + I_S}{I_S} \right) - m \cdot U_T \cdot \ln\left( 1 + \frac{U_{MPP}}{m \cdot U_T} \right) = U_L - m \cdot U_T \cdot \ln\left( 1 + \frac{U_{MPP}}{m \cdot U_T} \right). \tag{5.94}$$

Diese Gleichung lässt sich mit Hilfe einer Näherung oder mit numerischen Verfahren lösen. Anhand der Leerlaufspannung lässt sich somit die MPP-Spannung ermitteln. Für eine genauere Bestimmung können Berechnungen auf der Basis des Zweidiodenmodells durchgeführt werden.

- **Regelung über Suchschwingverfahren**: Spannung und Strom werden am Ein- oder Ausgang des Spannungswandlers gemessen, die Leistung berechnet und gespeichert. Dieser Aufbau ist in Bild 5.48 dargestellt. Durch geringe Veränderung des Tastverhältnisses wird die Spannung geändert und wiederum die Leistung bestimmt. Hat sich die Leistung erhöht, wird das Tastverhältnis erneut in dieselbe Richtung geändert. Hat sich der Wert verschlechtert, wird das Tastverhältnis in umgekehrter Richtung geändert. Bei konstanter Ausgangsspannung genügt die Regelung auf den maximalen Ausgangsstrom. Die Bestimmung der Leistung kann dann entfallen.

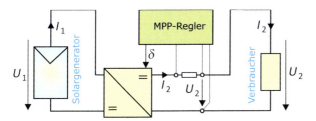

**Bild 5.48** Aufbau eines MPP-Trackers

- **Regelung mit dem Nulldurchgangsverfahren**: Strom- und Spannung werden am Generator gemessen und multipliziert. Mit Hilfe eines Differenzierers wird die Ableitung d$P$/d$U$ gebildet. Je nachdem, ob diese Ableitung positiv oder negativ ist, muss die Generatorspannung erhöht oder verringert werden.

- **Regelung mit Hilfe der differenziellen Änderung**: Strom und Spannung werden gemessen sowie deren differenzielle Änderung bestimmt. Über

$$\frac{dP}{dU} = \frac{d(U \cdot I)}{dU} = I + U \cdot \frac{dI}{dU} = 0 \quad \text{folgt}$$

$$I \cdot dU = -U \cdot dI \, , \tag{5.95}$$

das heißt, die entsprechende Elektronik muss auf Gleichheit beider Größen regeln.

- **Regelung nach dem Kennlinienverfahren**: Auch bei diesem Verfahren werden Strom und Spannung gemessen. Ausgehend von der Leerlaufspannung $U_A = U_L$ werden nun abwechselnd Spannung und Strom wie folgt geändert:

$$U_B = k \cdot U_A \quad \text{und} \quad I_C = k \cdot I_B \quad (k < 1).$$

Nach einiger Zeit stellen sich zwei Arbeitspunkte links und rechts vom *MPP* ein, zwischen denen die Regelung hin- und herpendelt.

Bei Abschattungen von Teilen des Generators haben viele der MPP-Regelungen Schwierigkeiten, den optimalen Arbeitspunkt zu finden. Hierdurch kann es bei häufiger auftretenden Abschattungen zu großen Leistungseinbußen kommen. Eine gute MPP-Regelung sollte auch für den nicht regulären Betrieb gute Ergebnisse erzielen. Da hierbei mehrere Maxima der Leistung auftreten können (vgl. Bild 5.36), muss bei einer verringerten Generatorleistung, die auf Abschattungen schließen lässt, die Gesamtkennlinie durchfahren werden, um das Maximum mit der größten Leistung zu finden.

## 5.7 Akkumulatoren

### 5.7.1 Akkumulatorarten

Der direkte Betrieb von Verbrauchern nur mit einem Solargenerator kommt in den seltensten Fällen vor. In der Regel werden aufwändigere Systeme eingesetzt. Ist kein Netzanschluss vorhanden, sind meistens Speicher notwendig. Dann steht auch Energie zur Verfügung, wenn keine Sonnenenergie vorhanden ist, wie zum Beispiel nachts.

Bei der Speicherung unterscheidet man zwischen Kurzzeitspeicherung über wenige Stunden oder Tage, zum Überbrücken von Schlechtwetterperioden, und Langzeitspeicherung über mehrere Monate zum Ausgleich von Schwankungen des jahreszeitlichen Sonnenenergieangebots im Sommer und Winter. Da Langzeitspeicherung meistens sehr aufwändig und teuer ist, werden bei Anlagen, die das ganze Jahr betrieben werden, die Photovoltaikgeneratoren größer ausgelegt, sodass sie auch im Winter genügend Energie liefern, oder es werden zusätzlich andere Energiewandler wie Wind- oder Dieselgeneratoren eingesetzt.

Bei der Speicherung über kurze und mittlere Zeiträume haben sich aus Kostengründen elektrochemische Sekundärelemente durchgesetzt, die normalerweise als Akkumulatoren oder Batterien bezeichnet werden. Die größte Verbreitung hat aus Kostengründen der Bleiakkumulator gefunden. Wo es aus Gewichtsgründen auf höhere Energiedichten ankommt, werden meist andere Akkumulatoren wie Nickel-Metall-Hydrid (NiMH) verwendet. Für hochwertige mobile Anwendungen wie Handys, Digitalkameras oder Laptops haben sich in den letzten Jahren neben NiMH-Akkumulatoren auch die sehr leistungsfähigen Lithium-Ionen-Akkumulatoren durchgesetzt. Wegen des höheren Preises werden sie aber im Bereich der Solartechnik noch relativ selten eingesetzt. In Tabelle 5.11 sind Vergleichsdaten einiger Akkumulatortypen angegeben.

**Tabelle 5.11** Daten unterschiedlicher Akkumulatortypen

|  | Blei | NiCd | NiMH | NaS | Lithium-Ionen |
|---|---|---|---|---|---|
| Positive Elektrode | $PbO_2$ | NiOOH | NiOOH | Na (flüssig) | Graphit (nC) |
| Negative Elektrode | PbO | Cd | Metalle | S (flüssig) | $LiMn_2O_4$ |
| Elektrolyt | $H_2SO_4 + H_2O$ | $KOH + H_2O$ | $KOH + H_2O$ | $\beta\text{-}Al_2O_3$ | Polymer/Salz |
| Energiedichte in Wh/l | 50 … 110 | 80 … 200 | 100 … 350 | 260 … 390 | 250 … 500 |
| Energiedichte in Wh/kg | 25 … 50 | 30 … 70 | 60 … 120 | 120 … 220 | 95 … 200 |
| Zellspannung in V | 2 | 1,2 | 1,2 | 2,1 | 3,6 |
| Lade-/Entladezyklen | 500 … 1500 | 1500 … 3000 | ca. 1000 | 1500 … 3000 | 500 … 10000 |
| Betriebstemp. in °C | 0 … 55 | –40 … 55 | –20 … 45 | 270 … 350 | –20 … 55 |
| Selbstentladungsrate in %/Monat | 5 … 15 | 20 … 30 | 15 … 50 | 0 [1] | <5 |
| Wh-Wirkungsgrad in % | 70 … 85 | 60 … 70 | 60 … 85 | 70 … 85 | 70 … 90 |

1) ohne Energiebedarf zum Aufrechterhalten der hohen Betriebstemperatur

## 5.7.2 Bleiakkumulator

Der am meisten verbreitete Akkumulator für die Speicherung großer Energiemengen ist heute der Bleiakkumulator. Dies hat wirtschaftliche Gründe. In der Automobilindustrie wird der Bleiakkumulator als Starterbatterie in großen Stückzahlen eingesetzt. In leicht verändertem **Aufbau**, der eine längere Lebensdauer als ein Kfz-Akkumulator verspricht, wird der Bleiakku auch in einer Solarausführung angeboten.

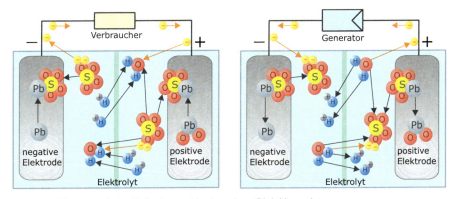

**Bild 5.49** Vorgänge beim Entladen und Laden eines Bleiakkumulators

Vom prinzipiellen Aufbau her unterscheidet er sich wenig von der Kfz-Ausführung. Der Akkumulator besitzt zwei Elektroden. Im geladenen Zustand besteht die positive Elektrode aus $PbO_2$ und die negative Elektrode aus reinem Blei (Pb). Beide Elektroden sind durch Separatoren getrennt und befinden sich gemeinsam in einem Kunststoffgehäuse. Sie sind in einen Elektrolyten aus verdünnter Schwefelsäure ($H_2SO_4$) eingetaucht. Im nahezu geladenen Zustand bei einer Temperatur von 25 °C beträgt die Säuredichte etwa 1,24 kg/l. Die Dichte ändert sich mit der Temperatur und dem Ladezustand, der über einen Säureheber oder über die Batteriespannung bestimmt werden kann. Da die Nennspannung einer Zelle eines Bleiakkus 2 V beträgt, werden meist 6 Zellen in Reihe geschaltet, um eine Betriebsspannung von 12 V zu erreichen. Für ein anderes Spannungsniveau ist die Zahl der Zellen entsprechend zu ändern.

Im Bleiakkumulator laufen folgende **chemische Reaktionen** ab, die auch in Bild 5.49 dargestellt sind:

$$\text{negative Elektrode: } Pb + SO_4^{2-} \underset{\leftarrow \text{Laden}}{\overset{\text{Entladen} \rightarrow}{\longleftrightarrow}} PbSO_4 + 2e^-, \tag{5.96}$$

$$\text{positive Elektrode: } PbO_2 + SO_4^{2-} + 4H^+ + 2e^- \underset{\leftarrow \text{Laden}}{\overset{\text{Entladen} \rightarrow}{\longleftrightarrow}} PbSO_4 + 2H_2O, \tag{5.97}$$

$$\text{Nettoreaktion: } PbO_2 + Pb + 2H_2SO_4 \underset{\leftarrow \text{Laden}}{\overset{\text{Entladen} \rightarrow}{\longleftrightarrow}} 2PbSO_4 + 2H_2O. \tag{5.98}$$

Beim Entladen bildet sich unter Einbeziehung des Elektrolyts an den Elektroden $PbSO_4$, und es werden Elektronen frei, die sich als elektrische Energie vom Verbraucher nutzen lassen. Beim Laden des Akkumulators muss von außen Energie zugeführt werden. An den Elektroden entsteht wieder Pb und $PbO_2$. Hierbei muss mehr Energie zugeführt werden als zuvor entnommen wurde. Das Verhältnis der entnommenen Ladung zur wieder zugeführten Ladung gibt den Ladewirkungsgrad an. Beim Ladewirkungsgrad wird zwischen dem **Ah-Wirkungsgrad** $\eta_{Ah}$ und dem **Wh-Wirkungsgrad** $\eta_{Wh}$ unterschieden. Während der Ah-Wirkungsgrad auf Basis der aufintegrierten Ströme berechnet wird, werden beim Wh-Wirkungsgrad Strom und Spannung über die Entlade- und Ladezeit jeweils auf den gleichen Ladezustand berücksichtigt:

$$\eta_{Ah} = \frac{Q_{ab}}{Q_{zu}} = -\frac{\int_0^{t_{entladen}} I \cdot dt}{\int_0^{t_{aufladen}} I \cdot dt} \tag{5.99} \qquad \eta_{Wh} = \frac{Q_{ab} \cdot U_{ab}}{Q_{zu} \cdot U_{zu}} = -\frac{\int_0^{t_{entladen}} U \cdot I \cdot dt}{\int_0^{t_{aufladen}} U \cdot I \cdot dt}. \tag{5.100}$$

Da die Spannung beim Laden größer ist als beim Entladen, fällt der Wh-Wirkungsgrad stets niedriger aus als der Ah-Wirkungsgrad. Der Ah-Wirkungsgrad liegt je nach Batterietyp bei einem Bleiakkumulator zwischen 80 und 95 %, der Wh-Wirkungsgrad ist um etwa 10 % niedriger.

Durch **Selbstentladung** kommt es beim Akkumulator zu zusätzlichen Verlusten, die den Systemwirkungsgrad weiter verschlechtern. Die Selbstentladung steigt mit der Temperatur und beträgt bei 25 °C etwa 0,3 % pro Tag oder 10 % pro Monat. Je nach Ausführung des Akkumulators kann die Selbstentladerate auch bis um die Hälfte geringer sein.

Die **entnehmbare Kapazität** eines Akkumulators hängt vom Entladestrom ab, wie aus Bild 5.50 zu entnehmen ist. Je höher dieser Entladestrom ist, desto geringer ist die Kapazität, also die entnehmbare Ladung. Die Entladeschlussspannung wird dann früher erreicht.

## 5.7 Akkumulatoren

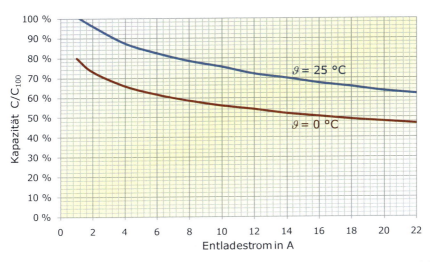

**Bild 5.50** Entnehmbare Kapazität bezogen auf $C_{100}$ = 100 A h eines Bleiakkus in Abhängigkeit des Entladestroms und der Temperatur

Um verschiedene Akkumulatoren vergleichen zu können, wird die Kapazität meist in Verbindung mit der Entladezeit angegeben. $C_{100}$ bedeutet hierbei, dass diese Kapazität zur Verfügung steht, wenn der Entladestrom so gewählt wird, dass der Akkumulator die Ladeschlussspannung nach 100 h erreicht. Bei einem Akkumulator mit der Kapazität $C_{100}$ = 100 A h beträgt der Entladestrom $I_{100} = C_{100}/100$ h = 1 A. Bei einer 10-h-Entladung mit einem Strom von 8 A sinkt die Kapazität $C_{10}$ auf unter 80 % von $C_{100}$. Bei einer Temperatur von 0 °C und einer 5-h-Entladung sinkt die Kapazität sogar auf etwa 50 %. Die Lebensdauer, das heißt die Zyklenzahl des Akkus, sinkt mit zunehmender Temperatur und Entladetiefe. Die zulässige Entladetiefe beträgt in der Regel etwa 80 %, wobei Entladetiefen über 50 % (Füllgrad unter 50 %) vermieden werden sollten.

**Tabelle 5.12** Abhängigkeit der Leerlaufspannung und der Säuredichte vom Ladezustand bei einem 12-V-Bleiakkumulator

| Ladezustand | 100 % | 75 % | 50 % | 25 % | 0 % |
|---|---|---|---|---|---|
| Spannung in V | 12,7 | 12,4 | 12,2 | 12,0 | 11,9 |
| Säuredichte in kg/l | 1,265 | 1,225 | 1,19 | 1,15 | 1,12 |

In Tabelle 5.12 sind Leerlaufspannung und Säuredichte für einen 12-V-Akkumulator angegeben. Hierbei kann die Nennsäuredichte je nach Bauart und Einsatzzweck zwischen 1,22 kg/l und 1,28 kg/l variieren. Bei tiefen Temperaturen wirkt sich eine größere Säuredichte positiv auf die Betriebseigenschaften aus, mit niedrigeren Säuredichten sinkt der korrosive Einfluss. Die Spannungswerte gelten nur für den Leerlauf, das heißt einen Akkumulator, der längere Zeit weder ge- noch entladen wurde. Weicht die Temperatur von der Nenntemperatur ab, kann dies über eine Temperaturkompensation von −25 mV/°C berücksichtigt werden. Durch das Laden und Entladen steigt bzw. sinkt die Spannung abhängig von der Stromstärke deutlich über oder unter die Leerlaufspannung. In Bild 5.51 ist der Verlauf der Spannung über der Entladezeit aufgetragen. Beginnend bei der Leerlaufspannung des vollgeladenen Akkus von 12,7 V sinkt die Spannung je nach

Ladestrom schnell ab. Bei geringer Anfangsladung ist ein stärkeres Absinken der Spannung zu beobachten.

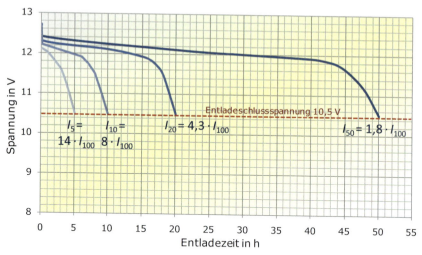

**Bild 5.51** Verlauf der Spannung in Abhängigkeit der Entladezeit und des Entladestroms

Auch der Alterungszustand hat einen geringfügigen Einfluss auf die Akkumulatorspannung. Anhand der Spannung lässt sich der Ladezustand eines Akkumulators gemäß Tabelle 5.13 bestimmen.

**Tabelle 5.13** Aussagen über den Betriebszustand eines 12-V-Akkus aufgrund der Spannung

| Spannungsbereich | Ladezustand |
| --- | --- |
| größer als 14,4 V | Ladung unterbrechen, Batterie voll geladen |
| 13,5 V ... 14,1 V | normaler Spannungsbereich bei Ladung ohne Verbraucherlast |
| 12,0 V ... 14,1 V | normaler Spannungsbereich bei Ladung mit Verbraucherlast |
| 11,5 V ... 12,7 V | normaler Spannungsbereich bei Entladung |
| 11,4 V | Abschalten der Verbraucher, Ladung veranlassen |

Der Akkumulator sollte vor Überladung und Tiefentladung geschützt werden. Ist der Akkumulator vollständig entladen, entsteht Bleisulfat in kristalliner Form, das sich beim Wiederaufladen nur schlecht und unvollständig umwandelt. Der Akkumulator nimmt dauerhaft Schaden. Deshalb ist eine Tiefentladung unbedingt zu vermeiden. Dies kann gewährleistet werden, wenn eine Verbraucherabschaltung bei ca. 30 % Restkapazität erfolgt. Dies entspricht einer Akkumulatorspannung von ca. 11,4 V. Bei hohen Entladeströmen über $I_{10}$ ist unter Umständen eine niedrigere Ladeschlussspannung zu wählen. Bei längerem Lagern von Akkumulatoren ist zu beachten, dass auch durch Selbstentladung Beschädigungen entstehen können, der Akku sollte also öfters nachgeladen werden.

Wird der Akkumulator geladen, beginnt er ab einer Spannung von 14,4 V zu gasen. Hierbei wird das Wasser im Elektrolyt durch Elektrolyse in Wasserstoff und Sauerstoff zerlegt. Die Gase entweichen aus dem Akku. Deshalb muss auch in gewissen Zeitabständen Wasser im Akkumulator nachgefüllt werden. Fortgesetztes starkes **Gasen** kann dem

## 5.7 Akkumulatoren

Akkumulator schaden. Aus diesem Grund sollte die Ladung ab 13,8 V bis 14,4 V unterbunden werden. In gewissen Zeitabständen ist es jedoch sinnvoll, den Akkumulator in die Gasung hineinzuladen, damit der Elektrolyt durchmischt wird.

Der Akkumulator sollte in einem trockenen Raum mit nicht zu tiefen Temperaturen untergebracht sein. Durch das Gasen kann explosives Knallgas entstehen. Deshalb ist bei Batterieräumen stets auf gute **Durchlüftung** zu achten.

Bei genauen Simulationen ist es oftmals notwendig, den Akkumulator mit Hilfe eines elektrischen Ersatzschaltbildes zu beschreiben, was sich bei Akkumulatoren als sehr schwierig erweist. Dies beschreibt die scherzhafte Aussage, dass das beste Modell für einen Akkumulator ein schwarzer Eimer mit Loch sei. Dennoch existieren zahlreiche Versuche, Akkumulatoren zu modellieren, wie beispielsweise das Modell von Gretsch [Gre78].

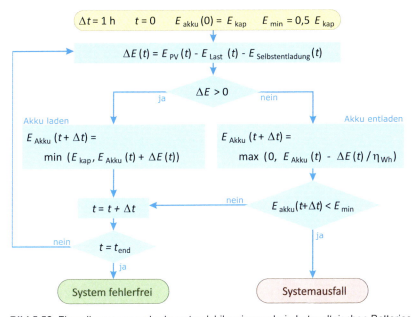

**Bild 5.52** Flussdiagramm zur Ladezustandsbilanzierung bei photovoltaischen Batteriesystemen

Eine weitere Beschreibung wird zum Beispiel durch eine Ladebilanzierung erreicht. Hierbei genügt die Berücksichtigung weniger Eigenschaften. Ist der Akkumulator voll geladen, kann er nicht weiter geladen werden. Zum Schutz vor Tiefentladungen sollte der Akkumulator nicht unter die Hälfte seiner Kapazität entladen werden. Beim Laden und Entladen muss der Ladewirkungsgrad berücksichtigt und ein Ladungsschwund durch Selbstentladung mit einbezogen werden. Die meisten Simulationsprogramme arbeiten nach diesem Prinzip. Bild 5.52 zeigt ein Flussdiagramm zur Ladezustandsbestimmung, das sich sehr einfach in ein Computerprogramm implementieren lässt. Durch Variation der Photovoltaikleistung und der Batteriekapazität lässt sich damit ein Batteriesystem optimieren.

## 5.7.3 Andere Akkumulatortypen

Wie schon zuvor erwähnt, werden neben dem Bleiakkumulator auch teurere Systeme wie NiMH oder Li-Ionen verwendet, da diese eine größere Energiedichte, Schnellladefähigkeit oder eine längere Lebensdauer aufweisen.

**Nickel-Cadmium-Akkumulatoren** waren lange Zeit sehr verbreitet. Im Vergleich zum Bleiakku verfügten sie über eine leicht größere Energiedichte, höhere Zyklenzahlen und einen größeren Temperaturbereich. Wegen des bedenklichen Cadmiums als Inhaltsstoff kam dieser Akku aber immer mehr in Verruf. Es lässt sich nicht ausschließen, dass die verwendeten Materialien des Akkumulators nach dessen Lebensdauer in die Umwelt gelangen. Cadmium reichert sich in der Nahrungskette an und wird vom menschlichen Körper nur teilweise wieder ausgeschieden. Bei hoher Belastung kann Cadmium Organschäden oder Krebs verursachen. Für die meisten Anwendungen sind daher NiCd-Akkus inzwischen verboten.

Deutlich weniger problematisch sind die Inhaltsstoffe des **Nickel-Metall-Hydrid** (NiMH)-Akkus, auch wenn in der Praxis immer noch geringe Mengen giftiger Inhaltsstoffe zugesetzt werden. Als Metalle werden Legierungen aus Nickel, Titan, Vanadium, Zirkonium und Chrom verwendet. Verdünnte Kalilauge bildet wie beim NiCd-Akku den Elektrolyten. Der NiMH-Akku weist im Vergleich zum NiCd-Akku noch weitere Vorteile auf, wie die höhere Energiedichte und das Fehlen des Memory-Effekts. Als nachteilig erweist sich der geringere Betriebstemperaturbereich und die sehr hohe Selbstentladerate (ca. 1 % pro Tag). Da die Zellspannung wie beim NiCd-Akku 1,2 V beträgt, können NiCd-Akkus problemlos durch NiMH-Akkus ersetzt werden.

Die chemischen Reaktionen des NiMH-Akkus lauten:

$$\text{negative Elektrode: } MH + OH^- \underset{\leftarrow \text{Laden}}{\overset{\text{Entladen} \rightarrow}{\rightleftarrows}} M + H_2O + e^-, \quad (5.101)$$

$$\text{positive Elektrode: } NiOOH + H_2O + e^- \underset{\leftarrow \text{Laden}}{\overset{\text{Entladen} \rightarrow}{\rightleftarrows}} Ni(OH)_2 + OH^-, \quad (5.102)$$

$$\text{Nettoreaktion: } NiOOH + MH \underset{\leftarrow \text{Laden}}{\overset{\text{Entladen} \rightarrow}{\rightleftarrows}} Ni(OH)_2 + M. \quad (5.103)$$

Im Vergleich zum Bleiakkumulator ist beim NiCd- und beim NiMH-Akku eine Ladezustandsüberwachung auf Basis der Batteriespannung schwieriger durchzuführen, da eine große Temperaturabhängigkeit besteht und die Spannung eines vollgeladenen Akkus sogar wieder leicht absinkt.

Der **Lithium-Ionen-Akku** weist ebenfalls keinen Memory-Effekt auf und ist schnell ladefähig. Neben der hohen Energiedichte hat dieser Akkutyp auch eine geringe Selbstentladerate. Im Vergleich zu Systemen mit wässrigen Elektrolyten sind aber geringere Entladeströme möglich.

Bei der ersten Generation von Lithium-Ionen-Akkus haben Brände und Explosionen durch Kurzschlüsse oder Überladen für Negativschlagzeilen gesorgt. Moderne Zellabsicherungen verhindern dies heute weitgehend. Aufgrund der Energiedichte werden Lithium-Ionen-Akkus vor allem für mobile Anwendungen verwendet. Durch neue Entwicklungen im Automobilbereich, aber auch bei stationären Photovoltaikanlagen, könnte sich der Einsatz dieser Akkumulatoren in den nächsten Jahren weiter sprunghaft nach

## 5.7 Akkumulatoren

oben entwickeln. Die chemischen Reaktionen des Lithium-Ionen-Akkus, von dem verschiedene Varianten existieren, lauten:

$$\text{negative Elektrode: } Li_x C_n \underset{\leftarrow \text{Laden}}{\overset{\text{Entladen} \rightarrow}{\longleftrightarrow}} n\,C + x\,Li^+ + x\,e^-, \tag{5.104}$$

$$\text{positive Elektrode: } Li_{1-x}Mn_2O_4 + x\,Li^+ + x\,e^- \underset{\leftarrow \text{Laden}}{\overset{\text{Entladen} \rightarrow}{\longleftrightarrow}} LiMn_2O_4, \tag{5.105}$$

$$\text{Nettoreaktion: } Li_{1-x}Mn_2O_4 + Li_x C_n \underset{\leftarrow \text{Laden}}{\overset{\text{Entladen} \rightarrow}{\longleftrightarrow}} LiMn_2O_4 + n\,C. \tag{5.106}$$

Neben dem Lithum-Ionen-Akku werden auch der **Natrium-Schwefel** (NaS)-Akku und der **Natrium-Nickel-Chlorid** (NaNiCl)-Akku als Alternativen gehandelt. Der NaNiCl-Akku wird auch **ZEBRA-Batterie** genannt. Die Abkürzung stammt vom südafrikanischen Entwickler und steht für „Zeolite Battery Research Africa Project". Beide Akkumulatortypen zeichnen sich durch eine hohe Energiedichte und einen sehr hohen Ah-Wirkungsgrad aus.

Die chemischen Reaktionen des Natrium-Schwefel-Akkus lauten:

$$\text{negative Elektrode: } 2\,Na \underset{\leftarrow \text{Laden}}{\overset{\text{Entladen} \rightarrow}{\longleftrightarrow}} 2\,Na^+ + 2\,e^-, \tag{5.107}$$

$$\text{positive Elektrode: } xS + 2\,e^- \underset{\leftarrow \text{Laden}}{\overset{\text{Entladen} \rightarrow}{\longleftrightarrow}} S_x^{-2}, \tag{5.108}$$

$$\text{Nettoreaktion: } 2\,Na + xS \underset{\leftarrow \text{Laden}}{\overset{\text{Entladen} \rightarrow}{\longleftrightarrow}} Na_2S_x. \tag{5.109}$$

Ein Nachteil des NaS-Akkus sind die hohen Betriebstemperaturen von rund 300 °C. Dadurch fällt ein ständiger Energiebedarf für die Beheizung an, sodass dem Lithium-Ionen-Akku größere Marktchancen eingeräumt werden.

### 5.7.4 Akkumulatorsysteme

Die einfachsten Akkumulatorsysteme bestehen aus einem Photovoltaikgenerator, einem Akkumulator und dem Verbraucher. Da der Innenwiderstand des Photovoltaikgenerators relativ klein ist, entlädt sich der Akku bei geringer Bestrahlungsstärke abends oder nachts über den Generator. Um dies zu verhindern, wird eine sogenannte Rückflussdiode oder auch **Blockingdiode** zwischen Akkumulator und Photovoltaikgenerator geschaltet, wie in Bild 5.53 dargestellt. Da an dieser Diode ständig die Verlustleistung

$$P_{V,\text{Diode}} = I_{PV} \cdot U_D \tag{5.110}$$

auftritt, werden oftmals Dioden mit geringer Durchlassspannung wie Shottkydioden ($U_D \approx 0{,}55$ V) verwendet.

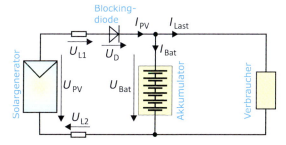

**Bild 5.53** Einfaches Photovoltaiksystem mit Akkumulatorspeicher

Zusätzlich entsteht an den **Zuleitungen** mit dem Querschnitt A, dem spezifischen Widerstand $\rho$ und den Zuleitungslängen $l_1$ und $l_2$ für Hin- und Rückleiter zum Akkumulator die Verlustleistung

$$P_{V,\text{Leitung}} = I_{PV} \cdot (U_{L1} + U_{L2}) = I_{PV}^2 \cdot (R_{L1} + R_{L2}) = I_{PV}^2 \cdot \frac{\rho}{A} \cdot (l_1 + l_2) \; . \tag{5.111}$$

Bei Kupferkabeln ($\rho_{Cu}$ = 0,0175 $\Omega$ mm²/m) mit den Zuleitungslängen ($l_1 = l_2$ = 10 m) und einem Kabelquerschnitt von A = 1,5 mm² entstehen bei einem Strom $I_{PV}$ = 6 A signifikante Leitungsverluste von $P_{V,\text{Leitung}}$ = 8,4 W. Bei einer Leistung des Photovoltaikgenerators von 100 W sind dies zusammen mit den Diodendurchlassverlusten von 3,3 W immerhin fast 12 % der Ausgangsleistung. Um diese Verluste gering zu halten, sollten die Zuleitungskabel möglichst kurz und die Leitungsquerschnitte entsprechend groß gewählt werden. Bei 12-V-Systemen sollte der Spannungsabfall in den Leitungen vom Photovoltaikgenerator zur Batterie 3 %, also 0,35 V, und in den Leitungen von der Batterie zum Verbraucher 7 %, das heißt 0,85 V, nicht wesentlich übersteigen. Bei dem obigen Beispiel sollte der Kabelquerschnitt demnach 6 mm² betragen.

Bei größeren Leistungen lassen sich die Verluste durch die Wahl einer höheren Systemspannung reduzieren, indem mehrere Akkumulatoren in Reihe geschaltet werden, wodurch sich die Batteriespannung $U_{Bat}$ erhöht.

Am Photovoltaikgenerator liegt die Spannung

$$U_{PV} = U_{Bat} + U_D + U_{L1} + U_{L2} \tag{5.112}$$

an. Die Diodenspannung $U_D$ ist hierbei nahezu konstant, der Spannungsabfall $U_{L1}$ und $U_{L2}$ an den Leitungen proportional zum Photovoltaikstrom $I_{PV}$. Die Batteriespannung $U_{Bat}$ ist vom Ladestrom und vom Ladezustand abhängig.

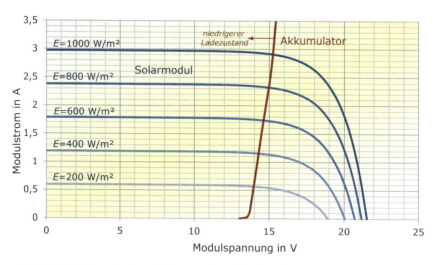

**Bild 5.54** Arbeitspunkte eines Solargenerators bei einem Blei-Akkumulatorspeicher mit Blockingdiode und 0,1 $\Omega$ Leitungswiderstand ohne Last

Insgesamt steigt die Spannung am Photovoltaikgenerator mit zunehmendem Strom, also mit zunehmender Betrahlungsstärke, leicht an und variiert geringfügig mit dem Ladezustand des Akkumulators. Bei einer direkten Kopplung des Solargenerators mit dem Akkumulator wird in der Regel ein guter Arbeitspunkt auch bei Änderung der Einstrahlung am Solargenerator eingestellt, wie aus Bild 5.54 zu entnehmen ist. Aus diesem Grund werden Spannungswandler und MPP-Tracker bei Batteriesystemen nur selten eingesetzt, da unter Umständen der Eigenverbrauch dieser zusätzlichen Elektronik höher ist als der erzielbare Energiegewinn. Lediglich bei Solargeneratoren, die längere Zeit bei inhomogener Bestrahlung betrieben werden, kann ein MPP-Tracker sinnvoll sein.

Bei einem einfachen System, bei dem der Photovoltaikgenerator und der Verbraucher direkt mit dem Akkumulator gekoppelt sind, ist der Akkumulator nicht gegen Überladung und Tiefentladung geschützt. Ein solches System sollte deshalb nur Anwendung finden, wenn die für den Akkumulator negativen Betriebszustände verhindert werden können. Anderenfalls würde der Akkumulator schnell beschädigt und dann unbrauchbar.

Deshalb arbeiten die meisten Batteriesysteme mit einem **Laderegler** (Bild 5.55). Bei einem Bleiakkumulator funktionieren die Laderegler in der Regel auf der Basis einer Spannungsüberwachung. Der Laderegler misst dazu die Batteriespannung $U_\text{Bat}$.

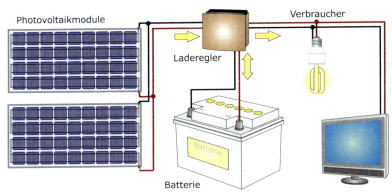

**Bild 5.55** Prinzip eines photovoltaischen Batteriesystems mit Laderegler [Qua13]

Sinkt diese unter die Tiefentladespannung (bei einem 12-V-Bleiakku ca. 11,4 V), wird der Verbraucher durch den Schalter $S_2$ vom Akkumulator getrennt. Hat sich der Akkumulator erholt, ist also die Batteriespannung wieder über eine obere Schwelle gestiegen, wird der Verbraucher wieder zugeschaltet. Steigt die Batteriespannung über die Ladeschlussspannung an (bei einem 12-V-Bleiakku ca. 14,4 V), wird die weitere Ladung des Akkumulators durch den Schalter $S_1$ gestoppt. Hierbei unterscheidet man zwischen einem **Serien- oder Längsregler** (Bild 5.56) und einem **Parallel- oder Shuntregler** (Bild 5.57).

Als Schalter werden Leistungshalbleiter wie Leistungs-Feldeffekttransistoren (Power MOSFETS) verwendet. Der Nachteil beim Serienregler ist, dass am Schalter $S_1$ beim Laden des Akkus ständig Durchlassverluste entstehen. Der Durchlasswiderstand ist bei guten MOSFETS zwar kleiner als 0,1 Ω, dennoch betragen zum Beispiel die Verluste beim Feldeffekttransistor BUZ11 mit einem Durchlasswiderstand von 0,04 Ω bei einem Strom von 6 A immerhin 1,44 W. Wird neben der Batteriespannung auch die Solargeneratorspannung überwacht, kann die Blockingdiode entfallen, wenn der Laderegler den Schalter $S_1$ öffnet, falls die Solargeneratorspannung unter die Batteriespannung sinkt.

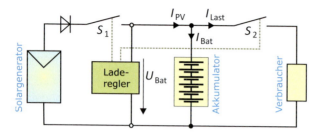

**Bild 5.56** Photovoltaik-Batterie-System mit einem Serien-Laderegler

Am weitesten verbreitet ist der Parallelregler. Bei voll geladenem Akku wird bei diesem Regler der Solargenerator über den Schalter $S_1$ kurzgeschlossen. Die Solargeneratorspannung sinkt auf den Spannungsabfall am Schalter (< 1 V), die Blockingdiode verhindert einen Stromfluss vom Akku über den Schalter. Bei regulärem Betrieb entstehen bei einem Solargenerator durch den Kurzschluss keine Probleme. Werden Solarmodule z.B. durch Abschattungen inhomogen bestrahlt, können jedoch die abgeschatteten Zellen extrem belastet werden.

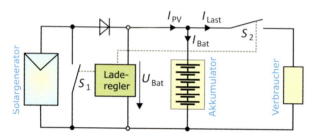

**Bild 5.57** Photovoltaik-Batterie-System mit einem Parallel-Laderegler

Vor allem bei größeren Akkumulatoranlagen wie beispielsweise Systemen für Elektroautos kommt es vor, dass aufgrund geringer Unterschiede einzelne Zellen eines Akkumulators stärker beansprucht werden und somit schneller altern. Fällt eine Zelle aus, werden die anderen Zellen in Mitleidenschaft gezogen. Aus diesem Grund empfiehlt es sich, hier Batteriemanagementsysteme einzusetzen, die nicht nur die gesamte Batteriespannung messen, sondern durch Überwachung der einzelnen Zellen einen optimalen Schutz liefern.

Neben einfachen Systemen, die lediglich aus Photovoltaikgenerator, Akkumulator, Laderegler und Verbraucher bestehen, gibt es für größere Systeme zur netzfernen Elektrizitätsversorgung, zum Beispiel bei Alpenhütten, technisch aufwändigere Anlagen. Meist wird der Photovoltaikgenerator durch eine andere Energiequelle wie einen Windgenerator oder ein Dieselaggregat ergänzt. Hierdurch können Kosten gespart und die Versorgungssicherheit erhöht werden. Für den Betrieb ist dann aber ein aufwändigeres Energiemanagementsystem notwendig. Meist sind nicht alle Verbraucher in Gleichstromausführung erhältlich. Sind Wechselstromverbraucher einzubinden, benötigt man zusätzlich einen Wechselrichter, dessen Funktionsweise später erläutert wird.

## 5.7.5 Andere Speichermöglichkeiten

Neben der elektrochemischen Speicherung durch Akkumulatoren gibt es auch noch andere Speichermöglichkeiten für elektrische Energie. Zu den Speichermöglichkeiten zählen:

- Kondensatorspeicher,
- Speicherung in supraleitende Spulen,
- Schwungradspeicher,
- Pumpspeicher-Wasserkraftwerke,
- Druckluftspeicher,
- Speicherung durch solar erzeugtes Synthesegas, Methan oder Wasserstoff.

Für photovoltaische Inselsysteme sind diese Speichervarianten derzeit noch von untergeordneter Bedeutung. Pumpspeicherkraftwerke werden im Kapitel zur Wasserkraft näher beschrieben, die Wasserstofferzeugung und -speicherung wird ebenfalls später in einem eigenen Kapitel erläutert.

## 5.8 Wechselrichter

### 5.8.1 Wechselrichtertechnologie

Bislang wurde bei allen Betrachtungen vorausgesetzt, dass die Verbraucher mit Gleichstrom betrieben werden. In der öffentlichen Elektrizitätsversorgung wird jedoch fast ausschließlich Wechselstrom verwendet. Um gängige Haushaltsgeräte mit einem photovoltaischen Inselnetz zu betreiben, ist ein Inselwechselrichter nötig. Soll der Strom einer Photovoltaikanlage ins öffentliche Netz eingespeist werden, kommt ein Netzwechselrichter zur Anwendung. Von der Technologie her ähneln sich beide Wechselrichterarten, von der Ausführung und von den Anforderungen her gibt es dennoch einige entscheidende Unterschiede.

Um durch Verwendung von Leistungselektronik aus einem Gleichstrom einen Wechselstrom zu erzeugen, werden schaltbare Ventile benötigt. Als Ventile kommen folgende leistungselektronischen Halbleiterelemente in Frage, die je nach Ausführung Spannungen bis deutlich über 1000 V oder Ströme von über 1000 A schalten können:

- Power-MOSFETs (Leistungs-Feldeffekt-Transistoren),
- bipolare Leistungstransistoren,
- IGBTs (Insulated Gate Bipolar Transistoren),
- Thyristoren (steuerbare Dioden),
- Triacs (Zweirichtungsthyristoren),
- GTO-Thyristoren (Gate Turn-off, abschaltbare Thyristoren).

Im Folgenden soll nur der **MOSFET** (Metall-Oxid-Halbleiter-Feldeffekttransistor) näher betrachtet werden. In Bild 5.58 ist das Schaltsymbol eines selbstsperrenden n-Kanal-MOSFET dargestellt, der über die drei Anschlüsse G (Gate), S (Source) und D (Drain) verfügt.

**Bild 5.58** Schaltsymbol eines selbstsperrenden n-Kanal-MOSFET

Liegt am Eingang G eine Spannung an, sodass die Spannung $U_{GS}$ größer als die sogenannte Schwellspannung (threshold voltage) $U_{th}$ wird, schaltet der Transistor durch. Er wird dann zwischen den Eingängen S und D leitend. Sinkt die Spannung $U_{GS}$ wieder unter die Schwellspannung, sperrt der Transistor. In den Feldeffekttransistoren ist zwischen den Eingängen S und D eine sogenannte Bodydiode integriert. Diese erleichtert die Schaltvorgänge, da sie Überspannungen durch die Induktivitäten in der Schaltung ableiten kann. Da die Bodydiode meist relativ langsam ist, kann eine zusätzliche parallele schnelle Shottkydiode sinnvoll sein.

Bei einem Wechselrichter muss der Strom periodisch von einem Zweig zu einem anderen übergeleitet werden. Diesen Vorgang bezeichnet man auch als **Kommutieren**. Dazu müssen jeweils verschiedene Ventile durchschalten oder sperren. Während früher oft noch fremdgeführte Wechselrichter mit Thyristoren zum Einsatz kamen, gibt es heute fast nur noch selbstgeführte Wechselrichter mit Transistoren oder MOSFETs als Schalter.

Rechteck- oder Trapezwechselrichter funktionieren nach einem recht einfachen Prinzip und werden daher als erstes näher beschrieben. Da die Qualität des Ausgangsstroms dieser Umrichter nicht sonderlich hoch ist, kommen in der Photovoltaik meist die später erläuterten pulsweitengesteuerten Wechselrichter und Resonanzwechselrichter zum Einsatz.

### 5.8.1.1 Rechteckwechselrichter

Eine vom Prinzip sehr einfache Art einer Wechselrichterschaltung ist die **B2-Brückenschaltung** oder **H-Brückenschaltung** aus Bild 5.59.

Sie besteht aus 4 Ventilen, die über einen Transformator mit dem Wechselstromnetz gekoppelt sind. Im Folgenden werden jeweils mit dem starren Netz gekoppelte Wechselrichter betrachtet.

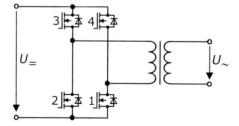

**Bild 5.59** H-Brückenschaltung (B2)

Werden in konstanten Abständen jeweils die Ventile 1 und 3 beziehungsweise 2 und 4 geschaltet, entsteht am Transformator näherungsweise ein rechteckförmiger Wechselstrom. Zur Vereinfachung lassen sich auch die Ventile 1 und 2 durch nicht steuerbare Dioden ersetzen, dann muss nur die Hälfte der Bauelemente gesteuert werden. In diesem Fall spricht man von einer halbgesteuerten Brückenschaltung. Das Durchschalten

## 5.8 Wechselrichter

der Ventile erfolgt um den Steuerwinkel $\alpha$ zum Nulldurchgang der Spannung verzögert. In Bild 5.60 ist der Stromverlauf bei einer B2-Schaltung dargestellt.

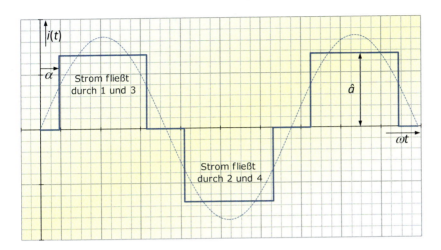

**Bild 5.60** Idealisierter Stromverlauf einer halbgesteuerten B2-Brückenschaltung

Dieser Verlauf unterscheidet sich stark vom gewünschten sinusförmigen Verlauf. Zur Beurteilung des Stromverlaufs bedient man sich einer sogenannten Fourier-Analyse oder auch **harmonischen Analyse**. Eine $2\pi$-periodische Funktion f($\omega t$) lässt sich im Intervall $-\pi \leq \omega t \leq +\pi$ in eine konvergente Reihe zerlegen:

$$f(\omega t) = \frac{a_0}{2} + \sum_{n=1}^{\infty} \left( a_n \cdot \cos(n \cdot \omega t) + b_n \cdot \sin(n \cdot \omega t) \right). \tag{5.113}$$

Die einzelnen Koeffizienten $a_n$ und $b_n$ lassen sich über

$$a_n = \frac{1}{\pi} \cdot \int_{-\pi}^{\pi} f(\omega t) \cdot \cos(n \cdot \omega t) d\omega t \quad (n = 0, 1, 2, ...), \tag{5.114}$$

$$b_n = \frac{1}{\pi} \cdot \int_{-\pi}^{\pi} f(\omega t) \cdot \sin(n \cdot \omega t) d\omega t \quad (n = 1, 2, ...) \tag{5.115}$$

bestimmen. Für den rechteckförmigen Verlauf des Stroms mit der Amplitude $\hat{a}$ und dem Steuerwinkel $\alpha$ der B2-Brückenschaltung lässt sich folgende harmonische Analyse ermitteln:

$$f(\omega t) = \frac{4 \cdot \hat{a}}{\pi} \cdot \left[ \cos\alpha \cdot \sin\omega t + \tfrac{1}{3} \cdot \cos 3\alpha \cdot \sin 3\omega t + \tfrac{1}{5} \cdot \cos 5\alpha \cdot \sin 5\omega t + \cdots \right]. \tag{5.116}$$

Neben der erwünschten sinusförmigen Grundschwingung (Ordnungszahl 1) besteht die Funktion aus Schwingungen anderer Periodendauern (Ordnungszahl $\geq 2$), den unerwünschten **Oberschwingungen**. Bild 5.61 zeigt die Grundschwingung und die Oberschwingungen bis zur Ordnungszahl 7. Werden die Schwingungen bis zur Ordnungszahl 7 addiert, ist der Verlauf des Rechtecks bereits sichtbar nachgebildet, wie die dicke dunkelrote Kurve zeigt. Für eine vollständige Nachbildung müssen weitere Oberschwingungen mit einbezogen werden. In der Praxis kann eine harmonische Analyse mit Hilfe eines Oszilloskops und einer entsprechenden rechnergestützten Auswertung durchgeführt werden. Aufwändigere Messgeräte können sogar eigenständig die Oberschwingungsanteile bestimmen.

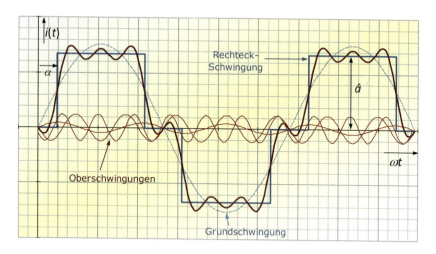

**Bild 5.61** Konstruktion einer Rechteckschwingung aus verschiedenen Sinusschwingungen

Allgemein lässt sich der Strom aus der Grundschwingung mit der Amplitude $\hat{i}_1$ und den Oberschwingungen mit den Amplituden $\hat{i}_2$, $\hat{i}_3$ usw. darstellen:

$$i(t) = \hat{i}_1 \cdot \sin(\omega t) + \hat{i}_2 \cdot \sin(2 \cdot \omega t) + \hat{i}_3 \cdot \sin(3 \cdot \omega t) + \ldots \tag{5.117}$$

Für Geräte der Klasse A, das sind Geräte mit einem Eingangsstrom ≤ 16 A, die Oberschwingungsströme im öffentlichen Niederspannungsnetz hervorrufen können, sind in VDE 0838 Teil 2 bzw. DIN EN 61000-3-2 Höchstwerte für die Oberschwingungsströme definiert [DIN05].

Neben Oberschwingungsströmen können durch den Wechselrichter auch Oberschwingungsspannungen entstehen. Die zulässigen Oberschwingungsspannungen, bezogen auf die Spannung der Grundschwingung, sind in VDE 0839 Teil 2-2 bzw. DIN EN 61000-2-2 festgelegt [DIN03]. Treten mehrere Oberschwingungen gleichzeitig auf, kann deren Wirkung durch den **Gesamtverzerrungsfaktor** (engl.: THD, total harmonic distortion)

$$D = \sqrt{\sum_{n=2}^{40} \left(\frac{\hat{u}_n}{\hat{u}_1}\right)^2} \tag{5.118}$$

beschrieben werden, der sich aus den Spannungsamplituden $\hat{u}_n$ der Oberschwingungen und der Spannungsamplitude $\hat{u}_1$ der Grundschwingung berechnet. Der maximal zulässige Gesamtverzerrungsfaktor liegt bei $D = 0{,}8$. Neben den Amplituden werden bei den Berechnungen oft Effektivwerte verwendet. Hierauf wird im Abschnitt 6.5.1 näher eingegangen.

## 5.8 Wechselrichter

Ein weiterer Gütefaktor ist der sogenannte **Klirrfaktor**

$$k = \sqrt{\frac{\sum_{n=2}^{\infty} U_n^2}{\sum_{n=1}^{\infty} U_n^2}}, \qquad (5.119)$$

der sich aus dem Verhältnis der Effektivwerte der Oberschwingungen zu den Effektivwerten der Grund- und Oberschwingungen ergibt. Klirrfaktoren guter Wechselrichter liegen unter 3 %. Werden die Oberschwingungen zu groß, müssen sie mit entsprechenden Filtern reduziert werden.

Oft werden in den Wechselrichtern Transformatoren integriert. Ein Transformator sorgt für eine Trennung zwischen Wechselrichter und öffentlichem Netz und kann eine Spannungsanpassung zwischen Wechselrichterspannung und Netzspannung erzielen. Ein Transformator führt jedoch stets zu Verlusten und kann prinzipiell auch entfallen. In diesem Fall müssen jedoch größere Schutzmaßnahmen getroffen werden, da dann keine galvanische Trennung mehr vom Netz und dem Solargenerator gewährleistet ist.

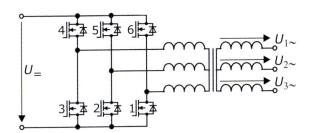

**Bild 5.62** Sechspuls-Brückenschaltung (B6)

Die bisher verwendete B2-Brückenschaltung speist den Wechselstrom nur in einen Außenleiter ein. Bei dem öffentlichen Drehstromnetz mit drei Außenleitern kommt es hierbei zu Asymmetrien. Bei Leistungen oberhalb von 4,6 kVA ist deshalb in Deutschland eine Drehstromeinspeisung in alle drei Außenleiter vorgeschrieben. Auf die prinzipiellen Eigenschaften von Drehstrom wird in Kapitel 6 (Windkraft) näher eingegangen. Eine Wechselrichterschaltung zur Erzeugung von Drehstrom ist die **Sechspuls-Brückenschaltung (B6-Brücke)** aus Bild 5.62. Bei dieser Schaltung werden zyklisch die Ventile so geschaltet, dass drei um eine drittel Periode versetzte Wechselströme bzw. -spannungen entstehen.

Neben der B2- und der B6-Brückenschaltung kommen noch weitere Schaltungen wie die M2- oder M3-Mittelpunktschaltung oder auch andere Brückenschaltungen zum Einsatz. Das Funktionsprinzip unterscheidet sich jedoch nicht von den bisher beschriebenen Varianten.

### 5.8.1.2 Moderne Wechselrichtertopologien

Bei einem Wechselrichter, der nach dem Verfahren der **Pulsweitenmodulation (PWM)** arbeitet, wird wiederum eine der oben genannten Schaltungen wie die B2- oder B6-Brückenschaltung verwendet. Die Ventile werden dabei jedoch nicht nur einmal je Halbwelle ein- und ausgeschaltet, sondern durch mehrmaliges Schalten werden unterschiedlich breite Pulse erzeugt, wie aus Bild 5.63 zu entnehmen ist. Nach einer Filterung erhält man eine sinusförmige Grundwelle. Die Qualität der Sinusschwingung ist im Vergleich zu Rechteck-Wechselrichtern deutlich besser, das heißt, es treten weniger störende Oberschwingungen auf. Aus diesem Grund funktionieren heute die meisten Wechselrichter nach dem PWM-Prinzip (Pulswechselrichter).

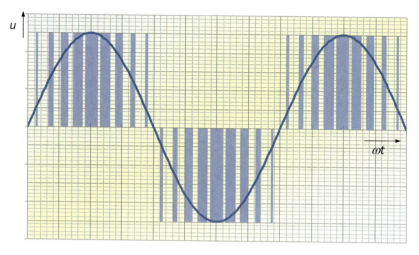

**Bild 5.63** Spannungsverlauf bei der Pulsweitenmodulation

Um besonders hohe Wechselrichterwirkungsgrade zu erreichen, kommen neben den bereits erläuterten Brückenschaltungen weitere Schaltungskonzepte zum Einsatz. Bei einphasigen Wechselrichtern sind dies unter anderem die **H5- oder die HERIC-Schaltung** (Highly Efficient and Reliable Inverter Concept). Diese basieren auf der H-Brückenschaltung. Weitere Transistoren sorgen dafür, dass in der Freilaufphase während des Umschaltens die Drosselströme abgeleitet werden können, was die Schaltungsverluste reduziert.

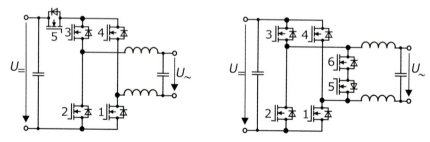

**Bild 5.64** Hocheffiziente Wechselrichterschaltungen. Links: H5-Topologie, rechts: HERIC-Topologie

## 5.8.2 Wechselrichter in der Photovoltaik

### 5.8.2.1 Funktionen und Aufgaben des Wechselrichters

Photovoltaik-Wechselrichter haben deutlich mehr Aufgaben als nur die eigentliche Wechselrichtung, wie Bild 5.65 zeigt. Die Ausgangsspannung wird durch das Netz be-

## 5.8 Wechselrichter

stimmt. Der Wechselrichter muss durch Variieren der DC-Spannung am Photovoltaikgenerator dafür sorgen, dass dieser stets im MPP betrieben wird. Gute Wechselrichter erreichen sehr hohe MPP-Tracking-Geschwindigkeiten. Damit sind auch bei wechselnden Einstrahlungsbedingungen sehr hohe **MPP-Anpassungswirkungsgrade** von deutlich über 99 % möglich. Das bedeutet, dass die Verluste durch Abweichungen vom tatsächlichen MPP weniger als 1 % betragen. Die Anpassung der DC-Spannung lässt sich durch einen Hochsetzsteller zwischen Photovoltaikgenerator und Brückenschaltung realisieren. Bei einem pulsweitenmodulierten Wechselrichter kann die DC-Spannungsanpassung auch über die Brückenschaltung selbst erfolgen. Der Hochsetzsteller ist dann nicht nötig, was den Wechselrichterwirkungsgrad verbessert. Dafür sind allerdings hohe Solargeneratorspannungen erforderlich. Die minimale MPP-Spannung liegt dann bei einphasigen trafolosen Wechselrichtern bei etwa 350 V.

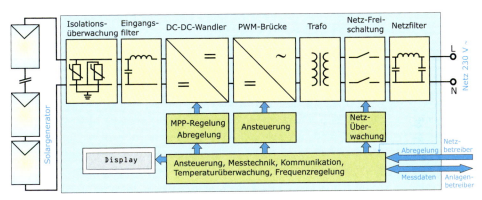

**Bild 5.65** Komponenten eines Photovoltaik-Wechselrichters

Ein **Transformator** kann eine Spannungsanpassung auf der Wechselspannungsseite vornehmen und sorgt für eine galvanische Trennung von Netz und Photovoltaikgenerator. In der Photovoltaik sind inzwischen auch trafolose Wechselrichter weit verbreitet. Durch den Verzicht auf den Trafo lassen sich die Transformatorverluste vermeiden und so besonders hohe Wechselrichterwirkungsgrade erzielen. Aus Gründen der Personensicherheit muss jedoch eine allstromseitige Fehlerstromüberwachung erfolgen, die im Fehlerfall die Verbindung zum Netz zuverlässig trennt. Vor der Verwendung von einem trafolosen Wechselrichter sollte unbedingt geprüft werden, ob die gewählten Photovoltaikmodule dafür vom Hersteller freigegeben sind. Bei bestimmten Modulen kann es bei der Verwendung von trafolosen Wechselrichtern zu Leistungseinbußen oder der potentialinduzierten Degradation (PID) kommen. Besonders gefährdet sind Dünnschichtmodule, bei denen die sogenannte TCO-Korrosion die Frontkontakte zerstören und damit zum Modulausfall führen kann. Durch die Erdung eines Modulpols, meist des Minuspols, lässt sich das Degradationsrisiko in der Regel erheblich verringern.

Prinzipiell unterscheiden sich Inselwechselrichter und netzgekoppelte Wechselrichter in ihren Anforderungen. Bei Inselnetzwechselrichtern ist oft ein Batterieladeregler im Wechselrichter integriert. Während die Anforderungen an die Netzqualität beim Inselnetz häufig geringer sind, müssen netzgekoppelte Wechselrichter weitere festgelegte Aufgaben und Kriterien erfüllen. Diese sind in der VDE-Anwendungsregel VDE-AR-N 4105

[VDE11] festgelegt, die umgangssprachlich auch **Niederspannungsrichtlinie** heißt. Hierzu gehören Maximalwerte für Spannungsänderungen und Oberschwingungsströme.

Ein umfangreicher Netz- und Anlagenschutz (NA-Schutz) muss folgende Schutzfunktionen übernehmen und im Fehlerfall die Photovoltaikanlage zuverlässig vom Netz trennen:

- Spannungsrückgangsschutz, $U < 184$ V,
- Spannungssteigerungsschutz, $U > 253$ V,
- Frequenzrückgangsschutz, $f < 47{,}5$ Hz,
- Frequenzsteigerungsschutz, $f > 51{,}5$ Hz,
- Inselnetzerkennung.

Ein Zuschalten der Anlage ist erst wieder zulässig, wenn die Netzspannung sich zwischen 195,5 und 253 V und die Netzfrequenz zwischen 47,5 und 50,05 Hz bewegt. Bei einer Netzfrequenz oberhalb von 50,2 Hz muss die dann abgegebene Leistung frequenzabhängig linear bis auf 48 % bei 51,5 Hz reduziert werden.

Die früher übliche **ENS** (**E**inrichtung zur **N**etzüberwachung mit jeweils zugeordnetem **S**chaltorgan in Reihe), die eine Netzüberwachung mittels Impedanzmessung sicherstellte, kommt nach der neuen Anwendungsregel nicht mehr zum Einsatz.

Die Schieflast darf maximal 4,6 kVA betragen. Mit drei ungekoppelten einphasigen Wechselrichtern, die auf drei verschiedene Phasen verteilt werden, lässt sich damit maximal eine Anlagenscheinleistung von 13,8 kVA realisieren. Für größere Anlagenleistungen sind entweder dreiphasige oder gekoppelte einphasige Wechselrichter erforderlich, wobei auch hier die Schieflast von 4,6 kVA nicht überschritten werden darf.

Ab einer Anlagenscheinleistung von 3,68 kVA muss der Wechselrichter auch Blindleistung zur Verfügung stellen können, die vom Netzbetreiber definiert wird. Dadurch lassen sich an einem Anschlusspunkt mehr Photovoltaikanlagen ins Netz integrieren.

### 5.8.2.2 Wechselrichterwirkungsgrade

Wechselrichter, die in der Photovoltaik Einsatz finden, arbeiten nur selten im Nennbetrieb bei Nennleistung $P_N$. Durch die wechselnde solare Bestrahlungsstärke läuft der Wechselrichter während langen Zeiträumen im Teillastbereich. Aus diesem Grund ist es wichtig, dass der Wirkungsgrad des Wechselrichters auch bei niedrigen Leistungen hohe Werte erreicht. Der Wechselrichter sollte nicht zu groß dimensioniert sein. Wird zum Beispiel ein 1-kW-Wechselrichter nur mit einer 500-$W_p$-Photovoltaikanlage betrieben, dann werden maximal 50 % der Wechselrichter-Nennleistung erreicht. Es sind größere Verluste durch den ständigen Betrieb im Teillastbereich zu erwarten. Der Eigenverbrauch eines Wechselrichters sollte minimal sein. Dieser Eigenverbrauch kann auch durch eine Nachtabschaltung reduziert werden.

Um Wechselrichter vergleichen zu können, wurde der sogenannte **Euro-Wirkungsgrad** definiert:

$$\eta_{Euro} = 0{,}03 \cdot \eta_{5\%} + 0{,}06 \cdot \eta_{10\%} + 0{,}13 \cdot \eta_{20\%} + 0{,}1 \cdot \eta_{30\%} + 0{,}48 \cdot \eta_{50\%} + 0{,}2 \cdot \eta_{100\%}. \qquad (5.120)$$

Der Euro-Wirkungsgrad ist ein gewichteter durchschnittlicher Wirkungsgrad. Er berücksichtigt das Betriebsverhalten des Wechselrichters in Teillastbereichen, die typischerweise bei durchschnittlichen Strahlungsverhältnissen in Mitteleuropa auftreten.

## 5.8 Wechselrichter

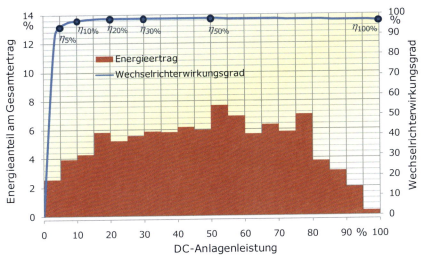

**Bild 5.66** Wechselrichterwirkungsgrad über der relativen DC-Anlagenleistung sowie typische Energieanteile der jeweiligen stündlichen Anlagenleistung am Gesamtertrag für Berlin

Bild 5.66 zeigt den **Verlauf des Wirkungsgrads** über der Eingangsleistung. Moderne Wechselrichter erreichen maximale Wirkungsgrade von bis zu 98 %. Auch im Teillastverhalten sind die Wirkungsgrade noch hoch und brechen erst in extremen Teillastbereichen ein. Im gleichen Bild ist auch der Energieertrag der jeweiligen DC-Anlagenleistung im Verhältnis zum Gesamtertrag für den Standort Berlin dargestellt. Es zeigt sich, dass der Anteil bei sehr hohen Leistungen gering ist, da diese nur über wenige Stunden im Jahr auftreten. Den größten Anteil hat der mittlere Leistungsbereich, was die relativ hohe Gewichtung des Wirkungsgrads bei 50 % Teillast im Euro-Wirkungsgrad widerspiegelt. Die hier beschriebenen Berechnungen basieren auf Stundenmittelwerten der Bestrahlungsstärke. Werden realitätsnähere Momentanwerte für die Bestrahlungsstärke verwendet, verschieben sich die Energieanteile hin zu höheren Anlagenleistungen.

An anderen Standorten der Erde existieren jedoch deutlich abweichende Strahlungsverhältnisse mit anderen Verteilungen der Energieanteile. Bild 5.67 zeigt analog zur vorherigen Abbildung erneut die Energieanteile der jeweiligen stündlichen DC-Anlagenleistungen, diesmal jedoch für Los Angeles in Kalifornien in den USA. Es zeigt sich eine deutliche Verschiebung hin zu höheren Anlagenleistungen. Die California Energy Commission (CEC) hat ebenfalls einen mittleren Wirkungsgrad definiert, der gegenüber dem Euro-Wirkungsgrad eine deutliche stärkere Gewichtung der Wirkungsgrade im höheren Leistungsbereich aufweist. Der **CEC-Wirkungsgrad** ist wie folgt definiert:

$$\eta_{CEC} = \frac{1}{3}\sum_{i=1}^{3}\left(0{,}04 \cdot \eta_{10\%} + 0{,}05 \cdot \eta_{20\%} + 0{,}12 \cdot \eta_{30\%} + 0{,}21 \cdot \eta_{50\%} + 0{,}53 \cdot \eta_{75\%} + 0{,}05 \cdot \eta_{100\%}\right)_{U_i}$$

(5.121)

Neben dem Teillastbereich hat auch die Wechselrichtereingangsspannung einen Einfluss auf den Wirkungsgrad. Bild 5.67 zeigt den Wirkungsgradverlauf für zwei unterschiedliche Spannungen. Der CEC-Wirkungsgrad berücksichtigt diese Einflüsse ebenfalls, indem die mittleren Wirkungsgrade bei drei unterschiedlichen DC-Spannungen ($U_1 = U_{MPP,min}$, $U_2 = U_{MPP,nenn}$ und $U_3 = U_{MPP,max}$) am unteren Ende des MPP-Regelbereichs des Wechselrichters, bei Nennspannung und am oberen Ende des Regelbereichs bestimmt und gemittelt werden.

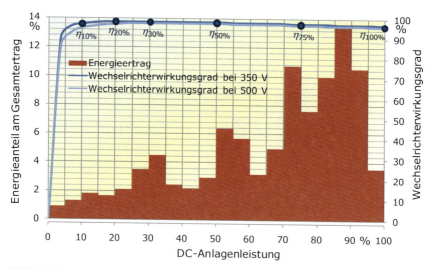

**Bild 5.67** Wechselrichterwirkungsgrad über der relativen DC-Anlagenleistung für zwei unterschiedliche DC-Spannungen sowie typische Energieanteile der jeweiligen stündlichen Anlagenleistung am Gesamtertrag für Los Angeles (USA)

In Tabelle 5.14 sind **technische Daten** einiger ausgewählter Wechselrichter dargestellt. Die gezeigten Wechselrichter decken exemplarisch den gesamtem Leistungsbereich vom Modulwechselrichter bis zum zentralen Megawatt-Wechselrichter ab.

**Tabelle 5.14** Ausgewählte technische Daten einiger Photovoltaikwechselrichter

| Gerät | | Enecsys SMI-D360 | Sunways NT2500 | SMA 6000TL | REFUSOL 15 K | SINVERT PVS2400 |
|---|---|---|---|---|---|---|
| Topologie | | Enecsys | HERIC | H5 | UtraEta | PVS |
| Phasen | | 1 | 1 | 1, koppelbar | 3 | 3 |
| Nennleistung AC | kVA | 0,34 | 2,5 | 6,0 | 15,0 | 2400 |
| max. AC-Leistung | kVA | 0,34 | 2,5 | 6,0 | 16,5 | 2400 |
| max. DC-Leistung | kW | 0,38 | 2,65 | 6,2 | 17,5 | 2452 |
| max. DC-Spannung | V | 54 | 900 | 700 | 900 | 1000 |
| MPP-Bereich DC | V | 30…42 | 340…750 | 333…500 | 460…800 | 570…750 |
| max. DC-Strom | A | 13,4 | 7,5 | 19 | 36 | 4416 |
| Einspeisung ab | W | k.A. | 4 | 10 | 20 | k.A. |
| Nacht-Verbrauch | W | <0,03 | <0,1 | 0,25 | <0,2 | k.A. |
| Klirrfaktor, AC-Strom | % | <5 | <3 | <4 | <2,5 | k.A. |
| max. Wirkungsgrad | % | 95,4 | 97,8 | 98,0 | >98,0 | 98,7 |
| Euro-Wirkungsgrad | % | 93,5 | 97,4 | 97,7 | 97,7 | 98,6 |
| Masse | kg | 1,8 | 26 | 31 | 38 | 8520 |

## 5.8 Wechselrichter

Moderne Wechselrichter erzielen dabei sehr hohe Wirkungsgrade. Bereits im Leistungsbereich von 6 kVA lassen sich maximale Wirkungsgrade von 98 % erzielen. Durch den Einsatz von neuartigen Siliziumcarbid (SiC)-Halbleitertransistoren ist künftig eine Wirkungsgradsteigerung auf 99 % denkbar.

### 5.8.2.3 Anlagenkonzepte

Bei Photovoltaikanlagen mit netzgekoppelten Wechselrichtern kommen prinzipiell drei verschiedene Konzepte infrage:

- Zentralwechselrichter,
- Strangwechselrichter,
- Modulwechselrichter.

In Bild 5.68 ist eine Zusammenschaltung von Solarmodulen mit einem Zentralwechselrichter dargestellt. Mehrere Module werden hierbei zu einem Strang in Reihe geschaltet, bis die gewünschte Gleichspannung erreicht ist. Bei größeren Leistungen werden dann verschiedene gleich große Stränge parallel geschaltet. Die eingezeichneten Strangdioden können in vielen Fällen entfallen, da ihre Schutzwirkung gering ist, an ihnen aber ständig Durchlassverluste entstehen.

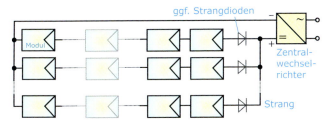

**Bild 5.68** Photovoltaikanlage aus mehreren Strängen mit einem Zentralwechselrichter

Um das Teillastverhalten zu verbessern, wird zunehmend das **Master-Slave-Prinzip** eingesetzt. Dazu werden mehrere kleinere Wechselrichter zu einem großen zusammengeschaltet. Bild 5.69 zeigt das Prinzip für einen Zentralwechselrichter mit drei Einheiten. Zuerst speist hier nur ein Wechselrichter ein. Dieser erreicht bereits bei einem Drittel der Gesamtleistung Volllast. Bei höheren Leistungen des PV-Generators werden dann nacheinander die weiteren Einheiten zugeschaltet.

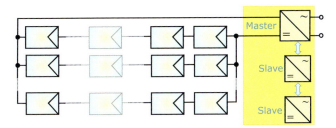

**Bild 5.69** Zentraler Master-Slave-Wechselrichter bei Photovoltaikanlagen

Vor allem bei Teilabschattungen oder einzelnen leistungsschwachen Modulen erweist sich das Zentralwechselrichterkonzept als negativ, da in diesen Fällen überdurchschnittlich große Verluste entstehen. Sind Teilabschattungen zu erwarten oder sind einzelne Photovoltaikanlagenteile unterschiedlich ausgerichtet, empfiehlt es sich, die Stränge zu entkoppeln und kleinere Einheiten oder einzelne Strangwechselrichter zu verwenden. Als weiterer Vorteil reduziert sich hierdurch auch die Länge der benötigten Gleichstromleitungen.

Die optimale Lösung bei Teilabschattungen sind Modulwechselrichter. Durch sie lässt sich an jedem Modul eine unterschiedliche Spannung einstellen. Auch die Verkabelung ist deutlich einfacher, da auf Gleichstromleitungen komplett verzichtet werden kann. Ein weiterer Vorteil ist die einfache Erweiterbarkeit einer bestehenden Photovoltaikanlage. Diese Vorteile werden jedoch durch einen niedrigeren Wechselrichter-Wirkungsgrad und höhere Kosten erkauft, sodass sich Modulwechselrichter bislang nicht durchsetzen konnten. In Bild 5.70 sind beide Schaltungsvarianten dargestellt.

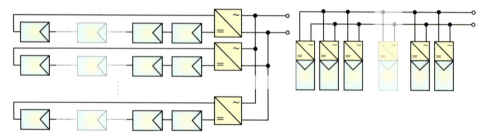

**Bild 5.70** Photovoltaikgenerator mit Strangwechselrichtern (links) und mit Modulwechselrichtern (rechts)

## 5.9 Photovoltaische Eigenverbrauchssysteme

### 5.9.1 Photovoltaische Eigenverbrauchssysteme mit Speicher

Bisher wurden im Abschnitt 5.7.4 mit einem einfachen photovoltaischen Batterie-Inselsystem sowie im Abschnitt 5.8.2 mit einem einfachen netzgekoppelten System zwei Standardsysteme erläutert, die bislang bei der Photovoltaik dominierten. Der Trend geht aber zu neueren komplexeren Systemvarianten, die auf den Eigenverbrauch optimiert sind.

In zahlreichen Regionen haben die Kosten für Elektrizität aus Photovoltaikanlagen inzwischen die Elektrizitätsbezugskosten für Endverbraucher unterschritten. Selbst in Deutschland wurde diese sogenannte Netzparität flächendeckend im Jahr 2012 erreicht. Solange eine gesetzlich geregelte Einspeisevergütung wie mit dem Erneuerbare-Energien-Gesetz in Deutschland existiert, sind einfache netzgekoppelte Systeme auch weiterhin attraktiv. Es ist allerdings absehbar, dass Photovoltaiksysteme künftig ohne eine erhöhte Einspeisevergütung auskommen müssen. Wird der gesamte photovoltaisch erzeugte Strom vom Endkunden weitgehend selbst verbraucht, ist aber auch dann ein ökonomischer Betrieb von Photovoltaiksystemen möglich. Dies gelingt aber in der Regel nur mit sehr kleinen Anlagen. Bei mittleren und größeren Systemen entstehen immer Überschüsse, die nicht zeitgleich selbst verbraucht werden können. Hier gibt es weiterhin die

## 5.9 Photovoltaische Eigenverbrauchssysteme

Möglichkeit, Überschüsse ins Netz einzuspeisen. Mit zunehmendem Photovoltaikanteil sinken aber die damit möglichen Erlöse. In einigen Jahren ist zu erwarten, dass die Erzeugung aus Photovoltaikanlagen temporär den Elektrizitätsbedarf im Netz übersteigt. Dann dürften bei hohem Solarstrahlungsangebot kaum noch Erlöse aus der Netzeinspeisung zu erzielen sein.

Künftig werden daher Systeme an Bedeutung gewinnen, die Überschüsse aus der Photovoltaikproduktion für den späteren Eigenverbrauch speichern oder thermisch nutzen. Als Speicher werden aus heutiger Sicht erst einmal auch bei netzgekoppelten Systemen Batterien vorherrschen. Eine Regelung leitet die Überschüsse in die Batterie. Erst wenn diese voll ist, leitet die Regelung die Überschüsse ins Netz oder regelt die Solaranlage im Extremfall ab. Unterschreitet die Photovoltaikleistung wieder den Bedarf, kann der Batteriespeicher das Defizit decken. Bei leerer Batterie sichert das Netz die Versorgung. Für eine Entlastung der Netze wäre ein intelligenteres Lademanagement sinnvoll, sodass Überschüsse vor allem zu den Zeitpunkten mit dem größten Bedarf im Netz eingespeist werden. Durch eine geschickte zeitliche Verlagerung von Verbrauchern lässt sich der Eigenverbrauchsanteil weiter steigern und damit die Wirtschaftlichkeit optimieren. Die Ladezeiten der Batterie lassen sich zudem auf die Bedürfnisse des Netzes optimieren. Wird die Batterie vorwiegend dann geladen, wenn im Netz bereits ein hoher Anteil regenerativer Erzeugung vorhanden ist, lässt sich dadurch das Netz entlasten. Auch bei Versorgungsengpässen können Batterien einspringen. Damit werden Batteriesysteme künftig auch eine wichtige Rolle bei der Stabilisierung der öffentlichen Netze einnehmen.

Theoretisch kann ein derartiges System bei einem Netzausfall auch im Inselnetzmodus arbeiten und damit die eigene Versorgungssicherheit erhöhen. Dafür ist aber ein inselnetzfähiger Wechselrichter erforderlich. Eine spezielle Trennstelle muss zudem noch den Kontakt zum Netz für den Inselbetrieb unterbrechen. Bild 5.71 und Bild 5.72 zeigen **netzgekoppelte Photovoltaiksysteme mit Batteriespeicher**.

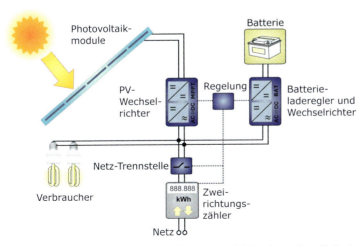

**Bild 5.71** Netzgekoppeltes Photovoltaiksystem mit AC-gekoppeltem Batteriespeicher

Prinzipiell lässt sich dabei zwischen einer AC- und DC-Kopplung des Batteriespeichers unterscheiden. Bei einer AC-Kopplung lässt sich das Batteriesystem auch nachträglich in ein bereits bestehendes Photovoltaiksystem integrieren. Dafür ist allerdings ein zweiter Wechselrichter für die Batterie nötig, der zusätzliche Kosten und Verluste verursacht. Bei der DC-Kopplung ist in der Regel nur ein gemeinsamer Wechselrichter für Batterie und Photovoltaikanlage vorgesehen.

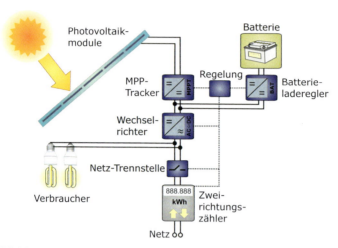

**Bild 5.72** Netzgekoppeltes Photovoltaiksystem mit DC-gekoppeltem Batteriespeicher

Tabelle 5.15 zeigt technische Daten einiger ausgewählter Batteriespeichersysteme. Neben der DC- bzw. AC-Kopplung unterscheiden sich die Systeme noch im Batterietyp.

**Tabelle 5.15** Ausgewählte technische Daten einiger Batteriespeichersysteme

| Gerät | SolStore 8.0 Pb / Sunny Island 6.0H | SunPac 2.0 | Comfort S | Sunny Boy 3600 Smart Energy | BPT-S5 Hybrid |
|---|---|---|---|---|---|
| Hersteller | IBC /SMA | Solarworld | Sonnenbatterie | SMA | Bosch Power Tec |
| Batteriekopplung | AC | DC | AC | DC | DC |
| Batterietyp | Blei-Gel | Blei-Gel | LiFePO$_4$ | Li-Ion | Li-Ion |
| Nennkapazität | 8 kWh | 11,6 kWh | 8 kWh | 2,2 kWh | 8,8 kWh |
| Nutzkapazität | 4 kWh | 5,8 kWh | 5,7 kWh | 2 kWh | 5 kWh |
| Zyklenzahl | 2700 | 2500 | >5000 | ca. 5000 | 6000 |
| max. Entladeleistung | 6 kW | 2,7 kW | 3,5 kW | 3,68 kW | 5 kW |
| PV-Leistung | entfällt, da AC-gekoppelt | 11 kW | entfällt, da AC-gekoppelt | 5,2 kW | 5 kW |
| AC-Nennleistung | | 10 kVA | | 3,68 kVA | 5 kVA |
| Gesamt-Wirkungsgrad | >80 % | k.A. | 88 % | >90 % | 90 % |
| Breite | 637 mm | 388 mm | 640 mm | 850 mm | 597 mm |
| Höhe | ca.2000 mm | 1584 mm | 1300 mm | 750 mm | 1693 mm |
| Tiefe | 536 mm | 900 mm | 500 mm | 250 mm | 706 mm |
| Masse | 413 kg | 850 kg | 215 kg | 55 kg | 262 kg |

## 5.9 Photovoltaische Eigenverbrauchssysteme

Während bei photovoltaischen Inselnetzsystemen fast ausschließlich Bleibatterien zum Einsatz kommen, sind es bei netzgekoppelten Systemen neben der Bleibatterie immer mehr Batterien auf Lithiumbasis. Bleibatterien haben niedrigere Investitionskosten. Durch die geringere Zyklenzahl müssen sie aber während der Lebensdauer der Photovoltaikanlage mehrmals ausgetauscht werden. Lithiumbatterien können zumindest theoretisch die gleiche Lebensdauer wie die Photovoltaikanlage selbst erreichen. Außerdem haben Lithiumbatterien größere Wirkungsgrade und damit geringere Verluste als Bleibatterien. Da PV-Batteriesysteme auf Lithiumbasis aber erst seit wenigen Jahren auf dem Markt sind, müssen entsprechende Langzeit-Praxiserfahrungen erst noch gesammelt werden.

Anstelle eines Batteriespeichers lässt sich auch ein Wasserstoffspeicher in das netzgekoppelte Photovoltaiksystem integrieren. Während eine Batterie in der Regel nur für kurze Speicherdauern ausgelegt wird, ist bei Wasserstoffspeichern auch eine saisonale Speicherung möglich. Der Wasserstoffspeicher kann mit Überschüssen im Sommer beladen werden und im Winter die Versorgung größtenteils sicherstellen. Bei einer richtigen Dimensionierung der Komponenten ist mit einem derartigen System auch eine volle **Autarkie**, also die Unabhängigkeit vom Netz möglich. **Photovoltaiksysteme mit Wasserstoffspeicher** haben allerdings deutlich größere Verluste beim Be- und Entladen des Speichers als Batteriesysteme. Außerdem ist die Wasserstoffspeicherung noch sehr teuer, sodass derzeit diese Systeme nur in sehr geringen Stückzahlen eingesetzt werden.

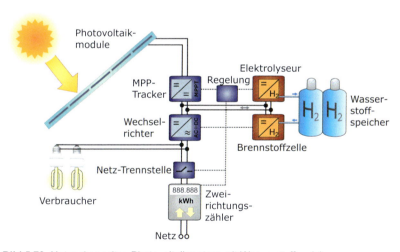

**Bild 5.73** Netzgekoppeltes Photovoltaiksystem mit Wasserstoffspeicherung

### 5.9.2 Photovoltaische Eigenverbrauchssysteme mit Heizung

Eine andere Möglichkeit, den Eigenverbrauch zu erhöhen, ist die thermische Nutzung. Dabei werden die photovoltaischen Überschüsse in einem vorhandenen Heizungssystem genutzt. In mitteleuropäischen Breiten wird es mit vertretbarem Aufwand nicht gelingen, ein Heizungssystem ausschließlich durch eine Photovoltaikanlage zu betreiben. Ein konventionelles Heizungssystem oder der zusätzliche Bezug von Netzstrom ist weiterhin für die Wärmeversorgung erforderlich. Durch die thermische Nutzung der Überschüsse der Photovoltaikanlage lassen sich allerdings Brennstoffe oder Heizstrom einsparen, was die Wirtschaftlichkeit der Photovoltaikanlage erhöht. Voraussetzung ist, dass die mögliche Einsparung über den Einspeisetarifen für Solarstrom ins Netz liegt.

Bei einem sehr einfachen System heizt eine elektrische Heizpatrone mit den photovoltaischen Überschüsse einen bestehenden Wärmespeicher auf. Die zusätzlichen Investitionskosten für die Kopplung des PV-Systems mit dem thermischen System sind vergleichsweise gering. Sind die eingesparten Brennstoffkosten höher als die mögliche Vergütung des ins Netz eingespeisten Photovoltaikstroms, ergeben sich auch bei dieser Systemvariante Kostenvorteile. Ist der Wärmespeicher voll oder reicht der Photovoltaikstrom nicht aus, um den Stromverbrauch zu decken, sorgt das Netz wieder für einen Ausgleich. Bild 5.74 veranschaulicht das beschriebene System, das sich bei Bedarf auch mit einem Batteriespeicher kombinieren lässt.

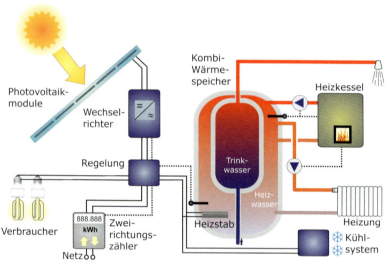

**Bild 5.74** Netzgekoppeltes Photovoltaiksystem mit thermischer Nutzung der Überschüsse durch eine Heizpatrone in einem Wärmespeicher

Künftig wird auch der Kühlbedarf stetig zunehmen. Da die Kühllasten mit dem Solarstrahlungsangebot eng verknüpft sind, ist auch der Betrieb von preiswerten Kompressionskältemaschinen mit Überschussphotovoltaikstrom durchaus eine sinnvolle Alternative.

Prinzipiell lässt sich auch eine Wärmepumpe anstelle der Heizpatrone verwenden. Die Wärmepumpe kann aus elektrischem Strom erheblich effizienter Nutzwärme erzeugen. Die Investitionskosten für Wärmepumpen sind allerdings auch deutlich größer als bei Heizstäben. Der Parallelbetrieb einer Wärmepumpe zu einem Heizungssystem, das beispielsweise mit Holzpellets oder Erdgas betrieben wird, ist daher derzeit nur in wenigen Einzelfällen wirtschaftlich.

Wird eine Wärmepumpe im Neubau als vollwertiges Heizungssystem von Beginn an geplant oder soll eine Wärmepumpe ein anderes Heizungssystem ersetzen, ist eine Kombination mit einer Photovoltaik-Eigenverbrauchsanlage in den meisten Fällen sinnvoll. Die Nutzung von Sondertarifen für den Bezug von Wärmepumpenstrom wird dann allerdings schwierig. Bild 5.75 zeigt die Kombination einer netzgekoppelten Photovoltaikanlage mit einer Heizungswärmepumpe und einem Batteriespeicher. Wird ein solches System in einem gut gedämmten Gebäude mit Passivhausstandard verwendet, lassen sich auch an mitteleuropäischen Standorten bis weit über die Hälfte des Stroms zur Wärmeerzeugung direkt durch die Photovoltaikanlage decken.

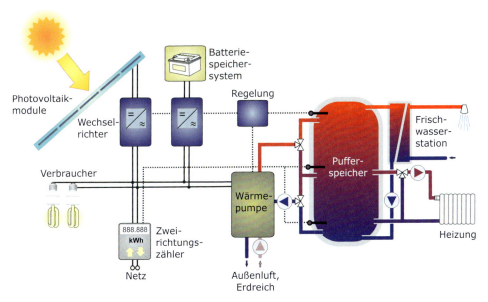

**Bild 5.75** Netzgekoppeltes Photovoltaiksystem mit Batteriespeicher und thermischer Nutzung der Überschüsse durch eine Wärmepumpe und einen Wärmespeicher

Eine weitere Variante, Überschüsse zu speichern ist die Methanisierung und die Einspeisung ins Erdgasnetz. Diese Option wird ausführlich in Kapitel 10 beschrieben. Für kleine Photovoltaiksysteme ist ein wirtschaftlicher Betrieb solcher Systeme derzeit allerdings noch nicht möglich.

## 5.10 Planung und Auslegung

### 5.10.1 Inselnetzsysteme

Bei der Planung und Auslegung von Photovoltaiksystemen unterscheiden sich Inselnetzsysteme und netzgekoppelte Systeme erheblich. Bei Inselnetzsystemen soll in diesem Abschnitt nur auf reine Photovoltaik-Batterie-Systeme eingegangen werden. Hybridsysteme mit anderen Erzeugern wie Windkraftanlagen lassen sich in der Regel nur noch mit Hilfe von Simulationsprogrammen dimensionieren.

Aus Kostengründen sollte bei Inselnetzsystemen der Speicher in der Regel nur als Tagesspeicher ausgeführt werden und lediglich einige Tage überbrücken können. Eine saisonale Speicherung vom Sommer in den Winter ist technisch zwar möglich, aber aus ökonomischen Gründen auch in Ländern mit großen Unterschieden im Jahresverlauf wie beispielsweise Deutschland nicht zu empfehlen.

**Tabelle 5.16** Monats- bzw. Jahressumme der solaren Bestrahlung $H_{G,gen,M}$ bzw. $H_{G,gen,a}$ in kWh/m² für verschiedene Standorte und Ausrichtungen

| Standort | Berlin | | Freiburg | | Madrid | | Kairo |
|---|---|---|---|---|---|---|---|
| Ausrichtung | 30° Süd | 60° Süd | 30° Süd | 60° Süd | 30° Süd | 60° Süd | 30° Süd |
| Januar | 28 | 31 | 44 | 51 | 95 | 108 | 157 |
| Februar | 49 | 52 | 61 | 64 | 105 | 111 | 163 |
| März | 87 | 86 | 103 | 102 | 169 | 164 | 200 |
| April | 117 | 106 | 131 | 117 | 171 | 149 | 204 |
| Mai | 159 | 136 | 156 | 133 | 148 | 122 | 214 |
| Juni | 151 | 127 | 162 | 133 | 206 | 162 | 214 |
| Juli | 161 | 135 | 175 | 145 | 223 | 175 | 221 |
| August | 153 | 135 | 162 | 141 | 213 | 180 | 220 |
| September | 108 | 104 | 128 | 120 | 179 | 165 | 210 |
| Oktober | 68 | 70 | 87 | 91 | 134 | 135 | 201 |
| November | 37 | 42 | 52 | 59 | 95 | 104 | 160 |
| Dezember | 21 | 25 | 38 | 45 | 81 | 92 | 146 |
| **Jahr** | **1139** | **1042** | **1296** | **1198** | **1819** | **1667** | **2310** |

Daher sollte ein photovoltaisches Inselnetzsystem auf den schlechtesten Monat des Jahres ausgelegt werden, in Deutschland typischerweise den Dezember. Hier empfiehlt sich eine deutlich steilere Anstellung als bei netzgekoppelten Systemen. Durch eine Neigung von 60 bis 70° in Richtung Süden lässt sich im Dezember die optimale Bestrahlung erzielen. Da die Versorgungssicherheit im Sommer kein Problem darstellt, sind dann Verluste durch die steile Anstellung akzeptabel.

Bild 5.76 zeigt die tages- und monatsmittlere Bestrahlungsstärke für Berlin auf der Horizontalen und der um 60° nach Süden geneigten Ebene. Vor allem an Tagen mit hohen tagesmittleren Bestrahlungsstärken lässt sich durch die 60°-Neigung ein deutlich höherer Ertrag erzielen. An schlechten Tagen sinkt der Ertrag durch die Neigung sogar leicht ab. Tabelle 5.16 zeigt die Monats- und Jahressummen für verschiedene Standorte und Neigungswinkel. Im Winter ist in Kairo im Vergleich zu Berlin nahezu die sechsfache Bestrahlung erreichbar. Photovoltaische Inselnetzsysteme können dementsprechend kleiner und wirtschaftlicher ausgelegt werden.

Der Photovoltaikgenerator ist nun so zu dimensionieren, dass er mit Hilfe der monatlichen Bestrahlung den monatlichen Elektrizitätsbedarf decken kann. Die Batterie sorgt für eine Vergleichmäßigung. Bild 5.76 zeigt, dass dabei nur wenige Tage zu überbrücken sind.

Die nötige MPP-Leistung $P_{MPP}$ der Photovoltaikmodule lässt sich näherungsweise aus der solaren Bestrahlung $H_{G,gen,M}$ im schlechtesten Monat in kWh/m² auf der geneigten Modulebene, dem Elektrizitätsbedarf $E_{Bedarf,M}$ im gleichen Monat, einem Sicherheitszuschlag $f_S$ von mindestens 50 % sowie der Performance Ratio $PR$ berechnen:

$$P_{MPP} = \frac{(1+f_S) \cdot E_{Bedarf,M}}{PR} \cdot \frac{1\,\frac{kW}{m^2}}{H_{G,gen,M}}. \quad (5.122)$$

## 5.10 Planung und Auslegung

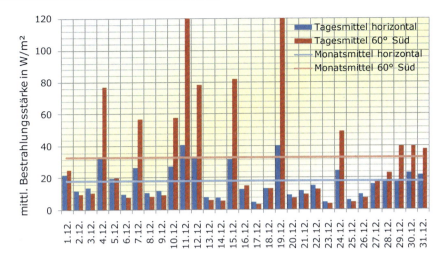

**Bild 5.76** Tages- und monatsmittlere Bestrahlungsstärke auf einer horizontalen und auf einer um 60° nach Süden ausgerichteten Fläche im Dezember in Berlin

Die Performance Ratio *PR* beschreibt die typischen Systemverluste durch Modulverschmutzung, Verschattung, Teillastbetrieb, Erwärmung sowie Leitungs- und Batterieverluste. Für unverschattete Inselanlagen liegen die Werte im schlechtesten Monat in der Größenordnung von 0,7.

Eine Bleibatterie sollte so dimensioniert werden, dass sie planmäßig nur auf die Hälfte entladen wird und über eine Zahl von Reservetagen den Bedarf komplett decken kann. Für einen sicheren Betrieb im Winter reichen in Deutschland etwa 4 bis 5 Reservetage $d_R$, in Ländern mit deutlich höherem Sonnenangebot genügen auch nur 1 bis 3. Mit der Batteriespannung $U_{Bat}$ (z.B. 12 V) berechnet sich die nötige Batteriekapazität:

$$C = \frac{2 \cdot E_{Bedarf,M}}{U_{Bat}} \cdot \frac{d_R}{31}. \qquad (5.123)$$

Eine Photovoltaikanlage soll hier als Beispiel in einem Gartenhaus eine Energiesparlampe mit 11 Watt täglich 3 Stunden auch im Winter betreiben. In einem Monat ergibt sich dann ein monatlicher Elektrizitätsbedarf von $E_{Verbrauch,M} = 31 \cdot 11\,\text{W} \cdot 3\,\text{h} = 1023\,\text{Wh}$. Mit einem Sicherheitszuschlag von 50 % = 0,5 und einer Performance Ratio von 0,7 ergibt sich bei einer Modulausrichtung nach Süden und einer Modulneigung von 60° für Berlin eine nötige MPP-Leistung von

$$P_{MPP} = \frac{(1+0,5) \cdot 1023\,\text{Wh}}{0,7} \cdot \frac{1\,\frac{\text{kW}}{\text{m}^2}}{25\,\frac{\text{kWh}}{\text{m}^2}} = 87,7\,\text{W}.$$

Bei 4 Reservetagen und einer Batteriespannung von 12 V berechnet sich die Batteriekapazität zu

$$C = \frac{2 \cdot 1023\,\text{Wh}}{12\,\text{V}} \cdot \frac{4}{31} = 22\,\text{Ah}.$$

## 5.10.2 Rein Netzgekoppelte Systeme

Während Batteriesysteme nahezu immer anhand der zu versorgenden Last ausgelegt werden, spielt bei rein netzgekoppelten Anlagen die Größe der Last praktisch keine Rolle. Es wird davon ausgegangen, dass das Netz jede erzeugte Leistung aufnehmen kann. Daher erfolgt eine Auslegung in der Regel anhand der zur Verfügung stehenden Fläche oder des Finanzrahmens.

Für eine verfügbare Fläche $A_{PV}$ zur Errichtung eines Photovoltaikgenerators lässt sich die installierbare Leistung anhand des Modulwirkungsgrades $\eta_{PV}$ (vgl. Tabelle 5.6) bestimmen:

$$P_{PV} = \eta_{PV} \cdot A_{PV} \cdot 1000 \, \frac{W}{m^2} . \tag{5.124}$$

Auf einer Dachfläche von 50 m² lässt sich mit einem Wirkungsgrad von 14 % für kristalline Siliziumsolarmodule beispielsweise eine Leistung von 7 kW$_p$ errichten.

Um einen häufigen Betrieb im Teillastbereich zu vermeiden, sollte die Nennleistung des Wechselrichters bei optimal ausgerichteten und unverschatteten Anlagen oder an Standorten mit hoher Bestrahlung gleich der Leistung der Photovoltaikmodule sein. Ansonsten kann es sogar sinnvoll sein, eine um 10 bis 30 % kleinere Wechselrichterleistung zu wählen. Auslegungsempfehlungen sind meist bei den entsprechenden Wechselrichterherstellern erhältlich. In Deutschland ist seit einiger Zeit bei kleineren EEG-Anlagen oder geförderten Batteriesystemen die zulässige Einspeiseleistung begrenzt. In dem Fall ist es sinnvoll, den Wechselrichter auf diese Leistung auszulegen.

Ist schließlich ein Wechselrichter ausgewählt, muss für einen gewünschten Photovoltaikmodultyp die optimale Zahl an Modulen ermittelt werden. Hierzu sind verschiedene Randbedingungen abzuprüfen. Zuerst darf die maximale DC-Spannung $U_{max,WR}$ des Wechselrichters durch den Photovoltaikgenerator unter keinen Umständen überschritten werden, da sonst eine Beschädigung des Wechselrichters droht. Die maximal mögliche Spannung ist die Summe der Leerlaufspannungen $U_L$ aller in Reihe geschalteten Photovoltaikmodule bei hoher Bestrahlungsstärke und niedrigen Modultemperaturen. Für die Klimabedingungen in Deutschland wird dazu meist eine Bestrahlungsstärke von 1000 W/m² und eine Modultemperatur von −10 °C unterstellt. Eine Umrechnung der in der Regel im Photovoltaikmoduldatenblatt angegebenen STC-Daten kann anhand der Formeln in Abschnitt 5.5.1 erfolgen.

Die maximale Zahl $n_{max}$ an in Reihe geschalteten Photovoltaikmodulen ergibt sich damit über

$$n_{max} = \frac{U_{max,WR}}{U_L(1000 \, \frac{W}{m^2}, -10\,°C)} . \tag{5.125}$$

Als Nächstes ist darauf zu achten, dass bei allen Betriebsbedingungen der MPP des Photovoltaikgenerators nicht den MPP-Regelbereich des Wechselrichters verlässt. Die maximale MPP-Spannung ergibt sich bei hohen Bestrahlungsstärken und niedrigen Temperaturen, die minimale MPP-Spannung bei niedrigen Bestrahlungsstärken. Bild 5.77 zeigt die unterschiedlichen Spannungsbereiche.

Schließlich ist noch die Zahl der parallelen Modulstränge zu bestimmen, die sich aus den zulässigen Strömen und Leistungen ergibt.

## 5.10 Planung und Auslegung

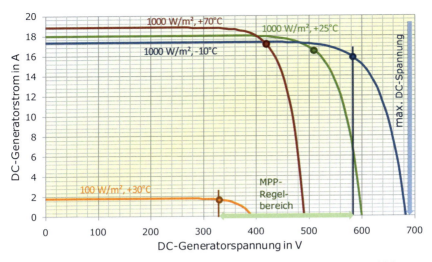

**Bild 5.77** Spannungsbereiche eines Photovoltaikgenerators und eines Wechselrichters

Ist der Photovoltaikgenerator geplant sowie die Leistung und Fläche definiert, erfolgt in der Regel als nächster Schritt eine Ertragsprognose. Der ideale Energieertrag $E_{ideal}$ einer Photovoltaikanlage bestimmt sich aus der Photovoltaikfläche $A_{PV}$, dem Photovoltaikwirkungsgrad $\eta_{PV}$ und der solaren Bestrahlung $H_{G,gen}$ in Modulebene:

$$E_{ideal} = A_{PV} \cdot \eta_{PV} \cdot H_{G,gen} = \frac{P_{PV} \cdot H_{G,gen}}{1000 \frac{W}{m^2}}. \tag{5.126}$$

Bei einem Modulwirkungsgrad $\eta_{PV}$ von 10 % und einer solaren Bestrahlung $H_{G,gen}$ von 1100 kWh/(m² a) auf einer um 30° nach Süden geneigten 50 m² großen Fläche lässt sich eine Photovoltaikanlage mit der Leistung 5 kW$_p$ errichten, deren jährlicher idealer Energieertrag 5500 kWh/a beträgt.

Tatsächlich ist der Energieertrag einer Photovoltaikanlage deutlich niedriger, da in der Praxis folgende Effekte für Leistungsverluste sorgen:

- Wirkungsgradabnahme durch Modulerwärmung,
- Wirkungsgradabnahme im Teillastbetrieb,
- Minderertrag der Realleistung gegenüber den Typenschildangaben,
- Mismatch-Verluste durch Zusammenschaltung ungleicher Module und Zellen,
- Reflexionsverluste bei schräg einfallendem Sonnenlicht,
- Wirkungsgradänderungen bei anderen spektralen Zusammensetzungen,
- Verluste durch Verschmutzung und Schnee,
- Verluste durch Verschattung,
- Leitungs- und Diodenverluste,
- MPP-Anpassungsfehler des MPP-Trackers,
- Spannungswandlungsverluste und Eigenbedarf des Wechselrichters,
- Modul- und Wechselrichterausfälle.

Der Zusammenhang zwischen realem und idealem Energieertrag lässt sich mit Hilfe der sogenannten **Performance Ratio** *PR* beschreiben:

$$E_{real} = PR \cdot E_{ideal}.$$ (5.127)

Für durchschnittliche Anlagen beträgt die Performance Ratio *PR* = 0,75. Dieser Wert kann auch zur Berechnung als Mittelwert bei der Auslegung einer Neuanlage verwendet werden. Sehr gute Anlagen erreichen Werte von über 0,8. Die Performance Ratio von schlechten Anlagen kann aber auch unter 0,6 liegen. In diesem Fall spielen Wechselrichterausfälle oder Abschattungen über längere Zeiträume eine entscheidende Rolle.

Die Änderung der jährlichen Bestrahlung hat einen relativ geringen Einfluss auf die Performance Ratio. Somit stellt der PR-Wert auch ein Gütekriterium für bereits realisierte Photovoltaikanlagen dar. Der reale Ertrag $E_{real}$ ergibt sich aus dem Zählerstand an der Photovoltaikanlage. Für die Bestimmung des idealen Ertrags $E_{ideal}$ muss entweder die jährliche Bestrahlung auf den Photovoltaikgenerator gemessen oder horizontale Messwerte in räumlicher Nähe der Photovoltaikanlage müssen auf die Modulebene umgerechnet werden.

Liefert beispielsweise die 5-kW$_p$-Photovoltaikanlage aus dem obigen Beispiel einen realen jährlichen Ertrag von 4500 kWh/a, beträgt die Performance Ratio 81,1 %. Damit liefert die Anlage nahezu optimale Betriebsergebnisse.

Neben der Performance Ratio *PR* liefert der spezifische Ertrag $Y_F$ weitere Aussagen zur Anlage. Er ergibt sich aus dem Verhältnis des realen Ertrags $E_{real}$ und der Photovoltaiknennleistung $P_{PV}$:

$$Y_F = \frac{E_{real}}{P_{PV}}.$$ (5.128)

Der spezifische Ertrag ist nun stark standortabhängig und lässt sich zum Standortvergleich ähnlicher Anlagen verwenden. Er entspricht den bei anderen Technologien üblichen Angaben der Volllaststunden. Für das obige Beispiel beträgt der spezifische Ertrag

$$Y_F = \frac{4500\,\frac{kWh}{a}}{5\,kW_p} = 900\,\frac{\frac{kWh}{a}}{kW_p} = 900\,\frac{h}{a}.$$

Würde die gleiche Anlage an einem Standort in Nordafrika bei einer Bestrahlung von 2200 kWh/(m² a) einen Ertrag von 9000 kWh/a erzielen, wäre die Performance Ratio unverändert bei 81,8 %. Der spezifische Ertrag steigt hingegen auf 1800 h/a.

Die hier durchgeführten Auslegungen und Ertragsberechnungen erlauben nur überschlägige Aussagen. Für detailliertere Angaben empfiehlt es sich, auf professionelle Auslegungs- und Simulationsprogramme zurückzugreifen. Die DVD zum Buch enthält eine Auswahl entsprechender Softwarewerkzeuge.

### 5.10.3 Eigenverbrauchssysteme

#### 5.10.3.1 Eigenverbrauchssysteme ohne Speicher

Während in der Vergangenheit in vielen Ländern vor allem rein netzgekoppelte Photovoltaiksysteme installiert wurden, werden künftig Eigenverbrauchssysteme dominieren. Diese sind finanziell attraktiv, wenn die Erzeugungskosten der Photovoltaikanlage unter

## 5.10 Planung und Auslegung

den Strombezugskosten liegen, also die sogenannte **Grid-Parity** vorhanden ist. Teile des eigenen Bedarfs lassen sich dann mit selbst erzeugtem Solarstrom preiswerter decken, als der Strom bei einem Energieversorger kostet. In Deutschland wurde im Haushaltskundenbereich die Grid-Parity bereits im Jahr 2012 erreicht (vgl. auch Kapitel 11). In vielen anderen Ländern ist diese inzwischen auch eingetreten oder steht diese kurz bevor. Kleine Eigenverbrauchssysteme sind dann auch ohne jegliche Einspeisevergütung attraktiv, wenn deren Errichtung nicht durch Verbote oder Sonderabgaben erschwert oder verhindert wird. Voraussetzung ist dabei aber, dass der erzeugte Solarstrom auch weitgehend selbst verbraucht werden kann, ohne dabei zu große Überschüsse zu erzeugen. Da in Haushalten der Bedarf und damit der Lastgang stark schwanken (Bild 5.78), ist hier ein sofortiger vollständiger Eigenverbrauch ohne zusätzliche Speicher nur bei extrem kleinen Anlagen möglich.

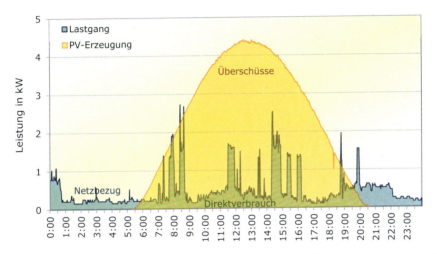

**Bild 5.78** Typischer Lastgang eines Einfamilienhauses in Deutschland an einem sonnigen Frühjahrswochenende in minütiger Auflösung und Erzeugung eines 5-kW$_p$-Photovoltaiksystems

Bild 5.79 zeigt die Energieflüsse beziehungsweise Leistungen einer Photovoltaikanlage ohne Speicher. Die von der Anlage abgegebene Leistung $P_{PV}$ teilt sich in den Eigenverbrauch $P_{Eigen}$ und die Netzeinspeisung $P_{Ein}$ auf. Gesetzliche Bestimmungen können erfordern, dass ein Teil der Photovoltaikleistung ungenutzt abgeregelt wird. Die Leistung $P_{Abregelung}$ kann dann nicht mehr zum Photovoltaikertrag beitragen. Eine messtechnische Erfassung der abgeregelten Leistung ist nicht möglich. Sie lässt sich nur theoretisch anhand der vorhandenen Bestrahlungsstärke bestimmen. Der Verbrauch $P_{Verbrauch}$ setzt sich aus dem Netzbezug $P_{Bezug}$ und der direkt genutzten Photovoltaikleistung $P_{Direkt}$ zusammen, die bei einem System ohne Batteriespeicher dem Eigenverbrauch $P_{Eigen}$ entspricht.

Für die Wirtschaftlichkeit einer Photovoltaikanlage ist der sogenannte Eigenverbrauchsanteil von zunehmender Bedeutung, da die Netzeinspeisung inzwischen meist schlechter vergütet wird als Einsparungen durch den Eigenverbrauch möglich sind. Der **Eigenverbrauchsanteil** $e$ lässt sich berechnen, indem zeitgleich die jeweils über ein bestimmtes Zeitintervall $\Delta t$ gemittelte Erzeugung der Photovoltaikanlage $\overline{P}_{PV}$ und die Netzeinspeisung $\overline{P}_{Ein}$ über den untersuchten Zeitraum aufsummiert werden:

$$e = \frac{\sum \overline{P}_{PV} \cdot \Delta t - \sum \overline{P}_{Ein} \cdot \Delta t}{\sum \overline{P}_{PV} \cdot \Delta t} = \frac{\sum \min(\overline{P}_{PV}; \overline{P}_{Verbrauch}) \cdot \Delta t}{\sum \overline{P}_{PV} \cdot \Delta t} = \frac{\sum \overline{P}_{Eigen} \cdot \Delta t}{\sum \overline{P}_{PV} \cdot \Delta t}. \quad (5.129)$$

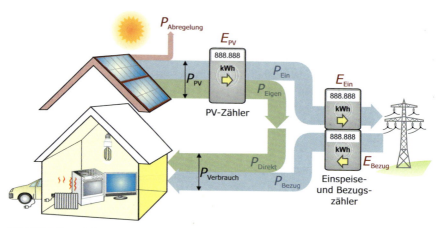

**Bild 5.79** Energieflüsse bei einem netzgekoppelten photovoltaischen Eigenverbrauchssystem ohne Batteriespeicher

Wird das Zeitintervall $\Delta t$ zu groß gewählt, kann es dazu kommen, dass sich Leistungsspitzen herausmitteln und der Eigenverbrauchsanteil dadurch zu hoch ausfällt. Für eine möglichst genaue Ermittlung des Eigenverbrauchsanteils sollte die Länge des Zeitintervalls maximal 15 Minuten betragen, wobei Minutenintervalle vorzuziehen sind.

Für die Optimierung der Wirtschaftlichkeit liefert der Eigenverbrauchsanteil nur bedingt brauchbare Aussagen. Kleinere Anlagen sowie ungünstig ausgerichtete oder stark verschattete Anlagen erreichen generell einen größeren Eigenverbrauchsanteil, da die abgegebene Photovoltaikleistung sinkt. Das muss dann aber durch einen größeren Netzbezug wieder ausgeglichen werden, was für zusätzliche Kosten sorgt.

Soll der Eigenverbrauchsanteil messtechnisch bestimmt werden, sind dafür zwei Zähler erforderlich. Werden der Energieertrag der Photovoltaikanlage $E_{PV}$ sowie die ins Netz eingespeiste elektrische Energie $E_{Ein}$ gemessen, lässt sich daraus der Eigenverbrauchsanteil ermitteln:

$$e = \frac{E_{PV} - E_{Ein}}{E_{PV}}. \quad (5.130)$$

Mit zunehmender Größe der Photovoltaikanlage sinkt der mögliche Eigenverbrauchsanteil. Ohne Speicher lassen sich nur mit verhältnismäßig kleinen Photovoltaikanlagen hohe Eigenverbrauchsanteile erzielen, wie Bild 5.80 zeigt. In diesem und allen folgenden Bildern wurde ein optimal ausgerichtetes und unverschattetes Photovoltaiksystem mit einem jährlichen spezifischen Ertrag von 1024 kWh/kW$_p$ untersucht. Selbst bei einem hohen Jahresstromverbrauch von 6000 kWh/a ist mit einer 1-kW$_p$-Photovoltaikanlage in Deutschland nur ein Eigenverbrauchsanteil von 76 % möglich. Hier würden immer noch 24 % Überschüsse anfallen, die nicht gleichzeitig mit der Erzeugung im Haushalt verbraucht werden können. Eine solche Anlage lässt sich auch vollkommen ohne Vergütung für die Netzeinspeisung wirtschaftlich betreiben, sobald die Kosten für den selbsterzeug-

## 5.10 Planung und Auslegung

ten Solarstrom 24 % unter den Netzbezugskosten liegen und keine weiteren Abgaben anfallen. Bei größeren Photovoltaikanlagen oder kleineren Haushalten mit geringerem Verbrauch muss der Abstand zu den Netzbezugskosten entsprechend größer ausfallen. Eine 10-kW$_p$-Photovoltaikanlage würde im obigen Fall nur noch einen Eigenverbrauchsanteil von 20 % erreichen. Ohne eine entsprechende Einspeisevergütung ist ein wirtschaftlicher Betrieb dann kaum mehr möglich.

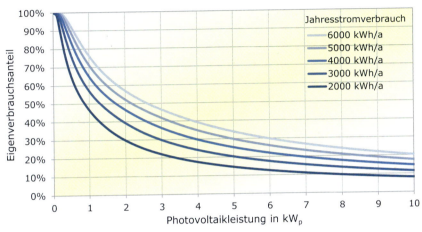

**Bild 5.80** Typische jahresmittlere Eigenverbrauchsanteile bei Einfamilienhäusern in Deutschland in Abhängigkeit der installierten Photovoltaikleistung und des Jahresstromverbrauchs bei einem jährlichen spezifischen Photovoltaikertrag von 1024 kWh/kW$_p$ (Daten: [Wen13a])

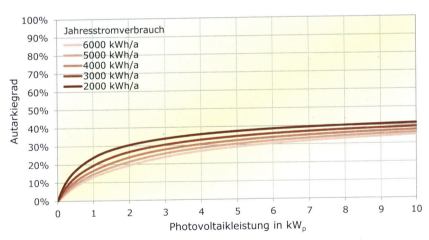

**Bild 5.81** Typische jahresmittlere Autarkiegrade bei Einfamilienhäusern in Deutschland in Abhängigkeit der installierten Photovoltaikleistung und des Jahresstromverbrauchs (Daten: [Wen13a])

Bei vielen Nutzern gibt es zunehmend auch das Bestreben, einen möglichst großen Anteil des Strombedarfs durch ein Eigenverbrauchssystem selbst zu erzeugen und damit unabhängiger vom Netzbezug zu werden. Die Bewertungsgröße hierfür ist der sogenannte Autarkiegrad. Er entspricht weitgehend der von solarthermischen Systemen her bekannten solaren Deckungsgrad.

Der **Autarkiegrad** $a$ lässt sich bestimmen, indem zeitgleich der jeweils über ein bestimmtes Zeitintervall $\Delta t$ gemittelte Gesamtverbrauch $\overline{P}_{\text{Verbrauch}}$ und der Netzbezug $\overline{P}_{\text{Bezug}}$ aufsummiert werden:

$$a = \frac{\sum \overline{P}_{\text{Verbrauch}} \cdot \Delta t - \sum \overline{P}_{\text{Bezug}} \cdot \Delta t}{\sum \overline{P}_{\text{Verbrauch}} \cdot \Delta t} = \frac{\sum \min(\overline{P}_{\text{PV}}; \overline{P}_{\text{Verbrauch}}) \cdot \Delta t}{\sum \overline{P}_{\text{Verbrauch}} \cdot \Delta t} = \frac{\sum \overline{P}_{\text{Eigen}} \cdot \Delta t}{\sum \overline{P}_{\text{Verbrauch}} \cdot \Delta t}. \quad (5.131)$$

Bei einem Autarkiegrad von 100 % gibt es keinen Netzbezug mehr und das Photovoltaiksystem kann den gesamten Verbrauch in Form von Eigenverbrauch decken. In der Praxis ist aber eine vollständige Autarkie in Mitteleuropa nur mit großem Aufwand zu erreichen. Ohne Batteriespeicher liegt der Autarkiegrad bei einem Einfamilienhaushalt mit einem Jahresstromverbrauch von 6000 kWh/a selbst bei einem 10-kW$_p$-Photovoltaiksystem nur bei rund 35 %. Sinkt der Jahresstromverbrauch, steigt der Autarkiegrad leicht an (Bild 5.81).

Mit Hilfe eines PV-Ertragszählers sowie eines Einspeise- und Bezugszählers lässt sich der Autarkiegrad auch anhand gemessener Energieerträge bestimmen (vgl. auch Bild 5.79):

$$a = \frac{E_{\text{PV}} - E_{\text{Ein}}}{E_{\text{PV}} - E_{\text{Ein}} + E_{\text{Bezug}}}. \quad (5.132)$$

Je nach Lastprofil können auch bei gleichem Jahresstromverbrauch die Eigenverbrauchsanteile und Autarkiegrade von den obigen Angaben um wenige Prozentpunkte abweichen [Tja14]. Höhere Autarkiegrade lassen sich bei Haushalten erreichen, die tagsüber einen hohen Verbrauch haben.

Bei Industrie- und Gewerbebetrieben sind die möglichen Eigenverbrauchsanteile oftmals größer, da dort die Stromabnahme gleichmäßiger verläuft. Eine Abschätzung des erzielbaren Eigenverbrauchsanteils kann über sogenannte Standardlastprofile erfolgen, die für verschiedene Verbrauchertypen Aussagen ermöglichen.

Dabei wird zwischen den folgenden **Standardlastprofilen** unterschieden, die von den Verteilnetzbetreibern in 15-minütiger Auflösung angegeben werden:

- G0: Gewerbe allgemein,
- G1: Gewerbe werktags 8 bis 18 Uhr,
- G2: Gewerbe mit starkem bis überwiegendem Verbrauch in den Abendstunden,
- G3: Gewerbe durchlaufend,
- G4: Laden/Frisör,
- G5: Bäckerei mit Backstube,
- G6: Wochenendbetrieb,
- L0: Landwirtschaftsbetriebe,
- L1: Landwirtschaftsbetriebe mit Milchwirtschaft/Nebenerwerbs-Tierzucht,
- L2: Übrige Landwirtschaftsbetriebe,
- H0: Haushalt.

Bild 5.82 stellt die Photovoltaikerzeugung an einem schönen Frühjahrswerktag dem Leistungsbedarf eines typischen Gewerbebetriebs mit dem Standardlastprofil G0 gegenüber. Bei richtiger Auslegung der Photovoltaikanlage sind hier sehr hohe Eigenverbrauchsanteile möglich, da an Tagen mit schlechteren Strahlungsbedingungen die Erzeugungskurve der Photovoltaikanlage vollständig unterhalb des Bedarfs liegen kann.

## 5.10 Planung und Auslegung

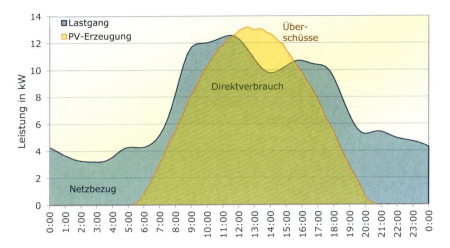

**Bild 5.82** Typischer Lastgang eines Gewerbebetriebs (Standardlastprofil G0) mit einem Jahreselektrizitätsverbrauch von 60 000 kWh/a an einem Frühjahrswerktag in 15-minütiger Auflösung und Erzeugung eines 15-kW$_p$-Photovoltaiksystems in Deutschland

### 5.10.3.2 Eigenverbrauchssysteme mit Batteriespeicher

Auch bei geringeren Eigenverbrauchsanteilen ist ein wirtschaftlicher Betrieb von Photovoltaikanlagen möglich, wenn die Überschüsse anderweitig genutzt werden können. Hierfür gibt es verschiedene Optionen. In der Regel entscheiden dann wirtschaftliche Aspekte über die Art der Nutzung.

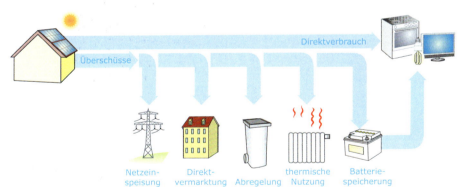

**Bild 5.83** Optionen für die Nutzung von nicht genutzter Überschüsse einer Photovoltaikanlage

Solange es eine attraktive Einspeisevergütung gibt, ist eine Netzeinspeisung der Überschüsse sinnvoll. In vielen Ländern sind die Bedingungen entweder schlechter als in Deutschland oder die Einspeisung ist sogar überhaupt nicht erlaubt. Auch in Deutschland verschlechtern sich die Bedingungen für die Netzeinspeisung rapide.

Ist eine Einspeisung nicht zulässig, muss bei Überschüssen die Photovoltaikanlage abgeregelt werden. Technisch ist dies problemlos möglich, indem der MPP-Tracker die Photovoltaikanlage durch eine Verstellung der Spannung in einen ungünstigeren Arbeitspunkt fährt, bei dem diese nur noch die gewünschte reduzierte Leistung abgibt. Bevor eine

Photovoltaikanlage abgeregelt wird und eine mögliche Stromerzeugung unterbleibt, sollte nach anderen Abnehmern gesucht werden (Bild 5.83).

Auch wenn die Einspeiseleistung begrenzt wird, kann es zu Abregelverlusten kommen. Durch den Einsatz einer Batterie lassen sich generell die Abregelverluste reduzieren sowie der Eigenverbrauchsanteil und der Autarkiegrad erhöhen. Bild 5.84 zeigt die Abregelverluste in Abhängigkeit der spezifischen Abregelleistung und der Batteriegröße. Wird eine Photovoltaikanlage ohne Speicher bei 70 % der DC-Nennleistung abgeregelt, betragen die jährlichen Abregelverluste 3 %. Bei einer Abregelung auf 50 % steigen die Verluste auf 14 % an. Wird eine Batterie mit einer nutzbaren Speicherkapazität von 1 kWh je kWp installierter Photovoltaikleistung hinzugefügt, lassen sich die Abregelverluste auf rund 1 % reduzieren. Die Abregelverluste lassen sich auch verringern, wenn die Einspeiseleistung durch Eigenverbrauch von Solarstrom reduziert wird. Durch eine Begrenzung der Einspeiseleistung lassen sich mehr Photovoltaiksysteme in schwachen Netzen installieren. Somit bieten Batteriesysteme nicht nur Vorteile für den Anlagenbetreiber, sondern können auch spürbar zur Netzentlastung und zu einem schnellen Ausbau erneuerbarer Energien beitragen.

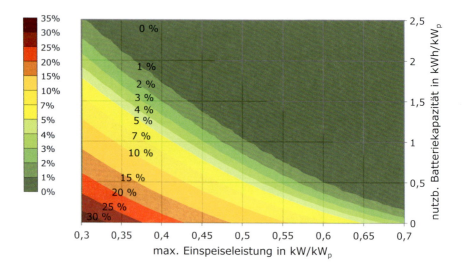

**Bild 5.84** Typische jährliche Abregelverluste von Photovoltaikanlagen in Einfamilienhäusern in Abhängigkeit der Leistungsbegrenzung und der Batteriegröße (Daten: [Wen13b])

Bild 5.85 zeigt den Lastgang eines Einfamilienhauses mit Batteriespeicher. Bei einer eigenverbrauchsoptimierten Betriebsweise wird die Batterie morgens voll geladen. Ist der maximale Füllstand erreicht, speist das Photovoltaiksystem wieder mit voller Leistung ins Netz. Reicht die Leistung der Photovoltaikanlage nicht mehr aus, um den Verbrauch zu decken, wird die benötigte Leistung von der Batterie bereitgestellt. Ist die Batterie vollständig entladen, kommt die benötigte Leistung wieder aus dem Netz.

## 5.10 Planung und Auslegung

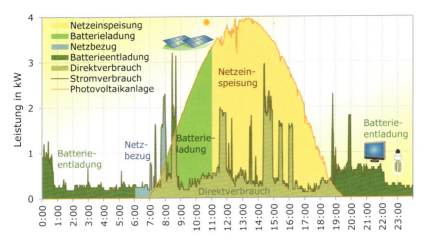

**Bild 5.85** Typischer Lastgang eines Einfamilienhauses in Deutschland an einem sonnigen Frühjahrswochenende in minütiger Auflösung und Erzeugung eines 5-kW$_p$-Photovoltaiksystems mit einem 5-kWh-Batteriesystem bei eigenverbrauchsoptimierter Betriebsweise

Prinzipiell lässt sich ein Batteriesystem auch netzentlastend einsetzen (Bild 5.86). Hierbei wird das Batteriesystem erst geladen, wenn das Photovoltaiksystem eine hohe Leistung liefert. Damit lässt sich die in das Netz eingespeiste Leistung durch die Batterie reduzieren, ohne dabei auf die Vorteile des Batteriesystems verzichten zu müssen. Für einen optimalen Einsatz ist für diese Betriebsweise jedoch eine sehr gute Prognose des zu erwartenden Solarertrags und des Verbrauchs erforderlich. Bei Abweichungen von der Prognose kann es vorkommen, dass die Batterie nicht mehr vollständig geladen werden kann und dadurch der Autarkiegrad und der Eigenverbrauchsanteil geringfügig sinken.

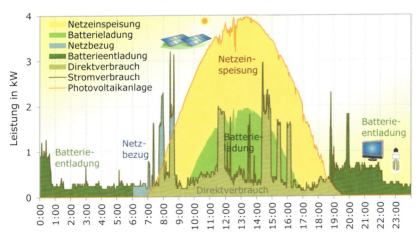

**Bild 5.86** Typischer Lastgang eines Einfamilienhauses in Deutschland an einem sonnigen Frühjahrswochenende in minütiger Auflösung und Erzeugung eines 5-kW$_p$-Photovoltaiksystems mit einem 5-kWh-Batteriesystem bei netzoptimierter Betriebsweise

Bild 5.87 zeigt analog zu Bild 5.79 die Energieflüsse bei einem Eigenverbrauchssystem mit Batteriespeicher. Leistung $P_{PV}$ teilt sich wieder in den Eigenverbrauch $P_{Eigen}$ und die Netzeinspeisung $P_{Ein}$ auf. Der Eigenverbrauch setzt sich wiederum aus der direkt genutzten Photovoltaikleistung $P_{Direkt}$ und der Batterieladung $P_{Bat,Laden}$ zusammen. Der Verbrauch $P_{Verbrauch}$ wird nun neben dem Netzbezug $P_{Bezug}$ und der direkt genutzten Photovoltaikleistung $P_{Direkt}$ auch von der Batterieentladeleistung $P_{Bat,Entladen}$ gespeist.

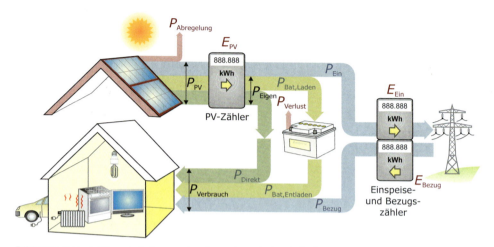

**Bild 5.87** Energieflüsse bei einem netzgekoppelten photovoltaischen Eigenverbrauchssystem mit Batteriespeicher ohne Netzrückspeisung

Der Eigenverbrauchsanteil lässt sich nun über

$$e = \frac{\sum \overline{P}_{Eigen} \cdot \Delta t}{\sum \overline{P}_{PV} \cdot \Delta t} = \frac{\sum \overline{P}_{Direkt} \cdot \Delta t + \sum \overline{P}_{Bat,Laden} \cdot \Delta t}{\sum \overline{P}_{PV} \cdot \Delta t} = \frac{\sum \overline{P}_{PV} \cdot \Delta t - \sum \overline{P}_{Ein} \cdot \Delta t}{\sum \overline{P}_{PV} \cdot \Delta t} \quad (5.133)$$

bestimmen. Für den Autarkiegrad gilt:

$$a = \frac{\sum \overline{P}_{Verbrauch} \cdot \Delta t - \sum \overline{P}_{Bezug} \cdot \Delta t}{\sum \overline{P}_{Verbrauch} \cdot \Delta t} = \frac{\sum \overline{P}_{Direkt} \cdot \Delta t + \sum \overline{P}_{Bat,Entladen} \cdot \Delta t}{\sum \overline{P}_{Verbrauch} \cdot \Delta t}. \quad (5.134)$$

Anhand der Zählerstände lässt sich der Eigenverbrauchsanteil analog zu einem System ohne Batteriespeicher ermitteln. Für den Autarkiegrad ist jedoch zusätzlich ein Zähler für die Batterieladung $E_{Bat,Laden}$ und die Batterieentladung $E_{Bat,Entladen}$ erforderlich:

$$a = \frac{E_{PV} - E_{Ein} - E_{Bat,Laden} + E_{Bat,Entladen}}{E_{PV} - E_{Ein} - E_{Bat,Laden} + E_{Bat,Entladen} + E_{Bezug}}. \quad (5.135)$$

Die nötigen Messwerte können prinzipiell auch von der Batteriesteuerung geliefert werden. Die Differenz von der Batterieladung und –entladung ergibt die Batterieverluste. Der hier definierte Eigenverbrauchsanteil steigt mit zunehmenden Batterieverlusten an, der Autarkiegrad nimmt ab.

Bild 5.88 zeigen Bild 5.89 die Eigenverbrauchsanteile und Autarkiegrade für typische photovoltaische Eigenverbrauchssysteme in Einfamilienhäusern mit Batteriespeicher bei einem Jahresstromverbrauch von 4000 kWh/a und einem jährlichen spezifischen Photovoltaikertrag von 1024 kWh/kW$_p$. Bei nutzbaren Batteriegrößen oberhalb von 4 kWh nehmen die erzielbaren Verbesserungen ab, da sich größere Batterie nachts nicht mehr vollständig entladen lassen.

## 5.10 Planung und Auslegung

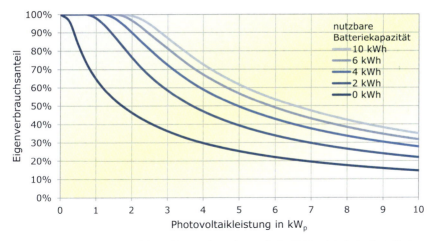

**Bild 5.88** Typische jahresmittlere Eigenverbrauchsanteile in Abhängigkeit der installierten Photovoltaikleistung und der Batteriespeicherkapazität in Deutschland bei einem Einfamilienhaus mit einem Jahresstromverbrauch von 4000 kWh/a (Daten: [Wen13b])

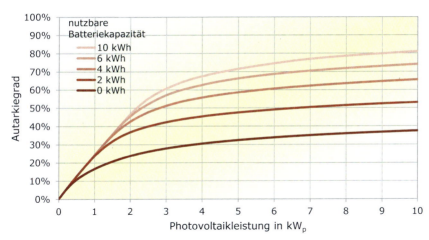

**Bild 5.89** Typische jahresmittlere Autarkiegrade in Abhängigkeit der installierten Photovoltaikleistung und der Batteriespeicherkapazität in Deutschland bei einem Einfamilienhaus mit einem Jahresstromverbrauch von 4000 kWh/a (Daten: [Wen13b])

Bild 5.90 zeigt eine analoge Darstellung mit normierten Werten. Dabei sind die installierte Photovoltaikleistung und die nutzbare Batteriekapazität jeweils auf den Jahresstromverbrauch bezogen. Damit lassen sich aus dem Bild Eigenverbrauchsanteile und Autarkiegrade für Einfamilienhäuser für beliebige Stromverbräuche ermitteln.

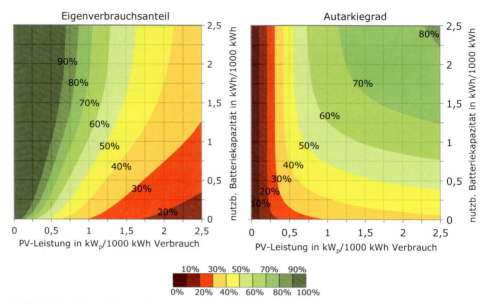

**Bild 5.90** Erzielbare Eigenverbrauchsanteile und Autarkiegrade von photovoltaischen Eigenverbrauchsanlagen in Einfamilienhäusern mit Batteriespeicher [Wen13b]

Eine weitere Option, den Eigenverbrauch zu erhöhen, ist die thermische Nutzung der Überschüsse (vgl. Bild 5.74). Wird ein Photovoltaiksystem mit einer Batterie mit einer nutzbaren Speicherkapazität von 5 kWh mit einem 800-Liter-Trinkwasser-Pufferspeicher kombiniert, lassen sich bei einer installierten Photovoltaikleistung von 4 bis 5 kW$_p$ Eigenverbrauchsanteile zwischen 90 und 100 % erreichen. Rund 30 % der Solarenergie würden in diesem Fall thermisch genutzt.

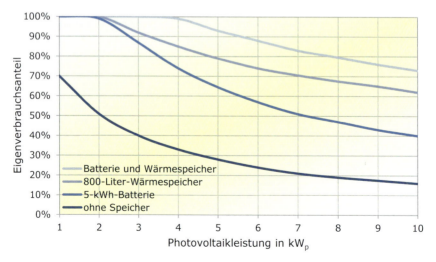

**Bild 5.91** Typische jahresmittlere Eigenverbrauchsanteile unterschiedlicher Eigenverbrauchssysteme in Abhängigkeit der installierten Photovoltaikleistung in Deutschland bei einem Einfamilienhaus mit einem Jahresstromverbrauch von 4700 kWh/a (Daten: [Qua12])

## 5.10 Planung und Auslegung

Die jeweiligen Anteile können aber je nach Verbrauch und Anlagenkonfiguration erheblich variieren. Für Industrie- und Gewerbeverbraucher ist eine Abschätzung der Eigenverbrauchsanteile noch erheblich komplexer. Eine detaillierte Auslegung kann nur anhand guter Verbrauchsprofile mit Hilfe eines Simulationsprogramms erfolgen. Die Simulationsschrittweite sollte dabei möglichst im Minutenbereich oder zumindest im 15-Minutenbereich, wie bei den gegebenen Standardlastprofilen liegen, um die Zeitgleichheit von Erzeugung und Verbrauch korrekt berechnen zu können. Auch ohne Simulation können die Werte aus diesem Kapitel zumindest als Anhaltspunkt für eine Systemauslegung dienen.

Zukünftig werden photovoltaische Batteriesysteme auch weitere Aufgaben der Netzstützung übernehmen müssen. Dazu kann die Batterie bei Versorgungsengpässen in das Netz rückspeisen und große Leistungsüberschüsse im Netz zum Beispiel durch hohe Einspeisungen von Windkraftanlagen abpuffern. Bild 5.92 zeigt prinzipiell die Energieflüsse eines Batteriesystems mit Netzrückspeisung. Derzeit fehlen dazu allerdings für eine derartige Betriebsweise noch die nötigen ökonomischen und regulatorischen Voraussetzungen.

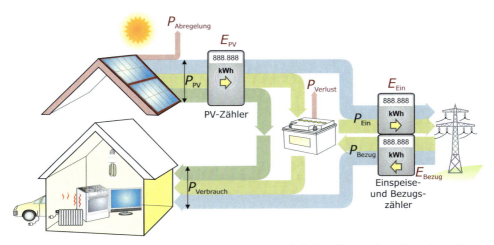

**Bild 5.92** Energieflüsse bei einem netzgekoppelten photovoltaischen Eigenverbrauchssystem mit Batteriespeicher mit Netzrückspeisung

# 6 Windkraft

## 6.1 Einleitung

Die Windenergie ist im Gegensatz zu der bisher erläuterten direkten Sonnenenergie eine indirekte Art der Sonnenenergie. Durch den Einfluss der Sonne kommt es zu Temperaturunterschieden auf der Erde, wodurch der Wind entsteht. Dieser kann dann technisch genutzt werden. Der Wind erreicht deutlich höhere Leistungsdichten als die eintreffende Sonnenenergie. Im Gegensatz zur maximalen solaren Bestrahlungsstärke von etwa 1 kW/m² auf der Erde werden beim Wind bei einem schweren Sturm **Leistungsdichten** von 10 kW/m² und bei Orkanstärke sogar bis über 25 kW/m² erreicht. Tornados und Hurricans kommen sogar auf über 100 kW/m². Ein durchschnittlicher Wind mit einer Geschwindigkeit von 5 m/s verfügt hingegen nur über eine geringe Leistungsdichte von 0,075 kW/m².

Die **Geschichte der Windkraft** reicht viele Jahrhunderte zurück. Bereits vor über 3000 Jahren soll die Windkraft zur Bewässerung genutzt worden sein. Historische Quellen belegen, dass sie in Afghanistan im 7. Jahrhundert n. Chr. zum Getreidemahlen eingesetzt wurde. Diese Windmühlen nutzten das Widerstandsprinzip, waren aus heutiger Sicht sehr einfache Konstruktionen und hatten einen schlechten Wirkungsgrad. In Europa erlangte die Windkraft ab dem 12. Jahrhundert Bedeutung. Die Windmühlen wurden über die Jahrhunderte kontinuierlich weiterentwickelt. In Holland waren im 17. und 18. Jahrhundert Zehntausende zur Polderentwässerung eingesetzt. Sie verfügten über einen hohen technischen Stand und konnten sich sogar selbstständig dem Wind nachführen. In Nordamerika verwendete man im 19. Jahrhundert zahllose „Westernmills" zum Pumpen. Anfang des 20. Jahrhunderts bekam die Windkraft durch das Aufkommen der Dampfkraftmaschinen und Verbrennungsmotoren starke Konkurrenz, und mit der Elektrifizierung wurde sie dann völlig bedeutungslos. Erst mit den Ölkrisen der 1970er-Jahre erlebte sie eine Renaissance. Im Gegensatz zu den vorangegangenen Jahrhunderten wird sie heute fast ausschließlich zur Gewinnung von Elektrizität genutzt. In Deutschland hat sich heute eine florierende Windkraftindustrie etabliert. Die neu produzierten Anlagen verfügen über ein hohes technisches Niveau mit Leistungsklassen von bis über 5 MW. Im Jahr 2011 hat die deutsche Windkraftindustrie bereits mehr als 100 000 Arbeitsplätze geschaffen und der jährliche Gesamtumsatz liegt heute bei rund 10 Mrd. Euro.

Die Windkraft wird zur Deckung unseres zukünftigen Energiebedarfs einen großen Teil beitragen. Durch das **deutsche Stromeinspeisegesetz** aus dem Jahr 1991 und das **Erneuerbare-Energien-Gesetz** (EEG) aus dem Jahr 2000 wurden in Deutschland Rahmenbedingungen geschaffen, welche die Windkraft zu konventionellen Energieträgern konkurrenzfähig machten. Seit 2009 existieren auch für Offshore-Windkraftanlagen in Deutschland sehr gute finanzielle Bedingungen. Gemeinsam mit der Photovoltaik besitzt die Windkraft in Deutschland bei den regenerativen Energiequellen das mit Abstand größte Potenzial zur Stromerzeugung. Bei einem Mindestabstand der Windkraftanlagen zu Wohngebieten von 600 m ließen sich in Deutschland theoretisch Windkraftanlagen mit einer Leistung von 1290 GW installieren [UBA13]. Diese könnten mit 2900 TWh pro Jahr mehr als das Vierfache des heutigen Elektrizitätsbedarfs bereitstellen.

Die Windenergie ist heute in Deutschland auch ein Beispiel für die Entwicklung einer künftigen Energiepolitik geworden. Einige Energieversorgungsunternehmen fürchten die Konkurrenz und fordern eine Abschaffung der gesetzlichen Rahmenbedingungen. Auch Argumente wie Landschaftsschutz, Lärmbelästigung oder ein störender Schattenwurf werden gegen die Windkraftanlagen vorgebracht. Sicherlich sind einige Kritikpunkte berechtigt, doch wenn ausgerechnet Umweltschutzgründe als Hauptargumente gegen die Windkraft vorgebracht werden, sollte dies Zweifel hervorrufen. Gewiss verändern Windkraftanlagen das Bild einer unberührten Küstenlandschaft. Wird andererseits weiterhin auf fossile Energieträger gesetzt, kann es sein, dass in einigen Jahrzehnten gerade die Küstenlandschaften, deren Bild heute angeblich von Windkraftanlagen beeinträchtigt wird, infolge des Treibhauseffektes überhaupt nicht mehr existieren.

## 6.2 Dargebot von Windenergie

### 6.2.1 Entstehung des Windes

Für die Entstehung des Windes ist auch die Sonne verantwortlich. Ständig erreichen uns gigantische Mengen an solarer Strahlungsenergie. Damit sich die Erde nicht kontinuierlich erwärmt und dadurch letztendlich verglüht, muss sie die eintreffende Sonnenenergie wieder ins Weltall abstrahlen. Am Äquator trifft jedoch mehr Sonnenenergie ein als die Erde in das All zurückstrahlt. Der Weg des Sonnenlichts zu den Polen ist länger als zum Äquator. Darum ist an den Polen die Situation genau umgekehrt. Die hier eintreffende Solarstrahlung ist deutlich geringer und es wird mehr Energie ins Weltall abgestrahlt als von der Sonne eintrifft. Als Folge findet ein gigantischer Energietransport vom Äquator zu den Polen statt.

Dieser Wärmetransport kommt in erster Linie durch globalen Austausch von Luftmassen zustande. Riesige weltweite Luftzirkulationen pumpen die Wärme vom Äquator zu den Polen. Es entstehen gigantische Zirkulationszellen, sogenannte **Hadley-Zellen** (Bild 6.1). Die Erdrotation lenkt diese Strömungen ab. So entstehen relativ gleichmäßige Winde, die lange Zeit für die Segelschifffahrt von großer Bedeutung waren. In den tropischen Seegebieten nördlich des Äquators weht ein relativ gleichmäßiger und beständiger Wind aus Nordost. Daher heißt dieser Wind dort Nordost-Passat. Südlich des Äquators herrscht hingegen der Südost-Passat.

Neben den großräumigen **Ausgleichsströmungen** kommt es auch zu Strömungen in kleinerem Umfang, die durch den Einfluss von Hoch- und Tiefdruckgebieten verursacht werden. Gradlinige Ausgleichsströmungen von Hochdruck- und Tiefdruckgebieten werden durch die Corioliskraft abgelenkt. Aufgrund der Erdrotation werden die Luftmassen auf der Nordhalbkugel nach rechts und auf der Südhalbkugel nach links abgelenkt und drehen sich wirbelartig um die Tiefdruckgebiete.

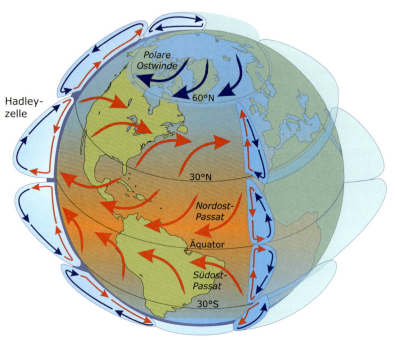

**Bild 6.1** Globale Zirkulation und Entstehung der Winde

Vor allem in **Küstengebieten** ist das Windangebot besonders groß. Zum einen kann sich der Wind hier aufgrund der glatten Wasseroberfläche nahezu ungebremst bewegen, zum anderen kommt es in Küstenregionen auch zu lokalen Ausgleichsströmungen. Durch die Sonneneinstrahlung wird das Land in der Regel tagsüber stärker erwärmt als das Wasser. Es kommt zu lokalen Druckunterschieden, die Ausgleichswinde in Richtung Land hervorrufen. Diese können bis zu 50 km ins Landesinnere reichen. Nachts kühlt sich das Land schneller ab als das Wasser, und es kommt zu Ausgleichsströmungen in die entgegengesetzte Richtung.

## 6.2.2 Angabe der Windstärke

In der Meteorologie wird häufig die Windstärke nach der **Beaufort-Skala** angegeben, die in Tabelle 6.1 dargestellt ist. Hierdurch ist eine näherungsweise Bestimmung der Windgeschwindigkeit auch ohne aufwändige Messgeräte möglich. Für technische Zwecke ist diese Angabe jedoch weniger brauchbar. Hier wird zweckmäßigerweise mit der Windgeschwindigkeit $v$, angegeben in den SI-Einheiten m/s, gearbeitet. Tabelle 6.1 stellt die Windgeschwindigkeitsklassen nach der Beaufort-Skala den entsprechenden Windgeschwindigkeitswerten gegenüber.

## 6.2 Dargebot von Windenergie

**Tabelle 6.1** Einteilung der Windgeschwindigkeiten nach der Beaufort-Skala

| Bg | v in m/s | Bezeichnung | Auswirkung |
|---|---|---|---|
| 0 | 0 …0,2 | Windstille | Rauch steigt gerade empor |
| 1 | 0,3 …1,5 | leiser Zug | Windrichtung nur am Rauch erkennbar |
| 2 | 1,6 …3,3 | leichter Wind | Wind fühlbar, Blätter säuseln |
| 3 | 3,4 …5,4 | schwacher Wind | Blätter und dünne Zweige bewegen sich |
| 4 | 5,5 …7,9 | mäßiger Wind | Wind bewegt Zweige und dünne Äste, hebt Staub |
| 5 | 8,0 …10,7 | frischer Wind | kleine Bäume beginnen zu schwanken |
| 6 | 10,8 …13,8 | starker Wind | starke Äste in Bewegung, Pfeifen an Drahtleitungen |
| 7 | 13,9 …17,1 | steifer Wind | Bäume in Bewegung, fühlbare Hemmung beim Gehen |
| 8 | 17,2 …20,7 | stürmischer Wind | Wind bricht Zweige von den Bäumen |
| 9 | 20,8 …24,4 | Sturm | kleine Schäden an Haus und Dach |
| 10 | 24,5 …28,4 | schwerer Sturm | Wind entwurzelt Bäume |
| 11 | 28,5 …32,6 | orkanartiger Sturm | schwere Sturmschäden |
| 12 | $\geq 32,7$ | Orkan | schwere Verwüstungen |

Bg: Beaufortgrad    v: Windgeschwindigkeit in m/s

### 6.2.3 Windgeschwindigkeitsverteilungen

Um das Jahresangebot an Windenergie für einen bestimmten Standort zu ermitteln, werden häufig Windgeschwindigkeitsverteilungen verwendet, die entweder aus Vergleichsmessungen oder über statistische Parameter anhand von Tabellen oder Windkarten bestimmt werden. Die Verteilung kann entweder tabellarisch angegeben oder durch statistische Funktionen beschrieben werden.

Bild 6.2 zeigt die **relative Häufigkeitsverteilung** $h(v)$ der Windgeschwindigkeiten $v$ für einen Standort in Norddeutschland. Diese Verteilung gibt an, wie oft die entsprechende Windgeschwindigkeit auftritt. In dem Bild sind ebenfalls zwei verschiedene Häufigkeitsverteilungsfunktionen dargestellt, die im Folgenden noch näher erläutert werden.

Bei der Ermittlung der Häufigkeitsverteilungen kann das jeweilige Messintervall ein Problem darstellen. Aus technischen Gründen wird häufig ein Mittelwert gebildet, der mehrere Minuten oder gar Stunden umfasst. Da die Energie des Windes, wie später gezeigt wird, nicht linear von der Windgeschwindigkeit abhängt, kann dies zu Verfälschungen der späteren Berechnungen führen, da hohe Windgeschwindigkeiten, die nur kurze Zeit andauern, herausgemittelt werden. Daher empfiehlt es sich, bei der Messung und Aufzeichnung der Windgeschwindigkeit nicht zu große Zeitintervalle zu wählen.

Die **mittlere Windgeschwindigkeit** ergibt sich aus

$$\bar{v} = \sum h(v) \cdot v \,. \tag{6.1}$$

Die mittlere Windgeschwindigkeit selbst ist nur bedingt aussagefähig für die Beschreibung eines Standortes, da sie nicht angibt, ob hier lange Flautenzeiten, große Sturmböen oder ein gleichmäßiges Windangebot vorliegen. Trotzdem wird sie oft zur Klassifizierung eines Standortes verwendet.

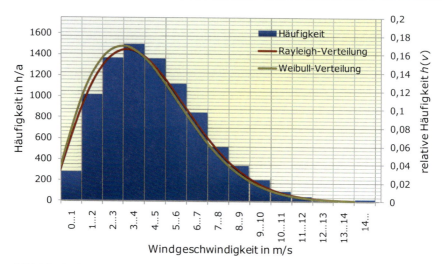

**Bild 6.2** Häufigkeitsverteilung der Windgeschwindigkeit an einem Standort an der deutschen Nordseeküste im Jahr 2007 gemessen in 10 m Höhe

Für Deutschland und Europa gibt es ausgereifte Windkarten für die mittlere Windgeschwindigkeit, die aus langjährigen Messreihen resultieren (z.B. [Tro89]). Während an der deutschen Küste mittlere Windgeschwindigkeiten von bis über 6 m/s in 10 m Höhe erreicht werden, sinken sie im Binnenland bis auf Werte unterhalb von 3 m/s ab. Lediglich in den Gebirgen herrschen hier noch gute Windbedingungen. Mittlerweile liegen entsprechende Atlanten auch in digitaler Form vor, und mit Hilfe von Computerprogrammen (z.B. [Ris09]) ist über Interpolationen eine Bestimmung der Windgeschwindigkeiten für Standorte möglich, an denen keine konkreten Messwerte vorliegen.

Eine bessere Aussage über die Windverhältnisse eines Standorts lässt sich anstatt mit der mittleren Windgeschwindigkeit über eine Häufigkeitsverteilung der Windgeschwindigkeit erzielen, die entweder wie oben als Häufigkeitsverteilung von Windgeschwindigkeitsintervallen oder als stetige statistische Funktion gegeben sein kann. Als statistische Funktionen werden die Weibull- oder Rayleigh-Verteilung verwendet.

Die **Weibull-Verteilung** der Windgeschwindigkeit $v$ bestimmt sich aus einem Shape- bzw. Formparameter $k$ und einem Scale-Parameter $a$:

$$f_{\text{Weibull}}(v) = \frac{k}{a} \cdot \left(\frac{v}{a}\right)^{k-1} \cdot \exp\left(-\left(\frac{v}{a}\right)^{k}\right). \tag{6.2}$$

Die Form- und Scale-Parameter sind vom Standort abhängig. In Tabelle 6.2 sind einige Parameter für verschiedene deutsche Standorte angegeben.

Die mittlere Windgeschwindigkeit

$$\bar{v} = a \cdot \left(0{,}568 + \frac{0{,}434}{k}\right)^{\frac{1}{k}} \tag{6.3}$$

kann aus den Weibull-Parametern näherungsweise bestimmt werden [Mol90]. Der Parameter $a$ ergibt sich für $k = 2$ hieraus über die mittlere Windgeschwindigkeit:

## 6.2 Dargebot von Windenergie

$$a_{k=2} = \frac{\overline{v}}{0{,}886} \approx \frac{2}{\sqrt{\pi}} \cdot \overline{v} \quad . \tag{6.4}$$

**Tabelle 6.2** Weibull-Parameter und mittlere Windgeschwindigkeiten in 10 m Höhe für verschiedene Standorte in Deutschland [Chr89]

| Standort | K | a | v in m/s | Standort | k | a | v in m/s |
|---|---|---|---|---|---|---|---|
| Berlin | 1,85 | 4,4 | 3,9 | München | 1,32 | 3,2 | 2,9 |
| Hamburg | 1,87 | 4,6 | 4,1 | Nürnberg | 1,36 | 2,9 | 2,7 |
| Hannover | 1,78 | 4,1 | 3,7 | Saarbrücken | 1,76 | 3,7 | 3,3 |
| Helgoland | 2,13 | 8,0 | 7,1 | Stuttgart | 1,23 | 2,6 | 2,4 |
| Köln | 1,77 | 3,6 | 3,2 | Wasserkuppe | 1,98 | 6,8 | 6,0 |

Durch Einsetzen von $a$ und $k = 2$ in die Weibull-Verteilung ergibt sich die **Rayleigh-Verteilung**:

$$f_{Rayleigh}(v) = \frac{\pi}{2} \cdot \frac{v}{\overline{v}^2} \cdot \exp\left(-\frac{\pi}{4} \cdot \frac{v^2}{\overline{v}^2}\right) \quad . \tag{6.5}$$

Mit Hilfe der mittleren Windgeschwindigkeit kann durch die Rayleigh-Verteilung eine Windgeschwindigkeitsverteilung angegeben werden. Bild 6.3 zeigt Rayleigh-Verteilungen für verschiedene mittlere Windgeschwindigkeiten.

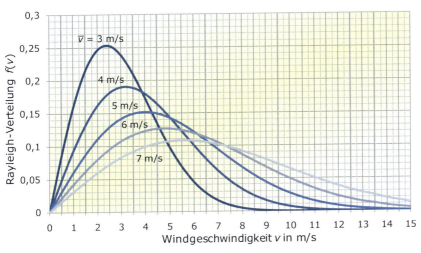

**Bild 6.3** Rayleigh-Verteilungen für verschiedene mittlere Windgeschwindigkeiten $\overline{v}$

### 6.2.4 Einfluss der Umgebung und Höhe

Die mittlere Windgeschwindigkeit wird meist in 10 m Höhe gemessen. Durch Geländeerhöhungen kann die Windgeschwindigkeit bereits im Abstand von einigen hundert Metern stark schwanken. Hügel, Anhöhen und Bergkuppen haben einen Einfluss auf die Windgeschwindigkeit. Auf Bergkuppen oder der Luv-Seite von Bergrücken, die senkrecht zum Wind stehen, kann es zu einer Überhöhung der Windgeschwindigkeit kommen, die bis zum Zweifachen des ungestörten Wertes betragen kann. Im Lee eines Berges ist dagegen mit deutlich geringerer Windgeschwindigkeit zu rechnen.

> **Lee:** Die dem Wind abgekehrte Seite, Windschatten
> **Luv:** Die dem Wind zugekehrte Seite
> **Windrichtung:** Himmelsrichtung, aus der der Wind weht
> 90°: Ostwind, 180°: Südwind, 270°: Westwind, 360°: Nordwind

**Bild 6.4** Begriffe zur Beschreibung der Windrichtung

Durch Gegenstände, Pflanzen und Bodenunebenheiten in der Nähe eines Standortes kann die Windgeschwindigkeit stark abgebremst werden. Einzelne größere Hindernisse spielen für eine Windkraftanlage keine Rolle, wenn sich die gesamte Rotorfläche über dem Dreifachen der Hindernishöhe oder die Windkraftanlage sich in einem genügend großen Abstand vom Hindernis befindet. Dieser muss im Extremfall bis zu dem 35fachen der Hindernishöhe betragen. Werden diese Abstände nicht eingehalten, kann es durch starke Windturbulenzen zu Einbußen der nutzbaren Windenergie kommen.

Windkraftanlagen haben meist eine Nabenhöhe von deutlich mehr als 10 m. Mit zunehmender Höhe nimmt auch die Windgeschwindigkeit zu, da der Wind am Boden von Unebenheiten abgebremst wird.

Die Windgeschwindigkeit $v(h_2)$ in der Höhe $h_2$ kann über das sogenannte **logarithmische Grenzschichtprofil** und die Rauigkeitslänge $z_0$ aus der Windgeschwindigkeit $v(h_1)$ in der Höhe $h_1$ berechnet werden:

$$v(h_2) = v(h_1) \cdot \frac{\ln\left(\frac{h_2 - d}{z_0}\right)}{\ln\left(\frac{h_1 - d}{z_0}\right)}. \tag{6.6}$$

**Tabelle 6.3** Rauigkeitslängen $z_0$ für verschiedene Geländeklassen nach Davenport [Chr89]

| Geländeklasse nach Davenport | Rauigkeits- länge $z_0$ in m | Oberflächenbeschreibung |
|---|---|---|
| 1 – See | 0,0002 | offene See |
| 2 – glatt | 0,005 | Wattgebiete |
| 3 – offen | 0,03 | offenes flaches Gelände, Weidelandschaften |
| 4 – offen bis rau | 0,1 | landwirtschaftlich genutzte Flächen mit niedrigem Bestand |
| 5 – rau | 0,25 | landwirtschaftlich genutzte Flächen mit hohem Bestand |
| 6 – sehr rau | 0,5 | Parklandschaften mit Büschen und Bäumen |
| 7 – geschlossen | 1 | regelmäßig mit Hindernissen bedeckt (Wälder, Dörfer, Vororte) |
| 8 – Stadtkerne | 2 | Zentren von großen Städten mit hoher und niedriger Bebauung |

## 6.2 Dargebot von Windenergie

Durch Hindernisse kann es zu einem Versatz der Grenzschicht vom Boden kommen. Dieser Versatz wird über den Parameter $d$ mit einbezogen. Bei weit gestreuten Hindernissen wird $d$ zu null gesetzt. Anderenfalls lässt sich $d$ mit 70 % der Hindernishöhe abschätzen.

Die **Rauigkeitslänge** $z_0$ gibt an, in welcher Höhe der Wind auf null abgebremst wird. Das heißt, je größer die Rauigkeitslänge ist, desto größer ist auch der Einfluss auf den Wind. Eine Einteilung verschiedener Geländeklassen nach Rauigkeitslängen ist in Tabelle 6.3 angegeben.

Je rauer das Gelände ist, desto mehr nimmt die Windgeschwindigkeit mit der Höhe zu. Dies lässt sich gut aus Bild 6.5 erkennen. Daher ist an Standorten im Binnenland meist ein höherer Turm für Windkraftanlagen sinnvoller als in Küstennähe.

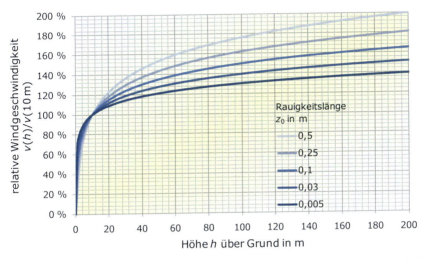

**Bild 6.5** Zunahme der Windgeschwindigkeit mit der Höhe in Abhängigkeit der Rauigkeitslänge bezogen auf die Windgeschwindigkeit in 10 m Höhe

Der Einfluss des Bodens auf die Windgeschwindigkeit nimmt mit zunehmender Höhe über Grund ab. Die Unabhängigkeit der Windgeschwindigkeit von der Höhe, den sogenannten **geostrophischen Wind**, erreicht man im Allgemeinen erst in Höhen deutlich über 200 m.

Abschließend soll noch auf eine weitere Beziehung für das Grenzschichtprofil eingegangen werden, den **Potenzansatz** nach Hellmann.

Mit $z = \sqrt{h_1 \cdot h_2}$ und $a = \dfrac{1}{\ln\dfrac{z}{z_0}}$ folgt
$$\frac{v(h_2)}{v(h_1)} = \left(\frac{h_2}{h_1}\right)^a. \tag{6.7}$$

Für $z = 10$ m und $z_0 = 0{,}01$ m wird $a$ ungefähr 1/7, und man spricht von dem 1/7-Potenzgesetz. Das Potenzgesetz ist jedoch nur gültig, wenn der Versatz $d$ der Grenzschicht vom Boden gleich null ist.

## 6.3 Nutzung der Windenergie

### 6.3.1 Im Wind enthaltene Leistung

Die im Wind mit der Windgeschwindigkeit $v$ mitgeführte **kinetische Energie** $E$ kann durch folgende allgemeine Gleichung berechnet werden:

$$E = \tfrac{1}{2} \cdot m \cdot v^2 . \tag{6.8}$$

Die im Wind enthaltene Leistung $P$ berechnet sich, indem die Energie nach der Zeit differenziert wird. Bei konstanter Windgeschwindigkeit $v$ ergibt sich:

$$P = \dot{E} = \tfrac{1}{2} \cdot \dot{m} \cdot v^2 . \tag{6.9}$$

Aus der Masse

$$m = \rho \cdot V , \tag{6.10}$$

die sich aus der Dichte $\rho$ und dem Volumen $V$ bestimmt, berechnet sich der **Luftmassenstrom**

$$\dot{m} = \rho \cdot \dot{V} = \rho \cdot A \cdot \dot{s} = \rho \cdot A \cdot v \tag{6.11}$$

der Luft mit der Dichte $\rho$, die eine Fläche $A$ mit der Geschwindigkeit $v$ durchströmt. Hierdurch ergibt sich für die **Leistung des Windes**:

$$P = \tfrac{1}{2} \cdot \rho \cdot A \cdot v^3 . \tag{6.12}$$

Die **Dichte der Luft** verändert sich mit dem Luftdruck $p$ und der Temperatur $\vartheta$. Während sich die Dichte proportional zum Luftdruck ändert, kann der entsprechende Wert bei einer Temperaturänderung aus Tabelle 6.4 entnommen werden.

**Tabelle 6.4** Dichte der Luft in Abhängigkeit der Temperatur, $p$ = 1 bar = 1000 hPa [VDI94]

| Temperatur $\vartheta$ in °C | −20 | −10 | 0 | 10 | 20 | 30 | 40 |
|---|---|---|---|---|---|---|---|
| Dichte $\rho$ in kg/m³ | 1,377 | 1,324 | 1,275 | 1,230 | 1,188 | 1,149 | 1,112 |

Bei einem orkanartigen Sturm mit der Windstärke 11 und einer Windgeschwindigkeit von 30 m/s sowie bei einer Temperatur von 10 °C hat der Wind eine Leistung von 16,6 kW/m². Bei diesen hohen Leistungsdichten sind die Verwüstungen, die ein Sturm anrichten kann, leicht nachvollziehbar. Bei einer Windstärke von 1 m/s hingegen beträgt die Leistung des Windes nicht einmal 1 W/m². Hieraus ist ersichtlich, dass hohe mittlere Windgeschwindigkeiten für einen guten Ertrag einer Windkraftanlage essenziell sind.

Bei der **Nutzung der Windkraft** soll dem Wind Leistung entnommen werden. Dies erfolgt, indem der Wind durch eine technische Anlage, zum Beispiel eine Windturbine, von der Windgeschwindigkeit $v_1$ auf die Windgeschwindigkeit $v_2$ abgebremst und die dadurch entstehende Leistungsdifferenz genutzt wird. Würde sich der Vorgang in einem Kanal mit starren Wänden abspielen und der Luftdruck konstant bleiben, würde sich mit der Windgeschwindigkeit $v_2$ auch die Anfangsgeschwindigkeit $v_1$ ändern, da am Ende des Kanals die gleiche Luftmenge austreten muss, wie am Anfang eingetreten ist. Der Massenstrom $\dot{m}$ der Luft ist also vor und hinter dem Windrad identisch.

## 6.3 Nutzung der Windenergie

Bei der Nutzung der Windkraft durch frei durchströmte Windturbinen wird der Wind abgebremst, doch auch hier bleibt der Massenstrom vor und hinter der Windturbine konstant. Dies hat zur Folge, dass, wie in Bild 6.6 dargestellt, der Wind nach der Windturbine eine größere Fläche durchströmt als zuvor. Bei konstantem Druck bzw. konstanter Dichte $\rho$ der Luft gilt:

$$\dot{m} = \rho \cdot \dot{V} = \rho \cdot A_1 \cdot v_1 = \rho \cdot A \cdot v = \rho \cdot A_2 \cdot v_2 = konst. \tag{6.13}$$

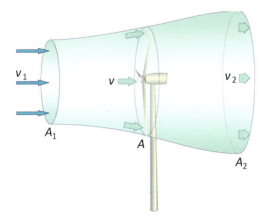

**Bild 6.6** Strömungsverlauf bei einer frei umströmten Windturbine

Die Windgeschwindigkeit

$$v = \tfrac{1}{2} \cdot (v_1 + v_2) \tag{6.14}$$

in Höhe der Windturbine ergibt sich aus dem Mittel der Windgeschwindigkeiten $v_1$ und $v_2$. Die dem Wind entnommene Leistung $P_N$ kann aus der Differenz der Windgeschwindigkeiten berechnet werden:

$$P_N = \tfrac{1}{2} \cdot \dot{m} \cdot (v_1^2 - v_2^2). \tag{6.15}$$

Mit $\dot{m} = \rho \cdot A \cdot v = \rho \cdot A \cdot \tfrac{1}{2} \cdot (v_1 + v_2)$ ergibt sich:

$$P_N = \tfrac{1}{4} \cdot \rho \cdot A \cdot (v_1 + v_2) \cdot (v_1^2 - v_2^2). \tag{6.16}$$

Ohne den Einfluss der Windturbine beträgt die Leistung des Winds durch die Fläche $A$:

$$P_0 = \tfrac{1}{2} \cdot \rho \cdot A \cdot v_1^3. \tag{6.17}$$

Das Verhältnis der dem Wind entnommenen Leistung $P_N$ zu der im Wind enthaltenen Leistung $P_0$ wird als **Leistungsbeiwert** $c_P$ bezeichnet und berechnet sich zu:

$$c_P = \frac{P_N}{P_0} = \frac{(v_1 + v_2) \cdot (v_1^2 - v_2^2)}{2 \cdot v_1^3} = \frac{1}{2} \cdot \left(1 + \frac{v_2}{v_1}\right) \cdot \left(1 - \frac{v_2^2}{v_1^2}\right). \tag{6.18}$$

Der maximale Leistungsbeiwert wurde von Betz ermittelt und wird auch als idealer oder **Betz'scher Leistungsbeiwert** $c_{P,Betz}$ bezeichnet [Bet26].

Mit $\zeta = \dfrac{v_2}{v_1}$ berechnet sich über $\dfrac{dc_P}{d\zeta} = \dfrac{d\left(\tfrac{1}{2} \cdot (1+\zeta) \cdot (1-\zeta^2)\right)}{d\zeta} = -\tfrac{3}{2} \cdot \zeta^2 - \zeta + \tfrac{1}{2} = 0$

das ideale Geschwindigkeitsverhältnis $\zeta_{id} = \dfrac{v_2}{v_1} = \dfrac{1}{3}$.

Durch Einsetzen in die Gleichung des Leistungsbeiwerts ergibt sich:

$$c_{P,Betz} = \frac{16}{27} \approx 0{,}593 \, . \tag{6.19}$$

Wird der Wind mit der ursprünglichen Windgeschwindigkeit $v_1$ durch eine Windturbine auf ein Drittel dieser Windgeschwindigkeit hinter der Windturbine ($v_2 = 1/3 \cdot v_1$) abgebremst, lässt sich theoretisch die maximale Leistung entnehmen, die etwa 60 % der im Wind enthaltenen Leistung umfasst.

Bei realen Anlagen wird dieses Optimum nicht erreicht. Gute Anlagen haben Leistungsbeiwerte $c_P$ von etwa 0,5. Der **Wirkungsgrad** $\eta$ für die dem Wind entnommene Leistung kann über das Verhältnis aus der genutzten Leistung $P_N$ zur maximal nutzbaren Leistung, der idealen Leistung $P_{id}$, definiert werden:

$$\eta = \frac{P_N}{P_{id}} = \frac{P_N}{P_0 \cdot c_{P,Betz}} = \frac{P_N}{\frac{1}{2} \cdot \rho \cdot A \cdot v_1^3 \cdot c_{P,Betz}} = \frac{c_P}{c_{P,Betz}} \, . \tag{6.20}$$

## 6.3.2 Widerstandsläufer

Wird ein Gegenstand senkrecht zum Wind aufgestellt, übt der Wind eine Kraft $F_W$ auf diesen Gegenstand aus. Diese Widerstandskraft wird aus der Windgeschwindigkeit $v$, der vom Wind angeströmten Fläche $A$ und einem vom Körper abhängigen **Widerstandsbeiwert** $c_W$ berechnet:

$$F_W = c_W \cdot \tfrac{1}{2} \cdot \rho \cdot A \cdot v^2 \, . \tag{6.21}$$

Widerstandsbeiwerte verschiedener Körper sind aus Bild 6.7 zu entnehmen. Die Leistung, die beim Widerstehen dieser Kraft aufgebracht werden muss, berechnet sich über $P_W = F_W \cdot v$ zu

$$P_W = c_W \cdot \tfrac{1}{2} \cdot \rho \cdot A \cdot v^3 \, . \tag{6.22}$$

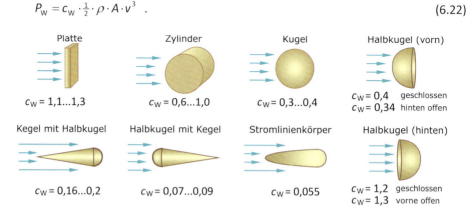

**Bild 6.7** Widerstandsbeiwerte unterschiedlicher Körper (nach [Her12])

Bewegt sich ein Gegenstand durch die Einwirkung des Windes mit der Geschwindigkeit $u$ in dieselbe Richtung wie der Wind, so ergibt sich die **Widerstandskraft**

## 6.3 Nutzung der Windenergie

$$F_W = c_W \cdot \tfrac{1}{2} \cdot \rho \cdot A \cdot (v-u)^2 \tag{6.23}$$

sowie die genutzte Leistung

$$P_N = c_W \cdot \tfrac{1}{2} \cdot \rho \cdot A \cdot (v-u)^2 \cdot u . \tag{6.24}$$

Als Beispiel soll hier die **Leistung eines Schalenkreuzanemometers**, das zur Messung der Windgeschwindigkeit $v$ verwendet wird, in einer Näherung berechnet werden. Es besteht aus geöffneten Halbkugeln, die sich über eine gemeinsame Verbindung um eine Drehachse bewegen. Eine Halbkugel wird von der Vorderseite, eine andere von der Rückseite vom Wind angeströmt (Bild 6.8).

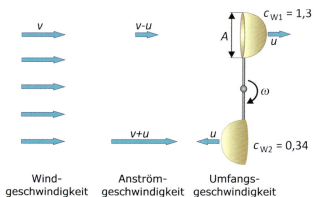

| Wind-geschwindigkeit | Anström-geschwindigkeit | Umfangs-geschwindigkeit |

**Bild 6.8** Modell eines Schalenkreuzanemometers zur Berechnung der Leistung

Bei der Berechnung setzt sich nun die resultierende Kraft $F$ aus einer antreibenden und einer bremsenden Komponente zusammen [Gas07]:

$$F = c_{W1} \cdot \tfrac{1}{2} \cdot \rho \cdot A \cdot (v-u)^2 - c_{W2} \cdot \tfrac{1}{2} \cdot \rho \cdot A \cdot (v+u)^2 . \tag{6.25}$$

Für die genutzte Leistung ergibt sich

$$P_N = \tfrac{1}{2} \cdot \rho \cdot A \cdot \left(c_{W1} \cdot (v-u)^2 - c_{W2} \cdot (v+u)^2\right) \cdot u . \tag{6.26}$$

Das Verhältnis der **Umfangsgeschwindigkeit** $u$ zur Windgeschwindigkeit $v$ wird auch als **Schnelllaufzahl** $\lambda$ bezeichnet:

$$\lambda = \frac{u}{v} . \tag{6.27}$$

Bei Widerstandsläufern ist die Schnelllaufzahl stets kleiner als eins. Mit der Schnelllaufzahl ergibt sich für die Leistung

$$P_N = \tfrac{1}{2} \cdot \rho \cdot A \cdot v^3 \cdot \left(\lambda \cdot \left(c_{W1} \cdot (1-\lambda)^2 - c_{W2} \cdot (1+\lambda)^2\right)\right) . \tag{6.28}$$

Der **Leistungsbeiwert für das Schalenkreuzanemometer** bestimmt sich zu

$$c_P = \frac{P_N}{P_0} = \frac{P_N}{\tfrac{1}{2} \cdot \rho \cdot A \cdot v^3} = \lambda \cdot \left(c_{W1} \cdot (1-\lambda)^2 - c_{W2} \cdot (1+\lambda)^2\right) . \tag{6.29}$$

Der maximale Wert des Leistungsbeiwerts beim Schalenkreuzanemometer beträgt etwa 0,073 und liegt deutlich unterhalb des zuvor berechneten idealen Leistungsbeiwerts von

0,593. Dieser Leistungsbeiwert wird bei einer Schnelllaufzahl von etwa 0,16 erreicht, das heißt, wenn die Windgeschwindigkeit $v$ ungefähr das Sechsfache der Umfangsgeschwindigkeit $u$ beträgt.

Der optimale Leistungsbeiwert $c_{\text{P,opt,W}}$ für Widerstandsläufer berechnet sich mit

$$c_\text{P} = \frac{P_\text{N}}{P_0} = \frac{\frac{1}{2} \cdot \rho \cdot A \cdot c_\text{W} \cdot (v-u)^2 \cdot u}{\frac{1}{2} \cdot \rho \cdot A \cdot v^3} = c_\text{W} \cdot (1 - \frac{u}{v})^2 \cdot \frac{u}{v} \qquad (6.30)$$

und $u/v = 1/3$ sowie einem maximalen Widerstandsbeiwert von $c_{\text{W,max}} = 1{,}3$ zu

$$c_{\text{P,opt,W}} = 0{,}193. \qquad (6.31)$$

Auch dieser Wert liegt deutlich unter dem idealen Wert von 0,593. Aus diesem Grund wird bei modernen Anlagen zur Nutzung der Windenergie in den wenigsten Fällen das Widerstandsprinzip, sondern das Auftriebsprinzip genutzt, mit dem sich deutlich bessere Leistungsbeiwerte und damit eine bessere Ausnutzung des Windes erzielen lassen.

### 6.3.3 Auftriebsläufer

Bestehen bei der Umströmung eines Körpers an der Oberseite größere Strömungsgeschwindigkeiten als auf der Unterseite, entsteht an der Unterseite ein Überdruck- und an der Oberseite ein Unterdruckbereich. Dies bewirkt nach Bernoulli eine **Auftriebskraft**:

$$F_\text{A} = c_\text{A} \cdot \tfrac{1}{2} \cdot \rho \cdot A_\text{P} \cdot v_\text{A}^2. \qquad (6.32)$$

Sie berechnet sich aus einem **Auftriebsbeiwert** $c_\text{A}$, der Luftdichte $\rho$, der Anströmgeschwindigkeit $v_\text{A}$ und der Projektionsfläche $A_\text{P}$. Bei Rotoren moderner Windkraftanlagen wird hauptsächlich die Auftriebskraft genutzt. Die Projektionsfläche

$$A_\text{P} = t \cdot r \qquad (6.33)$$

eines Rotorblatts ergibt sich aus der Rotorspanntiefe $t$ und der Rotorspannweite, die näherungsweise dem Rotorradius $r$ entspricht.

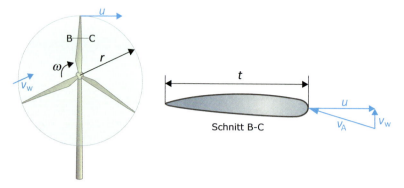

**Bild 6.9** Aus der Windgeschwindigkeit $v_\text{W}$ und der Rotordrehung resultierende Anströmwindgeschwindigkeit $v_\text{A}$

Wie beim Widerstandsläufer gibt es auch beim Auftriebsläufer eine **Widerstandskraft**

$$F_\text{W} = c_\text{W} \cdot \tfrac{1}{2} \cdot \rho \cdot A_\text{P} \cdot v_\text{A}^2. \qquad (6.34)$$

## 6.3 Nutzung der Windenergie

Die Auftriebskraft ist bei einem Auftriebsläufer in der Regel jedoch deutlich größer als die Widerstandskraft. Das Verhältnis aus beiden Kräften wird als **Gleitzahl**

$$\varepsilon = \frac{F_A}{F_W} = \frac{c_A}{c_W} \tag{6.35}$$

bezeichnet. In der Literatur wird auch manchmal der Kehrwert als Gleitzahl verwendet. Gute Profile erreichen Gleitzahlen von bis zu 400.

Die bei obigen Gleichungen berücksichtigte **Anströmgeschwindigkeit**

$$v_A = \sqrt{v_W^2 + u^2} \tag{6.36}$$

berechnet sich aus der Windgeschwindigkeit $v_W$ und der Umfangsgeschwindigkeit $u$ (Bild 6.9). Mit der Schnelllaufzahl

$$\lambda = \frac{u}{v_W} \text{ ergibt sich schließlich } v_A = v_W \cdot \sqrt{1 + \lambda^2} \ . \tag{6.37}$$

Bild 6.10 zeigt das Kräfteverhältnis zwischen Widerstandskraft $F_W$ und Auftriebskraft $F_A$. Durch vektorielle Addition ergibt sich die resultierende Kraft

$$\mathbf{F}_R = \mathbf{F}_W + \mathbf{F}_A \ . \tag{6.38}$$

Sie kann in eine Axialkomponente $F_{RA}$ und eine Tangentialkomponente $F_{RT}$ zerlegt werden. Die Tangentialkomponente $F_{RT}$ verursacht die Drehung des Rotors. Die Axialkomponente der Kraft heißt auch Schubkraft (Bild 6.11).

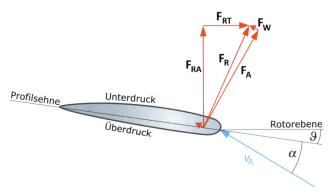

**Bild 6.10** Kräfteverhältnisse beim Auftriebsläufer

Hierbei sind der Auftriebsbeiwert $c_A$ und der Widerstandsbeiwert $c_W$ stark vom Anstellwinkel $\alpha$ abhängig. Für $\alpha < 10°$ gilt folgende Näherung [Gas07]:

$$c_A \approx 5{,}5 \cdot \alpha \cdot \pi / 180° \ . \tag{6.39}$$

Ein Verdrehen des Rotorblatts, das heißt eine Änderung des Blatteinstellwinkels $\vartheta$ gemäß Bild 6.10, hat auch einen Einfluss auf den Anstellwinkel $\alpha$ und somit auf den Leistungsbeiwert $c_P$. Bei großen Blatteinstellwinkeln nimmt das Maximum des Leistungsbeiwerts stark ab, und der Leistungsbeiwert wird hin zu kleineren Schnelllaufzahlen verschoben. Dieser Effekt wird bei der sogenannten **Pitch-Regelung** genutzt. Zum Anlauf einer Windkraftanlage werden hier große Blatteinstellwinkel gewählt. Bei großen Windgeschwindigkeiten kann die Leistung durch Verstellen der Rotorblätter begrenzt werden. Der Blatteinstellwinkel $\vartheta$ wird auch als Pitch-Winkel bezeichnet. Der Widerstandsbeiwert $c_W$ ist bei Anstellwinkeln kleiner 15° vernachlässigbar gering.

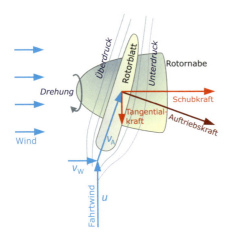

**Bild 6.11** Windgeschwindigkeiten und Kräfte an einem Rotorblatt

Die resultierende Kraft erzeugt ein Drehmoment $M$. Die dem Wind entnommene Leistung $P_N$ kann auch beim Auftriebsläufer über den Leistungsbeiwert $c_P$ aus der ursprünglichen im Wind enthaltenen Leistung $P_0$ berechnet werden:

$$P_N = c_P \cdot P_0 = c_P \cdot \tfrac{1}{2} \cdot \rho \cdot A \cdot v_W^3 \,. \tag{6.40}$$

Mit

$$M = \frac{P_N}{\omega} = \frac{P_N \cdot r}{u} \tag{6.41}$$

folgt für das **Drehmoment**

$$M = c_P \cdot \frac{v_W}{u} \cdot \tfrac{1}{2} \cdot \rho \cdot A \cdot r \cdot v_W^2 \,. \tag{6.42}$$

Das Drehmoment $M$ lässt sich mit dem zugehörigen **Momentenbeiwert**

$$c_M = c_P \cdot \frac{v_W}{u} = \frac{c_P}{\lambda} \tag{6.43}$$

und $A = \pi r^2$ auch wie folgt darstellen:

$$M = c_M \cdot \tfrac{1}{2} \cdot \rho \cdot A \cdot r \cdot v_W^2 = c_M \cdot \tfrac{1}{2} \cdot \rho \cdot \pi \cdot r^3 \cdot v_W^2 \,. \tag{6.44}$$

Sind Drehmoment $M$ oder Leistung $P$ einer Windkraftanlage in Abhängigkeit der Windgeschwindigkeit $v_W$ bekannt, lässt sich daraus bei konstanter Drehzahl der Leistungsbeiwert $c_P$ berechnen. Bild 6.12 zeigt den Verlauf des Leistungsbeiwerts über der Schnelllaufzahl einer 600-kW-Windkraftanlage, die bis Ende der 1990er-Jahre gebaut wurde. Der maximale Leistungsbeiwert liegt mit 0,427 näher am Betz'schen Optimum als der des Widerstandsläufers (vgl. Abschnitt 5.3.1). Bei modernen Windkraftanlagen liegt der maximale Leistungsbeiwert sogar in der Größenordnung von 0,5.

## 6.3 Nutzung der Windenergie

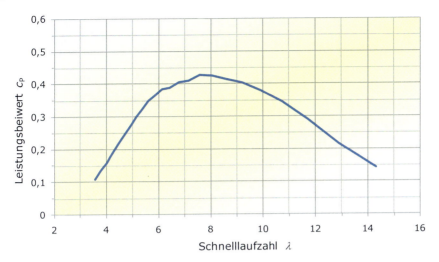

**Bild 6.12** Leistungsbeiwert $c_P$ in Abhängigkeit der Schnelllaufzahl $\lambda$ der Vestas V44-600-kW-Windkraftanlage (Daten: [Ves97])

Die Berechnung der Kurve des Leistungsbeiwerts ist nur sehr aufwändig über die aerodynamischen Verhältnisse entlang des Rotorblattes durchzuführen. Daher wird der Leistungsbeiwert in Abhängigkeit der Schnelllaufzahl meist durch Messungen bestimmt. Die Kurve des Leistungsbeiwerts lässt sich näherungsweise durch ein Polynom dritten Grades beschreiben:

$$c_P = a_3 \cdot \lambda^3 + a_2 \cdot \lambda^2 + a_1 \cdot \lambda + a_0 \quad . \tag{6.45}$$

Die Koeffizienten $a_3$ bis $a_0$ können mit Programmen wie Matlab™ oder MS-Excel™ aus Messwerten bestimmt werden. In Bild 6.13 sind zwei Leistungsbeiwertkurven sowie die Approximation durch Polynome dritten Grades dargestellt.

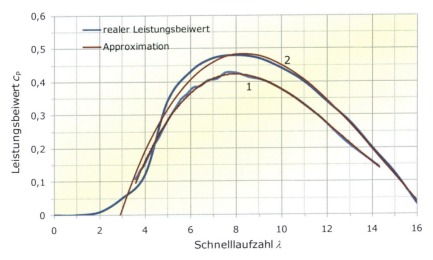

**Bild 6.13** Leistungsbeiwerte und Approximation mit Polynomen dritten Grades

## 6.4 Bauformen von Windkraftanlagen

In den vorigen Abschnitten wurde erläutert, wie dem Wind mit Hilfe von Widerstands- oder Auftriebsläufern Leistung entnommen werden kann. In der Praxis möchte man die Windenergie technisch nutzen. Dies ist durch mechanische Arbeit möglich, wie zum Beispiel bei den früheren Windmühlen. Auch moderne Windpumpen nutzen die Windenergie durch mechanische Umsetzung.

Deutlich interessanter und heute am meisten verbreitet ist die Gewinnung elektrischer Energie. Ein Windrotor treibt hierfür einen elektrischen Generator an. Bei den Rotoren gibt es zahlreiche Konzepte, auf die im Folgenden eingegangen wird.

### 6.4.1 Windkraftanlagen mit vertikaler Drehachse

Windkraftanlagen mit vertikaler, also senkrechter Achse zählen zu den ältesten Bauformen. Die ersten Anlagen vor über 1000 Jahren waren Widerstandsläufer mit vertikaler Achse. Auch heute gibt es verschiedene, technisch ausgereiftere Bauformen von Windkraftanlagen mit vertikaler Achse, die in Bild 6.14 dargestellt sind.

Bei den Rotoren mit vertikaler Achse unterscheidet man zwischen

- Savonius-Rotor,
- Darrieus-Rotor,
- H-Rotor.

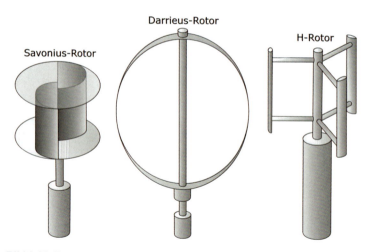

**Bild 6.14** Rotoren mit vertikaler Achse

Der **Savonius-Rotor** arbeitet ähnlich wie das zuvor beschriebene Schalenkreuzanemometer überwiegend nach dem Widerstandsprinzip. Er besteht aus zwei halbzylinderartigen Schaufeln, die in unterschiedliche Richtungen geöffnet sind. In Achsnähe überlappen sich die Schaufeln etwas, sodass der Wind nach der Umlenkung an der einen Schaufel in die andere Schaufel strömt. Hierdurch wird auch in geringem Maße das Auftriebsprinzip genutzt, sodass der Wirkungsgrad des Savonius-Rotors etwas besser als der eines reinen Widerstandsläufers, aber deutlich schlechter als der eines Auftriebsläufers ist. Bei opti-

## 6.4 Bauformen von Windkraftanlagen

maler Formgebung erreicht der Savonius-Rotor maximale Leistungsbeiwerte von 0,25 [Hau96]. Der Vorteil der Savonius-Rotoren ist, dass sie bei geringen Windgeschwindigkeiten anlaufen. Deshalb werden sie für Entlüftungszwecke auf Fabrikgebäuden und in Nutzfahrzeugen oder als Anlaufhilfe für Darrieus-Rotoren verwendet. Neben dem schlechten Wirkungsgrad haben die Savonius-Rotoren auch den Nachteil, dass sie sehr materialaufwändig sind. Deshalb kommen sie auch nicht in größeren Leistungsklassen vor.

Der **Darrieus-Rotor** geht auf ein Patent des Franzosen Georges Darrieus aus dem Jahr 1929 zurück. Der Darrieus-Rotor besteht aus zwei oder drei Rotorblättern in Form einer Parabel. Das Profil der Rotorblätter entspricht dem eines Auftriebsläufers. Der Darrieus-Rotor arbeitet somit auch nach dem Auftriebsprinzip. Durch die senkrechte Drehachse ändert sich im Gegensatz zu einem Rotor mit horizontaler Achse ständig der Anstellwinkel. Der Wirkungsgrad des Darrieus-Rotors liegt zwar deutlich über dem des Savonius-Rotors, erreicht aber nur etwa 75 % der Wirkungsgrade von Rotoren mit horizontaler Achse. Ein gravierender Nachteil des Darrieus-Rotors ist, dass er nicht in der Lage ist, selbständig anzulaufen. So benötigt er immer eine Anlaufhilfe, die entweder durch einen Antriebsmotor oder einen gekoppelten Savonius-Rotor gewährleistet werden kann.

Eine Weiterentwicklung des Darrieus-Rotors ist der **H-Rotor**, auch H-Darrieus-Rotor genannt. Dieser Rotor wird auch nach der Firma Heidelberg-Motor als Heidelberg-Rotor bezeichnet. Bei diesem Rotor ist der permanent erregte elektrische Generator direkt in die Rotorstruktur integriert und kommt ohne Getriebe aus. Dieser Rotor arbeitet wie der Darrieus-Rotor als Auftriebsläufer. Die drei Rotorblätter des H-Rotors sind senkrecht angeordnet und werden durch Verstrebungen mit der vertikalen Achse in Position gehalten. Der H-Rotor wurde für extreme Witterungsbedingungen in der Antarktis oder in den Alpen konstruiert und zeichnet sich durch eine robuste Bauweise aus.

Windkraftanlagen mit vertikaler Drehachse weisen einige Vorteile auf. Ihr Aufbau ist verhältnismäßig einfach. Der elektrische Generator, gegebenenfalls das Getriebe und die elektrische Steuerung können in der Bodenstation untergebracht werden. Dadurch ist die Wartung von Rotoren mit vertikalen Achsen unkompliziert. Rotoren mit vertikaler Achse müssen auch nicht dem Wind nachgeführt werden. Aus diesem Grund eignen sie sich besonders für Regionen mit schnell wechselnder Windrichtung.

Trotz dieser Vorteile konnten sich Windkraftanlagen mit vertikaler Drehachse nicht durchsetzen und werden nur für spezielle Einsatzzwecke verwendet. Durch ihren geringeren Wirkungsgrad, hohe Materialbeanspruchungen aufgrund häufiger Lastwechsel und durch den meist höheren Materialaufwand konnten sie bisher unter wirtschaftlichen Gesichtspunkten nicht gegen Rotoren mit horizontaler Drehachse konkurrieren.

### 6.4.2 Windkraftanlagen mit horizontaler Drehachse

#### 6.4.2.1 Anlagenaufbau

Bei der Stromerzeugung werden heute hauptsächlich Windkraftanlagen mit horizontaler Drehachse eingesetzt. Die Entwicklung dieser Anlagen wurde vor allem von mittelständischen Unternehmen vorangetrieben. Die Windkraftanlagen haben heute einen hohen technischen Stand erreicht. Während die Leistung neu errichteter Windkraftanlagen

Ende der 1980er-Jahre nur selten die 100-kW-Grenze überstieg, reichen die Leistungen heutiger Anlagen bis über 5000 kW = 5 MW hinaus.

Eine Windkraftanlage mit horizontaler Achse zur Erzeugung elektrischen Stroms besteht im Wesentlichen aus folgenden **Komponenten**:

- Rotorblätter, Rotornabe, Rotorbremse und ggf. Blattverstellmechanismus,
- elektrischer Generator und ggf. Getriebe,
- Windmesssystem und Windnachführung (Azimutverstellung),
- Gondel, Turm und Fundament,
- elektrische Schaltanlagen, Regelung und Netzanschluss.

Bild 6.15 zeigt den Querschnitt durch eine Windkraftanlage mit horizontaler Drehachse.

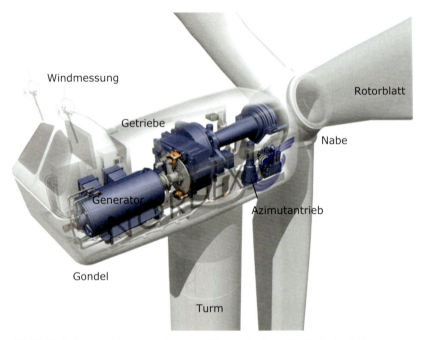

**Bild 6.15** Aufbau und Komponenten einer Windkraftanlage (Grafik: Nordex AG)

### 6.4.2.2 Rotorblätter

Bei modernen Windkraftanlagen zur Stromerzeugung mit horizontaler Achse unterscheidet man zwischen Rotoren mit einem, zwei oder drei Rotorblättern. Mehr als drei Rotorblätter werden in der Regel nicht verwendet. Je geringer die Zahl der Rotorblätter ist, desto weniger Material ist notwendig.

Bei **Einblattrotoren** muss auf der gegenüberliegenden Seite des Rotorblatts an der Rotornabe ein Gegengewicht befestigt sein. Einblattrotoren haben einen sehr unruhigen Lauf und eine starke Materialbeanspruchung. Derzeit gibt es nur wenige Prototypen für Windkraftanlagen mit nur einem Rotorblatt. Generell werden sich Einblattrotoren nicht durchsetzen.

## 6.4 Bauformen von Windkraftanlagen

Der optimale Leistungsbeiwert von 3-Blatt-Rotoren liegt geringfügig über dem von 2-Blatt-Rotoren. 3-Blatt-Rotoren laufen optisch ruhiger und passen sich aus visueller Sicht besser an die Landschaft an. Die mechanische Belastung der Windkraftanlage ist bei 3-Blatt-Rotoren ebenfalls geringer als bei Einblatt- oder 2-Blatt-Rotoren. Die Vorteile der 3-Blatt-Rotoren wiegen den Nachteil des höheren Materialeinsatzes auf, sodass heute überwiegend **3-Blatt-Rotoren** gebaut werden.

Die Formgebung des Rotorblattes hat generell einen entscheidenden Einfluss auf den erzielbaren Leistungsbeiwert. Die Rotorblatttiefe sollte sich dabei von der Nabe zur Rotorblattspitze hin verjüngen. Nach [Kle93] lässt sich die Rotorblatttiefe $t$ in Abhängigkeit des Abstands $r$ von der Rotornabe für einen Rotor mit $z$ Rotorblättern, dem Radius $R$, der Auslegungsschnelllaufzahl $\lambda$ und dem Auftriebsbeiwert $c_A$ wie folgt berechnen:

$$t = \frac{1}{z} \cdot \frac{8}{9} \cdot \frac{2\pi}{c_A} \cdot \frac{R}{\lambda\sqrt{\lambda^2\left(\frac{r}{R}\right)^2 + \frac{4}{9}}} \approx \frac{1}{z} \cdot \frac{8}{9} \cdot \frac{2\pi}{c_A} \cdot \frac{R}{\lambda^2\left(\frac{r}{R}\right)} . \qquad (6.46)$$

In der Nähe der Rotornabe wird aus konstruktiven Gründen oftmals von der theoretisch optimalen Formgebung abgewichen. Neben aerodynamischen Vorteilen lassen sich durch die Verjüngung des Rotorblatts in Richtung Blattspitze auch Material- und Kosteneinsparungen erzielen. Während früher Holz und Metall als Werkstoffe Verwendung fanden, kommen heute wegen der besseren Formbarkeit und aus Gründen der Gewichtsreduktion fast ausschließlich glasfaserverstärkte Kunststoffe und zunehmend auch kohlefaserverstärkte Kunststoffe zum Einsatz.

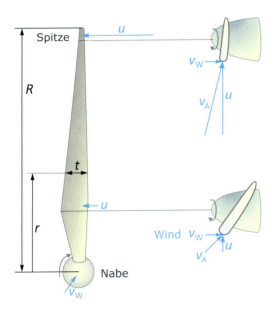

**Bild 6.16** Veränderung der Rotorblatttiefe und der Rotorblattverwindung über das Rotorblatt

Die Richtung der Anströmwindgeschwindigkeit $v_A$ unterscheidet sich zwischen Nabe und Blattspitze erheblich. Während an der Blattspitze die Anströmwindgeschwindigkeit weitgehend aus der Umfangsrichtung kommt, überwiegt an der Nabe die Komponente der realen Windgeschwindigkeit. Das Rotorblattprofil sollte für das Erzielen eines optimalen

Leistungsbeiwertes diese Einflüsse berücksichtigen. Bild 6.16 veranschaulicht die Änderung der Rotorblatttiefe und die Verwindung des Rotorblatts.

### 6.4.2.3 Windgeschwindigkeitsbereiche

Die Auslegungsschnelllaufzahl ist eng mit der Zahl der Rotorblätter verknüpft. Der maximale Leistungsbeiwert wird bei 3-Blatt-Rotoren mit einer Schnelllaufzahl von etwa 7 bis 8, bei 2-Blatt-Rotoren von 10 und bei Einblattrotoren von 15 erreicht, wobei es je nach Anlagentyp zu großen Abweichungen kommen kann. In anderen Worten, Einblattrotoren drehen sich deutlich schneller als vergleichbare 2- oder 3-Blatt-Rotoren.

Durch die optimale Schnelllaufzahl $\lambda_{opt}$ wird auch die **Auslegungswindgeschwindigkeit**

$$v_{Au} = \frac{u}{\lambda_{opt}} = \frac{2 \cdot \pi \cdot r \cdot n}{\lambda_{opt}} \tag{6.47}$$

über den Rotordurchmesser $r$ und die Rotordrehzahl $n$ festgelegt. So beträgt zum Beispiel bei einer 3-Blatt-Windkraftanlage mit einem Rotorradius von $r$ = 22 m, einer Drehzahl $n$ = 28 min$^{-1}$ = 0,467 s$^{-1}$ und einer optimalen Schnelllaufzahl $\lambda_{opt}$ = 7,5 die Auslegungswindgeschwindigkeit $v_{Au}$ = 8,6 m/s. Bei dieser Windgeschwindigkeit verfügt die Windkraftanlage über den maximalen Wirkungsgrad. Die Auslegungswindgeschwindigkeit ist vor allem bei Anlagen mit konstanter Drehzahl von Bedeutung. Bei Anlagen mit variabler Drehzahl kann das Optimum durch Änderung der Rotordrehzahl auch bei anderen Windgeschwindigkeiten erreicht werden. Hier ist die Angabe der Auslegungswindgeschwindigkeit wenig sinnvoll.

Bei geringen Windgeschwindigkeiten ist der Betrieb einer Windkraftanlage nicht ratsam. Dem Wind kann nur wenig oder keine Leistung entnommen werden, und die Windkraftanlage kann sogar zum Leistungsverbraucher werden. Deshalb werden Windkraftanlagen unterhalb einer definierten **Anlaufwindgeschwindigkeit** durch eine Rotorbremse festgehalten.

Die Auslegungswindgeschwindigkeit wurde zuvor erläutert. Als **Nennwindgeschwindigkeit** einer Windkraftanlage wird die Windgeschwindigkeit bezeichnet, bei der die Windkraftanlage ihre Nennleistung abgibt. Die Nennwindgeschwindigkeit ist größer als die Auslegungswindgeschwindigkeit. Oberhalb der Nennwindgeschwindigkeit wird die Leistung der Windkraftanlage konstant gehalten. Bei zu hoher Windgeschwindigkeit besteht die Gefahr der Überlastung und der Beschädigung der Windkraftanlage. Deshalb wird die Windkraftanlage bei zu großen Windgeschwindigkeiten abgeschaltet. Die Windkraftanlage wird dann durch eine Rotorbremse festgehalten und der Rotor nach Möglichkeit aus dem Wind gedreht. Für die verschiedenen Windgeschwindigkeiten können folgende typische Werte angegeben werden:

- Einschalt- oder Anlaufwindgeschwindigkeit $v_e$ = 2,5 m/s ... 4,5 m/s,
- Auslegungswindgeschwindigkeit $v_{Au}$ = 6 m/s ... 10 m/s,
- Nennwindgeschwindigkeit $v_N$ = 10 m/s ... 16 m/s,
- Abschaltwindgeschwindigkeit $v_{ab}$ = 20 m/s ... 34 m/s,
- Überlebenswindgeschwindigkeit $v_{life}$ = 50 m/s ... 70 m/s.

## 6.4 Bauformen von Windkraftanlagen

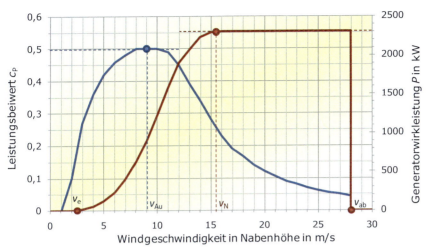

**Bild 6.17** Generatorwirkleistung und Leistungsbeiwert über der Windgeschwindigkeit für die 2,3-MW-Windkraftanlage Enercon E-70 (Daten: [Ene06])

Bild 6.17 zeigt die Generatorwirkleistung und den Leistungsbeiwert einer drehzahlvariablen 2300-kW-Windkraftanlage in Abhängigkeit der Windgeschwindigkeit. Durch die variable Drehzahl lässt sich der maximale Leistungsbeiwert von 0,5 über einen größeren Windgeschwindigkeitsbereich erzielen.

### 6.4.2.4 Leistungsbegrenzung und Sturmabschaltung

Je nach Windgeschwindigkeit soll dem Wind eine unterschiedliche Leistung entnommen werden. Nach Erreichen der Nennleistung, also oberhalb der Nennwindgeschwindigkeit, muss die Leistung konstant gehalten werden, um den elektrischen Generator nicht zu überlasten. Hierzu ist bei der Windkraftanlage eine Leistungsbegrenzung vorzunehmen, für die man zwischen den zwei Verfahren

- Stall-Regelung und
- Pitch-Regelung

unterscheidet. Bei der **Stall-Regelung** wird ausgenutzt, dass es bei großen Anstellwinkeln zum Strömungsabriss (stall) kommt (Bild 6.18). Dadurch geht der Auftrieb weitgehend verloren. Die Leistung, die vom Wind an den Rotor abgegeben wird, lässt sich somit begrenzen. Bei Stall-geregelten Windkraftanlagen wird die Rotordrehzahl $n$ und damit auch die Umfangsgeschwindigkeit $u$ konstant gehalten. Hierdurch kommt es zur Vergrößerung der Anstellwinkel bei größeren Windgeschwindigkeiten $v_W$. Das Rotorblatt selbst wird bei der Stall-Regelung nicht verstellt, der Blatteinstellwinkel bleibt also konstant. Die Stall-Regelung lässt sich durch konstruktive Maßnahmen ohne großen technischen Aufwand realisieren. Der Nachteil der Stall-Regelung sind die geringen Einflussmöglichkeiten beim Betrieb, denn es handelt sich um eine rein passive Regelung. Die Maximalleistung eines neu entworfenen Rotorblatts lässt sich bei der Stall-Regelung nur schwer vorhersagen, da eine mathematische Beschreibung des Stall-Vorgangs nur unzureichend möglich ist. Nach Erreichen der Maximalleistung geht bei Stall-geregelten Anlagen die

Leistung wieder zurück und bleibt nicht auf konstantem Niveau, wie in Bild 6.20 dargestellt.

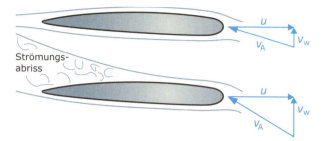

**Bild 6.18** Strömungsabriss durch den Stall-Effekt bei größeren Windgeschwindigkeiten

Wegen dieser Nachteile bevorzugen heute moderne netzgekoppelte Windkraftanlagen die **Pitch-Regelung**, auch wenn hier der technische Aufwand deutlich größer ist. Die Stall-Regelung kommt nur noch bei kleineren Anlagen und bei Inselnetzanlagen vor.

Im Gegensatz zur Stall-Regelung kann bei der Pitch-Regelung der Anstellwinkel durch aktive Veränderung des Blatteinstellwinkels vergrößert oder verkleinert werden. Beim Hochfahren oder bei größeren Windgeschwindigkeiten wird das Rotorblatt in den Wind gedreht (Bild 6.19). Hierdurch wird der Anstellwinkel verkleinert und die Leistungsaufnahme des Rotorblatts aktiv verändert. Der konstruktive Aufwand einer Pitch-geregelten Windkraftanlage ist höher, denn hier müssen die Rotorblätter in der Rotornabe drehbar gelagert sein. Die Blattverstellung kann bei kleineren Anlagen mechanisch über die Nutzung der Zentrifugalkraft erfolgen. Bei großen Anlagen bringt ein Elektromotor das Rotorblatt in die gewünschte Stellung. Hierfür wird jedoch elektrische Energie benötigt.

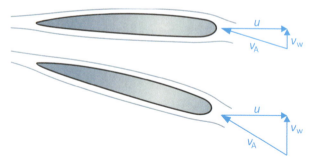

**Bild 6.19** Blattverstellung bei unterschiedlichen Windgeschwindigkeiten bei der Pitch-Regelung

Im Fall der Abschaltung der Windkraftanlage bei einem Sturm kann das Rotorblatt bei der Pitch-Regelung in eine Fahnenstellung gedreht werden. Dadurch wird die Leistungsaufnahme minimiert und eine Beschädigung der Windkraftanlage verhindert. Bei Stall-geregelten Anlagen wurde früher meist noch eine aerodynamische Bremse integriert. Hierbei wird zum Beispiel die Spitze des Rotorblatts drehbar ausgeführt. Die Spitze kann bei Sturm um 90 Grad verdreht werden und bremst dadurch die Windkraftanlage ab.

## 6.4 Bauformen von Windkraftanlagen

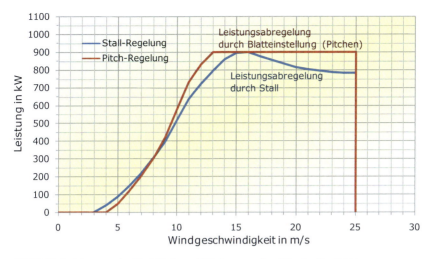

**Bild 6.20** Leistungsverlauf bei Stall- und Pitch-geregelten Windkraftanlagen

### 6.4.2.5 Windnachführung

Im Gegensatz zu Windkraftanlagen mit vertikaler Achse müssen Windkraftanlagen mit horizontaler Achse dem Wind nachgeführt werden. Die Rotorblätter werden hierbei so ausgerichtet, dass der Wind stets im gewünschten Winkel auf die Rotorblätter strömt. Bei sich schnell ändernden Windrichtungen und Böen erweist sich dies vor allem bei Pitch-geregelten Anlagen als Problem. Es kann zu großen Leistungsschwankungen kommen, die durch eine Drehzahländerung aufgefangen werden können.

Bei der Stellung des Rotors wird zwischen einem Luvläufer und einem Leeläufer unterschieden. Beim **Luvläufer** läuft der Rotor in Windrichtung vor dem Turm, beim **Leeläufer** hinter dem Turm. Der Leeläufer hat den Nachteil, dass sich die Rotorblätter ständig durch den Windschatten des Turms bewegen. Hierdurch kommt es zu starken mechanischen Beanspruchungen und zu zusätzlicher Lärmentwicklung durch Wirbelbildung an Turm und Gondel. Aus diesem Grund wird bei großen Anlagen meist der Luvläufer bevorzugt. Der Leeläufer hat den Vorteil, dass bei sich drehendem Rotor durch den Winddruck das Rotorblatt optimal zum Wind ausgerichtet wird. Bei kleinen Windkraftanlagen erfolgt oft eine Nachführung mit Hilfe einer Windfahne. Die Windfahne drückt den Rotor, der als Luvläufer arbeitet, immer senkrecht zum Wind.

Damit eine Windkraftanlage mit horizontaler Achse dem Wind nachgeführt werden kann, wird in der Regel die komplette Gondel mit Rotor, Getriebe und Generator auf dem Turm drehbar gelagert. Ein Windmesssystem auf der Gondel bestimmt Windgeschwindigkeit und Windrichtung. Bei Bedarf wird die Gondel samt Rotor mit Hilfe von elektrischen oder hydraulischen **Giermotoren** bewegt (Azimutantrieb). Hat die Gondel die gewünschte Position erreicht, wird sie über Azimutbremsen fixiert. In der Praxis gibt es immer kleinere Abweichungen zwischen Windrichtung und optimaler Rotorstellung. Diese Abweichung wird als Gierwinkel bezeichnet und liegt im Durchschnitt in der Größenordnung von 5 Grad.

## 6.4.2.6 Turm, Fundament, Getriebe und Generator

Der **Turm** ist einer der wichtigsten Teile einer Windkraftanlage. Seine Aufgabe ist es, die Gondel und die Rotorblätter zu tragen. Da die Windgeschwindigkeit mit der Höhe stark zunimmt, kann durch größere Turmhöhen auch der Anlagenertrag gesteigert werden. In den Anfangsjahren der Windkraft wurden meist Gittertürme verwendet. Der Vorteil der Gittertürme ist der geringere Materialeinsatz und damit niedrigere Kosten. Heute werden Gittertürme aus optischen Gründen nur noch selten aufgestellt. Bei kleineren Anlagen wird eine einfache Konstruktion gewählt, die über Abspannseile gesichert ist. Bei großen Windkraftanlagen werden Rohrtürme aus Stahl oder Beton mit rundem Querschnitt verwendet. Die Turmhöhe reicht bis weit über 100 m. Ein 120 m hoher Stahlrohrturm mit einem unteren Durchmesser von 6 m und einem oberen Durchmesser von 5,5 m erreicht immerhin eine Masse von 750 t. Der Transport und die Endmontage von Turm und Rotorblättern werden mit zunehmender Anlagengröße schwieriger. Als Gründung für eine Windkraftanlage ist ein ausreichendes Betonfundament nötig, um derartige Massen sicher zu verankern.

**Bild 6.21** Aufbau einer Windkraftanlage. Oben links: Fundament. Rechts: Turm. Unten links: Rotor und Gondel (Fotos: Bundesverband WindEnergie e.V. und ABO Wind AG)

Die **Gondel** der Windkraftanlage nimmt das Rotorlager, das Getriebe und den elektrischen Generator auf. Da der Generator bauartbedingt meist bei großen Drehzahlen betrieben werden muss, wird ein **Getriebe** benötigt, damit die Rotordrehzahl begrenzt werden kann. Das Getriebe übernimmt dabei die Aufgabe, die langsamere Rotordrehzahl auf die schnellere Generatordrehzahl anzupassen. Mit dem Getriebe müssen jedoch einige Nachteile in Kauf genommen werden. So verursacht es höhere Kosten, verringert die

Leistung aufgrund von Reibungsverlusten und erhöht die Lärmbelastung sowie den Wartungsaufwand. Für getriebelose Windkraftanlagen ist jedoch eine spezielle Ausführung des Generators notwendig. Er muss über eine Vielzahl elektrischer Pole verfügen, damit auch bei niedrigen Rotordrehzahlen eine gute Anpassung zwischen Rotor und Netz gewährleistet ist. Durch die höhere Anzahl der Pole vergrößern sich jedoch der Querschnitt und damit die Abmessungen und die Masse des Generators.

### 6.4.2.7 Offshore-Windkraftanlagen

Große Hoffnungen werden derzeit in den Ausbau der Offshore-Windkraftnutzung gesetzt. Hierbei werden Windparks auf offener See installiert. Dort stehen große zusammenhängende Flächen zur Verfügung. Das Windangebot ist zudem deutlich größer und gleichmäßiger als an Land. Dadurch ist der Ertrag an Offshore-Standorten höher und kann 50 % und mehr über optimalen Binnenlandstandorten liegen.

Offshore-Windkraftanlagen unterscheiden sich technisch relativ wenig von den Anlagen an Land. Offshore-Anlagen dürfen generell nur wenig wartungsanfällig sein. Bei schlechtem Wetter oder hohem Seegang sind die Anlagen auf hoher See nicht zugänglich. Für größere Wartungsarbeiten sind spezielle Schiffe erforderlich, die aber nur bei relativ ruhiger See arbeiten können. Ein weiteres Problem für Offshore-Anlagen ist das aggressive Salzwasser. Daher müssen alle Komponenten besonders geschützt und korrosionsbeständig sein.

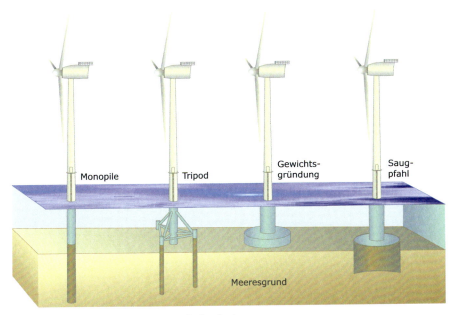

**Bild 6.22** Gründungen für Offshore-Windkraftanlagen

Spezialschiffe mit Kränen führen den Aufbau durch. Spezielle Gründungen verankern die Windkraftanlagen am Meeresboden (Bild 6.22). Aus wirtschaftlichen Gründen darf die Wassertiefe dabei nicht zu groß sein. Interessant sind noch Gebiete mit maximalen Wassertiefen von 50 m. Neben der Wassertiefe spielt auch die Tragfähigkeit des Bodens eine

Rolle. Ist der Untergrund zu weich, steigt der Aufwand für eine sichere Gründung. Dies kann auch in geringen Wassertiefen Projekte unwirtschaftlich machen.

Der Netzanschluss von Offshore-Windparks ist aufwändiger als an Land. Seekabel verbinden die einzelnen Windkraftanlagen mit einer Transformatorstation. Diese befindet sich ebenfalls auf See innerhalb des Windparks und ähnelt vom Erscheinungsbild her einer kleinen Bohrinsel. Die **Transformatorstation** wandelt die elektrische Spannung der Windkraftanlagen in Hochspannung um, um die Übertragungsverluste niedrig zu halten. Größere Entfernungen zur Küste können auch eine Gleichstromübertragung erforderlich machen, da die Verluste bei Wechselstrom-Seekabeln relativ hoch sind. Ein spezieller Umrichter wandelt die Wechselspannung in Gleichspannung um. An Land erfolgt wieder die Rückwandlung in Wechselstrom.

In Deutschland lässt sich rechtlich das Seegebiet in zwei Bereiche unterteilen. Die Hoheitsgewässer erstrecken sich auf das Küstenmeer bis zu einer Entfernung von 12 Seemeilen (22,2 Kilometer) von der Küste. Danach beginnt die **ausschließliche Wirtschaftszone** (AWZ), die bis zu einer Entfernung von maximal 200 Seemeilen (370,4 Kilometer) reicht. In der Ostsee ist die deutsche AWZ aufgrund der angrenzenden Nachbarstaaten viel kleiner als in der Nordsee. Innerhalb der deutschen Hoheitsgewässer sind für die Genehmigung von Windparks die jeweiligen Bundesländer zuständig. Wegen der negativen Einflüsse auf das Küstenbild sind in diesem Bereich nur sehr vereinzelt Windparks geplant. In der AWZ sind hingegen Windparks aufgrund der sehr großen Entfernung zur Küste von Land aus praktisch nicht mehr zu sehen. Die Zuständigkeit für die Genehmigung von Windparks in der AWZ liegt beim Bundesamt für Seeschifffahrt und Hydrographie (BSH).

## 6.5 Elektrische Maschinen

Die Generatoren zur Wandlung der durch den Wind erzeugten Bewegungsenergie in elektrische Energie sind ein wesentlicher Teil der Windkraftanlage. Aus diesem Grund wird ein großer Teil dieses Kapitels den elektrischen Maschinen gewidmet. Bevor ihr Einsatz in der Windkraft erläutert werden kann, ist zum besseren Verständnis die Erläuterung einiger Grundlagen vorangestellt.

Elektrische Maschinen lassen sich nach der genutzten Stromart gliedern:

- Gleichstrom,
- Wechselstrom,
- Impulsstrom,
- Drehstrom.

Gleichstrommaschinen zählen aufgrund ihres einfach nachvollziehbaren Wirkungsprinzips zu den ältesten Maschinen und finden heute zahlreiche Anwendungen, wie zum Beispiel als Scheibenwischermotoren in Kraftfahrzeugen. Der mit Wechselstrom betriebene Universalmotor wird vor allem bei Haushaltsgeräten eingesetzt. Schrittmotoren, zum Beispiel für den Positionierbetrieb bei Druckern, werden mit Impulsstrom betrieben.

## 6.5 Elektrische Maschinen

Für den Einsatz zur Stromerzeugung bei Windkraftanlagen eignen sich vor allem jedoch **Drehstrommaschinen**, die in **Asynchronmaschinen** und **Synchronmaschinen** unterteilt werden.

### 6.5.1 Elektrische Wechselstromrechnung

Bei den Drehstrommaschinen kommt ein dreisträngiger Wechselstrom zur Anwendung. Bevor auf Drehstrommaschinen näher eingegangen wird, erfolgt zum besseren Verständnis eine kurze Einführung in die elektrische Wechselstromrechnung.

Der zeitabhängige Verlauf der elektrischen **Wechselspannung** kann durch

$$u(t) = \hat{u} \cdot \cos(\omega \cdot t + \varphi_u) \tag{6.48}$$

mit der Amplitude $\hat{u}$, dem Nullpunktphasenwinkel $\varphi_u$ und der Kreisfrequenz

$$\omega = 2\pi \cdot f \tag{6.49}$$

beschrieben werden. Der zugehörige **Strom** $i$ mit dem Nullpunktphasenwinkel $\varphi_i$ und der Amplitude $\hat{i}$ ergibt sich zu:

$$i(t) = \hat{i} \cdot \cos(\omega \cdot t + \varphi_i) \;. \tag{6.50}$$

Für den **Phasenwinkel** $\varphi$ zwischen Strom und Spannung gilt:

$$\varphi = \varphi_u - \varphi_i \;. \tag{6.51}$$

Bei positivem Phasenwinkel eilt die Spannung dem Strom voraus, bei negativem Winkel eilt sie nach. In Bild 6.23 ist der zeitliche Verlauf eines Stroms und einer Spannung dargestellt. Mit den Nullpunktphasenwinkeln $\varphi_u = 0$ und $\varphi_i = -\pi/4$ berechnet sich hier der Phasenwinkel zu $\varphi = +\pi/4$, das heißt, die Spannung eilt hier dem Strom voraus.

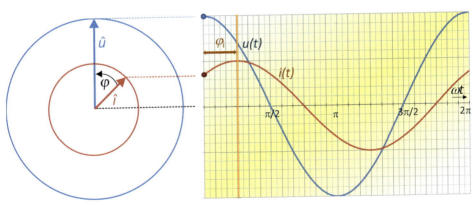

**Bild 6.23** Zeitlicher Verlauf von Strom und Spannung sowie Zeigerbild der Amplituden ($\varphi = \pi/4$)

Bei einer weiteren üblichen Beschreibung wird eine Amplitude, hier die Amplitude der Spannung, in einem Zeigerdiagramm als Bezugszeiger senkrecht angetragen. Die anderen Amplituden werden relativ dazu im entsprechenden Phasenwinkel angetragen. Die Konstruktion eines solchen Zeigerdiagramms der Amplituden ist in Bild 6.23 dargestellt.

Bei der Beschreibung der Wechselgrößen ist die Angabe eines Mittelwertes von Interesse. Da sich bei einer Sinusschwingung bei der Bildung eines arithmetischen Mittelwertes positive und negative Anteile aufheben, wird in der Elektrotechnik meist ein zeitlich quadratischer Mittelwert, der sogenannte **Effektivwert**, verwendet. Der Effektivwert einer Funktion $u(t)$ mit der Periodendauer $T = 1/f$ ist wie folgt definiert:

$$u_{\text{eff}} = U = \sqrt{\frac{1}{T} \cdot \int_0^T u^2(t)\,dt} \quad . \tag{6.52}$$

Bei sinusförmigem Verlauf von Spannung und Strom ergibt sich für die Effektivwerte

$$U = u_{\text{eff}} = \frac{\hat{u}}{\sqrt{2}} \approx 0{,}707 \cdot \hat{u} \quad (6.53) \qquad \text{sowie} \qquad I = i_{\text{eff}} = \frac{\hat{i}}{\sqrt{2}} \approx 0{,}707 \cdot \hat{i} \quad . \tag{6.54}$$

Das Zeigerdiagramm der Effektivwerte würde analog wie in Bild 6.23 aussehen, nur dass die Länge der Zeiger entsprechend den Effektivwerten geringer ist. Man kann sich die Zeigerdarstellung im mathematischen Sinne auch als Darstellung in der komplexen Zahlenebene vorstellen. Die reelle Achse (Re) wird oftmals im Gegensatz zur mathematisch üblichen waagerechten Darstellung in die Senkrechte gelegt. Die **komplexen Größen** werden bei der weiteren Betrachtung als unterstrichene Formelzeichen dargestellt.

Mit $\underline{U} = U \cdot e^{j\varphi_u} = U \cdot e^{j0} = U$

ergibt sich für obiges Beispiel folgende komplexe Darstellung für den Zeiger des Effektivwertes des Stroms mit dem Phasenwinkel $\varphi_i$ und der imaginären Einheit j ($j^2 = -1$) zu:

$$\underline{I} = I \cdot e^{j\varphi_i} \quad . \tag{6.55}$$

Bauteile wie Spulen und Kondensatoren verursachen eine Phasenverschiebung zwischen Strom und Spannung. Zur Beschreibung in der komplexen Zahlenebene werden hierfür imaginäre Widerstände, sogenannte **Blindwiderstände**, eingeführt.

In Bild 6.24 sind die Reihenschaltung von einem Widerstand und einer Spule und die entsprechenden Strom- und Spannungszeiger dargestellt. Die Spannung $\underline{U}_1$ wird hierbei als Bezugsgröße in die reelle Achse gelegt ($\varphi_u = 0$). In diesem Beispiel ist der Strom $\underline{I}$ um den Nullpunktphasenwinkel $\varphi_i = 3\pi/4$ gedreht, der Phasenwinkel zwischen Strom und Spannung beträgt also $\varphi = -3\pi/4$. Dieser Wert wurde in diesem **Beispiel** willkürlich gewählt.

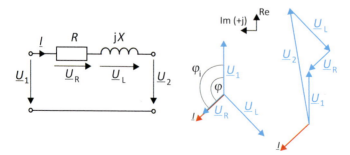

**Bild 6.24** Reihenschaltung von Widerstand und Spule mit Zeigerdiagrammen

Mit dem Strom $\underline{I} = I \cdot e^{j\varphi_i}$ berechnet sich die Spannung am Widerstand $R$ zu

$$\underline{U}_R = R \cdot \underline{I} = R \cdot I \cdot e^{j\varphi_i} \; . \tag{6.56}$$

Der Spannungszeiger $\underline{U}_R$ zeigt in dieselbe Richtung wie der Stromzeiger $\underline{I}$. Die Spannung an der Spule berechnet sich über die entsprechende Induktivität $L$ beziehungsweise den Blindwiderstand $X = \omega L$ sowie $j = e^{j\frac{\pi}{2}}$ zu

$$\underline{U}_L = j\omega L \cdot \underline{I} = jX \cdot \underline{I} = e^{j\frac{\pi}{2}} \cdot X \cdot I \cdot e^{j\varphi_i} = X \cdot I \cdot e^{j(\frac{\pi}{2}+\varphi_i)} \; . \tag{6.57}$$

Die Spannung $\underline{U}_2$ lässt sich über

$$\underline{U}_2 = \underline{U}_1 - \underline{U}_L - \underline{U}_R \tag{6.58}$$

ermitteln. Durch Parallelverschieben der Spannungszeiger $\underline{U}_R$ und $\underline{U}_L$ ergibt sich der Zeiger $\underline{U}_2$ als der Zeiger, der das Zeigerdiagramm schließt.

Die **Momentanleistung** $p(t)$ ergibt sich wie bei der Gleichstromrechnung über

$$p(t) = u(t) \cdot i(t) \; . \tag{6.59}$$

Die mittlere Leistung oder **Wirkleistung** $P$ berechnet sich aus der Differenz der positiven und negativen Flächen der $p(t)$-Kurve und der Zeitachse. Über

$$P = \frac{1}{T} \int_0^T u(t) \cdot i(t) \cdot dt \tag{6.60}$$

bestimmt sich die Wirkleistung $P$ bei harmonischem Spannungs- und Stromverlauf mit dem Phasenwinkel $\varphi$ zu

$$P = \tfrac{1}{2} \hat{u} \cdot \hat{i} \cdot \cos\varphi = U \cdot I \cdot \cos\varphi \; . \tag{6.61}$$

Bei einer Phasenverschiebung zwischen Strom und Spannung um $\pm\pi/2$ werden die positiven Flächenanteile genauso groß wie die negativen, und die Wirkleistung wird null. Das heißt nicht, dass keinerlei Leistung vorhanden ist. Die ganze Energie pendelt in diesem Fall zwischen Verbraucher und Erzeuger hin und her. Dieser pendelnde Energieanteil ist auch bei anderen Phasenwinkeln vorhanden und wird als **Blindleistung** $Q$ bezeichnet:

$$Q = U \cdot I \cdot \sin\varphi \; . \tag{6.62}$$

Bei positivem Phasenwinkel ist auch die Blindleistung positiv, man spricht dann von induktiver Blindleistung. Bei negativem Phasenwinkel und negativer Blindleistung spricht man von kapazitiver Blindleistung. Manchmal wird auch ein anderes Zählpfeilsystem für die Ströme und Spannungen verwendet, wodurch sich der Phasenwinkel um 180° und dadurch auch die Vorzeichen ändern, was zur Verwirrung führen kann.

Die sogenannte **Scheinleistung** $S$ bestimmt sich über

$$\underline{S} = P + j \cdot Q \quad \text{bzw.} \quad |\underline{S}| = S = \sqrt{P^2 + Q^2} = U \cdot I \; . \tag{6.63}$$

Die Wirkleistung $P$ wird in der Einheit W (Watt) angegeben. Betrachtet man die Einheiten, ergeben sich Blind- und Scheinleistung wie die Wirkleistung aus dem Produkt von Strom und Spannung. Zur besseren Unterscheidung werden hier jedoch andere Einheiten verwendet. Die Blindleistung $Q$ wird in der Einheit var (Volt Ampere reaktiv) und die Scheinleistung $S$ in der Einheit V A (Volt Ampere) angegeben.

Der **Leistungsfaktor** $\quad \cos\varphi = \dfrac{P}{S}$ (6.64)

beschreibt das Verhältnis der Wirkleistung P zur Scheinleistung S. Da der Kosinus für negative und positive Phasenwinkel den gleichen Wert ergibt, erhält der Leistungsfaktor oftmals den Zusatz „induktiv" oder „kapazitiv". Hieraus lässt sich erkennen, ob der Phasenwinkel positiv oder negativ ist.

### 6.5.2 Drehfeld

Wird ein elektrischer Leiter von einem Strom durchflossen, entsteht ein Magnetfeld, wie es in Bild 6.25 für einen Leiter und eine Spule dargestellt ist.

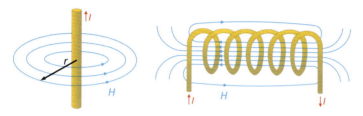

**Bild 6.25** Magnetfelder eines stromdurchflossenen Leiters und einer stromdurchflossenen Spule

Für einen mit dem elektrischen Strom I durchflossenen Leiter berechnet sich im Abstand r vom Leiter die magnetische Feldstärke

$$H = \dfrac{I}{2 \cdot \pi \cdot r} \quad .$$ (6.65)

Neben der magnetischen Feldstärke H kann auch die **magnetische Flussdichte** B bestimmt werden, die über die magnetische Feldkonstante

$$\mu_0 = 4 \cdot \pi \cdot 10^{-7} \, \dfrac{Vs}{Am} \approx 1{,}257 \cdot 10^{-6} \, \dfrac{Vs}{Am}$$ (6.66)

und die materialabhängige Permeabilitätszahl $\mu_r$ wie folgt berechnet wird:

$$B = \mu_0 \cdot \mu_r \cdot H .$$ (6.67)

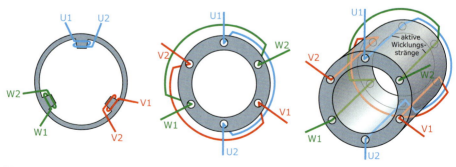

**Bild 6.26** Links: Querschnitt durch einen Ständer zur Erzeugung eines Drehfeldes mit drei um 120° versetzten Spulen (konzentrierte Wicklung). Mitte: Querschnitt, rechts: dreidimensionale Darstellung einer integrierten Drehstromwicklung (verteilte Wicklung)

## 6.5 Elektrische Maschinen

Bei der Erzeugung eines Drehfeldes macht man sich zunutze, dass, wie zuvor erläutert, bei stromdurchflossenen Leitern ein Magnetfeld entsteht. Hierbei werden drei um 120° versetzte und von einem Dreiphasenwechselstrom durchflossene Spulen verwendet. Die drei Spulen U, V und W mit den Anschlüssen U1, U2, V1, V2, W1 und W2 werden hierzu wie in Bild 6.26 um 120° versetzt angeordnet.

Werden nun in die drei um 120° räumlich versetzten **Drehstromwicklungen** drei zeitlich um 120° versetzte Wechselströme eingespeist, entsteht ein Drehfeld. Dies ist in Bild 6.27 nachzuvollziehen. Hier sind bei zwei verschiedenen Zeitpunkten I ($\omega t = 0$) und II ($\omega t = \pi/2$) jeweils die Ströme eingezeichnet, die aus Bild 6.28 entnommen werden können. Es ist deutlich zu erkennen, dass der Nordpol des Magnetfelds zum Zeitpunkt II um 90° im Uhrzeigersinn gewandert ist. Konstruiert man den Verlauf des Magnetfeldes zu mehreren verschiedenen Zeitpunkten, erhält man ein Magnetfeld, das kontinuierlich seine Richtung ändert, das sogenannte **Drehfeld**.

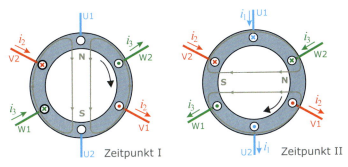

**Bild 6.27** Änderung des magnetischen Feldes zu zwei unterschiedlichen Zeitpunkten bei Anlegen eines jeweils um 120° zeitlich verschobenen sinusförmigen Stroms

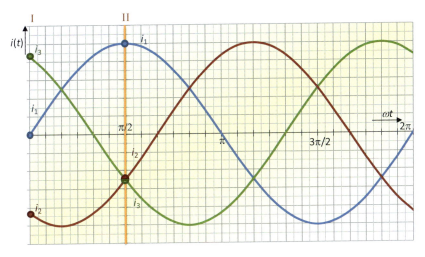

**Bild 6.28** Drehstrom (drei Stränge) zur Erzeugung eines Drehfeldes

Würde man im Ständer mit der Drehstromwicklung eine Magnetnadel befestigen, würde diese sich ständig im Kreis drehen. Die Drehzahl ergibt sich direkt aus der Frequenz des

Stromes, da bei obiger Anordnung die Magnetnadel nach jeder Periode des Stroms eine Umdrehung durchlaufen hat. Bei der europäischen Netzfrequenz von $f$ = 50 Hz beträgt die Synchrondrehzahl $n_S$, also die Drehzahl des umlaufenden Magnetfeldes, $n_S$ = 50 s$^{-1}$ = 3000 min$^{-1}$.

Während bei der obigen Anordnung beim Magnetfeld nur zwei Pole beziehungsweise ein Polpaar N-S ($p$ = 1) vorhanden ist, können beim Ständer die Wicklungen auch so ausgeführt werden, dass mehrere Polpaare entstehen. Bei gleicher Netzfrequenz halbiert sich die Drehzahl bei einer Verdopplung der Polpaare. Die **Synchrondrehzahl** $n_S$ bestimmt sich also aus der Netzfrequenz $f$ und der Polpaarzahl $p$:

$$n_S = \frac{f}{p} \quad . \tag{6.68}$$

Die Polteilung

$$\tau_p = \frac{d \cdot \pi}{2 \cdot p} \tag{6.69}$$

berechnet sich aus der Polpaarzahl $p$ und dem Durchmesser $d$ der Ständerbohrung. Für die auf der Strecke $x$ entlang des Umfangs räumlich und zeitlich verteilte magnetische Induktion $B$ mit der Amplitude $\hat{B}$ gilt:

$$B(x,t) = \hat{B} \cdot \sin(\frac{\pi \cdot x}{\tau_p} - \omega \cdot t) \quad . \tag{6.70}$$

In der Praxis werden die sechs Anschlüsse U1, U2, V1, V2, W1 und W2 der Spulen zur Erzeugung eines Drehfeldes in einer Stern- oder Dreieckschaltung gemäß Bild 6.29 zusammengeschaltet. Dies reduziert die Zahl der Außenleiter auf die drei stromführenden Leiter L1, L2 und L3. Oftmals werden diese Leiter auch mit R, S und T bezeichnet. Bei Bedarf kann noch ein sogenannter Nullleiter N als Bezugsleiter hinzugefügt werden. Dieser ist aber bei Drehstrommaschinen nicht unbedingt erforderlich.

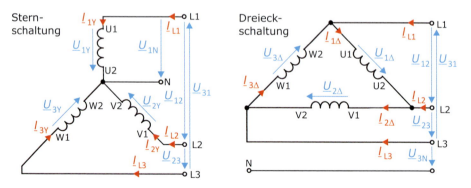

**Bild 6.29** Prinzip der Stern- und der Dreieckschaltung

Zwischen den Effektivwerten der Leiter-Leiter-Spannungen und der Leiter-Nullleiter-Spannungen bestehen folgende Zusammenhänge:

$$U = U_{12} = U_{23} = U_{31} = \sqrt{3} U_{1N} = \sqrt{3} U_{2N} = \sqrt{3} U_{3N} \quad . \tag{6.71}$$

## 6.5 Elektrische Maschinen

Bei dem mitteleuropäischen Netz beträgt der Effektivwert der Spannung zwischen Leiter und Nullleiter 230 V und zwischen zwei Leitern $\sqrt{3} \cdot 230\,\text{V} = 400\,\text{V}$. Die einzelnen Spannungen sind jeweils um $2\pi/3$ zueinander phasenverschoben.

Bei der **Sternschaltung** entsprechen die Spannungen $U_Y$ an den Spulen, die auch als Strangspannung bezeichnet werden, den jeweiligen Leiter-Nullleiter-Spannungen. Bei der **Dreieckschaltung** entsprechen die Strangspannungen $U_\Delta$ den Leiter-Leiter-Spannungen $U$. Damit folgt für die jeweiligen Effektivwerte:

$$U = U_\Delta = \sqrt{3} \cdot U_Y \,. \tag{6.72}$$

Bei der Sternschaltung entsprechen die Ströme $I_Y$ durch die Spulen den Leiterströmen $I$:

$$I = I_L = I_Y \,. \tag{6.73}$$

Bei der Dreieckschaltung sind durch die Aufteilung der Leiterströme die Effektivwerte der Ströme $I_\Delta$ durch die Spulen um den Faktor $\sqrt{3}$ reduziert. Dadurch ergibt sich

$$I = \sqrt{3} \cdot I_\Delta \,. \tag{6.74}$$

Da die Strangspannungen $U_Y$ an den Spulen bei der Sternschaltung jedoch um den Faktor $\sqrt{3}$ reduziert sind, werden auch die Strangströme $I_Y$ im Vergleich zur Dreieckschaltung um den Faktor $\sqrt{3}$ reduziert:

$$I_\Delta = \sqrt{3} \cdot I_Y \,. \tag{6.75}$$

Die Leiterströme $I$ einer Stern- und Dreieckschaltung des gleichen Spulensystems sind bei gleichen Leiter-Leiter-Spannungen also nicht identisch.

Die Gesamtwirkleistung eines symmetrischen Dreiphasensystems in Sternschaltung berechnet sich aus der Summe der Wirkleistungen der drei Stränge zu

$$P = 3 \cdot U_Y \cdot I_Y \cdot \cos\varphi = \sqrt{3} \cdot U \cdot I \cdot \cos\varphi \,. \tag{6.76}$$

Analog ergibt sich für die Dreieckschaltung

$$P = 3 \cdot U_\Delta \cdot I_\Delta \cdot \cos\varphi = \sqrt{3} \cdot U \cdot I \cdot \cos\varphi \,. \tag{6.77}$$

Durch Messen von Strom und Spannung eines Leiters lässt sich jeweils die Leistungsaufnahme einer symmetrischen Gesamtschaltung bestimmen. Mit $U_\Delta = \sqrt{3} \cdot U_Y$ und $I_\Delta = \sqrt{3} \cdot I_Y$ folgt

$$P_\Delta = 3 \cdot P_Y \,. \tag{6.78}$$

Das heißt, die Leistungsaufnahme einer Dreieckschaltung ist dreimal größer als die einer vergleichbaren Sternschaltung.

Die **Blindleistung** $Q$ und die **Scheinleistung** $S$ einer Dreieck- bzw. Sternschaltung berechnen sich analog zur Wirkleistung. Es ergibt sich

$$Q = \sqrt{3} \cdot U \cdot I \cdot \sin\varphi \quad \text{und} \tag{6.79}$$

$$S = \sqrt{3} \cdot U \cdot I \,. \tag{6.80}$$

### 6.5.3 Synchronmaschine

#### 6.5.3.1 Aufbau

Die Synchronmaschine besteht aus einem **Ständer**, der auch Stator genannt wird, sowie aus einem Läufer. Der Ständer stellt den unbeweglichen Teil der Maschine zur Erzeugung eines Drehfeldes dar, wie im vorigen Abschnitt erläutert. In einem Gehäuse aus geschichteten Blechpaketen befinden sich die Drehstromwicklungen des Ständers zumeist in offenen Nuten entlang der inneren Bohrung (verteilte Wicklung).

Zuvor wurde bereits erläutert, dass sich eine Magnet- oder Kompassnadel innerhalb des Ständers durch den Einfluss des Drehfeldes mit der Frequenz des Drehfeldes bewegen würde. In der Bohrung des Ständers des Synchrongenerators befindet sich nun keine Magnetnadel, sondern ein **Läufer**, der zum Beispiel von den Rotorblättern einer Windkraftanlage angetrieben wird. Ein derartiger Läufer muss ebenfalls wie die Kompassnadel magnetisch sein, damit er dem Drehfeld mit der Synchrondrehzahl folgt. Bei der Synchronmaschine wird das Magnetfeld des Läufers entweder durch Permanentmagnete aus dauermagnetischen Werkstoffen oder über stromdurchflossene Gleichstromwicklungen, die **Erregerwicklungen**, erzeugt. Der Strom, der durch die Läuferwicklungen fließt, wird hierfür von außen meist über Schleifringe zugeführt.

Beim Läufer unterscheidet man zwischen zwei Bauformen, die in Bild 6.30 dargestellt sind. Der **Turboläufer** besteht aus einer massiven Walze. In Längsrichtung sind Nuten vorgesehen, welche die Erregerwicklungen aufnehmen. Der Vorteil des Turboläufers ist, dass er aufgrund seiner massiven Bauweise Fliehkräfte besser aufnehmen kann. Allerdings wird für ihn auch der Materialaufwand größer.

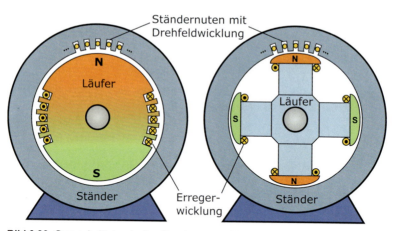

**Bild 6.30** Querschnitt durch eine Synchronmaschine; links: Vollpolläufer bzw. Turboläufer, rechts: Schenkelpolläufer

Beim **Schenkelpolläufer** sind ausgeprägte Pole vorhanden. Die Läufer werden mit zwei Polen, vier Polen (Bild 6.30 rechts) oder mehr ausgeführt. Beim Schenkelpolläufer ist die elektrotechnische Beschreibung deutlich schwieriger als beim Turboläufer, da es aufgrund seiner Bauweise zu Unsymmetrien kommt. An dieser Stelle soll nur auf den Turbo- oder Vollpolläufer näher eingegangen werden. Zur Beschreibung des Schenkelpolläufers wird auf entsprechende Fachliteratur verwiesen (z.B. [Mül94] oder [Fis06]).

Die Drehzahl $n_S = f_1/p$ des Ständerdrehfelds ist, wie bereits zuvor erläutert, durch die Frequenz $f_1$ des Drehstroms und die Polpaarzahl $p$ des Ständers festgelegt. Bei einer Frequenz von 50 Hz und zwei Polen ($p = 1$) ergibt sich die Drehzahl $n_S = 3000$ min$^{-1}$.

Bei der Synchronmaschine hat der Läufer die gleiche Drehzahl wie der Ständer. Der Nordpol des Läufers folgt also immer dem Südpol des Ständers. Wird die Synchronmaschine als Motor betrieben, befinden sich der Läufernordpol und der Ständersüdpol nicht direkt übereinander. Durch die Belastung des Motors kommt es zu einer Verschiebung zwischen Läufer- und Ständerpolen, die über den Polradwinkel $\vartheta$ ausgedrückt werden kann. Mit zunehmender Belastung vergrößert sich der Polradwinkel.

Wird die Synchronmaschine bei einer Windkraftanlage als Generator betrieben, wird die Läuferdrehzahl ebenfalls durch die Synchrondrehzahl des Drehfeldes vorgegeben. Die Pole von Läufer und Ständer sind wieder verschoben, nur dass nun der Läuferpol in Drehrichtung vor den Ständerpol verschoben ist. Der Polradwinkel ändert also sein Vorzeichen von Minus nach Plus. Je stärker der Generator angetrieben wird, desto größer wird der Betrag des Polradwinkels $\vartheta$. Je nach Belastung ändert sich also der Polradwinkel. Die Drehzahl bleibt jedoch stets konstant, das heißt, der Rotor läuft synchron mit der Ständerfrequenz um. Hieraus ergibt sich auch der Name der Synchronmaschine. Die Läuferdrehzahl kann nur durch Änderung der Frequenz $f$ des Drehfeldes oder der Polpaarzahl $p$ verändert werden.

### 6.5.3.2 Elektrische Beschreibung

Jeder Strang der dreisträngigen Drehstromwicklung des Ständers erzeugt ein Hauptfeld, das mit dem Läufer verkettet ist. Dies wird in der sogenannten Hauptinduktivität $L_h$ bzw. dem Hauptblindwiderstand $X_h = 2 \cdot \pi \cdot f_1 \cdot L_h$ berücksichtigt. Neben dem Hauptfeld entstehen jedoch auch Streufelder, die nicht mit der Läuferseite verkettet sind. Diese Streufelder werden durch den Streublindwiderstand oder auch Streureaktanz $X_\sigma$ erfasst. Durch das Läuferfeld wird im Ständer bei Drehung eine Spannung induziert. Diese Spannung wird als **Polradspannung** $\underline{U}_p$ bezeichnet. Der Effektivwert der Polradspannung ist im linearen Fall proportional zu dem des Erregerstroms $I_E$ im Läufer

$$U_p \sim I_E \quad , \tag{6.81}$$

das heißt, über den Erregerstrom kann dann die Polradspannung eingestellt werden.

Neben dem Spannungsabfall an den Blindwiderständen ist noch ein ohmscher Spannungsabfall am Ständerwiderstand $R_1$ vorhanden. Hiermit ergibt sich folgende Gleichung für die Ersatzschaltung, die den Zusammenhang zwischen Ständerstrom $\underline{I}_1$ und Ständerspannung $\underline{U}_1$ an einem Wicklungsstrang beschreibt:

$$\underline{U}_1 = \underline{U}_p + \underline{I}_1 \cdot R_1 + \underline{I}_1 \cdot j(X_h + X_\sigma) \quad . \tag{6.82}$$

Bei großen Maschinen ist der Einfluss des Ständerwiderstands $R_1$ so gering, dass er in der Regel vernachlässigt werden kann. Die Hauptreaktanz $X_h$ und die Streureaktanz $X_\sigma$ können zur Synchronreaktanz

$$X_d = X_h + X_\sigma \tag{6.83}$$

zusammengefasst werden. Dadurch ergibt sich die Gleichung für das vereinfachte einsträngige **Ersatzschaltbild** (Bild 6.31).

$$\underline{U}_1 = \underline{U}_p + \underline{I}_1 \cdot jX_d \tag{6.84}$$

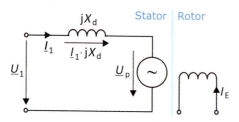

**Bild 6.31** Vereinfachtes Ersatzschaltbild ($R_1 = 0$) der Vollpolmaschine für einen Strang

Der größte Vorteil der Synchronmaschine im Gegensatz zur später betrachteten Asynchronmaschine ist, dass sie auch im Generatorbetrieb Blindstrom abgeben kann, wenn dieser vom Verbraucher benötigt wird. Der Ständerstrom der Synchronmaschine kann alle Phasenwinkel durchlaufen. Dies wird auch als **Vierquadrantenbetrieb** bezeichnet. In Bild 6.32 sind die **Zeigerdiagramme der Vollpolmaschine** für vier unterschiedliche Betriebszustände dargestellt.

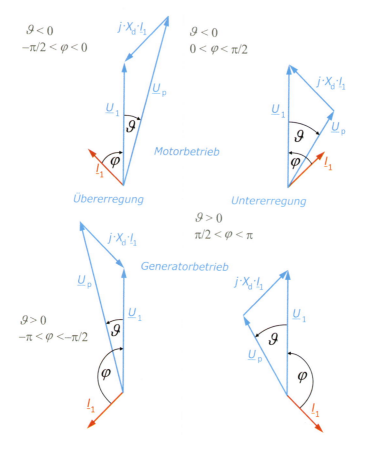

**Bild 6.32** Zeigerdiagramme der Synchronmaschine mit Vollpolläufer im Vierquadrantenbetrieb

## 6.5 Elektrische Maschinen

Je nach Phasenwinkel unterscheidet man zwischen **Untererregung** und **Übererregung**. Bei Untererregung wirkt die Synchronmaschine wie eine Spule, sie nimmt induktiven Blindstrom auf. Bei Übererregung hingegen verhält sich die Maschine wie ein Kondensator, sie gibt also induktiven Blindstrom ab.

Über Winkelbeziehungen lässt sich aus dem Zeigerdiagramm der folgende Zusammenhang herleiten:

$$I_1 \cdot \cos\varphi = -\frac{U_p}{X_d} \cdot \sin\vartheta \quad . \tag{6.85}$$

Der Ständerstrom $I_1$ und der Phasenwinkel $\varphi$ sind also von der Belastung und der Erregung abhängig. Bei zunehmender Belastung, das heißt zunehmendem Drehmoment $M$, nimmt der Polradwinkel $\vartheta$ zu. Die Polradspannung $U_p$ ist abhängig von der Erregung beziehungsweise dem Erregerstrom.

Die elektrische Wirkleistung des Ständers

$$P_1 = 3 \cdot U_1 \cdot I_1 \cdot \cos\varphi \tag{6.86}$$

lässt sich aus der Wirkleistung der drei einzelnen Wicklungsstränge des Ständers bestimmen. Mit der Synchrondrehzahl $n_S$ des Drehfeldes ergibt sich über

$$M = \frac{P_1}{2\cdot\pi\cdot n_S} \tag{6.87}$$

das der Wirkleistung zugeordnete **Drehmoment**:

$$M = -\frac{3\cdot U_1}{2\cdot\pi\cdot n_S} \cdot \frac{U_p}{X_d} \cdot \sin\vartheta \quad . \tag{6.88}$$

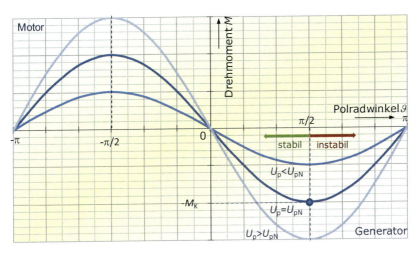

**Bild 6.33** Verlauf des Drehmoments einer Synchronmaschine mit Vollpolläufer in Abhängigkeit des Polradwinkels $\vartheta$ und der Polradspannung $U_p$

Bei Generatorbetrieb, also positivem Polradwinkel $\vartheta$, sind nach dieser Definition die Leistung $P$ und das Drehmoment $M$ negativ, die Maschine gibt Leistung ab. Das Rotormoment ist größer als das der Wirkleistung zugeordnete Moment, da hier noch Verluste durch Reibung sowie Verluste im Getriebe und im Generator zu berücksichtigen sind.

Den Verlauf des Drehmoments $M$ über dem Polradwinkel $\vartheta$ zeigt Bild 6.33. Das theoretisch erreichbare maximale Drehmoment oder auch Kippmoment $M_K$ entwickelt die Synchronmaschine bei Polradwinkeln von $\pm\pi/2$. Die Höhe des Drehmoments kann über die Polradspannung und damit über den Erregerstrom verändert werden. Steigt das Lastmoment der Maschine über das Kippmoment, gerät die Maschine aus dem Synchronismus. Im Motorbetrieb gerät die Maschine außer Tritt, und der Motor bleibt stehen. Im Generatorbetrieb dreht der Läufer schneller als das Ständerdrehfeld, und der Generator geht durch. Aufgrund der stark steigenden Fliehkräfte würde dies bei einer Windkraftanlage letztendlich zur Beschädigung des Rotors führen. Dies muss durch entsprechende Sicherungsmaßnahmen wie zum Beispiel aerodynamische Bremsen verhindert werden.

### 6.5.3.3 Synchronisation

Bevor ein Synchrongenerator auf das Netz geschaltet werden kann, muss er mit dem Netz synchronisiert werden. Bisher wurde stets angenommen, dass die Ständerfrequenz, also die Frequenz der Ständerspannung, mit der Netzfrequenz übereinstimmt. Beim Anlaufen eines Synchrongenerators unterscheiden sich die Drehzahl des Rotors und damit die Ständerfrequenz von der Netzfrequenz. Würde der Synchrongenerator sofort auf das Netz geschaltet, käme es hierdurch zu starken Ausgleichsvorgängen, wie zum Beispiel zu hohen Ausgleichsströmen. Dies würde zu einer inakzeptablen Belastung des Netzes führen und könnte auch eine Beschädigung des Generators verursachen. Aus diesem Grund müssen folgende **Synchronisierbedingungen** erfüllt sein, bevor ein Synchrongenerator aufs Netz geschaltet wird:

- gleiche Phasenfolge im Netz und im Ständer (Drehrichtung),
- Gleichheit der Frequenz von Ständerspannung und Netzspannung,
- Gleichheit der Spannungsamplitude von Ständerspannung und Netzspannung,
- Gleichheit der Phasenlage der Spannung von Ständer und Netz.

Beim Betrieb moderner Synchrongeneratoren erfolgt die Synchronisation automatisch mit Hilfe einer entsprechenden elektronischen Parallelschalteinrichtung. Die folgenden Synchronisierbedingungen sollen mindestens eingehalten werden [VDE94]:

- Spannungsdifferenz $\quad \Delta U < \pm\, 10\, \% \cdot U_N$,
- Frequenzdifferenz $\quad \Delta f < \pm\, 0{,}5$ Hz,
- Phasenwinkeldifferenz $\quad \Delta\varphi < \pm\, 10°$.

Bei den im Folgenden erläuterten Asynchronmaschinen ist eine Synchronisation nicht erforderlich.

## 6.5.4 Asynchronmaschine

### 6.5.4.1 Aufbau und Betriebszustände

Der **Ständer**, also der nicht bewegliche Teil der Asynchronmaschine, hat prinzipiell denselben Aufbau wie bei der Synchronmaschine. Auch hier wird wieder über drei räumlich versetzte Wicklungen ein Drehfeld erzeugt.

Der **Läufer** hingegen unterscheidet sich grundlegend von dem der Synchronmaschine. Im Läufer befinden sich weder Permanentmagnete noch Gleichstromwicklungen zum Erzeugen eines Magnetfeldes, sondern sogenannte Drehstromwicklungen. Man unterscheidet bei der Asynchronmaschine zwischen zwei Läuferarten, dem Käfigläufer oder Kurzschlussläufer und dem Schleifringläufer.

Beim **Käfigläufer** sind die Drehstromwicklungen des Läufers in Läufernuten untergebracht und die Leiter an beiden Enden über sogenannte Kurzschlussringe verbunden. Beim **Schleifringläufer** werden nur die Wicklungsenden des einen Endes intern verbunden und die Anfänge über Schleifringe und Kohlebürsten nach außen geführt. Dort können sie über Widerstände kurzgeschlossen werden. Hierdurch lässt sich unter anderem das Verhalten der Asynchronmaschine beim Anlaufen verbessern.

Der größte Vorteil der Asynchronmaschine ist der einfache und robuste Aufbau, da beim Käfigläufer keine Schleifringe vorhanden sind, die einer mechanischen Beanspruchung unterliegen.

Die Synchrondrehzahl $n_S$ des Drehfeldes im Ständer berechnet sich wie zuvor aus der Netzfrequenz $f_1$ und der Polpaarzahl $p$:

$$n_S = \frac{f_1}{p} \quad . \tag{6.89}$$

Bei stehender Maschine läuft das Drehfeld über den stehenden Läufer hinweg und induziert in den Leitern der Läuferwicklung eine Spannung. Hierdurch entstehen in den geschlossenen Wicklungsstäben Stabströme, die eine Tangentialkraft auf den Läufer verursachen und diesen in Bewegung setzten. Bei Motorbetrieb bewegt sich der Läufer mit der Läuferdrehzahl $n$, die stets geringer ist als die Synchrondrehzahl $n_S$, da eine Drehzahldifferenz benötigt wird, um Spannungen im Läufer zu induzieren. Die relative Differenz zwischen der Läuferdrehzahl $n$ und der Synchrondrehzahl $n_S$ wird als **Schlupf**

$$s = \frac{n_S - n}{n_S} \tag{6.90}$$

bezeichnet. Wird die Asynchronmaschine als Generator betrieben, bewegt sich der Läufer schneller als das Ständerdrehfeld. Die Maschine gibt dann über den Ständer elektrische Wirkleistung an das Netz ab. Die verschiedenen Betriebszustände der Asynchronmaschine sind in Tabelle 6.5 dargestellt.

**Tabelle 6.5** Drehzahl und Schlupf bei verschiedenen Betriebszuständen

| Betriebszustand | Drehzahl | Schlupf |
|---|---|---|
| Stillstand (Kurzschluss) | $n = 0$, $n_S > 0$ | $s = 1$ |
| Motorbetrieb | $0 < n < n_S$ | $0 < s < 1$ |
| Synchronlauf (Leerlauf) | $n = n_S$ | $s = 0$ |
| Generatorbetrieb | $n > n_S$ | $s < 0$ |
| Bremsbetrieb | $n < 0$, $n_S > 0$ | $1 < s < \infty$ |

Im Gegensatz zum Synchrongenerator benötigt der Asynchrongenerator zum Betrieb stets induktiven Blindstrom, wie später gezeigt werden soll. Dieser kann durch übererregte Synchronmaschinen aus dem Netz oder durch eine entsprechende Leistungselektronik zur Verfügung gestellt werden. Beim Betrieb eines Asynchrongenerators im Inselnetz kann die **Blindleistung** über eine Kondensatorbank, welche die induktiven Ströme liefern kann, bereitgestellt werden.

### 6.5.4.2 Ersatzschaltbilder und Stromortskurven

Vom elektrischen Aufbau her ähnelt die Asynchronmaschine einem **Transformator**, der aus zwei gekoppelten Wicklungen besteht. Bei einem idealen Transformator sind die Wicklungen streuungsfrei miteinander gekoppelt. Beim realen Transformator hingegen treten Streufelder und ohmsche Verluste auf, die durch Hinzufügen von Wirk- und Blindwiderständen im Ersatzschaltbild berücksichtigt werden können (Bild 6.34).

Für den Transformator ergeben sich folgende Spannungsgleichungen:

$$\underline{U}_1 = R_1 \cdot \underline{I}_1 + jX_{1\sigma} \cdot \underline{I}_1 + jX_{h1} \cdot \underline{I}_1 + jX_{12} \cdot \underline{I}_2 \,, \tag{6.91}$$

$$\underline{U}_2 = R_2 \cdot \underline{I}_2 + jX_{2\sigma} \cdot \underline{I}_2 + jX_{h2} \cdot \underline{I}_2 + jX_{12} \cdot \underline{I}_1 \,. \tag{6.92}$$

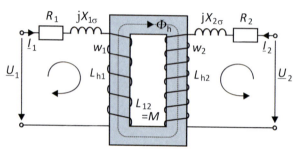

**Bild 6.34** Idealer Transformator mit Wirk- und Blindwiderständen

Mit den Windungszahlen $w_1$ und $w_2$ sowie $\underline{I}_2 = \dfrac{w_1}{w_2} \cdot \underline{I}'_2 = \ddot{u} \cdot \underline{I}'_2$, $\underline{U}_2 = \underline{U}'_2 \cdot \ddot{u}^{-1}$, $R_2 = R'_2 \cdot \ddot{u}^{-2}$, $X_{2\sigma} = X'_{2\sigma} \cdot \ddot{u}^{-2}$, $X_{h2} = X_h \cdot \ddot{u}^{-2}$, $X_{12} = X_h \cdot \ddot{u}^{-1}$ und $X_{h1} = X_h$ erhält man die auf die Primärseite bezogenen Spannungsgleichungen:

$$\underline{U}_1 = R_1 \cdot \underline{I}_1 + jX_{1\sigma} \cdot \underline{I}_1 + jX_h \cdot (\underline{I}_1 + \underline{I}'_2) \,, \tag{6.93}$$

$$\underline{U}'_2 = R'_2 \cdot \underline{I}'_2 + jX'_{2\sigma} \cdot \underline{I}'_2 + jX_h \cdot (\underline{I}_1 + \underline{I}'_2) \,. \tag{6.94}$$

Im Gegensatz zum Transformator ist bei der Asynchronmaschine die der Sekundärwicklung des Transformators entsprechende Läuferwicklung kurzgeschlossen ($\underline{U}'_2 = 0$). Die Läuferfrequenz $f_2$ der Asynchronmaschine unterscheidet sich von der Frequenz $f_1$ des Ständers. Beide Frequenzen sind über den Schlupf $s$ der Maschine gekoppelt mit:

$$\omega_2 = 2 \cdot \pi \cdot f_2 = s \cdot 2 \cdot \pi \cdot f_1 = s \cdot \omega_1 \,. \tag{6.95}$$

Für die Reaktanzen im Läuferkreis gilt

$$X = \omega_2 \cdot L = s \cdot \omega_1 \cdot L \,. \tag{6.96}$$

Werden $X'_{2\sigma}$ und $X_h$ in der Spannungsgleichung der Sekundärseite durch $s \cdot X'_{2\sigma}$ und $s \cdot X_h$ ersetzt, ergibt sich mit $\underline{U}'_2 = 0$ für den Läufer

## 6.5 Elektrische Maschinen

$$0 = \frac{R'_2}{s} \cdot \underline{I}'_2 + jX'_{2\sigma} \cdot \underline{I}'_2 + jX_h \cdot (\underline{I}_1 + \underline{I}'_2). \tag{6.97}$$

Über die Aufspaltung

$$\frac{R'_2}{s} = R'_2 + R'_2 \cdot \frac{1-s}{s} \tag{6.98}$$

erhält man das einsträngige **Ersatzschaltbild** der Asynchronmaschine (Bild 6.35).

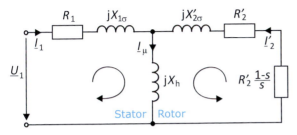

**Bild 6.35** Einsträngiges Ersatzschaltbild der Asynchronmaschine

Mit $X'_2 = X'_{2\sigma} + X_h$ ergibt sich aus der Spannungsgleichung des Läufers

$$\underline{I}'_2 = -\frac{jX_h}{\frac{R'_2}{s} + jX'_2} \cdot \underline{I}_1. \tag{6.99}$$

Durch Einsetzen in die Spannungsgleichung des Ständers und durch Auflösen nach $\underline{I}_1$ erhält man mit $X_1 = X_{1\sigma} + X_h$:

$$\underline{I}_1 = \frac{\frac{R'_2}{s} + jX'_2}{(R_1 + jX_1) \cdot \left(\frac{R'_2}{s} + jX'_2\right) + X_h^2} \cdot \underline{U}_1. \tag{6.100}$$

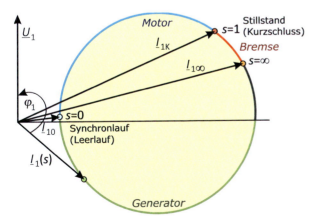

**Bild 6.36** Kreisdiagramm nach Heyland und Ossanna, Bestimmung der Stromortskurve des Ständerstroms

Diese Gleichung wird auch als Gleichung der **Stromortskurve** des Ständerstroms bezeichnet. Bei konstanter Netzspannung $\underline{U}_1$ und Netzfrequenz $f_1$ sowie nicht veränderbaren Widerständen und Reaktanzen hängt der Ständerstrom lediglich vom Schlupf $s$ ab.

Bild 6.36 zeigt den Verlauf des Ständerstroms $\underline{I}_1$ in Abhängigkeit des Schlupfs. Die Ständerspannung $\underline{U}_1$ liegt als Bezugsgröße in der reellen Achse. Der Strom durchläuft abhängig vom jeweiligen Betriebszustand der Maschine einen Kreis. Dieser Kreis wird nach **Heyland und Ossanna** benannt, wobei beim Heylandkreis der Ständerwiderstand $R_1$ vernachlässigt wird. Man kann zum Beispiel ablesen, dass beim Anlaufen der Maschine (Stillstand) der Strom deutlich größer als in der Nähe des Leerlaufs ist.

Bei der stark vereinfachenden Annahme $X_h \to \infty$ wird der Strom durch $X_h$ zu null. Damit ergibt sich für $R_1 \approx 0$ und $X_\sigma = X_{1\sigma} + X'_{2\sigma}$ das vereinfachte Ersatzschaltbild (Bild 6.37). Es dient zur Herleitung der Kloss'schen Formel in Abschnitt 6.5.4.4.

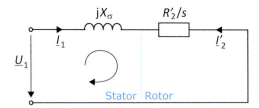

**Bild 6.37** Vereinfachtes einsträngiges Ersatzschaltbild der Asynchronmaschine

Für den Strom ergibt sich der vereinfachte Ausdruck

$$\underline{I}'_2 = -\underline{I}_1 = -\frac{\underline{U}_1}{\dfrac{R'_2}{s} + jX_\sigma} \quad . \tag{6.101}$$

### 6.5.4.3 Leistungsbilanz

Entscheidend für den Betreiber einer Windkraftanlage ist der Wirkungsgrad des Generators, denn man möchte einen Großteil der vom Generator aufgenommenen Leistung als elektrische Leistung ins Netz einspeisen. Das Verhältnis der vom Generator ins Netz eingespeisten Leistung $P_1$ zur vom Generator aufgenommenen Leistung $P_2$ stellt den Wirkungsgrad $\eta$ dar. Asynchrongeneratoren, die in großen Windkraftanlagen eingesetzt werden, erreichen derzeit Wirkungsgrade von bis über 97 %. Obwohl der Wirkungsgrad sehr hoch ist, sind die auftretenden Verluste durchaus von Bedeutung. Bei Leistungen von über 1000 kW sorgen Verluste in der Größenordnung von 3 % bereits für eine nicht zu unterschätzende Wärmeentwicklung. Bild 6.38 zeigt die Leistungsbilanz und die verschiedenen Verluste einer Asynchronmaschine.

Die an der Kupplung der Maschine zur Verfügung stehende mechanische Leistung $P_2$ wird um die Reibungsverluste $P_R$ durch mechanische Reibung und Luftreibung reduziert. In der Läuferwicklung treten Stromwärmeverluste, die Kupferverluste $P_{Cu2}$ auf. Die Eisenverluste $P_{Fe2}$ im Läufer wurden hier vernachlässigt. Die hierdurch reduzierte Leistung wird als Luftspaltleistung $P_L$ vom Läufer zum Ständer übertragen. Es gilt also der Zusammenhang

$$P_L = P_2 - P_R - P_{Cu2} \quad . \tag{6.102}$$

## 6.5 Elektrische Maschinen

Die Kupferverluste $P_{Cu2}$ der Läuferwicklung werden in dem Widerstand $R'_2$ (siehe Bild 6.35) umgesetzt. Für die drei Drehstromwicklungen ergibt sich hierdurch

$$P_{Cu2} = 3 \cdot I'^2_2 \cdot R'_2 \quad . \tag{6.103}$$

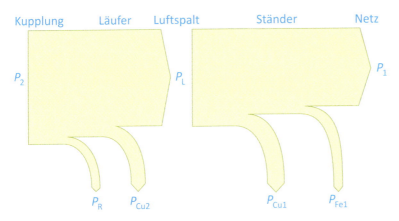

**Bild 6.38** Leistungsbilanz eines Asynchrongenerators

Die **Luftspaltleistung** $P_L$ kann über

$$P_L = 3 \cdot I'^2_2 \cdot \frac{R'_2}{s} = \frac{P_2 + P_R}{1-s} \tag{6.104}$$

ermittelt werden. Von dieser Luftspaltleistung gehen im Ständer noch die Stromwärmeverluste beziehungsweise Kupferverluste

$$P_{Cu1} = 3 \cdot I_1^2 \cdot R_1 \tag{6.105}$$

und die Eisenverluste $P_{Fe1}$ ab. Die **Ständerleistung**

$$P_1 = 3 \cdot U_1 \cdot I_1 \cdot \cos\varphi \tag{6.106}$$

wird schließlich ins Netz eingespeist.

### 6.5.4.4 Drehzahl-Drehmoment-Kennlinien und typische Generatordaten

Beim Asynchrongenerator ist auch der Zusammenhang von Drehmoment und Drehzahl interessant, da sich die Läuferdrehzahl abhängig vom antreibenden Moment ändert. Im Folgenden wird das **innere Moment** der Maschine verwendet, das sich aus der Luftspaltleistung $P_L$ und der Drehzahl $n_S$ des Ständerdrehfelds zu

$$M_i = \frac{P_L}{2 \cdot \pi \cdot n_S} = \frac{3}{2 \cdot \pi \cdot n_S} \cdot \frac{R'_2}{s} \cdot I'^2_2 \tag{6.107}$$

berechnet. Das innere Moment $M_i$ ergibt sich aus dem an der Welle anliegenden mechanischen Moment $M$ (negatives Vorzeichen im Generatorbetrieb) und dem Reibungsmoment $M_R$ (positives Vorzeichen):

$$M_i = M + M_R = \frac{P_2}{2 \cdot \pi \cdot n} + \frac{P_R}{2 \cdot \pi \cdot n} \quad . \tag{6.108}$$

Mit der Stromgleichung des vereinfachten Ersatzschaltbildes ergibt sich über

$$I'^2_2 = |\underline{I}'_2|^2 = \frac{|\underline{U}_1|^2}{\left|\frac{R'_2}{s} + jX_\sigma\right|^2} = \frac{U_1^2}{\frac{R'^2_2}{s^2} + X_\sigma^2} \qquad (6.109)$$

für das innere Moment

$$M_i = \frac{3}{2 \cdot \pi \cdot n_S} \cdot \frac{R'_2}{s} \cdot \frac{U_1^2}{\frac{R'^2_2}{s^2} + X_\sigma^2} = \frac{3 \cdot U_1^2}{4 \cdot \pi \cdot n_S \cdot X_\sigma} \cdot \frac{2}{\frac{R'_2}{s \cdot X_\sigma} + \frac{s \cdot X_\sigma}{R'_2}} \qquad (6.110)$$

Mit $\quad M_{iK} = \dfrac{3 \cdot U_1^2}{4 \cdot \pi \cdot n_S \cdot X_\sigma}\quad$ (6.111) $\qquad$ und $\quad s_K = \dfrac{R'_2}{X_\sigma}\quad$ (6.112)

erhält man schließlich die sogenannte **Kloss'sche Formel**

$$M_i = M_{iK} \cdot \frac{2}{\frac{s}{s_K} + \frac{s_K}{s}} \quad . \qquad (6.113)$$

Entspricht der Schlupf $s$ dem Wert $s_K$, wird der zweite Term zu eins. Das innere Moment $M_i$ erreicht sein Maximum. Dieser maximale Wert wird auch als **Kippmoment** $M_{iK}$ bezeichnet, der Schlupfwert, bei dem dieses Moment eintritt, heißt **Kippschlupf** $s_K$.

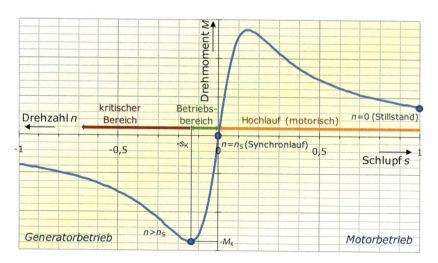

**Bild 6.39** Drehzahl-Drehmoment-Kennlinie einer Asynchronmaschine

Bild 6.39 zeigt den Verlauf der Drehzahl-Drehmoment-Kennlinie einer Asynchronmaschine. Beim Anlaufen eines Asynchrongenerators durchläuft der Generator den motorischen Betriebsbereich beginnend bei dem Schlupf $s = 1$. Nach Überschreiten des synchronen Betriebspunktes bei $s = 0$ erreicht der Generator seinen normalen Betriebsbereich. Wird der Generator über das Kippmoment $M_K$ hinaus belastet, steigt die Drehzahl rapide an, der Generator geht durch, und die Anlage wird mechanisch zerstört. Der

Betriebsbereich eines Asynchrongenerators liegt also zwischen 0 und $-s_K$, die Drehzahl ist hier geringfügig größer als die Synchrondrehzahl $n_S$.

Tabelle 6.6 zeigt die Daten eines Asynchrongenerators einer Windkraftanlage. Der Nennschlupf, also der relative Drehzahlunterschied bei Nennbetrieb, beträgt $-0{,}05 = -5\,\%$. Der normale Drehzahlbereich liegt zwischen 1515 min$^{-1}$ und 1650 min$^{-1}$. Dies ergibt sich aus der Polpaarzahl $p = 2$ und der Netzfrequenz $f_1$ über

$$n = (1-s) \cdot \frac{f_1}{p} \cdot \tfrac{60\,\text{s}}{\text{min}}\,. \tag{6.114}$$

Der Leistungsfaktor $\cos\varphi$ ist mit 0,88 weit vom idealen Wert $\cos\varphi = 1$ entfernt. Bei Teillastbetrieb verschlechtert sich der $\cos\varphi$ und erreicht bei 25 % Teillast Werte um 0,5. Hieraus resultiert ein hoher Anteil an Blindleistung, der durch Kompensationsschaltungen reduziert werden muss. Nach der Kompensation, zum Beispiel durch eine Kondensatorbank, erreicht der $\cos\varphi$ Werte um 0,99.

**Tabelle 6.6** Technische Daten eines 600-kW-Asynchrongenerators einer Windkraftanlage [Ves97]

| | | | |
|---|---|---|---|
| Nennleistung $P_N$ | 600 kW | Blindleistung $Q$ bei Volllast | 324 kvar |
| Nennspannung $U_N$ | 690 V | $\cos\varphi$ bei Volllast | 0,88 |
| Netzfrequenz $f_1$ | 50 Hz | Drehzahlbereich $n$ | 1515 ... 1650 min$^{-1}$ |
| Nennstrom $I_N$ | 571 A | Nenndrehzahl $n_N$ | 1575 min$^{-1}$ |
| Polzahl $2 \cdot p$ | 4 | Schlupfbereich $s$ | 0 ... −0,1 |
| Wicklungsschaltung | Sternschaltung | Nennwirkungsgrad $\eta_N$ | 95,2 % |

## 6.6 Elektrische Anlagenkonzepte

### 6.6.1 Asynchrongenerator mit direkter Netzkopplung

Ein sehr einfaches Anlagenkonzept stellt das sogenannte **Dänische Konzept** dar. Es wird vor allem bei kleinen und mittleren Windkraftanlagen dänischer Herkunft angewandt. Bei diesem Konzept ist ein Stall-geregelter Asynchrongenerator direkt auf das Netz geschaltet (Bild 6.40). Ein Getriebe sorgt für die Anpassung zwischen Rotordrehzahl und Generatordrehzahl. Dieses Anlagenkonzept besticht durch seine Einfachheit. Der Asynchrongenerator muss nicht wie der Synchrongenerator mit dem Netz synchronisiert werden. Die Betriebsdrehzahl stellt sich von selbst ein. Bei großen Generatoren können beim Aufschalten auf das Netz unerwünscht große Anlaufströme auftreten. Diese lassen sich durch sogenannte **Sanftanlaufschaltungen** begrenzen.

Durch die Stall-Regelung des Rotors erfolgt eine Begrenzung der Leistung bei hohen Windgeschwindigkeiten. Schnelle Änderungen der Windgeschwindigkeit können durch den Generator aufgefangen werden, indem sich dessen Drehzahl beziehungsweise der Schlupf $s$ ändert. Asynchrongeneratoren für Windkraftanlagen ermöglichen Drehzahländerungen in der Größenordnung von 10 %. Bei großen Schlupfwerten kommt es jedoch auch zu höheren Verlusten und einem schlechteren Wirkungsgrad.

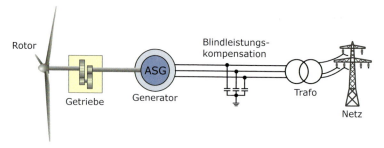

**Bild 6.40** Asynchrongenerator mit direkter Netzkopplung

Aus diesem Grund werden auch Asynchrongeneratoren mit **variablem Schlupf** eingesetzt. Bei diesen Generatoren wird kein Kurzschlussläufer verwendet, bei dem beide Enden kurzgeschlossen sind, sondern ein Läufer mit regelbaren Widerständen $R_L$ im Läuferkreis. Entweder werden die Läuferwicklungen über Schleifringe nach außen geführt, wo die Widerstände angeschlossen sind, oder die regelbaren Widerstände rotieren mit dem Läufer mit. In Bild 6.41 ist dargestellt, wie sich die Drehzahl-Drehmoment-Kennlinie des Asynchrongenerators verändert, wenn Widerstände in den Läuferkreis geschaltet werden. Im Bereich kleiner Schlupfwerte wird die Momentenkennlinie flacher. Da die Leistung proportional zum Moment verläuft, können dadurch bei größeren Leistungen auch höhere Drehzahlen erreicht und Leistungssprünge besser abgefangen werden.

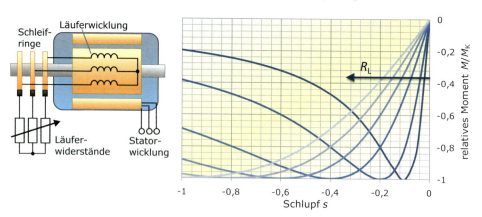

**Bild 6.41** Verlauf des Drehmoments in Abhängigkeit des Schlupfs $s$ bei veränderbaren Läuferwiderständen $R_L$

Wie gut der Asynchrongenerator ans Netz gekoppelt ist, lässt sich anhand eines Drehzahl-Leistungs-Diagramms nachvollziehen.

Mit $\lambda = \dfrac{2 \cdot \pi \cdot r}{v} \cdot n$, der Näherung für $c_P$ für eine bestimmte Windkraftanlage

$$c_P = 0{,}00068 \cdot \lambda^3 - 0{,}0297 \cdot \lambda^2 + 0{,}3531 \cdot \lambda - 0{,}7905$$

sowie mit $P = c_P \cdot P_0 = c_P \cdot \tfrac{1}{2} \cdot \rho \cdot A \cdot v^3$

kann die Rotorleistung $P$ in Abhängigkeit der Drehzahl $n$ bei konstanter Windgeschwindigkeit $v$ berechnet werden (Bild 6.42). Der Asynchrongenerator lässt jedoch nur geringe

## 6.6 Elektrische Anlagenkonzepte

Schwankungen der Drehzahl zu. Durch die Netzdrehzahl und das angekoppelte Getriebe ist die Rotordrehzahl festgelegt und kann nur über den Schlupf variiert werden, der mit der Belastung zunimmt. Durch Asynchrongeneratoren mit variablem Schlupf lässt sich die Zunahme bei größerer Leistung variieren. Hierdurch können große Lastsprünge und die damit verbundenen Belastungen des Netzes etwas abgeschwächt werden.

Aus Bild 6.42 ist ebenfalls zu erkennen, dass die Rotordrehzahl einen entscheidenden Einfluss auf den nutzbaren Windenergieanteil hat. Da die Rotordrehzahl nahezu konstant ist, kann nicht bei jeder Windgeschwindigkeit die maximale Leistung entnommen werden. In diesem Beispiel ist bei Windgeschwindigkeiten unterhalb von 4 m/s aufgrund der zu großen Rotordrehzahl keine Leistungsentnahme möglich. Bei einer Windgeschwindigkeit von etwa 8 m/s kann die maximal mögliche Leistung entnommen werden. Der prozentuale Anteil der entnehmbaren Leistung sinkt mit steigender Windgeschwindigkeit.

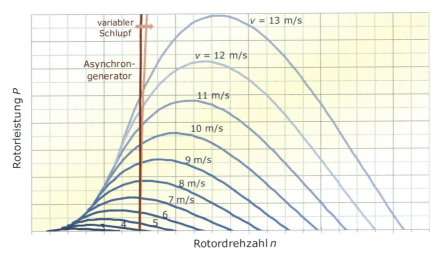

**Bild 6.42** Betriebspunkte eines Asynchrongenerators bei direkter Netzkopplung

Deshalb kommen Anlagenkonzepte zur Anwendung, bei denen zwei verschiedene Drehzahlen eingestellt werden können. Bei der einen Möglichkeit verfügt die Windkraftanlage über zwei unterschiedliche Asynchrongeneratoren, die nacheinander zugeschaltet werden. Eine andere Möglichkeit sind **polumschaltbare Generatoren**. Der Ständer ist hierbei so ausgeführt, dass zwei Wicklungen mit verschiedenen Polzahlen vorhanden sind, zwischen denen umgeschaltet wird. Da die Drehzahl direkt mit der Polzahl zusammenhängt, lassen sich so zwei Drehzahlbereiche vorgeben. Bild 6.43 zeigt, dass der Bereich, in welchem dem Wind eine optimale Leistung entnommen werden kann, durch zwei verschiedene Drehzahlbereiche erweitert werden kann. Der erste Asynchrongenerator kommt in diesem Beispiel bei Windgeschwindigkeiten von 3 m/s bis 7 m/s zum Einsatz, der zweite Asynchrongenerator bei Windgeschwindigkeiten oberhalb von 7 m/s.

Das größte Problem der Asynchronmaschine ist, dass sie stets induktiven Blindstrom benötigt. Bei netzgekoppelten Asynchrongeneratoren kann dieser aus dem Netz zur Verfügung gestellt werden. Die Energieversorgungsunternehmen verlangen hierfür jedoch hohe Ausgleichszahlungen, sodass in der Regel eine **Blindleistungskompensation** notwendig wird. Diese kann, wie in Bild 6.40 dargestellt, über eine Kondensatorbank erfolgen, die in der Regel aber nur für wenige Betriebspunkte ausgelegt werden kann. Bei anderen Betriebspunkten kann die Blindleistungsdifferenz aus dem Netz bezogen werden. Moderne Leistungselektronik ermöglicht ebenfalls eine Blindleistungsregelung.

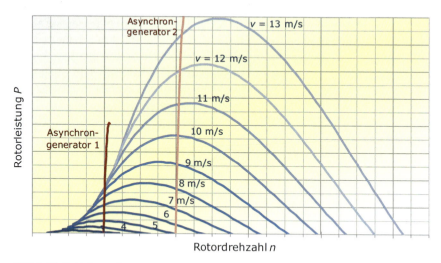

**Bild 6.43** Betriebspunkte einer Windkraftanlage mit zwei Asynchrongeneratoren bei unterschiedlichen Drehzahlen

Anders sind die Verhältnisse bei einem Inselnetz. Da der Blindleistungsbedarf mit zunehmender Leistung steigt, muss dieser im Inselnetz geregelt werden. Hierfür kann eine entsprechende Leistungselektronik oder eine Synchronmaschine verwendet werden, die als sogenannter Phasenschieber den jeweiligen Blindleistungsbedarf decken kann.

### 6.6.2 Synchrongenerator mit direkter Netzkopplung

Das Problem des Blindleistungsbedarfs ist beim Synchrongenerator nicht gegeben, da hier die jeweilige Blindleistung über den Erregerstrom geregelt werden und der Synchrongenerator sowohl Blindstrom aufnehmen als auch abgeben kann. Die Erregung von Synchrongeneratoren kann auch über Permanentmagnete erfolgen. In diesem Fall ist jedoch keine Regelung der Blindleistung möglich. Außerdem sind Permanentmagnete verhältnismäßig teuer. Deshalb wird die Erregung meist mit Hilfe von Thyristorstromstellern erzeugt, die den Drehstrom aus dem Netz in den gewünschten Gleichstrom wandeln (Bild 6.44).

Im Gegensatz zum Asynchrongenerator verfügt der Synchrongenerator über eine absolut konstante Drehzahl. Als Betriebskennlinie im Drehzahl-Leistungs-Diagramm stellt der Synchrongenerator eine Senkrechte dar, die bei höheren Leistungen keine leichte Krümmung wie beim Asynchrongenerator zeigt. Lastsprünge können somit nicht über den Schlupf abgefangen werden, sondern werden nahezu ungedämpft an das Netz weitergegeben. Neben den Belastungen für das Netz kommt es zu starken mechanischen Belastungen der Windkraftanlage. Über eine Rutschkupplung können starke Böen abgeschwächt werden, aber dennoch kommt es zu einem höheren Verschleiß.

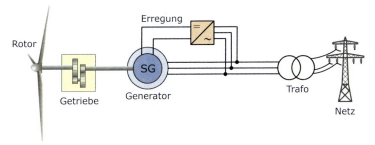

**Bild 6.44** Synchrongenerator mit direkter Netzkopplung

Aus diesem Grund werden Synchrongeneratoren, die direkt mit dem öffentlichen Netz gekoppelt sind (Bild 6.44), nur selten eingesetzt. Das Konzept der direkten Kopplung findet vor allem in Inselnetzanlagen Verwendung. Als Verbraucher kommen Pumpen, die über Drehstrommotoren angetrieben werden, oder Gleichstromverbraucher, deren Betrieb über Gleichrichter und Batteriespeicher läuft, in Frage. Hierdurch lassen sich beim Synchrongenerator verschiedene Betriebspunkte bei unterschiedlichen Drehzahlen einstellen und dadurch die Belastungen deutlich reduzieren.

### 6.6.3 Synchrongenerator mit Umrichter und Zwischenkreis

Die Nachteile des direkt mit dem Netz gekoppelten Synchrongenerators können mit Hilfe der modernen Leistungselektronik vermieden werden. Der Synchrongenerator wird hierbei über einen Gleichstrom- oder Gleichspannungszwischenkreis und einen Frequenzumrichter an das Netz gekoppelt (Bild 6.45). Hierdurch kann am Generator eine andere Frequenz eingestellt werden als im Netz. Durch das Ändern der Frequenz am Generator lässt sich die Generatordrehzahl direkt beeinflussen. Die Drehzahl kann nun über einen großen Bereich variiert und somit optimal der Windgeschwindigkeit angepasst werden.

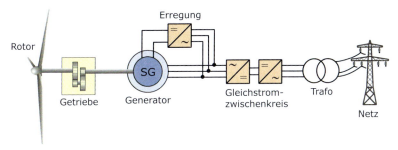

**Bild 6.45** Synchrongenerator mit Gleichstrom- oder Gleichspannungszwischenkreis

Aus Bild 6.46 ist ersichtlich, dass sich bei niedrigen und mittleren Windgeschwindigkeiten durch Veränderung der Drehzahl dem Wind jeweils die optimale Leistung entnehmen lässt. Bei größeren Windgeschwindigkeiten ist eine Leistungsbegrenzung erforderlich. Diese kann durch Konstanthalten der Drehzahl erfolgen. Dadurch greift bei größeren Windgeschwindigkeiten das Stall-Prinzip.

Bei sehr großen Windgeschwindigkeiten besteht dennoch die Gefahr, dass der Rotor mechanisch überlastet wird und durchgeht. Deshalb ist zusätzlich eine Leistungsbegrenzung, zum Beispiel durch eine Pitch-Regelung, notwendig. Hierdurch verringert sich der Leistungsbeiwert und die Rotorkennlinien werden anders als in Bild 6.46 hin zu kleinen Drehzahlen verschoben.

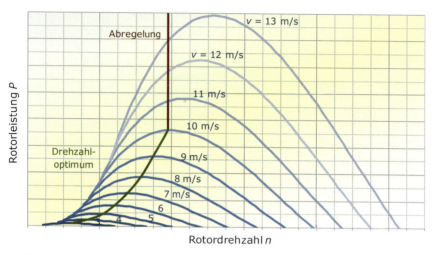

**Bild 6.46** Betriebspunkte einer drehzahlvariablen Windkraftanlage

Da sich durch den Frequenzumrichter am Rotor andere Drehzahlen erreichen lassen als vom Netz vorgegeben, kann auch das Getriebe entfallen, das für eine Anpassung zwischen Rotor- und Generatordrehzahl sorgt. Diese Art von Windkraftanlagen werden heute in großen Stückzahlen bis Leistungsklassen im Megawattbereich gefertigt. Da die Leistungselektronik jedoch die Frequenz nicht in jedem beliebigen Verhältnis umwandeln kann, kommen als Generatoren hierbei hochpolige Synchrongeneratoren zum Einsatz, die über 80 und mehr Pole verfügen. Die Nachteile der hochpoligen Generatoren sind die relativ große Baugröße und die hohe Masse. Dem gegenüber stehen Materialeinsparungen und damit verbundene Kosteneinsparungen für das Getriebe. Daneben hat eine **getriebelose Windkraftanlage** noch andere Vorteile wie zum Beispiel eine geringere Geräuschentwicklung. Werden als Umrichter Wechselrichter mit Pulsweitenmodulation eingesetzt, kann der Blindleistungsbedarf durch die Leistungselektronik variiert werden.

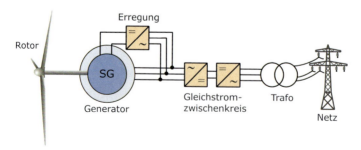

**Bild 6.47** Getriebeloser Synchrongenerator mit Gleichstrom- oder Gleichspannungszwischenkreis

## 6.6.4 Drehzahlregelbare Asynchrongeneratoren

Bei dem direkt gekoppelten Asynchrongenerator wurde bereits gezeigt, dass über einen variablen Schlupf die Drehzahl des Asynchrongenerators verändert werden kann. Da ein zu großer Schlupf hohe Verluste im Läuferkreis des Generators verursacht, wurde zuvor der Schlupf auf Werte unter 10 % begrenzt. Es ist jedoch naheliegend, auch die Rotorleistung zu nutzen. Über einen Zwischenkreis und einen Wechselrichter kann auch der Rotorstrom des Generators genutzt und ins Netz eingespeist werden (Bild 6.48). Besteht nur die Möglichkeit, die Generatordrehzahl oberhalb der Netzfrequenz zu variieren, wird diese Schaltung als **übersynchrone Stromrichterkaskade** bezeichnet. Nachteilig ist auch hier der hohe Blindleistungsbedarf.

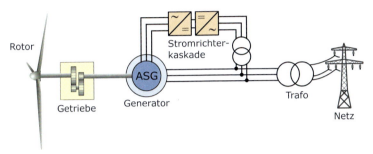

**Bild 6.48** Drehzahlvariabler Asynchrongenerator mit Umrichter im Rotorkreis

Während bei der übersynchronen Stromrichterkaskade nur Leistung vom Rotor ins Netz eingespeist werden kann, lässt sich beim **doppeltgespeisten Asynchrongenerator** auch Leistung vom Netz in den Rotor leiten. Hierzu kann entweder ein Umrichter mit Zwischenkreis oder ein Direktumrichter dienen.

Der doppeltgespeiste Asynchrongenerator kann sowohl übersynchron als auch untersynchron betrieben werden, das heißt, es sind nun auch Rotordrehzahlen unterhalb der vom Netz vorgegebenen Synchrondrehzahl möglich. Damit lässt sich auch der Blindleistungsbedarf des Generators regeln. Den Vorteilen dieses Systems stehen Netzrückwirkungen sowie höhere Kosten gegenüber. Durch die Möglichkeit der Drehzahländerung und durch den einstellbaren Blindleistungsbedarf hat dieses System ähnliche Vorteile wie ein getriebeloser Synchrongenerator mit Umrichter und findet deshalb vermehrt Verwendung.

## 6.6.5 Inselnetzanlagen

Bei Inselnetzanlagen ist entweder ein Speicher oder eine zweiter Generatortyp wie beispielsweise ein Dieselgenerator erforderlich, um auch bei Windflauten die Versorgungssicherheit zu gewährleisten. Bei kleineren Systemen kommen meist Batterien als Speicher zum Einsatz. Zum Laden der Batterie muss ein Gleichrichter den Drehstrom des Windgenerators in Gleichstrom umwandeln. Bei Asynchrongeneratoren ist zusätzlich eine Blindleistungskompensation erforderlich, da sonst der Asynchrongenerator keine Leistung abgeben kann.

Bei voller Batterie muss eine Laderegelung den Generator von der Batterie trennen, um die Batterie vor Überladung zu schützen. Kleinere Windkraftgeneratoren verfügen meist nicht über aktive Motoren oder Bremsen, die sie aus dem Wind drehen und festbremsen können. Anders als Photovoltaikmodule sollten Generatoren aber nicht im Leerlauf oder Kurzschluss betrieben werden, wenn der Wind den Rotor nach dem elektrischen Abschalten weiter antreibt. Wird der elektrische Generator kurzgeschlossen, können die Wicklungen durchbrennen. Läuft der Generator im Leerlauf, nimmt die Drehzahl schnell zu und die Windkraftanlage könnte mechanisch zerstört werden. Als Abhilfe lässt sich der Generator dann auf einen Heizwiderstand schalten, der den elektrischen Strom und die Drehzahl begrenzt (Bild 6.49).

Durch die Kombination mit Photovoltaikmodulen lässt sich bei einem Inselnetzsystem in den meisten Fällen die Versorgungssicherheit steigern, da sich Windkraft- und Photovoltaikanlagen gut ergänzen. Dadurch können der Batteriespeicher verkleinert und Kosteneinsparungen erzielt werden.

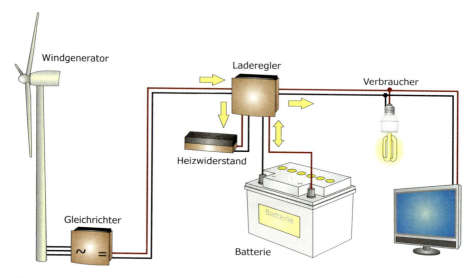

**Bild 6.49** Prinzip eines Windinselnetzsystems

## 6.7 Netzbetrieb

### 6.7.1 Anlagenertrag

Vor der Errichtung einer Windkraftanlage ist es sinnvoll, eine Ertragsanalyse durchzuführen. Dafür ist der zu erwartende Anlagenertrag abzuschätzen. Hierzu muss aus Annahmen oder durch Messungen die Windgeschwindigkeitsverteilung an dem geplanten Standort ermittelt werden. Für größere Anlagen oder Windparks werden oftmals spezielle Windgutachten erstellt. Mit den Herstellerdaten für die Leistung $P(v)$ in Abhängigkeit der Windgeschwindigkeit $v$ (vgl. Bild 6.17) und der Windgeschwindigkeitsverteilung $f(v)$ lässt sich dann die **durchschnittliche Leistung**

$$\overline{P} = \int_{v=0}^{\infty} f(v) \cdot P(v) \cdot dv \qquad (6.115)$$

bestimmen. Als Windgeschwindigkeitsverteilung werden entweder die am Anfang des Kapitels beschriebene Weibull-Verteilung oder die Rayleigh-Verteilung verwendet. Liegen Messungen der Windgeschwindigkeit vor, wird meist eine Häufigkeitsverteilung h(v) wie in Bild 6.2 für verschiedene Windgeschwindigkeitsintervalle $i$ angegeben. Mit der mittleren Leistung $P(v_i)$ der Windkraftanlage in dem jeweiligen Intervall $i$ berechnet sich die mittlere Leistung:

$$\overline{P} = \sum_i h(v_i) \cdot P(v_i) \quad . \tag{6.116}$$

Schließlich ergibt sich der **Energieertrag** $E$ über eine Zeit $t$ (meist wird ein Zeitraum von einem Jahr gewählt):

$$E = \overline{P} \cdot t \quad . \tag{6.117}$$

### 6.7.2 Netzanschluss

Windkraftanlagen werden meist in dünn besiedelten Gebieten errichtet, in denen oftmals nur schwache Leitungen eines Netzbetreibers vorhanden sind. Bei den großen Leistungen bis weit über 1000 kW muss bei modernen Windkraftanlagen vor Anlagenerrichtung geprüft werden, ob das Netz überhaupt in der Lage ist, den von der Windkraftanlage eingespeisten Strom aufzunehmen. Um die Leitungsverluste gering zu halten, werden bei der Übertragung größerer Leistungen höhere Spannungen gewählt. Die Spannungsbereiche werden wie folgt unterteilt:

- Niederspannung    0,1 kV bis 1 kV,
- Mittelspannung    1 kV bis 30 kV,
- Hochspannung     30 kV bis 230 kV.

In der Regel erfolgt die Einspeisung über einen Transformator in das Mittelspannungsnetz. Die technischen Kriterien für den Anschluss von Windkraftanlagen ans Mittelspannungsnetz in Deutschland regelt die „Technische Richtlinie Erzeugungsanlagen am Mittelspannungsnetz" des BDEW [BDEW08]. Diese Richtlinie gilt auch für andere regenerative Energieerzeuger wie Wasserkraftanlagen, Biomassekraftwerke und große Photovoltaikanlagen.

Für den Netzanschluss muss der Anlagenbetreiber alle gültigen Bestimmungen und Vorschriften einhalten. Der Netzanschluss sollte bereits in der Planungsphase mit dem Netzbetreiber abgestimmt werden. Ist ein Netzanschluss technisch möglich, so muss dieser beim Netzbetreiber angemeldet werden. Nach Abschluss des Anlagenbaus erfolgt die Inbetriebsetzung. Voraussetzung dafür ist eine Konformitätserklärung, in der bestätigt wird, dass die regenerative Energieanlage den geltenden Vorschriften und Richtlinien entspricht. Bei der Inbetriebsetzung werden Funktionsprüfungen der Anlage und Abnahmen im Beisein des Netzbetreibers durchgeführt.

Im ungestörten Betrieb des Netzes darf die durch die regenerativen Erzeugungsanlagen am Verknüpfungspunkt verursachte Spannungsänderung einen Wert von 2 % gegenüber der Spannung ohne Erzeugungsanlagen nicht überschreiten. Auch kurzzeitige Spannungsschwankungen sind durch die Richtlinie begrenzt. Ein Aspekt sind dabei sogenannte **Flicker**. Durch eine Serie von Spannungsschwankungen kann es bei Glühlampen zur Änderung der Leuchtdichte kommen. Auch für Oberschwingen (vgl. Kapitel 5) existieren Grenzwerte.

Da sowohl bei Windkraftanlagen als auch im elektrischen Verbundnetz Fehler möglich sind, sind Schutzeinrichtungen erforderlich, die früher im Fehlerfall die Anlage sofort vom Netz trennten. Während in den 1990er-Jahren die Leistung von regenerativen Erzeugungsanlagen im Netz noch sehr überschaubar war, erreichen regenerative Kraftwerke heute eine hohe zweistellige Prozentzahl bei der Deckung des Elektrizitätsbedarfs. Daher müssen moderne Erzeugungsanlagen sich während der Netzeinspeisung an der Spannungshaltung und der Netzstützung beteiligen können.

Bei der dynamischen Netzstützung versuchen Erzeugungsanlagen bei Spannungseinbrüchen im Hoch- und Höchstspannungsnetz die Spannung aufrechtzuerhalten. Würden bei einem kurzzeitigen Spannungseinbruch alle angeschlossenen Windkraftanlagen ebenfalls vom Netz gehen, könnte ansonsten in der Folge das Netz komplett zusammenbrechen. Ein großräumiger Blackout wäre die Folge. Daher dürfen sich Erzeugungsanlagen bei kompletten Spannungseinbrüchen mit einer Dauer ≤ 150 ms nicht mehr vom Netz trennen.

Bestehen Überkapazitäten im Netz, steigt die Netzfrequenz an. Bei Unterkapazitäten sinkt diese ab. Aufgabe des Netzbetreibers ist es, für ein Gleichgewicht zwischen Angebot und Nachfrage zu sorgen und damit die Frequenz stabil zu halten. Unterhalb einer Netzfrequenz $f_N$ von 47,5 Hz und oberhalb von 51,5 Hz ist von einer schwerwiegenden Störung auszugehen und die Anlagen sind vom Netz zu trennen.

In der Regel wird eine Netzfrequenz von 50,2 Hz nicht überschritten. Steigt die Netzfrequenz im Betrieb über 50,2 Hz an, müssen alle Erzeugungseinheiten die momentan verfügbare Wirkleistung $P_M$ des Generators um eine Leistungsdifferenz $\Delta P$ absenken:

$$\Delta P = 20 \cdot P_M \cdot \frac{50{,}2\,\text{Hz} - f_N}{50\,\text{Hz}} \quad . \tag{6.118}$$

Die Wirkleistung darf erst bei einer Rückkehr der Netzfrequenz auf einen Wert von $f_N \leq 50{,}05$ Hz wieder gesteigert werden.

Die Leistung großer Windparks wird künftig weiter ansteigen. Leistungen im Gigawattbereich lassen sich dann unter Umständen nur noch ins Höchstspannungsnetz einspeisen. Dies gilt vor allem für Offshore-Windparks, die sehr große Leistungen erreichen. Der Anschluss ans Mittel- oder Höchstspannungsnetz erfolgt bei ihnen an Land.

Mit steigendem Anteil regenerativer Energieanlagen verändert sich auch die Netzstruktur. Große Windparks ersetzen zunehmend konventionelle Kraftwerke. Die Einspeisepunkte von Windparks sind aber oft von ehemaligen konventionellen Kraftwerken räumlich weit entfernt. Daher muss punktuell das bestehende Leitungsnetz modernisiert und erweitert werden. Speziell zur Netzintegration großer Offshore-Windparks sind neue Höchstspannungsstrassen erforderlich. Der nötige Leitungsausbau bleibt jedoch überschaubar und wird zu vertretbaren Kosten realisierbar sein. Insofern bestehen gute Chancen, auch eine steigende Zahl sehr großer regenerativer Erzeugungsanlagen ins Netz zu integrieren und damit einen wichtigen Beitrag zum Klimaschutz zu leisten.

# 7 Wasserkraft

## 7.1 Einleitung

Die Anzahl der Wasserkraftanlagen in der Welt oder in Europa ist heute deutlich geringer als zur Blütezeit Ende des 18. Jahrhunderts. Damals drehten sich 500 000 bis 600 000 Wassermühlen allein in Europa [Kön99]. Die Hauptnutzung fand in Frankreich statt, aber auch in anderen europäischen Ländern liefen tausende von Anlagen. Nicht nur Mühlen, sondern auch eine Vielzahl anderer Arbeits- oder Werkzeugmaschinen wurden durch Wasserräder angetrieben. Entlang von Wasserläufen war das Bild durch Wassermühlen mit Kehrrädern von bis zu 18 Metern Durchmesser geprägt. Die durchschnittliche Leistung der damaligen Wasserräder war mit 3 bis 5 kW eher bescheiden, auch wenn bei größeren Rädern Spitzenwerte von über 40 kW erreicht wurden.

Bei den historischen Kehrrädern unterscheidet man je nach Position des Zulaufs zwischen unter-, mittel- und oberschlächtigem Wasserrad. Beim **oberschlächtigen Wasserrad** wird die potenzielle Energie des Wassers genutzt, was auch als **Reaktionsprinzip** bezeichnet wird. Gute Wasserräder erreichten bereits Wirkungsgrade von über 80 %. [Brö00]. Das Stoßrad hingegen nutzt nur die Bewegungsenergie des Wassers nach dem **Aktionsprinzip**.

Die Einführung der Dampfmaschine verdrängte die Wasserkraftanlagen langsam. Im Gegensatz zur Windkraft verschwand die Wasserkraftnutzung jedoch nicht mit der Erschließung der fossilen Energien. Als Ende des 19. Jahrhunderts die Elektrifizierung begann, war die Wasserkraft von Anfang an mit dabei. Zu Beginn waren es kleine Turbinen, die einen elektrischen Generator antrieben. Die Größe der Anlagen wuchs jedoch schnell. Im Vergleich zu den kleinen Wassermühlen wurden größere Wassermengen und Stauhöhen benötigt.

Die Wasserkraft ist heute bei der Stromerzeugung weltweit die wichtigste regenerative Energiequelle. Aufgrund der geografischen Gegebenheiten fallen die Anteile in einzelnen Ländern stark unterschiedlich aus. Norwegen deckt zum Beispiel nahezu seinen gesamten Elektrizitätsbedarf kohlendioxidfrei durch Wasserkraft. In Ländern wie Brasilien, Österreich, Kanada oder der Schweiz liegt der Anteil immerhin noch deutlich über 50 % (Tabelle 7.1). In Europa hat die Nutzung der Wasserkraft vor allem in den Alpenländern sowie den Ländern im hohen Norden einen großen Stellenwert.

Der Anteil in Deutschland hingegen liegt mit weniger als 4 % deutlich unter dem Weltdurchschnitt. Grund dafür ist aber nicht, dass der Ausbau der Wasserkraftnutzung in

Deutschland vernachlässigt wurde. Im Jahr 1950 lag der Anteil der Wasserkraft an der Stromerzeugung in Deutschland immerhin noch deutlich über 20 %. Obwohl die Wasserkraftnutzung stark ausgebaut wurde, sank in den folgenden Jahren der Prozentsatz erheblich. Mit der Zunahme des Verbrauchs konnte der Ausbau nicht mithalten und es mangelte an brauchbaren Standorten. Somit ist die Nutzung der Wasserkraft in Deutschland auch nur noch in relativ geringem Maße ausbaubar. Obwohl hier immerhin halb so viel Strom aus Wasserkraft produziert wird wie in Österreich oder der Schweiz, ist der relative Anteil an der Stromversorgung um Größenordnungen niedriger.

**Tabelle 7.1** Wasserkraftanteil an der Elektrizitätserzeugung im Jahr 2011 (Daten: [EIA14])

| Land   | Paraguay | Norwegen | Brasilien | Venezuela | Kanada | Österreich  |
|--------|----------|----------|-----------|-----------|--------|-------------|
| Anteil | 100 %    | 95,6 %   | 79,9 %    | 67,2 %    | 60,2 % | 56,1 %      |
| Land   | Schweiz  | Schweden | China     | Russland  | USA    | Deutschland |
| Anteil | 52,9 %   | 44,1 %   | 16,0 %    | 16,4 %    | 7,8 %  | 3,2 %       |

## 7.2 Dargebot der Wasserkraft

Die Erde wird auch als Blauer Planet bezeichnet, denn 71 % der Erdoberfläche bestehen aus Wasser. Ohne die Sonne wäre unser Blauer Planet nicht blau, sondern eine reine Eiswüste. Durch die Sonnenwärme sind jedoch 98 % des Wassers flüssig. Insgesamt gibt es auf der Erde rund 1,4 Milliarden km³ Wasser. 97,4 % davon sind Salzwasser in den Meeren und nur 2,6 % Süßwasser. Fast drei Viertel des Süßwassers ist in Polareis, Meereis und Gletschern gebunden, der Rest hauptsächlich im Grundwasser und in der Bodenfeuchte. Nur 0,02 % des Wassers der Erde befindet sich in Flüssen und Seen. Durch den Einfluss der Sonne verdunsten im Jahresmittel 980 l/m² Wasser von der Erdoberfläche, insgesamt rund 500 000 km³ pro Jahr (Bild 7.1).

Rund 22 % der gesamten auf der Erde eingestrahlten Sonnenenergie werden in diesem gigantischen Wasserkreislauf umgesetzt. Diese Energie entspricht fast dem 3000fachen des Primärenergiebedarfs der Erde. Technisch nutzbar ist jedoch nur ein kleiner Bruchteil dieser Energie.

Rund 225 000 km³ Wasser sind in Flüssen und Seen der Erde gespeichert, mit einem Energiegehalt von 160 EJ. Neben dem Volumen ist jedoch vor allem die Höhe, in der sich das Wasser befindet, entscheidend. Das Wasser in einem kleinen Gebirgsfluss mit vielen hundert Metern Höhenunterschied kann unter Umständen mehr Energie mit sich führen als ein großer Strom, der nur noch wenige Meter bis zum Meer zurückzulegen hat. Etwa ein Viertel des Wassers der Flüsse und Seen ließe sich technisch nutzen, sodass rund 10 % des derzeitigen globalen Primärenergiebedarfs durch die Wasserkraft gedeckt werden könnte. Während in Europa die Wasserkraftpotenziale schon weitgehend genutzt werden, gibt es in anderen Regionen der Erde noch große unerschlossene Potenziale.

Die Energiemenge, die man aus der Wasserkraft weltweit gewinnen könnte, ließe sich noch problemlos verdoppeln. Vor allem kleinere Wasserkraftwerke lassen sich gut in Landschaft und Natur einpassen. Aus wirtschaftlichen Gründen werden derzeit jedoch noch möglichst große Anlagen bevorzugt.

## 7.2 Dargebot der Wasserkraft

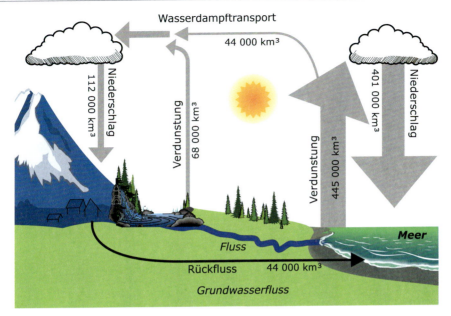

**Bild 7.1** Prinzip des Wasserkreislaufs der Erde

Während bei der Sonnen- und Windenergie die nutzbare Energiemenge neben regionalen Unterschieden hauptsächlich von der zur Verfügung stehenden Fläche abhängt, ist bei der Wasserkraft das Energieangebot direkt mit Flussläufen gekoppelt. Neben dem Verlauf der Flüsse haben auch Niederschlags- und Schmelzwassermenge sowie vorhandene Höhenunterschiede einen entscheidenden Einfluss auf den Ertrag.

Das Fließverhalten wird im Wesentlichen durch zwei Größen charakterisiert: den sogenannten Abfluss $Q$, das bedeutet den Volumenstrom des Wassers, und den Pegelstand $W$, die Höhe der Wasseroberfläche eines bestimmten Punktes über Grund. Beide Größen werden an verschiedenen Stellen wichtiger Flüsse kontinuierlich gemessen und veröffentlicht.

Auch bei der Wasserkraft gibt es – wie bei der Photovoltaik und der Windkraft – Schwankungen innerhalb eines Jahres und aufgrund klimatischer Unterschiede auch Schwankungen zwischen verschiedenen Jahren. Bild 7.2 zeigt beispielhaft den mittleren Abfluss des Rheins bei Rheinfelden über mehr als 50 Jahre. Es zeigt sich, dass sich die Schwankungen des Gesamtabflusses zwischen einzelnen Jahren durch Hochwasserereignisse deutlich unterscheiden können. Das nutzbare Wasserpotenzial hingegen schwankt weniger, da die enorm großen Abflüsse von Hochwassern praktisch nicht genutzt werden können.

Bild 7.3 zeigt den Verlauf des Abflusses über ein Jahr für den Rhein und den Neckar. Durch die angrenzenden Einzugsgebiete ist ein ähnlicher Verlauf über das Jahr zu beobachten. Die beiden Flüsse unterscheiden sich jedoch durch einige regionale Hochwasserereignisse und die hohen Abflüsse aufgrund von Schmelzwasser beim Rhein im Frühjahr. Mit Ausnahme der Hochwasserereignisse, die stets zu unterschiedlichen Zeitpunkten auftreten, ist der prinzipielle Verlauf der Abflüsse aus verschiedenen Jahren sehr ähnlich. Infolge der Klimaveränderungen und des rapiden Abschmelzens der Gletscher in den Alpen wird jedoch nicht ausgeschlossen, dass sich langfristig das Fließverhalten der Flüsse ändern kann.

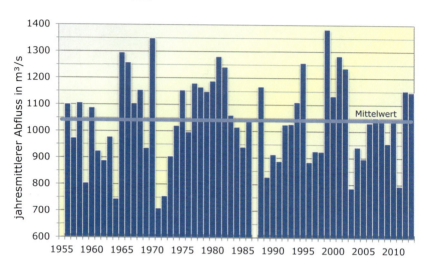

**Bild 7.2** Mittlerer Abfluss des Rheins bei Rheinfelden für die Jahre 1956 bis 2013
(Daten: [LGRP; LUBW; BAFU14], Daten für 1987 fehlen)

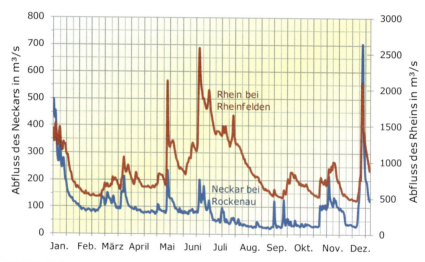

**Bild 7.3** Abfluss des Rheins bei Rheinfelden und des Neckars bei Rockenau im Verlauf des Jahres 1991 (Daten: [LUBW])

Für die Planung von Wasserkraftanlagen dienen oftmals sogenannte **Jahresdauerlinien**. Dazu werden die Abflusswerte eines Flusses der Größe nach geordnet. Damit lassen sich Aussagen treffen, welche Abflussmenge an wie vielen Tagen des Jahres überschritten wird. Bild 7.4 zeigt die aus den in Bild 7.3 dargestellten Daten ermittelten Jahresdauerlinien für das Jahr 1991. Da sich die einzelnen Jahre signifikant unterscheiden können, empfiehlt es sich, Jahresdauerlinien über größere Zeiträume zu ermitteln.

## 7.2 Dargebot der Wasserkraft

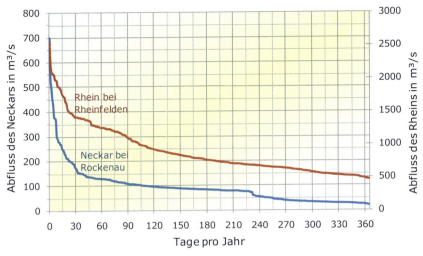

**Bild 7.4** Jahresdauerlinien des Jahres 1991 für den Rhein bei Rheinfelden und den Neckar bei Rockenau

Bei der Auslegung eines Wasserkraftwerks wird der sogenannte Ausbauabfluss $Q_A$ festgelegt (Bild 7.5). Das ist die Wassermenge, bei der das Kraftwerk seine volle Leistung erreicht. Steigt die Abflussmenge des Flusses über den Ausbauabfluss an, muss das überschüssige Wasser ungenutzt über das Wehr geleitet werden.

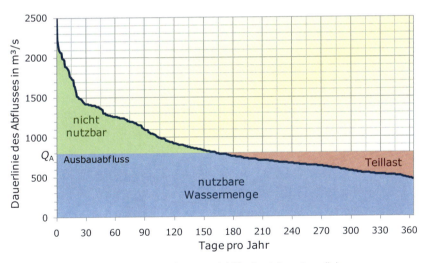

**Bild 7.5** Bestimmung des Ausbauabflusses mit Hilfe der Jahresdauerlinie

Soll eine möglichst hohe Stromerzeugung erreicht werden, sind Turbinen mit einem hohen Ausbauabfluss zu wählen. Sinkt allerdings die Abflussmenge des Flusses unter den Ausbauabfluss, steht nicht mehr ausreichend Wasser für die volle Kraftwerksleistung zur Verfügung. Die Turbinen arbeiten dann entweder bei schlechtem Wirkungsgrad in Teillast oder einzelne Turbinen werden abgeschaltet und bleiben ungenutzt. Sollen die Turbinen optimal ausgenutzt werden, ist ein niedriger Ausbauabfluss zu wählen. In der

Praxis bestimmt meist ein Kompromiss aus maximaler Stromerzeugung und optimaler Turbinenausnutzung den Ausbauabfluss.

## 7.3 Wasserkraftwerke

Bereits 1891 wurde die Wasserkraft in Deutschland zur Stromerzeugung genutzt. Infolge der niedrigen spezifischen Stromgestehungskosten der Wasserkraft ist deren Ausbau in Deutschland heute weit fortgeschritten. Großanlagen mit Leistungen bis über 100 MW sind hierbei aus wirtschaftlichen Gründen besonders attraktiv. Aufgrund der großen Eingriffe in die Natur und der daraus resultierenden negativen Folgen ist die Wasserkraftnutzung nicht ganz unumstritten. In Zukunft werden deshalb vor allem Wirkungsgradsteigerungen durch Modernisierung bestehender Anlagen und der Neubau von Kleinstkraftwerken die größten Chancen zur Realisierung haben. Kleinstkraftwerke wurden aufgrund der höheren spezifischen Kosten bisher meist nicht in Betracht gezogen. In anderen Ländern hingegen werden auch heute noch neue Großanlagen geplant und errichtet, wie nicht zuletzt das umstrittene Dreischluchten-Kraftwerk mit einer Leistung von 18,2 GW in China zeigt.

Allgemein unterscheidet man bei Wasserkraftanlagen zwischen

- Laufwasserkraftwerken,
- Speicherwasserkraftwerken und
- Pumpspeicherkraftwerken.

### 7.3.1 Laufwasserkraftwerke

Bei einem Laufwasser- oder Flusskraftwerk (Bild 7.6) wird durch ein Wehr ein Rückstau erzeugt, durch den sich ein Höhenunterschied der Wasseroberflächen vor und hinter dem Kraftwerk ergibt. Das Wasser wird durch eine Turbine geleitet, die einen elektrischen Generator antreibt. Ein Transformator wandelt schließlich die Spannung des Generators in die Netzspannung um.

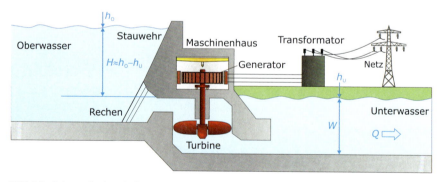

**Bild 7.6** Schematischer Aufbau eines Flusskraftwerks

Das **Leistungsvermögen**

$$P_W = \rho_W \cdot g \cdot Q \cdot H \tag{7.1}$$

des Wassers berechnet sich aus der Dichte $\rho_W$ des Wassers ($\rho_W \approx 1.000$ kg/m³), der Nutzhöhe $H$ (in m), der Normalfallbeschleunigung $g$ ($g = 9{,}81$ m/s²) und dem Abfluss $Q$ (in m³/s).

Die Nutzhöhe $H$ ergibt sich mit ausreichender Genauigkeit aus dem geodätischen Höhenunterschied der Wasseroberflächen vor und hinter dem Wasserkraftwerk. Die Leistung $P_W$ ist somit in erster Näherung proportional zum Abfluss $Q$. Bei sehr großen Abflüssen sinkt hingegen die nutzbare Leistung wieder ab. Überschreitet der Abfluss den Ausbauabfluss $Q_A$ und somit das Schluckvermögen der Turbine, muss ein Teil des Wassers ungenutzt über das Wehr abgeleitet werden. Zudem sinkt bei großen Abflüssen die Nutzhöhe $H$ infolge des auftretenden Wasserrückstaus und des ansteigenden Pegelstands $W$.

Während Angaben über den zeitlichen Verlauf des Abflusses $Q$ für zahlreiche Flüsse in Deutschland erhältlich sind, wird der zeitliche Verlauf der Nutzhöhe $H$ meist nicht aufgezeichnet. Von vielen Flüssen sind jedoch Pegelstände $W$ angegeben. Bei Flusskraftwerken wird davon ausgegangen, dass die obere Wasserhöhe $h_O$ durch das Wehr weitgehend konstant gehalten wird. Die untere Wasserhöhe $h_U$ wird durch den Pegelstand $W$ repräsentiert. Für **Flusskraftwerke** werden normalerweise der Ausbauabfluss $Q_A$ und die Ausbaufallhöhe $H_A$ angegeben, für die das Kraftwerk ausgelegt wurde. Aus dem Verlauf der Pegelstände $W$ und der Abflüsse $Q$ über ein Jahr lässt sich der dem Ausbauabfluss $Q_A$ zugehörige Pegelstand $W_A$ ermitteln. Die veränderliche Fallhöhe $H$ ergibt sich schließlich über

$$H = (H_A + W_A) - W . \tag{7.2}$$

Mit dem Turbinenwirkungsgrad $\eta_T$, dem Generatorwirkungsgrad $\eta_G$ und weiteren Verlusten wie ggf. Getriebeverlusten, Transformatorverlusten oder Ausfallzeiten, die durch den Verlustfaktor $f_Z$ in der Größenordnung von 3 % bis 10 % ausgedrückt werden, ergibt sich die elektrische Leistung des Wasserkraftwerks:

$$P_{el} = (1 - f_Z) \cdot \eta_G \cdot \eta_T \cdot \rho_W \cdot g \cdot Q \cdot H . \tag{7.3}$$

Für Wasserkraftwerke ist neben der Ausbaufallhöhe $H_A$ und dem Ausbauabfluss $Q_A$ in der Regel auch die Bruttoengpassleistung $P_{el,N}$ angegeben. Hieraus bestimmt sich der Gesamtwirkungsgrad im Nennbetrieb

$$\eta_N = \frac{P_{el,N}}{\rho_W \cdot g \cdot Q_A \cdot H_A} . \tag{7.4}$$

Dieser reicht je nach Kraftwerkstyp von unter 60 % bis über 90 %. Mit dem Gesamtwirkungsgrad $\eta_N$, der Ausbaufallhöhe $H_A$ und Zeitreihen der Pegelstände $W$ und des Abflusses $Q$ ergibt sich schließlich die abgegebene elektrische Leistung eines Wasserkraftwerks:

$$P_{el} = \eta_N \cdot \rho_W \cdot g \cdot \min(Q; Q_A) \cdot (H_A + W_A - W) . \tag{7.5}$$

Wird näherungsweise davon ausgegangen, dass sich der Pegelstand beim Betrieb des Wasserkraftwerks nur geringfügig ändert und der Wirkungsgrad des Wasserkraftwerks über einen Leistungsbereich konstant bleibt, ist die elektrische Leistungsabgabe direkt proportional zum Abfluss $Q$.

## 7.3.2 Speicherwasserkraftwerke

Während Laufwasserkraftwerke nahezu über keine Speichermöglichkeiten verfügen und die Elektrizitätserzeugung stark dargebotsabhängig ist, können Speicherwasserkraftwerke natürliche Schwankungen des Wasserangebots ausgleichen. Ein Stauwehr staut dabei das Oberwasser, erhöht somit den Wasserstand und sorgt für den nötigen Druck und einen gleichmäßigen Wasserfluss. Dabei kann die Stauhöhe wie bei Flusskraftwerken nur wenige Meter oder im Hochgebirge mehrere hundert Meter betragen. Über einen Einlauf gelangt das Wasser in die Druckrohrleitung, die schließlich in die Turbine im Maschinenhaus mündet.

**Bild 7.7** Luftbild des Itaipu-Kraftwerks (Foto: Itaipu Binacional [Ita04])

Das von 1975 bis 1991 erbaute und im Jahr 2004 erweiterte **Itaipu-Kraftwerk** im Grenzgebiet zwischen Brasilien und Paraguay ist mit einer Gesamtleistung von mittlerweile 14 GW eines der eindrucksvollsten Wasserkraftwerke der Welt. Im Rekordjahr 2000 produzierten damals 18 Generatoren insgesamt 93,428 TWh an elektrischer Energie. Damit konnten 24 % des Elektrizitätsbedarfs von Brasilien und 95 % von Paraguay gedeckt werden. Sechs dieser Kraftwerke würden mehr Strom erzeugen als Deutschland insgesamt verbraucht. Aus Tabelle 7.2 sind die enormen Ausmaße des Kraftwerks zu entnehmen. Bild 7.7 zeigt eine Luftaufnahme.

**Tabelle 7.2** Technische Daten des Itaipu-Kraftwerks [Ita04]

| Reservoir | | Staudamm | | Generatoreinheiten | |
|---|---|---|---|---|---|
| Fläche des Wasserbeckens | 1350 km² | max. Höhe | 196 m | Anzahl | 20 (je 10 mit 50 Hz und 60 Hz) |
| Ausdehnung | 170 km | Gesamtlänge | 7760 m | Nennleistung | je 715 MW |
| Volumen | 29 Bill. m³ | Betonvolumen | 8,1 Mio. m³ | Masse | je 3343 / 3242 t |

## 7.3 Wasserkraftwerke

Derart große Wasserkraftwerke sind jedoch umstritten, da sie stets einen starken Eingriff in die Natur darstellen. Viele Großkraftwerke haben einen sehr negativen Einfluss auf die lokalen Bedingungen. Ein bekanntes Beispiel ist der Assuan-Staudamm in Ägypten. Durch dessen Bau blieben Überschwemmungen entlang des Nils aus, welche die angrenzenden Gebiete mit Nährstoffen versorgten. Die notwendige künstliche Bewässerung führt zu einer Bodenversalzung. Die Ernteerträge sind rückläufig und auch an der Flussmündung zeigen sich starke Veränderungen. So machen sich zunehmend Erosionen negativ bemerkbar.

Vor der Errichtung von Wasserkraftwerken sollten Vor- und Nachteile sorgfältig abgewogen werden. Zwar ist die Wasserkraft eine Technologie, die dem Treibhauseffekt entgegenwirken kann, doch nur durch eine sinnvolle und gut geplante Integration in die Flussläufe und Natur lassen sich die lokalen Auswirkungen minimieren.

### 7.3.3 Pumpspeicherkraftwerke

Neben Fluss- und Speicherwasserkraftwerken sind Pumpspeicherkraftwerke eine weitere Wasserkraftwerksvariante. Sie dienen jedoch nicht zur Nutzung des natürlichen Wasserangebots, sondern zur Speicherung von Energie. Bei einem Überangebot an elektrischem Strom befördern bei diesem Kraftwerk elektrische Pumpen Wasser von einem unteren Becken in ein höher gelegenes Bassin. Wird wieder Strom benötigt, lässt man das Wasser vom Oberbecken über eine Druckrohrleitung durch eine Turbine zurück ins untere Becken fließen und erzeugt damit den benötigten Strom (Bild 7.8). Das sogenannte Wasserschloss nimmt dabei Druckänderungen bei schnellem An- und Abfahren des Kraftwerks auf. Bild 7.9 zeigt als Beispiel Aufnahmen eines Pumpspeicherkraftwerks in Spanien. Das größte deutsche Pumpspeicherkraftwerk befindet sich in Goldisthal in Thüringen und ist mit einer Leistung von 1060 MW im Jahr 2004 in Betrieb gegangen.

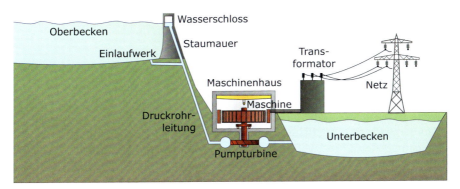

**Bild 7.8**  Prinzip eines Pumpspeicherkraftwerks [Qua13]

Bei Pumpspeicherkraftwerken unterscheidet man zwischen Anlagen mit und ohne natürlichen Zufluss. Anlagen ohne natürlichen Zufluss sind als reine Energiespeicher und nicht als Anlagen zur Nutzung regenerativer Energieträger zu werten.

Bei Speicher- und Pumpspeicherkraftwerken wird elektrische Energie in Form von potenzieller Energie des Wassers gespeichert. Die **speicherbare Energiemenge**

$$E = V \cdot \rho \cdot g \cdot h_\mathrm{P} \cdot \eta_\mathrm{RTG},\tag{7.6}$$

auch Arbeitsvermögen genannt, sowie das damit verbundene Leistungsvermögen

$$P = \dot{E} = \dot{V} \cdot \rho \cdot g \cdot h_P \cdot \eta_{RTG} = Q \cdot \rho \cdot g \cdot h_P \cdot \eta_{RTG} \tag{7.7}$$

berechnen sich aus dem Speicherinhalt $V$, der potenziellen Energiehöhe $h_P$, der Normalfallbeschleunigung ($g$ = 9,81 m/s²), der Dichte des Wassers ($\rho \approx$ 1.000 kg/m³), dem Abfluss $Q$ und dem Wirkungsgrad $\eta_{RTG}$ der Rohrleitungen, Turbinen und Generatoren bei der Rückverstromung.

**Bild 7.9** Pumpspeicherkraftwerk in Südspanien in der Nähe von Málaga. Links: oberes Speicherbecken; rechts: unteres Speicherbecken mit Druckrohr und Wasserschloss

Für größere Energiemengen werden enorme Speichervolumina benötigt. Beim Pumpspeicherkraftwerk Goldisthal hat das Oberbecken ein Nutzvolumen $V$ von 12 Mio. m³. Der das gesamte Becken umgebende Ringwall ist 3370 m lang. Bei einer mittleren Fallhöhe $h_P$ von 302 m und einer elektrischen Leistung von 1060 MW verfügt das Pumpspeicherkraftwerk über ein Arbeitsvermögen von 8480 MWh, was 8 Volllaststunden entspricht [Vat03]. Hiermit ergibt sich ein Wirkungsgrad $\eta_{RTG}$ von rund 85 %.

Neben der Speicherung von Energie werden Pumpspeicherkraftwerke auch zur Frequenzhaltung, zum Phasenschieberbetrieb beim Ausgleich von Blindleistung und zum schnellen Abfangen von extremen Leistungsschwankungen eingesetzt (vgl. [Gie03]). Das Kraftwerk Goldisthal hat eine Reaktionszeit von Stillstand auf Turbinenbetrieb von nur 98 s. Im Vergleich zu thermischen Kraftwerken ist dies eine extrem kurze Zeitdauer. Bereits in den 1960er-Jahren wurden bei Pumpspeicherkraftwerken Spitzenwirkungsgrade von über 77 % erreicht (Bild 7.10). Für moderne Anlagen sind Wirkungsgrade von 80 % möglich.

Für alle öffentlichen deutschen Speicherwasserkraftwerke ergab sich im Jahr 1997 eine Ausnutzungsdauer von 1950 h/a, bei Pumpspeichern mit natürlichem Zufluss von 902 h/a und bei Pumpspeichern ohne natürlichen Zufluss von 780 h/a. Einer Nettoerzeugung der deutschen Pumpspeicherkraftwerke von 4,042 TWh stand im Jahr 1996 eine Pumparbeit von 5,829 TWh gegenüber, was einem mittleren Wirkungsgrad von knapp 70 % entspricht. Hierbei ist jedoch auch eine Vielzahl älterer Kraftwerke enthalten.

## 7.3 Wasserkraftwerke

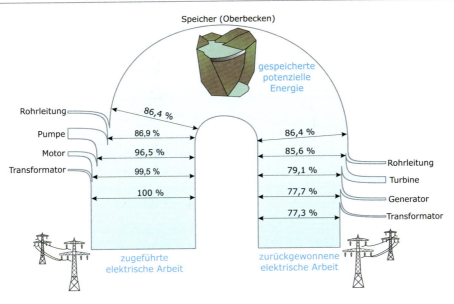

**Bild 7.10** Verluste und Wirkungsgrade einer Pumpspeicheranlage (nach [Böh62])

Durch den Einsatz von Pumpspeicherkraftwerken können heute große konventionelle Kraftwerke, die sich nur schwer an- und abfahren lassen, besser ausgenutzt werden. Aber auch bei einer künftigen Elektrizitätswirtschaft mit einem hohen Anteil von regenerativen Energien lassen sich Pumpspeicherkraftwerke sinnvoll einsetzen.

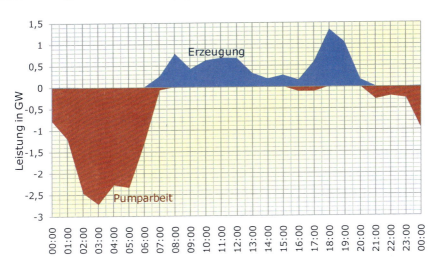

**Bild 7.11** Pumparbeit und Erzeugung aus Pumpspeicherkraftwerken in Deutschland am 15.01.1996 (Daten: [VIK98])

Die Pumparbeit erfolgte in den letzten Jahrzehnten vor allem in den Nachtstunden, um Grundlastkraftwerke besser auslasten zu können. Tagsüber leisten Pumpspeicherkraftwerke einen Beitrag zur Deckung der Spitzenlast (Bild 7.11). Durch den zunehmenden

Anteil regenerativer Energien hat sich bereits der Tagesablauf beim Einsatz der Pumpspeicherkraftwerke geändert.

## 7.4 Wasserturbinen

### 7.4.1 Turbinenarten

Moderne Wasserturbinen haben nur noch wenig mit den Kehrrädern der vergangenen Jahrhunderte gemein. In Abhängigkeit der Fallhöhe des Wassers und des Durchflusses werden für das jeweilige Einsatzgebiet optimierte Turbinen eingesetzt (Bild 7.12). Diese erreichen wie beim Itaipu-Kraftwerk Leistungen bis über 700 MW.

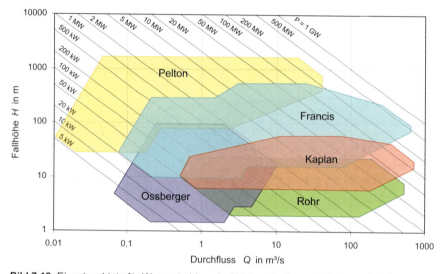

**Bild 7.12** Einsatzgebiete für Wasserturbinen in Abhängigkeit von Fallhöhe und Abfluss

Prinzipiell lassen sich Turbinen in Gleich- und Überdruckturbinen unterteilen. Gleichdruckturbinen erfahren keine Druckänderung und nutzen nur die Bewegungsenergie des Wassers. Zu den **Gleichdruckturbinen** zählen die

- Pelton-Turbine,
- Turgo-Turbine und die
- Ossberger- bzw. Durchströmturbine.

Bei **Überdruckturbinen** wie der

- Kaplan-Turbine,
- Rohr- bzw. Bulb-Turbine,
- Propeller-Turbine und der
- Francis-Turbine

ist der Wasserdruck vor dem Turbineneinlass höher als am Auslass. Die Druckänderung und damit die Lageenergie werden von den Turbinen in Bewegungsenergie umgesetzt.

## 7.4.1.1 Kaplan-Turbine und Rohr-Turbine

Bei geringen Fallhöhen kommt die durch den österreichischen Ingenieur Viktor Kaplan im Jahr 1912 entwickelte Kaplan-Turbine zum Einsatz. Diese Turbine sieht wie ein großer Schiffspropeller aus, den das hindurchströmende Wasser bewegt.

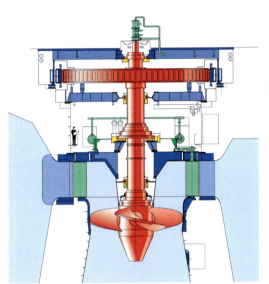

**Bild 7.13** Zeichnung einer Kaplan-Turbine mit Generator (links) sowie Foto einer Kaplan-Turbine (rechts). (Quelle: Voith Siemens Hydro Power Generation [Voi08])

Sie verfügt über 3 bis 8 verstellbare Laufradschaufeln. Damit kann sich die Turbine im Gegensatz zu **Propeller-Turbinen** mit festen Schaufeln wechselnden Einsatzbedingungen anpassen und verfügt deshalb über einen besseren Teillastwirkungsgrad. Bild 7.13 zeigt ein Foto sowie ein Schnittbild einer Kaplan-Turbine. Der große hochpolige Synchrongenerator befindet sich hier oberhalb der Turbine im Maschinenhaus.

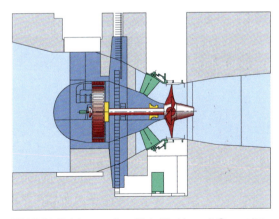

**Bild 7.14** Zeichnung einer Rohr-Turbine mit Generator
(Quelle: Voith Siemens Hydro Power Generation [Voi08])

Die Kaplan-Turbine eignet sich vor allem für den Einsatz in Anlagen mit kleiner Fallhöhe und großen Wassermengen. Diese Bedingungen sind typisch für Flusskraftwerke. Der Wirkungsgrad der Kaplan-Turbine erreicht Werte zwischen 80 und 95 %. Die **Rohr-Turbine** ähnelt der Kaplan-Turbine, verfügt aber über eine horizontale Achse und ist damit für noch geringere Fallhöhen geeignet. Bild 7.14 zeigt ein Schnittbild durch eine Rohr-Turbine. Der Generator ist in einem birnenförmigen Arbeitsraum hinter der Turbine angeordnet, weshalb die Turbine im Englischen auch die Bezeichnung **Bulb-Turbine** trägt.

### 7.4.1.2 Ossberger-Turbine

Die Ossberger-Turbine, auch **Durchström-Turbine** genannt, erreicht Wirkungsgrade von rund 80 %. Da die Turbine in drei Teile unterteilt ist, die nacheinander getrennt mit Wasser beaufschlagt werden können, verfügt die Ossberger-Turbine über einen hohen Teillastwirkungsgrad. Sie eignet sich daher vor allem für den kleineren Leistungsbereich und Fallhöhen bis 100 m, wenn der Einbau mehrerer paralleler Turbinen nicht zweckmäßig ist. Ein weiterer Vorteil der Ossberger-Turbine ist auch die relative Unempfindlichkeit gegen Verschmutzungen. Nachteilig erweist sich die geringe Drehzahl der Turbine, die meist den Einsatz eines Getriebes bedingt.

### 7.4.1.3 Francis-Turbine

Die Francis-Turbine wurde bereits im Jahr 1849 durch den gebürtigen Briten James Bichemo Francis entwickelt. Diese Überdruckturbine eignet sich für einen großen Fallhöhenbereich und ist damit vor allem für Speicherwasser-Kraftwerke interessant.

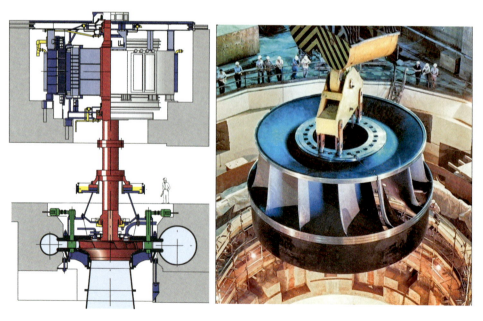

**Bild 7.15** Zeichnung einer Francis-Pumpturbine des Pumpspeicherkraftwerks Goldisthal (links) sowie Foto einer Francis-Turbine des Itaipu-Kraftwerks (rechts).
(Quelle: Voith Siemens Hydro Power Generation [Voi08])

## 7.4 Wasserturbinen

Die Turbine erreicht Wirkungsgrade von über 90 %, verfügt aber nur über ein mäßiges Teillastverhalten. Bei den Bauformen unterscheidet man zwischen Langsam-, Normal- und Schnellläufern. Die Francis-Turbine lässt sich prinzipiell auch als Pumpe einsetzen und ist daher als **Pump-Turbine** auch für Pumpspeicherkraftwerke geeignet. Bild 7.15 zeigt ein Foto einer 715-MW-Francis-Turbine des Itaipu-Kraftwerks sowie das Schnittbild einer 265-MW-Francis-Pumpturbine des Pumpspeicherkraftwerks Goldisthal.

### 7.4.1.4 Pelton-Turbine

Im Jahr 1880 entwickelte der Amerikaner Lester Allen Pelton die Pelton-Turbine. Sie eignet sich vor allem für große Fallhöhen und damit für den Einsatz im Hochgebirge. Mit 90 % bis 95 % kann diese Turbine sehr hohe Wirkungsgrade erreichen. Das Wasser wird der Turbine über Druckfallrohre zugeführt. Durch eine Düse strömt dann das Wasser mit sehr hoher Geschwindigkeit auf halbschalenförmige Schaufeln. Bild 7.16 zeigt ein Foto sowie ein Schnittbild einer Pelton-Turbine. Die **Turgo-Turbine** ist eine Sonderbauform der Pelton-Turbine.

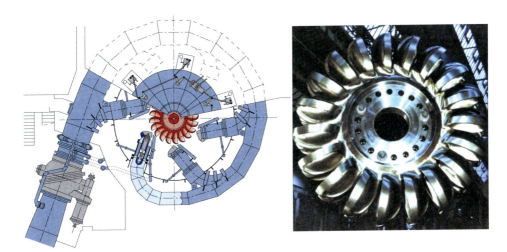

**Bild 7.16** Zeichnung einer 6-düsigen Pelton-Turbine (links) sowie Foto einer Pelton-Turbine (rechts). (Quelle: Voith Siemens Hydro Power Generation [Voi08])

### 7.4.2 Turbinenwirkungsgrad

Der Turbinenwirkungsgrad $\eta_T$ ist hauptsächlich vom Abfluss $Q$ abhängig (Bild 7.17). Bei abnehmender Nutzhöhe $H$ sinkt der Turbinenwirkungsgrad nur minimal, sodass sich diese Abhängigkeit im Folgenden vernachlässigen lässt.

Unterhalb eines Minimalabflusses $Q_{min}$ gibt die Turbine keine Leistung ab. Mit dem Abfluss $Q$ und dem Ausbauabfluss $Q_A$ kann der Turbinenwirkungsgrad $\eta_T$ mit

$$q = \frac{Q - Q_{min}}{Q_A} \tag{7.8}$$

näherungsweise durch folgenden empirischen Ansatz beschrieben werden:

$$\eta_T = \begin{cases} 0 & \text{für } Q \leq Q_{min} \\ \dfrac{q}{a_1 + a_2 \cdot q + a_3 \cdot q^2} & \text{für } Q_{min} < Q < Q_A \\ \eta_{T,N} & \text{für } Q_A \leq Q \end{cases} \quad . \tag{7.9}$$

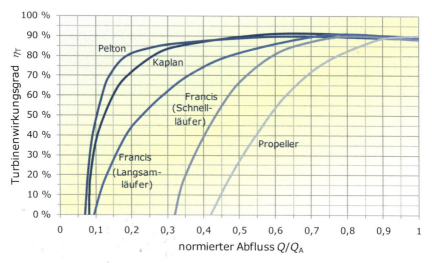

**Bild 7.17** Wirkungsgrad einzelner Turbinenbauarten in Abhängigkeit des auf den Ausbauabfluss $Q_A$ normierten Abflusses $Q$ (nach [Raa89])

Tabelle 7.3 zeigt die Parameter, mit denen sich die Wirkungsgradkennlinien aus Bild 7.17 bestimmen lassen.

Aus dem Turbinenwirkungsgrad lässt sich schließlich die von der Turbine abgegebene mechanische Leistung bestimmen:

$$P_{mech} = \eta_T \cdot P_W \quad . \tag{7.10}$$

**Tabelle 7.3** Typische Parameter zur Bestimmung des Turbinenwirkungsgrades

|  | $Q_{min}/Q_A$ | $\eta_{T,N}$ | $A_1$ | $a_2$ | $a_3$ |
|---|---|---|---|---|---|
| Kaplan | 0,081 | 0,895 | 0,045 | 0,965 | 0,1 |
| Pelton | 0,07 | 0,885 | 0,03 | 0,99 | 0,1 |
| Francis | 0,095 | 0,89 | 0,18 | 0,63 | 0,31 |
| Propeller | 0,42 | 0,9 | 0,25 | 0,28 | 0,69 |

Bei Wasserkraftanlagen werden hauptsächlich Synchrongeneratoren eingesetzt. Der Wirkungsgrad $\eta_G$ der elektrischen Generatoren ist über weite Leistungsbereiche nahezu konstant und sinkt erst im extremen Teillastbereich merklich ab.

Bei mittleren und größeren Wasserkraftwerken werden meist mehrere parallele Turbinen eingesetzt. Bei einem geringeren Angebot an Wasserkraft können dann einzelne Turbinen abgeschaltet werden, sodass sich die verbleibenden Turbinen immer noch in der Nähe der Nennleistung betreiben lassen. Der Verlauf des Wirkungsgrads mehrerer zusammengeschalteter Turbinen in Abhängigkeit des Abflusses ist in Bild 7.18 dargestellt. Dieser bleibt in einem großen Betriebsbereich annähernd konstant.

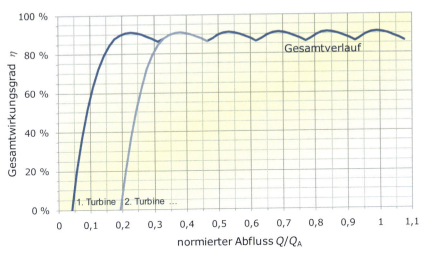

**Bild 7.18** Schematischer Verlauf des Gesamtwirkungsgrades in Abhängigkeit des normierten Abflusses bei einem Kraftwerk mit sechs Turbinen

## 7.5 Weitere technische Anlagen zur Wasserkraftnutzung

### 7.5.1 Gezeitenkraftwerke

Die Gezeitenwellen sind auf die Wechselwirkung der Anziehungskräfte zwischen Mond, Sonne und Erde zurückzuführen. Infolge der Erddrehung ändern die Anziehungskräfte kontinuierlich ihre Richtung. Die Wassermassen der Ozeane folgen der Anziehung. Dadurch bildet sich eine Gezeitenwelle aus, die auf offener See einen Höhenunterschied von etwas mehr als 1 m verursacht. Die durch den Mond hervorgerufenen Gezeitenwellen treten ungefähr alle 12 Stunden an einem Punkt der Erde auf. Im Küstenbereich kommt es zum Aufstau der Gezeitenwellen. In Extremfällen erreichen hier die Wasserstandsänderungen infolge der Gezeiten Höhen von mehr als 10 m.

Das Prinzip zur Nutzung der potenziellen Energie der Gezeiten ist relativ simpel. In Gebieten mit großen Höhenunterschieden wird im Küstenbereich eine Bucht durch einen Damm abgetrennt. Bei Flut strömt das Wasser durch eine Turbine in die Bucht, bei Ebbe strömt es zurück. Die Turbine und der angeschlossene Generator wandeln die Energie des Wassers in elektrische Energie um. Die Leistungsabgabe ist dabei nicht kontinuierlich. Bei der Gezeitenumkehr sinkt diese auf null ab.

Bereits im Mittelalter wurden die Gezeiten durch Gezeitenmühlen genutzt. Weltweit existieren heute aber nur sehr wenige moderne Gezeitenkraftwerke zur Elektrizitätserzeugung. Neben den größeren Anlagen aus Tabelle 7.4 existieren noch einige Kraftwerke mit geringerer Leistung vor allem in China.

Das derzeit größte **Kraftwerk Shiwa-ho** in Südkorea verfügt über 10 Kaplan-Turbinen mit einer Leistung von jeweils 25,4 MW. Die Dammlänge zum Absperren des 56,5 km² großen Bassins beträgt 12,7 km. Mit einer Elektrizitätserzeugung von 550 GWh kommt das Kraftwerk gerade einmal auf gut 2000 Volllaststunden. Der Damm wurde ursprünglich zur Landgewinnung angelegt. Das älteste und bekannteste Gezeitenkraftwerk befindet sich in der Mündung der Rance in Frankreich. Beim Bau von Gezeitenkraftwerken müssen die korrosiven Eigenschaften des salzigen Meerwassers berücksichtigt werden. Das größte Hindernis für den Neubau von Gezeitenkraftwerken sind jedoch die vergleichsweise hohen Investitionskosten und lokalen Umwelteinflüsse in Relation zu einer mäßigen Anlagenausnutzung. Zwar existieren zahlreiche Projekte für den Neubau von Anlagen. Aus wirtschaftlichen Gründen ist jedoch fraglich, welche Projekte letztendlich realisiert werden.

**Tabelle 7.4** Weltweit realisierte Gezeitenkraftwerke [Gra01; Wik12]

| Land | Anlage | Inbetriebnahme | Fallhöhe in m | Installierte Leistung in MW |
|---|---|---|---|---|
| Südkorea | Shiwa-ho | 2011 | 5,8 | 254 |
| Frankreich | Rance | 1967 | 5,6 | 240 |
| Kanada | Annapolis | 1983 | 5,5 | 20 |
| China | Ganzhtan | 1970 | 1,3 | 5 |
| China | Jiangxia | 1980 | 2,5 | 3,2 |
| Russland | Kislaya | 1968 | 1,4 | 2 |

### 7.5.2 Meeresströmungskraftwerke

Während für Gezeitenkraftwerke große Dammanlagen nötig sind, lassen sich frei umströmte Meeresströmungskraftwerke deutlich harmonischer in die Natur einpassen. Diese Kraftwerke haben einen ähnlichen Aufbau wie Windkraftanlagen (vgl. Kapitel 6), nur dass der Rotor unter Wasser dreht. Eine Prototypanlage (s. Bild 7.19), bei der sich der Rotor über einen eingebauten Hubmechanismus zu Wartungszwecken an die Wasseroberfläche heben lässt, wurde mit Finanzierung des deutschen Bundesministeriums für Umwelt unter Beteiligung des ISET in Kassel entwickelt und im Jahr 2003 vor der Küste des englischen Nord Devon erfolgreich errichtet [Bar04].

Vom Prinzip her lassen sich die physikalischen Eigenschaften der Windkraftanlagen auf die Meeresströmungskraftwerke übertragen. Der Hauptunterschied ist die deutlich höhere Dichte des Wassers im Vergleich zur Luft. Daher können Meeresströmungskraftwerke bereits bei deutlich geringeren Strömungsgeschwindigkeiten als Windkraftanlagen hohe Leistungsausbeuten erzielen. Die spezifische Leistungsdichte des Wassers bei einer Strömungsgeschwindigkeit von 2 m/s beträgt bereits 4 kW/m².

Der Einsatz von Meeresströmungskraftwerken ist auf Regionen mit einer relativ gleichmäßig hohen Strömungsgeschwindigkeit bei mäßigen Wassertiefen bis etwa 25 m begrenzt. Diese Bedingungen treten vor allem an Landspitzen, Meeresbuchten, zwischen Inseln und in Meeresengen auf. Obwohl existierende Schifffahrtstraßen hier die Nutzung oftmals einschränken, verbleiben große Potenziale. In Deutschland wäre eine Nutzung beispielsweise an der Südspitze von Sylt sinnvoll, wo Strömungsgeschwindigkeiten von 3 m/s auftreten [Gra01]. Da sich durch Entwicklungsfortschritte und Serienfertigung sehr schnell Kostenreduktionen erreichen ließen, können Meeresströmungskraftwerke mittelfristig einen weiteren Baustein für eine klimaverträgliche Elektrizitätsversorgung bilden.

**Bild 7.19** Links: Prototypanlage im Projekt Seaflow vor der britischen Westküste (Foto: ISET), rechts: Wartungsschiff in einem geplanten Meeresströmungskraftwerkspark (Grafik: MCT)

## 7.5.3 Wellenkraftwerke

Große Hoffnungen werden seit Jahrzehnten in die Entwicklung von Wellenkraftwerken gesetzt. Betrachtet man das Potenzial der Wellenenergie, kommen beachtliche Energiemengen zusammen. Die Weltmeere haben eine Gesamtfläche von 360,8 Mio. km². Bei einem einzigen Anheben der Hälfte der Wassermassen um 0,5 m wird eine potenzielle Energie von 0,6 EJ gespeichert. Als Gebiete zur Nutzung der Wellenenergie kommen jedoch nur küstennahe Regionen mit niedrigen Wassertiefen in Frage. In deutschen Gewässern betragen die nutzbaren Potenziale weniger als 1 % des Elektrizitätsbedarfs.

Bei den Funktionsprinzipien unterscheidet man zwischen

- Schwimmersystemen,
- Kammersystemen und
- TapChan-Anlagen.

**Schwimmersysteme** nutzen die potenzielle Energie der Welle. Ein Schwimmer folgt den Wellenbewegungen. Ein feststehender Teil ist mit dem Grund verankert. Die Bewegung des Schwimmers lässt sich beispielsweise durch einen Kolben oder eine Turbine nutzen (Bild 7.20 links).

Bei **Kammersystemen** (Oscillating Water Column, OWC System) wird eine Kammer mit Lufteinschluss geschaffen. Die Wellen drücken die Luft zusammen. Über eine Öffnung kann dann die verdrängte Luft entweichen und eine Turbine antreiben. Beim Rückgang der Welle strömt die Luft ebenfalls über die Turbine zurück in die Kammer (Bild 7.20 rechts).

Die Bezeichnung **TapChan** ist die Kurzform von Tapered Channel (spitz zulaufender Kanal). Bei diesen Anlagen laufen Wellen im Küstenbereich in einen spitz zulaufenden und ansteigenden Kanal. Ein Oberbecken fängt die Wellen auf. Beim Rückströmen ins Meer treibt das Wasser eine Turbine an. Hauptnachteil dieser Anlagen ist der hohe Platzbedarf im Küstenland.

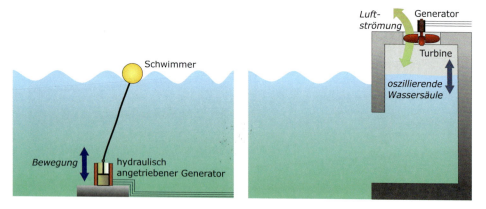

**Bild 7.20** Prinzip von Wellenkraftwerken. Links: Schwimmersystem. Rechts: Kammersystem [Qua13]

Zwar wurden in den letzten Jahrzehnten zahlreiche Prototypen für Wellenkraftwerke errichtet. Den kommerziellen Durchbruch hat bislang jedoch noch kein Konzept geschafft. Das Hauptproblem bilden die stark unterschiedlichen Bedingungen auf See. Einerseits müssen technische Anlagen materialsparend und damit kostengünstig errichtet werden. Andererseits stellen Stürme mit meterhohen Wellen extreme Anforderungen an die Anlagenhaltbarkeit. Nicht wenige Prototypen sind bereits Stürmen zum Opfer gefallen. Wenn es jedoch gelingen sollte, sturmfeste Anlagen zu einem attraktiven Preis zu errichten, können auch Wellenkraftwerke einen Beitrag zu einer klimaverträglichen Elektrizitätsversorgung leisten.

# 8 Geothermie

## 8.1 Geothermievorkommen

Auch wenn es im Winter bei frostigen Temperaturen kaum vorstellbar ist: Die Erde ist ein heißer Planet. 99 % der Erde sind wärmer als 1000 °C. Durch radioaktive Zerfallsprozesse im Inneren unseres Planeten entstehen Temperaturen von 6500 °C, das ist höher als auf der Oberfläche der Sonne. Das Innerste der Erde entzieht sich jedoch weitgehend den Möglichkeiten des Menschen zur technischen Nutzung. Nur wenn zum Beispiel ein Vulkanausbruch Teile des Erdinneren unkontrolliert an die Erdoberfläche befördert, wird uns die innere Struktur unseres Planeten wieder bewusst.

Die Erde selbst hat einen schalenförmigen Aufbau (Bild 8.1). Sie besteht aus einem Erdkern, dem Erdmantel und der Erdkruste. Der Erdkern hat einen Durchmesser von rund 6900 Kilometern. Man unterscheidet zwischen dem äußeren flüssigen Erdkern und dem inneren Erdkern, der bei Drücken von bis zu 4 Mbar aus festem Eisen und Nickel besteht.

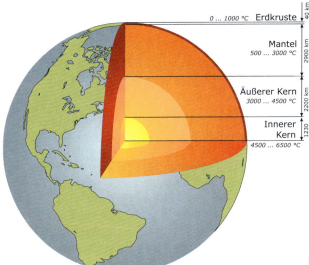

**Bild 8.1** Aufbau der Erde [Qua13]

Durch Bohrungen sind für uns nur Teile der Erdkruste erschließbar, die eine Dicke von bis zu 35 km aufweist. Bezogen auf eine Referenztemperatur von 15 °C wird der gesamte Wärmeinhalt der Erde auf $1{,}26 \cdot 10^{31}$ J und der Erdkruste auf $5{,}4 \cdot 10^{27}$ J geschätzt. Dies übersteigt den Primärenergiebedarf der Menschheit von rund $4 \cdot 10^{20}$ J um ein Vielfaches. Durch die Temperaturunterschiede zwischen Erdinnerem und Erdkruste entsteht ein ständiger Wärmestrom zwischen 0,063 und 0,42 W/m². Für die technische Nutzung sind derart geringe Wärmeströme weitgehend ungeeignet. Um die Geothermie dennoch nutzbar zu machen, sind daher meist Tiefenbohrungen erforderlich.

Der durchschnittliche geothermische Tiefengradient beträgt 1 °C / 33 m. In einer Tiefe von 3300 m nimmt die Temperatur im Mittel um 100 °C zu. Dabei ist die Temperaturzunahme nicht überall auf der Erde gleich verteilt. Vor allem in den Bereichen, wo Kontinentalplatten zusammenstoßen, gibt es starke Anomalien (Bild 8.2). In geothermisch bevorzugten Regionen sind bereits Temperaturen von weit über 100 °C in wenigen hundert Metern Tiefe vorhanden. Auch in Deutschland gibt es Unterschiede. Im Rheingraben herrschen beispielsweise Temperaturen von über 150 °C in 3000 m Tiefe.

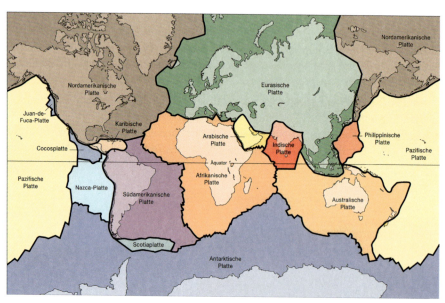

**Bild 8.2** Tektonische Platten der Erde (Quelle: US Geological Survey)

Das technische Gesamtpotenzial zur geothermischen Stromerzeugung in Deutschland wird mit rund 300 000 TWh veranschlagt, was etwa dem 600fachen des deutschen Jahresstrombedarfes entspricht [Pas03]. Bei einer Nutzungsdauer von 1000 Jahren könnte damit die Geothermie mit etwa 300 TWh pro Jahr theoretisch die Hälfte des deutschen Strombedarfs decken. Das zusätzliche Potenzial zur Nutzung thermischer Energie bei Einsatz von Kraft-Wärme-Kopplung beträgt etwa das 1,5fache des Stromerzeugungspotenzials, bei Einsatz von Wärmepumpen sogar das das 2,5fache. Da sich geothermale Vorkommen mit geeigneten Temperaturen in Deutschland in relativ großen Tiefen befinden, zählt Deutschland nicht zu den Regionen der Erde, die extrem günstige Bedingungen für die Nutzung der Geothermie aufweisen. Dies spiegelt sich im Vergleich

## 8.1 Geothermievorkommen

zu anderen regenerativen Anlagen in relativ hohen Kosten für geothermische Kraftwerke wider, die vor allem durch hohe Bohrkosten verursacht werden. Viele Studien erwarten deshalb einen nennenswerten Beitrag der Geothermie zur Stromversorgung in Deutschland erst gegen Mitte des 21. Jahrhunderts.

Die besten Bedingungen in Deutschland finden sich im Bereich der Rheintiefebene (Bild 8.3). Hier sind bereits in 3000 m Tiefe Temperaturen von 150 °C oder mehr anzutreffen. In Island erreicht man solche Temperaturen bereits in wenigen Hundert Metern Tiefe.

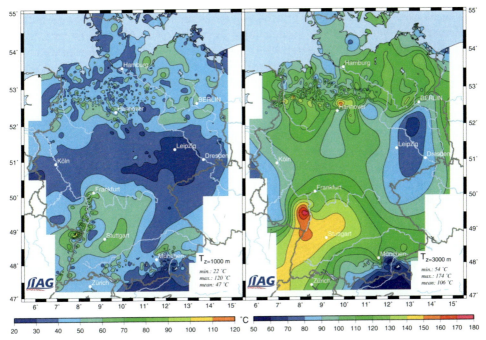

**Bild 8.3** Temperaturen in Deutschland in 1000 und 3000 m Tiefe.
(Grafiken: www.liag-hannover.de [Sch02])

Bei den geothermischen Ressourcen unterscheidet man zwischen

- Heißwasser-Aquiferen (Thermalwasser),
- Störungszonen und
- heißen trockenen kristallinen Gesteinen wie Granit oder Gneisen.

**Heißwasser-Aquifere** sind relativ selten. Außerdem besteht bei gezielten Bohrungen nach heißen unterirdischen Wasserquellen mit Bohrkosten von rund 1 Mio. €/km stets das Risiko, nicht in geplantem Maße auf die gewünschten Vorkommen zu stoßen. Der Vorteil von Tiefenthermalwasser ist, dass es direkt für technische Anwendungen nutzbar ist. Oftmals erschweren aber der hohe Salzgehalt von Thermalwasser und geringe natürliche radioaktive Kontamination dessen Nutzung. In der Praxis werden zwei Bohrungen benötigt. Durch die Förderbohrung gelangt heißes Wasser an die Oberfläche, das nach dem Entziehen der Wärme durch die Injektionsbohrung wieder in die Tiefe verpresst wird.

Die mit Abstand größten Potenziale bestehen in **heißen Tiefengesteinen** (Hot Dry Rock). Um deren Wärme nutzen zu können, müssen zuerst unterirdische Hohlräume geschaffen werden. Hierzu wird kaltes Wasser in die Tiefe verpresst. Durch die dortige Erwärmung dehnt es sich aus und sprengt Hohlräume in das heiße Gestein. In diese Hohlräume kann dann kaltes Wasser injiziert und nach Erwärmung wieder gefördert werden. Bei diesem sogenannten **Hot-Dry-Rock-Verfahren** (HDR) werden Tiefen von 3000 bis 5000 m ins Auge gefasst. Einzelne Demonstrationsprojekte in Deutschland, Frankreich und der Schweiz sind derzeit in Planung oder im Bau.

Die für die Geothermie nötige Bohrtechnik ist bereits seit langem beispielsweise aus der Erdölförderung bekannt. Beim sogenannten Dreh- oder Rotarybohrverfahren treiben Motoren einen diamantenbesetzten Meißel in die Tiefe. Bei großen Tiefen lässt sich der Bohrer nicht mehr über ein Gestänge antreiben, da die Belastungen durch die Verwindung und Reibung zu groß werden. Daher treibt hier ein Elektromotor oder eine Turbine direkt den Bohrkopf an.

Auf der Oberfläche ist nur der eigentliche Bohrturm zu sehen (Bild 8.4), der das Bohrgestänge hält. Durch das Innere des Bohrers wird Wasser mit Drücken von bis zu 300 bar in das Loch gepresst. Diese Spülung treibt zerkleinertes Gesteinsmaterial im Außenraum zwischen Meißel und Bohrloch an die Oberfläche und kühlt zugleich den Bohrer. Durch den Bohrantrieb ist es auch möglich, die Bohrung gezielt aus der Senkrechten abzulenken. Damit lässt sich mit an der Oberfläche dicht zusammenliegenden Bohrungen im Untergrund ein größeres Gebiet erschließen.

**Bild 8.4** Links: Neuer und gebrauchter Bohrkopf. Rechts: Aufbau eines Bohrturms
(Fotos: Geopower Basel AG)

Je nach Untergrund kann die Wand eines Bohrloches instabil sein. Um ein Einstürzen zu verhindern, wird in größeren Abschnitten ein Stahlrohr hinuntergelassen und mit Spezialzement befestigt. Danach wird die Bohrung mit einem kleineren Bohrmeißel fortgesetzt. Lange Zeit hat der sehr hohe Salzgehalt von Thermalwasser bei vielen Bohrungen große

Probleme bereitet. Das Salz greift das Metall an und führt sehr schnell zu Korrosion. Heute lässt sich das Problem durch speziell beschichtete Materialien beheben.

Die tiefste jemals durchgeführte Bohrung fand zu Forschungszwecken auf der russischen Halbinsel Kola statt. Sie hatte eine Tiefe von 12 km. In Deutschland erreichte die sogenannte kontinentale Tiefenbohrung in der Oberpfalz eine Tiefe von 9,1 km. Diese Bohrtiefen stellen heute die technische Grenze dar. In Tiefen von etwa 10 km herrschen extreme Bedingungen mit Temperaturen von über 300 °C und Drücken von 3000 bar. Diese Bedingungen lassen Gestein bereits plastisch und zähflüssig werden.

Für die geothermische Nutzung sind jedoch deutlich geringere Tiefen erforderlich. Für große Anlagen plant man derzeit maximale Bohrtiefen von rund 5 km. Dennoch ist auch bei diesen Tiefen die Technik bereits sehr aufwändig und damit teuer.

Ist eine geothermische Quelle durch Bohrungen erschlossen, lässt sich diese nicht unendlich lange nutzen. Durch den Entzug der Wärme kühlt der erschlossene Bereich langsam aus. In der Regel werden die Abstände der Tiefenbohrungen so gewählt, dass die gewünschten Temperaturen für einen Zeitraum von etwa 30 Jahren gehalten werden können. Danach sinken die Temperaturen ab, sodass eine weitere technische Nutzung nicht mehr sinnvoll ist. Da die ausgekühlten Bereiche nur relativ klein sind, ist ein Ersatz durch Neubauten von Geothermieanlagen in wenigen Kilometern Entfernung möglich. Die ausgekühlten Bereiche erwärmen sich im Verlauf vieler Jahrzehnte erneut.

## 8.2 Geothermische Heizwerke

Sind in einem Thermalwassergebiet die Bohrlöcher erst einmal vorhanden, ist eine geothermale Wärmeversorgung vergleichsweise einfach zu realisieren. Da die Tiefenbohrungen mit erheblichen Kosten verbunden sind, ist für den wirtschaftlichen Betrieb eine relativ große Heizleistung erforderlich. Hier bietet sich die Verteilung von einem geothermischen Heizwerk über ein Nahwärme- oder Fernwärmenetz an.

Bei einem geothermischen Heizwerk holt eine Förderpumpe aus einer Produktionsbohrung heißes Thermalwasser an die Oberfläche (Bild 8.5). Da Thermalwasser oft einen hohen Salzgehalt und auch gewisse natürliche radioaktive Verunreinigungen aufweist, dient es nicht direkt zur Wärmeversorgung. Ein Wärmetauscher entzieht dem Thermalwasser seine Wärme und gibt sie an ein Fernwärmenetz ab. Eine Reinjektionsbohrung entsorgt das abgekühlte Thermalwasser wieder in die Erde.

Für Heizzwecke reichen relativ niedrige Temperaturen von unter 100 Grad Celsius aus. Dadurch sind nicht zu große Bohrtiefen erforderlich. Tiefen von etwa 2000 Metern sind in Deutschland in geothermisch geeigneten Regionen oftmals ausreichend.

Die Heizzentrale steuert die Fördermenge abhängig vom Wärmebedarf. Ein Spitzenlastkessel kann bei einem extremen Heizwärmebedarf die Wärmespitzen abdecken. Ein Reservekessel ist ebenfalls sinnvoll, um im Fall von Problemen beispielsweise mit der Förderpumpe oder dem Bohrloch auch noch eine sichere Wärmeversorgung garantieren zu können.

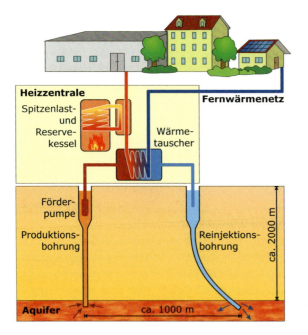

**Bild 8.5** Prinzip eines geothermischen Heizwerks

## 8.3 Geothermische Stromerzeugung

Für künftige Klimaschutzmaßnahmen werden auch große Hoffnungen in die Elektrizitätserzeugung durch die Geothermie gesetzt. In Ländern mit geothermischen Anomalien wie Island, Italien oder Indonesien befinden sich bereits zahlreiche geothermische Kraftwerke im Einsatz. In Deutschland wurde das erste geothermische Kraftwerk mit einer Leistung von 210 kW im Jahr 2003 in Neustadt-Glewe errichtet.

### 8.3.1 Kraftwerksprozesse

Die geothermische Stromerzeugung ist etwas komplexer als die Bereitstellung von Heizwärme. Vor allem die für die Kraftwerkstechnik relativ niedrigen Temperaturen bei der Geothermie erfordern neue Kraftwerkskonzepte wie:

- Direktdampfnutzung,
- Flash-Kraftwerke,
- ORC-Kraftwerke,
- Kalina-Kraftwerke.

Steht Tiefenthermalwasser bei hohen Temperaturen und Drücken bereits dampfförmig zur Verfügung, lässt sich der Dampf direkt in einer Dampfturbine nutzen. Nachteilig erweisen sich dabei oft stark korrosive Bestandteile des Dampfes. Bei nicht ausreichenden Dampfvorkommen werden sogenannte **Flash-Prozesse** verwendet. Hierbei wird heißes, unter Druck stehendes Tiefenthermalwasser teilentspannt. Dadurch erhöht sich der Dampfanteil bei sinkender Temperatur. Ein Separator und ein Tropfenabscheider trennen den Dampf vom Restwasser ab. Dieser lässt sich dann in der Dampfturbine nutzen und wird nach dem Kondensieren wieder in die Tiefe verpresst. Bei einem zweistufigen oder **Double-Flash-Prozess** werden zwei Entspannungsstufen hintereinandergeschaltet, was den Wirkungsgrad geringfügig erhöht.

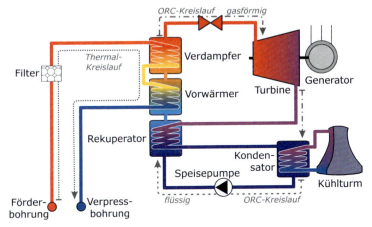

Bild 8.6 Prinzip des geothermischen ORC-Kraftwerks

Für die Elektrizitätserzeugung über Wasserdampfturbinen durch den Clausius-Rankine-Prozess (vgl. Kapitel 4) sind Temperaturen oberhalb von 150 °C erforderlich. Diese lassen sich nicht immer durch das Anzapfen der Erdwärme bereitstellen. Eine Alternative für Temperaturen ab etwa 80 °C bieten sogenannte Organic Rankine Cycles, kurz **ORC-Prozesse** (Bild 8.6). Hier wird im Dampfturbinenprozess statt Wasser ein Arbeitsmedium eingesetzt, das bereits bei sehr niedrigen Temperaturen verdampft. Arbeitsmedien sind beispielsweise Isopentan oder PF5050 ($C_5F_{12}$) mit einer Verdampfungstemperatur von 30 °C bei Umgebungsdruck.

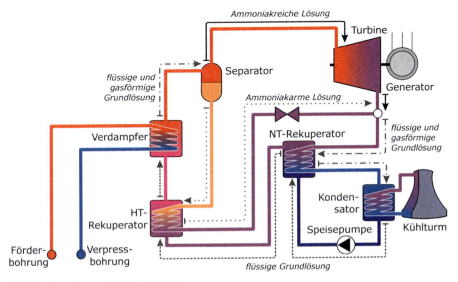

Bild 8.7 Prinzip des Kalina-Prozesses

Höhere Wirkungsgrade bei niedrigen Temperaturen verspricht der **Kalina-Prozess** (Bild 8.7). Hier kommt ein Zweistoffgemisch als Arbeitsmittel, beispielsweise Wasser und Ammoniak, zum Einsatz. Bei der Verdampfung des Zweiphasengemisches im Verdampfer bleibt die Verdampfungstemperatur nicht konstant. Im Vergleich zu einem Wasserdampf- oder ORC-Prozess verbessert dies die thermodynamischen Prozesseigenschaften. Die Restflüssigkeit wird in einem Separator abgetrennt. Der stark ammoniakhaltige Dampf treibt eine Turbine an. Wie beim Clausius-Rankine-Prozess verflüssigt der Kondensator wieder den entspannten Dampf. Eine Speisepumpe bringt die Flüssigkeit erneut auf Betriebsdruck. Die zuvor im Separator abgetrennte Flüssigkeit gibt ihre Wärme über einen Rekuperator an den Kreislauf ab und wird vor dem Kondensator wieder in den Kreislauf eingespeist.

Trotz aller technischen Raffinessen sind bei niedrigen Prozesstemperaturen nur mäßige Wirkungsgrade erreichbar. Der Carnot-Wirkungsgrad (vgl. Kapitel 4) gibt dabei die theoretische Obergrenze an, die von realen Prozessen nicht erreichbar ist. Bild 8.8 zeigt typische Wirkungsgrade der angesprochenen Niedertemperaturprozesse im Vergleich zum Carnot-Wirkungsgrad.

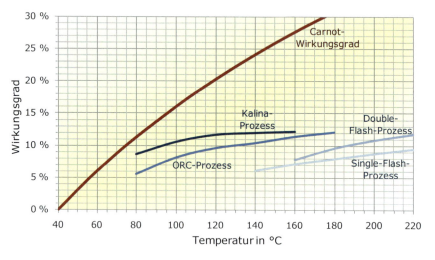

**Bild 8.8** Wirkungsgrade verschiedener Niedertemperaturprozesse im Vergleich zum idealen Carnot-Wirkungsgrad (Referenz 40 °C) in Abhängigkeit der zugeführten Temperatur

### 8.3.2 Geothermische Kraftwerke

Wegen des niedrigen Wirkungsgrades ist bei der geothermischen Stromerzeugung im Temperaturbereich unterhalb von 150 °C die direkte Wärmenutzung ökonomisch und ökologisch zu bevorzugen. Steht Überschusswärme zum Beispiel im Sommer zur Verfügung, bietet sich dann die geothermische Stromerzeugung an. Dieses Prinzip wird auch beim ersten deutschen Geothermie-Heizkraftwerk in Neustadt-Glewe angewandt.

In großen Tiefen von bis zu 5000 m finden sich in Deutschland die besten Bedingungen zur geothermischen Stromerzeugung. Hier lassen sich aber kaum noch Thermalwasservorkommen erschließen. Dort finden sich vor allem heiße trockene Gesteine (Hot Dry Rocks, kurz HDR). Um dem Gestein die Wärme entziehen zu können, sind künstliche

## 8.3 Geothermische Stromerzeugung

Hohlräume notwendig, in denen sich Wasser erwärmen kann. Um diese Hohlräume zu schaffen, wird Wasser mit einem hohen Druck in eine Bohrung verpresst. Durch die Hitze dehnt es sich aus, erzeugt neue Risse und erweitert vorhandene Spalten. So entsteht ein unterirdisches Kluftsystem, das mehrere Kubikkilometer erschließen kann. Eine Horchbohrung überwacht die Aktivitäten.

Das direkte Anzapfen von Heißwasservorkommen wird auch als hydrothermale Geothermie bezeichnet, während die Hot-Dry-Rock-Technologie auch **petrothermale Geothermie** heißt.

Für die geothermische Stromerzeugung bringt eine Pumpe dann kaltes Wasser über eine Injektionsbohrung in die Tiefe. Dort verteilt es sich in den Ritzen und Klüften des kristallinen Gesteins und erwärmt sich dabei auf Temperaturen von 200 °C. Über Produktionsbohrungen gelangt das heiße Wasser wieder an die Oberfläche und gibt dort die Wärme über einen Wärmetauscher an einen Kraftwerksprozess und ein Fernwärmenetz ab.

In den 1970er-Jahren fanden in Los Alamos in den USA erste Tests zum HDR-Verfahren statt. In Soultz-sous-Forêts im Elsass wurde seit 1987 ein europäisches Forschungsprojekt zur HDR-Technik vorangetrieben und 2008 ein 1,5-MW-Pilotkraftwerk in Betrieb genommen. Im Jahr 2004 wurde in der Schweiz das Unternehmen Geopower Basel AG gegründet. Ziel dieses Unternehmens war die Errichtung eines ersten kommerziellen HDR-Kraftwerks. Kleine Beben, die bei der Erzeugung der unterirdischen Spalten hervorgerufen wurden, sorgten im Jahr 2007 aber für den Abbruch der Arbeiten.

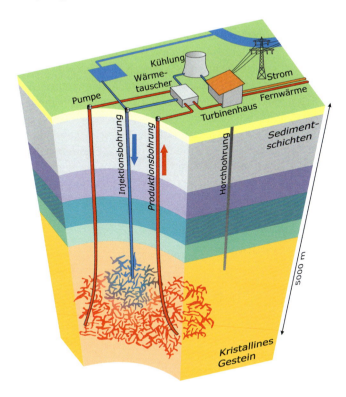

**Bild 8.9** Schema eines HDR-Kraftwerks

Ob die Geothermie auch in Regionen ohne große geothermische Anomalien den schnellen Marktdurchbruch erreichen wird, ist noch offen. Die hohen Kosten für Bohrungen in großen Tiefen werden in absehbarer Zeit vermutlich keine starke Kostensenkungen und damit keine Konkurrenzfähigkeit zu konventionellen Systemen ermöglichen. Da geothermische Anlagen im Vergleich zu anderen regenerativen Systemen wie Photovoltaik- oder Windkraftanlagen nicht dargebotsabhängig sind und damit eine hohe Verfügbarkeit aufweisen, wird die Geothermie mittelfristig aber einen weiteren wichtigen Baustein für eine regenerative Energieversorgung liefern.

## 8.4 Wärmepumpen

Allgemein versteht man unter einer Wärmepumpe eine Maschine, bei der eine mechanische oder elektrisch angetriebene Pumpe Heizwärme aus einer Niedertemperaturwärmequelle erzeugt. Diese Wärme dient dann zum Heizen oder zur Erzeugung von Warmwasser oder Prozesswärme.

Generell lassen sich bei der Wärmepumpe drei verschiedene Funktionsprinzipen unterscheiden:

- Kompressions-Wärmepumpen,
- Absorptions-Wärmepumpen und
- Adsorptions-Wärmepumpen.

Bereits zu Zeiten der Ölkrisen erlebten Wärmepumpen eine erste Hochphase, da sie eine Möglichkeit darstellten, auch ohne das seinerzeit marktbeherrschende Erdöl Nutzwärme bereitzustellen. Ökologisch problematisch erwiesen sich jedoch FCKW als übliche Kältemittel. Mit sinkenden Ölpreisen brach der Neubau von Wärmepumpenanlagen wieder ein. Seit einigen Jahren steigen die Zubauraten von Wärmepumpenanlagen jedoch wieder kontinuierlich an. Wird die nötige elektrische, mechanische oder thermische Antriebsenergie von Wärmepumpenanlagen über regenerative Energien gedeckt, bieten moderne Wärmepumpen die Möglichkeit einer effektiven und kohlendioxidneutralen Wärmeversorgung, auch wenn es bei der Kältemittelwahl noch Verbesserungsbedarf gibt. Wird die Antriebsenergie jedoch aus fossilen Kraftwerken bereitgestellt, sind die ökologischen Vorteile der Wärmepumpe gegenüber modernen Erdgasheizungen verschwindend gering.

### 8.4.1 Kompressions-Wärmepumpen

Das Funktionsprinzip der Kompressions-Wärmepumpe ist vom Kühlschrank her bekannt, nur dass sie hier als Kältemaschine betrieben wird. Bild 8.10 zeigt eine Kompressions-Wärmepumpe zur Erzeugung von Niedertemperaturwärme.

In einem Verdampfer wird durch Zuführen von Niedertemperaturwärme ein Kältemittel verdampft. Um Wärmequellen mit sehr niedrigen Temperaturniveaus nutzen zu können, sind Kältemittel mit Verdampfungstemperaturen im negativen Celsiusbereich erforderlich. Ein Verdichter, der durch einen Elektromotor oder einen Gas- bzw. Benzinmotor mit Hilfe externer Antriebsenergie betrieben wird, verdichtet das dampfförmige Kältemittel auf einen hohen Betriebsdruck. Hierdurch erwärmt es sich stark. Dies lässt sich auch an

## 8.4 Wärmepumpen

einer Fahrradluftpumpe beobachten, wenn bei kräftigem Pumpen mit dem Daumen der Luftauslass abgedichtet wird. Die Wärme auf dem hohen Temperaturniveau lässt sich nun als Nutzwärme, beispielsweise zur Raumheizung oder Wassererwärmung, abführen. Dies geschieht in einem Kondensator, der durch die Wärmeabfuhr das Kältemittel wieder verflüssigt. Über ein Expansionsventil entspannt sich das unter Druck stehende Arbeitsmittel wieder, kühlt ab und gelangt erneut zum Verdampfer.

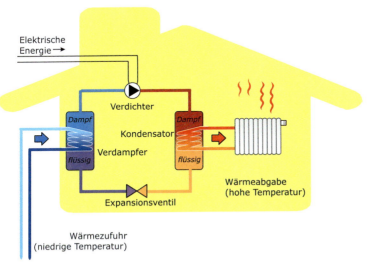

**Bild 8.10** Prinzip der Kompressionswärmepumpe [Qua13]

Als Kältemittel dienen bei Kompressions-Wärmepumpen meist FKW. Diese haben im Gegensatz zu den mittlerweile verbotenen FCKW keinen negativen Einfluss auf die Ozonschicht. Dafür weisen sie aber ein extrem hohes Treibhauspotenzial auf (Tabelle 8.1).

**Tabelle 8.1** Physikalische Eigenschaften gängiger Kältemittel und Treibhauspotenziale für einen Zeithorizont von 100 Jahren (Daten: [Bit12; Fri99])

| Kältemittel | Siedepunkt | Verflüssigungstemperatur bei 26 bar | Treibhauspotenzial relativ zu $CO_2$ |
|---|---|---|---|
| R12 FCKW [1] | –30 °C | 86 °C | 6640 |
| R134a FKW | –26 °C | 80 °C | 1300 |
| R404A FKW | –47 °C | 55 °C | 3260 |
| R407C FKW | –45 °C | 58 °C | 1530 |
| R410A FKW | –51 °C | 43 °C | 1730 |
| R1234yf | –30 °C | 82 °C | 4 |
| R744 (Kohlendioxid) | –57 °C | –11 °C | 1 |
| R717 (Ammoniak) | –33 °C | 60 °C | 0 |
| R290 (Propan) | –42 °C | 70 °C | 3 |
| R600a (Butan) | –12 °C | 114 °C | 3 |
| R1270 (Propen) | –48 °C | 61 °C | 3 |

[1] wegen des negativen Einflusses auf die Ozonschicht seit 1995 in Neuanlagen verboten

Zwar sind die Kältemittelmengen in Wärmepumpenanlagen bei Einfamilienhäusern mit 1 bis 3 kg relativ gering. Doch lassen sich Leckagen oder Verluste bei der Entsorgung nie völlig ausschließen. Treten 2 kg des Kältemittels R134a aus, entspricht dies dem Treibhauspotenzial von 2600 kg $CO_2$. Diese Menge an $CO_2$ wird bei der Verbrennung von 13 000 kWh Erdgas freigesetzt. Wird zudem die Elektrizität aus dem herkömmlichen Kraftwerkspark mit einem hohen Anteil an Kohle- und Atomstrom bezogen, verschlechtert sich die Umweltbilanz der Wärmepumpe noch weiter. Beim Einsatz unproblematischer Kältemittel und der Verwendung von regenerativem oder grünem Strom als Antriebsenergie kann die Wärmepumpe ihre Vorteile auch in ökologischer Hinsicht voll ausschöpfen. Da die Potenziale für den Einsatz von Wärmepumpen sehr groß sind, sind auch weiterhin steigende Installationszahlen nicht unrealistisch.

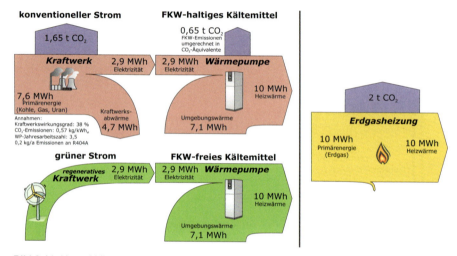

**Bild 8.11** Umweltbilanz zweier Wärmepumpenheizungen und einer Erdgasheizung

### 8.4.2 Absorptions-Wärmepumpen

Bei der Absorptions-Wärmepumpe wird der mechanische Verdichter der Kompressions-Wärmepumpe durch einen thermischen Verdichter ersetzt. Hierzu wird der chemische Vorgang der Sorption ausgenutzt. Unter Sorption oder Absorption wird die Aufnahme eines Gases oder einer Flüssigkeit durch eine andere Flüssigkeit verstanden. Ein bekanntes Beispiel ist die Lösung von Kohlendioxidgas ($CO_2$) in Mineralwasser. Für Absorptions-Wärmepumpen kommt ein sorbierbares Kältemittel mit niedrigem Siedepunkt wie beispielsweise Ammoniak zum Einsatz. Bei der Sorption des Dampfes durch Wasser entstehen hohe Temperaturen.

Der Verdampfer der Absorptions-Wärmepumpe verdampft das Ammoniak bei niedrigen Temperaturen und Drücken mit Hilfe von Niedertemperaturwärme wie bei der Kompressions-Wärmepumpe. Wasser als Lösungsmittel absorbiert den Kältemitteldampf im Absorber. Die dabei entstehenden hohen Temperaturen lassen sich über einen Wärmetauscher als Nutzwärme abführen. Die Lösungsmittelpumpe transportiert die Lösung zum Verdichter. Da die Lösungsmittelpumpe im Gegensatz zur Kompressions-Wärmepumpe keinen hohen Druck aufbauen muss, ist die benötigte elektrische Antriebsenergie relativ gering. Im Austreiber werden das Kälte- und Lösungsmittel, also Ammoniak und Wasser, aufgrund ihrer unterschiedlichen Siedepunkte wieder getrennt. Hierzu muss thermische Energie zugeführt werden. Die Wärmezufuhr kann durch Verbrennen von Erdgas, Biogas, aber auch Solarthermie oder Geothermie erfolgen. Im Kondensator kondensiert der abgetrennte Kältemitteldampf bei hohem Druck und hohen Temperaturen wieder. Die Kondensationswärme lässt sich ebenfalls als Nutzwärme abführen. Über jeweils ein Expansionsventil gelangt das flüssige Kältemittel wieder zum Verdampfer und das Lösungsmittel erneut zum Absorber und schließt damit den Kreislauf. Bild 8.12 veranschaulicht das Prinzip der Absorptions-Wärmepumpe.

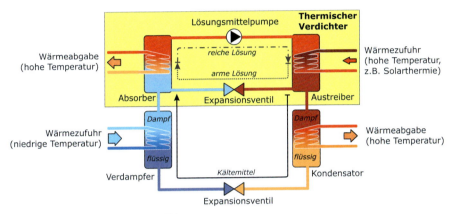

**Bild 8.12** Prinzip der Absorptions-Wärmepumpe

Absorptions-Wärmepumpen werden beispielsweise für große Aggregate ab 50 kW oder in propangasbetriebenen Camping-Kühlschränken eingesetzt. Der Einsatz von Absorptions-Wärmepumpen für solare Kühlanlagen befindet sich noch im Erprobungsstadium. Da der Kühlbedarf und die Verfügbarkeit von solarthermischer Antriebsenergie zeitlich meist zusammenfallen, besteht mit Absorptions-Wärmepumpen künftig auch im energieintensiven Bereich der Gebäudeklimatisierung eine Möglichkeit, regenerative Energien einzusetzen. Problematisch erweist sich jedoch bei Ammoniak die Giftigkeit und Brennbarkeit. Außerdem ist Ammoniak gegenüber Kupfer sehr korrosiv, sodass Rohrleitungen in Stahl ausgeführt werden müssen. Im Leckfall lässt sich zwar austretendes Ammoniak mit Wasser binden, dennoch müssen entsprechende Schutzvorkehrungen getroffen werden, um Personen- oder Sachschäden zu vermeiden.

### 8.4.3 Adsorptions-Wärmepumpen

In Adsorptions-Wärmepumpen wird der Effekt der Adsorption von Wasserdampf durch Feststoffe wie Aktivkohle, Silicagel oder Zeolithe ausgenutzt. Bei der Adsorption, also der Bindung des Wasserdampfes durch den Feststoff, entsteht eine stark exotherme Reaktion mit Temperaturen von etwa 300 °C. Da Wasser als Arbeitsmedium verwendet wird, muss ein starker Unterdruck (Vakuum) erzeugt werden, um Niedertemperaturwärme nutzen zu können. Bei einem Druck von 8,7 mbar verdampft Wasser bereits bei 5 °C, bei 6,1 mbar sogar bei 0 °C.

Die Adsorptions-Wärmepumpe wird in zwei Phasen betrieben. Ein Wärmetauscher wird dazu mit dem Feststoff, z.B. Zeolith, beschichtet. In der ersten Phase treibt ein Gasbrenner bei hohen Temperaturen das im Feststoff gebundene Wasser aus. Dieses kondensiert an einem zweiten Wärmetauscher, der die Nutzwärme bei hohen Temperaturen abführen kann. Ist nahezu alles Wasser ausgetrieben, beginnt die zweite Phase. Hierzu wird der Brenner ausgeschaltet. Über den zweiten Wärmetauscher wird nun Niedertemperaturwärme zugeführt. Hierdurch verdampft das Wasser bei dem erwähnten starken Unterdruck wieder. Der Wasserdampf gelangt an den mit Zeolith beschichteten Wärmetauscher. Dieser adsorbiert den Wasserdampf, wobei eine hohe Temperatur entsteht, die über den Wärmetauscher als Nutzwärme abgeführt wird.

Der Vorteil der Adsorptions-Wärmepumpe sind die ungiftigen Materialien. Das Austreiben des Wasserdampfes kann durch Zuführen von regenerativ erzeugter Wärme wie Solarthermie, Geothermie oder Biogas erfolgen. Die verfügbaren kommerziellen Anlagen arbeiten derzeit aber meist noch auf Basis von Erdgas.

### 8.4.4 Einsatzgebiete, Planung und Ertragsberechnung

Damit eine Wärmepumpe überhaupt funktionieren kann, muss aber erst einmal eine Niedertemperaturwärmequelle vorhanden sein. Je höher das Temperaturniveau der Wärmequelle ist, desto effizienter arbeitet die Wärmepumpe.

Prinzipiell bieten sich folgende Wärmequellen an:

- Grund- oder Oberflächenwasser (Wasser/Wasser),
- Erdreich, Erdwärmetauscher/Erdkollektor (Sole/Wasser),
- Erdreich, Erdsonde (Sole/Wasser),
- Umgebungsluft (Luft/Wasser),
- Abwärme z.B. von Industrieprozessen (Luft/Wasser oder Wasser/Wasser).

Abhängig von der Wärmequelle und der Art der Wärmenutzung unterteilt man Wärmepumpen in Luft/Luft-, Luft/Wasser-, Sole/Wasser- oder Wasser/Wasser-Systeme. Vor dem Schrägstrich steht dabei das zugeführte Wärmemedium. Bei Umgebungsluft ist es Luft. Bei stets frostfreiem Grundwasser ist es Wasser. Wegen der Frostgefahr fließt in Leitungen im Erdreich eine Mischung aus Wasser und Frostschutzmittel, die sogenannte **Sole**.

Hinter dem Schrägstrich steht das abgegebene Wärmemedium. In den meisten Fällen erhitzen Wärmepumpen Heizungs- oder Brauchwasser. Seltener erwärmen sie Luft für Luftheizungssysteme.

Je höher die Temperatur der Wärmequelle und je niedriger die benötigte Temperatur der Heizwärme ist, desto weniger elektrische Energie ist zum Antrieb einer Wärmepumpe erforderlich. Eine Fußbodenheizung ist also wegen der niedrigeren Heizungstemperaturen herkömmlichen Heizkörpern vorzuziehen.

Die zugeführte mechanische beziehungsweise elektrische Leistung $P$ einer Wärmepumpe ist geringer als der abgeführte Wärmestrom $\dot{Q}_{ab}$, der aus der Summe der mechanischen oder elektrischen Leistung und dem zugeführten Wärmestrom $\dot{Q}_{zu}$ besteht:

$$\dot{Q}_{ab} = \dot{Q}_{zu} + P \,. \tag{8.1}$$

## 8.4 Wärmepumpen

Eine Wärmepumpe kann je nach Druck und Arbeitsmittel auch bei Temperaturen der Wärmequelle von weit unter 0 °C nutzbare Wärme auf einem deutlich höheren Niveau erzeugen. Als Wärmequellen können die Umgebungsluft, Erdsonden oder das Grundwasser dienen. Das Verhältnis des abgeführten Wärmestroms $\dot{Q}_{ab}$ zur zugeführten mechanischen beziehungsweise elektrischen Leistung $P$ wird als **Leistungszahl**

$$\varepsilon = \frac{\dot{Q}_{ab}}{P} \qquad (8.2)$$

(Coefficient Of Performance, COP) bezeichnet.

Die ideale Leistungszahl $\varepsilon_C$ der Wärmepumpe nach Carnot bestimmt sich aus der niedrigeren Temperatur $T_{zu}$ und der höheren Temperatur $T_{ab}$:

$$\varepsilon_C = \frac{T_{ab}}{T_{ab} - T_{zu}} \ . \qquad (8.3)$$

Aus dieser Gleichung geht hervor, dass für große Leistungszahlen die Temperaturdifferenz gering sein und die Wärmequelle ein hohes Temperaturniveau besitzen sollte. Die Leistungszahlen in der Praxis sind deutlich geringer. Das Verhältnis der realen Leistungszahl und der idealen Leistungszahl

$$\eta = \frac{\varepsilon}{\varepsilon_C} \qquad (8.4)$$

wird auch als **Gütegrad** der Wärmepumpe bezeichnet. Typische Werte liegen zwischen 0,4 und 0,5. Da die Temperaturbedingungen im Jahresverlauf schwanken, variieren auch die Leistungszahlen. Die mittlere Leistungszahl

$$\varepsilon_a = \frac{\sum_a \dot{Q}_{ab}}{\sum_a P} = \frac{Q_{ab}}{W} \qquad (8.5)$$

heißt auch **Jahresarbeitszahl**. Meist werden Wärmepumpen elektrisch angetrieben. Reicht das Temperaturniveau der Wärmequelle für einen effizienten Betrieb der Wärmepumpe nicht aus oder werden sehr hohe Temperaturen benötigt, kommt oft ein zusätzlicher Heizstab zur Anwendung. Neben der elektrischen Leistung für den Verdichter werden bei der Jahresarbeitszahl auch die Leistung des Heizstabs sowie bei Sole/Wasser-Wärmepumpen die Solepumpe, bei Wasser/Wasser-Wärmepumpen die Brunnenpumpe und bei Luft/Wasser-Wärmepumpen der Ventilator für die Luftzufuhr berücksichtigt.

Die Jahresarbeitszahl hängt stark von der Art der Wärmequelle ab. Hohe Werte sind für einen ökologischen und ökonomischen Betrieb einer Wärmepumpe essenziell. Bei einer Jahresarbeitszahl von 4 lässt sich zum Beispiel ein Heizwärmebedarf von 10 000 kWh pro Jahr mit 2 500 kWh an elektrischer Energie durch eine Wärmepumpe decken. Bei einer Jahresarbeitszahl von 2 steigt der Bedarf an elektrischer Energie auf 5 000 kWh an.

Von den Herstellern werden die Leistungszahlen bei bestimmten stationären Bedingungen angegeben. Dabei stehen die Buchstaben S oder B für Sole (engl.: brine), W für Wasser und L oder A für Luft (engl.: air). Direktverdampfer-Wärmepumpen verdampfen das Kältemittel über Erdsonden oder Erdkollektoren direkt im Erdreich. Dies wird durch den Buchstaben E ausgedrückt. Die erste Zahl gibt die Temperatur der Wärmequelle an, die auch negativ sein kann. Die zweite Zahl steht für die Vorlauftemperatur zum Heizen oder

der Warmwasserbereitung. COP A2W35 steht also für eine Luft/Wasser-Wärmepumpe mit einer Temperatur der Luft als Wärmequelle von 2 °C und einer Heizungsvorlauftemperatur von 35 °C.

Die genauen Prüfbedingungen sind in der Norm EN 14511 definiert. Das Umweltsiegel Euroblume der Europäischen Kommission legt Mindest-Leistungszahlen für Wärmepumpen fest, die Tabelle 8.2 zeigt. Marktgängige Geräte erreichen heute bereits deutlich größere Werte. Während der Euroblume-Wert für den COP W10W35 einer Wasser/Wasser-Wärmepumpe bei 5,1 liegt, erreicht das beste Gerät inzwischen einen Wert von rund 7. Auch bei Luft/Wasser-Wärmepumpen wurden in den letzten Jahren erhebliche Fortschritte erzielt.

**Tabelle 8.2** Mindestanforderungen für Wärmepumpen-Leistungszahlen für das Umweltsiegel „Euroblume" und COP-Werte marktgängiger Elektrowärmepumpen [BAFA14; EU07]

| Wärmepumpentyp | Leistungszahl | Mindestwert für „Euroblume" | COP-Werte marktgängiger Geräte |
|---|---|---|---|
| Sole/Wasser | COP B0W35 | 4,3 | 4,30 … 5,08 |
| | COP B0W45 | 3,5 | |
| Direktverdampfung/Wasser | COP E-1W35 | | 4,00 … 4,57 |
| Wasser/Wasser | COP W10W35 | 5,1 | 5,10 … 6,96 |
| | COP W10W45 | 4,2 | |
| Luft/Wasser | COP A-7W35 | | 2,14 … 3,59 |
| | COP A2W35 | 3,1 | 2,85 … 4,43 |
| | COP A2W45 | 2,6 | |
| | COP A10W35 | | 3,40 … 5,59 |

Die Jahresarbeitszahlen liegen in der Praxis meist unter den Werten der idealen Leistungszahlen. Sie sind gebäude- und anlagenspezifisch und lassen sich über die VDI 4650 berechnen. Bei Feldtests zeigten sich jedoch auch zu den Berechnungen der VDI-Richtlinie zum Teil deutliche Abweichungen. Das Fraunhofer Institut für Solare Energiesysteme ISE hat zwischen den Jahren 2007 und 2010 in einem Feldtest 77 Wärmepumpen umfangreich vermessen. Die besten Systeme erreichten dabei Jahresarbeitszahlen von über 5. Tabelle 8.3 zeigt durchschnittliche Jahresarbeitszahlen für verschiedene im Feldtest erfasste Wärmepumpentypen.

**Tabelle 8.3** Im Feldtest ermittelte Jahresarbeitszahlen $\varepsilon_a$ für Elektrowärmepumpen zur Gebäudebeheizung und Warmwasserversorgung [Mia11]

| Wärmepumpe | Wärmequelle | Bandbreite | Mittelwert |
|---|---|---|---|
| Sole/Wasser | Erdreich | 3,1 … 5,1 | 3,88 |
| Wasser/Wasser | Grundwasser | 3,3 … 4,1 | 3,71 |
| Luft/Wasser | Luft | 2,3 … 3,4 | 2,89 |

Am besten schnitten Wärmepumpen ab, die ihre Wärme aus dem Erdreich beziehen. Etwas geringer waren die Jahresarbeitszahlen von Grundwasser-Wärmepumpen. Dies liegt daran, dass bei den untersuchten Wärmepumpen zum Fördern des Grundwassers ein

## 8.4 Wärmepumpen

höherer Pumpaufwand erforderlich ist als in einem geschlossenen Sole-Kreislauf im Erdreich. Außerdem setzen sich Schmutzfänger in der Grundwasserförderbohrung mit der Zeit zu, was den Pumpenergiebedarf weiter erhöht. Vorteile haben hier geschlossene Wärmetauscher, die nicht direkt Grundwasser entnehmen. Da im Winter die Umgebungslufttemperaturen niedriger als die Boden- oder Grundwassertemperaturen sind, arbeiten Luft-Wärmepumpen dann am ineffizientesten.

Die Arbeitstemperaturen beeinflussen die Jahresarbeitszahl erheblich. Für hohe Erträge sind möglichst niedrige Vorlauftemperaturen, wie sie beispielsweise bei Fußbodenheizungen üblich sind, eine wichtige Voraussetzung.

In einem anderen Feldtest in Lahr wurden auch innovative Wärmepumpen untersucht. Eine **$CO_2$-Erdsondenwärmepumpe** erreichte dabei eine Jahresarbeitszahl von über 5 [Aue11]. Diese Art der Wärmepumpe nutzt vertikale Erdsonden. In den Sonden befindet sich in einem geschlossenen Kreislauf flüssiges Kohlendioxid bei hohem Druck, das durch Wärme im Boden verdampft und die Wärme über einen Wärmetauscher an den eigentlichen Kältekreislauf der Wärmepumpe abgibt. Durch dieses Prinzip kann auf eine Pumpe im $CO_2$-Kreislauf verzichtet werden, wodurch der Bedarf an Pumpenergie spürbar sinkt. Erdsondenwärmepumpen auf $CO_2$-Basis sind auch in Grundwasserschutzgebieten zugelassen. Sie sind allerdings erheblich teurer als herkömmliche Wärmepumpensysteme.

Tabelle 8.4 zeigt mögliche Entzugsleistungen für vertikale **Erdsonden**. Bei einer jährlichen Betriebsdauer von 1800 h lässt sich danach bei einem wassergesättigtem Sedimentuntergrund eine Entzugsleistung $\dot{Q}_{zu}$ von 60 W pro Meter Sondenrohr entziehen. Für eine Entzugsleistung von 6 kW ist damit eine Sondenlänge von 100 m erforderlich.

**Tabelle 8.4** Mögliche spezifische Entzugsleistungen für Doppel-U-Erdwärmesonden nach [VDI4640] für kleine Anlagen bis 30 kW und Sondenlängen bis 100 m

| Untergrund | Entzugsleistung in W/m bei | |
|---|---|---|
| | 1800 h/a | 2400 h/a |
| Schlechter Untergrund, trockenes Sediment, $\lambda < 1{,}5$ W/(m K) | 25 | 20 |
| Normaler Festgesteinsuntergrund und wassergesättigtes Sediment $\lambda = 1{,}5 \ldots 3{,}0$ W/(m K) | 60 | 50 |
| Festgestein mit hoher Wärmeleitfähigkeit, $\lambda > 3{,}0$ W/(m K) | 84 | 70 |
| Kies, Sand, trocken | <25 | <20 |
| Kies, Sand, wasserführend | 65 … 80 | 55 … 65 |
| Kies, Sand, starker Grundwasserfluss | 80 … 100 | 80 … 100 |
| Ton, Lehm, feucht | 35 … 50 | 30 … 40 |
| Kalkstein, massiv | 55 … 70 | 45 … 60 |
| Sandstein | 65 … 80 | 55 … 65 |
| Saure Magmatite, z.B. Granit | 65 … 85 | 55 … 70 |
| Basische Magmatite, z.B. Basalt | 40 … 65 | 35 … 55 |
| Gneis | 70 … 85 | 60 … 70 |

Den **Erdkollektor** bilden meist Kunststoffrohre, die schlangenförmig im Garten verlegt werden. Die optimale Verlegetiefe beträgt 1,2 bis 1,5 m, der Abstand zwischen den Rohren etwa 0,8 m. Die Länge *l* und die Fläche *A* des Erdkollektors berechnen sich aus der erforderlichen Kälteleistung $\dot{Q}_{zu}$ der Niedertemperaturwärmequelle und der auf die Länge bezogenen Entzugsleistung $\dot{q}$ sowie dem Rohrabstand $d_A$:

$$l = \frac{\dot{Q}_{zu}}{\dot{q}} \tag{8.6}$$

und $\quad A = l \cdot d_A .$ (8.7)

**Tabelle 8.5** Mögliche spezifische Entzugsleistungen für Erdkollektoren bei einer Nutzung von 1800 h/a

| Untergrund | Entzugsleistung in W/m |
|---|---|
| Sandboden, trocken | 10 |
| Lehmboden, trocken | 20 |
| Lehmboden, feucht | 25 |
| Lehmboden, wassergesättigt | 35 |

Tabelle 8.5 zeigt spezifische Entzugsleistungen für Erdkollektoren in Abhängigkeit der Bodenbeschaffenheit. Beträgt beispielsweise die nötige Wärmeleistung $\dot{Q}_{ab}$ = 10 kW und die Leistungszahl $\varepsilon$ = 4, ergibt sich eine benötigte Kälteleistung von $\dot{Q}_{zu}$ = 7,5 kW. Damit beträgt bei diesem Beispiel für trockenen Lehmboden die Rohrlänge

$$l = \frac{7,5 \text{ kW}}{0,02 \text{ kW/m}} = 375 \text{ m}$$

und bei einen Rohrabstand von $d_A$ = 0,8 m die Erdkollektorfläche

$A = 375 \text{ m} \cdot 0,8 \text{ m} = 300 \text{ m}^2.$

Im Zweifelsfall empfiehlt es sich, die Werte großzügig aufzurunden. Da einzelne Rohrstränge Längen von 100 m nicht überschreiten sollten, empfehlen sich hier beispielsweise 4 Rohrkreise mit je 100 m Länge.

# 9 Nutzung der Biomasse

## 9.1 Vorkommen an Biomasse

Unter Biomasse werden Stoffe organischer Herkunft, in der Natur lebende oder wachsende Materie und Abfallstoffe von lebenden und toten Lebewesen verstanden. Fossile Energieträger, die durch Umwandlungsprozesse auch aus Biomasse entstanden sind, werden im Allgemeinen nicht als Biomasse bezeichnet.

Jegliches Pflanzenwachstum und damit das Leben auf der Erde sind nur durch die Sonnenenergie möglich. Die Erzeugung von Biomasse kann durch die allgemeine Gleichung

$$H_2O + CO_2 + \text{Hilfsstoffe} + \Delta E \longrightarrow \underbrace{C_k H_m O_n}_{\text{Biomasse}} + H_2O + O_2 + \text{Stoffwechselprodukte} \qquad (9.1)$$

beschrieben werden. Über Farbstoffe wie Chlorophyll wird durch die Energie $\Delta E$ des sichtbaren Sonnenlichtes Wasser $H_2O$ mit Hilfe der Sonnenstrahlung gespalten. Aus dem Wasserstoff H und dem Kohlendioxid $CO_2$ der Luft entsteht Biomasse $C_k H_m O_n$. Hierbei wird Sauerstoff $O_2$ freigesetzt. Die Biomasse kann dann auf verschiedenste Weise energetisch genutzt werden. Hierbei entsteht in der Regel wieder $CO_2$. Es wird jedoch nur soviel $CO_2$ freigesetzt, wie die Pflanze zuvor aus der Luft gebunden hat. Wird nur so viel Biomasse genutzt wie auch wieder nachwachsen kann, handelt es sich bei der Biomasse um eine klimaneutrale erneuerbare Energiequelle.

Um die Biomasseproduktion mit anderen technischen Energieumwandlungen vergleichen zu können, wurde für verschiedene Pflanzen ein Wirkungsgrad ermittelt, der angibt, welcher Anteil der Sonnenenergie in Biomasse umgesetzt wird. Der durchschnittliche Wirkungsgrad der gesamten Biomasseproduktion beträgt etwa 0,14 %.

In Tabelle 9.1 sind einige spezielle Wirkungsgrade bei der Produktion von Biomasse angegeben.

**Tabelle 9.1** Wirkungsgrade bei der Produktion von Biomasse [Kle93]

| | | | |
|---|---|---|---|
| Ozeane | 0,07 % | Wälder | 0,55 % |
| Süßwasser | 0,50 % | Mais | 3,2 % |
| Kulturlandschaft | 0,30 % | Zuckerrohr | 4,8 % |
| Grasland | 0,30 % | Zuckerrüben | 5,4 % |

Der Wirkungsgrad berechnet sich, indem der Heizwert nach Tabelle 9.2 der auf einer bestimmten Fläche über einen bestimmten Zeitraum hinzugekommenen Biomasse durch die über den Zeitraum auf dieser Fläche eingetroffene Sonnenenergie dividiert wird.

**Tabelle 9.2** Heizwerte verschiedener Brenn- und Kraftstoffe aus Biomasse [Fac96, FNR08a]

| Brennstoff (wasserfrei) | Heizwert $H_u$ | Brennstoff (wasserfrei) | Heizwert $H_u$ |
|---|---|---|---|
| Stroh (Weizen) | 17,3 MJ/kg | Sonnenblumenschalen | 17,9 MJ/kg |
| Grünpflanzen (Weizen) | 17,5 MJ/kg | Chinaschilf | 17,4 MJ/kg |
| Holz ohne Rinde | 18,5 MJ/kg | Rapsöl | 37,6 MJ/kg |
| Rinde | 19,5 MJ/kg | Ethanol | 26,7 MJ/kg |
| Holz mit Rinde | 18,7 MJ/kg | Methanol | 19,7 MJ/kg |
| Olivenkerne | 18,0 MJ/kg | Benzin (zum Vergleich) | 43,9 MJ/kg |

Dabei lässt sich aber nicht sämtliche Biomasse energetisch einsetzen. Der Mensch nutzt derzeit rund 4 % der weltweit neu entstehenden Biomasse. 2 % gehen in die Nahrungs- und Futtermittelproduktion, 1 % endet als Holzprodukt, Papier- oder Faserstoff. Rund 1 % der neu entstehenden Biomasse wird energetisch – meist in Form von Brennholz – genutzt und deckt damit rund ein Zehntel des weltweiten Primärenergiebedarfs.

Den höchsten Wirkungsgrad bei der Umwandlung von Sonnenlicht in Biomasse erzielen sogenannte C4-Pflanzen. Diese zeichnen sich durch eine schnelle Photosynthese aus und nutzen damit die Sonnenenergie besonders effektiv. Zu den C4-Pflanzen gehören Amarant, Hirse, Mais, Zuckerrohr und Chinaschilf. Unter optimalen Bedingungen erreichen diese Wirkungsgrade von 2 bis gut 5 %.

Bei der Nutzung der Biomasse unterscheidet man zwischen der Nutzung von Reststoffen aus der Land- und Forstwirtschaft und dem gezielten Anbau von sogenannten Energiepflanzen. Für Deutschland gehen Untersuchungen von einem gesamten Potenzial von rund 1200 PJ/a aus (Tabelle 9.3). Dies entspricht knapp 9 % des deutschen Primärenergiebedarfs aus dem Jahr 2011. Selbst bei Umsetzung umfangreicher Energiesparmaßnahmen lässt sich daher in Deutschland nur ein Teil des Energiebedarfs durch Biomasse decken.

**Tabelle 9.3** Biomassepotenziale in Deutschland [Kal03]

| | Nutzbare Menge in Mt | Energetisches Potenzial in PJ/a |
|---|---|---|
| Halmgutartige Biomasse (Stroh, Gräser) | 10 … 11 | 140 … 150 |
| Holz und Holzreststoffe | 38 … 40 | 590 … 622 |
| Biogassubstrate (Biomasseabfälle und -rückstände) | 20 … 22 | 148 … 180 |
| Klär- und Deponiegas | 2 | 22 … 24 |
| Energiepflanzenmix | 22 | 298 |
| Summe Biomassepotenzial | 92 … 97 | 1198 … 1274 |

Die Möglichkeiten der Biomassenutzung sind dabei vielfältig (Bild 9.1). Die größten Potenziale bestehen bei der Nutzung von Holz- und Holzprodukten. Auch Reststoffe aus der Land- und Forstwirtschaft und biogene Abfälle sind für die Energiewirtschaft von Bedeutung. Neben der Nutzung von Reststoffen lassen sich auch spezielle Energiepflanzen anbauen. Da Energiepflanzen aber um die Ackerflächen zur Nahrungsmittelproduktion konkurrieren, ist der extensive Anbau von Energiepflanzen nicht unumstritten.

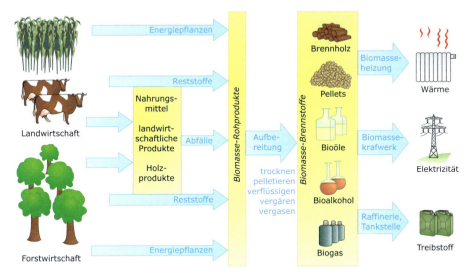

**Bild 9.1** Möglichkeiten der Biomassenutzung [Qua13]

Als nächster Schritt folgt die Aufbereitung der soeben aufgezählten Biomasserohstoffe. Dabei werden sie beispielsweise getrocknet, gepresst, zu Alkohol vergoren, zu Biogas umgewandelt, pelletiert oder in chemischen Anlagen zu Treibstoffen verarbeitet. Ziel der Aufbereitung ist die Gewinnung gut nutzbarer Biomassebrennstoffe.

Die so gewonnenen Biomasseenergieträger haben faktisch das gleiche Einsatzspektrum wie die fossilen Brennstoffe Kohle, Erdöl und Erdgas. Biomassekraftwerke können aus den Biobrennstoffen Elektrizität erzeugen, mit Biomasseheizungen lässt sich der Wärmebedarf decken, und Biotreibstoffe dienen als Sprit für Autos und andere Fahrzeuge.

Bei Bioenergieträgern wird prinzipiell zwischen

- festen Bioenergieträgern,
- flüssigen Bioenergieträgern und
- gasförmigen Bioenergieträgern

unterschieden.

### 9.1.1 Feste Bioenergieträger

Unter die festen Bioenergieträger fallen vor allem Holz und Holzprodukte, feste Bioabfälle sowie Stroh und Energiepflanzen. Die Zahl verschiedener Holzprodukte ist groß. Neben Vollholz, Rinde und Sägeabfällen unterscheidet man zwischen Rundholz, Scheitholz, Hackschnitzen, Holzbriketts und Holzpellets.

**Bild 9.2** Verschiedene Verarbeitungsformen von Brennholz
Von links oben nach rechts unten: Rundholz, Scheitholz, Holzbriketts, Holzpellets

Der Heizwert $H_i$ von Holz hängt hauptsächlich vom **Wassergehalt** $w$ ab. Ist das Holz absolut wasserfrei, ist $w$ gleich null. Mit dem Heizwert $H_{i,atro}$ des wasserfreien Holzes ergibt sich näherungsweise

$$H_i = H_{i,atro}(1-w) - 2{,}44 \, \frac{MJ}{kg} \cdot w \,. \tag{9.2}$$

Der Wassergehalt

$$w = \frac{m_{H2O}}{m_{Holz}} \tag{9.3}$$

ist dabei über das Verhältnis der Masse $m_{H2O}$ des Wassers im Holz zur Gesamtmasse des Holzes $m_{Holz}$ definiert. Die sogenannte **Holzfeuchte** $u$ ergibt sich hingegen aus dem Verhältnis der Masse $m_{H2O}$ des Wassers im Holz zur Masse $m_{Holz,atro}$ des absolut trockenen (Abk.: atro) Holzes:

$$u = \frac{m_{H2O}}{m_{Holz,atro}} \,. \tag{9.4}$$

Der typische Wassergehalt frischer holzartiger Biomasse liegt zwischen 40 % und 60 %, bei Grünpflanzen beträgt er sogar bis zu 80 %. Nach ausreichender Trocknungszeit an der Luft, die bis zu zwei Jahren betragen kann, sinkt der Wassergehalt auf 12 bis 20 %. Im Mittel lässt sich ein Wert von 15 % ansetzen. Man spricht dann von lufttrockener Biomasse (Abk.: lutro).

Der Wassergehalt von technisch getrockneten Bioenergieprodukten wie Holzpellets oder Briketts liegt bei unter 10 %. Bei einem Wasser- oder Feuchtegehalt von 0 % spricht man

## 9.1 Vorkommen an Biomasse

von absolut trockener Biomasse. Dieser Zustand dient vor allem für Vergleichszwecke und hat in der Praxis kaum eine Bedeutung. Bild 9.3 zeigt den Heizwert in Abhängigkeit des Wassergehalts beziehungsweise der Holzfeuchte.

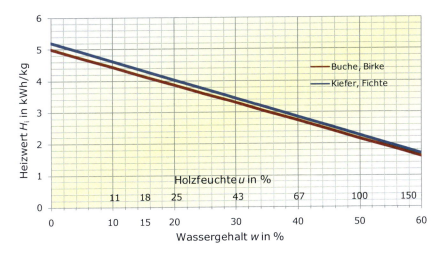

**Bild 9.3** Heizwert von Holz in Abhängigkeit des Wassergehalts und der Holzfeuchte

Der massenbezogene Heizwert von verschiedenen Holzarten bei gleichem Trocknungsgrad unterscheidet sich kaum. Da die verschiedenen Holzarten jedoch unterschiedliche Dichten aufweisen, gibt es deutliche Unterschiede beim volumenbezogenen Heizwert. Tabelle 9.4 fasst die Eigenschaften verschiedener Brennholzarten zusammen.

**Tabelle 9.4** Eigenschaften verschiedener Brennholzarten

|  | Heizwert atro ($w = 0\ \%$) $H_{i0}$ in kWh/kg | Dichte atro in kg/Fm | Heizwert $H_i$ bei $w = 15\ \%$ (lufttrocken, lutro) | | |
|---|---|---|---|---|---|
|  |  |  | in kWh/kg | in kWh/Fm | in kWh/Rm |
| Buche | 5,0 | 558 | 4,15 | 2720 | 1910 |
| Birke | 5,0 | 526 | 4,15 | 2570 | 1800 |
| Kiefer | 5,2 | 431 | 4,32 | 2190 | 1530 |
| Fichte | 5,2 | 379 | 4,32 | 1930 | 1350 |

Doch auch bei gleicher Holzart kommt es für den volumenbezogenen Heizwert auf die Art des Holzproduktes an. Hierbei unterscheidet man zwischen Festmetern (fm), Raummetern (rm) und Schüttraummetern (srm). Unter einem **Festmeter** versteht man 1 m³ feste Holzmasse. Ein **Raummeter** umfasst 1 m³ geschichtete Holzteile inklusive Luftzwischenräumen. Das **Schüttraummeter** wird für 1 m³ geschüttete Holzteile wie Pellets, Stückholz, Hackgut oder Sägespäne verwendet. Tabelle 9.5 zeigt Umrechnungsfaktoren für die verschiedenen Raummaße. Diese können aufgrund der natürlichen Eigenschaften von Holz deutlich schwanken.

**Tabelle 9.5** Umrechnungsfaktoren für Raummaße von Holzprodukten (Näherungswerte) [DGS04]

|  | fm | rm | srm |
|---|---|---|---|
| Festmeter (fm) | 1 | 1,43 | 2,43 |
| Raummeter (rm) | 0,7 | 1 | 1,7 |
| Schüttraummeter (Srm) | 0,41 | 0,59 | 1 |

Bei der energetischen Nutzung von Biomasse wird angestrebt, Biobrennstoffe wie fossile Brennstoffe in vollautomatischen Anlagen nutzen zu können. Da Hackschnitzel hohe Anforderungen an die Fördersysteme stellen, damit diese nicht durch verkantete Teile blockieren, gewinnen genormte **Holzpellets** zunehmend an Bedeutung. Rohmaterial für die Herstellung von Pellets sind Sägespäne, die beispielsweise als Abfallprodukte in Sägewerken anfallen.

**Tabelle 9.6** Spezifikationen von Holzpellets nach EN 14961-2 / ENplus-A1

| Durchmesser $d$ | 6 bzw. 8 ±1 mm | Heizwert | 16,5 ... 19 MJ/kg |
|---|---|---|---|
| Länge $l$ | 3,15 ... 40 mm | Ascheerweichungstemp. | $\geq$ 1200 °C |
| Feinanteil < 3,15 mm | $\leq$ 1 % | Mechanische Festigkeit | $\geq$ 97,5 % |
| Schüttraumdichte | $\geq$ 600 kg/m³ | Schwefel | $\leq$ 0,05 % |
| Wassergehalt | $\leq$ 10 % | Stickstoff | $\leq$ 0,3 % |
| Aschegehalt | $\leq$ 0,7 % | Chlor | $\leq$ 0,02 % |

Tabelle 9.6 fasst die Eigenschaften von Holzpellets nach der gültigen Norm EN 14961-2 [DIN11] zusammen. Darin gibt es verschiedene Qualitätsklassen A1, A2 und B. Holzpellets können auch nach ENplus zertifiziert werden, wodurch eine bestimmt Qualität garantiert werden soll. Die Herstellung von Pellets erfolgt ohne Zugabe von Bindemitteln. Die Bindung der Pellets erfolgt durch das holzeigene Lignin bei hohem Druck während des Pelletiervorgangs. Hierbei werden trockene Holzspäne durch eine Form gepresst und anschließend in die gewünschte Länge geschnitten. Der Energieaufwand für die Herstellung und Bereitstellung der Pellets aus trockenem Industrierestholz ist mit 2,7 % des Energieinhaltes relativ gering [Abs04].

**Tabelle 9.7** Spezifikationen der Korngrößenverteilung von Holzhackschnitzeln nach ÖNORM M 7133 und CEN/TS 14961

| ÖNORM M17133 Klasse | CEN/TS 14961 Klasse | Hauptfraktion >80 % der Masse | Feinfraktion < 5 % der Masse | Grobfraktion maximale Teilchenlänge (max. 1 %) |
|---|---|---|---|---|
| G30 | P16 | 3,15 $\leq$ P $\leq$ 16 mm | < 1 mm | > 45 mm, alle < 85 mm |
| G50 | P45 | 3,15 $\leq$ P $\leq$ 45 mm | < 1 mm | > 63 mm |
| G100 | P63 | 3,15 $\leq$ P $\leq$ 63 mm | < 1 mm | > 100 mm |
|  | P100 | 3,15 $\leq$ P $\leq$ 100 mm | < 1 mm | > 200 mm |

Bei **Holzhackschnitzeln** ergeben sich im Vergleich zu Holzpellets herstellungsbedingt stärkere Größenunterschiede. Tabelle 9.7 zeigt die Klassifizierung nach Größen gemäß geltenden Normen. Weiterhin existieren Klassen für den Wasser- und Aschegehalt. Die

Klassifizierung des Wassergehalts erfolgt dabei durch die Buchstaben W beziehungsweise M, gefolgt von einer Zahl für den maximalen Wassergehalt. Für die Lagerung geeignete Hackschnitzel mit einem Wassergehalt kleiner 30 % genügen der Klasse M30.

## 9.1.2 Flüssige Bioenergieträger

Flüssige Bioenergieträger dienen hauptsächlich als Ersatz fossiler Brennstoffe wie Heizöl, Diesel oder Benzin. Dabei kommen folgende Bioenergieträger zum Einsatz:

- Pflanzenöle,
- Fettsäuremethylester (FAME) bzw. Biodiesel,
- Bioalkohole wie Bioethanol,
- BtL-Treibstoffe.

Tabelle 9.8 fasst Eigenschaften der verschiedenen Biokraftstoffe im Vergleich zu herkömmlichem Diesel- und Ottokraftstoff zusammen. Es zeigt sich, dass der Heizwert der Biokraftstoffe stark variiert. Den höchsten volumenbezogenen Heizwert erreicht dabei reines Pflanzenöl. Dessen Wert liegt nur geringfügig unter dem von herkömmlichem Dieselkraftstoff.

**Tabelle 9.8** Eigenschaften von Biokraftstoffen im Vergleich zu herkömmlichen Kraftstoffen [FNR08a]

|  | Dichte in kg/l | Heizwert in MJ/kg | Heizwert in MJ/l | Heizwert in kWh/l | Viskosität bei 20° in mm²/s | Flammpunkt in °C |
|---|---|---|---|---|---|---|
| Dieselkraftstoff | 0,83 | 43,1 | 35,9 | 10,0 | 5,0 | 80 |
| Ottokraftstoff | 0,74 | 43,9 | 32,5 | 9,0 | 0,6 | <21 |
| Rapsöl | 0,92 | 37,6 | 34,6 | 9,6 | 74,0 | 317 |
| RME (Biodiesel) | 0,88 | 37,1 | 32,7 | 9,1 | 7,5 | 120 |
| Bioethanol | 0,79 | 26,7 | 21,1 | 5,9 | 1,5 | <21 |
| BtL | 0,76 | 43,9 | 33,5 | 9,3 | 4,0 | 88 |

### 9.1.2.1 Pflanzenöl

Der mit am einfachsten herzustellende Biotreibstoff ist **Pflanzenöl**. Für die Ölherstellung kommen über 1000 verschiedene Ölpflanzen infrage. Am meisten verbreitet ist die Herstellung von Rapsöl, Sojaöl oder Palmöl. Ölmühlen stellen das Pflanzenöl direkt durch Pressung oder Extraktion her. Die Pressrückstände lassen sich als Tierfutter weiterverwenden.

Ohne Umrüstung lassen sich nur wenige ältere Vorkammerdieselmotoren problemlos mit Pflanzenöl betreiben. Pflanzenöl ist etwas zäher als Dieselkraftstoff und zündet erst bei höheren Temperaturen. Durch Anpassungen und Umbauten lassen sich aber auch normale Dieselmotoren für die direkte Nutzung von Pflanzenöl nutzen.

Der von Ludwig Elsbett konstruierte und in den 1970er-Jahren erfolgreich erprobte Elsbett-Motor lässt sich direkt mit kalt gepressten Pflanzenölen wie Sonnenblumenöl, Olivenöl oder Rapsöl betreiben. Der Motor arbeitet nach dem Dieselverfahren, unterscheidet sich aber durch einige Merkmale vom Dieselmotor. Bei der Einspritzung wird beispielsweise die Düse durch einen Zapfen geöffnet und geschlossen, was verhindert, dass Verunreinigungen die Düse zusetzen.

### 9.1.2.2 Biodiesel

Biodiesel kommt den Eigenschaften von herkömmlichen Dieselkraftstoffen deutlich näher als reine Pflanzenöle. Der Rohstoff für Biodiesel sind ebenfalls Pflanzenöle oder tierische Fette. Bereits im Jahr 1937 meldete der Belgier Chavanne das Verfahren zur Herstellung von Biodiesel zum Patent an. Chemisch gesehen handelt es sich bei Biodiesel um Fettsäuremethylester (FAME).

In Mitteleuropa dient meist Raps zur Herstellung von Biodiesel. Ölmühlen gewinnen aus der Rapssaat den Rohstoff Rapsöl. Das Nebenprodukt Rapsschrot wandert meist in die Futtermittelindustrie. Aus dem Rapsöl entsteht dann in einer Umesterungsanlage Rapsölmethylester (RME).

Zur Herstellung von RME kommen Rapsöl und Methanol ($CH_3OH$) gemeinsam mit einem Katalysator wie Natronlauge bei Temperaturen von etwa 50 bis 60 °C in ein Reaktionsgefäß. Dort entstehen der gewünschte Rapsölmethylester sowie Glycerin ($C_3H_8O_3$). Die Reaktionsgleichung lautet:

$$\text{Rapsöl} + CH_3OH \xrightarrow{\text{Katalysator}} C_3H_8O_3 + RME \text{ (Biodiesel)} \ . \tag{9.5}$$

Biodiesel kann als Ersatzstoff für fossile Dieseltreibstoffe auf Erdölbasis dienen. Zahlreiche Tankstellen bieten in Deutschland Biodiesel an. Für das Tanken von reinem Biodiesel sollte der Motor vom Hersteller für Biodiesel freigegeben sein. Bei nicht biodieseltauglichen Motoren besteht die Gefahr, dass der Biodiesel Schläuche und Dichtungen zersetzt und zu Motorschäden führt. Kleinere Mengen an Biodiesel lassen sich aber auch ohne Herstellerfreigabe problemlos mit herkömmlichem Diesel mischen. In Deutschland erfolgt eine generelle Beimischung von Biodiesel in alle Dieseltreibstoffe. Im Jahr 2007 betrug der Biodieselanteil an allen Kraftstoffen bereits 5,6 %.

Aufgrund der großen erforderlichen Rapsmonokulturen und der Konkurrenz zur Nahrungsmittelproduktion ist die positive Umweltbilanz von Biodiesel nicht unumstritten.

### 9.1.2.3 Bioalkohole

Auch Benzinmotoren lassen sich mit Biokraftstoffen betreiben. Hierfür eignen sich **Bioalkohole** wie Bioethanol. Die Herstellung von Bioethanol erfolgt aus Zucker beziehungsweise Glukose oder Stärke und Zellulose. Als Rohstoffe kommen dafür beispielsweise Zuckerrüben, Zuckerrohr, Getreide, Mais oder Kartoffeln in Frage (Tabelle 9.9). Zucker lässt sich direkt zu Alkohol vergären. Stärke und Zellulose müssen hingegen erst aufgespalten werden.

Glukose ($C_6H_{12}O_6$) lässt sich unter Luftabschluss durch Fermentation mit Hefe direkt zu Ethanol ($CH_3CH_2OH$) umwandeln:

$$C_6H_{12}O_6 \xrightarrow{\text{Fermentation}} 2\,CH_3CH_2OH + 2\,CO_2 \ . \tag{9.6}$$

Ein Abfallprodukt dieser Reaktion ist Kohlendioxid ($CO_2$). Da die Pflanzen bei ihrem Wachstum aber wieder Kohlendioxid binden, setzt diese Reaktion praktisch keine Treibhausgase frei. Das Ergebnis der Fermentation ist eine Maische mit einem Ethanolgehalt von rund 12 %. Durch Destillation lässt sich Rohalkohol mit einer Konzentration von bis über 90 % gewinnen. Eine Dehydrierung über Molekularsiebe ergibt schließlich Ethanol mit einem hohen Reinheitsgrad. Die Reststoffe der Ethanolherstellung lassen sich als Futtermittel weiterverarbeiten. Der Energieaufwand für die Alkoholgewinnung ist aber relativ hoch. Stammt die benötigte Energie aus fossilen Brennstoffen, sieht die Klimabilanz von Bioethanol sehr mager aus. In Extremfällen kann sie sogar negativ sein.

**Tabelle 9.9** Rohstofferträge zur Herstellung von Bioethanol [FNR08a]

|  | Frischmassenertrag in t/ha | Erforderliche Biomasse in kg/l | Kraftstoffertrag in l/ha | Dieseläquivalent in l/ha |
|---|---|---|---|---|
| Körnermais | 9,2 | 2,6 | 3520 | 2290 |
| Weizen | 7,2 | 2,6 | 2760 | 1790 |
| Roggen | 4,9 | 2,4 | 2030 | 1320 |
| Kartoffeln | 43,0 | 12,1 | 3550 | 2310 |
| Zuckerrüben | 58,0 | 9,3 | 6240 | 4050 |
| Zuckerrohr | 73,8 | 11,4 | 6460 | 4200 |

Bioethanol lässt sich problemlos mit Benzin mischen. Eine E-Nummer gibt dabei das Mischungsverhältnis an. E85 bedeutet, dass der Kraftstoff zu 85 % aus Bioethanol und 15 % aus Benzin besteht. In Deutschland mischt man Bioethanol in geringen Mengen dem Benzin bei. Bis zu einem Ethanolanteil von 5 % ist dies problemlos möglich. Normale Benzinmotoren können in der Regel bis zu einem Ethanolanteil von 10 % ohne Modifikationen betrieben werden. Für höhere Ethanolanteile müssen die Motoren für die Verwendung von Ethanol modifiziert sein.

In Brasilien werden Bioalkohole auf der Basis von Zuckerrohr seit den 1970er-Jahren im großen Maßstab als Kraftfahrzeugtreibstoffe eingesetzt, um teure fossile Brennstoffe zu ersetzen. Heute ist Bioalkohol in Brasilien an fast allen Tankstellen erhältlich. In Brasilien haben sogenannte Flexible Fuel Vehicles eine große Verbreitung. Diese Autos lassen sich mit unterschiedlichen Gemischen mit einem Ethanolanteil zwischen 0 und 85 % betanken. Auch in Deutschland sind in den vergangenen Jahren etliche Anlagen zur Herstellung von Bioethanol entstanden, die Roggen, Mais oder Zuckerrüben als Rohstoff verwenden. Durch die in jüngster Zeit stark gestiegenen Lebensmittelpreise hat sich die Wirtschaftlichkeit der Bioethanolherstellung jedoch deutlich verschlechtert. Durch die Konkurrenz zur Nahrungsmittelproduktion ist Bioethanol ethisch nicht unumstritten.

### 9.1.2.4 Biomass-to-Liquid (BtL)-Brennstoffe

Bei der Verwendung von reinem Pflanzenöl, Biodiesel oder Bioethanol lassen sich nur öl-, zucker- oder stärkehaltige Teile von Pflanzen zur Treibstoffgewinnung nutzen. Diesen Nachteil soll die zweite Generation der Biotreibstoffe überwinden. Die Abkürzung BtL steht dabei für Biomass-to-Liquid und beschreibt die synthetische Herstellung von Biotreibstoffen. Hierzu lassen sich verschiedene Rohstoffe wie Stroh, Bioabfälle, Restholz oder spezielle Energiepflanzen komplett nutzen. Dadurch erhöhen sich das Potenzial und der mögliche Flächenertrag für die Herstellung von Biotreibstoffen enorm.

Die Herstellung von BtL-Treibstoffen ist verhältnismäßig komplex. In der ersten Stufe erfolgt die Vergasung der Biomasserohstoffe. Unter Zugabe von Sauerstoff und Wasserdampf entsteht bei hohen Temperaturen ein Synthesegas aus Kohlenmonoxid (CO) und Wasserstoff ($H_2$). Verschiedene Gasreinigungsstufen trennen Kohlendioxid ($CO_2$), Staub und andere Störstoffe wie Schwefel- oder Stickstoffverbindungen ab. Ein Syntheseverfahren wandelt das Synthesegas in flüssige Kohlenwasserstoffe um.

Das bekannteste Syntheseverfahren ist die im Jahr 1925 entwickelte Fischer-Tropsch-Synthese, die folgende Reaktionsgleichung beschreibt:

$$nCO + (2n+1)H_2 \rightarrow C_nH_{2n+2} + nH_2O \qquad (9.7)$$

Dieses Verfahren ist nach seinen Entwicklern Franz Fischer und Hans Tropsch benannt und erfolgt bei einem Druck von rund 30 bar und Temperaturen oberhalb von 200 °C mit Hilfe von Katalysatoren. Im zweiten Weltkrieg war es im erdölarmen Deutschland verbreitet, um aus Kohle begehrte flüssige Treibstoffe zu gewinnen. Ein anderes Verfahren erzeugt aus dem Synthesegas Methanol und verarbeitet es dann weiter zu Treibstoffen.

In der letzen Produktaufbereitungsstufe werden die flüssigen Kohlenwasserstoffe in verschiedene Treibstoffprodukte getrennt und veredelt. Bild 9.4 veranschaulicht die Herstellung von BtL-Kraftstoffen.

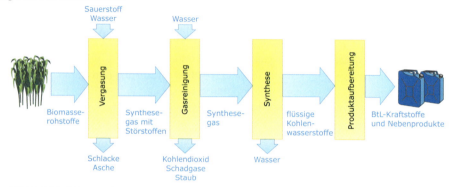

**Bild 9.4** Verfahrensschema zur Herstellung von BtL-Kraftstoffen [Qua13]

BtL-Kraftstoffe haben bislang noch nicht die volle Serienreife erlangt. Momentan errichten verschiedene Firmen Prototypanlagen zur Herstellung synthetischer Biotreibstoffe. Der Hauptvorteil der BtL-Kraftstoffe ist, dass sie direkt herkömmliche Kraftstoffe ohne Motoranpassungen ersetzen können. Durch die aufwändige Herstellung sind BtL-Kraftstoffe allerdings vergleichsweise teuer.

### 9.1.3 Gasförmige Bioenergieträger

Für die Gewinnung gasförmiger Bioenergieträger dienen verschiedenste Biomasserohstoffe. Diese können speziell für Biogasnutzung angebaut werden. Mais- oder Grassilage, die auch in der Tierfütterung verwendet wird, erzielt dabei einen besonders hohen Ertrag (Tabelle 9.10). Silage entsteht, wenn Pflanzenmaterial luftdicht abgeschlossen, verdichtet und gelagert wird. Es eignen sich aber auch Klärschlämme, tierische Exkremente, Futter- und Lebensmittelreste, Altfette oder andere biologische Abfallstoffe.

## 9.1 Vorkommen an Biomasse

**Tabelle 9.10** Biogaserträge und Methangehalt verschiedener Biomasserohstoffe [FNR08b]

| | Biogasertrag in m³/t | Methan-gehalt | | Biogasertrag in m³/t | Methan-gehalt |
|---|---|---|---|---|---|
| Maissilage | 202 | 52 % | Rübenblatt | 70 | 54 % |
| Grassilage | 172 | 54 % | Pressschnitzel | 67 | 72 % |
| Roggen-GPS | 163 | 52 % | Schweinemist | 60 | 60 % |
| Futterrübe | 111 | 51 % | Rindermist | 45 | 60 % |
| Zuckerhirse | 108 | 54 % | Getreideschlempe | 40 | 61 % |
| Bioabfall | 100 | 61 % | Schweinegülle | 28 | 65 % |
| Hühnermist | 80 | 60 % | Rindergülle | 25 | 60 % |

Die Biomasserohstoffe werden in einer Biogasanlage unter Abschluss von Sauerstoff durch bakterielle Faulung vergoren. Dabei entsteht ein brennbares Gas, das **Biogas**. Es besteht überwiegend aus Methan ($CH_4$) und Kohlendioxid, aber auch geringen Mengen an Schwefelwasserstoff ($H_2S$), Ammoniak ($NH_3$) und anderen Gasen in Spuren. Der Methangehalt beträgt dabei 40 % bis 75 %. Wegen des Schwefelwasserstoffgehalts riecht Biogas nach faulen Eiern. Die Dichte beträgt 1,2 kg/m³, die Zündtemperatur liegt bei 700 °C und der Heizwert $H_i$ je nach Methangehalt zwischen 14,4 und 27 MJ/kg. Der Heizwert von reinem Methan beträgt 35,9 MJ/kg.

Biogas lässt sich thermisch und elektrisch nutzen. Wird Biogas in Blockheizkraftwerken (BHKW) eingesetzt, lassen sich Strom und Wärme erzeugen. Tabelle 9.11 zeigt mögliche Erträge beim Anbau von Energiepflanzen zur Biogasherstellung auf einer 200 ha großen Ackerfläche in Deutschland.

**Tabelle 9.11** Potenziale verschiedener Energiepflanzen bei einer Anbaufläche von 200 ha [FNR08b]

| Energiepflanze | Ernteertrag in $t_{FM}$ | Biogasertrag in 1000 m³ | BHKW-Größe in $kW_{el}$ | Stromertrag in $MWh_{el}$/a |
|---|---|---|---|---|
| Maissilage | 9 000 | 1 600 | 360 | 2 880 |
| Sudangras | 11 000 | 1 240 | 300 | 2 400 |
| Grassilage | 7 200 | 1 090 | 260 | 2 080 |
| Roggen-GPS | 5 200 | 746 | 170 | 1 360 |

Um Transportwege gering zu halten, empfiehlt sich die Errichtung von Biogasanlagen in der Nähe der Substratquelle, beispielsweise an Kläranlagen oder landwirtschaftlichen Betrieben. Bei der Biogasherstellung entsteht Prozesswärme, die sich nutzen lässt. Durch die Biogasherstellung ergeben sich meist weitere Vorteile wie bessere Pflanzenverträglichkeit der vergorenen Reststoffe sowie Reduktion der Geruchsbelastung.

Große Hoffnungen werden auch in die Erzeugung von **Synthesegas** aus Biomasse gesetzt. In einem ersten Pyrolyse-Prozess wird dabei Holz und andere trockene Biomasse bei Temperaturen bis etwa 500 °C in Biokoks und teerhaltiges Gas zerlegt. Diese Produkte gelangen in eine zweite Vergasungsstufe, die bei Temperaturen bis 1600 °C organische chemische Verbindungen in ein Synthesegas aus Kohlenmonoxid und Wasserstoff umwandelt. Bestechend am Synthesegas ist, dass eine breite Palette an Rohstoffen von Holz bis hin zu Müll nutzbar ist. Der relativ hohe Energiebedarf für die Herstellung und die mäßige Rohstoffausnutzung verschlechtern jedoch die Umweltbilanz gegenüber Verfahren zur direkten thermischen Nutzung der Biomasse.

### 9.1.4 Flächenerträge und Umweltbilanz

Wie bereits in den vorigen Abschnitten erwähnt wurde, ist die Umweltbilanz von Biomassebrenn- und -kraftstoffen umstritten. Prinzipiell ist die Nutzung von Biomasse kohlendioxidneutral, da die Biomasse beim Wachstum genauso viel Kohlendioxid bindet wie bei deren energetischer Nutzung wieder freigesetzt wird. Oftmals werden aber bei der Weiterverarbeitung fossile Energieträger eingesetzt, die wiederum Kohlendioxid freisetzen (Bild 9.5).

Neben Kohlendioxid entstehen bei der Verbrennung von Biomasse stets auch andere Schadstoffe wie Stickoxide oder Feinstaub. Diese lassen sich aber prinzipiell wie bei der Verbrennung fossiler Energieträger durch geeignete Filter zurückhalten.

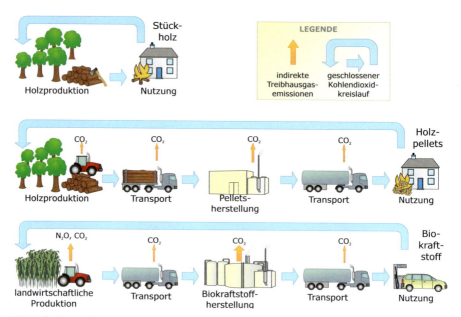

**Bild 9.5** Umweltbilanz bei der Nutzung von Biomassebrenn- und -treibstoffen [Qua13]

Ein weiterer Kritikpunkt bei der energetischen Nutzung von Biomasse ist die Konkurrenz zur Nahrungsmittelproduktion und die beschränkte Flächenverfügbarkeit. Tabelle 9.12 zeigt die Erträge von verschieden Biokraftstoffen je Hektar (ha) Ackerfläche. Der Eigenenergiebedarf zur Kraftstoffherstellung ist in diesen Zahlen noch nicht enthalten. Werden Reststoffe zum Beispiel zur Herstellung von BtL-Kraftstoffen oder von Biogas genutzt, entfällt größtenteils die Konkurrenz zur Nahrungsmittelproduktion.

Dass Biokraftstoffe nur eine begrenzte Alternative sind, zeigt das folgende Rechenbeispiel. Deutschland verfügt über rund 12 Mio. ha Ackerfläche. Würden alle Ackerflächen zum Anbau von Raps zur Biodieselherstellung genutzt, ließen sich brutto rund 16,9 Mrd. l Diesel ersetzen. Unter Einbeziehung des Herstellungsenergieaufwandes verbleiben netto rund 12,6 Mrd. l Biodiesel. Im Jahr 2010 betrug hingegen der gesamte Dieselverbrauch in

Deutschland rund 35 Mrd. l. Hinzu kamen noch 26,1 Mrd. l an Ottokraftstoff. Das heißt, alle Ackerflächen in Deutschland reichen nicht einmal annähernd dazu aus, um mit Biotreibstoffen den jetzigen Treibstoffbedaf zu ersetzen.

**Tabelle 9.12** Biokraftstoffbruttoerträge von Ackerflächen [FNR08a]

| Biokraftstoff | Rohstoff | Ertrag in t/ha | Kraftstoff-ertrag in l/ha | Diesel-/Otto-äquivalent in l/ha | PKW-Reich-weite [1] in km/ha |
|---|---|---|---|---|---|
| Rapsöl | Rapssaat | 3,4 | 1480 | 1420 | 23 300 |
| RME (Biodiesel) | Rapssaat | 3,4 | 1550 | 1410 | 23 300 |
| Bioethanol | Getreide | 6,6 | 2560 | 1660 | 22 400 |
| BtL | Energiepflanzen | 20 | 4030 | 3910 | 64 000 |
| Biomethanol | Silomais | 45 | 3540 | 4950 | 67 600 |

[1] PKW-Kraftstoffverbrauch: Otto 7,4 l/100 km, Diesel: 6,1 l/100 km

Deshalb ist es wahrscheinlich, dass in absehbarer Zeit Elektroautos die bisher üblichen Autos mit Verbennungsmotoren ersetzen werden. Ein typischer Elektrizitätsbedarf für Elektroautos liegt bei rund 25 kWh/100 km. Sollen rund 550 Mrd. PKW-Kilometer pro Jahr ersetzt werden, entstünde dann dafür ein Elektrizitätsbedarf von rund 140 TWh.

Würden aufgeständerte Photovoltaikanlagen mit einem mittleren Wirkungsgrad von 15 % und einem Flächennutzungsgrad von 1:3 großflächig installiert, wäre zur Erzeugung von 140 TWh bei einer mittleren jährlichen Bestrahlung von 1150 kWh/m² eine Fläche von gerade einmal 0,2 Mio. ha nötig.

Die Einsatzgebiete für Biotreibstoffe liegen demnach künftig vor allem dort, wo Elektroantriebe auch mittelfristig keine Alternative bieten.

## 9.2 Biomasseanlagen

### 9.2.1 Biomasseheizungen

Durch Verbrennung von Holz, Stroh oder tierischen Abfällen wurde Biomasse bereits seit Jahrhunderten thermisch genutzt. In vielen Entwicklungsländern zählen auch heute noch Biomassebrennstoffe zu den wichtigsten Energieträgern. Die einfachste thermische Nutzung erfolgt dabei an offenen Feuerstellen vor allem für Kochzwecke.

Für die Raumheizung in unseren Breiten wurden seit Jahrhunderten offene Kamine oder Öfen eingesetzt. Diese befeuerte man früher ausschließlich mit Holz, das dann zunehmend durch Kohlen abgelöst wurde. Heute hat die Renaissance der Biomasse als Brennstoff bei modernen Heizungsanlagen begonnen. Zu den modernen gängigen Biomasseheizungen zählen

- offener Kamin,
- geschlossener Kamin,
- Kaminofen,
- Speicherofen, Kachelofen,

- Pelletsheizung,
- Stückholzheizung,
- Hackschnitzelheizung,
- Biomasseheizwerk.

Darüber hinaus lassen sich spezielle Bioenergieträger auch in konventionelle Heizungen einsetzen. Gasheizungen lassen sich mit gasförmigen Bioenergieträgern betreiben, Ölheizungen mit flüssigen Energieträgern. Eine geringfügig bessere energetische Ausnutzung des Brennstoffs kann bei der Verbrennung in Kraft-Wärme-Kopplung (KWK) erreicht werden, wobei Elektrizität und Wärme gleichzeitig bereitgestellt werden.

**Bild 9.6** Scheitholzkessel
(Quelle: © Bosch Thermotechnik GmbH)

Moderne Holzkessel lassen sich halb- oder vollautomatisch bestücken. Bild 9.6 zeigt einen Holzheizkessel. Kommerzielle Scheitholz-, Hackschnitzel- oder Pelletsheizungen sind für verschiedene Leistungsklassen erhältlich, um konventionelle fossile Heizungssysteme zu ersetzen. Speziell für die Beheizung von Einfamilienhäusern bieten sich **Pelletsheizungen** an, die einen ähnlichen Bedienungskomfort wie herkömmliche Heizungen aufweisen.

Eine Förderschnecke oder ein Vakuumsaugsystem transportiert die Pellets zur Pelletsheizung. Zündung und Feuerung erfolgen automatisch. Ein elektrisches Heißluftgebläse übernimmt die Anfeuerung. Der elektrische Energiebedarf für einen Zündvorgang liegt in der Größenordnung von 70 Wh. Um die Zahl der Zündvorgänge niedrig zu halten und den Kessel häufiger bei Nennlast zu betreiben, empfiehlt sich der Einbau eines Pufferspeichers.

Pelletskessel erreichen im Nennbetrieb Kesselwirkungsgrade von bis zu mehr als 90 %. Im Teillastbereich und beim Anfeuern ist der Wirkungsgrad jedoch deutlich niedriger. Ein Behälter sammelt die Asche der ausgebrannten Pellets. Aufgrund des niedrigen Aschege-

## 9.2 Biomasseanlagen

halts von Holzpellets muss der Behälter nur in großen Zeitabständen geleert werden. Auch eine zusätzliche Integration einer solarthermischen Anlage ist sinnvoll. Dann lässt sich der Holzpelletskessel im Sommer komplett außer Betrieb nehmen. Bild 9.7 zeigt ein Pelletsheizungssystem.

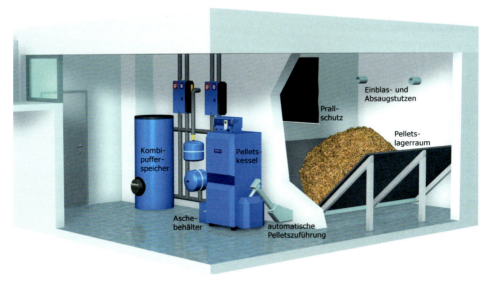

**Bild 9.7** Pelletsheizungsanlage und -lagerraum (Quelle: © Bosch Thermotechnik GmbH)

Um Preisschwankungen der Pelletsbrennstoffe ausgleichen zu können, sollte nach Möglichkeit die Lagerraumgröße so gewählt werden, dass die Pellets mindestens ein Jahr reichen. Sind der Heizwärmebedarf $Q_{Heiz}$ und der jahresmittlere Kesselwirkungsgrad $\eta_{Kessel}$ bekannt, lässt sich mit dem Heizwert von Pellets $H_i$ = 5 kWh/kg und der Schüttraumdichte $\rho_{Pellets}$ = 650 kg/m³ das Lagerraumvolumen

$$V_{Lagerraum} = \frac{Q_{Heiz}}{f \cdot \eta_{Kessel} \cdot \rho_{Pellets} \cdot H_i} \tag{9.8}$$

berechnen. Dabei ist über den Nutzungsfaktor $f$ zu berücksichtigen, dass aufgrund der Schrägböden und der Höhe der Einfüllstutzen nur 65 bis 75 % des Raumvolumens als Lagervolumen nutzbar sind. Bei einem Heizwärmebedarf von $Q_{Heiz}$ = 10 000 kWh ergibt sich mit dem Faktor $f$ = 0,7 bei einem mittleren Kesselwirkungsgrad von $\eta_{Kessel}$ = 0,8 ein benötigtes Lagerraumvolumen von $V_{Lagerraum}$ = 5,5 m³.

Außer in Einzelfeuerungsstätten lässt sich Biomasse auch in größeren Heizwerken verwenden. Diese können den Wärmebedarf von Industriebetrieben decken oder über Nahwärme- und Fernwärmenetze komplette Stadtgebiete versorgen. Sinnvollerweise werden größere Heizwerke in relativer Nähe zu Biomasse-Brennstoffproduzenten errichtet. Dies garantiert eine sichere und preisgünstige Rohstoffversorgung und minimiert den Transportaufwand und die damit verbunden Umweltbelastungen.

## 9.2.2 Biomassekraftwerke

Neben der rein thermischen Nutzung von Biomasse lässt sich diese durch Biomassekraftwerke in elektrische Energie umwandeln. Hierbei werden die gleichen Prozesse wie beispielsweise der Clausius-Rankine-Prozess (vgl. Kapitel 4) verwendet, die bereits aus anderen thermischen Kraftwerken bekannt sind. Durch die Förderung von Biomassekraftwerken wie durch das **Erneuerbare-Energien-Gesetz** (EEG) in Deutschland ist in jüngster Vergangenheit eine Vielzahl neuer Biomassekraftwerke entstanden. Bild 9.8 zeigt als Beispiel das nach der Konzeption der eta Energieberatung von den Kraftanlagen München ausgeführte Biomasseheizkraftwerk Pfaffenhofen. Das Kraftwerk wurde im Sommer 2001 in Betrieb genommen. Die Gesamtinvestitionskosten für das Kraftwerk und das Ferndampf- und Fernwärmenetz betrugen rund 45 Mio. €. Der Biomassekessel mit einem Wirkungsgrad von 87,2 % ohne bzw. 95,4 % mit Rauchgaskondensation liefert eine Leistung von 23,5 bzw. 26,7 MW. Der Brennstoffverbrauch beträgt 10 620 kg/h. Zur Befeuerung des Kessels dienen unbehandelte Waldhackschnitzel und Sägewerksresthölzer mit einem Wassergehalt von bis zu 45 %. Die Anlage liefert Prozessdampf für einen nahegelegenen Industriebetrieb und speist ein Fernwärmenetz. Eine Entnahme-Kondensationsturbine treibt mit dem vom Kessel erzeugten Dampf bei 450 °C und 60 bar schließlich einen Generator an. Dieser verfügt über eine Maximalleistung von 6,1 MW an. Pro Jahr erzeugt das Biomasseheizkraftwerk rund 200 000 MWh Wärme und speist rund 40 000 MWh elektrische Energie in das Netz des regionalen Energieversorgers. Die jährlichen $CO_2$-Einsparungen betragen damit über 60 000 t.

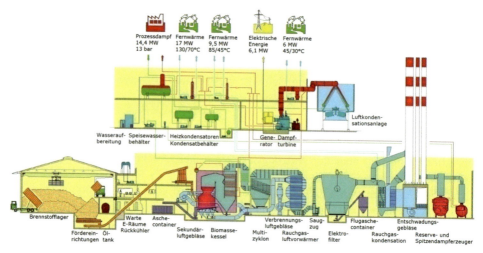

**Bild 9.8** Schema des Biomasseheizkraftwerks Pfaffenhofen (Quelle: Kraftanlagen München GmbH)

In einem Kraftwerkspark, der langfristig ausschließlich auf Basis regenerativer Energieträger operieren wird, dienen Biomassekraftwerke auch zum Ausgleich von Fluktuationen anderer regenerativer Kraftwerke wie Windparks oder Photovoltaikanlagen. Damit nehmen sie bei der Stromerzeugung eine wichtige Rolle ein.

# 10 Wasserstofferzeugung, Brennstoffzellen und Methanisierung

Wasserstoff und Brennstoffzellen haben in der Öffentlichkeit ein sehr positives Image. Deshalb investierten große Konzerne enorme Geldsummen in die Entwicklung von Brennstoffzellen im Transportbereich und Haussektor. Die Frage, mit welchem Brennstoff diese Brennstoffzellen betrieben werden sollen, ist dabei jedoch noch offen. Regenerativ erzeugter Wasserstoff ist derzeit faktisch nicht verfügbar. Eine wirtschaftliche Produktion erscheint auch in den nächsten Jahren wenig wahrscheinlich. Darum werden die ersten kommerziellen Brennstoffzellen erst einmal auf Erdgasbasis arbeiten. Große ökologische Vorteile gegenüber anderen fossilen Energiesystemen sind dadurch jedoch nicht zu erreichen. Der einzige umweltrelevante Aspekt ist, dass hierdurch Systeme zur Marktreife gebracht werden, die langfristig mit Wasserstoff aus erneuerbaren Energien arbeiten und damit die Umwelt deutlich entlasten können, falls einmal signifikante Mengen zu konkurrenzfähigen Preisen produziert werden.

## 10.1 Wasserstofferzeugung und -speicherung

Reiner Wasserstoff kommt in der Natur nicht in technisch nutzbaren Mengen vor, sodass Wasserstoff durch den Einsatz von Energie gewonnen werden muss. Ausgangsstoffe sind dabei meist Wasser ($H_2O$) oder Kohlenwasserstoffe wie beispielsweise Erdgas. Der hohe Heizwert von Wasserstoff ist dabei bestechend (Tabelle 10.1), auch wenn Wasserstoff unter Normaldruck eine sehr geringe Dichte aufweist.

**Tabelle 10.1** Wichtige energetische Daten von Wasserstoff im Normzustand ($p$ = 0,101 MPa, $T$ = 273,15 K = 0 °C) (nach [Win89])

| Dichte | Heizwert | Brennwert |
|---|---|---|
| 0,09 kg/m³ (gasförmig) | 3,00 kWh/$m_n^3$ | 3,55 kWh/$m_n^3$ |
| 70,9 kg/m³ (flüssig, –252 °C) | 33,33 kWh/kg | 39,41 kWh/kg |

1 $m_n^3$ = 1 Normkubikmeter, entspricht 0,09 kg

Bild 10.1 zeigt verschiedene Möglichkeiten zur Herstellung von Wasserstoff. Industrielle Verfahren zur Herstellung von Wasserstoff aus Kohlenwasserstoffen wie die **Dampfreformierung** oder die **partielle Oxidation** trennen chemisch den enthaltenen Kohlenstoff ab. Sie verwenden fast ausschließlich fossile Energieträger wie Erdgas, Erdöl oder Kohle als Rohstoff. Der Kohlenstoff reagiert dann zu Kohlenstoffmonoxid (CO), das sich energetisch nutzen lässt. Das Endprodukt ist dabei Kohlendioxid ($CO_2$). Für einen aktiven Klimaschutz sind daher diese Verfahren zur Herstellung von Wasserstoff keine wirkliche Alternative.

Auch das **Kværner-Verfahren** nutzt Kohlenwasserstoffe als Ausgangsstoff. Als Abfallprodukt entsteht dabei jedoch Aktivkohle, also reiner Kohlenstoff. Wird dieser nicht weiter verbrannt, lässt sich die direkte Entstehung von Kohlendioxid bei diesem Verfahren vermeiden.

Prinzipiell laufen aber alle erwähnten Verfahren zur Herstellung von Wasserstoff aus fossilen Energieträgern bei hohen Prozesstemperaturen ab. Dazu benötigen sie große Mengen an Energie. Stammt diese aus fossilen Energieträgern, sind damit wiederum Kohlendioxidemissionen verbunden. Für den Klimaschutz ist es dann meist besser, Erdgas oder Erdöl direkt zu verbrennen, als daraus erst aufwändig Wasserstoff zu erzeugen und diesen dann vermeintlich umweltfreundlich zu nutzen.

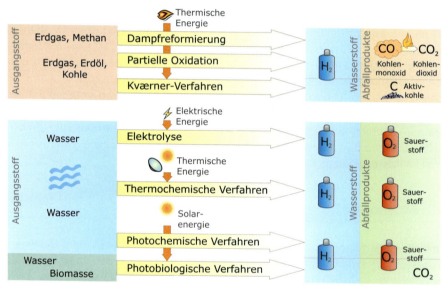

**Bild 10.1** Verfahren zur Herstellung von Wasserstoff [Qua13]

Für eine klimaverträgliche Herstellung von Wasserstoff sind daher andere Verfahren nötig. Eine Möglichkeit hierzu ist die Elektrolyse. Bei der **alkalischen Elektrolyse** erfolgt die Wasserspaltung durch Zuführen elektrischer Energie an zwei Elektroden, die in einen wässrigen alkalischen Elektrolyt getaucht sind (Bild 10.2).

Hierbei finden folgende Reaktionen statt:

$$\text{Kathode:} \quad 2H_2O + 2e^- \rightarrow H_2 + 2OH^- \tag{10.1}$$

$$\text{Anode:} \quad 2OH^- \rightarrow \tfrac{1}{2}O_2 + H_2O + 2e^-. \tag{10.2}$$

Heute erreicht man bei der alkalischen Elektrolyse Wirkungsgrade von bis zu 85 %. Neben der alkalischen Elektrolyse gibt es noch andere Verfahren zur Wasserstoffspaltung, wie z.B. die Membranelektrolyse und die Hochtemperatur-Dampf-Elektrolyse. Hier reicht

## 10.1 Wasserstofferzeugung und -speicherung

bei hohen Temperaturen oberhalb von 700 °C eine geringere elektrische Energie zum Aufrechterhalten der Reaktion.

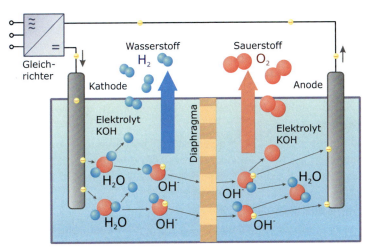

**Bild 10.2** Schema der Wasserelektrolyse mit alkalischem Elektrolyt

Optimalerweise stammt die elektrische Energie für die Elektrolyse aus regenerativen Kraftwerken, sodass der Wasserstoff ohne Emissionen von Kohlendioxid erzeugt wird. Während die Elektrolyse als eine klimaverträgliche Option zur Wasserstoffherstellung bereits heute einen hohen technischen Stand erreicht hat, befinden sich andere alternative Verfahren noch in der Entwicklung.

Ein Beispiel sind thermochemische Verfahren. Bei Temperaturen oberhalb von 1700 °C zersetzt sich Wasser direkt in Wasserstoff und Sauerstoff. Für diese Temperaturen sind aber sehr teure hitzebeständige Anlagen erforderlich. Durch verschiedene gekoppelte chemische Reaktionen kann die erforderliche Temperatur auf unter 1000 °C abgesenkt werden. Diese Temperaturen lassen sich dann beispielsweise durch konzentrierende solarthermische Anlagen erzeugen (vgl. Kapitel 4), was bereits erfolgreich nachgewiesen wurde.

Weitere Verfahren sind die photochemische und die photobiologische Herstellung von Wasserstoff. Dabei werden spezielle Halbleiter, Algen oder Bioreaktoren verwendet, die mit Hilfe von Licht Wasser oder Kohlenwasserstoffe zersetzen können. Auch diese Verfahren befinden sich noch im Forschungsstadium. Hauptprobleme sind dabei, langzeitstabile und preisgünstige Anlagen zu entwickeln.

Für die **Wasserstoffspeicherung** stehen verschiedene Speichertechnologien zur Verfügung wie

- Druckspeicherung,
- Flüssigwasserstoffspeicher,
- chemische Hydridspeicher mit speziellen Metalllegierungen,
- Speicherung in Graphit-Nanostrukturen.

Bei der zukünftigen großtechnischen Speicherung von Wasserstoff kann zum Teil auch auf Ressourcen zurückgegriffen werden, die heute bereits bei der Erdgasspeicherung im

Einsatz sind. So ist die Speicherung von Erdgas unter Tage in Salzkavernen weit verbreitet. Bei der Untertagespeicherung muss mit Arbeitsgasverlusten von bis zu 3 % pro Jahr gerechnet werden [Win89]. Hinzu kommt der Energieaufwand zur Verdichtung.

Dezentrale Druckbehälter sind für die Speicherung kleinerer Gasmengen geeignet. Aufgrund der geringen Dichte von Wasserstoff bietet sich eine Verflüssigung zur Reduzierung an. Hierzu muss der Wasserstoff auf etwa −253 °C abgekühlt werden. Dies erfolgt beispielsweise über eine Kompression mit anschließender Entspannung. Die dafür nötige elektrische Energie ist nicht unerheblich und beträgt etwa 10,5 kWh/kg [Dre01]. Wegen der kleinen Molekülgröße diffundieren Wasserstoffatome durch Speicherwände. Die Verluste betragen dabei etwa 0,1 % pro Tag bei Großtanks.

Wasserstoff hat den Vorteil, dass er sich problemlos transportieren lässt. Der **Transport** kann über Pipelines ähnlich wie beim Erdgastransport oder durch Flüssiggastanker über die Straße, die Schiene oder per Schiff erfolgen. Bei einer 2500 km langen Pipeline sind Transportverluste von 8 % bis 18 % zu erwarten [Dre01].

Die **Gewinnung elektrischer Energie** aus Wasserstoff ist mit Gasturbinenkraftwerken oder Brennstoffzellen möglich. Der Nutzung von Wasserstoff in Gasturbinen- oder Gas- und Dampfturbinenkraftwerken erfolgt ähnlich wie die von Erdgas. Diese Kraftwerke können auch mit Kraft-Wärme-Kopplung betrieben werden. Betrachtet man die Kette von der Wasserstofferzeugung über Speicherung und Transport bis zur Rückverstromung, beträgt der Gesamtwirkungsgrad weit weniger als 50 %. Deshalb ist es ökonomisch und ökologisch sinnvoller, Elektrizität über Hochspannungsleitungen zu transportieren und direkt zu nutzen. Künftige Einsatzgebiete für Wasserstoff werden sich daher weitgehend auf den Transportbereich, Anwendungen zur Notstromversorgung, eventuell auf den Wärmebereich und möglicherweise in etwas geringem Umfang auf den Ausgleich von Fluktuationen durch Wasserstoffspeicherung in einem rein regenerativen Kraftwerkspark beschränken.

## 10.2 Brennstoffzellen

### 10.2.1 Einleitung

Der englische Physiker Sir William Grove entdeckte das Prinzip der Brennstoffzelle im Jahr 1839. In der Folgezeit befassten sich namhafte Wissenschaftler wie Becquerel oder Edinson mit der Weiterentwicklung der Brennstoffzelle. Erst Mitte des 20. Jahrhunderts waren die Entwicklungen jedoch so weit fortgeschritten, dass der Einsatz im Jahr 1963 durch die NASA erfolgen konnte. Seit den 1990er-Jahren wird die Weiterentwicklung der Brennstoffzelle mit Hochdruck vorangetrieben. Automobilkonzerne und Heizungsfirmen haben die Technologie für sich entdeckt und möchten mittelfristig durch das positive Image profitieren.

Bei der Brennstoffzelle handelt es sich um die Umkehrung der Elektrolyse, wobei chemische Energie direkt in elektrische Energie umgewandelt wird. Eine Brennstoffzelle enthält stets zwei Elektroden. An der Anode wird je nach Brennstoffzellentyp reiner Wasserstoff ($H_2$) oder ein wasserstoffhaltiges Brenngas zugeführt, an der Kathode reiner Sauerstoff ($O_2$) oder Luft als Oxidationsmittel. Ein Elektrolyt trennt Anode und Kathode. Hierdurch

## 10.2 Brennstoffzellen

läuft die chemische Reaktion kontrolliert ab. Der stattfindende Elektronenaustausch kann über einen äußeren Stromkreis genutzt werden und Ionen diffundieren durch den Elektrolyten. Als „Abfallprodukt" entsteht reines Wasser. Bild 10.3 zeigt das Schema einer mit Wasserstoff und Sauerstoff betriebenen Brennstoffzelle mit saurem Elektrolyten. Da die elektrische Spannung einer Einzelzelle mit Werten von rund einem Volt recht niedrig ist, wird in der Praxis eine Vielzahl von Zellen zu einem sogenannten Stack in Reihe geschaltet.

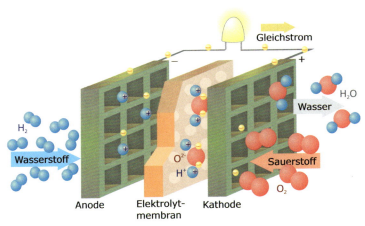

**Bild 10.3** Schema der Brennstoffzelle mit saurem Elektrolyten

### 10.2.2 Brennstoffzellentypen

Es gibt verschiedene Brennstoffzellentypen, die sich im Wesentlichen durch den Elektrolyten, die zulässigen Brenngase und die Betriebstemperaturen unterscheiden. In der Praxis werden zur Bezeichnung des Brennstoffzellentyps die folgenden Abkürzungen verwendet, die aus den englischen Bezeichnungen abgeleitet sind:

- AFC     Alkaline Fuel Cell (alkalische Brennstoffzelle),
- PEFC    Polymer Electrolyte Fuel Cell (Polymerelektrolyt-Brennstoffzelle),
- PEMFC   Proton Exchange Membrane Fuel Cell (Membran-Brennstoffzelle),
- DMFC    Direct Methanol Fuel Cell (Direktmethanol-Brennstoffzelle),
- PAFC    Phosphoric Acid Fuel Cell (Phosphorsäure-Brennstoffzelle),
- MCFC    Molten Carbonate Fuel Cell (Karbonatschmelzen-Brennstoffzelle),
- SOFC    Solid Oxide Fuel Cell (oxidkeramische Brennstoffzelle).

Bild 10.4 zeigt für die verschiedenen Brennstoffzellentypen die jeweiligen Brenngase und Oxidationsmittel sowie den Elektrolyten und Betriebstemperaturenbereiche. Tabelle 10.2 fasst die chemischen Reaktionen an Anode und Kathode der jeweiligen Brennstoffzellentypen zusammen.

Vorteile der **alkalischen Brennstoffzelle (AFC)**, die in den 1950er-Jahren zur technischen Reife entwickelt wurde, liegen in einem weiten Betriebstemperaturbereich von 20 °C bis 90 °C und dem hohen Wirkungsgrad. Gelangt Kohlendioxid in die Zelle, verbindet sich dieses mit dem alkalischen Elektrolyten zu Kaliumkarbonat, das die Zelle in kurzer Zeit zusetzt. Deshalb scheidet Luft als Oxidationsmittel aus und es muss reiner Sauerstoff verwendet werden. Aus Kostengründen wird diese Zelle daher nur in Spezialanwendungen eingesetzt.

Die am häufigsten verwendete Brennstoffzelle ist heute die **Membran-Brennstoffzelle (PEFC, PEMFC)**. Bei ihr besteht der Elektrolyt aus einer protonenleitenden Folie auf der Basis von perfluorierten und sulfonierten Polymeren. Die porösen Gasdiffusionselektroden bestehen aus einem Kohle- oder Metallträger, der mit Platin als Katalysator beschichtet ist. Die typische Betriebstemperatur liegt bei etwa 80 °C. Für den Betrieb benötigt die Zelle keinen reinen Sauerstoff, sondern kann auch mit normaler Luft arbeiten. Neben Wasserstoff lässt sich auch ein Reformatgas als Brenngas einsetzen. Bei der Reformierung werden Kohlenwasserstoffe wie beispielsweise Erdgas chemisch in Wasserstoff und andere Bestandteile aufgespalten. Hierbei entsteht in der Regel auch Kohlenmonoxid (CO), das als starkes Katalysatorgift wirkt. Deshalb ist für den Betrieb der Membran-Brennstoffzelle mit Reformatgas eine Gasreinigungsstufe zur Reduzierung des CO-Gehalts erforderlich. Hauptvorteile der Membran-Brennstoffzelle sind der nicht-korrosive Elektrolyt sowie die hohe erreichbare Energiedichte. Im Rahmen der Entwicklungsarbeiten wird derzeit unter anderem an der Verlängerung der Lebensdauer der Membran- und Elektrodenmaterialien gearbeitet.

Die **Direktmethanol-Brennstoffzelle (DMFC)** ist vom Aufbau her ähnlich wie die PEMFC. Durch eine optimierte Membran lässt sich diese Zelle jedoch direkt mit Methanol ($CH_3OH$) betreiben. Die Betriebstemperatur liegt geringfügig über der der PEMFC.

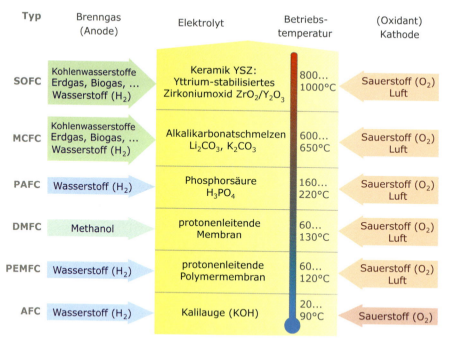

**Bild 10.4** Brenngase, Elektrolyte, Betriebstemperaturen und Oxidationsmittel der verschiedenen Brennstoffzellentypen

Bei der **Phosphorsäure-Brennstoffzelle (PAFC)** kommt hochkonzentrierte Phosphorsäure ($H_3PO_4$) als Elektrolyt zum Einsatz. Als Elektroden werden wie bei der PEMFC Gas-

## 10.2 Brennstoffzellen

diffusionselektroden mit Platin als Katalysator verwendet. Die Elektroden bestehen aus Polytetra-Fluorethylen (PTFE). Die typischen Betriebstemperaturen liegen bei etwa 180 °C. Kleinere Mengen an Kohlenmonoxid werden zu Kohlendioxid umgesetzt, sodass erst größere CO-Konzentrationen als Zellgifte wirken.

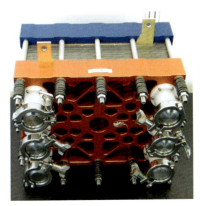

**Bild 10.5** Prototyp einer Brennstoffzelle

Die **Karbonatschmelzen-Brennstoffzelle (MCFC)** arbeitet bei etwa 650 °C als Hochtemperatur-Brennstoffzelle. Der Elektrolyt besteht aus schmelzflüssigen Alkalikarbonaten, die in einer keramischen Matrix aus $LiAlO_2$ fixiert sind. Die Elektroden sind aus Nickel. Die MCFC integriert Kohlendioxid $CO_2$ in die Zellreaktion. Dazu muss $CO_2$-haltiges Anodenabgas in das Kathodeneintrittsgas zugemischt werden. Kohlenwasserstoffhaltige Gase wie Erdgas oder Biogas lassen sich damit gut durch die MCFC nutzen. Wegen der hohen Arbeitstemperaturen bietet sich generell der Einsatz für die kombinierte Strom- und Wärmeerzeugung, die Kraft-Wärmekopplung (KWK), an.

Die **oxidkeramische Brennstoffzelle (SOFC)** gehört mit Betriebstemperaturen zwischen 800 °C und 1000 °C ebenfalls zu den Hochtemperatur-Brennstoffzellen. Bei der SOFC wird eine oxidionenleitende Keramik als fester Elektrolyt eingesetzt. Das dabei verwendete Zirkoniumoxid leitet erst ab Temperaturen von etwa 800 °C Sauerstoffionen ($O^{2-}$). Die SOFC ist unempfindlich gegen Kohlenmonoxid, weswegen sie wie die MCFC optimal für die Nutzung kohlenwasserstoffhaltiger Brenngase geeignet ist.

**Tabelle 10.2** Chemische Reaktion an der Anode und Kathode der verschiedenen Brennstoffzellentypen und Ionentransport im Elektrolyten

| Typ | Anode | Elektrolyt | Kathode |
|---|---|---|---|
| AFC | $H_2 + 2OH^- \rightarrow 2H_2O + 2e^-$ | $\leftarrow 2OH^-$ | $½O_2 + H_2O + 2e^- \rightarrow 2OH^-$ |
| PEMFC | $H_2 \rightarrow 2H^+ + 2e^-$ | $2H^+ \rightarrow$ | $2H^+ + ½O_2 + 2e^- \rightarrow H_2O$ |
| DMFC | $CH_3OH + H_2O \rightarrow CO_2 + 6H^+ + 6e^-$ | $6H^+ \rightarrow$ | $\tfrac{3}{2}O_2 + 6H^+ + 6e^- \rightarrow 3H_2O$ |
| PAFC | $H_2 \rightarrow 2H^+ + 2e^-$ | $2H^+ \rightarrow$ | $2H^+ + ½O_2 + 2e^- \rightarrow H_2O$ |
| MCFC | $H_2 + CO_3^{2-} \rightarrow H_2O + CO_2 + 2e^-$ | $\leftarrow CO_3^{2-}$ | $CO_2 + ½O_2 + 2e^- \rightarrow CO_3^{2-}$ |
| SOFC | $H_2 + O^{2-} \rightarrow H_2O + 2e^-$ | $\leftarrow O^{2-}$ | $½O_2 + 2e^- \rightarrow O^{2-}$ |

## 10.2.3 Wirkungsgrade und Betriebsverhalten

Der Wirkungsgrad

$$\eta_{FC} = \frac{P}{H_U \cdot \dot{m}} \qquad (10.3)$$

einer Brennstoffzelle lässt sich allgemein aus der abgegebenen elektrischen Leistung $P$, dem Heizwert $H_U$ des Anodengases und dem Massenstrom $\dot{m}$ bestimmen. Reale Brennstoffzellen erreichen Wirkungsgrade bis über 60 %. Durch thermodynamische Überlegungen lässt sich der Wirkungsgrad $\eta_{FC}$ in Teilwirkungsgrade aufteilen:

$$\eta_{FC} = \eta_{rev} \cdot \eta_U \cdot \eta_I \cdot \eta_B \cdot \eta_{Sys} \: . \qquad (10.4)$$

Der **thermodynamische Wirkungsgrad** $\eta_{rev}$ einer idealen Zelle bestimmt sich mit dem sogenannten Gibbs'schen Potenzial

$$\Delta G = \Delta H - T \cdot \Delta S \: , \qquad (10.5)$$

der Bildungsenthalpie $\Delta H$, der absoluten Temperatur $T$ und der Bildungsentropie $\Delta S$ zu

$$\eta_{rev} = \frac{\Delta G}{\Delta H} = 1 - T \cdot \frac{\Delta S}{\Delta H} \: . \qquad (10.6)$$

Der Spannungswirkungsgrad

$$\eta_U = \frac{U}{U_{rev}} \qquad (10.7)$$

berechnet sich aus der realen Klemmspannung $U$ und der reversiblen Zellspannung

$$U_{rev} = -\frac{\Delta G}{z \cdot F} \: , \qquad (10.8)$$

die sich aus dem Gibbs'schen Potenzial $\Delta G$, der Zahl $z$ der Elektronen je Molekül und der Faraday-Konstanten $F$ ($F$ = 96485 As/mol) ergibt. Ähnlich berechnet sich die sogenannte thermoneutrale oder enthalpische Zellspannung

$$U_{th} = -\frac{\Delta H}{z \cdot F} \: . \qquad (10.9)$$

Der Stromwirkungsgrad

$$\eta_I = \frac{I}{I_{th}} \qquad (10.10)$$

ergibt sich aus dem realen Zellstrom $I$ und dem theoretisch erreichbaren Zellstrom

$$I_{th} = \frac{\dot{m}}{M} \cdot z \cdot F \qquad (10.11)$$

gemäß dem ersten Faraday'schen Gesetz mit dem Massenstrom $\dot{m}$ des Brenngases und der Molmasse $M$ (für $H_2$: $M$ = 2,02 g/mol).

Der Brenngaswirkungsgrad $\eta_B$ erfasst den überschüssigen und nicht verstromten Anteil von Wasserstoff und gibt an, welcher Anteil des in die Zelle eingespeisten Wasserstoffs auch tatsächlich umgesetzt wird. Der Systemwirkungsgrad $\eta_{Sys}$ erfasst schließlich Verluste des Brennstoffzellensystems und damit den Energiebedarf der verfahrenstechni-

## 10.2 Brennstoffzellen

schen Peripherie wie Pumpen, Heizung, Kühlung oder Kompression. Tabelle 10.3 gibt typische Werte für die beschriebenen Kenngrößen an.

**Tabelle 10.3** Zahlenwerte für Kenngrößen von Wasserstoff-Sauerstoff-Brennstoffzellen bei Normbedingungen (25 °C und 1013 hPa)

| | Zweiphasensystem: Wasser entsteht flüssig | Gasphasenreaktion: Wasser entsteht als Dampf |
|---|---|---|
| Gibbs'sches Potenzial $\Delta G$ | −237,13 kJ/mol | −228,57 kJ/mol |
| Bindungsenthalpie $\Delta H$ | −285,83 kJ/mol | −241,82 kJ/mol |
| Thermodynamischer Wirkungsgrad $\eta_{rev}$ | 83,0 % | 94,5 % |
| Reversible Zellspannung $U_{rev}$ | 1,23 V | 1,18 V |
| Thermoneutrale Spannung $U_{th}$ | 1,48 V | 1,25 V |
| Temperaturabhängigkeit der Spannung | −0,85 mV/K | −0,23 mV/K |

Die elektrische Spannung einer realen Brennstoffzelle liegt unterhalb der reversiblen Zellspannung. Ausgehend von der realen Leerlaufspannung $U_0$ sinkt die Zellspannung

$$U = U_0 - \Delta U_D - \Delta U_R - \Delta U_{Dif} \tag{10.12}$$

mit zunehmendem Strom $I$ ab. Bereits bei kleinen Strömen kommt es zu Durchtrittsverlusten $\Delta U_D$ wegen des Durchtritts der Elektronen durch die Phasengrenzflächen zwischen Elektrolyt und Elektrode. Über einen weiten Bereich sinkt dann die Spannung infolge des Spannungsabfalls $\Delta U_R$ am Innenwiderstand linear ab. Bei großen Strömen können die Reaktanten nur mit kleinerer Geschwindigkeit als die für die chemische Reaktion erforderliche zugeführt werden. Hierdurch entstehen Diffusionsverluste $\Delta U_{Dif}$, was zu einem raschen Zusammenbrechen der Zellspannung führt. Bild 10.6 zeigt den typischen Verlauf der Strom-Spannungs-Kennlinie einer Brennstoffzelle.

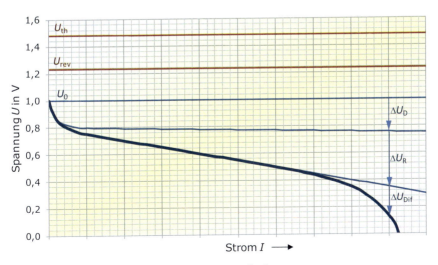

**Bild 10.6** Strom-Spannungs-Kennlinie der Brennstoffzelle

## 10.3 Methanisierung und Untertagespeicherung

Ein Hauptnachteil bei der Wasserstofferzeugung, -speicherung und -nutzung ist die fehlende Wasserstoffinfrastruktur. Eine komplett neues Verteilungs- und Speichersystem müsste geschaffen werden. Allein für den Aufbau einer flächendeckenden Wasserstofftankstelleninfrastruktur in Deutschland werden Kosten in zweistelliger Milliardenhöhe geschätzt. Daher zielen derzeit viele Überlegungen darauf, das existierende Erdgasnetz für die Speicherung zu nutzen.

**Tabelle 10.4** Charakteristische Eigenschaften verschiedener Brenngase

|  | Erdgas L | Erdgas H | Stadtgas | Biogas | $H_2$-Gas | Methan |
|---|---|---|---|---|---|---|
| Anteil Methan in % | 80 … 87 | 87 … 99 | 21 | 50 … 75 | 0 | 100 |
| Anteil Wasserstoff in % | <1 | <1 | 51 | <1 | 100 | 0 |
| Brennwert in kWh/kg | 11 … 14 | 12 … 15 | 6 … 8 | 4,6 … 7 | 39,4 | 15,5 |
| Brennwert in kWh/m³ | 9,7 … 11 | 11 … 12 | 4,5…5,5 | 5,5 … 8 | 3,5 | 11,1 |
| Dichte in kg/m³ | 0,7…0,9 | 0,7…0,9 | 0,5…0,8 | 1,2 | 0,09 | 0,71 |

Die Volumenbezogenen Angaben beziehen sich auf das Normalvolumen unter Normalbedingungen (0 °C und 1013,25 hPa)

Prinzipiell lässt sich Wasserstoff dem Erdgas beimischen. Bereits früher war ein hoher Wasserstoffanteil im Gasnetz vorhanden. Das über Kohlevergasung hergestellte Stadtgas hatte einen Wasserstoffanteil von 51 % (Tabelle 10.4). **Stadtgas** war Mitte des 20. Jahrhunderts weit verbreitet und wurde dann sukzessive durch das in der Herstellung preiswertere Erdgas ersetzt. In West-Berlin wurden sogar erst im Jahr 1996 die letzten Verbraucher auf Erdgas umgestellt.

Bei der Verwendung von Erdgas als Kraftstoff ist die derzeit zulässige Wasserstoffkonzentration mit 2 % relativ gering. Eine Beimischung von 5 % Wasserstoff ins heutige Erdgasnetz ist technisch prinzipiell möglich. Anteile von bis 20 % werden ebenfalls als realisierbar erachtet [Hüt10]. Probleme bei höheren Wasserstoffanteilen ergeben sich vor allem durch den geringeren volumenbezogenen Brennwert. Damit die Verbraucher die gleiche Leistung zur Verfügung haben, benötigen sie einen größeren Volumenstrom. Während die angeführten kleineren Anteile noch tolerabel sind, müssten bei noch größeren Wasserstoffanteilen die Verbraucher ähnlich wie bei der Umstellung von Stadtgas auf Erdgas auf das andere Gasgemisch angepasst werden. Bei der Vielzahl der existierenden Verbraucher wäre der Aufwand dazu erheblich. Ein weiterer Nachteil von Wasserstoff ist der größere Volumenbedarf bei der Speicherung.

Die Nachteile, die sich durch die Nutzung beziehungsweise Umstellung auf Wasserstoff ergeben, könnten durch einen weiteren Zwischenschritt kompensiert werden. Hierbei werden Wasserstoff und Kohlendioxid über den **Sabatier-Prozess** zu Methan umgewandelt:

$$CO_2 + 4H_2 \rightarrow CH_4 + 2H_2O \,. \tag{10.13}$$

Aus Kohlendioxid und Wasserstoff entsteht bei höheren Temperaturen und Drücken Methan und Wasser (Bild 10.7). Dabei ist ein Katalysator auf Basis von Nickel oder Ruthenium erforderlich. Die Reaktion verläuft exotherm, wobei nutzbare Abwärme entsteht.

## 10.3 Methanisierung und Untertagespeicherung

Das nötige Kohlendioxid kann mittels alkalischer Wäsche aus der Luft absorbiert oder aus vorgelagerten Verbrennungsprozessen zur Verfügung gestellt werden. Der benötigte Wasserstoff lässt sich durch eine gewöhnliche Elektrolyse aus überschüssigem Strom von regenerativen Kraftwerken gewinnen.

Reines Methan entspricht im Wesentlichen dem Erdgas H und kann dieses direkt ersetzen. Damit können das bestehende Erdgasnetz und die Erdgasspeicher ohne Umrüstungen direkt genutzt werden. Erste Versuchsanlagen zur Herstellung von Methan wurden bereits erfolgreich aufgebaut.

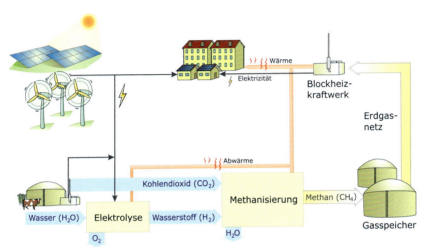

**Bild 10.7** Methanherstellung aus regenerativen Energiequellen (Power-to-Gas-Technologie)

Bei zunehmender Stromerzeugung aus Solar- und Windkraftanlagen werden künftig die temporären Überschüsse an elektrischer Energie stark ansteigen. Diese Überschüsse lassen sich elegant über die Methanisierung im Erdgasnetz speichern. Haben dann regenerative Kraftwerke bei Flauten und geringem Solarstrahlungsangebot eine zu niedrige Leistung, kann eine Rückverstromung des gespeicherten Methans über herkömmliche Erdgas-Blockheizkraftwerke oder Brennstoffzellen erfolgen.

Ein weiterer Vorteil der Power-To-Gas-Technologie ist die Option der Weiternutzung der bestehenden Erdgasinfrastruktur. Überschüsse aus der regenerativen Erzeugung könnten dezentral in regeneratives Methan umgewandelt und ins Erdgasnetz eingespeist werden. Des könnte den Ausbau der aus Akzeptanzgründen problematischen Hochspannungsleitungen reduzieren.

Der Hauptnachteil der Wasserstoff- und Methanerzeugung ist der vergleichsweise niedrige Wirkungsgrad. Tabelle 10.5 zeigt die Wirkungsgrade bei der Gaserzeugung. Für den Transport über Fernleitungen wird das Gas üblicherweise auf Drücke in der Größenordnung von 80 bar und bei der Speicherung von 200 bar komprimiert, was den Wirkungsgrad weiter verschlechtert. Bei der Rückverstromung des gespeicherten Gases fallen weitere Verluste an. Geht man von einem Wirkungsgrad von 60 % eines Gas- und Dampfturbinenkraftwerks aus, liegt der Gesamtwirkungsgrad bei der Wasserstoff-Druckspeicherung bestenfalls bei 43 %, bei der Methandruckspeicherung sogar nur bei 39 %. Durch eine konsequente Wärmenutzung bei der Gaserzeugung und einer Kraft-Wärmekopplung bei der Rückverstromung lassen sich allerdings Gesamtwirkungsgrade von über 60 % erreichen. Im Vergleich zu Wirkungsgraden von Pumpspeicherkraftwerken oder Batteriespeichern, die über 80 % erreichen können, ist dieser Wert aber immer noch vergleichsweise gering. Sehr wahrscheinlich ist daher, dass effizientere Speicher die Kurzzeitspeicherung im Stundenbereich übernehmen und die Gasspeicherung für die Überbrückung längerer Perioden von Tagen oder Wochen genutzt wird.

**Tabelle 10.5** Wirkungsgrade bei der Wasserstoff- und Methanerzeugung [Ste11]

| Wandlung | Kompression | Wirkungsgrad |
| --- | --- | --- |
| Strom → Wasserstoff | (ohne Kompression) | 64 % … 77 % |
| Strom → Wasserstoff | (bei Kompression auf 80 bar) | 57 % … 73 % |
| Strom → Wasserstoff | (bei Kompression auf 200 bar) | 54 % … 72 % |
| Strom → Methan | (ohne Kompression) | 51 % … 65 % |
| Strom → Methan | (bei Kompression auf 80 bar) | 50 % … 64 % |
| Strom → Methan | (bei Kompression auf 200 bar) | 49 % … 64 % |

Der Hauptvorteil bei dieser Gasspeichervariante sind die extrem großen, bereits bestehenden Erdgasspeicher. Alleine in Deutschland stehen unterirdische Erdgasspeicher mit einer Kapazität von über 23 Milliarden m³ zur Verfügung. Der größte deutsche Erdgasspeicher befindet sich in Rehden in Niedersachsen. Hier besteht in einem ehemaligen Gasfeld in rund 2000 m Tiefe ein Gesamtspeichervolumen von 7 Milliarden m³. Bei den Speichern unterscheidet man zwischen **Porenspeichern**, das sind ehemalige Erdöl- und Erdgaslagerstätten oder Aquifere, sowie Salz-Kavernenspeichern. Für die Wasserstoffspeicherung eignen sich vorwiegend **Kavernenspeicher**. Bei den Kavernen sind bereits weitere Speicherkapazitäten in Bau oder Planung. Weitere Kapazitäten könnten längerfristig erschlossen werden (Tabelle 10.6).

**Tabelle 10.6** Speicherkapazitäten für Wasserstoff und Methan in Deutschland [Uba10; LBG13]

| | Arbeitsgasvolumen in Mio. m³ | Speicherkapazität in TWh für | |
| --- | --- | --- | --- |
| | | $H_2$-Gas | Methan |
| Porenspeicher in Betrieb | 10,6 | --- | 106 |
| Kavernenspeicher in Betrieb | 12,1 | 36 | 121 |
| Kavernenspeicher in Betrieb, Bau oder Planung | 10,9 | 33 | 109 |
| Kavernenspeicher Langfrist-Gesamtpotenzial | 36,8 | 110 | 368 |

Bei einem Heizwert von Methan von rund 10 kWh/m³ ergibt sich bereits für die existierenden deutschen Speicher eine Kapazität von über 227 TWh an thermischer Energie. Bei einem angenommenen Wirkungsgrad für die Rückverstromung von 60 % könnten damit 136 TWh an elektrischer Energie gewonnen werden, womit der gesamte Elektrizitätsbedarf in Deutschland für mehr als zwei Monate komplett zu decken wäre. Da das Erdgas auch für die thermische Nutzung benötigt wird, steht nicht die volle Kapazität für die Stromspeicherung zur Verfügung. Für eine vollständig regenerative Elektrizitätsversorgung bieten die bestehenden Erdgasspeicher aber bereits eine ausreichende Kapazität.

## 10.3 Methanisierung und Untertagespeicherung

Bild 10.8 zeigt die in Deutschland befindlichen Poren- und Kavernenspeicher. Diese verteilen sich über das gesamte Bundesgebiet.

**Bild 10.8** Untertage-Erdgasspeicher in Deutschland.
Deutschlandkarte: NordNordWest www.wikipedia.de, Daten: [LBG13]

Obwohl die Vorteile der Power-To-Gas-Technologie bestechend sind, wird noch einige Zeit bis zum großtechnischen Einsatz vergehen. Prototypen haben zwar gezeigt, dass die Technologie prinzipiell funktioniert. Nun müssen die Wirkungsgrade gesteigert und die Kosten weiter gesenkt werden. Da der Speicherbedarf einer regenerativen Elektrizitätswirtschaft auch bei regenerativen Energieanteilen von bis zu 70 % noch überschaubar ist, bleibt noch ein wenig Zeit, um die Power-To-Gas-Technologie zur endgültigen Marktreife zu bringen.

# 11 Wirtschaftlichkeitsberechnungen

## 11.1 Einleitung

Die Frage der Wirtschaftlichkeit spielt bei der Anwendung erneuerbarer Energien eine Schlüsselrolle, denn die Wirtschaftlichkeit ist eines der Hauptargumente, das den Einsatz erneuerbarer Energien oftmals verhindert. Bei der Planung und Durchführung von Projekten steht meist nicht im Vordergrund, wie das Projekt technisch oder ökologisch optimal durchgeführt werden kann, sondern es wird die Lösung bevorzugt, die aus Sicht der Betriebswirtschaft optimal ist. Volkswirtschaftlich gesehen hat diese Handlungsweise jedoch häufig negative Auswirkungen, und die Folgen für die Umwelt werden nicht ausreichend berücksichtigt. Deshalb werden im zweiten Teil dieses Kapitels die herkömmlichen betriebswirtschaftlichen Bewertungskriterien einer kritischen Betrachtung unterzogen.

Bei den hier dargestellten Systemen handelt es sich ausschließlich um Systeme der Energieumwandlung. Ziel der wirtschaftlichen Betrachtung ist es, aus verschiedenen Systemen das wirtschaftlichste auszuwählen, also das die gewünschte Energieform am preisgünstigsten zur Verfügung stellen kann. Hierbei werden meist verschiedene regenerative Energiesysteme untereinander verglichen. Darüber hinaus werden regenerative Systeme in der Regel wirtschaftlich mit konventionellen verglichen, meist jedoch ohne den jeweiligen gesamten volkswirtschaftlichen Nutzen zu berücksichtigen.

Am Ende der wirtschaftlichen Berechnungen steht der **Preis für eine Energieeinheit**. Bei Systemen zur Bereitstellung von Wärme bezieht sich der Preis auf eine Kilowattstunde Wärme (€/kWh$_{therm}$). Bei Systemen zur Bereitstellung elektrischer Energie wird der Preis einer Kilowattstunde elektrischer Energie (€/kWh$_{el}$) ermittelt. Hierbei werden sämtliche Kosten von der Errichtung des Kraftwerkes, Brennstoff- und Personalkosten sowie Entsorgungskosten auf die in der Anlagennutzungsdauer „erzeugten" Kilowattstunden umgelegt. Bei der Ermittlung der Kosten entstehen häufig Kalkulationsirrtümer, da zur Berechnung Annahmen über zukünftige Entwicklungen getroffen werden müssen, die sich später als falsch herausstellen können. Oftmals müssen die Steuerzahler oder Stromkunden, also die Allgemeinheit, bei Fehleinschätzungen für Kosten aufkommen, die dann oftmals aus der betriebswirtschaftlichen Rechnung herausgenommen werden. Dies führt häufig zu einer Verfälschung der tatsächlichen Kosten eines Systems. Beispiele hierfür sind die stark unterschätzten Kosten für Stilllegung und Entsorgung ausgedienter kerntechnischer Anlagen und Abfälle oder die Renaturierung von Kohletagebaustätten.

## 11.2 Energiegestehungskosten

Bei dem Vergleich von Kosten kann es vorkommen, dass die zugrunde liegenden Preise aus verschiedenen Jahren stammen. In diesem Fall muss auch die **Preissteigerungsrate** mit berücksichtigt werden. Deshalb ist es sinnvoll, bei der Kosten- oder der Energiepreisermittelung das Bezugsjahr mit anzugeben (z.B. €$_{2005}$/kWh). Tabelle 11.1 zeigt die meist in diesem Zusammenhang zitierten Lebenshaltungskosten privater Haushalte. Neben den allgemeinen Preissteigerungsraten unterliegen vor allem die Preise für konventionelle Energieträger starken Schwankungen, wie nicht nur die Ölkrisen der 1970er-Jahre gezeigt haben. Langfristige Kostenkalkulationen bei konventionellen Systemen sind somit mit einer starken Unsicherheit behaftet.

**Tabelle 11.1** Verbraucherpreisindex in Deutschland, vor 1991 Preisindex für die Lebenshaltung nur alte Bundesländer, Bezugsjahr 2010 (2010=100) (Daten: [Sta14])

| Jahr  | 1965 | 1970 | 1972 | 1975 | 1977 | 1980 | 1982 | 1984 | 1986 | 1988 | 1990 | 1992 |
|-------|------|------|------|------|------|------|------|------|------|------|------|------|
| Index | 28,9 | 32,6 | 36,1 | 43,9 | 47,4 | 54,5 | 59,8 | 63,3 | 64,5 | 65,4 | 69,0 | 73,8 |
| Jahr  | 1994 | 1996 | 1998 | 2000 | 2002 | 2004 | 2006 | 2008 | 2010 | 2011 | 2012 | 2013 |
| Index | 79,1 | 81,6 | 84,0 | 85,7 | 88,6 | 91,0 | 93,9 | 98,6 | **100,0** | 102,1 | 104,1 | 105,7 |

## 11.2 Energiegestehungskosten

### 11.2.1 Berechnungen ohne Kapitalverzinsung

Nach der klassischen Wirtschaftlichkeitsberechnung erwartet ein Investor für seinen Kapitaleinsatz eine entsprechende Verzinsung, deren Höhe sich neben anderen Parametern vor allem nach dem Risiko richtet. Zuerst sollen jedoch die Vergleichsgrößen ohne Kapitalverzinsung ermittelt werden (vgl. hierzu auch Abschnitt 11.4).

Ohne Berücksichtigung einer Kapitalverzinsung lassen sich die Kosten für eine Energieeinheit sehr einfach berechnen. Hierzu werden alle Kosten, die bei einem Energiesystem über die gesamte Betriebsdauer anfallen, addiert und durch die Anlagennutzungsdauer dividiert. Somit ergeben sich die Gesamtjahreskosten. Werden diese Kosten wiederum durch die Zahl der von der Anlage pro Jahr bereitgestellten Energieeinheiten geteilt, ergeben sich die Kosten einer Energieeinheit.

Die **Gesamtkosten** $k_{ges}$ errechnen sich aus den **Investitionskosten** $A_0$ für die Anlagenerrichtung und den laufenden Kosten $A_i$, die in jedem Betriebsjahr $i$ anfallen. **Betriebskosten** können zum Beispiel Kosten für Grundstückspacht, Steuern, Wartung, Reparaturen, Verwaltung, Geschäftsführung, Versicherungsprämien oder bei Biomasseanlagen und fossilen Systemen Brennstoffkosten sein und von Jahr zu Jahr unterschiedlich ausfallen. Bei einer Anlagennutzungsdauer von $n$ Jahren ergibt sich:

$$k_{ges} = A_0 + \sum_{i=1}^{n} A_i \;. \tag{11.1}$$

Oftmals lassen sich die laufenden Kosten über einen Faktor $f$ auch auf die Investitionskosten beziehen:

$$k_{ges} = A_0 + \sum_{i=1}^{n} f_i \cdot A_0 = A_0 \left(1 + \sum_{i=1}^{n} f_i\right). \tag{11.2}$$

Sind die laufenden Kosten A in jedem Jahr identisch, ergibt sich:

$$k_{ges} = A_0 + n \cdot A = A_0 \cdot (1 + n \cdot f).  \tag{11.3}$$

Aus den Gesamtkosten $k_{ges}$ lassen sich die durchschnittlichen Gesamtjahreskosten $k_a$ berechnen:

$$k_a = \frac{k_{ges}}{n}. \tag{11.4}$$

Es wird angenommen, dass die Anlage im Durchschnitt eine jährliche Energiemenge $E_a$ erzeugt. Daraus lassen sich die **Energiegestehungskosten** $k_E$ berechnen:

$$k_E = \frac{k_a}{E_a}. \tag{11.5}$$

### 11.2.1.1 Solarthermische Anlagen zur Trinkwassererwärmung

Die Kosten für Anlagen zur Trinkwassererwärmung entfallen zu einem knappen Drittel auf den Kollektor, einem guten Drittel auf den Speicher und Zubehör und einem Drittel auf die Montage. Für Flachkollektoren sind je nach Ausführung zwischen knapp 200 €/m² und 350 €/m² zu veranschlagen, für Vakuumröhrenkollektoren zwischen 400 €/m² und 600 €/m². Ein 300-Liter-Wärmespeicher kostet 700 € bis 1100 €. Der Einbau einer solarthermischen Anlage ist besonders kostengünstig, wenn es sich um einen Neubau handelt oder aus Altersgründen der Warmwasserspeicher ohnehin ausgetauscht werden muss. Für die anzusetzenden Kosten einer solarthermischen Anlage gibt es eine große Bandbreite. Eine sehr preisgünstige Anlage mit 4-m²-Flachkollektor und 300-l-Warmwasserspeicher kostet ohne Montage rund 2000 €. Die Durchschnittskosten für eine Anlage für einen 4-Personen-Haushalt ohne Montage liegen zwischen 3000 und 3500 €, bei einer Anlage mit Montage bei etwa 5000 €. Durch öffentliche Förderung kann der aufzubringende Eigenanteil niedriger liegen.

Am **Beispiel** einer Anlage zur Trinkwassererwärmung sollen die Berechnungen verdeutlicht werden. Der jährliche Wärmebedarf soll hier 4000 kWh$_{therm}$ und die solare Deckungsrate 50 % betragen. Es werden also 2000 kWh$_{therm}$ pro Jahr Nutzenergie durch die Solaranlage substituiert. Bei einem Wirkungsgrad des konventionellen Systems von 85 % beträgt die jährlich substituierte Menge an konventioneller Energie (Endenergie) 2353 kWh$_{therm}$. Diese Energiemenge wird bei den weiteren Berechnungen als jährlich bereitgestellte Energiemenge angesetzt. Weiterhin wird angenommen, dass bei den Betriebskosten die jährlichen Wartungskosten mit durchschnittlich 25 € relativ niedrig ausfallen und die Pumpe im Kollektorkreislauf 60 kWh$_{el}$ elektrische Energie pro Jahr zu einem Preis von 0,25 €/kWh$_{el}$ (jährlich 15 €) benötigt. Für Investitionskosten $A_0$ von 3300 € und jährliche Betriebskosten $A_i$ von 40 € ergeben sich bei einer Nutzungsdauer von $n$ = 20 Jahren folgende Berechnungen:

$$k_{ges} = A_0 + 20 \cdot A_i = 3300\ € + 20 \cdot 40\ € = 4100\ €, \quad k_a = k_{ges} / n = 205\ €,$$
$$k_E = k_a / E_a = 205\ € / 2353\ kWh_{therm} = 0{,}087\ €/kWh_{them}.$$

Bei sparsamen Einfamilienhäusern wird der Energiebedarf deutlich geringer sein als der im obigen Beispiel errechnete. Dies beeinträchtigt die Wirtschaftlichkeit. Auch eine kürzere Nutzungsdauer der Anlage führt zu höheren Kosten. Bei einem hohen Energiebedarf und niedrigen Investitionskosten z.B. durch Selbstbauanlagen oder öffentliche Förderung

## 11.2 Energiegestehungskosten

kann eine Anlage zur Trinkwassererwärmung, wie aus Tabelle 11.2 zu entnehmen ist, durchaus wirtschaftlich sein.

**Tabelle 11.2** Wärmegestehungskosten in €/kWh$_{therm}$ bei solarthermischen Anlagen zur Trinkwassererwärmung ohne Kapitalverzinsung bei jährlichen Betriebskosten von 40 €

| Substituierte Energiemenge | jährlich 2300 kWh$_{therm}$ | | jährlich 1150 kWh$_{therm}$ | |
|---|---|---|---|---|
| Nutzungsdauer | 20 Jahre | 15 Jahre | 20 Jahre | 15 Jahre |
| Investitionskosten | | | | |
| 5000 € | 0,13 | 0,16 | 0,25 | 0,32 |
| 3500 € | 0,09 | 0,12 | 0,19 | 0,24 |
| 2500 € | 0,07 | 0,09 | 0,14 | 0,18 |
| 1800 € | 0,06 | 0,07 | 0,11 | 0,14 |

In allen anderen Fällen liegen die Wärmegestehungskosten meist über den Kosten eines konventionellen Systems. Bei Anlagen zur Schwimmbadwassererwärmung ist aufgrund der niedrigeren spezifischen Investitionskosten in der Regel die Wirtschaftlichkeit gegeben. Auch bei großen solarthermischen Anlagen zur solaren Nahwärmeversorgung von mehreren Gebäuden ergeben sich deutlich geringere Wärmegestehungskosten als im obigen Beispiel.

### 11.2.1.2 Solarthermische Kraftwerke

Die Zahl der neu errichteten solarthermischen Kraftwerke war in den letzten 10 Jahren noch vergleichsweise überschaubar. Für das im Jahr 2007 errichtete 64-MW-Parabolrinnenkraftwerk Nevada Solar One (vgl. Kapitel 4) wurden Investitionskosten von rund 230 Mio. € veranschlagt. Dieses Kraftwerk soll 129 GWh/a erzeugen. Für das im Jahr 2008 errichtete 50-MW-Parabolrinnenkraftwerk Andasol 1 betrugen die Investitionskosten etwa 300 Mio. €, wobei dieses Kraftwerk durch einen thermischen Speicher höhere Volllaststunden erreicht. Dieses Kraftwerk soll 180 GWh/a erzeugen. Die laufenden Kosten eines solarthermischen Kraftwerks können näherungsweise mit 3 % der Investitionskosten abgeschätzt werden.

Ohne Kapitalverzinsung ergeben sich bei einer Nutzungsdauer $n$ von 30 Jahren dann für beide Kraftwerke folgende Stromgestehungskosten:

$k_{ges} = A_0 \cdot (1 + 30 \cdot 0{,}03) = 1{,}9 \cdot 230$ Mio. € $= 437$ Mio. €,
$k_a = k_{ges} / n = 14{,}6$ Mio. €,
$k_E = k_a / E_a = 14{,}6$ Mio. € $/ 129$ Mio. kWh$_{el} = 0{,}113$ €/kWh$_{el}$

beziehungsweise

$k_{ges} = A_0 \cdot (1 + 30 \cdot 0{,}03) = 1{,}9 \cdot 300$ Mio. € $= 570$ Mio. €,
$k_a = k_{ges} / n = 19$ Mio. €,
$k_E = k_a / E_a = 19$ Mio. € $/ 180$ Mio. kWh$_{el} = 0{,}106$ €/kWh$_{el}$.

Bei künftigen Kraftwerken sind deutliche Kostenreduktionen zu erwarten, sodass ein Sinken der Stromerzeugungskosten für solarthermische Kraftwerke zu erwarten ist.

## 11.2.1.3 Photovoltaikanlagen

Während die Investitionskosten für eine **netzgekoppelte Photovoltaikanlage** beim deutschen 1000-Dächer-Programm Anfang der 1990er-Jahre im Durchschnitt noch weit mehr als 10 000 €/kW$_p$ betragen haben, sind die Kosten heute deutlich niedriger. Die Endabnehmerpreise für Photovoltaikmodule liegen unter 1 €/W$_p$. Bei kompletten Photovoltaikanlagen kommen Kosten für Wechselrichter, Zubehör, Aufständerung und Montage hinzu. Im ersten Quartal 2014 kosteten fertig installierte Aufdachphotovoltaikanlagen mit einer Leistung bis 10 kW$_p$ in Deutschland durchschnittlich rund 1640 €/kW$_p$ zuzüglich Umsatzsteuer [BSW14]. Mit zunehmender Anlagengröße sinken die spezifischen Investitionskosten. Im größeren Megawattbereich konnten bereits im Jahr 2013 vereinzelt Investitionskosten von unter 1000 €/kW erreicht werden.

Als **Beispiel** werden hier die Kosten einer Kilowattstunde durch eine Photovoltaikanlage bereitgestellter elektrischer Energie ermittelt. Die hier zugrunde gelegten Zahlen werden auch in Beispielen weiter unten verwendet. Es soll eine Anlage der Leistung 1 kW$_p$ mit den Investitionskosten $A_0$ = 1500 € errichtet werden. Dabei wird angenommen, dass die Nutzungsdauer der Anlage 20 Jahre beträgt ($n$ = 20) und die Anlage pro Jahr elektrische Energie im Umfang von $E_a$ = 1000 kWh bereitstellt. Im zehnten Betriebsjahr soll eine Anlagenkomponente, der Wechselrichter, ausgetauscht werden. Die Kosten dafür betragen $A_{10}$ = 400 €. Weitere Kosten sollen in diesem Beispiel nicht entstehen. Damit ergeben sich folgende Berechnungen:

$$k_{ges} = A_0 + A_{10} = 1900 \text{ €}, \quad k_a = k_{ges}/n = 95 \text{ €}, \quad k_E = k_a/E_a = 0{,}095 \text{ €/kWh}_{el}.$$

Mit der gleichen Anlage könnten in der Sahara bis zu 2000 kWh/a elektrischer Energie bereitgestellt werden. Dadurch reduzieren sich die Energiegestehungskosten ohne Kapitalverzinsung in dem Beispiel von 0,095 €/kWh$_{el}$ auf 0,0475 €/kWh$_{el}$. Im Gegensatz zu konventionellen Anlagen unterliegen die Kosten der Solaranlage keinen Steigerungen der Brennstoffkosten. Während bei kleinen privaten Anlagen nur sehr geringe jährliche laufende Kosten anfallen, sind bei großen PV-Kraftwerken meist laufende Kosten in der Höhe von 2 bis 4 % der Investitionskosten zu veranschlagen.

## 11.2.1.4 Windkraftanlagen

Die Gesamtkosten von Windkraftanlagen haben sich in den letzten Jahren ebenfalls verringert. Die Investitionskosten für Windkraftanlagen ähnlicher Größe sind im Vergleich zur Photovoltaik aber deutlich geringer gesunken.

Zu den Investitionskosten zählen neben den reinen Kosten für den Kauf der Windkraftanlage auch Kosten für Planung, Installation, Fundament, Netzanschluss und Transport. Diese Investitionsnebenkosten betragen im Mittel 34,5 % des Kaufpreises [Kle97]. Bei kleinen Anlagen können diese Kosten auch deutlich höher ausfallen. Als Betriebskosten fallen Kosten für Pacht von Grundstücken, Wartung, Reparatur und Versicherungen an.

Bei Anlagen mit einer Leistung im Megawattbereich können derzeit Gesamtinvestitionskosten je nach Standort und Höhe der notwendigen Infrastrukturmaßnahmen zwischen 1000 und 1600 €/kW veranschlagt werden. Bei 1200 €/kW ergeben sich für eine 1,5-MW-Anlage Investitionskosten $A_0$ von 1 800 000 €. Zu den Investitionskosten kommen bei der 1,5-MW-Anlage jährliche Betriebskosten $A_i$ von ca. 50 000 € hinzu. Die laufenden Kosten können mit 2 % bis 5 % der Investitionskosten abgeschätzt werden.

An einem Standort mit einer Windgeschwindigkeit mit knapp 7 m/s in 100 m Nabenhöhe, das entspricht rund 4,5 m/s in 10 m Höhe, können etwa $E_a$ = 3,5 Mio. kWh pro Jahr ins Netz eingespeist werden. Bei einer Nutzungsdauer $n$ der Anlage von 20 Jahren gelten für eine 1,5-MW-Anlage folgende Berechnungen:

$k_{ges} = A_0 + 20 \cdot A_i = 1\,800\,000\,€ + 20 \cdot 50\,000\,€ = 2\,800\,000\,€$,
$k_a = k_{ges} / n = 140\,000\,€$,    $k_E = k_a / E_a = 0{,}04\,€/kWh_{el}$.

**Tabelle 11.3** Jährlicher Energieertrag einer Windkraftanlage bei unterschiedlichen Anlagengrößen und Windgeschwindigkeiten $v$ in Nabenhöhe bei einer Rayleigh-Verteilung der Windgeschwindigkeit

| Anlagengröße | | Jährlicher Energieertrag in MWh$_{el}$/a | | | | |
|---|---|---|---|---|---|---|
| Rotor ⌀ | Leistung | $v$ = 5 m/s | 6 m/s | 7 m/s | 8 m/s | 9 m/s |
| 30 m | 200 kW | 320 | 500 | 670 | 820 | 950 |
| 40 m | 500 kW | 610 | 970 | 1 360 | 1 730 | 2 050 |
| 55 m | 1000 kW | 1 150 | 1 840 | 2 570 | 3 280 | 3 920 |
| 65 m | 1500 kW | 1 520 | 2 600 | 3 750 | 4 860 | 5 860 |
| 80 m | 2500 kW | 2 380 | 4 030 | 5 830 | 7 700 | 9 220 |
| 120 m | 5000 kW | 5 300 | 9 000 | 13 000 | 17 000 | 20 000 |

Mit sinkender Windgeschwindigkeit nehmen die Stromgestehungskosten deutlich zu, da der jährliche Ertrag signifikant sinkt, wie aus Tabelle 11.3 zu entnehmen ist. Die Windgeschwindigkeit in Nabenhöhe und damit die auf die Leistung bezogene Energiemenge steigt mit der Größe der Anlage, da die Windgeschwindigkeit mit der Höhe steigt. Durch Optimierungen von Anlagen sind auch in Zukunft noch Kostensenkungen möglich.

Bei Kleinwindkraftanlagen liegen die spezifischen Kosten deutlich höher. Eine 70-W-Windkraftanlage kostet ohne Mast und Montage rund 700 €. Das entspricht dann spezifischen Investitionskosten von 10 000 €/kW. Hinzu kommt, dass Kleinanlagen nur auf niedrigen Masten montiert werden, wodurch die verfügbare Windgeschwindigkeit und der Ertrag sinken. Theoretisch lassen sich auch kleinere Anlagen in größeren Höhen montieren, doch scheidet diese Lösung in der Regel aus praktischen und wirtschaftlichen Gründen aus.

### 11.2.1.5 Wasserkraftanlagen

Die Kosten für Wasserkraftanlagen hängen ebenfalls stark von der Anlagengröße ab. Die spezifischen Investitionskosten für Kleinwasserkraftanlagen liegen im Bereich von 5000 bis 13 000 €/kW. Bei einer Ertüchtigung oder Reaktivierung von Anlagen können niedrigere Kosten zwischen 2500 und 5000 €/kW veranschlagt werden. Bei dem größten aktuellen Neubau des Laufwasserkraftwerks Rheinfelden in Deutschland mit einer Leistung von 100 MW sind Baukosten von rund 380 Mio. € veranschlagt.

Bei sehr großen Kraftwerksprojekten sind meist nur grobe Kostenschätzungen erhältlich. Die vermuteten Investitionskosten für das brasilianische Itaipú-Kraftwerk liegen in der Größenordnung von 14 bis 15 Mrd. €. Bei einer Leistung von 14 GW ergeben sich spezifische Investitionskosten von rund 1000 €/kW. Damit liegen Kosten sehr großer Wasserkraftwerksprojekte in der gleichen Größenordnung wie von großen Windkraftanlagen. Der Ertrag von Wasserkraftwerken ist jedoch um den Faktor 2 bis 3 höher.

### 11.2.1.6 Geothermieanlagen

Die Bohrkosten stellen einen wesentlichen Teil der Investitionskosten für **geothermische Kraftwerke** dar. Da in Deutschland im Vergleich zu geothermisch optimalen Regionen verhältnismäßig große Bohrtiefen erforderlich sind, weisen geothermische Kraftwerke hier vergleichsweise hohe Investitionskosten auf. So betrugen die Investitionskosten des im Jahr 2007 in Landau errichteten Geothermiekraftwerks rund 20 Mio. €. Dieses Kraftwerk verfügt über eine Leistung von rund 3 MW$_{el}$. Über eine Wärmeauskopplung werden rund 5 MW$_{th}$ Wärme bereitgestellt. Dieses Kraftwerk erzeugt pro Jahr rund 22 Mio. kWh an elektrischer Energie und 9,2 Mio. kWh an Wärme.

Betrachtet man nur die Stromerzeugung, liegen die Investitionskosten bei 6667 €/kW. Aufgrund der Kraft-Wärme-Kopplung muss jedoch noch eine Aufteilung der Kosten auf die Strom- und Wärmeerzeugung erfolgen, wodurch die Investitionskosten noch etwas sinken.

Für eine typische **Wärmepumpenanlage** für Einfamilienhäuser lagen im Jahr 2010 die Investitionskosten bei 8000 bis 12 000 €. Hinzu kommen noch die Kosten für die Erschließung der Wärmequelle, die für Erdkollektoren oder Erdsonden in der Größenordnung von 3000 bis 6000 € liegen.

Bei einem Neubau mit Wärmepumpe entfallen die Kosten des konventionellen Heizungssystems. Bei einer Gasheizung umfassen diese beispielsweise neben dem Gasbrenner auch die Kosten für den Gasanschluss und den Schornstein. Dennoch liegen die Investitionskosten für Wärmepumpenanlagen oft über denen einer konventionellen Gas- oder Ölheizung.

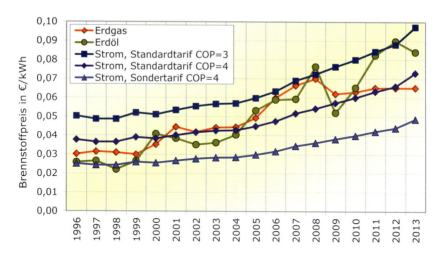

**Bild 11.1** Entwicklung der Haushaltspreise für Erdgas, Erdöl und Strom zum Betrieb von Wärmepumpen für verschiedene Jahresarbeitszahlen (COP) in Deutschland

Der Vorteil der Wärmepumpe liegt in den niedrigeren Betriebskosten. Im Vergleich zur konventionellen Gasheizung entfallen die Aufwendungen für Gaszähler, Wartung und Schornsteinfeger. Auch sind die Brennstoffpreise, also die Aufwendungen für Strom zum Betrieb einer Wärmepumpe, meist geringer als die Kosten für Erdöl oder Erdgas. Wie hoch die Vorteile der Wärmepumpe bei den Brennstoffpreisen sind, hängt unter anderem von der Jahresarbeitszahl und dem Stromtarif ab. Beim Bezug von Strom zu einem regulären Tarif und einer mäßigen Jahresarbeitszahl von 3 können die Brennstoffkosten der Wärmepumpe sogar über denen für Erdgas und Erdöl liegen. Bei einer guten Jahresarbeitszahl von 4 und einem Sondertarif bietet die Wärmepumpe deutliche Vorteile bei den Brennstoffkosten (Bild 11.1). Weitere Kostenvorteile lassen sich in der Kombination mit einer Photovoltaikanlage erreichen.

### 11.2.1.7 Holzpelletsheizungen

Der Versuch, Aussagen über die langfristige ökonomische Entwicklung von Biomassebrennstoffen im Vergleich zu fossilen Brennstoffen zu treffen, ist schwer. Dies zeigt beispielsweise ein Blick auf die Entwicklung der Holzpelletspreise und der Ölpreise der letzten Jahre (Bild 11.2).

Die Potenziale zur Herstellung von Holzpellets reichen bei Weitem nicht aus, um den gesamten aktuellen deutschen Heizungsmarkt zu versorgen. Steigen immer mehr Kunden auf Holzpellets als Brennstoff um, wird dies zwangsläufig zu einem Anstieg der Holzpelletspreise führen. Da aber auch die Erdölpreise langfristig weiter nach oben gehen werden, könnte der Preisvorteil von Holzpellets auf steigendem Niveau erhalten bleiben.

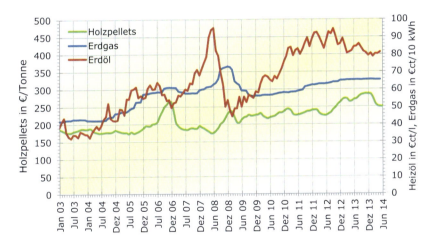

**Bild 11.2** Vergleich der Endverbraucherpreise für Erdöl, Erdgas und Holzpellets.
(Daten: [Sta14b, DEPV14])

Ob sich eine Holzpelletsheizung rechnet, hängt aber entscheidend vom Preisunterschied zu Erdöl oder Erdgas ab. Rund 15 000 € muss man für den Einbau einer Holzpelletsheizung für ein Einfamilienhaus veranschlagen. Dies ist deutlich mehr als für eine Erdöl- oder Erdgasheizung. Bei einem Neubau entfallen im Vergleich zu Erdgas aber die Kosten für den Erdgasanschluss. Durch den Kostenvorteil der Holzpellets gegenüber Erdgas oder Erdöl sind die laufenden Kosten der Pelletsheizung niedriger. Abhängig vom Verbrauch und der Preisentwicklung der Brennstoffe ist eine Amortisation der Holzpelletsheizung in einigen Jahren möglich. Die Brennstoffpreise für Stückholzheizungen sind niedriger als für Pelletsheizungen. Sie haben daher noch niedrigere Betriebskosten.

Für einen Altbau mit einem jährlichen Wärmebedarf von 30 000 kWh$_{therm}$ ergibt sich bei einem Kesselwirkungsgrad von 0,75 ein jährlicher Brennstoffbedarf von 40 000 kWh$_{Pellets}$. Bei angenommenen Pelletspreisen von 250 €/t (0,05 €/kWh$_{Pellets}$) belaufen sich die jährlichen Brennstoffkosten auf 1600 €. Bei angenommen zusätzlichen jährlichen Betriebskosten von 200 € und einer Nutzungsdauer von 20 Jahren ergeben sich Wärmegestehungskosten von

$k_{ges}$ = 15 000 € + 20 · (2000 € + 200 €) = 59 000 €,
$k_a$ = $k_{ges}$ / n = 2950 €,
$k_E$ = $k_a$ / $E_a$ = 2950 € / 30 000 kWh$_{therm}$ = 0,098 €/kWh$_{therm}$.

Bei einem nahezu optimal gedämmten Neubau können der jährliche Wärmebedarf auf 6 000 kWh$_{therm}$ und die Brennstoffkosten auf 400 € sinken. Obwohl sich die Gesamtkosten halbieren, steigen dann die Wärmegestehungskosten auf 0,225 €/kWh$_{therm}$ an.

### 11.2.2 Berechnungen mit Kapitalverzinsung

Im Gegensatz zu den obigen Berechnungen ohne Kapitalverzinsung erwartet ein Investor in der Regel für sein eingesetztes Kapital eine äquivalente Verzinsung, die den üblichen Werten des Kapitalmarktes bei vergleichbaren Kapitalanlagen entspricht. Die Berechnung des Kapitals $k_n$ nach einer Anlagedauer von $n$ Jahren aus einem Anfangskapital $A_0$ lässt sich mit dem Zinssatz $p$ über die Zinseszinsformel durchführen. Mit

$$q = 1 + p \qquad (11.6)$$

ergibt sich:

$$k_n = A_0 \cdot (1+p)^n = A_0 \cdot q^n . \qquad (11.7)$$

Wird in Anlehnung an das Beispiel zur Berechnung der Kosten einer Photovoltaikanlage ein Anfangskapital $A_0$ = 1500 € für den Zeitraum $n$ = 20 Jahre zu einem Zinssatz von $p$ = 6 % = 0,06 angelegt, errechnet sich das Kapital einschließlich Zinsen nach 20 Jahren zu

$$k_{20} = 1500\,€ \cdot (1 + 0{,}06)^{20} = 4\,811\,€ .$$

Werden zu einem späteren Zeitpunkt weitere Zahlungen vorgenommen, müssen diese natürlich auch verzinst werden, jedoch mit einer kürzeren Laufzeit. Würde der Investor nach Ablauf von 10 Jahren noch einmal 400 € einzahlen, ergeben sich nur noch 10 Zinsjahre. Das Kapital nach 20 Jahren würde nun

$$k_{20} = A_0 \cdot q^{20} + A_{10} \cdot q^{10} = 1500\,€ \cdot 1{,}06^{20} + 400\,€ \cdot 1{,}06^{10} = 5\,527\,€$$

betragen. Dies kann auch allgemein ausgedrückt werden:

$$k_n = A_0 \cdot q^n + \sum_{i=1}^{n} A_i \cdot q^{n-i} . \qquad (11.8)$$

Sind die Zahlungen $A$ in den verschiedenen Jahren $i$ jeweils gleich groß, erhält man mit der mathematischen Gleichung für die geometrische Reihe die **Sparkassenformel**:

$$k_n = A_0 \cdot q^n + \sum_{i=1}^{n} A \cdot q^{n-i} = A_0 \cdot q^n + A \cdot \frac{q^n - 1}{q - 1} . \qquad (11.9)$$

## 11.2 Energiegestehungskosten

Für später veranlasste Zahlungen stellt sich die Frage, wie groß das Anfangskapital sein müsste, wenn eine entsprechende Summe zusätzlich am Anfang zum Zinssatz $p$ angelegt worden wäre, sodass am Ende das gleiche Gesamtkapital vorhanden ist.

Durch Abzinsen lässt sich eine Zahlung $A_i$ im Jahr $i$ auf den Anfang zurückrechnen:

$$A_{i/0} = \frac{A_i}{q^i} = A_i \cdot q^{-i}. \tag{11.10}$$

Das den nach 10 Jahren eingezahlten 400 € des obigen Beispiels entsprechende Anfangskapital berechnet sich zu

$$A_{10/0} = 400\ €\cdot 1{,}06^{-10} = 223\ €.$$

Das heißt, wenn 223 € über 20 Jahre mit 6 % verzinst werden, ergibt sich am Ende die gleiche Summe, wie wenn 400 € erst nach 10 Jahren eingezahlt und dann über 10 Jahre ebenfalls mit 6 % verzinst werden.

Eine **Abzinsung** von mehreren anfallenden Zahlungen zu verschiedenen Zeitpunkten kann durch folgende Formel ausgedrückt werden:

$$k_0 = A_0 + \sum_{i=1}^{n} \frac{A_i}{q^i}. \tag{11.11}$$

Sind die Zahlungen $A$ in den verschiedenen Jahren $i$ jeweils gleich groß, ergibt sich

$$k_0 = A_0 + A \cdot \frac{q^n - 1}{(q-1) \cdot q^n}. \tag{11.12}$$

Das Kapital nach $n$ Jahren kann hiermit wiederum über die Zinseszinsformel berechnet werden:

$$k_n = k_0 \cdot q^n. \tag{11.13}$$

Bei Anlagen im Energiesektor ergibt sich durch die Verzinsung nach Ablauf der Nutzungsdauer von $n$ Jahren kein Endkapital, das dann frei verfügbar ist. Im Gegenteil, nach der Nutzungsdauer wird eine Anlage vermutlich defekt und damit wertlos sein. Die Tilgung des investierten Kapitals erfolgt durch den Verkauf der Energie. Es soll nun berechnet werden, wie teuer eine Energieeinheit verkauft werden muss, damit der Investor die gewünschte Verzinsung erhält.

Die Verkaufserlöse müssen auch verzinst werden. Erhält der Investor gleich zu Beginn des ersten Betriebsjahres eine Rückzahlung, kann er sie wieder investieren und dafür über die volle Nutzungsdauer eine Verzinsung erzielen. Bei späteren Rückzahlungen verringert sich der Zinszeitraum. Das eingesetzte Kapital $k_0$ zum Zeitpunkt null berechnet sich wie oben aus dem Investitionsbetrag $A_0$ und aus den Zahlungen $A_i$, die auf den Anfang abgezinst werden. Dem werden nun die Rückzahlungen $Z_i$ gegenübergestellt. Auch diese werden auf den Anfang abgezinst. Zahlungen und Rückzahlungen, die innerhalb eines Jahres stattfinden, werden so behandelt, als würden sie jeweils am Ende des Jahres getätigt. Für einen Nutzungszeitraum von $n$ Jahren ergibt sich damit:

$$K = -A_0 + \sum_{i=1}^{n} \frac{Z_i - A_i}{q^i} = -A_0 - \sum_{i=1}^{n} \frac{A_i}{q^i} + \sum_{i=1}^{n} \frac{Z_i}{q^i} = -k_0 + \sum_{i=1}^{n} \frac{Z_i}{q^i}. \tag{11.14}$$

Der Wert $K$ wird auch als **Kapitalwert** in der Gegenwart bezeichnet. Möchte der Investor keine Verluste hinnehmen, muss der Kapitalwert $K$ größer oder gleich null sein.

Im Folgenden wird angenommen, dass die Rückzahlungen $Z$ am Ende der jeweiligen Jahre gleich groß sind. Die Höhe der jährlichen erforderlichen Rückzahlungen kann bestimmt werden, indem die Gleichung für den Kapitalwert $K$ zu null gesetzt und nach $Z$ aufgelöst wird. Mit

$$0 = -k_0 + Z \cdot \sum_{i=1}^{n} \frac{1}{q^i} = -k_0 + Z \cdot \frac{q^n - 1}{(q-1) \cdot q^n} = -k_0 + Z \cdot \frac{1}{a} \quad \text{folgt}$$

$$Z = k_0 \cdot a . \tag{11.15}$$

Der Faktor $a$ wird als **Annuitätsfaktor** bezeichnet [VDI91]:

$$a = \frac{q^n \cdot (q-1)}{q^n - 1} = \frac{q-1}{1 - q^{-n}} . \tag{11.16}$$

Aus Tabelle 11.4 kann für verschiedene Nutzungsdauern $n$ und Zinssätze $p$ jeweils der Annuitätsfaktor $a$ abgelesen werden. In der Literatur wird oftmals der Annuitätsfaktor auch als Annuität bezeichnet [Wöh81].

Mit dem Annuitätsfaktor $a$ können nun wiederum die **Energiegestehungskosten** $k_E$ über die jährlich bereitgestellte Energiemenge $E_a$ berechnet werden:

$$k_E = \frac{Z}{E_a} = \frac{k_0 \cdot a}{E_a} . \tag{11.17}$$

**Tabelle 11.4** Annuitätsfaktoren $a$ für verschiedene Nutzungsdauern $n$ und Zinssätze $p$

| | Zinssatz $p = q - 1$ | | | | | | | | | |
|---|---|---|---|---|---|---|---|---|---|---|
| $n$ | 1 % | 2 % | 3 % | 4 % | 5 % | 6 % | 7 % | 8 % | 9 % | 10 % |
| 10 | 0,1056 | 0,1113 | 0,1172 | 0,1233 | 0,1295 | 0,1359 | 0,1424 | 0,1490 | 0,1558 | 0,1627 |
| 15 | 0,0721 | 0,0778 | 0,0838 | 0,0899 | 0,0963 | 0,1030 | 0,1098 | 0,1168 | 0,1241 | 0,1315 |
| 20 | 0,0554 | 0,0612 | 0,0672 | 0,0736 | 0,0802 | 0,0872 | 0,0944 | 0,1019 | 0,1095 | 0,1175 |
| 25 | 0,0454 | 0,0512 | 0,0574 | 0,0640 | 0,0710 | 0,0782 | 0,0858 | 0,0937 | 0,1018 | 0,1102 |
| 30 | 0,0387 | 0,0446 | 0,0510 | 0,0578 | 0,0651 | 0,0726 | 0,0806 | 0,0888 | 0,0973 | 0,1061 |

Die Höhe des Zinssatzes richtet sich nach dem Risiko der Geldanlage. Bei regenerativen Anlagen ergeben sich unter anderem **Risiken** durch Überschätzung des Angebots an Solarstrahlung, Wasser oder Wind an einem Standort, technische Unwägbarkeiten oder sich ändernde gesetzliche Rahmenbedingungen. Da diese Risiken meist höher als bei einer Geldanlage auf einem Sparbuch eingeschätzt werden, fallen auch die Zinssätze entsprechend höher aus. Belastbare Formeln oder Regeln für die Festlegung der Höhe des Zinssatzes gibt es praktisch nicht. Vielmehr bestimmt letztendlich der Markt mit all seinen Stimmungseinflüssen und das subjektive Gefühl des Geldanlegers den Wert.

Die Berechnungen können noch um einen preisdynamischen Ansatz erweitert werden. Neben möglichen Preissteigerungsraten für Betriebs- und Wartungskosten sind hierbei vor allem Preissteigerungen bei den Brennstoffkosten beim Einsatz konventioneller Energieträger zu berücksichtigen.

Eine Aussage über die Preisentwicklung über lange Laufzeiten ist jedoch nur schwer möglich, da bei Energiesystemen neben der allgemeinen Preissteigerung auch Kostenzu-

## 11.2 Energiegestehungskosten

wächse aufgrund der Verknappung der Energiereserven oder durch andere Ereignisse, wie zum Beispiel Kriegshandlungen in Ölfördergebieten, eintreten können. Deshalb wird hier auf preisdynamische Betrachtungen verzichtet. Stattdessen folgen am Ende dieses Kapitels kritische Überlegungen in Hinblick auf die Verzinsung im Allgemeinen.

### 11.2.2.1 Solarthermische Anlagen zur Trinkwassererwärmung

Auch bei den analog ermittelten Kosten für eine Trinkwasseranlage wird wieder auf die Zahlenwerte der zuvor durchgeführten Berechnungen ohne Kapitalverzinsung zurückgegriffen. Bei einem Zinssatz von 6 % ergibt sich bei einer Anlagennutzungsdauer von 15 bzw. 20 Jahren ein Annuitätsfaktor von 0,1030 bzw. 0,0872. Die je nach Nutzungsdauer und Investitionskosten unterschiedlichen Wärmegestehungskosten sind in Tabelle 11.5 dargestellt. Die Konkurrenzfähigkeit zu konventionellen Systemen ist ohne öffentliche Förderung derzeit nur in wenigen Fällen wie zum Beispiel bei einer elektrischen Wassererwärmung gegeben.

**Tabelle 11.5** Wärmegestehungskosten in €/kWh$_{therm}$ bei solarthermischen Anlagen zur Trinkwassererwärmung bei einem Zinssatz von 6 % und jährlichen Betriebskosten von 40 €

| Substituierte Energiemenge | jährlich 2300 kWh$_{therm}$ | | jährlich 1150 kWh$_{therm}$ | |
|---|---|---|---|---|
| Nutzungsdauer | 20 Jahre | 15 Jahre | 20 Jahre | 15 Jahre |
| Investitionskosten | | | | |
| 5000 € | 0,21 | 0,24 | 0,41 | 0,48 |
| 3500 € | 0,15 | 0,17 | 0,30 | 0,35 |
| 2500 € | 0,11 | 0,13 | 0,22 | 0,26 |
| 1800 € | 0,09 | 0,10 | 0,17 | 0,20 |

### 11.2.2.2 Solarthermische Kraftwerke

Für das **Beispiel** des solarthermischen Kraftwerks Nevada Solar One ($A_0$ = 230 Mio. €, $A_i$ = 6,9 Mio. €, $n$ = 30, $E_a$ = 129 Mio. kWh$_{el}$) erhält man bei einem Zinssatz von $p$ = 8 %:

Kapital zum Zeitpunkt null: $k_0$ = 230 Mio. € + 6,9 Mio. € · 11,26 = 307,7 Mio. €
Annuitätsfaktor: $a$ = $(1,08 - 1) / (1 - 1,08^{-30})$ = 0,0888
notwendige Rückzahlungen p.a.: $Z$ = 307,7 Mio. € · 0,0888 = 27,3 Mio. €
Energiegestehungskosten: $k_E$ = 27,3 Mio. € / 129 Mio. kWh$_{el}$ = 0,212 €/kWh$_{el}$.

### 11.2.2.3 Photovoltaikanlagen

Für das **Beispiel** der Photovoltaikanlage ($A_0$ = 1500 €, $A_{10}$ = 400 €, $p$ = 0,06, $q$ = 1,06, $n$ = 20, $E_a$ = 1000 kWh$_{el}$) aus einem früheren Abschnitt ergibt sich:

Kapital zum Zeitpunkt null: $k_0$ = 1500 € + 400 € · $1,06^{-10}$ = 1723 €
Annuitätsfaktor: $a$ = $(1,06 - 1) / (1 - 1,06^{-20})$ = 0,0872
notwendige Rückzahlungen p.a.: $Z$ = 1723 € · 0,0872 = 150 €
Energiegestehungskosten: $k_E$ = 150 € / 1000 kWh$_{el}$ = 0,15 €/kWh$_{el}$.

Bei einer Bereitstellung von 2000 kWh elektrischer Energie pro Jahr in der Sahara reduzieren sich die Energiegestehungskosten auf 0,075 €/kWh$_{el}$. Dennoch fallen die Energiegestehungskosten bei Berücksichtigung einer Verzinsung deutlich höher aus als bei einer Vernachlässigung derselben (0,15 €/kWh$_{el}$ gegenüber 0,095 €/kWh$_{el}$).

### 11.2.2.4 Windkraftanlagen

Für das **Beispiel** der 1500-kW-Windkraftanlage ($A_0$ = 1 800 000 €, $A_i$ = 50 000 €, $q$ = 1,08, $n$ = 20, $E_a$ = 3,5 · $10^6$ kWh$_{el}$) erhält man bei einem Zinssatz von $p$ = 8 %:

$k_0$ = 1 800 000 € + 50 000 € · 9,82 = 2 291 000 €; $\qquad a$ = 0,1019

$k_E$ = 2 291 000 € · 0,1019 / 3,5·$10^6$ kWh$_{el}$ = 0,067 €/kWh$_{el}$.

Windparkprojekte wurden bereits in großer Stückzahl realisiert. Oft werden die Projekte nur zu einem Teil von etwa 30 % durch Eigenkapital realisiert. Die restliche Finanzierung wird durch Bankkredite mit günstigen Zinsen in der Höhe von rund 5 % gewährleistet. Projektrisiken wie zum Beispiel fehlerhafte Ertragsprognosen oder Schwankungen des Windenergieangebots tragen die Eigenkapitalgeber. Darum werden für sie meist höhere Verzinsungen veranschlagt.

### 11.2.3 Vergütung für regenerative Energieanlagen

Da nach herkömmlicher betriebswirtschaftlicher Rechnung die Stromerzeugung aus regenerativen Energieanlagen oft noch teurer als bei herkömmlichen Anlagen ist, wird die Markteinführung der erneuerbaren Energien in einigen Ländern durch Einspeiseregelungen gefördert. Diese sehen je nach Technologie erhöhte Vergütungssätze für regenerative Energien vor. In Deutschland ist die Art und Höhe der Vergütung im **Erneuerbare-Energien-Gesetz (EEG)** geregelt. Dabei werden die anfallenden Kosten auf alle Stromkunden umgelegt (Bild 11.3).

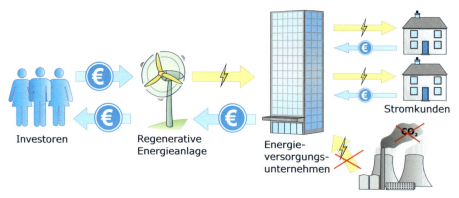

**Bild 11.3** Prinzip der Finanzierung erneuerbarer Kraftwerke durch das Erneuerbare-Energien-Gesetz EEG in Deutschland

Die Vergütungssätze unterliegen dabei einer jährlichen Degression. Ziel ist es dabei, erneuerbare Energien bereits in wenigen Jahren vollständig wettbewerbsfähig zu machen. Bereits heute liegen die Spotpreise an den Strombörsen zeitweilig über den gesetzlich festgelegten Vergütungssätzen.

### 11.2.4 Zukünftige Entwicklung der Kosten für regenerative Energien

Die Kosten für regenerative Energiesysteme werden wie bereits in der Vergangenheit auch künftig deutlich gesenkt werden können. Vor allem durch den Ausbau der Großseri-

## 11.2 Energiegestehungskosten

enfertigung ist mit Kostenreduzierungen durch rationellere Herstellungsverfahren und den Einsatz neuer Technologien zu rechnen.

Bei der **Windkraft** sind beispielsweise weitere Kostensenkungen am selben Standort durch die Zunahme der Anlagengröße zu erwarten. Die Windgeschwindigkeit und die damit zu nutzende Energie nehmen mit der Höhe deutlich zu. Aufgrund der immer knapper werdenden Standorte für Windkraftanlagen muss jedoch zunehmend auf Gegenden mit geringeren Windgeschwindigkeiten ausgewichen werden, wodurch wiederum die Wirtschaftlichkeit beeinträchtigt wird. Ob durch Offshore-Windparks langfristig Kostensenkungen denkbar sind, ist umstritten. Derzeit haben Offshore-Windparks noch deutlich höhere Stromgestehungskosten als Onshore-Windparks.

In der **Photovoltaik** werden weiterhin Kostensenkungen durch neue Werkstoffe und verbesserte Wirkungsgrade erwartet. Die enormen Kostenreduktionen der Vergangenheit sind in Bild 11.4 dargestellt. Zwischen den Jahren 2010 und 2012 konnten überproportional starke Kostensenkungen erreicht werden. Bereits heute liegen die Stromgestehungskosten von Photovoltaikanlagen vor allem in strahlungsreichen Regionen in einer ähnlichen Größenordnung wie bei konventionellen Systemen. Bereits in absehbarer Zeit werden die Kosten der Photovoltaik deutlich darunter liegen.

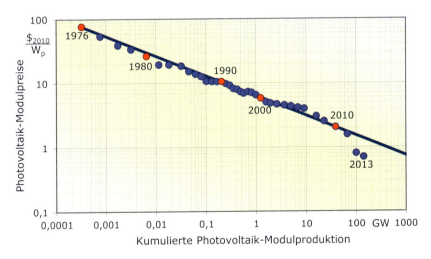

**Bild 11.4** Entwicklung der inflationsbereinigten Photovoltaik-Modulpreise über der kumulierten Photovoltaik-Modulproduktion im Verlauf der Jahre 1976 bis 2013

Die in Bild 11.4 eingezeichnete Trendlinie stellt die sogenannte **Erfahrungskurve** dar. Danach lässt sich für die Kostenentwicklung eine sogenannte Progress Ratio *pr* bestimmen. Dieser Faktor gibt an, wie stark die Kosten bei Verdopplung der Produktionsmenge oder der installierten Leistung sinken. Ein Wert von *pr* = 0,8 bedeutet eine Kostensenkung um 20 % auf 80 % des Ursprungswerts bei Verdopplung der Produktionsmenge. Aus der Progress Ratio *pr* ergibt sich der Erfahrungsfaktor

$$E = -\frac{\ln pr}{\ln 2}.\qquad(11.18)$$

Mit dem Erfahrungswert $E$ lassen sich nun ausgehend von Kosten $k_0$ bei einer Produktionsmenge $p_0$ die gesunkenen Kosten $k_1$ bei einer gesteigerten Produktionsmenge $p_1$ berechnen:

$$k_1 = k_0 \cdot \left(\frac{p_1}{p_0}\right)^{-E}. \tag{11.19}$$

Bei Photovoltaikanlagen geht man von einer Progress Ratio von 0,8, bei solarthermischen Kraftwerken von 0,88 und bei Windkraftanlagen ungefähr von 0,92 aus.

Für Photovoltaikanlagen beträgt demnach der Erfahrungswert $E = 0{,}322$. Bei einem Marktwachstum von 25 % pro Jahr steigt die Produktionsmenge nach 10 Jahren auf das 9,3fache. Damit fallen die Kosten auf

$$\frac{k_1}{k_0} = \left(\frac{p_1}{p_0}\right)^{-E} = \left(\frac{1{,}25^{10} p_0}{p_0}\right)^{-0{,}322} = 0{,}49 \; .$$

Das bedeutet, in 10 Jahren wären dann bei der Photovoltaik Kostensenkungen um rund 50 % zu erwarten. Diese Reduktionen wurden in den letzten Jahrzehnten stets erreicht und in den vergangenen Jahren durch einen höheren Zubau sogar deutlich übertroffen.

Durch die enorme Kostendynamik vor allem bei der Photovoltaik werden sich in den kommenden Jahren starke Umwälzungen ergeben. Bereits im Jahr 2012 wurde bei der Photovoltaik in Deutschland die sogenannte **Netzparität** (engl.: grid parity) erreicht (Bild 11.5). Das bedeutet, es ist für Haushalte preiswerter, Photovoltaikstrom für die eigene Stromversorgung zu nutzen als Strom über das Netz zu beziehen.

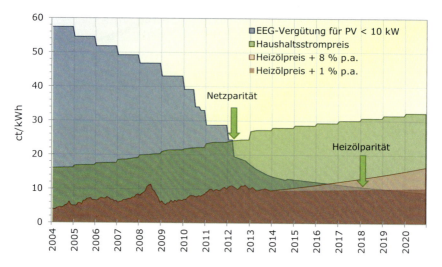

**Bild 11.5** Entwicklung der EEG-Vergütung für Photovoltaikanlagen mit einer Leistung von weniger als 10 kW, der Haushaltsstrompreise und der Brennstoffpreise für Ölheizungen (Kesselwirkungsgrad 80%) bis 2013 und Projektion der Entwicklungen bis 2020

Dabei muss allerdings beachtet werden, den gesamten von der Photovoltaik erzeugten Strom selbst zu verbrauchen. Fallen Überschüsse an, die ins Netz eingespeist werden, rechnet sich eine Photovoltaikanlage nur, wenn diese entsprechend vergütet oder kostengünstig in Speichern für den späteren Eigenverbrauch zwischengespeichert werden können. Mit zunehmendem Abstand der Photovoltaikkosten zu den Haushaltsstrompreisen nehmen die wirtschaftlichen Vorteile der Photovoltaik weiter zu. In absehbarer Zeit ist ein ökonomischer Betrieb einer Photovoltaikanlage wegen der hohen Einsparungen bei den Strombezugskosten auch dann denkbar, wenn Überschüsse überhaupt nicht mehr vergütet werden.

Auch eine thermische Nutzung der Überschüsse ist technisch möglich. Bereits zwischen den Jahren 2016 und 2019 könnte in Deutschland die **Heizölparität** (engl.: Fuel Oil Parity) erreicht werden. Dann ist es preiswerter, Wärme direkt über Photovoltaikstrom zu erzeugen als hierfür Heizöl zu verwenden. Damit könnte die Photovoltaik auch zunehmend solarthermische Systeme verdrängen. Ein rein auf der Photovoltaik basierendes Heizungssystem wird sich aber in Mitteleuropa nicht rechnen, da dafür eine sehr teure saisonale Speicherung nötig ist.

Durch regenerative Kraftwerke, insbesondere der Photovoltaik, erwächst den konventionellen Kraftwerken eine neue große Konkurrenz. Kleine regenerative Anlagen lassen sich direkt beim Stromkunden errichten. Sie konkurrieren dann nicht mehr gegen die konventionellen Kraftwerkspreise sondern gegen die viel höheren Endkundenpreise, die auch die Verteilung der Elektrizität sowie zahlreiche Steuern und Abgaben enthalten. Inwieweit sich regenerative Endkundenanlagen an den Kosten der Netze und am Steueraufkommen beteiligen können oder gar müssen, ist derzeit Gegenstand der öffentlichen Diskussion.

### 11.2.5 Kosten konventioneller Energiesysteme

Oftmals werden Anlagen zur Nutzung regenerativer Energien in Bezug auf Wirtschaftlichkeit mit konventionellen Systemen verglichen, ohne zusätzliche Kosten, wie zum Beispiel solche für Umweltschäden, zu berücksichtigen. Hierauf wird daher in den nächsten Abschnitten näher eingegangen. Die **Stromgestehungskosten bei Großkraftwerken** liegen derzeit bei neu errichteten Kohlekraftwerken zwischen 0,05 €/kWh$_{el}$ und 0,10 €/kWh$_{el}$ und bei modernen Gas- und Dampfturbinenkraftwerken (GuD) ebenfalls zwischen 0,05 €/kWh$_{el}$ und 0,10 €/kWh$_{el}$. Ältere, bereits abgeschriebene Kohlekraftwerke können auch Stromgestehungskosten von unter 0,05 €/kWh$_{el}$ erreichen. Für dezentrale Photovoltaikanlagen liegt wie bereits erläutert die Wirtschaftlichkeitsschwelle höher. Sie konkurrieren mit Endkundenpreisen von rund 0,27 €/kWh$_{el}$, wenn sie Strom für den Eigenbedarf produzieren.

Bei privaten **Öl- und Gasheizungen** zur Raumheizung haben die Wärmegestehungskosten eine Größenordnung von 0,15 bis 0,25 €/kWh$_{therm}$. Die Wärmegestehungskosten für Trinkwasser sind in der Regel höher, da die konventionellen Systeme bei Teilauslastung im Sommer mit deutlich niedrigerem Wirkungsgrad arbeiten. Die Wärmegestehungskosten von elektrischen Systemen zur Wärmeerzeugung liegen über dem Preis für elektrische Energie von etwa 0,27 €/kWh$_{el}$.

Nicht bei allen Systemen zur Nutzung regenerativer Energiesysteme können die Wärme- oder Stromgestehungskosten konventioneller Systeme als Vergleichswerte herangezogen werden. Bei Systemen zur solaren Trinkwassererwärmung wird in der Regel zusätzlich ein konventionelles System benötigt. Das heißt, es entstehen auch noch Investitionskosten für das konventionelle System. Lediglich Kosten für eingesparte Brennstoffe und unter Umständen geringere Wartungskosten und eine höhere Lebensdauer beim konventionellen System führen zu Kosteneinsparungen durch das solare System. Die Kosten für Brennstoffe können hierbei aus Tabelle 11.6 entnommen werden.

**Tabelle 11.6** Mittlere Energiepreise in Deutschland 2013/2014 [BAFA14, DEPV14, Sta14b]

| Energieträger und Verbrauchsgruppe | €/MWh | Energieträger und Verbrauchsgruppe | €/MWh |
|---|---|---|---|
| Import-Steinkohle (frei Grenze) [1.Q 2014] | 9,2 | leichtes Heizöl [a, 06/2014] | 81,1 |
| deutsche Steinkohle ab Zeche [2008] | 22,3 | Erdgas [b, 2.HJ 2013] | 68,9 |
| Rohöl (frei Grenze) [06/2014] | 52,4 | Holzpellets [c, 07/2014] | 49,7 |
| Erdgas (frei Grenze) [05/2014] | 22,4 | Elektrizität [d, 2.HJ 2013] | 292,1 |

[a] bei 3.000 l frei Haus  [b] bei 30.000 kWh/a  [c] bei 5 t frei Haus  [d] bei 3.500 kWh  incl. Abgaben, Gebühren und Steuern

Bei den angegebenen Strom- und Wärmegestehungskosten wurde stets von gleich bleibenden Kosten für fossile Brennstoffe ausgegangen. Dass dies über Betriebszeiträume, wie sie im Kraftwerkssektor üblich sind, auch tatsächlich der Fall ist, ist auch künftig nicht zu erwarten. Bild 11.6 zeigt den Verlauf der **Rohölpreise**. Wird dieser inflations- und wechselkursbereinigt, liegt das Maximum der letzten 30 Jahre um mehr als das das 5fache über dem Minimum.

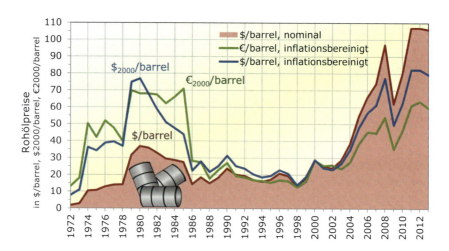

**Bild 11.6** Entwicklung der jahresmittleren Rohölpreise in Tagespreisen und inflations- bzw. wechselkursbereinigt ($, $$_{2000}$ bzw. €$_{2000}$, 1 barrel = 158,7579 l)

Aufgrund der Verknappung der Ressourcen dürften die Preise für konventionelle Energieträger mittelfristig weiter deutlich ansteigen. Dann werden Investoren und Länder, die heute auf regenerative Energien gesetzt haben, plötzlich die mit Abstand kostengünstigste Versorgung haben.

Für Länder wie Deutschland, die über so gut wie keine eigenen Vorkommen an Erdöl oder Erdgas mehr verfügen, birgt die heutige Strategie zur Energieversorgung enorme Risiken. Die Ausgaben in Deutschland für Netto-Energieimporte sind in den letzten 15

Jahren geradezu explodiert. Während im Jahr 1998 fossile Energieträger für rund 18 Mrd. € importiert wurden, mussten im Jahr 2014 bereits gut 90 Mrd. € aufgewendet werden. Im Vergleich dazu fallen beispielsweise die viel diskutierten Kosten für die Förderung erneuerbarer Energien durch die EEG-Umlage immer noch recht gering aus. Sollten die Preise für Erdöl- oder Erdgas beispielsweise durch internationale Krisen kurzfristig weiter stark ansteigen, würde das die deutsche Wirtschaft und die Verbraucher sehr empfindlich treffen. Eine verantwortungsbewusste Politik sollte die Energieimporte und damit die Ausgaben drosseln und stattdessen durch deutlich gesteigerte Investitionen bei Energieeffizienzmaßnahmen und erneuerbaren Energien im eigenen Land die Unabhängigkeit schnell vorantreiben.

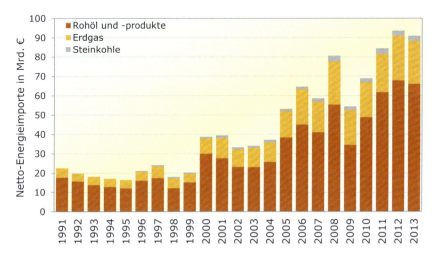

**Bild 11.7** Ausgaben in Deutschland für Netto-Importe von fossilen Energieträgern. (Daten: [BAFA14, MWV14])

## 11.3 Externe Kosten des Energieverbrauchs

Bei der Wirtschaftlichkeitsberechnung von konventionellen Systemen zur Energiewandlung, wie fossile Kraftwerke und Atomkraftwerke, werden die Energiegestehungskosten ähnlich dem oben verwendeten Schema ermittelt. Neben den Kosten für die Errichtung und den Betrieb der Kraftwerke sowie den Brennstoffkosten fallen jedoch auch noch weitere externe Kosten an, die nicht oder nur teilweise von den Kraftwerksbetreibern getragen werden müssen.

Diese externen Kosten umfassen neben staatlichen Subventionen, staatlicher Unterstützung bei der Forschung, Entwicklung und Entsorgung vor allem Kosten für Umwelt- und Gesundheitsschäden, die durch diese Energieanlagen verursacht werden. Diese indirekten oder externen Kosten sind in der Regel nicht im Strom- oder Wärmepreis enthalten. Hierdurch kommt es zu einer Verzerrung der Wettbewerbssituation zwischen regenerativen und konventionellen Energien, da die externen Kosten bei regenerativen Energien meisten deutlich geringer sind. Die Ermittlung aller externen Kosten ist jedoch sehr schwierig und wegen einer Vielzahl von zu treffenden Annahmen oftmals sehr umstritten.

### 11.3.1 Subventionen im Energiemarkt

Verhältnismäßig einfach ist die Ermittlung der direkten staatlichen Subventionen, da hierfür auf umfangreiches Zahlenmaterial zurückgegriffen werden kann. Der **Abbau der Steinkohle in Deutschland** wurde jahrelang über den **Kohlepfennig** subventioniert, der anfangs direkt auf die Kilowattstunde elektrischer Energie aufgeschlagen und von den Verbrauchern gezahlt wurde. Neben dem Kohlepfennig, dessen Entwicklung in Tabelle 11.7 dargestellt ist, wurden noch andere Subventionen gezahlt, sodass 1995 insgesamt rund 4,5 Mrd. € zur Subvention der deutschen Steinkohle aufgebracht wurden.

Tabelle 11.7 Aufwendungen für Subvention deutscher Steinkohle durch den Kohlepfennig [IZE95]

| Jahr | 1975 | 1980 | 1985 | 1990 | 1995 |
|---|---|---|---|---|---|
| Abgabe in % der Stromrechnung | 3,24 % | 4,5 % | 3,5 % | 8,25 % | 8,5 % |
| Aufkommen in Mrd. € | 410 | 1.020 | 1.120 | 2.860 | 3.120 |

Nachdem das Bundesverfassungsgericht den Kohlepfennig untersagt hat, übernahm im Jahr 1996 der Bund die Subventionszahlungen (Tabelle 11.8). Hinzu kommen noch Zahlungen des Landes Nordrhein-Westfalen, die im Jahr 2010 bei über 400 Mio. € lagen. Die Kohlesubventionen werden erst nach dem Jahr 2018 auslaufen. Das gesamte ab 2010 für das Auslaufen des Steinkohlenbergbaus nötige Subventionsvolumen noch einmal rund 20 Mrd. €.

Bis dahin sind dann voraussichtlich über 100 Mrd. €, inflationsbereinigt sogar über 140 Mrd. € als direkte Subventionen in die deutsche Steinkohle geflossen. Eine Summe, die ausgereicht hätte, um gut 80 000 MW an Windkraftanlagen aufzubauen, die rund ein Drittel des deutschen Strombedarfs decken könnten. Neben den direkten Subventionen sind weitere Vergünstigungen erfolgt. Eine Studie im Auftrag von Greenpeace und dem Bundesverband Windenergie ermittelte für den Zeitraum von 1970 bis 2012 inflationsbereinigt insgesamt staatliche Förderungen für die deutsche Steinkohle von 311 Mrd. $€_{2012}$, die deutsche Braunkohle von 87 Mrd. $€_{2012}$ und die Kernenergie von 213 Mrd. $€_{2012}$. Die Förderungen aller erneuerbarer Energien lagen im gleichen Zeitraum lediglich bei 67 Mrd. $€_{2012}$ [FÖS12].

Tabelle 11.8 Beihilfen des Bundes für den deutschen Steinkohlebergbau [Deu97, Deu99, Bmf13, Bmw06]

| Jahr | 1995 | 1996 | 1997 | 1998 | 1999 | 2000 | 2001 | 2002 | 2003 | 2004 |
|---|---|---|---|---|---|---|---|---|---|---|
| Beihilfen in Mrd. € | 1,336 | 5,059 | 4,637 | 4,510 | 4,308 | 3,972 | 3,696 | 3,017 | 2,695 | 2,224 |
| Jahr | 2005 | 2006 | 2007 | 2008 | 2009 | 2010 | 2011 | 2012 | 2013 | 2014 |
| Beihilfen in Mrd. € | 1,771 | 1,693 | 1,907 | 1,938 | 1,485 | 1,425 | 1,448 | 1,288 | 1,229 | 1,290 |

Auch für regenerative Energien fließen Subventionen des Bundes, jedoch in einer völlig anderen Größenordnung. Ein Förderschwerpunkt Anfang der 1990er-Jahre war das

**250-MW-Wind-Programm** des Bundes zur Markteinführung der Windkraft mit einer Laufzeit vom Jahr 1989 bis 2007. Während im Jahr 1995 noch 16 Mio. € in dieses Programm geflossen sind, beliefen sich die Aufwendungen im Jahr 2004 nur noch auf 1,5 Mio. €. Im Jahr 2000 ist mit dem **100 000-Dächer-Programm** ein Markteinführungsprogramm für die Photovoltaik aufgelegt worden, mit Aufwendungen von 20 bis 30 Mio. €. pro Jahr.

Neben diesen beiden Programmen wurde die Beratung von Privatpersonen und Unternehmen zur Energieeinsparung mit 6 Mio. € im Jahr 1995 bzw. 32 Mio. € im Jahr 2010 gefördert. Weiterhin werden Einzelmaßnahmen zur Nutzung erneuerbarer Energien unterstützt. Für dieses Programm wurden im Jahr 1995 rund 9 Mio. € zur Verfügung gestellt. Das Programm wurde auf 443 Mio. € im Jahr 2014 ausgebaut.

Für alle Finanzhilfen für regenerative Energien und rationelle Energieverwendung zusammen wurden im Jahr 1995 mit 31,8 Mio. € weniger als ein Prozent der Subventionen für den deutschen Steinkohlebergbau aufgewendet. Im Jahr 2014 sind die Finanzhilfen für erneuerbare Energien und rationelle Energieverwendung auf 595 Mio. € angestiegen und umfassen damit immerhin rund 46 % der Aufwendungen für den deutschen Steinkohlebergbau.

Neben direkten Finanzhilfen finden auch Förderungen durch Steuerbegünstigungen statt. Steuerbegünstigungen für Biokraft- und Bioheizstoffe im Vergleich zu konventionellen Kraft- und Heizstoffen schlugen im Jahr 2006 mit 2,144 Mrd. € zu Buche. Im Jahr 2010 wurden diese Begünstigungen auf 80 Mio. € zurückgefahren. Bis Ende des Jahres 2015 werden sie dann vollständig entfallen [Bmf12]. Steuerbegünstigungen erfolgen jedoch auch in zahlreichen anderen Bereichen. So wurde beispielsweise bis zum Jahr 2006 der Betrieb von Nachtspeicherheizungen zur besseren Auslastung von Atom- und Braunkohlekraftwerken gefördert. Umfangreiche Steuerbegünstigungen existieren generell auch für Treibstoffe für den Flugverkehr. Für die umweltfreundlichere Bahn gelten diese aber nicht. Andere Vergünstigungen tauchen im Subventionsbericht der Bundesregierung erst gar nicht auf. So müssen beispielsweise Betreiber von Kernkraftwerken Rückstellungen für die Entsorgung nuklearer Abfälle bilden. Mit diesen Rückstellungen in zweistelliger Milliardenhöhe darf nach geltender Rechtsprechung steuerfrei gewirtschaftet werden.

Der Betrieb regenerativer Energieanlagen zur Stromerzeugung wird in Deutschland durch das **Erneuerbare-Energien-Gesetz** (EEG) gefördert. Hier fließen jedoch keine direkten Subventionen durch den Staat. Die Mehrkosten werden auf alle Stromkunden umgelegt. Im Jahr 2014 betrug diese EEG-Umlage 6,24 Cent/kWh$_{el}$. Insgesamt entstanden im Jahr 2013 Differenzkosten von rund 20 Mrd. €, die zunehmend als Argumente gegen einen schnellen Ausbau erneuerbarer Energien vorgebracht werden.

Durch den Ausbau erneuerbarer Energien kommt es allerdings auch zu Kosteneinsparungen, die die Förderung mehr als kompensieren. So wurden durch die Nutzung erneuerbarer Energien bei der Stromerzeugung in Deutschland im Jahr 2011 Umweltschäden in der Höhe von 8,9 Mrd. € und im Jahr 2012 Energieimporte von 10 Mrd. € vermieden. Da regenerative Kraftwerke vor allem teure Altanlagen aus dem Netz verdrängen, wurden bei der konventionellen Stromerzeugung durch den sogenannte Merit-Order-Effekt im Jahr 2014 Kosten in der Höhe von gut 4 Mrd. € eingespart. Diese Einsparungen wurden bislang allerdings von Energieversorgungsunternehmen nur unzureichend an kleinere

Stromkunden weitergegeben. Durch den Neubau der erneuerbaren Energien kommt es außerdem zu einer kommunalen Wertschöpfung in der Höhe von 7,5 Mrd. € im Jahr 2011 [Age12]. Die Unternehmen der regenerativen Energiebranche sorgen damit für ein höheres Steueraufkommen und durch Schaffung neuer Arbeitsplätze für eine Reduzierung der Sozialausgaben.

### 11.3.2 Ausgaben für Forschung und Entwicklung

Für Forschung und Entwicklung der Kernenergie wurden in Deutschland vor allem in den letzten Jahrzehnten zweistellige Milliardenbeträge ausgegeben, wie aus Tabelle 11.9 zu entnehmen ist. Bis Mitte der 1970er-Jahre gab es praktisch keine Förderung für erneuerbare Energien. Erst nach der Ölkrise und vor allem nach dem Reaktorunglück in Tschernobyl wurden die Finanzmittel für erneuerbare Energien und Energiesparmaßnahmen aufgestockt.

**Tabelle 11.9** Aufwendungen des Bundes für Forschung und Entwicklung im Energiebereich in Mio. € in den Jahren 1956-1988 in Deutschland [Nit90]

| Jahr | 1956-1988 |
|---|---|
| Kohle und andere fossile Energieträger | 1 907 |
| Kernenergie | 18 855 |
| Erneuerbare Energien und rationelle Energieverwendung | 1 577 |

Tabelle 11.10 zeigt, dass in Deutschland das Übergewicht bis zum Jahr 2011 ungebrochen bei Zuschüssen für Wissenschaft, Forschung und Entwicklung konventioneller Energieträger lag. Unter den konventionellen Energieträgern wird immer noch schwerpunktmäßig die Kernenergie gefördert, wobei im Jahr 2014 etwa 24 % der Mittel in die Fusionsforschung flossen. 468 Mio. € wurden für kerntechnische Sicherheit und Entsorgung sowie die Beseitigung kerntechnischer Anlagen ausgegeben. Hier werden noch über Jahrzehnte große Summen benötigt.

**Tabelle 11.10** Aufwendungen des Bundes für Wissenschaft, Forschung und Entwicklung im Energiebereich in Mio. € in den Jahren 1989 bis 2012 in Deutschland (Daten: [BMWi, Bmb14])

| Jahr | 1989 | 1991 | 1993 | 1995 | 1997 | 1999 | 2001 |
|---|---|---|---|---|---|---|---|
| Kohle u. andere fossile Energieträger | 80,4 | 57,8 | 36,5 | 18,2 | 15,2 | 21,7 | 14,4 |
| Kernenergie | 522,0 | 507,9 | 435,8 | 435,8 | 441,8 | 438,3 | 411,4 |
| Erneuerbare Energien und rationelle Energieverwendung | 123,2 | 170,0 | 177,6 | 154,6 | 150,5 | 148,0 | 160,3 |
| **Jahr** | **2003** | **2005** | **2007** | **2009** | **2011** | **2013*** | **2014*** |
| Kohle u. andere fossile Energieträger | 8,0 | 1) | 1) | 1) | 1) | 1) | 1) |
| Kernenergie | 358,4 | 450,5 | 514,3 | 589,3 | 616,3 | 613,1 | 617,4 |
| Erneuerbare Energien und rationelle Energieverwendung | 202,2 | 2) 245,1 | 2) 254,8 | 2) 3) 495,8 | 2) 3) 566,4 | 2) 3) 949,0 | 2) 3) 949,1 |

\* Planung  1) nur gemeinsam mit erneuerbaren Energien und rationeller Energieverwendung ausgewiesen
2) inkl. Kohle und anderer fossiler Energieträger  3) andere Bewertungssystematik ab 2009

Durch diese ungleiche Förderungspolitik entstand eine Wettbewerbsverzerrung vor allem zugunsten der Kernenergie und zum Nachteil für die erneuerbaren Energien. Wären derartige Geldbeträge anstatt in die Erforschung der Kernenergie in erneuerbare Energien geflossen, wäre wir heute bereits deutlich näher an einer vollständig erneuerbaren Energieversorgung.

Der Bau des Prototyps eines schnellen Brutreaktors in Kalkar steht als Symbol für große Fehleinschätzungen bei der Forschung und Entwicklung. Fast 4 Mrd. € flossen in den Bau der Anlage, die nie in Betrieb genommen wurde und damit als teuerste Bauruine Deutschlands gilt. Heute beherbergt die Anlage einen Freizeitpark.

### 11.3.3 Kosten für Umwelt- und Gesundheitsschäden

Die Ermittlung der Kosten für Umwelt- und Gesundheitsschäden erweist sich als besonders schwierig und ist deshalb auch umstritten.

Bei einem **GAU** in einem deutschen Atomkraftwerk werden die Folgekosten auf rund 5000 Mrd. € geschätzt. Dies entspricht mehr als dem Doppelten des jährlichen bundesdeutschen Bruttonationaleinkommens. Die Deckungsvorsorge für einen Atomkraftwerksunfall ist per Gesetz auf 2,5 Mrd. € beschränkt. Die verbleibenden Kosten müssten von der Allgemeinheit aufgebracht werden. Ein Versicherungsschutz in vollem Umfang würde Kernkraftwerke unrentabel machen.

Nicht nur Kernkraftwerke im eigenen Land verursachen Kosten. Das Reaktorunglück in Tschernobyl hat auch in Deutschland zu großen Kosten, zum Beispiel durch radioaktiv verseuchte Lebensmittel in der Landwirtschaft, geführt. Doch nicht nur ein Reaktorunfall kann große externe Kosten verursachen. Auch beim normalen Betrieb eines Atomkraftwerks entstehen externe Kosten, die nicht von den Betreibern getragen werden. Die Folgeschäden aus dem ehemaligen Uranabbau der Wismut AG in Thüringen und Sachsen werden mit mindestens 6,5 Mrd. € beziffert, die Kosten zur Sanierung des Atommülllagers Asse auf rund 2 Mrd. €. Auch bei der Uranverarbeitung, der Anreicherung, dem Kraftwerksbetrieb, dem Transport und der Endlagerung kommt es zu Umweltbelastungen, die nicht von den Kraftwerksbetreibern getragen werden müssen. Durch den Betrieb von Kernkraftwerken können gesundheitliche Schäden wie Krebserkrankungen entstehen, deren Kosten dann von der Allgemeinheit getragen werden müssen.

Bei den fossilen Energien entstehen ebenfalls hohe indirekte Kosten, die nicht über den Energiepreis beglichen werden. **Schäden an Bauwerken**, das **Waldsterben** oder **gesundheitliche Schäden** durch Luftverschmutzung sind nur einige Beispiele, die leicht nachvollziehbar sind. Allein die Materialschäden infolge von Luftverschmutzung durch die Nutzung fossiler Energien dürften bei über 2 Mrd. € pro Jahr liegen. Die Kosten für Gesundheitsschäden durch fossile Energien wie Atemwegserkrankungen, Allergien und Krebserkrankungen sind nur schwer zu beziffern. Sie dürften aber auch einige Mrd. € pro Jahr betragen.

Nicht zu beziffern sind auch die Kosten für zukünftige **Schäden in Verbindung mit dem Treibhauseffekt**. Die internationalen Versicherungsgesellschaften beklagen eine stark zunehmende Anzahl von Naturkatastrophen in den letzten Jahren (Tabelle 11.11). Ob diese steigende Zahl allein auf die Folgen des anthropogenen Treibhauseffektes zurückgeht, kann nicht mit absoluter Sicherheit nachgewiesen werden. Dennoch zeigen diese Zahlen, welche Kosten durch den Treibhauseffekt auf uns zukommen können.

**Tabelle 11.11** Große Wetterkatastrophen (Naturkatastrophen ohne Erdbeben) und verursachte Schäden [Mun12]

| Zeitraum | 1950-59 | 1960-69 | 1970-79 | 1980-89 | 1990-99 | 2000-09 |
|---|---|---|---|---|---|---|
| Anzahl großer Naturkatastrophen | 13 | 16 | 29 | 44 | 74 | 28 |
| Volkswirtsch. Schäden in Mrd.US$$_{2009}$ | 53,1 | 72,4 | 97,5 | 155,7 | 528,0 | 435,2 |
| Versicherte Schäden in Mrd.US$$_{2009}$ | 1,6 | 8,1 | 15,0 | 29,0 | 125,7 | 193,8 |

Große Schäden werden auch durch den Meeresspiegelanstieg infolge des Treibhauseffekts erwartet. Bereits bei einem Meeresspiegelanstieg von einem Meter wären Landflächen um Umfang von 2 Mio. km$^2$ dauerhaft verloren. Dabei wären über 50 Mio. Menschen direkt betroffen und die dort vorhandenen Besitzgüter im Wert von über 1000 Mrd. US$ zerstört [Bro06].

### 11.3.4 Sonstige externe Kosten

Bei der Nutzung der Kernenergie fallen besonders hohe Kosten bei der Entsorgung radioaktiven Abfalls an. Neben Milliardenbeträgen für die Erkundung und Errichtung von geeigneten Lagerstätten müssen von staatlicher Seite weitere Kosten getragen werden. So war durch den Protest der Bevölkerung 1997 der bis dahin größte Polizeieinsatz in der Geschichte der Bundesrepublik für den Transport von radioaktivem Müll in das Zwischenlager Gorleben notwendig. Die Kosten für den Einsatz von etwa 30 000 Polizeikräften beliefen sich auf rund 50 Mio. €.

Weitere externe Kosten sind nur schwer zu ermitteln. Sie umfassen unter anderem Kosten für Verwaltungsakte wie Genehmigungsverfahren und für die Errichtung der notwendigen Infrastruktur zum Betrieb von Kraftwerken. Weiterhin sind die Kosten für ein öffentliches Radioaktivitätsmessnetz oder öffentliche Katastrophenschutzvorsorge zu berücksichtigen, die zum Beispiel ohne den Betrieb von Kernkraftwerken nicht in dem derzeitigen Umfang notwendig wären.

### 11.3.5 Internalisierung der externen Kosten

Wie obige Betrachtungen zeigen, sind die externen Kosten für erneuerbare Energien deutlich geringer als bei den fossilen oder atomaren Energien. Um einen Ausgleich für die externen Kosten zu schaffen, müssten konventionelle Energieträger mit einer Ausgleichsabgabe belastet werden. Diese könnte dann zur Beseitigung der entstandenen Schäden und zur Umstellung der Energieversorgung auf regenerative Energieträger mit geringeren externen Kosten verwendet werden. Derartige Überlegungen finden sich rudimentär in der Diskussion über eine $CO_2$-Steuer beziehungsweise Emissionszertifikaten wieder. Vor allem politischen Entscheidungsträgern wird die Aufgabe zukommen, im Sinne der Volkswirtschaft regulierend einzugreifen.

Die Quantifizierung der externen Kosten und der Ausgleichsabgabe ist nicht einfach. Einerseits sind viele Folgen wie Umweltschäden nur schwer den einzelnen Verursachern

## 11.3 Externe Kosten des Energieverbrauchs

zuzuordnen, andererseits sind auch viele Folgen und Zusammenhänge in Bezug auf Umweltschäden und externe Kosten noch gar nicht bekannt. In der Vergangenheit wurden zahlreiche zum Teil stark widersprüchliche Zahlen über externe Kosten der Energieversorgung veröffentlicht und etliche Bücher zu diesem Themengebiet verfasst.

Eine der ersten umfangreichen Untersuchungen wurde von Hohmeyer durchgeführt [Hoh89, Hoh91]. Neben Kosten für bezifferbare Umweltschäden wurden bei den fossilen Energien und der Kernenergie Kosten für die Ausbeutung der Rohstoffe veranschlagt. Da die fossilen und atomaren Brennstoffe innerhalb weniger Generationen ausgebeutet sein werden, können nachfolgende Generationen nicht mehr darauf zurückgreifen. Aus diesem Grund müssten Rücklagen geschaffen werden, um die höheren Energiekosten in der Folgezeit auszugleichen. Hinzu kommen Kosten für öffentlich bereitgestellte Güter und Dienstleistungen, Subventionen sowie öffentliche Forschungs- und Entwicklungsförderung. Nicht berücksichtigt wurden unter anderem psychosoziale Folgekosten von Krankheits- und Todesfällen, indirekte Umweltauswirkungen, Umweltkosten des nuklearen Brennstoffkreislaufs, versteckte Subventionen sowie die Kosten des Treibhauseffekts.

Die gesamten externen Kosten der **Kernenergie** wurden mit bis zu 0,36 €$_{1982}$/kWh$_{el}$ veranschlagt. Etwas niedriger liegen die externen Kosten der fossilen Energien. Bei der **derzeitigen Stromerzeugung** in Deutschland mit einer Kombination fossiler Energieträger und der Kernenergie entstehen nach dieser Studie im Mittel externe Kosten von 0,026 €$_{1982}$/kWh$_{el}$ bis 0,133 €$_{1982}$/kWh$_{el}$. Diese Kosten müssten die Kraftwerksbetreiber beim Verkauf einer Kilowattstunde elektrischer Energie entrichten, um die externen Kosten, die durch den Betrieb der Kraftwerke entstehen, auszugleichen. Würden diese Kosten auf den Strompreis umgelegt, wäre er wesentlich höher und würde sich im Extremfall sogar mehr als verdoppeln.

Auch bei **Windkraft** und **Photovoltaik** fallen externe Kosten an, die jedoch deutlich geringer sind als bei den fossilen Energien oder der Kernkraft. Dem gegenüber steht der externe Nutzen, der durch eingesparte externe Kosten der substituierten fossilen und atomaren Energien entstehen würde. Durch die Umstellung auf regenerative Energieträger ergibt sich weiterer volkswirtschaftlicher Nutzen durch die Schaffung zusätzlicher Arbeitsplätze. Eine Kilowattstunde durch Windkraft erzeugter elektrischer Energie würde demnach zu einem **externen Nutzen** zwischen 0,026 und 0,133 €$_{1982}$/kWh$_{el}$ führen, das heißt, Kosten in dieser Größenordnung ließen sich einsparen. Dies wären die Kosten, die einem Betreiber einer Windkraftanlage zusätzlich zum Stromerlös vergütet werden müssten.

Die Studie von Hohmeyer kommt zu dem Ergebnis, dass durch die Vernachlässigung sozialer bzw. externer Kosten die erneuerbaren Energien gegenüber ihren Konkurrenten in erheblichem Maße benachteiligt sind. Erneuerbare Energiequellen werden demnach nicht entsprechend ihrem vollen Wettbewerbspotenzial genutzt und erheblich später eingeführt als dies nach der Gesamtkostensituation unter Berücksichtigung der sozialen Kosten und des Nutzens für die Volkswirtschaft und die Gesellschaft optimal wäre.

## 11.4 Kritische Betrachtung der Wirtschaftlichkeitsberechnungen

Bei der Kostenermittlung gibt es mehrere Möglichkeiten. In der Praxis werden wirtschaftsmathematische Verfahren angewendet, die in der Regel eine Kapitalverzinsung, jedoch nicht die oben erläuterten externen Kosten berücksichtigen. Schon im vorherigen Abschnitt wurden die Grenzen der klassischen Wirtschaftlichkeitsrechnung genannt, bei der sich die externen Kosten nur schwer oder überhaupt nicht berücksichtigen lassen. Doch selbst wenn die externen Kosten ausgeklammert werden, ist es angebracht, die klassischen Verfahren zur Berechnung der Wirtschaftlichkeit einer kritischen Betrachtung zu unterziehen.

### 11.4.1 Unendliche Kapitalvermehrung

An dieser Stelle wird ein **Zahlenbeispiel** nach [Goe94] aufgegriffen. Es soll angenommen werden, dass zur Zeit von Christi Geburt, also im Jahre null, ein Eurocent mit einem Zinssatz von 4 % angelegt wurde. Mit der Zinseszinsformel kann nun berechnet werden, wie viel diese Investition im Jahre 2000 Wert gewesen wäre. Mit

$$k_{2000} = 0{,}01 \text{ €} \cdot (1+0{,}04)^{2000} = 1{,}166 \cdot 10^{32} \text{ €}$$

berechnet sich die unvorstellbar große Summe von $1{,}166 \cdot 10^{32}$ €. Bei einem Goldpreis von 31 000 €/kg würden sich damit stattliche $3{,}76 \cdot 10^{27}$ kg Gold erwerben lassen. Die Dichte von Gold beträgt 19,29 kg/dm³, womit sich für die Goldmenge ein Volumen von $1{,}95 \cdot 10^{14}$ km³ ergibt. Das Volumen der Erde beträgt im Vergleich hierzu nur $1{,}1 \cdot 10^{12}$ km³, das heißt diese Goldmenge umfasst rund das 177fache Volumen der Erde.

Dieses Rechenbeispiel zeigt, dass eine Kapitalverzinsung, also ein **stetiges Kapitalwachstum** über sehr lange Zeiträume überhaupt nicht möglich ist, denn die Zinseszinsformel strebt für sehr große Zeiträume **gegen unendlich**. Niemand auf der Erde wäre in der Lage, diese Zinslasten aufzubringen. Über sehr lange Zeiträume ergeben die klassischen Berechnungsmethoden keinen Sinn. Dabei kann niemand die Zeitspanne angeben, ab der sich die Zinseszinsrechnung nicht mehr anwenden lässt. Bei einem Zinssatz von 8 % verzehnfacht sich das eingesetzte Kapital in 30 Jahren, in 100 Jahren ist es bereits 2200-mal so viel wert. Dies sind durchaus Zeiträume, wie sie bei Kapitalanlagen im Energiesektor vorkommen. Je länger der Zeitraum und je größer der Zinssatz der Kapitalanlage ist, desto größer wird die Wahrscheinlichkeit, dass dieses Kapital verloren geht oder abgewertet wird. Nicht nur in der Vergangenheit führten zum Beispiel Kriege, Währungsreformen oder auch in zunehmenden Maße Umweltkatastrophen zu einem Totalverlust des vorhandenen Kapitals. Langfristig gesehen sind diese Ereignisse nach heutigem wirtschaftlichen Denken sogar zwingend notwendig, denn sonst müsste eine fortgesetzte Kapitalverzinsung, wie in obigem Beispiel gezeigt wurde, zu unendlichem Reichtum führen.

Renditen weit oberhalb des Wirtschaftswachstums lassen sich im großen Maßstab prinzipiell nur durch Umverteilung von Kapital erzielen. Wirklich erwirtschaften lassen sich diese Renditen nicht. Gerade die Wirtschaftskrise aus dem Jahr 2009 hat uns aber auch wieder vor Augen geführt, dass Renditeversprechungen und Kapitalverlust eng miteinander verknüpft sind. Während die letzten 50 Jahre des 20. Jahrhunderts sich durch

## 11.4 Kritische Betrachtung der Wirtschaftlichkeitsberechnungen

eine gewisse Stabilität ausgezeichnet haben, haben in der ersten Hälfte des 20. Jahrhunderts Ereignisse wie der Erste und der Zweite Weltkrieg sowie die Weltwirtschaftskrise der 1930er-Jahre zum Totalverlust von großen Kapitalmengen innerhalb von weniger als 20 Jahren geführt. Heute drohen zunehmend Verluste durch die steigende Zahl von Naturkatastrophen, die durch unsere heutige Energiewirtschaft und den Klimawandel begünstigt werden.

Oftmals fördert eine Kapitalanlage sogar den **Totalverlust** derselben. Ein Beispiel hierfür sind die deutschen Kriegsanleihen im Ersten Weltkrieg. Sie wurden zur Finanzierung des Krieges mit einer hohen Renditeversprechung vom Staat aufgenommen. Am Ende hatten die Kapitalgeber nicht nur ihr gesamtes Kapital verloren, sondern durch den Einsatz dieses Kapitals zur Vernichtung von weit über ihr eingesetztes Kapital hinausgehenden Vermögenswerten beigetragen. Ähnlich verhält es sich bei Investitionen im Energiesektor. Eine Investition in ein Kernkraftwerk kann beim Eintreten eines GAUs nicht nur zum Totalverlust des eingesetzten Kapitals führen, sondern den Verlust weit größerer Vermögenswerte verschulden. Investitionen in fossile Energien begünstigen den Treibhauseffekt. Auch durch die Folgen des Treibhauseffektes, wie zum Beispiel das verstärkte Auftreten von Stürmen, kann es zu großen Verlusten kommen. Diese Schäden wiederum führen nicht zwangsläufig zum Verlust der Anlagen zur fossilen Energiewandlung.

Dies sind Gründe dafür, nicht nur auf ein möglichst großes Wachstum des Kapitals zu achten, sondern vor allem auch auf eine Sicherung des bereits vorhandenen Kapitals. Zu einer Sicherung können Kapitalanlagen in Technologien beitragen, die negativen Auswirkungen anderer Bereiche entgegenwirken. Eine Investition in regenerative Energiesysteme sollte nicht zuletzt auch unter diesem Gesichtspunkt betrachtet werden.

### 11.4.2 Die Verantwortung des Kapitals

Für den einzelnen Kapitalgeber sind diese Folgen oft nur schwer oder gar nicht abzuschätzen. Je größer die Rendite ist, desto größer ist auch das Risiko. Das ist eine bereits lange bekannte Regel. Doch das Risiko erstreckt sich im Energiesektor nicht nur auf das eingesetzte Kapital, sondern auch auf weit über den Kapitaleinsatz hinausgehende Vermögenswerte. Gewiss führen nicht alle Investitionen mit einer Kapitalverzinsung zum Verlust der Kapitalanlage. Aber jede Investition ist auch mit einer Verantwortung für das eingesetzte Kapital verbunden. Dies gilt in besonderem Maße für den Energiesektor und kommt auch im Artikel 14(2) des Grundgesetzes der Bundesrepublik Deutschland zum Ausdruck:

„*Eigentum verpflichtet. Sein Gebrauch soll zugleich dem Wohle der Allgemeinheit dienen.*" [Deu94]

An dieser Stelle sei die Frage erlaubt, ob sich Investitionen in erneuerbare Energien überhaupt rentieren müssen. Wer stellt sich zum Beispiel beim Kauf einer Luxuslimousine die Frage nach der Wirtschaftlichkeit. Um eine Person von einem Ort zum andern zu transportieren, gibt es deutlich kostengünstigere Möglichkeiten. Dennoch werden oftmals mehrere Zehntausend oder gar Hunderttausend Euro ausgegeben, ohne überhaupt die Frage nach einer Wirtschaftlichkeit aufkommen zu lassen. Soll jedoch ein ähnlicher Betrag in erneuerbare Energien investiert werden, müssen sich diese Investitionen auf jeden Fall rentieren. Beim Auto wird das Argument des höheren Komforts und der größeren Lebensqualität angeführt. Doch können diese Argumente nicht auch für erneuerbare Energien gelten? Energieformen, die deutlich weniger negative Einwirkungen auf Umwelt und Gesundheit haben, heben mit Sicherheit die Lebensqualität vieler und deren Nutzen lässt sich im Prinzip nicht durch Geld aufwiegen.

Aus diesen Gründen wurden hierzulande viele Photovoltaik- und solarthermische Anlagen vor allem von Privatpersonen errichtet, obwohl eine Wirtschaftlichkeit nicht in vollem Umfang gegeben war. Auch etliche Firmen haben „unwirtschaftliche" Anlagen errichtet. Nicht selten waren Gründe wie eine zu erwartende Verbesserung des Images hierfür ausschlaggebend. Prestigegewinn ist ein Wert, der sich nur schwer mit wirtschaftlichen Maßstäben messen lässt. So ist zu hoffen, dass in Zukunft eine architektonisch gelungene, gut sichtbar montierte Photovoltaikanlage den gleichen ideellen Wert erlangt wie eine Luxuslimousine oder ein extravaganter Pelzmantel.

Werden alle zuvor aufgeführten Gesichtspunkte berücksichtigt, werden die erneuerbaren Energien schnell einen deutlich größeren Anteil an der Energieversorgung erlangen, um so doch noch die Folgen des Treibhauseffekts und möglicher atomarer Risiken zu minimieren und um die Erde in einem lebenswerten Zustand auch für künftige Generationen zu erhalten.

# 12

## 12 Simulation und die DVD zum Buch

### 12.1 Allgemeines zur Simulation

Programme zur Simulation und Berechnung von regenerativen Energiesystemen haben in der Vergangenheit zunehmend an Bedeutung gewonnen. Oftmals werden Programme zur Vorhersage des Energieertrags, zur Dimensionierung von Anlagen oder zur Wirtschaftlichkeitsanalyse eingesetzt. Darüber hinaus erweisen sich Simulationsprogramme bei der Entwicklung neuartiger Anlagenkonzepte als sehr nützlich. Durch vorherige Berechnung und Simulation können Fehler vermieden werden, die sich sonst erst bei Anlagenprototypen zeigen würden. Somit kann die Simulation zu erheblichen Kosten- und Zeiteinsparungen bei der Entwicklung beitragen.

Die Zahl und Qualität der erhältlichen Programme ist mit der zunehmenden Verbreitung regenerativer Anlagen in den letzten Jahren stark angestiegen. Neben Klassikern, die schon etliche Jahre auf dem Markt sind, gibt es auch stets interessante Neuentwicklungen. Die erhältlichen Programme decken fast alle Anwendungsgebiete ab. Auf eine Erläuterung der Umsetzung der Grundlagen aus den vorangegangenen Kapiteln in Computerprogramme wurde deshalb verzichtet. Erfahrenen Entwicklern dürfte es leichtfallen, die in diesem Buch beschriebenen Formeln und Zusammenhänge in Programmcode umzusetzen. Für andere würde dies jedoch die Neuerfindung des Rades bedeuten. Hier dürfte es zweckmäßiger sein, eine passende Software aus dem verfügbaren Angebot auszusuchen. Deshalb wurden die wichtigsten Simulationsprogramme zusammengetragen und sind als Voll- oder Demoversion auf der dem Buch beiliegenden DVD enthalten. Somit soll die Möglichkeit gegeben werden, das beste Programm für die gewünschte Anwendung aussuchen und ausprobieren zu können. Im Gegensatz zu den ersten Auflagen dieses Fachbuches wurde an dieser Stelle auf Kurzbeschreibungen verzichtet. Um einen umfassenden Überblick über die Vielzahl der Programme geben zu können, wäre selbst ein kleines Buch notwendig. Für viele Programme sind aber umfangreiche Anleitungen und Beschreibungen auf der DVD zum Buch enthalten.

Die Vielzahl an professionellen Programmen auf der DVD bedeutet jedoch nicht, dass die hier zuvor gelieferten Grundlagen überflüssig wären. Simulationsergebnisse sind nämlich stets nur so gut wie die entsprechenden Algorithmen im jeweiligen Programm. So erlauben Kenntnisse zur Bewertung der verwendeten Algorithmen eine Einschätzung der Qualität der Programme und Rechenergebnisse. Leider sind nur selten bei den Programmen die verwendeten Algorithmen offengelegt, sodass sie vom Nutzer nachvollzogen werden können. Meistens muss man sich auf die Ergebnisse weitgehend blind verlassen. Um diese dennoch überprüfen zu können, wurden in den vorangegangenen technischen Kapiteln jeweils die wichtigsten Berechnungsverfahren ausführlich erläutert. Beim Einsatz von Simulationsprogrammen sollte man die Ergebnisse stets kontrollieren und ein Gespür für deren Größenordnung entwickeln. Auch wenn eine Überprüfung im Detail meistens nicht möglich ist, sollten zumindest Schlüsselergebnisse wie der Jahresertrag oder spezifische Kosten mit bekannten Erfahrungswerten bereits realisierter Anlagen verglichen werden. Meist empfiehlt sich auch die Simulation mit Hilfe zweier unterschiedlicher Programme. Liegen die Ergebnisse in der gleichen Größenordnung, sind in der Regel nur noch Fehler bei der Wahl der Eingabeparameter möglich.

## 12.2 Die DVD zum Buch

### 12.2.1 Start und Überblick

Die komfortable Steuerung durch das umfangreiche Angebot der DVD ist in HTML realisiert. Zur Darstellung wird ein gängiger Browser wie Netscape oder der Microsoft Internet Explorer benötigt. Sollte nach dem Einlegen der DVD nicht automatisch der Startbildschirm erscheinen, muss die Datei *index.html* im Hauptverzeichnis der DVD über einen Browser aufgerufen werden. Hierdurch gelangt man zu dem Startbildschirm, der in Bild 12.1 gezeigt wird. Von hier aus kann in die Unterpunkte *Abbildungen*, *Software*, *Vermischtes* und *Hilfe* verzweigt werden. Vor der Nutzung der DVD sollte die *Hilfe* durchgelesen werden. Auf allen Unterseiten erscheint die gleiche Kopfzeile mit dem Buchtitel. Wird diese angeklickt, gelangt man stets wieder zur Hauptseite.

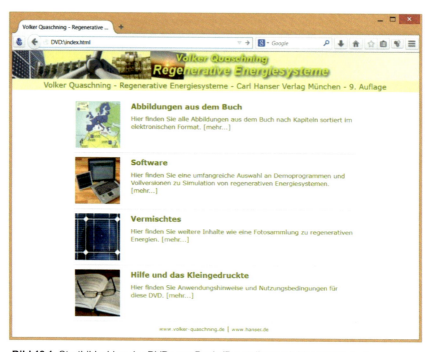

**Bild 12.1** Startbildschirm der DVD zum Buch (Darstellung mit Mozilla Firefox)

## 12.2.2 Abbildungen

Im Unterpunkt *Abbildungen* befinden sich Bilder dieses Buches in elektronischem Format. Eine komfortable Steuerung erlaubt es, alle nach Kapiteln sortierten Bilder im JPG-Format einzeln auszuwählen und im Browser anzuzeigen, wie Bild 12.2 für eine Abbildung aus dem Kapitel Photovoltaik zeigt. Bei der Verwendung der Bilder ist darauf zu achten, dass diese urheberrechtlich geschützt sind. Näheres hierzu findet sich im Unterpunkt *Hilfe und Kleingedrucktes*, der von der Startseite aufgerufen werden kann.

**Bild 12.2** Sämtliche Abbildungen sind elektronisch gespeichert und einzeln anwählbar

## 12.2.3 Software

Von der Startseite aus gelangt man auch zum Unterpunkt *Software*. Hier befindet sich eine der umfangreichsten verfügbaren Sammlungen aus dem Bereich der regenerativen Energien. Die Programme sind in die Bereiche Solarstrahlung, Niedertemperatur-Solarthemie, Hochtemperatur-Solarthermie, Photovoltaik, Windkraft und Wirtschaftlichkeit unterteilt. Eine alphabetische Liste, die in Bild 12.3 zu sehen ist, gibt einen Überblick, über alle vorhandenen Programme. Nachdem eine Software ausgewählt wurde, erscheint ein Kurzüberblick mit Anwendungsgebiet, Hardwarevoraussetzungen und Autor beziehungsweise Vertrieb mit einem Internetlink.

**Bild 12.3** Alphabetischer Überblick über die Programme auf der DVD

Vom Kurzüberblick aus kann das jeweilige Programm auch direkt gestartet oder installiert werden. Bei einigen Programmen ist auch eine genauere Beschreibung oder Anleitung im PDF-Format enthalten, die ebenfalls vom Kurzüberblick aus aufrufbar ist. Einige Browser wie Mozilla Firefox erlauben nicht das direkte Aufrufen von Programmen. In diesem Fall muss das Programm vom Windows-Explorer aus gestartet werden. Der jeweilige Pfad und die zu startende Datei sind ebenfalls im Kurzüberblick angegeben.

### 12.2.4 Vermischtes

Im Unterpunkt *Vermischtes* finden sich eine umfangreiche Sammlung von Fotos (Bild 12.4) zu regenerativen Energien sowie als Ergänzung zum Kapitel 2 Sonnenstandsberechnungsalgorithmen als Quellcodes in der Computersprache Delphi im ASCII-Format. Diese können im Browser angezeigt oder kopiert werden.

## 12.2 Die DVD zum Buch

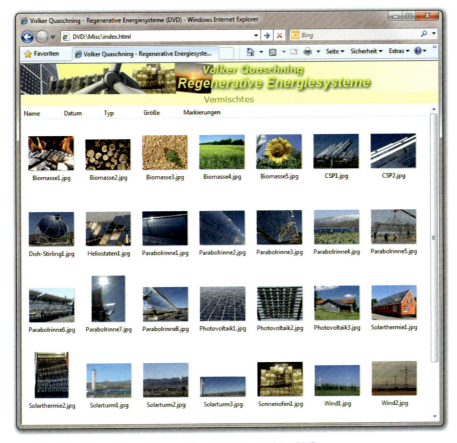

**Bild 12.4** Fotosammlung zu regenerativen Energien auf der DVD

# Literaturverzeichnis

## Literatur zu Kapitel 1: Energie und Klimaschutz

[AGEB14] AG Energiebilanzen e.V.: *Daten und Infografiken*. Internet: www.ag-energiebilanzen.de, 2014
[atw14] atw Redaktion: Nuclear Power World Report 2013, atw 59. Jg. (2014) Heft 7, S. 445-450.
[BP14] BP: *BP Statistical Review of World Energy 2014*. London: 2014
[Bec92] Becker, M.; Meinecke, W.: *Solarthermische Anlagentechnologien im Vergleich*. Berlin: Springer, 1992
[BGR13] Bundesanstalt für Geowissenschaften und Rohstoffe (BGR): *Energiestudie 2013*. Hannover: BGR, 2013. www.bgr.bund.de
[BMU] Bundesministerium für Umwelt und Bundesministerium für Wirtschaft und Technologie (Hrsg.): *Erneuerbare Energien in Zahlen*. Berlin, verschiedene Jahrgänge bis 2014
[BMWi] Bundesministerium für Wirtschaft und Technologie (Hrsg.): *Energiedaten*. Berlin, verschiedene Jahrgänge bis 2014
[BWE11] Bundesverband WindEnergie e.V. (BWE): *Potenzial der Windenergienutzung an Land*. Berlin, 2011
[Dewi14] Deutsches Windenergie-Institut (DEWI): *Statistik, Status 31.12.2013*. Internet: www.dewi.de, 2014
[EEA10] European Environment Agency (EEA): *The European Environment – State and Outlook 2010, Understanding Climate Change*. Kopenhagen 2010
[EIA14] US Energy Information Administration (EIA): *International Energy Statistics*. Internet: www.eia.gov/countries/, 2014
[EnB14] EnBW: *EnBW Bericht 2012*. www.enbw.com, 2014
[Enq95] Enquete-Kommission „Schutz der Erdatmosphäre" des 12. Deutschen Bundestages (Hrsg.): *Mehr Zukunft für die Erde*. Bonn: Economica Verlag, 1995
[eon14] e.on: *Facts & Figures 2013*. Internet: www.eon.de, 2014
[EST03] European Solar Thermal Industry Federation (ESTIF): *Sun in Action II*. Brüssel: ESTIF, 2003
[EST14] European Solar Thermal Industry Federation (ESTIF): *Solar Thermal Markets in Europe*. Brüssel: ESTIF, verschiedene Jahrgänge bis 2014
[Hil95] Hiller, Karl: Erdöl: Globale Vorräte, Ressourcen, Verfügbarkeiten. In: *Energiewirtschaftliche Tagesfragen* 45. Jg. (1995) Heft 11, S. 698-708
[Hof95] Hoffmann, Cornelis: Bereitstellungsnutzungsgrade elektrischer Energie. In: *Elektrizitätswirtschaft* Jg. 94 (1995) Heft 11, S. 626-632
[IEA14] International Energy Agency IEA (Hrsg.): *Key World Energy Statistics 2014*. Paris: 2014
[IEA14b] International Energy Agency Solar Heating and Cooling Programme IEA-SHC (Hrsg.): *Solar Heat Worldwide*. Paris, verschiedene Jahrgänge bis 2014, www.iea-shc.org
[IEA14c] International Energy Agency IEA-PVPS (Hrsg.): *Trends in Photovoltaic Applications*. Paris, verschiedene Jahrgänge bis 2014, www.iea-pvps.org
[IPC00] Intergovernmental Panel on Climate Change (IPCC): *IPCC Special Report Emissions Scenarios*. Nairobi: IPCC, 2000
[IPC01] Intergovernmental Panel on Climate Change (IPCC): *Third Assessment Report of Working Group I, Summary for Policy Makers*. Shanghai: IPCC, 2001
[IPC05] Intergovernmental Panel on Climate Change (IPCC): *Carbon Dioxide Capture and Storage*. Cambrige: Cambridge University Press, 2005, www.ipcc.ch

# Literaturverzeichnis

[IPC07] Intergovernmental Panel on Climate Change (IPCC): *Climate Change 2007, Synthesis Report.* Valencia: IPCC, 2007

[IPC13] Intergovernmental Panel on Climate Change (IPCC): *Climate Change 2013, The Physical Science Basis.* Genf: IPCC, 2013, www.ipcc.org

[Lev13] Levermann, A., Clark, P., Marzeion, B., Milne, G., Pollard, D., Radic, V., Robinson, A.: The multimillennial sea-level commitment of global warming. In: *Proceedings of the National Academy of Sciences* 110 (2013, p. 13745-13750

[NAS13] NASA Goddard Space Flight Center: *GIS Surface Temperature Analysis.* Internet: http://data.giss.nasa.gov/gistemp/, 2013

[Nat12] Naturfreunde Deutschland e.V.: *Atomausstieg selber machen.* Internet: www.atomaustieg-selber-machen.de, 2012

[NOAA14] National Oceanic & Atmospheric Administration (NOAA), Earth System Research Laboratory (ESRL): *The NOAA Annual Greenhouse Gas Index.* Internet: www.esrl.noaa.gov/gmd/aggi, 2014

[Qua00] Quaschning, Volker: *Systemtechnik einer klimaverträglichen Elektrizitätsversorgung in Deutschland für das 21.Jahrhundert.* Düsseldorf: VDI Fortschritt-Berichte Reihe 6 Nr. 437, 2000

[Qua13] Quaschning, Volker: *Erneuerbare Energien und Klimaschutz.* München: Hanser Verlag, 2013

[Qua14] Quaschning, Volker: *Datenservice Regenerative Energien und Klimaschutz.* Internet: www.volker-quaschning.de/datserv, 2014

[RWE13] RWE: *Facts & Figures.* Internet: www.rwe.com, November 2013

[Sch12] Schaeffer, Michiel, Hare, William, Rahmstorf, Stefan, Vermeer, Martin: Long-term sea-level rise implied by 1.5° C and 2° C warming levels. In: *Nature Climate Change* 6/2012

[Sel90] Selzer, Horst: Windenergie, Studie A.2.2a. In: *Energie und Klima*, Band 3 Erneuerbare Energien. Enquete-Kommission „Vorsorge zum Schutz der Erdatmosphäre" des Deutschen Bundestages, Economica Verlag, 1990

[Sti94] Stiftung Warentest: *test-Heft* 7/1994, Berlin

[UBA06] Umweltbundesamt (Hrsg.): Technische Abscheidung und Speicherung von $CO_2$. Dessau: UBA, 2006

[UNF98] United Nation Framework Convention on Climate Change UNFCCC: *Methodological issues while processing second national communications: Greenhouse Gas Inventories.* Buenos Aires: FCCC/SBSTA, 1998

[UNF13] United Nation Framework Convention on Climate Change UNFCCC: *National Greenhouse Gas Inventory Data for the Period 1990-2011.* Internet: www.unfccc.de, 2013

[Vat14] Vattenfall: *Vattenfall Annual Report 2012.* www.vattenfall.de, 2014

[WBG08] Wissenschaftlicher Beirat der Bundesregierung Globale Umweltveränderungen WBGU: Kassensturz für den Klimavertrag – Der Budgetansatz. Berlin: Sondergutachten, 2009. www.wbgu.de

[Wei96] v. Weizsäcker, E.U.; Lovins, A.B.; Lovins, L.H.: *Faktor Vier.* München: Droemersche Verlagsanstalt Knaur, 1996

## Literatur zu Kapitel 2: Sonnenstrahlung

[DIN4710] Deutsches Institut für Normung e.V. (DIN): *DIN 4710, Meteorologische Daten zur Berechnung des Energieverbrauchs von heiz- und raumlufttechnischen Anlagen.* Berlin: Beuth Verlag, 1982

[DIN5031] Deutsches Institut für Normung e.V. (DIN): *DIN 5031, Strahlungsphysik im optischen Bereich und Lichttechnik.* Berlin: Beuth Verlag, 1982

[DIN5034] Deutsches Institut für Normung e.V. (DIN): *DIN 5034 Teil 2, Tageslicht in Innenräumen.* Berlin: Beuth Verlag, 1985

[DIN9488] Deutsches Institut für Normung e.V. (DIN): *DIN EN ISO 9488, Sonnenenergie - Vokabular.* Berlin: Beuth Verlag, 1999

[Die57] Dietze, Gerhard: *Einführung in die Optik der Atmosphäre.* Leipzig: Akademische Verlagsgesellschaft Geest & Portig K.G., 1957

[Hul05] Huld T.; Šúri M.; Dunlop E.; Albuisson M.; Wald L.: *Integration of HelioClim-1 database into PVGIS to estimate solar electricity potential in Africa.* 20th European Photovoltaic Solar Energy Conference and Exhibition, 6.-10. Juni 2005, Barcelona, http://re.jrc.ec.europa.eu/pvgis/

[IEC95] International Electrotechnical Commission (IEC): *IEC 904-9: Photovoltaische Geräte – Teil 9: Leistungsanforderungen an Sonnensimulatoren.* Genf: IEC, 1995

[JRC10,13] European Commission Joint Research Centre (JRC): *Photovoltaic Geographical Information System PVGIS*. Internet: http://re.jrc.ec.europa.eu/pvgis. ISPRA, 2010, 2013
[Kam90] Kambezidis, H.D.; Papanikolaou, N.S.: Solar Position and Atmospheric Refraction. In: *Solar Energy* Vol. 44 (1990), S. 143-144
[Klu79] Klucher, T.M.: Evaluation of Models to Predict Insolation on Tilted Surfaces. In: *Solar Energy* Vol. 23 (1979), S. 111-114
[Kop11] Kopp, Greg; Lean, Judith L.: A new, lower value of total solar irradiance: Evidence and climate significance. In: *Geophysical Research Letters*, Vol. 38, L01706, 7 pp., 2011
[Pal96] Palz, W.; Greif, J.: *European Solar Radiation Atlas*. Berlin: Springer, 1996
[Per86] Perez, Richard ; Stewart, Ronald: Solar Irradiance Conversion Models. In: *Solar Cells* Vol.18 (1986), S. 213-222
[Per87] Perez, Richard ; Seals, Robert ; Ineichen, Pierre ; Stewart, Ronald ; Menicucci, David: A New Simplified Version of the Perez Diffuse Irradiance Model for Tilted Surfaces. In: *Solar Energy* Vol.39 (1987), S. 221-231
[Per90] Perez, Richard ; Ineichen, Pierre ; Seals, Robert ; Michalsky, Joseph ; Stewart, Ronald: Modeling Daylight Availability and Irradiance Components from Direct and Global Irradiance. In: *Solar Energy* Vol. 44 (1990), S. 271-289
[Qua96] Quaschning, Volker: *Simulation der Abschattungsverluste bei solarelektrischen Systemen*. Berlin: Verlag Dr. Köster, 1996 - ISBN 3-89574-191-4
[Rei89] Reindl, D.T.; Beckman, W.A.; Duffie, J.A.: Diffuse Fraction Correlations. In: *Proceedings of ISES Solar World Conference 1989*, S. 2082-2086
[Sat87] Sattler, M.A.; Sharples, S.: Field Measurements of the Transmission of Solar Radiation through Trees. In: *Proceedings of ISES Solar World Conference 1987*, S. 3846-3850
[Sch70] Schulze, R.: *Strahlklima der Erde*. Darmstadt: Steinkoff, 1970
[Sch04] Schillings, C.; Meyer, R.; Mannstein, H.: *Projektbericht SOKRATES-Projekt*. Stuttgart: DLR, 2004
[TÜV84] TÜV-Rheinland: *Atlas über die Sonnenstrahlung in Europa*. TÜV-Verlag, 1984
[Wal78] Walraven, R: Calculating the Position of the Sun. In: *Solar Energy* Vol. 20 (1978), S. 393-397
[Wil81] Wilkinson, B.J.: An Improved FORTRAN Program for the Rapid Calculation of the Solar Position. In: *Solar Energy* Vol. 27 (1981), S. 67-68

## Literatur zu Kapitel 3: Nicht konzentrierende Solarthermie

[Bun92] Bundesministerium für Forschung und Technologie (Hrsg.): *Erneuerbare Energien*. Bonn, 1992
[BdE96] Bund der Energieverbraucher (BdE, Hrsg.): *Phönix Solar Projekt. Informationsschrift*. Rheinbrettenbach: BdE, 1996
[DIN06] Deutsches Institut für Normung e. V. (DIN): *DIN EN 12975-2, Thermische Solaranlagen und ihre Bauteile - Kollektoren - Teil 2: Prüfverfahren*. Berlin: Beuth Verlag, 2006
[Fac90] Fachinformationszentrum Karlsruhe (Hrsg.): *Transparente Wärmedämmung (TWD) zur Gebäudeheizung mit Sonnenenergie*. BINE Projekt Info-Service Nr.2/1990
[Fac93] Fachinformationszentrum Karlsruhe (Hrsg.): *Erfahrungen mit solarbeheizten Schwimmbädern*. BINE Projekt Info-Service Nr.8/1993
[Fac95] Fachinformationszentrum Karlsruhe (Hrsg.): *Wärmedämmung für Warmwasserspeicher, Heizkessel und Kühlzellen*. BINE Projekt Info-Service Nr.11/1995
[Gie89] Gieck, K.: *Technische Formelsammlung*. Heilbronn: Gieck Verlag, 1989
[Hah94] Hahne, E.; Kübler, R.: Monitoring and Simulation of the Thermal Performance of Solar Heated Outdoor Swimming Pools. In: *Solar Energy* Vol. 53 (1994), S. 9-19
[Hum91] Humm, Othmar: *Niedrig Energiehäuser*. Staufen: Ökobuch Verlag, 1991
[Kha95] Khartchenko, N.: *Thermische Solaranlagen*. Berlin: Springer, 1995
[Kle93] Kleemann, M.; Meliß, M.: *Regenerative Energiequellen*. Berlin: Springer, 1993
[Lad95] Ladener, Heinz: *Solaranlagen*. Staufen: Ökobuch Verlag, 1995
[Smi94] Smith, Charles C.; Löf, George; Jones, Randy: Measurement and Analysis of Evaporation from an Inactive Outdoor Swimming Pool. In: *Solar Energy* Vol. 53 (1994) No. 1, S. 3-7
[The85] Theunissen, P.-H.; Beckman, W.A.: Solar Transmittance Characteristics of Evacuated Tubular Collectors with Diffuse Back Reflectors. In: *Solar Energy* Vol. 35 (1985) Nr. 4, S. 311-320
[Ung91] Unger, J.: Aufwindkraftwerk contra Photovoltaik. In: *BWK* Bd. 43 (1991) Nr. 7/7, S. 375-379

[VDI2067]  Verein Deutscher Ingenieure VDI (Hrsg.): VDI 2067 Blatt 4. *Berechnung der Kosten von Wärmeversorgungsanlagen; Warmwasserversorgung*. Düsseldorf: VDI Verlag, 1982
[Wag95]  Wagner & Co. (Hrsg.): *So baue ich eine Solaranlage, Technik, Planung und Montage*. Cölbe: Wagner & Co. Solartechnik GmbH, 1995

## Literatur zu Kapitel 4: Konzentrierende Solarthermie

[Dud94]  Dudley, Vernon E.; Kolb, Gregroy J.; Mahoney, A. Roderick; Matthews, Chauncey W.: *Test Results SEGS LS-2 Solar Collector*. Sandia Report SAN94-1884. Sandia National Labaratories. Albuquerque: 1994
[Her12]  Hering, E.; Martin, R.; Stohrer, M.: *Physik für Ingenieure*. Berlin: Springer Verlag, 2012
[Hos88]  Hosemann, G. (Hrsg.): Hütte Taschenbücher der Technik, Elektrische Energietechnik, Band 3 Netze. Berlin: Springer, 29. Auflage 1988
[Kle93]  Kleemann, M.; Meliß, M.: *Regenerative Energiequellen*. Berlin: Springer 1993
[Lip95]  Lippke, Frank: *Simulation of the Part-Load Behavior of a 30 MWe SEGS Plant*. Sandia Report SAN95-1293. Sandia National Laboratories. Albuquerque: 1995
[Pil96]  Pilkington Solar Internation (Hrsg.): *Statusbericht Solarthermische Kraftwerke*. Köln: 1996
[Qua05]  Zukunftsaussichten von Solarstrom. In: *Energiewirtschaftliche Tagesfragen* 55. Jg (2005) Heft 6, S. 386-388.
[Sch02]  Schlaich Bergermann und Partner (Hrsg.): *EuroDish-Stirling System Description*. Stuttgart: 2002
[Sti85]  Stine, William B.; Harrigan, Raymond W.: *Solar Energy Fundamentals and Design*. New York: John Wiley & Sons, 1985

## Literatur zu Kapitel 5: Photovoltaik

[DGS08]  Deutsche Gesellschaft für Sonnenenergie (DGS, Hrsg.): *Leitfaden Photovoltaische Anlagen*. Berlin: 2008
[DIN03]  Deutsches Institut für Normung e.V. (DIN): DIN EN V 61000 Teil 2-2, VDE 0839 Teil 2-2. Elektromagnetische Verträglichkeit (EMV), Verträglichkeitspegel für niederfrequente Störgrößen und Signalübertragung in öffentlichen Niederspannungsnetzen. Berlin: Beuth Verlag, 2003
[DIN05]  Deutsches Institut für Normung e.V. (DIN): DIN EN 61000-3-2, VDE 0838 Teil 2. Elektromagnetische Verträglichkeit (EMV), Grenzwerte für Oberschwingungsströme (Geräte-Eingangsstrom $\leq$ 16 A je Leiter). Berlin: Beuth Verlag, 2005
[DIN05b]  Deutsches Institut für Normung e.V. (DIN): DIN EN 61215 / IEC 61215 Ed. 2. Terrestrische Photovoltaik-(PV-)Module mit Silizium-Solarzellen - Bauarteignung und Bauartzulassung. Berlin: VDE Verlag, 2005
[DIN08]  Deutsches Institut für Normung e.V. (DIN): DIN EN 61646 / IEC 61646 Ed. 2. Terrestrische Dünnschicht-Photovoltaik-(PV-)Module - Bauarteignung und Bauartzulassung. Berlin: VDE Verlag, 2008
[Goe05]  Goetzberger, Adolf ; Hoffmann, Volker U.: *Photovoltaic Solar Energy Generation*. Berlin: Springer, 2005
[Gre78]  Gretsch, Ralf: *Ein Beitrag zur Gestaltung der elektrischen Anlage in Kraftfahrzeugen*. Nürnberg-Erlangen: Habilitationsschrift, 1978
[Has86]  Hasyim, E.S.; Wenham, S.R.; Green, M.A.: Shadow Tolerance of Modules Incorporating Integral Bypass Diode Solar Cells. In: *Solar Cells* Vol. 19 (1986), S. 109-122
[Her12]  Hering, E.; Martin, R.; Stohrer, M.: *Physik für Ingenieure*. Berlin: Springer Verlag, 2012
[Köt96]  Köthe, Hans K.: *Stromversorgung mit Solarzellen*. München: Franzis, 1996
[Las90]  Lasnier, F.; Ang, T.G.: *Photovoltaic Engineering Handbook*. Bristol: Hilger, 1990
[Lec92]  Lechner, M.D.: *Physikalisch-chemische Daten*. Berlin: Springer, 1992
[Lew01]  Lewerenz, H.J.; Jungblut, H.: *Photovoltaik*. Berlin: Springer, 2001
[Mic92]  Michel, Manfred: *Leistungselektronik*. Berlin: Springer, 1992
[PRE94]  Fachbereich Physik, Arbeitsgruppe regenerative Energiesysteme (PRE), Universität Oldenburg: *Handbuch zu INSEL (Interactive Simulation of Renewable Energy Supply Systems)*. Oldenburg, 1994
[Qua96a]  Quaschning, Volker: *Simulation der Abschattungsverluste bei solarelektrischen Systemen*. Berlin: Verlag Dr. Köster, 1996 - ISBN 3-89574-191-4

[Qua96b]  Quaschning, Volker ; Hanitsch, Rolf: Höhere Erträge durch schattentolerante Photovoltaikanlagen. In: *Sonnenenergie & Wärmetechnik* 4/96, S. 30-33
[Qua12]   Quaschning, Volker; Weniger, Johannes; Tjarko, Tjaden: Photovoltaik - Der unterschätzte Markt. In: *BWK* Bd. 64 (2012) Nr. 7/8, S.25-28
[Qua13]   Quaschning, Volker: *Erneuerbare Energien und Klimaschutz*. München: Hanser Verlag, 2013
[Tie02]   Tietze, U.; Schenk, Ch.: *Halbleiter-Schaltungstechnik*. Berlin: Springer, 2002
[Tja14]   Tjaden, T.; Weniger, J.; Bergner, J.; Schnorr, F.; Quaschning, V.: Einfluss des Standorts und des Nutzerverhaltens auf die energetische Bewertung von PV-Speichersystemen. In: *29. Symposium Photovoltaische* Solarenergie, Bad Staffelstein, 2014
[VDE11]   VDE: *VDE-AR-N 4105 Anwendungsregel: Erzeugungsanlagen am Niederspannungsnetz*. Berlin: VDE-Verlag, 2011
[Wag06]   Wagner, Andreas: *Photovoltaik Engineering*. Berlin: VDI Springer, 2006.
[Wag07]   Wagemann, Hans-Günther ; Eschrich, Heinz: *Photovoltaik*. Wiesbaden: Teubner Verlag, 2007
[Wen13a]  Weniger, Johannes: *Dimensionierung und Netzintegration von PV-Speichersystemen*. Masterarbeit, Hochschule für Technik und Wirtschaft Berlin, 2013
[Wen13b]  Weniger, Johannes; Quaschning, Volker: Begrenzung der Einspeiseleistung von netzgekoppelten Photovoltaiksystemen mit Batteriespeichern. In: *28. Symposium Photovoltaische Solarenergie*. Bad Staffelstein, 2013
[Wol77]   Wolf, M.; Noel, G.T.; Stirn, R.J.: Investigation of the Double Exponential in the Current-Voltage Characteristics of Silicon Solar Cells. In: *IEEE Transactions on Electron Devices* Vol. ED-24 (1977) No. 4, S. 419-428

## Literatur zu Kapitel 6: Windkraft

[BDEW08]  Bundesverband der Energie- und Wasserwirtschaft e.V. BDEW (Hrsg.): *Technische Richtlinie Erzeugungsanlagen am Mittelspannungsnetz*. Berlin: BDEW, 2008
[Bet26]   Betz, Albert: *Windenergie und ihre Ausnutzung durch Windmühlen*. Staufen: Ökobuch, Unveränderter Nachdruck aus dem Jahr 1926
[Chr89]   Christoffer, Jürgen ; Ulbricht-Eissing, Monika: *Die bodennahen Windverhältnisse in der Bundesrepublik Deutschland*. Offenbach: Deutscher Wetterdienst, Ber.Nr.147, 1989
[Ene06]   Enercon: *Enercon Windenergieanlagen - Produktübersicht*. Aurich: Enercon GmbH, 2006
[Fis06]   Fischer, Rolf: *Elektrische Maschinen*. München: Hanser Verlag, 2006
[Gas07]   Gasch, Robert; Twele, Jochen (Hrsg.): *Windkraftanlagen*. Stuttgart: Teubner, 2007
[Hau96]   Hau, Erich: *Windkraftanlagen*. Berlin: Springer, 1996
[Her12]   Hering, E.; Martin, R.; Stohrer, M.: *Physik für Ingenieure*. Berlin: Springer Verlag, 2012
[Kle93]   Kleemann, M.; Meliß, M.: *Regenerative Energiequellen*. Berlin: Springer, 1993
[Mol90]   Molly, Jens-Peter: *Windenergie*. Karlsruhe: C.F. Müller, 1990
[Mül94]   Müller, G.: *Grundlagen elektrischer Maschinen*. Weinheim: VCH Verlagsgesellschaft, 1994
[Ris09]   Risø National Laboratory, Wind Energy Division (Hrsg.): *WAsP - Wind Atlas Analysis and Application Program*. Riskilde: Risø Nat. Laboratory, 2009
[Tro89]   Troen, Ib ; Petersen, Erik L.: *European Wind Atlas*. Roskilde: RisØ National Laboratory, 1989 - ISBN 87-550-1482-8
[UBA13]   Umweltbundesamt (Hrsg.): *Potenzial der Windenergie an Land*. Dessau: UBA, 2013
[VDI94]   Verein Deutscher Ingenieure (Hrsg.): Stoffwerte von Luft. In: *VDI-Wärmeatlas*. Düsseldorf: VDI-Verlag, 1994
[Ves97]   Vestas: Technische Unterlagen zu den Windkraftanlagen V42 und V44. Husum: Vestas Deutschland GmbH, 1997

## Literatur zu Kapitel 7: Wasserkraft

[BAFU14]  Schweizerisches Bundesamt für Umwelt BAFU: *Hydrologische Daten*. Internet: www.hydrodaten.admin.ch/de/, 2014
[Bar04]   Bard, J.; Caselitz, P.; Giebhardt, J.; Peter, M.: Erste Meeresströmungsturbinen-Pilotanlage vor der englischen Küste. In: Tagungsband *Kassler Symposium Energie-Systemtechnik 2004*
[Böh62]   Böhler, Karl: *Pumpspeicherkraftwerk Vianden*. Sonderdruck aus Die Wasserwirtschaft, Heft 12/1961 und Heft 1/1962. Stuttgart: Franckh'sche Verlagshandlung

# Literaturverzeichnis

[Brö00]   Brösicke, Wolfgang: *Sonnenenergie*. Berlin: Verlag Technik 2000
[EIA14]   US Energy Information Administration (EIA): *International Energy Statistics*. Internet: www.eia.gov/countries/, 2014
[Gie03]   Giesecke, J.; Mosonyi, E.: *Wasserkraftanlagen*. Berlin: Springer, 2003
[Gra01]   Graw, Kai-Uwe: *Nutzung der Tidenenergie*. Universität Leipzig, Grundbau und Wasserbau, 2001
[Ita04]   Itaipu Binacional (Hrsg.): *Itaipu Binacional Technical Data*. Internet: www.itaipu.gov.br
[Kön99]   König, Wolfgang (Hrsg.): *Propyläen Technikgeschichte*. Berlin: Propyläen Verlag 1999
[LGRP]   Landesamt für Gewässerkunde Rheinland-Pfalz (Hrsg.): *Deutsches Gewässerkundliches Jahrbuch Rheingebiet*. Mainz: Landesamt für Gewässerkunde, verschiedene Jahrgänge
[LUBW]   Landesamt für Umweltschutz Baden-Württemberg (Hrsg.): *Deutsches Gewässerkundliches Jahrbuch, Rheingebiet Teil I*. Karlsruhe: Landesamt für Umweltschutz, verschiedene Jahrgänge
[Qua13]   Quaschning, Volker: *Erneuerbare Energien und Klimaschutz*. Hanser Verlag München, 2013
[Raa89]   Raabe, Joachim: *Hydraulische Maschinen und Anlagen*. Düsseldorf: VDI-Verlag, 1989
[Vat03]   Vattenfall Europe (Hrsg.): Wasserkraft Goldisthal – Aus Wasser wird Energie. Berlin: 2003
[Voi08]   Voith Siemens Hydro Power Generation (Hrsg.): *Turbinen*. Internet: www.vs-hydro.com
[VIK98]   Verband der Industriellen Energie- und Kraftwirtschaft e.V. VIK (Hrsg.): *Statistik der Energiewirtschaft*. Essen, verschiedene Jahrgänge, letzter Jahrgang 1996/97, erschienen 1998
[Wik12]   Wikipedia: *Gezeitenkraftwerk Shiwa-ho*. de.wikipedia.org/wiki/Gezeitenkraftwerk_Sihwa-ho, 2012

## Literatur zu Kapitel 8: Geothermie

[Aue11]   Auer, Falk; Schote, Herbert: Ein großer Beitrag zum Klimaschutz. In: *Sonnenenergie* 6-2011, S. 32-34
[BAFA14]   Bundesamt für Wirtschaft und Ausfuhrkontrolle BAFA: *Erneuerbare Energien- Wärmepumpen mit Prüfzertifikat des COP-Wertes*. Eschborn: BAFA, 2014
[Bit12]   Bitzer Kühlmaschinenbau GmbH (Hrsg.): *Kältemittel-Report 17*. Sindelfingen: 2012
[EU07]   Amtsblatt der Europäischen Union: *Entscheidung der Kommission vom 9.11.2007 zur Festlegung der Umweltkriterien für die Vergabe des EG-Umweltzeichens an Elektro-, Gasmotor oder Gasabsorptionswärmepumpen*, 2007/742/EG
[Fri99]   Frischknecht, Rolf: *Umweltrelevanz natürlicher Kältemittel*. Bern: Bundesamt für Energie, 1999
[Mia11]   Miara, Marek; Günther, Danny; Kramer, Thomas; Oltersdorf, Thore; Wapler, Jeannette: *Wärmepumpen Effizient – Messtechnische Untersuchung von Wärmepumpenanlagen zur Analyse und Bewertung der Effizienz im realen Betrieb*. Freiburg: Fraunhofer ISE, 2011
[Pas03]   Paschen, H.; Oertel, D.; Grünwald, R.: *Möglichkeiten geothermischer Stromerzeugung in Deutschland*. Karlsruhe: Büro für Technikfolgen-Abschätzung TAB, Arbeitsbereich Nr. 84, 2003
[Qua13]   Quaschning, Volker: *Erneuerbare Energien und Klimaschutz*. Hanser Verlag München, 2013
[Sch02]   Schellschmidt, R.; Hurter, S.; Förster, A.; Huenges, E.: Germany. – In: Hurter, S. und Haenel, R. (Hrsg.): *Atlas of Geothermal Resources in Europe*. Office for Official Publications of the EU, Luxemburg 2002
[VDI4640]   Verein Deutscher Ingenieure VDI (Hrsg.): VDI 4640. *Thermische Nutzung des Untergrunds*. Düsseldorf: VDI Verlag, 2008

## Literatur zu Kapitel 9: Nutzung der Biomasse

[Abs04]   Absatzförderungsfonds der deutschen Forst- und Holzwirtschaft (Hrsg.): *Pelletsheizungen – Technik und bauliche Anforderungen*. Bonn: Holzabsatzfonds, 2004
[DGS04]   Deutsche Gesellschaft für Sonnenenergie, DGS (Hrsg.): *Leitfaden Bioenergieanlagen*. München: DGS, 2004
[DIN11]   Deutsches Institut für Normung e.V. (DIN): DIN EN 14961-2. *Feste Biobrennstoffe – Brennstoffspezifikationen und -klassen - Teil 2: Holzpellets für nichtindustrielle Verwendung*. Berlin: Beuth Verlag, 2011
[Fac96]   Fachinformationszentrum Karlsruhe (Hrsg.): *Biomasse, Energetische Nutzungsmöglichkeiten*. BINE Projekt Info-Service Nr. 9/1996
[FNR08a]   Fachagentur Nachwachsende Rohstoffe e.V., FNR (Hrsg.): *Biokraftstoffe Basisdaten Deutschland*. Gülzow: FNR, 2008

[FNR08b] Fachagentur Nachwachsende Rohstoffe e.V., FNR (Hrsg.): *Biogas Basisdaten Deutschland*. Gülzow: FNR, 2008
[Kal03] Kaltschmitt, M.; Merten, D.; Fröhlich, N.; Moritz, N.: *Energiegewinnung aus Biomasse. Externe Expertise für das WBGU-Hauptgutachten 2003*, www.wbgu.de/wbgu_jg2003_ex04.pdf
[Kle93] Kleemann, M.; Meliß, M.: *Regenerative Energiequellen*. Berlin: Springer, 1993
[Qua13] Quaschning, Volker: *Erneuerbare Energien und Klimaschutz*. München: Hanser Verlag, 2013

## Literatur zu Kapitel 10: Brennstoffzellen und Wasserstofferzeugung

[Dre01] Dreier, T.; Wager, U.: Perspektiven einer Wasserstoff-Energiewirtschaft. In: *BWK* Bd, 53 (2001) Nr. 3, S.47-54.
[Fac90] Fachinformationszentrum Karlsruhe FIZ (Hrsg.): *Wasserstoff - Ein Energieträger und Speicher für die Zukunft*. BINE Projekt Info-Service Nr. 8/1990
[Hüt10] Hüttenrauch, Jens; Müller-Syring, Gert: Zumischung von Wasserstoff zum Erdgas. In: *Energie Wasser Praxis* 10/2010, S. 68-71
[LBG13] Landesamt für Bergbau, Energie und Geologie Niedersachsen LBEG: Untertage-Gasspeicherung in Deutschland. In: *Erdöl, Erdgas, Kohle* 11/2013, S. 378-388
[Qua13] Quaschning, Volker: *Erneuerbare Energien und Klimaschutz*. Hanser Verlag München, 2013
[Ste11] Sterner, Michael; Jentsch,Mareike; Holzhammer, Uwe: *Energiewirtschaftliche und ökologische Bewertung eines Windgas-Angebotes*. Gutachten des Fraunhofer IWES, Kassel, 2011
[Uba10] Umweltbundesamt (Hrsg.): *Energieziel 2050 – 100 % Strom aus erneuerbaren Quellen*. Dessau, 2010
[Win89] Winter, C.-J.; Nitsch, J. (Hrsg.): *Wasserstoff als Energieträger*. Berlin: Springer, 1989

## Literatur zu Kapitel 11: Wirtschaftlichkeitsberechnungen

[Age12] Agentur für Erneuerbare Energien: *Bilanz positiv: Nutzen Erneuerbarer Energien überwiegt die Kosten bei weitem*. Internet: www.unendlich-viel-energie.de, 2012
[BAFA14] Bundesamt für Wirtschaft und Ausfuhrkontrolle (BAFA): *EnergieINFO*. Internet: www.bafa.de, 2014
[Bec00] Becker, Gerd; Kiefer, Klaus: Kostenreduzierung bei der Montage von PV-Anlagen. In: Tagungsband *15. Symposium Photovoltaische Solarenergie*. Banz 2000, S. 408-412
[Bmb14] Bundesministerium für Bildung und Forschung (BMBF, Hrsg.): Forschung und Innovation in Deutschland 2006, 2008, 2010, 2012 und 2014. Berlin, 2006 bis 2014
[Bmf13] Bundesministerium für Finanzen (BMF, Hrsg.): 19., 20., 21., 22., 23. und 24. Subventionsbericht, Bericht der Bundesregierung über die Entwicklung der Finanzhilfen des Bundes und der Steuervergünstigungen für die Jahre 2002 bis 2014. Berlin, 2003, 2006, 2008, 2010, 2012 und 2013
[BMWi] Bundesministerium für Wirtschaft (BMWi, Hrsg.): *Wirtschaft in Zahlen*. Bonn, verschiedene Jahrgänge
[Bmw06] Bundesministerium für Wirtschaft (BMWi, Hrsg.): *Finanzplanung bis 2009*. Berlin, 2006
[Bro06] Brooks, Nick; Nicholls, Robert; Hall, Jim: *Sea Level Rise: Costal Impacts and Responses. Externe Expertise für das WBGU-Sondergutachten 2006*. Berlin: WBGU, 2006, www.wbgu.de
[BSW14] Bundesverband Solarwirtschaft (BSW): *Infografiken*. Internet: www.bsw-solar.de, 2014
[DEPV14] Deutscher Energie-Pellet-Verband e.V.: *Pellet Preisentwicklung*. Internet: www.depv.de, 2014
[Deu90] Deutscher Bundestag (Hrsg.): Gesetz über die Einspeisung von Strom aus erneuerbaren Energien in das öffentliche Netz (Stromeinspeisegesetz) vom 7.12.1990. BGBl. I S. 2633
[Deu94] Deutscher Bundestag (Hrsg.): *Grundgesetz für die Bundesrepublik Deutschland*. Bonn, 1994
[Deu97] Deutscher Bundestag (Hrsg.): Bericht der Bundesregierung über die Entwicklung der Finanzhilfen des Bundes und der Steuervergünstigungen für die Jahre 1995 bis 1998. Berlin, Bundestagsdrucksache 13/8420, 1997
[Deu99] Deutscher Bundestag (Hrsg.): Bericht der Bundesregierung über die Entwicklung der Finanzhilfen des Bundes und der Steuervergünstigungen für die Jahre 1997 bis 2000. Berlin, Bundestagsdrucksache 14/1500, 1999
[Deu06] Deutscher Bundestag (Hrsg.): Bericht der Bundesregierung über die Entwicklung der Finanzhilfen des Bundes und der Steuervergünstigungen für die Jahre 2003 bis 2006. Berlin, Bundestagsdrucksache 16/1020, 2006
[FÖS12] Forum ökologisch-soziale Marktwirtschaft FÖS (Hrsg.): *Was Strom wirklich kostet*. Berlin, FÖS, 2012

# Literaturverzeichnis

[Goe94]   Goetzberger, Adolf: Wirtschaftlichkeit – Ein neuer Blick in Bezug auf Solaranlagen. In: *Sonnenenergie* 4/1994, S. 3-5
[Hoh89]   Hohmeyer, Olav: *Soziale Kosten des Energieverbrauchs*. Berlin: Springer, 1989
[Hoh91]   Hohmeyer, Olav ; Ottinger, Richard L. (Hrsg.): *External Environmental Costs of Electric Power*. Berlin: Springer 1991
[IZE95]   Informationszentrale der Elektrizitätswirtschaft e.V. (IZE): Was kommt nach dem Kohlepfennig. In: *Stromthemsen* 2/1995, S. 1-2
[Kle97]   Kleinkauf, W.; Durstewitz, M.; Hoppe-Kilpper, M.: Perspektiven der Windenergie-Technik in Deutschland. In: *Erneuerbare Energie* 4/97, S. 11-15
[Mun12]   Münchener Rück (Hrsg.): *NatCatService, Informationsplattform über Naturkatastrophen*. Internet: www.munichre.com, 2012
[MWV14]   Mineralölwirtschaftsverband e.V. (MWV): *Infoportal*. Internet: www.mwv.de, 2014
[Nit90]   Nitsch, J.; Luther, J.: *Energieversorgung der Zukunft*. Berlin: Springer, 1990
[Sta14]   Statistisches Bundesamt: *Verbraucherpreisindizes für Deutschland*. Internet: www.destatis.de, 2014
[Sta14b]   Statistisches Bundesamt: *Daten zur Energiepreisentwicklung*. Internet: www.destatis.de, 2014
[VDI91]   Verein Deutscher Ingenieure: VDI-Richtlinie 2067: Berechnung der Kosten von Wärmeversorgungsanlagen. Düsseldorf: VDI-Verlag, 1991
[Wöh81]   Wöhe, G.: Einführung in die Allgemeine Betriebswirtschaftslehre. München: Franz Vahlen, 1981

# Sachwortverzeichnis

## A

Abfluss 333
Abregelverluste 266
Abschattung 82, 86, 214
Abschattungsgrad
   diffuser 85, 86
   direkter 85
Abschattungsverluste 88
Abschattungswinkel 88
Absorber 119, 149, 171
   Beschichtung 119, 149
   Fläche 101
   Rohr 157
   selektiver 120
   Temperatur 149
Absorption der Atmosphäre 63
Absorptionsgrad 115, 154
Absorptionskoeffizient 190
Absorptions-Wärmepumpe 358
Abzinsung 403
Adsorptions-Wärmepumpe 359
AFC (alkalische Brennstoffzelle) 385
Ah-Wirkungsgrad 230
Air Mass 64
Akkumulator 228
   am Solargenerator 236
   Arten 228
   Autarkiegrade 269
   Blei 229, 253
   Daten 229
   Eigenverbrauchsanteile 269
   Kapazität 230
   Lithium-Ionen 229, 234, 253
   NaNiCl 235
   NaS 229, 235
   NiCd 229
   NiMH 229, 234
   Systeme 235, 251, 252
Akzeptor 186
Albedo 79
alkalische Brennstoffzelle 385
alkalische Elektrolyse 382
Alphateilchen 59
AM (Air Mass) 64
Andasol 170, 397
Anlagenkonzepte für Windkraftanlagen 317
Anlaufwindgeschwindigkeit 292
Annuitätsfaktor 404
Anstellwinkel 285
Anströmgeschwindigkeit 285
Antireflexionsschicht 193
Arbeitspunkt 220, 236
Asynchrongenerator 317, 323
Asynchronmaschine 310
Atomkraft *siehe* Kernenergie
aufgeständerte Solaranlagen 87
Auftriebsbeiwert 284, 285
Auftriebskraft 284
Auftriebsläufer 284
Aufwindkraftwerk 144
Ausbauabfluss 333
Ausbaufallhöhe 333
Auslegungswindgeschwindigkeit 292
äußerer Photoeffekt 181
Ausstrahlung, spezifische 60
Autarkie 253, 264
Autarkiegrad 264, 268, 270
Azimutantrieb 295

## B

B2-Brückenschaltung 240, 243
B6-Brückenschaltung 243
Bandabstand 182, 209
   verschiedener Halbleiter 183
Bändermodell 182
Batterie *siehe* Akkumulator
Batteriekapazität 257
Batteriespeichersysteme 252
Beaufort-Skala 275
Beihilfen 412
Beschichtung, selektive 119
Bestrahlung 58

# Sachwortverzeichnis

Bestrahlungsstärke 58, 61
   diffuse 70, 77
   direkte 70, 76
   geneigte Ebene 76
   horizontale 69
   Messung 91, 93
   Tagesgänge 66
Betriebskosten 395
Betz'scher Leistungsbeiwert 281
Beweglichkeit 184
Bioalkohole 372
Biodiesel 372
Bioenergieträger
   feste 367
   flüssige 371
   gasförmige 374
Bioethanol 372
Biogas 375, 390
Biokraftstofferträge 377
Biomasse 365
   Heizungen 377
   Kraftwerke 380
   Potenziale 366
   Produktion 42
   Vorkommen 365
Biomass-to-Liquid 373
Blatteinstellwinkel 285
Bleiakkumulator 229, 253
   Betriebszustände 232
   Ladezustand 231
Blindleistung 301, 305
Blindleistungskompensation 319
Blindwiderstand 301
Blockingdiode 235, 238
Bodenreflexion 78
Bohr'sches Atommodell 180
Bohrturm 350
Boltzmann-Konstante 184
Bor 186
Brennstoffzelle 43, 384
Brückenschaltung 240
BtL-Brennstoffe 373
Bulb-Turbine 340
Bypassdioden 215

## C

C4-Pflanzen 366
Cadmiumtellurid 183, 197
Carnot-Prozess 161
CCS 46
CEC-Wirkungsgrad 247
Cermet 120
CIS-Solarzelle 197
Clausius-Rankine-Prozess 161
COP (Coefficient of Performance) 361
Coulomb-Kraft 180
CVD (Chemical Vapor Deposition) 191

## D

dachintegrierte Photovoltaikanlage 179
Dampfkraftwerke 161
Dampfreformierung 381
Dänisches Konzept 317
Darrieus-Rotor 289
Deckungsgrad, solarer 139
Defektelektronen 184
Deklination 73
dezentrale Versorgung 57
DHÜ 176
Dichte der Luft 280
Dielektrizitätskonstante 180
Differenzierung der Globalstrahlung 71
diffuser Abschattungsgrad 86
diffuser Strahlungsanteil 72
Diffusionsspannung 186
Diffusstrahlung 70, 77
Diode 200
Diodendurchbruch 204
Diodenfaktor 200, 212
Diodensättigungsstrom 212
direkter Abschattungsgrad 85
Direktmethanol-Brennstoffzelle 386
Direktstrahlung 70, 76
Dish-Stirling-Anlagen 173
Distickstoffoxid 26
Divergenz 148
DMFC (Direktmethanol-Brennstoffzelle) 386
Donator 185
doppelte Abdeckung 116
dreckiges Silizium 191
Drehfeld 302, 303
Drehmoment 286
   Asynchronmaschine 315
   Synchronmaschine 309
Drehstrommaschinen 299
Drehstromwicklung 303
Drehzahl-Drehmoment-Kennlinie 315
Dreieckschaltung 304
Druck-Receiver 172
Dünnschichtzellen 196
Durchström-Turbine 340

## E

EEG 272, 406, 413
Effektivwert 300
EFG-Verfahren 192
Eigenleitung 184
Eigenverbrauchsanteil 261, 268, 270
Eigenverbrauchssysteme 250, 260
Einblattrotoren 290
Eindiodenmodell 201
Einfallswinkel 75, 153
Einfallswinkelkorrekturfaktor 125, 154
Einkreissystem 104
Eintakt-Sperrwandler 226

elektrische Feldkonstante 180
elektrische Leitfähigkeit 185
elektrische Maschinen 298
elektrische Wechselstromrechnung 299
elektrischer Widerstand 220
Elektrizitätsversorgung 52
Elektroherd 16
Elektrolumineszenz 199
Elektrolyse 55, 382
Elektrolyt 230, 232, 387
Elektronendichte 184, 185
Elektronenmasse 180
elektrotechnische Größen 179
Elementarladung 180
Elevation 72
Emissionsgrad 115, 136
empfehlenswerte Rohrdurchmesser 128
Empfindlichkeit, spektrale 189
Endenergie 17
Endenergieverbrauch 22
Endverluste 153
Energie
    Einheiten 14
    Elektron 181
    Energieerhaltungssatz 15
    Gestehungskosten 396, 404
    Importe 411
    kinetische 280
    Photon 181
    Preise 410
    Pumpspeicherkraftwerke 335
    Wind 280
Energiebänder 181
Energiebedarf
    Deutschland 20, 52
    Entwicklung 18
    Entwicklung weltweit 44
    Welt 18
    zukünftiger 44
Energiewende 50
Energiezustände 182
ENS 246
enthalpische Zellspannung 388
Entladestrom 232
Entladetiefe 231
Entropie 163
Erde
    Bestrahlungsstärke 61
    Daten 59
    Primärenergieverbrauch 19
Erdgas 390, 401
Erdgasspeicher 54, 392
Erdkern 347
Erdkollektor 363
Erdöl 19, 401, 410
Erdsonden 363
Erdwärmekollektor 363
Erfahrungskurve 407

Erfahrungswert 408
Erneuerbare-Energien-Gesetz 272, 406, 413
Erregerstrom 307
Erregerwicklung 306
Ersatzschaltbild
    Asynchronmaschine 313
    Asynchronmaschine, vereinfachtes 314
    Solarzelle, veinfachtes 201
    Solarzelle, Zweidiodenmodell 204
    Synchronmaschine 308
Ethanol 372
Euro-Wirkungsgrad 246
EVA (Ethylen-Vinyl-Acetat) 196
EVA-Vernetzungsanalyse 199
externe Kosten 411, 416
externer Quantenwirkungsgrad 188

## F

FAME (Fettsäuremethylester) 372
Farbstoffzellen 198
Farbtöne 62
Feldeffekttransistor 237, 239
Feldstärke, magnetische 302
feste Bioenergieträger 367
Festmeter 369
Fettsäuremethylester 372
Fischer-Tropsch-Synthese 374
Flächennutzungsgrad 87
Flachkollektor 114
    Absorber 119
    Frontscheibe 115
    Kollektorgehäuse 116
Flasher 96
Flicker 325
Fluorchlorkohlenwasserstoffe (FCKW) 26
Flussdichte, magnetische 302
flüssige Bioenergieträger 371
Forschung und Entwicklung 414
Fotovoltaik *siehe* Photovoltaik
Fourier-Analyse 241
Francis-Turbine 340
Freileitungen 175
Fresnelkollektor 150
Frischwasserstation 106
Frontscheibe 115
Fukushima 33
Füllfaktor 207

## G

Gallium-Arsenit 183
gasförmige Bioenergieträger 374
Gasherd 16
Gasturbine 164
Gasungsspannung 232
Generator 298
geostrophischer Wind 279
Geothermie 35, 347

## Sachwortverzeichnis

Kosten  400
Geothermische Heizwerke  351
Geothermische Kraftwerke  352
Gesamtkosten  395
Geschichte der Photovoltaik  178
Geschichte der Windkraft  272
gespeicherte Wärme  130
Getriebe  296
getriebelose Windkraftanlage  322
Gezeitenkraftwerke  36, 343
Gibbs'sches Potenzial  388
Giermotor  295
Gierwinkel  295
Gleichdruckturbine  338
Gleichspannungswandler  221
Gleitzahl  285
globale Bestrahlung  67
globale Zirkulation  274
Gondel  296
Grenzschichtprofil  278, 279
Grid Parity  408
Grid-Parity  261
Gütegrad  361

## H

H5-Schaltung  244
Hadley-Zelle  273
Halbleiter  182
    direkt  190
    indirekt  190
    n-leitend  186
    p-leitend  186
Halbleitersensor  92
harmonische Analyse  241
Harrisburg  32
Häufigkeitsverteilung  275
H-Brückenschaltung  240
Heat Pipe  117
Heizwert
    Biomasse  366
    Holz  368, 369
Heliostatenfelder  160
Hellmann, Potenzansatz  279
HERIC-Schaltung  244
Heterojunction  195
Heteroübergang  195
HGÜ  176
High-Flow-Prinzip  105
Himmelsklarheit  78
Himmelstemperatur  136
HIT-Zelle  194, 208, 210, 219
Hochsetzsteller  225, 245
Höchstspannungs-Gleichstrom-Übertragung  176
Holzbriketts  368
Holzfeuchte  368
Holzhackschnitzel  370
Holzpellets  368, 370

Preise  401
Horizonthelligkeitsindex  78
Hot-Dry-Rock-Verfahren  350
Hot-Spots  215
H-Rotor  289

## I

IAM  *siehe* Einfallswinkelkorrekturfaktor
Importe fossiler Energieträger  411
innerer Photoeffekt  183
Inselnetzwechselrichter  245
Intergovernmental Panel on Climate Change  44
internationaler Klimaschutz  48
interner Quantenwirkungsgrad  188
intrinsische Trägerdichte  184
invertierender Wandler  225
Investitionskosten  395
Ionisationsenergie  181, 185
IPCC  44
ISCCS-Kraftwerk  169
Isolator  182
Itaipu-Kraftwerk  334, 399

## J

Jahresarbeitszahl  361
Jahresdauerlinie  330
Joule-Prozess  164

## K

Käfigläufer  311
Kalina-Prozess  353
Kapazität (Akkumulator)  230
Kapitalvermehrung  418
Kapitalwert  403
Kaplan-Turbine  339
Karbonatschmelzen-Brennstoffzelle  387
Kavernenspeicher  392
Kernenergie  30
    Anteil an der Stromerzeugung  31
    Entwicklungskosten  414
    Kernfusion  33
    Kernspaltung  30
    Unfälle  32, 415
    Uranvorkommen  24, 31
Kernfusion  33, 59
kinetische Energie  280
Kippmoment  310, 316
Kippschlupf  316
Klimaschutzvorgaben  29
    Welt  29
Klimaveränderungen  28
Klirrfaktor  243
Kloss'sche Formel  316
Klucher-Modell  77
Kohlendioxid  25, 382
    Abscheidung  46
    Emissionen  45, 49, 50

Konzentration 26, 46
spezifische Emissionsfaktoren 48
Wärmepumpe 363
Kohlepfennig 412
Kollektor 111, 151
Austrittstemperatur 127
Durchfluss 126
Durchsatz 126
Endverluste 153
Fläche, Pro-Kopf 38
Nutzleistung 121, 153
Stillstandstemperatur 123, 149
Wirkungsgrad 121, 122, 156
Kollektorkreisnutzungsgrad 140
Kollektorwirkungsgradfaktor 122
komplexe Wechselstromrechnung 300
Kompressions-Wärmepumpe 356
Konvektion 115, 117, 121, 136
Konversionsfaktor 122
Konzentrationsfaktor 148
Konzentratormodul 199
konzentrierende Kollektoren 150
konzentrierende Solarthermie 147
konzentrierende solarthermische Anlagen 165
Kosten
externe 411, 416
Forschung und Entwicklung 414
Geothermie 400
Holzpelletsheizung 401
konventionelle Energiesysteme 409
Naturkatastrophen 416
Photovoltaik 398, 405
solartherm. Wassererwärmung 396, 405
solarthermische Kraftwerke 397, 405
Wärmepumpe 400
Wasserkraft 399
Windkraft 398, 406
Kostensenkungen 407
Kreifrequenz 299
Kreisfrequenz, Elektron 180
Kristallgitter 184
künstliche Sonne 96
Kupfer-Indium-Diselenid 197
Kupferrohre 128
Kurzschlussstrom 206
Kværner-Verfahren 382
Kyoto-Protokoll 48, 49

## L

Laderegler 237
Ladewirkungsgrad 230
Ladezustandsbilanzierung 233
Lagerraumvolumen 379
Laminieren 196
Längenausdehnung 157
Längsregler 237
Laser Grooved Buried Contact 194

Latentwärmespeicherung 132
Läufer 306, 311
Laufwasserkraftwerke 332
Lee 278
Leeläufer 295
Leerlaufspannung 206, 210, 219, 389
Legionellen 106
Leistung 14, 280, 301, 324
Pumpspeicherkraftwerk 336
Turbine 342
Wasser 332
Wasserkraftwerk 333
Wind 280
Leistungsbeiwert 281, 287
Approximation 287
nach Betz 281
Schalenkreuzanemometer 283
Widerstandsläufer 284
Leistungsdichte des Windes 272
Leistungsfaktor 302
Leistungtransistoren 239
Leistungszahl 361
Leiter 182
Leitfähigkeit 182, 185
Leitungen 126, 236
Leitungsaufheizverluste 129
Leitungsband 182
Leitungsverluste 236
Leuchtdichte 58
LGBC (Laser Grooved Buried Contact) 194
lichttechnische Größen 58
Light-Trapping 190, 194
Linienkollektoren 151
Linienkonzentratoren 150
Lithium-Ionen-Akkumulator 229, 234, 253
Löcherdichte 184, 186
logarithmisches Grenzschichtprofil 278
Low-Flow-Prinzip 105
Luftmassenstrom 280
Luftspaltleistung 315
Luftverschmutzung 415
Luv 278
Luvläufer 295

## M

magnetische Feldkonstante 302
magnetische Feldstärke 302
magnetische Induktion 302
Maschinen, elektrische 298
Massendefekt 30
Massenstrom 127, 280
Master-Slave-Wechselrichter 249
maximale Konzentration 148
maximaler Solarzellenwirkungsgrad 187, 198
Maximum Power Point 206
MCFC (Karbonatschmelzen-Brennstoffzelle) 387
Meeresspiegel, Anstieg 28

# Sachwortverzeichnis

Meeresspiegelanstieg 46
Meeresströmungskraftwerke 344
Mehrspeichersysteme 107
Membran-Brennstoffzelle 386
Methan 25, 390
Methanisierung 55, 390
Mie-Streuung 63
mikrokristalline Solarzelle 197
mikromorphe Solarzelle 197
mittlere Ortszeit 73
Modultests 199
Modulwechselrichter 250
Momentanleistung 301
Momentenbeiwert 286
MOSFET 237, 239
MPP (Maximum Power Point) 206
    Regelung 227
    Tracker 226, 237
MPP-Anpassungswirkungsgrad 245

## N

Nachführung 79
Nachführungswinkel 157
NaNiCl-Akkumulator 235
NA-Schutz 246
Natrium-Schwefel-Akkumulator 229, 235
n-Dotierung 186
Neigung 79, 80, 153
Neigungsgewinne 81
Nennwindgeschwindigkeit 292
Netzanschluss 325
Netzbetrieb 324
Netzfrequenz 304
Netzparität 408
Nevada Solar One 170, 397
Newton-Verfahren 203
Nickel-Cadmium-Akkumulator 229, 234
Nickel-Metall-Hydrid-Akkumulator 229, 234
Niederspannungsrichtlinie 246
Niedertemperaturspeicher 132
Niedertemperaturwärme 42
Nuklidmassen 60
Nutzenergie 17

## O

Oberfläche, Kugelkappe 134
Oberflächenpassivierung 194
Oberflächentexturierung 194
Oberschwingungen 241
offene Gasturbine 164
offener Receiver 171
Öffnungswinkel der Sonne 148
Oil Parity 409
Ölkrise 18
Ölparität 409
Ölpreise 401, 410
optischer Wirkungsgrad 122, 154

ORC-Prozess 354
Ortszeit 73
Ossannakreis 314
Ossberger-Turbine 340
Ost-West-Ausrichtung 91
oxidkeramische Brennstoffzelle 387
Ozon 26

## P

PAFC (Phosphorsäure-Brennstoffzelle) 386
Parabolrinnenkraftwerke 165
Parabolschüssel 160
Parallelregler 237
Parallelschaltung von Solarzellen 218
Parallelwiderstand 202, 212
partielle Oxidation 381
Passatwind 273
Passivierung 194
p-Dotierung 186
Pellets 370
Pelletslagerraum 379
Pelton-Turbine 341
PEM (Membran-Brennstoffzelle) 386
Perez-Modell 77
Performance Ratio 260
petrothermale Geothermie 355
Pfaffenhofen, Heizkraftwerk 380
Pflanzenöl 371
Phasenwinkel 299
Phosphor 185
Phosphorsäure-Brennstoffzelle 386
Photoeffekt 181
    äußerer 181
    innerer 183
Photostrom 189, 200, 209
Photovoltaik 39, 178
    Kosten 398, 405
Photovoltaiksystem
    AC-gekoppeltes Batteriesystem 251
    Batteriespeicher und Wärmepummpe 255
    DC-gekoppeltes Batteriesystem 252
    Inselnetzsystem mit Batteriespeicher 237
    thermische Nutzung 254
Photovoltaiksystem
    Wasserstoffspeicherung 253
PID (Potenzialinduzierte Degradation) 245
Pitch-Regelung 285, 294
Pitchwinkel 286
Planck'sches Spektrum 63
Planck'sches Wirkungsquantum 180
Planetenenergie 36
Plutonium 32
pn-Übergang 186
Polpaarzahl 304
Polradspannung 307
Polradwinkel 307
Polteilung 304

polumschaltbare Generatoren 319
Porenspeicher 392
Potenzansatz nach Hellmann 279
Potenziale
    Photovoltaik 39
    solarthermische Kraftwerke 37
    Windkraft 41
Power-to-Gas 54, 391
Preisindex 395
Preissteigerungsrate 395
Primärenergie 17
Primärenergieverbrauch 19
    Deutschland 21
Progress Ratio 407
Pulsweitenmodulation 243
Pumparbeit 337
Pumpe 101, 104
Pumpspeicherkraftwerke 335
Punkt maximaler Leistung 206
Punktkonzentratoren 151, 160
PVC 119
p-V-Diagramm 162
PWM (Pulsweitenmodulation) 243
Pyranometer 91
Pyrheliometer 93

## Q

Quantenwirkungsgrad 188

## R

Rankine-Prozess 161
Rapsölmethylester 372
Rauigkeitslänge 279
Raumladungszone 186, 187
Raummeter 369
Rayleigh-Streuung 63
Rayleigh-Verteilung 277
Receiver 147, 171
Rechteckwechselrichter 240
Reduktionsverpflichtungen 49
Reflexionsgrad 115, 154
Regelung
    MPP (Maximum Power Point) 227
    Pitch 285, 294
    Stall 293
Reichweite
    Erdags 23
    Erdöl 23
    fossile Energieträger 23
    Kohle 23
    Uran 24
Reihenabstand, optimaler 87
Reihenschaltung von Solarzellen 212
Reihenverschattungen 158
relative Luftfeuchte 137
relative spektrale Empfindlichkeit 189
Reserven fossiler Energieträger 23

Resonanzwechselrichter 240
reversible Zellspannung 388
Rheinfelden 330, 399
RME (Rapsölmethylester) 372
Rohöleinheit 14
Rohölpreise 410
Rohrdurchmesser 127
Rohrleitungen 126
Rohr-Turbine 339
Rotorblattzahl 290
Rückflussdiode 235
Rückseitenkontaktzellen 194
rückseitige Wärmedämmung 116
Rundholz 368

## S

Sabatier-Prozess 390
Sahara 68
saisonaler Speicher 108
Salzkavernen 384
Sanftanlaufschaltung 317
Sättigungsdampfdruck 136
Sättigungsstrom 200, 209
Säuredichte 231
Savonius-Rotor 288
Schalenkreuzanemometer 283
Schattenball 93
schattentolerante Module 215
Scheinleistung 301, 305
Scheitholz 368
Scheitholzkessel 378
Schenkelpolläufer 306
Schichtenspeicher 106, 108
Schleifringläufer 311
Schlupf 311, 318
schmutziges Silizium 191
Schnelllaufzahl 283, 285, 292
Schüttraummeter 369
Schwarzchrom 120
Schwerkraftsystem 103
Schwimmbadabdeckung 137
Schwimmbadabsorber 119
Schwimmbadbeheizung 100
Schwimmbecken 135
Sechspuls-Brückenschaltung 243
SEGS-Parabolrinnenkraftwerke 166
Selbstentladung 230
selektive Beschichtung 119, 149
Serienregler 237
Serienwiderstand 201, 212
Shottkydiode 235
Shuntregler 237
Siemens-Verfahren 191
Silan-Prozess 191
Silizium 183, 190
    Abkürzungen 191
    amorphes 196

## Sachwortverzeichnis

metallurgisches 190
mikrokristallines 197
monokristallines 192
polykristallines 191
Simulationsprogramme 421
SOFC (oxidkeramische Brennstoffzelle) 387
Software 421
Solarchemie 174
solare Deckungsrate 141, 143
solare Heizung 108, 144
solare Nahwärme 109
solare Schwimmbadbeheizung 100
solare Trinkwassererwärmung 101, 141
solarer Deckungsgrad 139
solares Kühlen 110
Solargenerator 218, 220
Solarkollektoren 38, 111, 150
Solarkonstante 61
Solarmodul 195, 212
    Abschattungen 214
    Aufbau 195
    technische Daten 219
Solarthermie 97
solarthermische Kraftwerke 37
    Kosten 397, 405
solarthermische Systeme 100
solarthermische Wassererwärmung 97
    Kosten 396, 405
Solarturmkraftwerke 170
Solarzelle 180
    Dünnschicht 196
    Eindiodenmodell 201
    elektrische Beschreibung 200
    Ersatzschaltbilder 200
    Funktionsprinzip 183
    Funktionsweise 180
    Herstellung 190
    I-U-Kennlinie 201
    Kennlinie 207
    Parameterbestimmung 211
    Prinzip 187
    Temperaturabhängigkeit 208
    Vorgänge in 188
    Zellparameter 206
    Zweidiodenmodell 204
Sonne
    Daten 59
    Oberflächentemperatur 61
    Position 72
    spezifische Ausstrahlung 60
    Strahlungsleistung 60
Sonnenazimut 72
Sonnenbahndiagramm 74, 84
Sonneneinfallswinkel 75, 153
Sonnenenergie 36
    direkte 37
    Energiemenge 36
    indirekte 40

Sonnenhöhe 72, 88
Sonnenofen 174
Sonnensimulator 96
Sonnenstand 65, 72
Sonnenstrahlung 58
Sparkassenformel 402
Speicher 131
    Erdgas 54
    Kollektor 112
    Konzept 54
    Medien 131
    Möglichkeiten 239
    Parabolrinnenkraftwerk 168
    saisonal 108
    Schichten 106, 108
    Temperatur 134
    Verluste 133, 134
    Wasserkraftwerke 334
    Zeitkonstante 134
speicherbare Wärmemenge 132
Speicherung sensibler Wärme 132
spektrale Empfindlichkeit 92, 189
Spektrum 64, 120
Spektrum AM0 63
Spektrum AM1,5g 64
spezifische Ausstrahlung 58, 60
Stadtgas 390
Stall-Regelung 293
Standardlastprofile 264
Standardtestbedingungen 207
Ständer 302, 306
Stapelzellen 198
STC (Standardtestbedingungen) 207
Stefan-Boltzmann-Gesetz 61
Steinkohleeinheit 14
Sternschaltung 304
Stirling-Prozess 165
Störstellenleitung 185
Strahldichte 58, 62, 63
Strahlungsgewinne 137
Strahlungsleistung 58, 60
strahlungsphysikalische Größen 58
Strangdiode 218, 249
Strangwechselrichter 250
String-Ribbon-Verfahren 192
Stromeinspeisegesetz 272
Stromimport 175
Stromortskurve 313
Stromrichterkaskade 323
Strömungsverlauf 281
Stundenwinkel 74
Subventionen 412
Synchrondrehzahl 304
Synchrongenerator 320
Synchronisation 310
Synchronisierbedingungen 310
Synchronmaschine 306
Synthesegas 374

## T

Tandemzellen 198
TapChan-Anlagen 346
Tastverhältnis 222, 226
Taupunkttemperatur 136
Tausend-Dächer-Programm 178
TCO 195, 196, 245
Technische Daten
    Asynchrongenerator 317
    Batteriespeichersysteme 252
    Dish-Stirling-Anlage 174
    Itaipu-Kraftwerk 334
    Parabolrinnenkollektoren 152
    Parabolrinnenkraftwerke 167, 170
    Solarkollektor 123
    Solarmodule 219
    Solarturmkraftwerke 171
    Wechselrichter 248
tektonische Platten 348
Temperaturabhängigkeit bei Solarzellen 208
Temperaturanstieg 28, 45
Temperaturen, Geothermie 349
Temperaturschichtung 135
Temperatursensor 104
Temperaturspannung 200, 208
Texturätzen 194
thermische Verluste 122
thermischer Sensor 92
thermodynamische Größen 98
thermodynamischer Wirkungsgrad 388
Thermografie 199
Thermosiphonanlage 103
Tiefentladung 232
Tiefsetzsteller 222
Tiegelziehverfahren 192
Tinox 120
Totalverlust der Kapitalanlage 419
Transformator 245, 312
Transmissionsgrad 115, 154
Transmissionsverluste 135
transparente Wärmedämmung 112
Transport 56
Treibhauseffekt 24
    anthropogener 24
    Indizien 28
    natürlicher 24
    Temperaturanstieg 28
    Verursachergruppen 27
    zukünftige Schäden 415
Treibhausgas
    Distickstoffoxid 26
    Emissionen 49
    FCKW 26
    Kohlendioxid 25
    Methan 25
    Ozon 26
    Pro-Kopf-$CO_2$-Emissionen 27

Trinkwasserspeicher 132
Triplezellen 198
Tschernobyl 21, 31, 32
T-S-Diagramm 163
Turbine
    Dampfturbine 162
    Francis 340
    Gasturbine 164
    Kaplan 339
    ORC 353
    Ossberger 340
    Pelton 341
    Pump 341
    Rohr 339
    Wind 280
Turbinenarten 338
Turboläufer 306
Turm 145, 170, 296
Turmwirkungsgrad 145
TWD (transparente Wärmedämmung) 112

## U

Überdruckturbinen 338
Übererregung 309
Überlebenswindgeschwindigkeit 174, 292
Übersetzungsverhältnis 226
übersynchrone Stromrichterkaskade 323
Umfangsgeschwindigkeit 283, 285
Umgebung, Beschreibung 82
Umrechnungsfaktoren für Energieeinheiten 14
Umrichter 221
Untererregung 309
Untertagespeicherung 390
Uranabbau 30
Uranvorräte 24

## V

Vakuumflachkollektor 117
Vakuumröhrenkollektor 117
Valenzband 182
variabler Schlupf 318
verbotene Zone 182
Verbraucherpreisindex 395
Verdunstungsverluste 137
Verluste, Wasserstoffspeicherung 384
Verlustfaktor 333
Verschattungen 158
Verschmutzungen, Verluste 87
Verzerrungsfaktor 242
Vierquadrantenbetrieb 308
Vollpolläufer 306
Volumenstrom 127, 280
Vorsätze 14
Vorsatzzeichen 14

## W

Wafer 193

# Sachwortverzeichnis

wahre Ortszeit 73
Wärme 97
Wärmeänderung 97
Wärmebedarf bei Freibädern 101
Wärmedurchgang 99
Wärmedurchgangskoeffizient 98, 99, 133
Wärmedurchgangszahl 98, 129, 133
Wärmeenergie 16
Wärmefluss 97, 98
Wärmegestehungskosten 397, 405
Wärmekapazität 16, 98
Wärmekraftmaschinen 161
Wärmeleitfähigkeit 98, 99
Wärmepumpe 43, 255, 356, 361
    Kosten 400
Wärmerohr 117
Wärmespeicher 103
Wärmestrahlung 115, 119, 121, 136
Wärmestrom 98, 99
Wärmetauscher 117, 132, 166, 168
Wärmeträgerdurchsatz 106
Wärmeübergangskoeffizient 98, 99, 136, 155
Wärmeübergangszahl 129, 133
Wärmeverluste 132
Wärmeversorgung 55
Warmwasserbedarf 138
Wassergehalt 368
Wasserkochen 15
Wasserkraft 40, 327
    Kosten 399
Wasserkraftanlagen 332
Wasserstoff 381
    energetische Daten 381
    Erzeugung 43
    Photovoltaik-Speichersystem 253
    Speichertypen 383
    Transport 384
Wasserturbinen 338
Watt-peak (Wp) 207
Wechselrichter 239
    Daten 248
    Master-Slave 249
    Photovoltaik 244
    Wirkungsgrad 246
Wechselspannung 299
Wechselstromrechnung 299
Weibull-Verteilung 276
Wellenkraftwerke 345
Wellenlängen 62
Weltenergieverbrauch 18
Western Mill 41
Wh-Wirkungsgrad 230
Widerstandsbeiwert 282
Widerstandskraft 282, 284
Widerstandslast 220
Widerstandsläufer 282
Wind
    Dargebot 273

    Entstehung 273
    geostrophischer 279
    Geschwindigkeit 275
    Geschwindigkeitsverteilungen 275
    Leistung 280
    Nachführung 295
    Richtung 278
    Stärke 274
Windkraft 41, 272
Windkraftanlagen 288
    Anlagenaufbau 296
    Energieertrag 399
    Ertrag 324
    getriebelose 322
    horizontale Drehachse 289
    in Deutschland 41
    Komponenten 290
    Kosten 398, 406
    vertikale Drehachse 288
Wirkleistung 301, 305
Wirkungsgrad 16
    Aufwindkraftwerk 145
    Batterieladung 230
    Biomasseproduktion 365
    Brennstoffzelle 388
    CEC (California Energy Commission) 247
    Euro 246
    Generator 342
    Gleichspannungswandler 221
    Kollektorkreis 140
    konzentrierender Kollektor 156
    Kraftwerke in Deutschland 16
    Methanisierung 392
    optischer 122, 154
    Pumpspeicherkraftwerk 337
    Solarkollektor 122
    Solarzelle 187, 197, 198, 208
    Turbine 341
    Wasserkraftwerk 333
    Wasserstofferzeugung 392
    Wechselrichter 246
    Windkraftanlage 282
    zusammengeschaltete Turbinen 343
Wirtschaftlichkeitsberechnung 394
    Kritik 418
    mit Kapitalverzinsung 402
    ohne Kapitalverzinsung 395

## Z

ZEBRA-Batterie 235
Zeigerdiagramm 308
Zeitkonstante des Speichers 134
Zellspannung 213, 229, 388
Zenitwinkel 75
zentrale Versorgung 57
Zentrifugalkraft 180
Zirkulationsverluste 129

Zonenziehverfahren 192
zweiachsige Nachführung 80
Zweidiodenmodell 204

Zwei-Grad-Ziel 29, 46
Zweikreissystem 104, 105
Zweispeichersysteme 107

# Wir Umweltmeister.

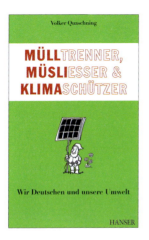

Quaschning
**Mülltrenner, Müsliesser und Klimaschützer**
Wir Deutschen und unsere Umwelt
248 Seiten. Zahlreiche Illustrationen.
ISBN 978-3-446-42261-2

Wir Deutschen sind Weltmeister im Umweltschutz – wir verteilen unseren Müll brav auf mehrere Tonnen, essen vorzugsweise Bio, bauen Solaranlagen auf unsere über alles geliebten Eigenheime und sind stolz darauf. Aber sind wir wirklich so gut, wie wir denken? Beim Autofahren zum Beispiel hört für viele der Umwelt-Spaß ganz schnell auf.

In liebevoll illustrierten Geschichten rund um Vegetarier und Müsliesser, Wassersparer und Warmduscher, Kernkraftwerke und bunten Strom zieht der Autor eine humorvolle und informative Bilanz des Umweltschutzes in Deutschland.

»Den Leser erwartet jedenfalls eine humorige, faktenreiche und angenehm undogmatische Lektüre.« BUNDMAGAZIN, 1/2011

Mehr Informationen unter **www.hanser-fachbuch.de/technik**

# HANSER

# Ohne Risiken und Nebenwirkungen

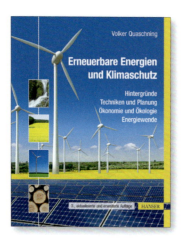

Volker Quaschning
**Erneuerbare Energien und Klimaschutz**
Hintergründe – Techniken und Planung –
Ökonomie und Ökologie – Energiewende
3., aktualisierte und erweiterte Auflage
384 Seiten. 249 Abb. Vierfarbig
€ 24,99. ISBN 978-3-446-43809-5

Auch als E-Book erhältlich
€ 19,99. E-Book-ISBN 978-3-446-43737-1

Dieser Bestseller behandelt die breite Palette der erneuerbaren Energien, angefangen bei der Solarenergie über die Windkraft bis hin zur Erdwärme oder Biomasse. Neben leicht verständlichen Beschreibungen der jeweiligen Technik, des Entwicklungsstandes und künftiger Potenziale liefert das Buch auch konkrete Anleitungen zur Planung und Umsetzung eigener regenerativer Anlagen. Hinweise auf Vorschriften und Fördermöglichkeiten geben dabei weitere Hilfestellungen. Das Buch erläutert auch die Umweltverträglichkeit und das Zusammenspiel der verschiedenen Technologien sowie ihre Wirtschaftlichkeit.

Mehr Informationen finden Sie unter **www.hanser-fachbuch.de**

# Unentbehrlich:
# Elektrische Energietechnik

Wolfgang Schufft
**Taschenbuch der elektrischen Energietechnik**
544 Seiten. 388 Abb. 102 Tab.
€ 29,90. ISBN 978-3-446-40475-5

Das Taschenbuch zeigt die Vielfalt der Aufgaben und Arbeitsgebiete der elektrischen Energietechnik im Überblick.

Breiten Raum nehmen die Komponenten, Geräte, Anlagen und Verfahren zu Energieerzeugung, -transport und -umwandlung sowie die verschiedenen Kraftwerksarten ein. Traditionelle und moderne Technologien der Energietechnik werden im Buch ebenso behandelt wie Sicherheitsaspekte und Wirtschaftlichkeitsfragen.

Mehr Informationen finden Sie unter **www.hanser-fachbuch.de**

# Windenergietechnik – aus Wind wird Strom.

CEwind eG, Schaffarczyk (Hrsg.)
**Einführung in die Windenergietechnik**
496 Seiten, 332 Abb., 27 Tab.
ISBN 978-3-446-43032-7

Dieses Lehrbuch stellt die Windenergie im Gesamtzusammenhang von der Ressource Wind bis hin zur Bewertung der Wirtschaftlichkeit dar.

Leser bekommen zunächst Einblicke in Windressourcen, Standortbewertung und Ökologie, Aerodynamik und Blattentwurf, Rotorblätter und Triebstrangkonzepte sowie Turm und Gründung. Dann wendet sich das Buch Themen wie Generatoren und Umrichtern, Regelung und Betriebsführung, Netzintegration und Offshore-Windenergie zu. Projektierung, Planung, Betrieb und Service von Anlagen werden ausführlich dargestellt.

Das Buch schafft den Brückenschlag zwischen Theorie und Praxis: Grundlagen werden leicht verständlich vermittelt und durch Beispiele und Aufgaben verdeutlicht.

Mehr Informationen unter **www.hanser-fachbuch.de/technik**